苏北传统建筑调查研究

南京博物院　编

戴群　主编

钱钰　王清爽　朱悦箫　窦莉君　张丹　著

译林出版社　博书堂文化

图书在版编目（CIP）数据

苏北传统建筑调查研究 / 南京博物院编；戴群主编；钱钰等著.—南京：译林出版社，2018.12

ISBN 978-7-5447-7630-1

Ⅰ.①苏… Ⅱ.①南… ②戴… ③钱… Ⅲ.①古建筑—建筑艺术—调查报告—苏北地区 Ⅳ.①TU-092

中国版本图书馆CIP数据核字（2018）第292136号

苏北传统建筑调查研究　南京博物院 / 编

主　　编　戴　群
作　　者　钱　钰　王清爽　朱悦箫　窦莉君　张　丹
责任编辑　费明燕
特约编辑　张　娟　葛璐娜
美术编辑　邱雪峰
校　　对　胡雪琪　蒋　燕　孙玉兰
责任印制　董　虎

出版发行　译林出版社
地　　址　南京市湖南路 1 号 A 楼
邮　　箱　yilin@yilin.com
网　　址　www.yilin.com
市场热线　025-86633278
印　　刷　合肥精艺印刷有限公司
开　　本　889 毫米 × 1194 毫米　1/16
印　　张　33.75
版　　次　2019 年 5 月第 1 版　2019 年 5 月第 1 次印刷
书　　号　ISBN 978-7-5447-7630-1
定　　价　280.00 元

目录

序言

江苏省地处黄海之滨，江淮下游，大运河沟通南北，长江横贯东西。从历史上来看，“江苏”建制虽仅有三百余年，但域内历史悠久，且隶属关系变化纷繁，文化因素影响复杂，经济发展极不平衡，致使江苏传统建筑呈现复杂性，出现区域差异、特色差异和文化差异，其中最大的差异在于“苏南”“苏北”的差异。以“江苏”为单一地域特征的传统建筑研究成果较少、著作寥寥，原因在于江苏传统建筑研究的不平衡，苏南地区的基础工作好、研究成果多，而苏北地区对传统建筑的基础调查工作明显不足。

为了解决这个问题，南京博物院古代建筑研究所的同志于2012年提出了对苏北古建筑进行调查的要求。这里的“苏北”是1949年后中央政府以长江为界设立苏南、苏北两个行政公署后的概念，包括今天苏中、苏北的8个市。我十分赞同他们开展“苏北传统建筑调查研究”，鼓励他们选好调研区域、类型和代表性案例，在调查的基础上，总结归纳出苏北传统建筑的地域特点和江苏特征，特别是和区域文化的相互关系。于是，他们从最基础的调查、测绘、记录入手，开展对苏北传统建筑的归纳、分析、研究，希望在差异化的表象下，推出“苏北传统建筑”这一具共性特点的研究成果。

呈现在我们面前的《苏北传统建筑调查研究》，从多个层面构建了苏北传统建筑的研究框架，既有对历史、文化、社会等因素的梳理，也有对传统建筑多维度的专业性论述，较为完整地反映了苏北地区的传统建筑面貌。研究的可贵之处在于他们通过艰苦劳动获得的众多第一手资料，其中还选取部分传统建筑，完成了三维数据的采集，为日后进一步的深入研究与保护提供了可靠的资料、打下了良好的基础。

南京博物院对古代建筑的研究与保护，可以追溯至中央博物院筹备处在四川李庄时期的工作，即1940年中央博物院筹备处委托中国营造学社调查西南诸省古建筑与附属艺术，供其制作模型用以陈列展览。1949年以后，江苏地区的古建筑保护工作主要由江苏省文物管理委员会（即原南京博物院文管部）承担。1997年，南京博物院古代建筑研究所成立，2007年起逐渐开展以江苏省不可移动文物为对象的保护与研究工作，内容涉及文物保护工程、大遗址保护规划、文物数据采集及有关江苏传统建筑的课题研究等，是南京博物院“一院六馆六所”的研究所之一。

作为博物馆内的古代建筑研究所，与一般的古建所的工作重点有所不同，既要做区域建筑的调查、研究、维修、保护，也要为博物馆服务社会公众，特别是服务展览做出自己应有的贡献。也就是说，在博物馆内，体现区域发展的长期展览中，要有不可移动文物（主要是古建筑）的展示位置；呈现地域文明的有效传播中，包括新媒体的传播，要有古建筑形象的展示内容；反映区域或城市的历史文化景观，可以在博物馆内用传统建筑的载体，进行创造性的再现。

在多年的工作实践中，南京博物院古代建筑研究所的年轻团队得到了磨炼，他们既开展对江苏古代建筑的保护研究，又将成果应用于博物馆服务公众的实践，同时管理好了南京博物院的民国馆。面对苏北传统建筑调研课题，在有限的资源内完成如此大量的基础调研工作，实在难能可贵。

本书的出版对填补苏北地区传统建筑研究的空白有重要意义。同时，传统建筑在城市建设发展中逐渐消亡，对苏北各地传统建筑的现状进行真实记录与评估也是本书的可贵之处。感谢他们为此付出的心血和努力，也感谢在此课题进行过程中和图书出版过程中帮助过我们的所有朋友。

龚　良

南京博物院院长

第一章 绪论

第一节 缘起

“苏北传统建筑调查研究”课题缘于2012年南京博物院古代建筑研究所在苏北地区的实地考察。该地区传统建筑做法极具特色，与被广泛关注的苏南地区有很大不同，且该地区（除扬州市）的传统建筑较少被关注，缺少相关研究及保护。经多次调研，我们发现苏北地区传统建筑，尤其是传统民居，数量庞大，且存在产权混杂、破坏因素复杂、维修资金不足等问题。这些传统建筑有的被过度使用，有的已经废弃空置，因自然和人为破坏而逐年减少，令人痛惜。因此，我们决定选取部分具有较高研究价值的传统建筑进行记录，尽可能保留一些信息资料，为今后的保护与研究奠定基础。

随着社会经济的快速发展，大量传统建筑在城乡建设中被拆除。调查工作开始时，就已有不少传统建筑被毁，但还保留了部分遗存可供调查研究，因此仍有不少案例值得记录。鉴于苏北地区尚未引起学界的广泛关注，这些资料的记录和研究可能会引起学界重视，对系统研究该地区传统建筑的价值及地位具有积极意义。此外，在传统建筑不断损坏的情况下，该课题对于这些建筑现状的记录，尤为珍贵。

第二节 研究对象

本课题研究对象的关键词是“苏北”和“传统建筑”。

苏北是江苏省北部地区的简称。关于苏北的范围，依据地理、行政、文化、经济等各种因素，存在不同的划分方法。1949年，中央政府以长江为界分设苏北和苏南两个行政公署，苏北行署区以地处原江苏省北境得名，辖今江苏省内长江以北广大地区（今泗洪、盱眙、江浦原属安徽省，徐州、连云港原属山东省）。1953年，江苏省人民政府成立，撤销苏北、苏南两个行署区，将山东省、安徽省原为江苏省旧辖之地区划回江苏省属，结束了江苏省南北分治的局面 。[1]因此，广义的苏北是指江苏省内长江以北的广大地区。江苏的“十五”发展计划提出“苏中”这一独立的经济板块概念，将“大苏北”概念中沿长江北岸的南通、扬州和泰州三市划出作为苏中地区[2]，而苏北地区只包括徐州、连云港、淮安、盐城、宿迁五个省辖市[3]，即狭义的苏北。另外，从方言分布来看，苏北也并不统一。徐州全境、连云港和宿迁两市的西北部属于中原官话区；南通和泰州两市的东南部属于吴语区；盐城、淮安、扬州三市全境，连云港与宿迁的东南部，泰州和南通的西北部属于江淮官话区（图1.2.1）。[4]可见，无论是广义的苏北还是狭义的苏北，都不属于单一文化圈。

本课题采用以长江为界划分的“大苏北”作为研究区域，包括八个地级市：南通、泰州、扬州、淮安、盐城、宿迁、徐州和连云港（图1.2.2）。这八个城市都拥有悠久的历史，但各市古城、古镇、古村的

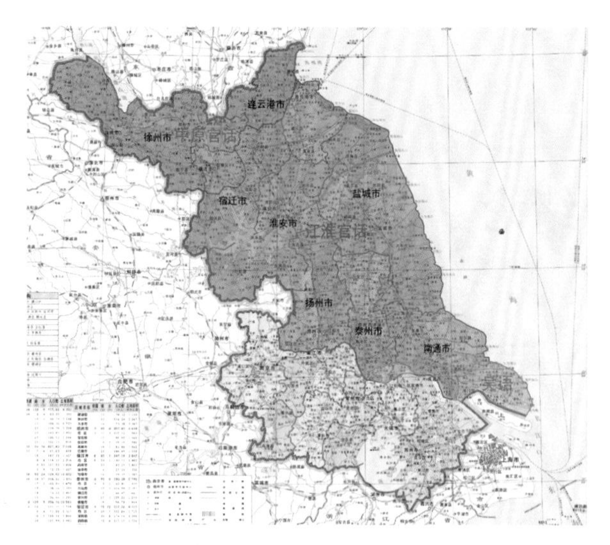

图1.2.1　苏北方言地图

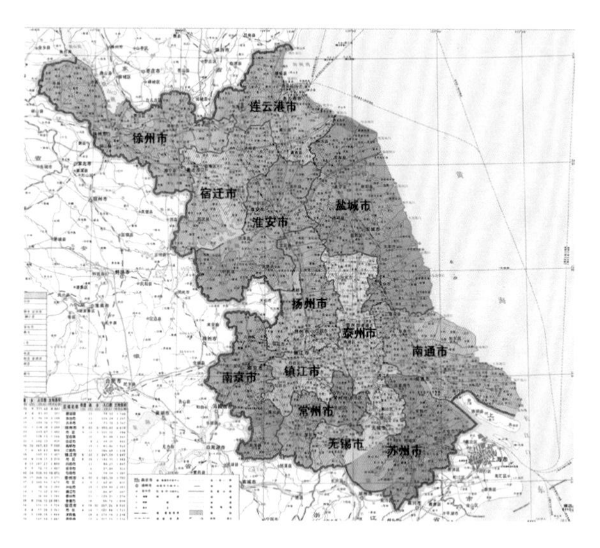

图1.2.2　苏北行政地图

保存情况差异较大（表1.2.1）。总体来说，宿迁、连云港两市保存的历史遗迹较少；南通、泰州及扬州三市保存的历史遗迹较多，除保存有多个古城，三市下辖的古镇、古村也有相当数量入选各级文化名录；淮安和徐州的历史遗迹主要集中在古城，尤其是淮安市淮安区的传统建筑保存较完整；盐城虽然不是历史文化名城，但其下辖区域保存有多处保护区及古镇。

本课题所研究的传统建筑限定为中华人民共和国成立前地面以上保存的传统木构建筑。中国古代建筑在近现代开始转型，摆脱传统营造方式并走向现代化。[5]《中国建筑史（第五版）》提到，自1840年中国进入近代时期，中国建筑呈现出新旧两大建筑体系并存的局面，旧建筑体系是原有的传统建筑体系的延续，是与农业文明相联系的建筑体系。清朝覆灭后，官工系统的建筑活动终止，而民间传统建筑活动仍在延续。遗存至今的大量民居和其他民间建筑，绝大部分建于鸦片战争之后。这些建筑可能局部运用了近代的材料、装饰，但并没有摆脱传统的技术体系和空间格局，仍然属于旧建筑体系，是推迟转型的传统乡土建筑。[6]中华人民共和国成立后，建立了另一套建筑体系[7]，因此本课题研究对象的时间下限设定在1949年（此前建造的近代建筑[8]属于新建筑体系，不纳入本次研究）。本课题重点研究旧建筑体系，选取了存量最多、最为普遍的传统木构建筑作为研究对象，其他材质、结构、体系不做深入探讨（比如塔作为独特的建筑类型，也不纳入本次研究）。从调研情况来看，苏北地区的传统建筑以民居存量最多，故民居是本课题的主要研究方向。

表1.2.1　苏北地区国家级和省级历史文化名城、名镇、名村情况表（统计截止时间为2018年）

地级市	县级市	国家历史文化名城	江苏省历史文化名城	江苏省历史文化保护区	中国历史文化名镇名村	江苏省历史文化名镇名村
南通市	—	2009年增补	2007年公布	1995年第一批：南通市濠河历史文化保护区	2008年第四批：海门市余东镇 2014年第六批：如东县栟茶镇、通州区二甲镇余西村	2008年第五批：海门市余东镇 2013年第七批：如东县栟茶镇、通州区二甲镇余西村
	如皋市	—	2012年增补	—	—	2013年第七批：如皋市白蒲镇

续表

地级市	县级市	国家历史文化名城	江苏省历史文化名城	江苏省历史文化保护区	中国历史文化名镇名村	江苏省历史文化名镇名村
泰州市	—	2013年增补	1995年第一批	—	2005年第二批：泰兴市黄桥镇、姜堰市溱潼镇	2004年第三批：泰兴市黄桥镇 2008年第五批：姜堰市溱潼镇
	兴化市	—	2001年第二批	—	2010年第五批：兴化市沙沟镇	2009年第六批：兴化市沙沟镇
扬州市	—	1982年第一批	—	—	2008年第四批：江都区邵伯镇 2014年第六批：江都区大桥镇	2006年第四批：江都区邵伯镇 2013年第七批：江都区大桥镇
	高邮市	2016年增补	1995年第一批	—	—	2017年第八批：高邮市临泽镇、高邮市界首镇
淮安市	—	1986年第二批	—	—	—	2013年第七批：淮阴区码头镇
盐城市	—	—	—	2001年第二批：大丰市草堰镇古盐运集散地保护区	2007年第三批：东台市安丰镇 2014年第六批：东台市富安镇	2006年第四批：东台市安丰镇 2013年第七批：东台市富安镇 2017年第八批：东台市时堰镇
宿迁市	—	—	—	—	—	—
徐州市	—	1986年第二批	—	—	—	2009年第六批：新沂市窑湾镇
连云港市	—	—	—	—	—	—

第三节　文献综述

苏北传统建筑的研究成果散见于民居研究的相关书籍，其中绝大部分著作以江南水乡民居、苏州民居、苏南民居作为江苏民居的典型代表，苏北地区仅有扬州受到较多关注。综观目前涉及苏北民居的研究著作，有《江苏民居》（“中国民居建筑丛书”），书中“淮扬民居”及“苏北民居”两章提到部分案例；有《中国传统民居类型全集》，书中对苏中、苏北民居分别做了简单论述。以江苏传统建筑作为研究对象的专著有《江苏古建筑》（“中国古建筑丛书”），书中提到一些古城、古镇、古村及传统建筑案例；另外，《中国传统建筑解析与传承·江苏卷》是解读江苏传统建筑总体面貌特征的较新成果，该书从“形”“意”两方面展开讨论，将苏北划分为徐宿淮北地区、淮扬地区以及通盐连沿海地区三个区系。受限于丛书的编纂口径不可能过细，上述出版物多属于宏观视角，多通过图片进行总体介绍，相对缺少深入细致的案例研究。目前，专门探讨苏北地区传统建筑的专著和论文并不多见，其中包括东南大学李新建所著《苏北传统建筑技艺》和上海交通大学王清文的硕士论文《苏北传统乡土民居气候适应性研究》。研究苏北民居艺术的期刊论文较多，涵盖门窗艺术、装饰艺术、屋顶装饰艺术、木雕艺术及墙体艺术等。

相对于苏北地区传统建筑的整体研究，以各市传统建筑作为研究对象的论著成果颇丰，但是呈现区域研究不平衡的状态。总体来说，各历史文化名城受到学界的较多关注。以下是苏北地区各市的传统建筑研究成果。

南通市：作为"中国近代第一城"的南通，其近代城市建设与近代建筑受到学界较多关注，目前的研究著作多围绕此主题，如《南通近代城市规划建设》《张謇与南通"中国近代第一城"》《南通近代"中西合璧"建筑》等，但研究传统建筑的专著较少。该地区的文史资料中也有一些介绍性的出版物，如《南通建筑史话》和《三角洲·濠河》（第250期、284期的老建筑专辑）等；研究当地传统建筑的学位论文有《南通地区传统民居研究》和《南通传统式样建筑造型及其装饰研究》等；期刊论文较多，包括《刍议南通民居特色》《南通农村民居特色浅论》《南通民居的地域文化特征》《南通民居装饰的文化意涵》《基于海洋文化的南通民居脊饰研究》《南通老城区传统民居建筑特色探析》《传统民居装饰构件的近代演变——以南通地区为例》《南通文庙初探》《如皋文庙大成殿》《余东明清古民居的建筑特色浅析》等。

泰州市：该地区缺少传统建筑研究专著，但地方出版的文史资料中有一些散篇，如《泰州文化》中的《泰州的建筑和园林》、《泰州史话》中的《清代泰州的扬郡试院》、《泰州旧事摭拾》卷七"文物"篇等，以及《泰州古迹志》《泰州名胜古迹》《泰州的老街、老巷、老镇》《物华昭阳——兴化市文物保护单位概览》等；关注泰州传统建筑的学位论文有《泰州城市水系变迁与城市形态演进研究》和《泰州"勾连搭"作法研究》等，期刊论文包括《泰州古民居考察》《泰州古稻河历史街区传统建筑研究》《泰州传统民居的建筑特色及其修复技术——以泰州姜堰区北大街为例》《泰州"乔园"的历史变迁》《泰州城隍庙建筑修缮方案设计》等。

扬州市：该地区传统建筑研究始于20世纪60年代，可视陈从周的《扬州园林》为研究开端，该书以大量实测图纸总结了扬州园林与住宅的设计手法与特征；2015年由梁宝富编著的《扬州民居营建技术》从工匠角度总结了扬州民居的传统建筑工艺，具有较强的实践性；还有不少价值较高的专著，如《扬州老城区民居建筑》《扬州地区住宅的发展脉络研究》《扬州门楼·福祠·照壁》《扬州城区历史建筑》《扬州建筑雕饰艺术》《扬州传统建筑装饰艺术研究》等；地方文史资料也有不少介绍传统建筑的，如《扬州盐商建筑》《凝固的音乐——扬州建筑精品录》《广陵家筑：扬州传统建筑艺术》《扬州园林丛谈》，以及"扬州历史文化丛书"等；研究论文数量众多，较为重要的有学位论文《扬州老城区盐商宅居空间特征研究》，以及期刊论文《扬州古民居建筑装饰艺术》《明清扬州衙署建筑》《扬州会馆录》《扬州老城区传统民居建筑平面的"形"的研究》等。

淮安市：该地区缺少传统建筑研究专著，但相关文史资料丰富，如《中国·文化淮安》《中国建筑文化遗产5》，以及"名城淮安丛书"等，均有介绍淮安地区传统城市建筑的内容；淮安历年文史资料也有一些散篇，如《淮城民居建筑特色及家具物件摆设》《淮安老民居的三雕艺术》等均具有一定参考价值；各类论文中也有专门研究淮安市传统建筑的，如学位论文《淮安传统建筑类型及其技术研究》《淮安传统民居形态特征研究》等，期刊论文《三城鼎峙，署宇秩立——明代淮安府城及其主要建筑空间探析》《城阙缮完，闾阎蕃盛——清代淮安府城及其主要建筑空间探析》《明清时期淮安府河下镇私家园林探析》《淮安清晏园考略》《淮安府衙建筑形制研究》等。

盐城市：该地区传统建筑研究成果较少，主要见于期刊论文，以介绍性的内容居多，如汪永平的

《江苏古镇——安丰镇》《江苏古镇——东台西溪镇》等；涉及传统建筑的研究论文主要有《大丰草堰古盐运集散地再认识》《富安明代民宅探析》《盐城古建筑文化保护现状与发展探析》等。

宿迁市：该地区缺少传统建筑研究专著，研究成果主要是各类论文。其中，学位论文《苏北地区（徐宿连）清末传统民居研究》对宿迁与徐州、连云港的传统建筑进行综合研究，分析了三地共性和各自特色；期刊论文有《从道生碱店看外来技术与传统形制的碰撞——关于近代建筑研究与保护的思考》《宿迁市古建筑现状调查与加固方法》《老城商业中心区传统特色的塑造与复兴——以宿迁东大街历史保护区为例》《苏北泗阳花井村茅屋调研》等。

徐州市：该地区研究著作主要围绕户部山民居，如《户部山民居》《徐州崔焘故居上院修缮工程报告》《徐州传统民居》等；2007年江苏省文博科研课题——刘玉芝的"徐州户部山古民居研究"课题报告也相当重要；各类论文中有相当一部分是研究徐州地区传统建筑的，如学位论文《徐州传统院落和街巷的研究与应用》《苏北地区（徐宿连）清末传统民居研究》《徐州传统民居建筑装饰与空间的度量关系研究》等，期刊论文《户部山地区传统民居院落空间解析》《户部山古民居建筑装饰艺术探究》《融合南北特色的徐州传统民居》《解读徐州户部山古民居》《苏北传统民居砖石墙体的人文价值研究——以徐州地区为例》《徐州地区传统民居特色的类型分析》等。

连云港市：目前尚未发现连云港地区的传统建筑专著论述，但地方文史资料有一些记载，如《南城凤凰文化》；相关研究成果主要是各类论文，如学位论文《连云港市连云历史文化古城的保护与更新》《基于城市复兴的古城更新——连云港海州古城城市设计》，期刊论文《城市化进程中历史遗存片断的可持续保护与利用——以连云港凤凰古城保护开发为例》《旧城区的复兴与更新改造研究——以连云港中山东路南片区为例》《连云港市南城古镇发展对策》等，研究视角较为单一，均围绕连云港地区古城保护与更新展开；涉及古镇、古建筑的论文，有汪永平的介绍性文章《江苏古镇——南城镇》和《江苏古镇——连云》等，比较重要的研究成果有《连云港碉楼民居的调查与保护思考》《连云港连云老镇历史性建筑肌理研究》等；此外，连云港还保存有相当数量的近代建筑，研究论文有《连云港市近代建筑略考》《近代连云港市天主堂建筑特色及其流布》等。

综上所述，全面论述苏北地区传统建筑的研究专著较少，多以介绍性文章和地方文史资料为主，缺乏深入分析和研究。从研究成果分布来看，对扬州和徐州两地传统建筑的研究专著较多，其余六市专著类成果仍处于空白，研究论文虽数量较多，但质量良莠不齐；从研究对象来看，民居建筑较多，公共建筑和官式建筑较少；从研究热点来看，对建筑造型、装饰艺术、建筑特色及文化的探讨较多，对形制、工艺、技术的探讨较少，更多关注历史街区、古镇的改造复兴、保护利用和开发；从研究主题来看，各地均有自身特色，如南通的江海文化、泰州的城池变迁、扬州的盐商文化、淮安的府城格局、盐城的明代建筑、宿迁的行宫文化、徐州的徐海文化、连云港的碉楼建筑等。总体来说，苏北地区的传统建筑研究仍存在较多空白之处。

第四节　研究概况

受时间、人力、物力等诸多因素限制，本次调研范围无法全面覆盖苏北广大地区，因此结合苏北传统建筑分布不均衡的特点，并根据相关研究条件，有重点地选择调研区域。如扬州市下辖各区、市、县均保存有相当数量的传统建筑，量大且分散，无法全部纳入本次研究，故仅选取老城区作为调研区域；淮安市的传统建筑主要集中于淮阴、淮安及清江浦三区，本次研究以淮安区，即历史文化名城范围作为研究重点，周边各区县传统建筑分布零散，故未将其纳入调研范围；盐城市所保存的传统建筑数量不多，但主要集中在几个古镇，且存有明代民居，故研究对象重点锁定明代及明式建筑。总体而言，苏北传统建筑主要分布在大运河、淮河等重要水系或沿海而建的古城、古镇及古村内。本次课题选择的调研区域见下表（表1.4.1），具体调研范围及调研点见各章节。

表1.4.1　苏北传统建筑调研区域情况表

地级市	已调研区域	未调研区域
南通市	崇川区、港闸区、通州区、如皋市、海门市、启东市、海安县、如东县	—
泰州市	海陵区、高港区、姜堰区、兴化市	泰兴市、靖江市
扬州市	广陵区、邗江区	江都区、仪征市、高邮市、宝应县
淮安市	淮阴区、淮安区、清江浦区	洪泽区、涟水县、盱眙县、金湖县
盐城市	盐都区、亭湖区、东台市	大丰区、射阳县、建湖县、阜宁县、滨海县、响水县
宿迁市	宿城区、宿豫区	沭阳县、泗阳县、泗洪县
徐州市	鼓楼区、云龙区、泉山区、邳州市、新沂市、丰县、沛县	铜山区、贾汪区、睢宁县
连云港市	海州区、连云区、灌云县	赣榆区、东海县、灌南县

本次课题研究程序主要包括资料搜集、文献整理、现场勘查、建筑实测及分析研究。资料搜集包括图纸资料、图像资料、工程资料、规划资料、历史文献资料、文物档案资料等。文献整理主要是对搜集的资料进行归类，选取需要调研的对象，整理出研究对象的相关资料。现场勘查的工作内容主要包括：图像记录、访谈记录和测绘记录。本次课题根据现场勘查的深度分为三个层面：基础调查、详细调查和重点调查。其中，基础调查是以照片记录为主，现场勘查建筑现状；详细调查是根据基础调查的情况，查阅建筑相关资料并进行现场核对，了解建筑的历史与现状；重点调查是在详细调查的基础上，进一步开展测绘工作，包括三维数据采集工作，对建筑进行数据记录，获取第一手资料，全面了解建筑。由于各市的基础资料情况不同，因此现场勘查深度也不同，其中，扬州市的基础资料丰富、测绘资料详尽，选取的案例基本都能找到对应的图纸资料，因此扬州市只进行了基础调查和详细调查，未开展测绘工作。宿迁市因建筑遗存数量较少，受到保护的文物建筑均有测绘图纸，因此只针对性地开展了一项测绘工作。其他城市因测绘资料较少，故需要对所选定的研究对象进行测绘，通常研究对象首选尚未修缮过且原状保存较好、在该地区具有代表性的传统建筑。本次课题除了常规测绘外，还使用三维扫描仪辅助测绘，对不具备测绘条件的研究对象进行三维数据采集工作，记录了大量传统建筑的现状数据（表1.4.2）。

最后整理所有研究对象的资料，并遵循“点、线、面”逐层展开的分析模式对其进行研究。“点”是以苏北地区大量的案例来分析城镇、建筑群和建筑单体的营造，总结其共性及特性。“线”是从横向、纵向进行比对，横向指不同区域同时代的建筑特征比对，纵向指同区域不同时代的建筑特征比对。不同区域包括苏北各市之间、苏北苏南之间、北方南方之间的比对，不同时代主要指明代至民国时期的阶段性变化的比对。最后汇总到“面”，即对苏北传统建筑进行全面审视，并总结其关联性和差异性。

表1.4.2　苏北传统建筑调查情况表（单位：处）

地级市	调研点				测绘制图	三维数据采集
	基础调查	详细调查	重点调查	合计		
南通市	21	8	4	33	4	4
泰州市	32	2	5	39	6	6
扬州市	52	10	0	62	0	0
淮安市	87	24	7	118	4	6
盐城市	33	3	6	42	6	12
宿迁市	10	7	1	18	1	0
徐州市	17	12	6	35	6	8
连云港市	51	7	12	70	5	12

第五节　章节组织

《苏北传统建筑调查研究》共计九章。第一章绪论，对本课题的基本研究情况进行说明并总结。其余八章以各市的调查研究成果独立成章，分别是：第二章南通市、第三章泰州市、第四章扬州市、第五章淮安市、第六章盐城市、第七章宿迁市、第八章徐州市、第九章连云港市。

记述调查研究成果的各章节写作体例一致，均分为四节，分别是：第一节概况、第二节传统建筑研究概述、第三节案例、第四节总结。概况部分主要介绍该市的基本情况、历史沿革，传统建筑的保护概况、调研概况及保存概况；传统建筑研究概述部分从街巷格局、建筑群格局以及建筑单体三个角度进行探讨，其中建筑单体是重点研究对象，是对该市范围内传统建筑平面、立面、大木、小木、瓦石等的总结性研究，并分析建筑构件的特征、做法；案例部分选取了该市范围内具有代表性的传统建筑实例，分别从建筑背景、现状概述和建筑本体三个方面进行详细论述；最后一节是对该市传统建筑研究的总结，主要是探讨本次调查研究的重点及不足之处。

第六节　成果说明

本次课题开展以来，从前期调研到最终成稿，许多问题逐渐显现，与最初的设想存在较大差距。

首先是时间的紧迫，这主要有两个方面的原因：一是结题时间的限制，该课题的研究涉及苏北地区八个市的传统建筑，其中五个市是国家历史文化名城，研究范围广泛，研究内容繁多，因此在课题规定时间内难以完成全面而深入的研究；二是传统建筑的消亡速度，调研中我们发现记录和研究的速度远赶不上自然和人为破坏的速度，建设、改造、修缮等均会对传统建筑造成不利影响，使传统建筑失去原真性。在调研的这几年中，部分传统建筑在补充勘查时总能发现新的破坏因素，而尚待勘查的传统建筑也在逐渐消失。因此，本次课题最大的遗憾是研究尚不够深入、系统，还有许多问题值得进一步深化研究。通过这次调研我们还意识到，仅凭一个课题的研究不足以充分解析该地区复杂的现状问题，而最终整理出版的这份研究报告着重于记录、描述，着重于对苏北地区传统建筑的重要信息进行归纳、总结，虽然这份研究成果略显单薄，但在现阶段仍具有重要意义。

其次，因中国疆域辽阔，建筑形制众多，尤其地域差异很大，相同的建筑构件在不同地区、不同年代存在不同称谓，故本书编写过程中涉及的一些专业名词也需特别加以说明。如瓜柱、童柱之分，已有论文专门研究其词源及用词分布地区；[9]又如三架梁、山界梁，明间次间梁架、正贴边贴，替木、机，槛窗、半窗，支摘窗、和合窗等，南北称谓均有差异。从中国建筑历史的研究来看，对北方官式建筑的研究最早，逐渐扩展至其他地域的乡土建筑研究，因此学界现行通用的古建筑词汇多来自北方，主要的参考书籍是《清式营造则例》，它被视为中国建筑的教科书[10]，但其研究对象为北京清代官式建筑，故存在明显的局限性。另一本重要参考书是《营造法原》，其出版标志着地方传统建筑做法受到关注，近年对《营造法原》的研究著作也很多。朱启钤曾指出，《营造法原》“虽限于苏州一隅，所载做法则，上承北宋，下逮明清，今北平匠工习用之名辞，辗转讹讹，不得其解者，每于此书中得其正鹄”[11]。该书对江苏尤其苏南地区的传统建筑研究极具指导意义，而且对整个中国的传统建筑研究也很重要。苏北地区正好处于南北交界的地理位置，其做法融合了南北地区的特征，这两本参考书均部分适用于苏北传统建筑，因此在选择用词上是一个难题。经多次讨论、研究，考虑到本书的普适性，决定行文中以北方通用传统建筑术语为首选，若该地区无对应的北方建筑术语，则以《营造法原》中的术语作为依据，并以地方称谓为补充。此外，建筑年代不同，相关称谓也有差别。苏北地区绝大多数传统建筑都是明代以后所建，以清代至民国最多，早于明代的案例极少，仅南通地区选有宋代遗构的案例，此处所涉及的术语以宋代《营造法式》为依据。

第七节　研究总结

在本次课题的研究中，我们发现苏北各市传统建筑的特征及联系极具研究价值，以下先做简要论述。

第一，从建筑材料来说，苏北各地差别较大，这与当地自然环境有关（图1.7.1）。连云港、徐州为多山地和多产石地区，石材在传统建筑中普遍用于地基与墙体。这两个地区室外铺地也普遍使用石材。连云港地区的碉楼及其他传统建筑，外墙可以完全用石材砌筑，且建筑技艺高超。徐州的传统建筑中既有全石墙体也有砖石墙体，如子房山民居中就大量使用全石墙体，又如新沂市花厅村至今仍保存有石墙草顶的民宅。徐州的砖石墙体做法更为普遍，石材主要用于墙体下碱部分以及门窗过梁，墙体上部砌筑青砖。自宿迁、淮安、盐城往南各市，因处于丘陵平原地区，产石少，传统建筑材料则以青砖为主，石材多用于柱础、台基、阶沿石、抱鼓石、门枕石等处，只有财力雄厚的人家才会用石材铺地。此外，连云港、徐州、盐城和南通等地区的农村还存有少量土坯房、草屋，其中连云港和盐城北部仍在使用海柴制作屋望。

第二，从建筑木构体系来看，苏北也很特别。除了普遍采用的“正交梁架体系”，苏北的连云港、徐州及宿迁三市还有“三角梁架体系”[12]，即金字梁架。受到等级制度的影响，各地的建筑单体规模呈现出一定的共性，比如普遍使用三开间，进深以五架、七架为主。但各地又存在若干差异，比如南通、泰州和盐城三市的传统建筑木构明间大量使用中柱、扁作；扬州、淮安多在山面使用中柱，扬州的居室明间可使用中柱，而淮安地区的明间则未见使用中柱者；南通有见五柱、七柱全落地的穿斗构架等。苏北各地区穿斗、抬梁结构体系并存又各有侧重，常在木构梁架中组合使用，具体做法详见各章节。

（a）石材墙体（连云港市朝阳镇尹宋村某宅）

（b）砖石墙体（徐州市云龙区户部山余家大院）

（c）青砖墙体（扬州市广陵区湾子街69号民居）

（e）砖、土坯混合墙草顶（盐城市盐都区楼王镇某宅）

（d）石墙草顶（徐州市新沂市棋盘镇花厅村某宅）

（f）土坯墙草顶（盐城市滨海县顾正红故居，图片引自 http://blog.sina.com.cn/s/blog_650ad2e70101q2do.html）

图1.7.1　苏北传统建筑用材

第三，从建筑年代来看，苏北部分地区保留了一些早期木构做法，如南通天宁寺的大雄之殿、文庙的大成殿等建筑，其瓜棱柱、叉手、普拍枋等木构遗存的做法甚至可追溯至宋代。明代遗构也有不少案例，如扬州的西方寺、南通的明代住宅、如皋的文庙大成殿、泰州的明代住宅、盐城富安镇和安丰镇的明代住宅等。明代建筑用料大，木櫍、月梁、荷叶墩、山雾云、抱梁云、举折等做法特征明显，有的还绘有少量明代彩画。此外，苏北传统建筑还保存了一些早期的做法，如木櫍、单斗只替等。其中，木櫍做法在盐城、南通、泰州等地均有发现，扬州的西方寺和徐州的玄庙等地也能见到。祁英涛《怎样鉴定古建筑》中曾提到“柱櫍的应用最早见于殷代遗址中，当时为铜櫍”[13]，《营造法式·总释上·柱础》中有“说文櫍，柎也……柱砥也，古用木，今以石”的说法。木櫍做法历史悠久，南通、泰州等地传统建筑仍旧保留了这种古法，且在当地十分常见，这一现象值得进一步深入研究。单斗只替为宋代《营造法式》中记载的做法，多见于南通、泰州、盐城等地的明代或明式住宅。除此之外，李新建曾推测苏北金字梁架也是源自大叉手的古老做法（图1.7.2）。[14]

第四，从建筑构件和构造来看，苏北传统建筑也有很多特色做法（图1.7.3）。如南通的弯椽，南通、泰州的子梁，淮安、连云港的一门三搭，盐城、泰州和南通的响厅，扬州、泰州的福祠，连云港、

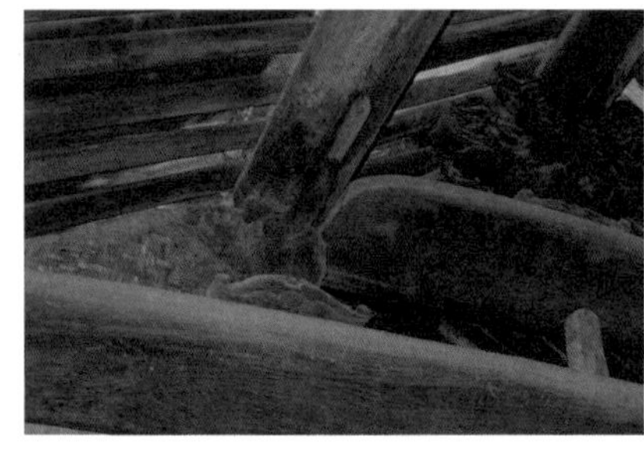

(a) 单斗只替（盐城市东台市安丰镇周法高故居）

(b) 木櫍（南通市崇川区冯旗杆巷明代住宅）

(c) 金字梁架（连云港市海州区南城镇东大街某宅）

图1.7.2　苏北传统建筑中的古老做法

盐城和淮安的天香阁，连云港的墙体镶塑做法，徐州、连云港的外檐插栱做法，苏北各地以植物编扎屋望及屋面的做法。其中有些工艺做法沿用至今，如连云港的海柴屋望工艺。

第五，从建筑文化来看，盐商文化对苏北地区也有相当大的影响，尤其是扬州、淮安以及盐城南部。虽然这些地区的盐商住宅呈现出不同特色，但由于徽派建筑的影响，还是能看到不同地区盐商住宅的相似之处，如砖门楼、马头墙、回形走马楼、天井等。另外，“洪武赶散”事件中苏南人口北迁对苏北的传统建筑也产生了很大影响，如盐城市楼王镇的王氏宅院，其祖上来自苏州，建筑群里的二层小楼带有明显的苏式建筑风格。南通、泰州、盐城等地的明代住宅与苏州的明代住宅做法上也有较多类似之处，这很有可能也与北迁相关。而迁徙到苏北各地的人，或多或少带来了家乡的建筑特征，造成异地建筑的趋同性，如连云港市板浦镇的汪家大院，其建筑风格和淮安地区传统建筑很接近；扬州市方氏住宅的卷棚封檐做法与湖北、湖南地区的做法十分相似。

总而言之，苏北传统建筑尚有很多问题需要研究，并值得进一步探讨。希望本调查报告能够起到抛砖引玉的作用，能够引起学界对苏北传统建筑的充分关注。

(a) 弯椽（南通市崇川区寺街24号宅）

(b) 一门三搭（淮安市淮安区珠市街蒋宅）

(c) 响厅（泰州市海陵区四巷陈宅）

(d) 福祠（扬州市广陵区湾子街某宅）

（e）天香阁（盐城市盐都区楼王镇王氏宅院）

（f）墙体镶塑做法（连云港市海州区南城镇东大街27-1号宅）

（g）插栱（徐州市云龙区户部山余家大院）

（h）海柴屋望工艺（连云港市海州区南城镇东大街）

图1.7.3　苏北传统建筑特色做法

注释

1. 郑定铨：《新中国成立以来江浙两省行政区划沿革》，《经济研究参考》2007年第51期，第46～47页。
2. 引自江苏省政府2013年6月28日召开的“苏中发展新闻发布会”。
3. 引自江苏省政府2013年7月31日召开的“支持苏北地区实现全面小康新闻发布会”。
4. 中国社会科学院、澳大利亚人文科学院合编：《官话之三：河南、山东、皖北、苏北》，《中国语言地图集（第一分册）》，朗文出版（远东）有限公司1987年版，第B3页。
5. “尽管‘中国近代建筑史’具体的时间范围如何界定尚需讨论，但总体而言，它是中国在外来影响下摆脱传统营造方式，并在建筑生产的各个方面走向现代化的过程这一点已是共识。”见赖德霖：《中国近代建筑史研究》，清华大学出版社2007年版，第10页。
6. 潘谷西主编：《中国建筑史（第五版）》，中国建筑工业出版社2004年版，第300～301页。
7. 1949年后，中国建筑体系发生了巨大的转变，尤其是“1952年公私合营改造之后，在中国基本上采用的是苏联模式，与近代时期以欧美式建筑体系为主的运行模式和发展方向完全不同”。见王昕：《江苏近代建筑文化研究》，博士学位论文，东南大学，2006年，第2页。
8. 中国近代建筑并不是中国近代的建筑，它必须具备“中国传统建筑和西方外来建筑两种建筑活动相互作用”的特性。见李蓺楠：《二十世纪八十年代以来的中国近代建筑史研究》，博士学位论文，清华大学，2012年，第1～2页。
9. 孙博文：《瓜？童？瓜童！——对不落地短柱的词源考证与异地匠作同源关系探讨》，《建筑师》2014年第1期，第68～71页。
10. 本书是梁思成在20世纪30年代初期的研究成果。“当时梁思成先生以清《工部工程做法》为课本，以参加过清宫营建的匠师们为老师，以北京故宫为标本，还收集了工匠世代相传的秘本，对清代建筑的营造方法及其则例进行了考察研究，以生动的文字详加阐释，并用建筑投影图和实物照片将各部分构造清晰地表达出来。” 见梁思成：《梁思成全集（第六卷）》，中国建筑工业出版社2001年版，第3页。

11. 朱启钤：《题姚承祖补云小筑卷》，《中国营造学社汇刊（第四卷）》第二期，知识产权出版社2006年版，第87页。
12. “正交梁架体系”和“三角梁架体系”等命名均出自李新建：《苏北传统建筑技艺》，东南大学出版社2014年版，第17～18页。
13. 祁英涛：《怎样鉴定古建筑》，文物出版社1981年版，第19页。
14. “金字梁架是中国早期建筑特征及其演变过程的‘活化石’。”见李新建、李岚：《苏北金字梁架及其文化意义》，《建筑师》2005年第6期，第86页。

第二章　南通市

第一节　概况

一、基本情况

（一）地理位置和气候特点[1]

南通市简称通，位于江海平原区，居长江入海口北侧，东濒黄海，南临长江，北靠盐城，西接泰州，“据江海之会，南北之喉”[2]（图2.1.1）。南通市地处北纬31° 41′ 06″ ～ 32° 42′ 44″，东经120° 11′ 47″ ～ 121° 54′ 33″，南北最大距离为114.2千米，东西最大距离为158.8千米。

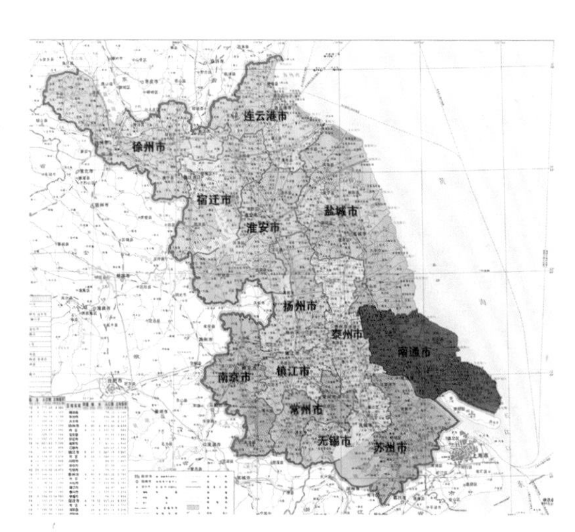

图2.1.1　江苏省南通市区位图

境内整体地形为西北略高于东南，除狼山地区有少量基岩山体外，其余皆为第四系松散沉积物覆盖，地势平坦，海拔2 ～ 6.5米。土壤以沙壤土为主，沿海为盐土。海安、曲塘以北为里下河平原的一部分，串场河以东、如泰运河以北为滨海平原的一部分，其余地区属长江三角洲平原。地貌以流水作用塑造的堆积地貌为主，按形态和成因划分为8个地貌小区。[3]区域内水网密布，运河纵横，主要有通扬运河、通启运河、通吕运河、如泰运河、如海运河、焦港河、栟茶运河等。

南通市属北亚热带湿润气候区，海洋性气候显著，年平均气温14.5 ～ 15.1℃，1月平均气温1.4 ～ 2.3℃，7月平均气温 27.2 ～ 27.8℃，年降水量1004 ～ 1078毫米，初夏有梅雨，夏秋之交有台风雨。[4]

（二）市县建置、规模

南通市，后周显德五年（958）始称通州，置静海军。据明万历《通州志》记载：“州之东北，海通辽海诸夷；西南，江通吴越楚蜀；内运，渠通齐鲁燕冀；故名通州。又云，分自泰州，取通泰之义。”[5]据《读史方舆纪要》载：“州据江海之会，繇此历三吴，问两越，或出东海动燕、齐，亦南北之喉吭矣。周显德五年取其地，始通吴越之路，命名通州。”[6]清雍正二年（1724）升直隶州，为别于直隶顺天府通州（今北京市通州区），俗称南通州。

截至2016年底，南通辖如皋、海门、启东三市（县级），海安、如东两县以及崇川、港闸、通州三区（图2.1.2）。全市行政区域总面积8001平方千米，全市户籍总人口765万人。[7]

如皋市：如皋一名始于东晋，“《宋书》志，海陵郡如皋县，晋安帝立；《南畿志》云，如皋县本广陵地，东晋始置县，宋齐因之，属海陵郡”[8]。如皋明清隶属泰州，清雍正二年划归通州。民国时期如皋为一等县，与湖南邵阳同被列为全国最大的县。1991年，经国务院批准，如皋撤县建市。截至2015年末，全市行政区域总面积1477平方千米，全市户籍总人口143.63万人。[9]

图2.1.2 南通市政区图

海门市：北靠黄海，南倚长江，素有“江海门户”之称。后周显德五年建县，县治设于东洲镇，名海门县[10]。清康熙十一年（1672），归并通州。清乾隆三十三年（1768），建海门直隶厅，县治设于茅家镇。1912年，复称海门县。1994年6月撤县设市，成立海门市，隶属于江苏省南通市，市人民政府驻地海门镇。截至2013年末，全市行政区域总面积1148.77平方千米，全市户籍总人口100.06万人。[11]

启东市：位于长江入海口，南、北、东三面环水。汉朝以前，这里还是江口海域；清代中叶前，长江口崇明北侧陆续涨出小沙洲，至清末连成一片。北部吕四地区，宋、元、明、清时属海门，1912～1942年属南通县；中部原属海门县；南部原属崇明，称崇明外沙。1928年3月，启东正式设立县治。截至2011年末，全市行政区域总面积1208平方千米，全市户籍总人口112万人。[12]

海安县：位于南通、盐城、泰州三市交界处。清初为海安镇[13]，1943年1月建紫石县，1948年更名为海安县。1949年1月，海安县全境解放，县政府迁驻海安镇，1970年海安县属南通地区。截至2016年末，全县行政区域总面积1180平方千米，全县户籍总人口93.83万人。[14]

如东县：古为海洋，唐代逐渐形成陆地，北宋始设栟茶、丰利二镇，筑范公堤贯穿全境，至明代逐渐繁荣，掘港有“十里小扬州”之称。如东县原名如皋东乡，1940年冬黄桥决战后，新四军苏北指挥部第三纵队挺进通（南通）、如（如皋）、海（海门）、启（启东），同时将原如皋县分设如西县和如皋县（如皋东乡）。1945年秋，如西县复名为如皋县，后如皋县易名如东县，现隶属南通市管辖。截至2015年末，全县行政区域总面积1872平方千米，全县户籍总人口103.96万人。[15]

崇川区：南通主城区，西临长江，区内有一山一水——狼山与濠河，自古有“崇川福地”的美誉。崇川区古称胡逗洲[16]，唐代设盐亭场，置盐官。后周显德五年取名通州，为行政建置之始。自1912年，废州设县，以南通城为县治，后几经变迁，直至1991年，更名崇川区。[17]2017年末，全区行政区域总面积100平方千米，全区户籍总人口80万人。[18]

港闸区：位于南通市中西部，西临长江，为长江冲积平原，区内河流纵横，通扬、通吕、九圩港运河等主干水系由此汇入长江。港闸区前身是南通市郊区，1991年市区行政区划调整后更名。截至2016年末，全区行政区域总面积134.23平方千米，常住人口27.8万人。[19]

通州区：位于南通市中部，西接长江，东临黄海。原为南通县，1993年2月撤销，设通州市。2009年7月通州市撤销，设南通市通州区。2016年末，全区行政区域总面积1351.5平方千米，全区户籍总人口126.59万人。[20]

二、历史沿革

（一）南通成陆[21]

南通地区原是浅海海域，在海浪的作用下，长江泥沙逐渐堆积露出水面，在近五六千年内形成广阔的平原。西北部的海安、如皋成陆较早，是扬泰古沙嘴的东端。在这里发现了南通地区最古老的青墩遗址[22]

（位于海安县南莫镇青墩村，新石器时代）和吉家墩遗址[23]（位于海安县海安镇吉家桥村，新石器时代）。

公元5世纪至20世纪初，南通地区共发生了四次大规模的沙洲连陆现象：

1. 公元4世纪末至5世纪初，如皋东部的扶海洲（位于大海之中的沙洲）逐渐扩大，且与扬泰古沙嘴间的夹江逐渐湮没，沙洲与西边陆岸连接，廖角嘴（古代对长江北岸沙嘴顶端的称谓）延伸至今如东县长沙乡以东一带（图2.1.3）。

2. 公元10世纪初，现南通市区与通州区所在的壶豆洲（又称胡逗洲）与如皋陆岸相连，廖角嘴延伸到今余西（现属通州区）一带（图2.1.4）。

3. 公元11世纪中叶，东布洲（今启东市北部、吕四以东以南一带）连陆，廖角嘴扩展到现在的启东市东部一带（图2.1.5）。

4. 海门在元末至清初之间大部成陆，至18世纪初通州东部的江口中，沙洲纷纷出水，后划归海门直隶厅，其东南方的沙洲清末时统称为崇明外沙（今属启东市范围）。光绪年间，海门各沙洲和通州陆地连成一体。19世纪末至20世纪初，崇明外沙中的部分沙洲也逐渐同大陆相连（图2.1.6）。

图2.1.3　南通地区，西晋太康三年（282）（图片改绘自《江苏省历史地图》，《中国文物地图集·江苏分册》）

图2.1.4　南通地区，唐开元二十九年（741）（图片改绘自《江苏省历史地图》，《中国文物地图集·江苏分册》）

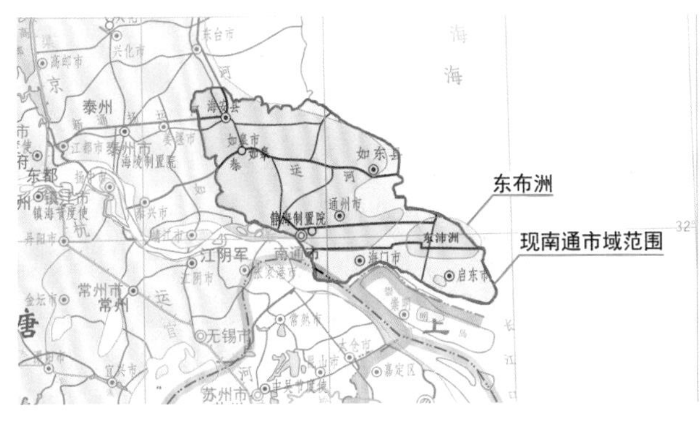

图2.1.5　南通地区，南唐保大十二年（954）（图片改绘自《江苏省历史地图》，《中国文物地图集·江苏分册》）

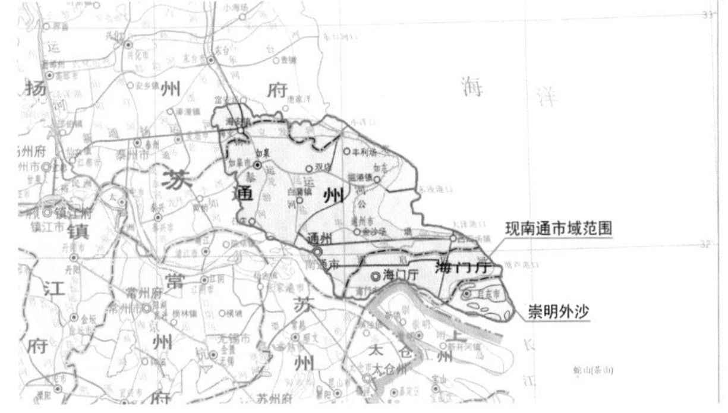

图2.1.6　南通地区，清嘉庆二十五年（1820）（图片改绘自《江苏省历史地图》，《中国文物地图集·江苏分册》）

（二）建置演变

南通地区历史悠久，自五千多年前的青墩与吉家墩文化始，人类就在此繁衍生息。据顾祖禹《读史方舆纪要》卷二十三记载：

> 通州……春秋时吴地，汉属临淮郡，后汉属广陵郡，晋末属海陵郡，宋、齐因之。隋属江都郡。唐属扬州。后周置静海军，寻改通州。宋初改为崇州，以州兼辖崇明镇，因名。寻复为

> 通州。政和七年赐郡名曰静海。元初曰通州路，寻复为州，属扬州路。明初仍为州，以州治静海县省入。编户百七十里。领县一。今仍曰通州，所领海门县一，圮于海。

南通建置自五代始，时称静海，先属吴国，后属南唐。后周改称静海军，显德五年改静海军为通州，辖今江苏长江以北泰兴、如皋以东地区。北宋天圣元年（1023）一度改为崇州，又名崇川，以其兼辖崇明镇而得名。宋明道二年（1033）复为通州，宋政和七年（1117）置静海郡。元至元十五年（1278）为通州路，至元二十一年（1284）降为通州，属扬州路（图2.1.7）。明仍为通州，州治静海县，属扬州府（图2.1.8）。清雍正二年升直隶州，清乾隆三十三年设海门厅（图2.1.9）。1912年，通州废州设县，改称南通县。1949年，成立南通市。

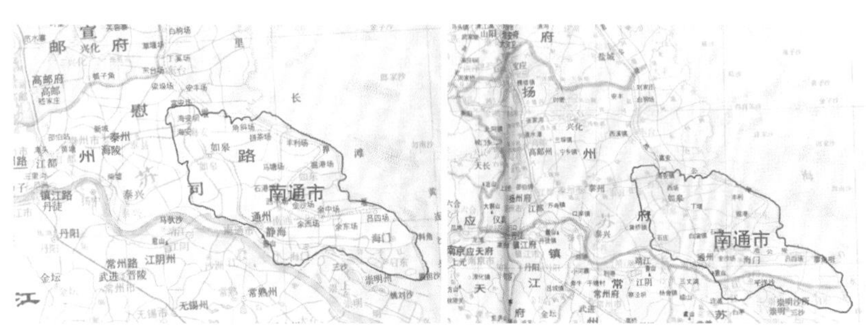

图2.1.7　元扬州路（图片改绘自《元河南行省》，《中国历史地图集》，中华地图学社1975年版）

图2.1.8　明扬州府（图片改绘自《明南京》，《中国历史地图集》，中华地图学社1975年版）

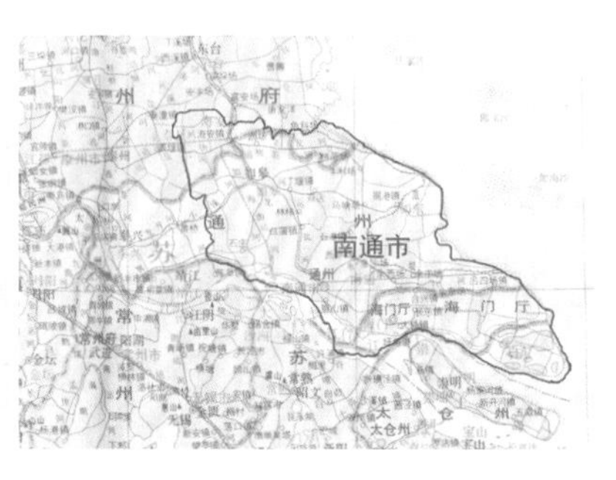

图2.1.9　清通州、海门厅（图片改绘自《清江苏》，《中国历史地图集》，中华地图学社1975年版）

（三）盐业兴衰[24]

南通自古有海盐之利，盐业则是南通地区最早的产业之一。

西汉初年，吴王刘濞在已成陆的南通西北部地区（今如皋、海安一带）率盐民煮海为盐。唐代，此地作为煎盐亭场，由政府设官管理。宋代，南通地区的盐产量大增，销量居全国之首，奠定了其重要的盐业地位，一直延续至清末。在此期间所设置的盐场沿运河密布（图2.1.10、表2.1.1）。该地因盐而建，至今仍保留着大量传统建筑与街巷肌理，如栟茶、余东、余西（图2.1.11）。

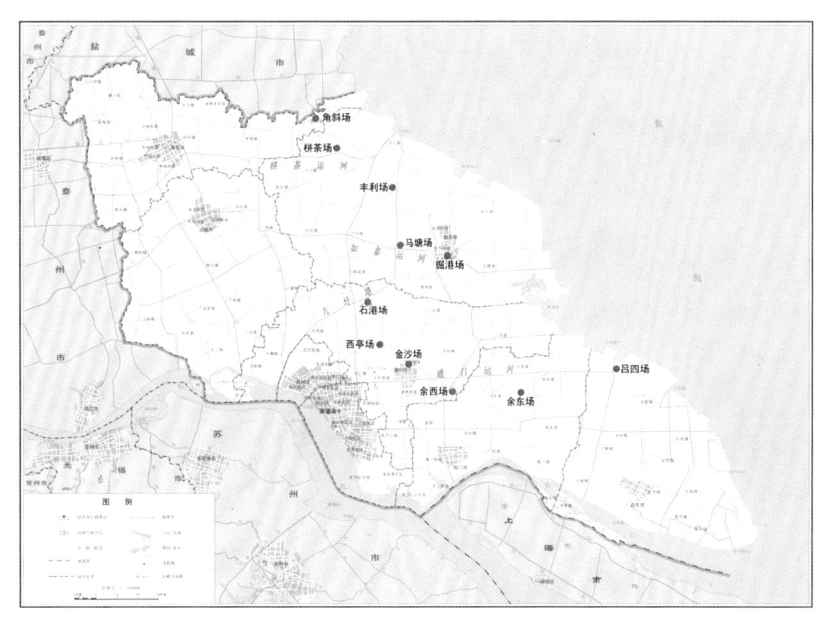

图2.1.10　南通地区重要盐场分布图（图片改绘自南通市政区图，江苏省测绘地理信息局网站）

清末民初，南通地区发生了第四次沙洲连陆现象，海岸东移。依赖海潮制盐的盐场亭灶因地理变化而不再产盐，盐民们在南通实业家张謇[25]的号召下“废灶兴垦”，整个地区的盐场产量锐减，相继归并，盐业衰落。

表2.1.1　南通地区历代重要盐场

年代	主要盐场	其他
北宋	角斜、栟茶、丰利、掘港（北四场）；西亭、利丰、永兴、丰利、石港、利和、金沙、余庆（南八场）	如皋仓
南宋	西亭、石港、金沙、余庆、吕四、角斜、栟茶、丰利、掘港、马塘	通州、海门、如皋、海安（买纳场）
元	吕四、余东、余中、余西、金沙、西亭、石港、马塘、掘港、丰利、栟茶、角斜	—
明	吕四、余东、余中、余西、金沙、西亭、石港、马塘、掘港、丰利	—
清	吕四、余东、余中、余西、金沙、西亭、石港、马塘、掘港、丰利（后裁撤余中、马塘，划补角斜、栟茶）	—

（四）近代第一城

“中国近代第一城”是吴良镛第一次调研南通时做出的一个大胆论断，之后他在《清华大学学报（哲学社会科学版）》发表了专门文章《张謇与南通“中国近代第一城”》，对此论断展开了进一步的阐释和论证：南通是中国早期现代化的产物，它不同于租界、商埠或列强占领下发展起来的城市，是中国人基于中国理念，比较自觉地、有一定创造性地、较为全面地规划、建设、经营的第一个有代表性的城市。亦即先驱之意。

图2.1.11　余西龙街

近代南通的发展与一个人息息相关，那就是张謇。[26]他兴实业、办教育，在南通乃至整个江苏沿海创工厂（如大生纱厂、大达内河轮船公司等）、开农垦（如大有晋盐垦公司、大丰盐垦股份公司[27]等）、修水利（如长江水楗、通海垦牧公司挡潮墙等）、办教育（如通州师范学校、通州女子师范学校等），创建了中国第一座公共博物馆——南通博物苑，以独特的城市建设理念构建了南通“一城三镇”的空间布局（图2.1.12、图2.1.13）。所谓“一城三镇”，即以南通古城为中心，辐射周边唐闸镇、天生港镇、狼山镇，并分别以工业、货运、风景区为主题对古城形成环绕之势。

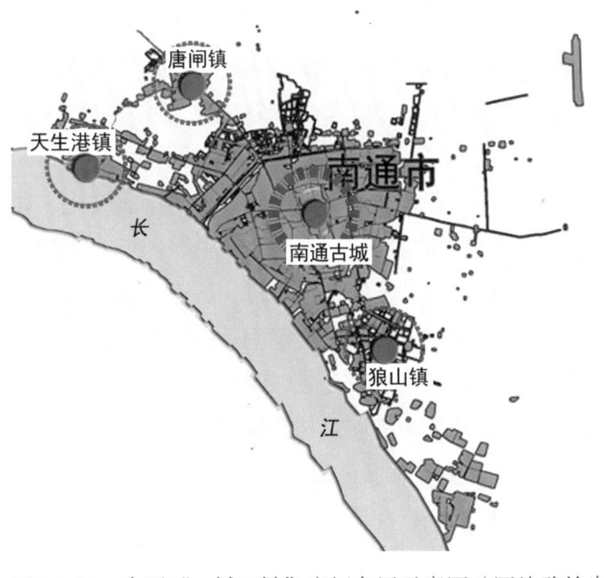

图2.1.12　南通“一城三镇”空间布局示意图（图片改绘自上海同济城市规划设计研究院：《南通历史文化名城保护规划·南通城市历史发展演变图》）

（a）大生纱厂清花间

（b）大达内河轮船公司

（c）大有晋盐垦公司

（d）通海垦牧公司挡潮墙

（e）通州女子师范学校（图片引自南通博物苑展览）

（f）南通博物苑

图2.1.13　南通近代城市建设案例

三、保护概况

（一）历史文化名城、名镇、名村（图2.1.14、表2.1.2）

1. 历史文化名城

（1）南通市

2007年，南通市被公布为江苏省历史文化名城，2009年被公布为国家历史文化名城，同年11月，江苏省人民政府正式批准了《南通历史文化名城保护规划（2009～2030）》（苏政复〔2009〕78号）[28]。

规划范围为南通市域行政辖区，包括崇川区、港闸区、通州区和南通经济技术开发区，行政区域面积为1706平方千米。规划从两个部分（物质文化、非物质文化）和三个层次（历史文化名城保护、历史文化街区保护，以及文物保护单位、历史建筑和历史环境要素的保护）入手，制定了南通历史文化名城保护的整体框架。在历史文化名城保护层面上，确定了南通“一城三片”（主城区与唐闸片区、天生港片区、狼山片区）和“一城两貌”（传统风貌、近现代风貌）的形态格局；在历史文化街区保护层面上，划定了四处历史文化街区和两处历史地段；在文物保护单位、历史建筑和历史环境要素的保护层面上，提出了相应的规划和保护要求。

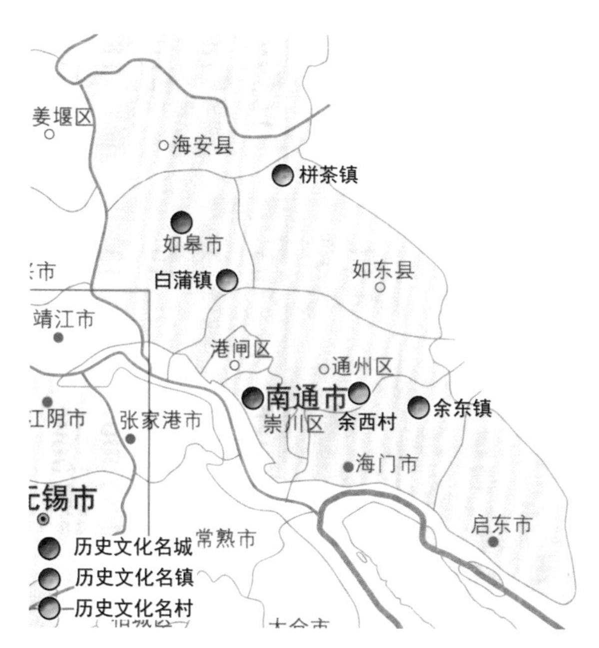

图2.1.14　南通市历史文化名城、名镇、名村分布图

表2.1.2　南通市历史文化名城、名镇、名村

名称	类别	属地	批次	等级
南通市	名城	南通市	增补（2009年1月公布）	国家级
如皋市		如皋市	增补（2012年4月公布）	省级
余东镇	名镇	海门市	第四批（2008年10月公布）	国家级
栟茶镇		如东县	第六批（2014年3月公布）	国家级
白蒲镇		如皋市	第七批（2013年8月公布）	省级
余西村	名村	通州区	第六批（2014年3月公布）	国家级

图2.1.15　南通市主城区历史文化街区分布图

四处历史文化街区，即濠南历史文化街区、西南营历史文化街区、寺街历史文化街区（图2.1.15）和唐闸历史文化街区。其中《濠南历史文化街区保护规划》（2014年4月进行批前公示）与《南通寺街—西南营历史文化街区修建设计》已完成规划及设计。

1）濠南历史文化街区

保护范围：东至濠东路，西至跃龙路，南至南公园南侧—西寺路—兴化禅寺东侧—启秀路，北至任港路—环城南路，总面积约0.361平方千米。

街区内主要是沿中濠河两侧分布的近代城市遗产区，如濠阳小筑、南通博物苑、濠南别业等，此外，也保留了部分传统建筑，如东寺［太平兴国教寺，始建于南宋乾道年间，元至正十四年（1354）大殿曾毁于水，明洪武年间重建，清道光年间重修，现仅存大殿］、西寺［兴化禅寺，始建于南宋乾道元年（1165），现存主要建筑为清代重建］。

2）西南营历史文化街区

保护范围：东至惠民坊东巷及三人巷，西、南至西南营巷，北至惠民坊，总面积约0.067平方千米。

西南营因旧时驻军而得名，街区内街巷格局清晰，有南关帝庙巷、冯旗杆巷、掌印巷等结构布局保存较好的巷道；民居建筑质量也相对较好，有南关帝庙巷明清住宅、冯旗杆巷明代住宅、西南营明清住宅等多处传统民居。

3）寺街历史文化街区

保护范围：东至南通中学界址，西至环城西路、官地街及柳家巷，南至柳家巷及大巷，北至胡长龄故居北侧规划贯通街巷，总面积约0.116平方千米。

寺街之“寺”，即天宁寺，位于寺街历史文化街区东部。南通素来流传着“先有天宁寺，后有南通城”的说法，所以寺街一直被认为是南通城的肇始。现街区内建筑多为民居，保存状况一般。

4）唐闸历史文化街区

保护范围：河东片东至大储堆栈打包公司东，西南至通扬运河，西北至顾雅言故居北；河西片东南至兴隆街，东北至通扬运河，西南至大生纱厂清花间、仓库和西工房西南，西北至北工房北；总面积约0.257平方千米。

整个街区被通扬运河划分为东西两部分。河东部分以住宅建筑为主，既有传统建筑形式的顾雅言故居、顾启明故居，也有中西结合的唐闸红楼等；河西部分以近代工业建筑为主，如大生纱厂、大达内河轮船公司、北工房等。

两处历史地段，即天生港历史地段和新港镇历史地段，分别以港口交通枢纽与南通市非物质文化遗产为保护主题，在此不做赘述。

（2）如皋市

如皋市位于南通市北部，2012年被公布为江苏省历史文化名城，先后编制了《如皋历史文化名城保护规划》《东大街—水绘园历史街区保护规划》《全国重点文物保护单位水绘园保护规划》等。2016年，江苏省人民政府正式批准《如皋历史文化名城保护规划（2013～2030）》（苏政复〔2016〕88号）。

如皋市历史城区（图2.1.16）保护范围为外护城河围合的区域，总面积约为1.727平方千米，其中包括两个历史文化街区，即东大街（图2.1.17）和武庙，保护范围面积分别约为0.041平方千米和0.032平方千米。规划提出了保护历史城区“双河环城、外圆内方”的城河水系格局及其周边历史环境等规定和要求。两个历史文化街区均已完成街区保护规划编制工作，并已于2016年由省住房和城乡建设厅、省文化厅组织专家进行了论证。

图2.1.16　如皋市历史城区卫星图

图2.1.17　如皋市东大街

2. 历史文化名镇

（1）余东镇

余东镇位于海门市中东部，2008年被公布为第五批江苏省历史文化名镇，同年被公布为第四批中国历史文化名镇，2010年江苏省人民政府正式批准《海门市余东历史文化名镇保护规划》（苏政复〔2010〕73号）。余东镇保护范围为东至东护城河、文峰路，南至朝阳路，西至老运盐河、春风路，北至老运盐河，总面积约0.285平方千米。

余东，古称余庆，又名凤城。明嘉靖年间为防倭患始筑城墙，明代《通州志》《海门县志》均记载：“余东场嘉靖中筑城。”《两淮盐法志》载：“余东旧有城，乾隆三十三年潮决城圮，仅有四城楼。”[29]

古镇整体轮廓呈矩形，现城墙已不存，环壕（运盐河的一段）仍存，南段城河已填埋成道路（城河路），唯余三面。镇内现保存有一条老街（图2.1.18），长约900米，连通南北城门（图2.1.19），由两千多块麻石铺砌而成，石下为排水道直通城河。

图2.1.18　余东镇石板街

图2.1.19　余东镇南城门（复建）

（2）栟茶镇

栟茶[30]镇位于如东县北部，2013年被公布为第七批江苏省历史文化名镇，2014年被公布为第六批中国历史文化名镇。栟茶，又名南沙，唐初为煎盐场亭，至清代最盛。古镇内现有东街、西街、中市街三条青石板街，为清光绪年间所铺设。街两侧保留了明清时期的传统民居建筑，但保存状况欠佳（图2.1.20）。

（3）白蒲镇

白蒲镇位于如皋市南部，2013年被公布为第七批江苏省历史文化名镇。白蒲[31]，始建于东晋义熙七年（411），是古蒲涛县[32]旧址。建镇初始，因四周湖泽长满盛开白花的蒲草（名菖蒲，又称香蒲）而得名。

图2.1.20　栟茶镇石板街

图2.1.21　白蒲镇明清古建筑群（杨春和供图）

镇中心现保存了一批明清古建筑（图2.1.21），集中分布于市大街、史家巷、秀才巷、蔡家园巷、顾家老宅巷、南魁星楼巷、王家巷、驷马桥巷等。

3. 历史文化名村

余西村位于通州区东南，2013年被公布为第七批江苏省历史文化名村，2016年，江苏省人民政府正式批准《南通市二甲镇余西历史文化名村（保护）规划》（苏政复〔2016〕11号）。划定的核心保护范围以龙街为中心，东西各50～100米，总面积约为0.065平方千米。

余西，古名庆余，因城郭形似龙，又名龙城，始建于唐末，因盐业的兴盛而发展起来，盛于明清。

余西村正中有一条碎石街道，呈东北—西南走向，名曰“龙街”。整个余西村以龙街对称，西南被运盐河环抱，街端设有镇海门、对山门、迎江门、登瀛门四座城门，现仅存迎江门残垣与镇海、登瀛两门石刻。村内分布有廉森源杂货铺、天生堂药店、节孝牌坊（图2.1.22）等传统建筑，多建于清代。

图2.1.22　余西村节孝牌坊

（二）文物保护单位、不可移动文物

截至2010年3月，在江苏省的第三次文物普查工作统计中，南通市范围内古建筑类文物保护单位共计328处，近现代重要史迹及代表性建筑类文物保护单位共计361处，两者共计689处。其中包括全国重点文物保护单位5处（南通博物苑、南通天宁寺、大生纱厂、张謇墓、如皋水绘园），省级文物保护单位29处，市县级文物保护单位122处，尚未核定等级文物保护单位533处。在2013年公布的第七批全国重点文物保护单位中，新增了通崇海泰总商会大楼、韩公馆、广教禅寺、如皋公立简易师范学堂旧址4处。

四、调研概况

南通地区的传统建筑调研对象主要为明清时期的传统民居建筑。根据江苏省第三次文物普查数据，南通地区的689处古建筑类与近现代重要史迹及代表性建筑类文物点中，共包含传统民居建筑421处，占总数6成以上，其中明清时期239处，约占南通市全部文物保护单位总数的1/3。同时，作为“中国近代第一城”，此次调研也关注了南通的部分近代建筑，如大生纱厂（图2.1.23）、濠阳小筑（张謇纪念馆）等。

图2.1.23 大生纱厂卫星图

2012～2016年，南通地区共进行了4次调查，分别为：①2012年11月，普遍调查，范围为南通古城、如皋古城和白蒲镇；②2014年7月，详细调查，选择南通市唐闸镇大生纱厂[33]公事厅与清花间进行调查；③2014年9月，重点调查，选择南通古城丁古角住宅、冯旗杆巷顾宅、冯旗杆巷王宅三处明清住宅建筑进行测绘；④2016年1月，详细调查，对白蒲镇明清古建筑群进行二次调查。4次调查区域主要集中在南通古城（崇川区）、如皋古城（如城镇）和白蒲镇，调查点共计33处（表2.1.3），测绘点共4处，即丁古角住宅、冯旗杆巷顾宅、冯旗杆巷王宅、大生纱厂公事厅与清花间，测绘总面积约为3410平方米。

表2.1.3 南通市传统建筑调查点

序号	所在区	名称	年代	不可移动文物分级	调查深度
1	崇川区	丁古角住宅	明	第三批省级文物保护单位	重点调查
2		天宁寺	明	第六批全国重点文物保护单位	详细调查
3		南通文庙	明	第七批省级文物保护单位	详细调查
4		通州女子师范学校	清末	不可移动文物	基础调查
5		冯旗杆巷王宅	清	不可移动文物	重点调查
6		冯旗杆巷南通工商联合会	清	—	基础调查
7		冯旗杆巷顾宅	明	第一批市级文物保护单位	重点调查
8		南关帝庙巷明清住宅	明清	第三批省级文物保护单位	基础调查
9		濠阳小筑（张謇纪念馆）	民国	第六批省级文物保护单位	基础调查
10		掌印巷徐兆桂顾宅	清	第一批市级文物保护单位	基础调查
11		仁巷	—	—	基础调查
12		寺街	—	—	基础调查
13	唐闸镇	大生纱厂	清末	第七批全国重点文物保护单位	重点调查
14	如城镇	东大街	清末民国	市级文物保护单位（2004）	基础调查
15		集贤里	明清	第六批省级文物保护单位	基础调查
16		如皋水绘园	明末清初	第六批全国重点文物保护单位	详细调查
17		文庙大成殿	明	第三批省级文物保护单位	详细调查
18	白蒲镇	双庆堂	清	第六批省级文物保护单位	基础调查
19		双堂屋	明	第六批省级文物保护单位	基础调查
20		诵经楼	明	第六批省级文物保护单位	基础调查
21		沈岐故宅	明	第六批省级文物保护单位	详细调查

续表

序号	所在区	名称	年代	不可移动文物分级	调查深度
22	白蒲镇	白蒲典当行	明	第六批省级文物保护单位	基础调查
23		古戏台	明	第六批省级文物保护单位	基础调查
24		老门堂	清	第六批省级文物保护单位	基础调查
25		市大街葆春堂	明	第六批省级文物保护单位	详细调查
26		顾氏住宅	明	第四批市级文物保护单位	详细调查
27		法宝寺	宋	市级文物保护单位（2004）	基础调查
28		史家巷徐氏宅	明清	不可移动文物	基础调查
29		王家巷吴氏宅	清	不可移动文物	详细调查
30		朱氏宅	清	不可移动文物	基础调查
31		吴氏宗祠	清	不可移动文物	基础调查
32		国、共、美三方军事停战谈判小组旧址（美国长老会）	民国	第六批省级文物保护单位	基础调查
33		印池北巷、驷马桥巷、井口儿巷	明清民国	—	基础调查

五、保存概况

（一）建筑分布

南通市传统建筑主要分布在南通古城、如皋古城、白蒲镇，以及余东、余西、栟茶、石港等古盐场村镇。此外，在海安县城、各地其他村镇等也有零星分布。

（二）建筑年代

南通古城现存年代最早的传统建筑为天宁寺，其主体建筑“大雄之殿”的形制和木构形式均为宋式，大木构件也有部分为宋代遗存。另外，白蒲镇法宝寺[34]的大雄宝殿也保存着部分宋代楠木构架。

在421处传统民居建筑中，明代（包括明建清修）建筑29处，清代建筑210处，民国建筑182处，其中清代与民国时期的传统建筑占绝大多数。

（三）建筑类型

南通地区保留下来的传统建筑以民居为主，也有少量坛庙、桥梁、井泉等。第三次文物普查所记录的328处古建筑类文物点中，包含民居建筑227处，占比约69%；宗教建筑30处，占比约9%。361处近现代重要史迹及代表性建筑类文物点中，包含民居建筑194处，占比约54%。

民居建筑中，又以住宅建筑居多，明清到民国时期共410余处，占民居总数的97%以上。此外还有园林，如如皋水绘园；有店铺作坊，如白蒲典当行、余东钱粮房；有会馆，如海门镇徽州会馆厅堂等。

（四）修缮情况

因保护级别较高，故优先对通崇海泰总商会大楼、韩公馆等9处全国重点文物保护单位进行保护工程的设计与施工。省级及以下文物保护单位的保护工作开展状况欠佳。

（五）破坏因素

传统建筑的破坏因素主要有人为因素和自然因素，其中以人为因素为主。人为因素造成的破坏包括历史原因、城市建设、年久失修、不合理利用和改造，以及不当修缮等，这些都会在不同程度上造成传统建筑原始信息的丢失或损坏（图2.1.24）；自然因素的破坏则包括气候环境影响下的木构件糟朽、霉菌滋生和砖石构件风化等。

（a）王家巷吴氏宅门额砖雕，"文革"期间被涂抹白灰

（b）栟茶镇民居在城镇建设改造中被拆毁

（c）余西镇廉森源杂货铺整体倾斜

（d）古戏台两侧不合理加建

（e）美国长老会敞厅轩梁修缮前后对比

图2.1.24　南通市传统建筑破坏类型案例

第二节　传统建筑研究概述

根据南通地区现存传统建筑类型与数量显示，民居建筑占绝大多数。本节有关建筑群格局与建筑单体的研究内容，主要针对传统民居建筑，不涉及其他类型建筑。

一、街巷格局

（一）南通古城

南通古城，"春秋成城……筑壤而高土，凿地而深池……后周世宗显德五年始筑土城，立四门……宋太祖建隆三年始设戍楼，徽宗政和中塞北门，理宗宝祐中筑瓮城。元顺帝至正十九年修城垣。明太祖洪武末辟三水关以通市河”[35]。明万历年间，“通城周回六里七十步，隍称之东曰天波门，南曰澄江门，西曰朝京门，门各有戍楼，而南城楼三层，名海山楼”[36]（图2.2.1）。明万历三十三年（1605）为防倭患，知州王之城在旧城基础上向南扩建新城，“新城南以望江楼为门，北连旧城东西二便门，跨濠作三水关”[37]。清代乾隆年间，社会安定，倭患基本肃清，新城因城防作用减弱等原因而被废弃（图2.2.2）。清末，通州城又经过多次修

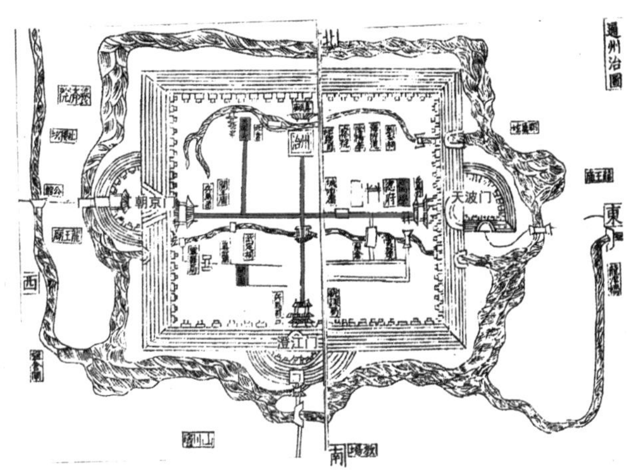

图2.2.1 明代南通古城（图片改绘自明万历《通州志》通州治图）

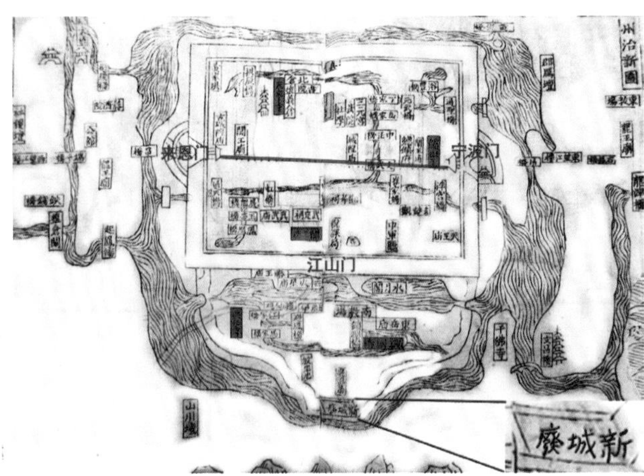

图2.2.2 清代南通古城（图片改绘自清乾隆《直隶通州志》州治新图）

葺，但城隍规模基本完整地延续下来，明万历时期和清光绪时期对通州城垣的记载基本无异：“城周六里七十步，延袤一千六十八丈，高一丈九尺，面阔一丈，基广二丈。门三，西曰来恩，东曰宁波，南曰江山。西、南瓮城各三重……濠广二十九丈，深一丈二尺。”[38]（表2.2.1）

表2.2.1 古今南通城周与城河尺寸对比表*

对比	文献记载尺寸	折合尺寸	现状尺寸
城墙周长	延袤一千六十八丈	34 176米	3500米
濠河宽度	濠广二十九丈	928米	140米

*以明清营造尺1丈合32米计，下同。

古城城垣自民国时期逐渐被拆除，整体规模布局发生改变，民国初年清理了原新城遗址，1949年后拆除了旧城东、南、西三城门，填塞市河。至今唯有西门瓮城[39]仍保留有一段残垣遗址（图2.2.3）。濠河整体轮廓虽被保存下来，但水面已变窄。

图2.2.3 南通市西门瓮城遗址（韦峰供图）

南通旧城整体平面呈矩形，南北方向较长，城中有十字街——东大街、西大街、南大街。治所居中，位于城北部，正对南大街。城内街巷纵横交错，布局工整，街巷整体较窄，如西南营冯旗杆巷、南关帝庙巷等，宽约2.5米。

城西部基本保留了清末以来的街巷格局（图2.2.4）。南通素有“就塔建城”的说法，因寺街历史文化街区的天宁寺而得。据记载，天宁寺始建于唐咸通四年（863）[40]，早于南通城的始筑年代——后周显德五年。位于西北部的寺街历史文化街区保留有寺街、一人巷、官地街等，这些街巷内有天宁

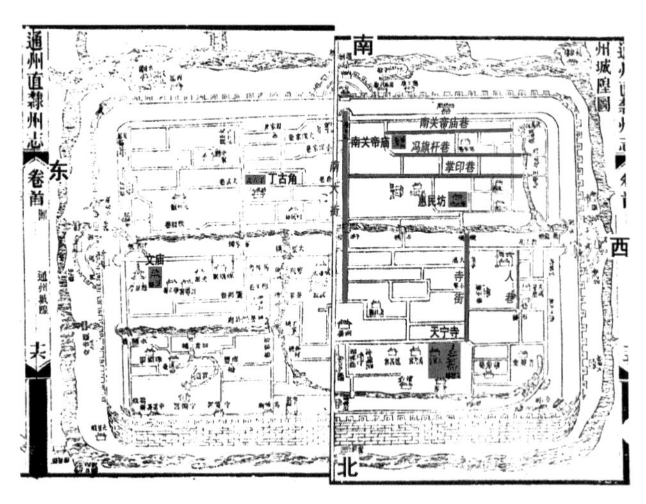

(a)清末南通古城街巷格局(图片改绘自清光绪《通州直隶州志》州城隍图)

(b)南通古城现状(图片改绘自百度地图)

图2.2.4　南通城古今格局对比

寺、李方膺故居等传统建筑；西南部的西南营历史文化街区保留有掌印巷、冯旗杆巷、南关帝庙巷、惠民坊巷等，街巷内有南关帝庙、冯旗杆巷明清住宅等传统建筑；东部只有少数传统建筑留存，如南通文庙与丁古角住宅（已迁建）。

南通新城部分整体呈凸字形，由于民国初年的改造和清理，原街巷肌理已不存，现仅保留兴化寺（西寺）与兴国寺（东寺，又称太平兴国教寺）两处宗教建筑。

（二）如皋古城

如皋古城（图2.2.5）于“宋庆历初始建谯门……明嘉靖十三年始作六门，东曰先春，西曰丰乐，南曰宣化，北曰北极，东南曰集贤，东北曰拱辰。三十三年……城之”[41]，“城周七里，延袤一千二百九十六丈，高二丈五尺，上阔五丈，下阔七丈。门四，南曰澄江，北曰拱极，东曰靖海，西曰钱日。瓮城各再重城……濠广十有五丈，深一丈二尺，吊桥四，水关二”[42]。

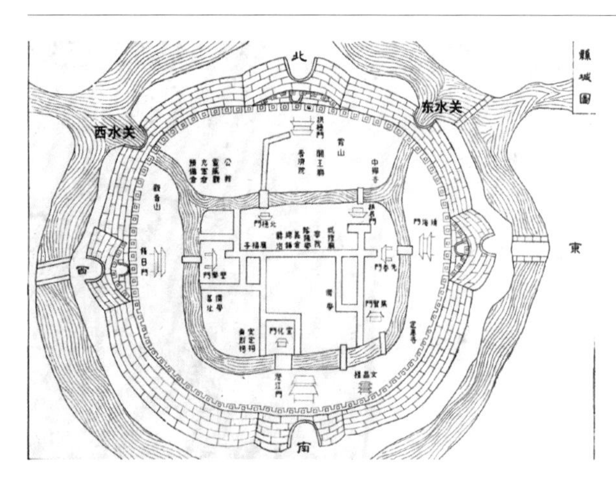

(a)明代如皋古城(图片改绘自明万历《如皋县志》如皋县城图)

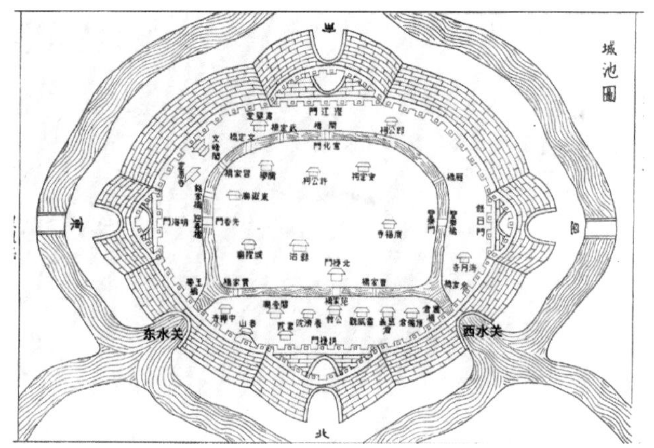

(b)清代如皋古城(图片改绘自清乾隆《如皋县志》如皋城池图)

图2.2.5　如皋古城图

如皋古城的整体布局可以总结为“双河环城”，该格局至今仍得以保留。1980年，陈从周游览如皋后写道：“我游的那个如皋县，是座苏北的古城，城周以水，形近于圆，四面有门。外城之中有内城，亦同形，今城废，而两道环河，杨柳夹岸，市桥跨水，却分外的幽美宜人，因此，我称它为双环城，这在全国城市中还是少见的。”[43]

如今城内街巷肌理基本不存，仅剩城东迎春桥（位于内护城河上，如皋市级文物保护单位，始建于明嘉靖年间）、外东大街、东南集贤里（冒家巷）、东北武庙（关帝庙）周边有部分保留。街巷宽度与南通城相近，都较窄。以东大街（图2.2.6）为例，作为一条主要街道，东大街宽约2.5米，与两侧建筑檐口高度大致相同，周边的内部巷道宽仅1 ~ 2米（图2.2.7）。

此外，古城东北部还保留有明嘉靖年间所辟东水关（图2.2.8）。

图2.2.6　如皋市东大街

图2.2.7　如皋市东大街内部巷道

图2.2.8　如皋市东水关

二、建筑群格局

南通传统民居建筑布局工整，以院落为主。院落大门一般位于东南角，开门向南。一些南侧不临街的院落，往往也会在自家院落前辟出一小段东西向的巷道，再设置一个向南的大门，巷道的一端通过一条纵向的窄巷与主街相连。这种院落形式，由于平面上形似钥匙，当地俗称“钥匙门”（图2.2.9）。在房屋之间，或院落的一侧，通常还留有一条狭窄的巷道，宽1.2 ~ 1.5米，当地俗称“火巷”。

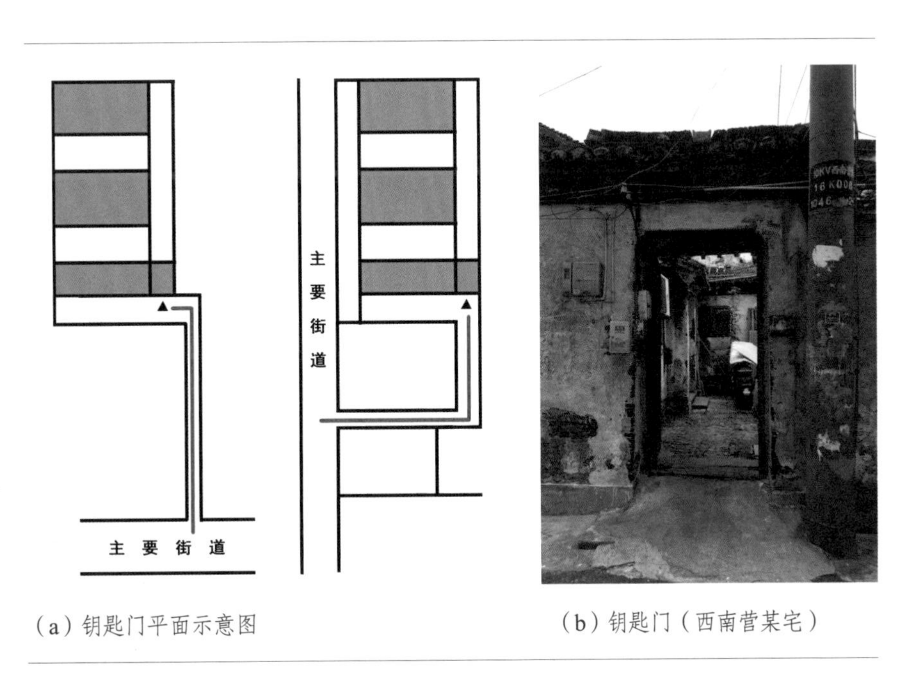

（a）钥匙门平面示意图　（b）钥匙门（西南营某宅）

图2.2.9　钥匙门案例

（一）传统院落

调研中所见传统民居建筑院落，一般以“南北房屋、东西围墙”的基本单元形式组合而成。组合形式主要分为独立单元、一路多进、多路多进三种。房屋朝向多为南北向，鲜有东西朝向。

独立单元的形式，一般为独门独院的小院落，常见于普通人家的住宅。主要建筑只有一座正房和一间倒座（当地称“照厅”），中间隔以天井。以南关帝庙巷某宅为例（图2.2.10），门屋（当地俗称“门堂”）位于院落东南角，进门为一个小型天井，然后通过仪门进入主要院落，南有照厅，北有正房。院子的一侧设有几间附属用房。

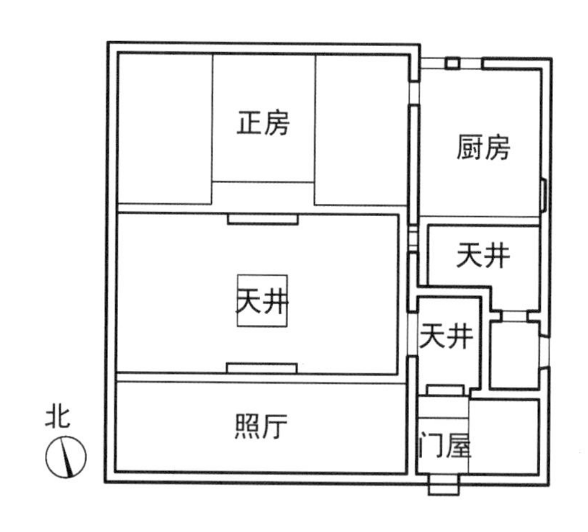

图2.2.10　南关帝庙巷某宅平面示意图（图片改绘自孙菁：《南通传统式样建筑造型及其装饰研究》，硕士学位论文，江南大学，2012年）

一路多进的形式，在南通有“一进三堂”“一进四堂”“一进五堂”，甚至“一进七堂”（较为少见）的通俗说法。“一进”可理解为“一路”，“几堂”理解为“几进”，所谓“堂”，指的是主要房屋。如“三堂”，即敞厅（厅屋）、穿堂（堂屋）、正屋，通常这种做法在当地最为普遍。一般敞厅的前面会有照厅，或称“对厅”（《营造法原》称“对照厅”）。院落的最后一进是正屋，有的会建为二层小楼。若有厢房，有的设置于院落的最后；有的在左右两侧，以火巷与主要院落间隔开来。此次调研中还发现两处两路形制与规模大致相同的两组院落并列的案例，分别为西南营历史文化街区的南关帝庙10号、11号院（图2.2.11），以及唐闸历史文化街区的顾启明故居（图2.2.12）。

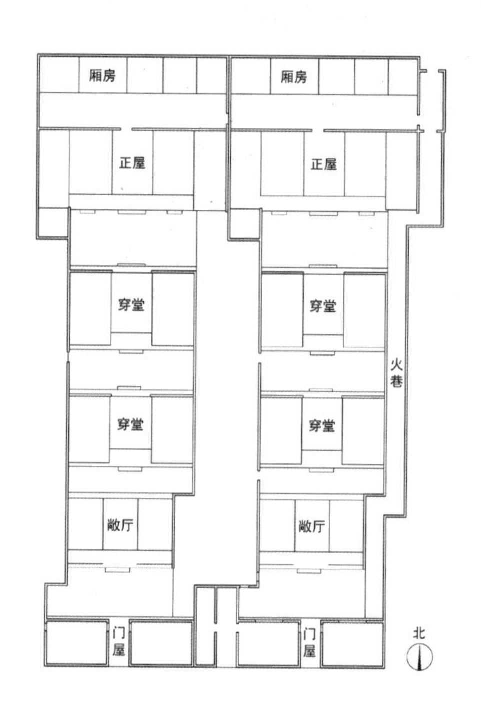

图2.2.11　南关帝庙10号、11号院平面示意图（图片改绘自孙菁：《南通传统式样建筑造型及其装饰研究》，硕士学位论文，江南大学，2012年）

图2.2.12　顾启明故居

多路多进的院落由多路院落并列组合而成。在一路院落的基础上不断扩建，形制和规模不尽相同，形成了复合的平面形式。南通古城现存比较完整的此类建筑有惠民坊西巷某宅（图2.2.13）。

在院落入口的设置上，南通当地有“三重门”的说法，即大门、二门、提闼门。其中大门与二门分别为入口门房内的外、内两门，而提闼门是当地的俗称，即为进入内宅院落的仪门。所谓“提闼”，即仪门门槛一般做得较高，不方便出入，所以门槛常常需要被提起才能通行。“闼”字的本义为“小门”，当地人将门槛称为“闼”，据推断可能是一种夸张的比喻手法，形容门槛较高，像小门一样。位于南通西南营历史文化街区的冯旗杆巷王宅仪门便是典型的提闼门（图2.2.14），门扇高悬于半空约60厘米，门槛（图2.2.15）分为上下两个部分，下半部分低矮，高约20厘米，上半部分较高，高约40厘米。门敞开的时候便将上半部分移开，关闭大门时再将其放回。

南通地区并非所有传统民居都有三重门，也有只做两重

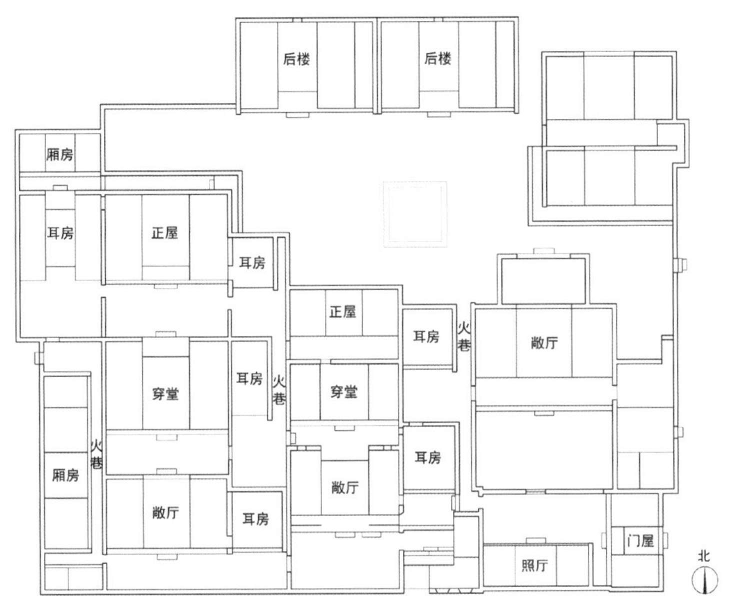

图2.2.13　惠民坊西巷某宅平面示意图（图片改绘自孙菁：《南通传统式样建筑造型及其装饰研究》，硕士学位论文，江南大学，2012年）

图2.2.14　提闼门（冯旗杆巷王宅）

图2.2.15　提闼门门槛（冯旗杆巷王宅）

的，即大门和二门。这种情况下的大门被做成门楼样式（图2.2.16）。此外，较为贫苦的人家不做门屋，只在院墙表面开设随墙门（图2.2.17）。

图2.2.16　门楼（寺街某宅）

图2.2.17　随墙门（白蒲镇双进士宅）

（二）四汀宅沟

近代，在海门和启东地区出现一种名曰“四汀宅沟”的院落形式。这种形式实际就是在宅基用地的四周开挖壕沟，似城市环壕，壕沟围合成一座小岛，当地人将其称为“埭（音掉）”[44]。埭的面积有大有小，埭上可住人，南侧设置一座吊桥与周边陆地相连。吊桥可以随时拆卸，这种院落布局具有较好的防御性。埭内的院落开阔，一般不设置院墙。

这种布局的形成与当地的地理与人文环境分不开。南通地区本是由泥沙淤积成陆，地势低洼，水网密布。为所谓“沙上人”[45]的主要聚集区域，“沙上人”在长期治沙过程中，逐渐形成一种四周有排水沟的圩田形式。至今，南通仍保留很多以“圩”命名的地名，如启东地区的圩角镇、大圩村，海门地区的长圩村、中圩村等。

清末民初，张謇带领当地农民“废灶兴垦”，但凡参与圩垦沙洲的农民，一般都有一块圩田，富裕一点的有多块。[46]这些圩田有的零散孤立，有的相连成片，形成了独特的布局形式。直至20世纪80年代还保留有不少四汀宅沟（图2.2.18），但随着乡村现代化建设的不断发展，已愈发少见。目前，海门市三星镇叠石村的海门中学上校旧址校区（图2.2.19）基本还保留了这样的格局。

图2.2.18　1956年海门县三星乡土地利用现状图局部（黄志良供图）

图2.2.19　海门中学上校旧址校区卫星图

三、建筑单体

（一）建筑平面

因受礼制约束，南通传统民居的厅堂建筑均为“三间七檩”。所谓“七檩”，即进深虽有六步架，但最长的一道梁只能跨四步，做五架梁，前后单步梁，符合《明史·舆服志》中“凡庶民庐舍，不过三间五架”的规定，如现存的明代建筑西南营冯旗杆巷顾宅敞厅和白蒲镇市大街葆春堂等，都是明间四柱落地，用五架梁，前后单步梁。但冯旗杆巷顾宅面阔并非三间，而是“明三暗五”，其做法为房屋两侧做厢房，两梢间被厢房遮挡，从院落中只能看到三间，这种平面形式较为少见。

该地区的厅堂建筑规格相差不大，面阔12～13米，进深6～8米，比值为8∶5～9∶5。

以最为常见的“三间七檩”为例，其平面划分形式主要有四种（图2.2.20）：

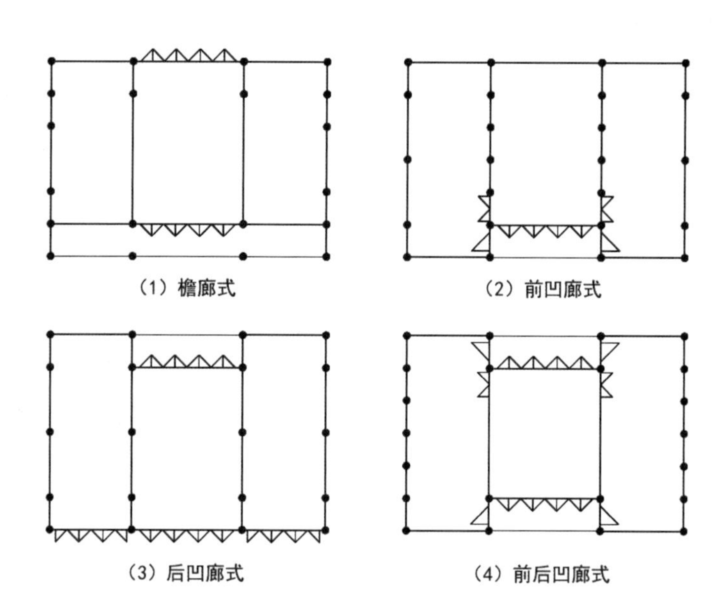

图2.2.20　“三间七檩”主要平面划分与柱网组合形式示意图

1. 檐廊式，檐步做通廊（通常为轩廊），多用于院落前进的敞厅，后檐明间开门通向后进院落；

2. 前凹廊式，前檐步明间凹进，是当地最为常见的平面形式，又名“锁壳式”，是南通及周边盐城、泰州地区的普遍做法，多用于穿堂、正屋；

3. 后凹廊式，后檐步明间凹进，多用于敞厅；

4. 前后凹廊式，明间前后檐步均凹进，多用于穿堂。

（二）建筑立面

通常一组院落从立面上看门屋高度最低，厅堂建筑高度基本相同，后进建筑的檐口普遍高于前进，如冯旗杆巷王宅（图2.2.21）。

图2.2.21　冯旗杆巷王宅东立面三维扫描图

1. 屋面形制

常见屋面形制主要有硬山和歇山两种。歇山较为少见，一般仅见于戏台、台榭等，如白蒲典当行院内的古戏台、冯旗杆巷南通工商联合会院内小榭（均已被改造，原貌不可见）、白蒲镇美国长老会歇山勾连搭（图2.2.22）。

（a）古戏台（白蒲典当行）

（b）院内小榭（冯旗杆巷南通工商联合会）

（c）歇山勾连搭（美国长老会）

图2.2.22　歇山形制案例

2. 山面形制

因南通地区传统建筑多用硬山，且墙面一般不开窗，故山面形式可分为三类（图2.2.23）：①人字山，最为常见，前后对称，用砖细博风或砖拔檐；②太平山，较为少见，调研中仅见于白蒲镇王家巷吴氏宅，在山尖处取一段水平，向上砌筑挡住屋脊脊头；③观音兜，山墙由檐口或脊步起拱，墙砖呈曲线砌筑至脊顶，并高出屋脊，有的在拱下还做一段取平。

（a）尖山式，砖细博风（西南营仁巷）

（b）尖山式，砖拔檐（白蒲镇市大街）

（c）太平山（王家巷吴氏宅）

（d）观音兜（余东镇龙街）

（e）观音兜（育婴堂巷、寺街）

（f）观音兜（寺街）

图2.2.23　山面形制案例

3. 正立面、背立面形制

正立面、背立面形制多样，以檐口建筑材料区分，包括木檐、砖檐与砖木檐三种（图2.2.24）。建筑前檐均为木檐，后檐三种均有采用。

（a）木檐，檐步做通廊，明间槅扇门，次间槛窗（南关帝庙巷明清住宅）

（b）木檐，明间槅扇门，次间槛窗（冯旗杆巷某宅）

（c）木檐，明间、次间均做槅扇门（如皋市集贤里某宅）

（d）木檐，明间、次间均做可拆卸板门（如皋市东大街沿街店面）

（e）砖檐，檐墙砖砌（白蒲镇史家巷）

（f）砖木檐，明间屏门，次间砖墙（南关帝庙巷明清住宅）

图2.2.24　正立面、背立面形制案例

住宅建筑沿街外立面砖砌檐墙，不开窗，檐口处做砖檐，只有门屋的部位出木檐。部分民国时期的建筑临街开窗洞，其上做木梳背式的砖券，并用砖细雨搭，有的还饰以砖雕（图2.2.25）。商业建筑沿街铺面为木构，门开向街道，檐口均为木檐。楼房的正立面、背立面形制构成与平房大致相同，一层设置槅扇门与槛窗，二层用槛窗，通常下设木槛墙（有的在外侧用栏杆）；也有部分二楼用单步梁挑出做骑廊，外设栏杆（图2.2.26）。

图2.2.25　沿街窗洞、砖券与砖细雨搭（如皋市东大街）

（a）槛窗（白蒲镇市大街）　（b）骑廊（白蒲镇市大街）　（c）骑廊（冯旗杆巷南通工商联合会）

图2.2.26　楼房正立面、背立面形制案例

4. 大门形制（图2.2.27）

大门，即指宅院大门，通常为门屋的形式，多为蛮子门。立面形式做法基本相同，两边夹墙（厚约30厘米），开间净宽约2米，门设在门屋前檐柱间。夹墙分三部分，自下而上依次为下碱（墙垛）、上身、盘头。墙砖砌筑磨砖对缝，有的用挂斗砖，讲究的会在盘头立板做砖雕。门框两边做腰枋两道，没有过多的装饰，外观简约朴素。

此外，也有部分大门外立面采用门楼形式，两侧墙体与一旁院墙、房屋檐墙有所区分，磨砖对缝，做法考究。其木门上方均做有门罩，檐口叠涩出挑，有的出砖椽一至三层。门额部位多做砖雕纹样，下方门洞的两侧用象鼻枭，起到一定的加固作用。

（a）蛮子门（南关帝庙巷）　（b）蛮子门（寺街）　（c）门楼式大门（王家巷吴氏宅）

图2.2.27　大门形制案例

（三）大木

受盐文化的影响，南通地区有“真船假屋”的说法，即盖一栋房子用的木料还不如做一条船多，体现了当地居民身为盐民，对水运的重视。建筑用材上不太苛求，以松木为主，少数用到楠木、柏木等上等木料。明代建筑用料规模普遍大于清代与民国时期，构架做法也更为讲究。

南通当地对于大木构件的称谓较为简洁，以七檩七柱落地的房屋为例，对比如表2.2.2。

表2.2.2　清官式与地方大木构件的称谓对比

清官式	地方	清官式	地方
檐柱	边柱	脊檩	正梁
外金柱	二柱	上金檩	二梁
内金柱	三柱	下金檩	三梁
中柱	中柱 / 脊柱	脊枋	子梁
瓜柱	童柱	替木	递木
檩	桁 / 梁	飞椽	重檐椽

1. 大木构架

南通地区多穿斗式构架，用到四架及以上梁架的房屋才做抬梁，多数只用于明间，有的山面用到三架梁的也做抬梁。调研中所见梁架样式主要有23种（图2.2.28）。

此次调研中所测绘的房屋，举高一般为1∶3.5～1∶4.5，屋面坡度较小，起坡（即檐步坡度）平缓，一般为0.35～0.43，屋面折线明显，脊步坡度与金步坡度的差值约为金步坡度与檐步坡度差值的2倍。

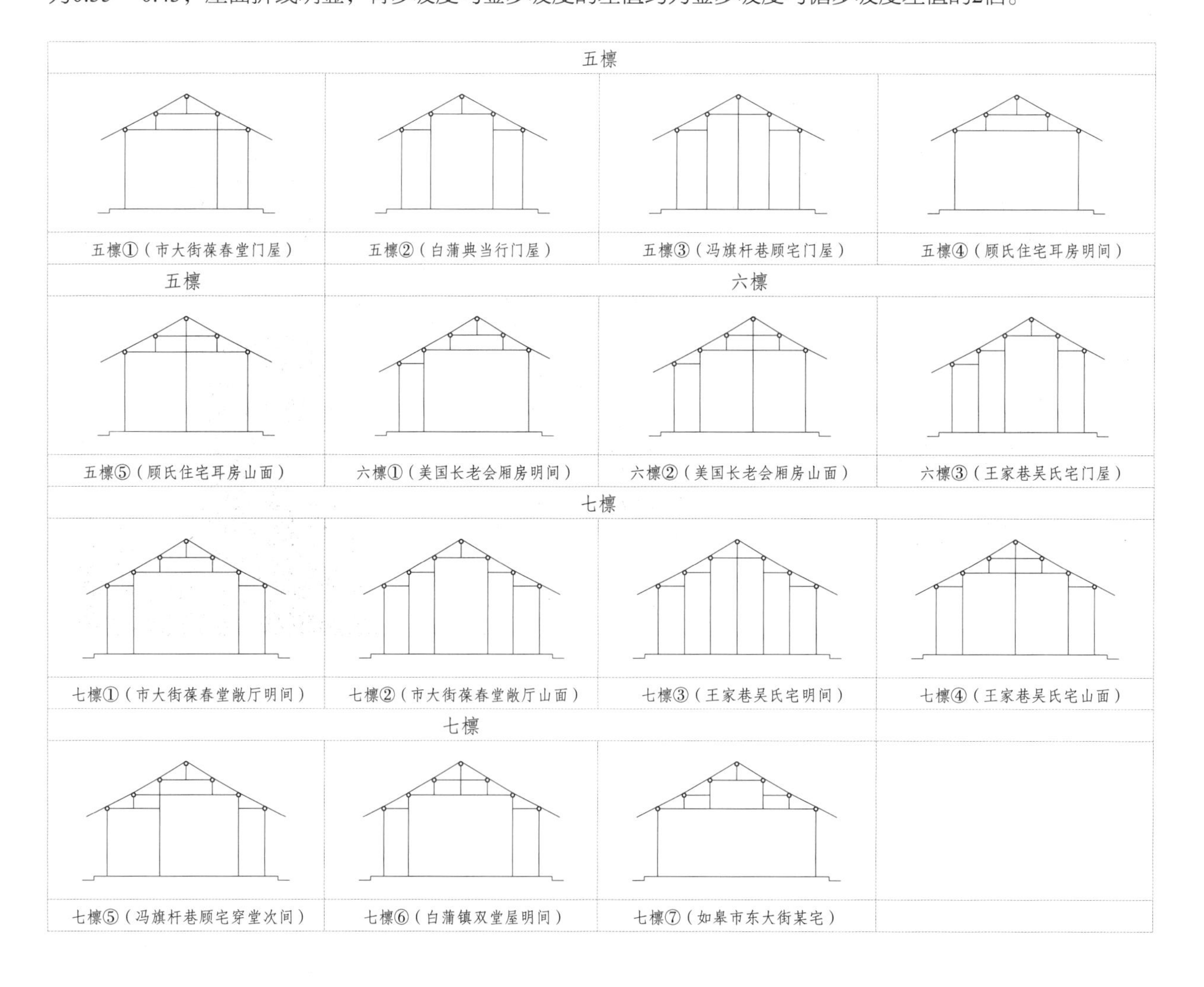

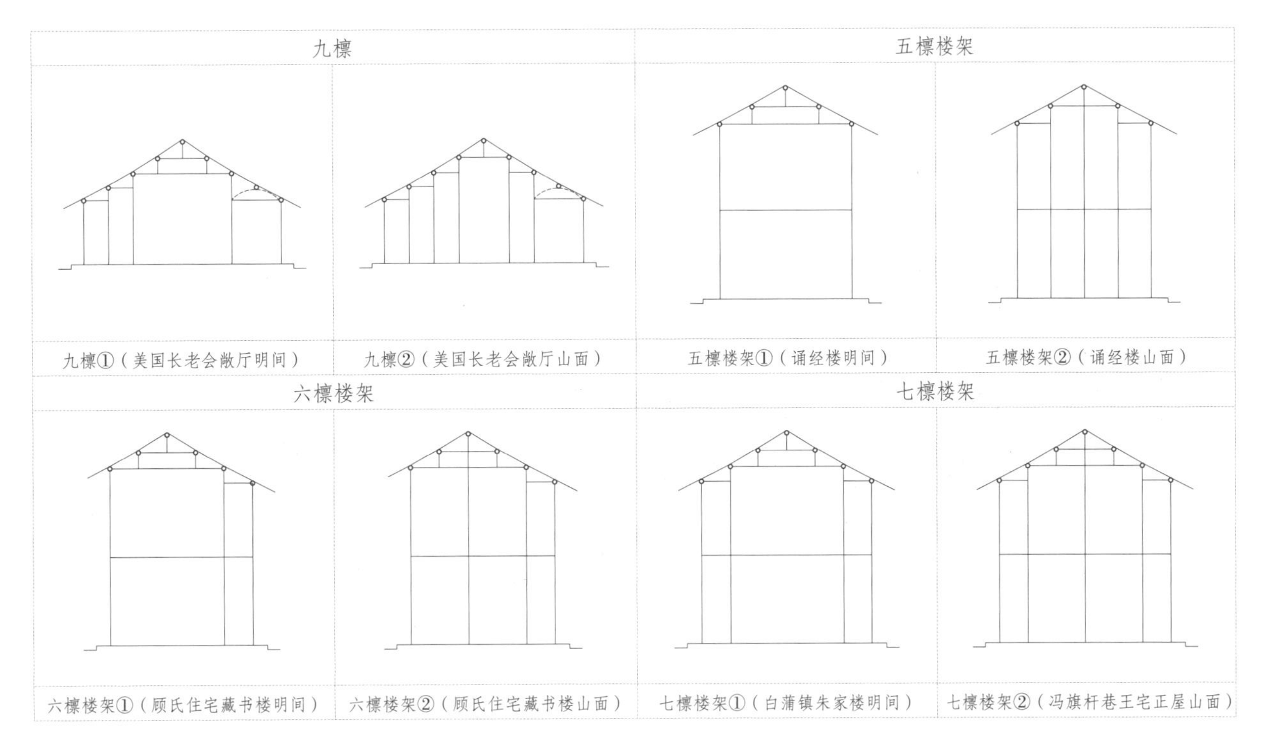

图2.2.28　南通地区梁架样式

（1）五檩梁架（图2.2.29）

五檩梁架用于门屋、耳房、厢房、照厅等，形式主要分五种：①四架梁接单步梁，用三柱（即三柱落地，下同），多见于门屋，落地金柱位于内侧，两缝梁架金柱之间设“二门”；②三架梁前后单步梁，用四柱，多见于门屋、厢房；③五柱全部落地，当地俗称“五体投地”，多见于门屋；④五架梁通檐，用两柱，抬梁，多见于照厅明间、耳房、厢房；⑤前后双步梁对称，用三柱，多与④配合用于山面。

（a）五檩①（市大街葆春堂门屋）

（b）五檩②（白蒲典当行门屋）

（c）五檩③（冯旗杆巷顾宅门屋三维扫描图）

（d）五檩④、⑤（顾氏住宅耳房）

图2.2.29　五檩梁架案例

（2）六檩梁架（图2.2.30）

六檩梁架当地俗称“五檩六作”，即在五檩的基础上，在一侧增加一个步架。六檩①、②分别为五檩④、⑤的基础上，增加一步架而成，如美国长老会西厢房，推测为后加；六檩③在五檩②的基础上，增加一步架而成，仅见于王家巷吴氏宅门屋。

（a）六檩①、②（美国长老会西厢房）

（b）六檩③（王家巷吴氏宅门屋）

图2.2.30　六檩梁架案例

（3）七檩梁架（图2.2.31）

七檩梁架为厅堂建筑的主要梁架形式。调研中所见七檩梁架共有七种形式：①五架梁前后单步梁对称，用四柱，抬梁，见于敞厅明间，调研中共见7处，形式各不相同，分别为冯旗杆巷顾宅、冯旗杆巷王宅、市大街葆春堂、白蒲镇吴氏宗祠前某残损建筑、白蒲镇秀才巷高大门附近某宅、如皋市东大街某宅、如皋市集贤里戴联奎宅，其中前三处住宅与最后一处住宅均采用的是以简单斗拱形式（荷叶墩上置坐斗加一跳栱，或仅用荷叶墩加坐斗）取代瓜柱的做法；②三架梁前后各两步单步梁对称，用六柱，与①配合用于次间、山面；③七柱全部落地，柱间以单步梁拉接，这也是当地最常使用的梁架形式，多见于穿堂、正屋等；④以中柱对称前后各双步梁接单步梁，用五柱，与③配合用于山面，可见七柱落地的梁架形式在当地等级略高；⑤四架梁一侧接单步梁，另一侧接双步梁，用四柱，该梁架形式较为少见，调研中仅见于冯旗杆巷顾宅穿堂次间，即《营造法原》中的“拈金”[47]做法；⑥与①基本相同，只是在三架梁与五架梁之间又增加短柱；⑦七架梁通檐用两柱，调研中仅见于如皋市东大街某宅，这是当地唯一一处在民居中使用七架梁的实例，但其上不用五架梁，而是三架梁，前后接单步梁。

（a）七檩①（冯旗杆巷顾宅敞厅明间）

（b）七檩①（冯旗杆巷王宅敞厅明间）

（c）七檩①（市大街葆春堂敞厅明间）

（d）七檩①（白蒲镇吴氏宗祠前某残损建筑）

（e）七檩①（白蒲镇秀才巷高大门附近某宅敞厅明间）

（f）七檩①（如皋市东大街某宅敞厅明间）

（g）七檩①（如皋市集贤里戴联奎宅敞厅明间）

（h）七檩②（市大街葆春堂敞厅山面）

（i）七檩③（王家巷吴氏宅明间）

（j）七檩④（王家巷吴氏宅山面）

（k）七檩⑤（冯旗杆巷顾宅穿堂次间）

（l）七檩⑥（双堂屋明间）

（m）七檩⑥（如皋市东大街某宅）

（n）七檩⑦（如皋市东大街某宅）

图2.2.31　七檩梁架案例

（4）九檩梁架（图2.2.32）

九檩梁架仅见于美国长老会敞厅（民国），即分别在七檩①、②的基础上，前后各增加一个步架。由于前檐用两步做轩廊，故将瓜柱去除，下金檩为草架直接搁置于轩廊望砖之上。

图2.2.32　九檩梁架（美国长老会敞厅）

（5）楼房梁架（图2.2.33）

五檩、六檩与七檩的楼房梁架均在平房的基础上衍生而成，楼板下的楞木多为圆木。

（a）五檩楼房梁架①（诵经楼明间） （b）五檩楼房梁架②（诵经楼山面） （c）六檩楼房梁架①（顾氏住宅藏书楼明间）

（d）六檩楼房梁架②（顾氏住宅藏书楼山面）

（e）七檩楼房梁架（白蒲镇朱家楼）

（f）七檩楼房梁架（冯旗杆巷王宅正屋山面）

图2.2.33 楼房梁架案例

2. 大木构件

（1）柱

该地区传统建筑用柱均为圆柱，未见方柱。柱径最粗约为32厘米，门屋、厢房等处柱径较细，一般为12～16厘米。厅堂建筑的檐柱高度均约2.8米，柱径约20厘米。

由于该地区多穿斗结构，故柱头一般做凹槽（桁椀）支承檩条（图2.2.34）。柱头卷杀（图2.2.35）主要用于较为考究的建筑，如丁古角住宅，柱头承接斗拱，不与梁、檩相接。

图 2.2.34 柱头凹槽（桁椀）

图 2.2.35 柱头卷杀

抬梁构架中，瓜柱与扁作横梁的交界处，柱脚通常被做成鹰嘴的形式（图2.2.36），也有如如皋市集贤里戴联奎宅敞厅等建筑，将脊瓜柱变化做成荷叶墩承仰覆莲再承瓜棱斗（图2.2.37）的形式，与该构架其他部位统一。

（a）白蒲镇市大街

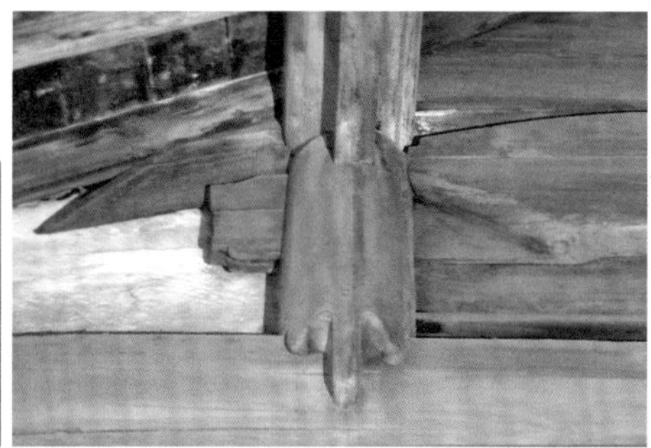

（b）寺街

图2.2.36　鹰嘴案例

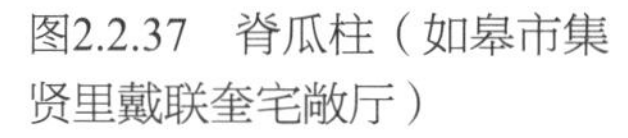

图2.2.37　脊瓜柱（如皋市集贤里戴联奎宅敞厅）

（2）梁

该地区主要有圆作直梁、圆作月梁、扁作月梁和扁作“泥鳅梁”四种形式。由于当地建筑多为穿斗结构，将扁作月梁做单步梁，弧度相对略大，形似扇面，所以当地俗称“扇面梁”（图2.2.38）。泥鳅梁则是扁作月梁的一种变形，靠近内侧的一端高高拱起，似半驼峰状，与《营造法原》中“眉川”[48]有相似之处，均为单步（图2.2.39）。

月梁与柱头交接处，均有斜项做法，与《营造法式》中所规定的“造月梁之制”[49]基本相符。

梁头的考究做法，多做麻叶线脚，表面雕花（图2.2.40）。

图2.2.38　扇面梁（冯旗杆巷顾宅穿堂）

图2.2.39　泥鳅梁（南关帝庙巷某宅）

图2.2.40　梁头雕花（白蒲镇秀才巷双堂屋）

（3）枋

1）替木

替木的使用在当地十分普遍，无论梁架形式繁简，每根檩条与柱头的交接处都会用到替木。

五檩建筑替木的分布方式有两种。一种是脊檩与金檩下用短替，檐檩下用通长替木；另一种是脊檩与前檐金檩下用短替，其他用通长替木。后者多见于门屋，因需做二门，内檐金檩下一般用通长替木加垫板与串枋，其下装门扇。也有的即使下方做门，也用短替嵌于垫板之中。

七檩建筑替木的分布方式有三种。第一种是脊檩与上金檩下用短替，下金檩与檐檩下用通长替木，此与《营造法原》中记载的“边矮四只机十八……二十一桁十二连”[50]的替木分布法则相符合；第二种是七根檩下全部使用通长替木，多用于七柱落地的建筑，据判断是因为穿斗结构强调建筑面阔方向的受力，所以需要加强檩条的承重作用，故在每根檩条下施通长替木，可有效增加檩条受力的截面高度；第三种是在上金檩下施短替，其他用通长替木，此种形式较为少见，仅见于市大街葆春堂敞厅一处。

2）串枋

南通市的明代建筑遗存中，距明间脊檩下约32厘米（约合明清营造尺的1尺）处往往都会有一根脊枋，当地俗称“子梁”（图2.2.41），这是本地区建筑断代的重要依据之一。据白蒲镇文化站杨春和介绍，因明代有着严苛的房屋赋税政策，在正梁（即脊檩）下加一道子梁，在丈量房屋的时候就可以以子梁的高度为准，减少赋税。

（a）丁古角住宅

（b）如皋市集贤里某宅

（c）顾氏住宅

（d）诵经楼

图2.2.41　子梁案例

七檩建筑中下金檩之下均有串枋，与其上的通长替木之间隔以垫板与两根短柱（有的饰以雕花），枋下可用于安装门扇。串枋断面比例为1∶3～1∶4。

（4）檩

该地区建筑所用檩条均为圆檩。同一栋建筑中，明间脊檩用料最为粗壮。调研中所见最粗的脊檩直径可达35厘米（丁古角住宅明间）。

据《苏北传统建筑技艺》所记，南通建筑的脊檩上一般会使用五棱或六棱的扶脊木[51]，但此次调研中未曾见到实例。

（5）椽

椽子以断面形式分，主要有荷包椽、半圆椽与方椽三种，且以前两者居多。飞椽多见于前无檐廊的建筑，有半圆椽与方椽两种，前檐出，后檐不出。明代建筑的最初做法是所有椽子均使用方椽，飞椽椽头约有1厘米的收分（图2.2.42），后期使用中多有更换。

室内椽檩交接处均做椽挡板，当地俗称“椽花板”，檐椽端头一般不用封檐板（图2.2.43）。白蒲镇地区普遍在檐椽与飞椽间使用整块的里口木，当地俗称“挡望条”，与连檐加闸挡板的拼合做法有所区别（图2.2.44）。

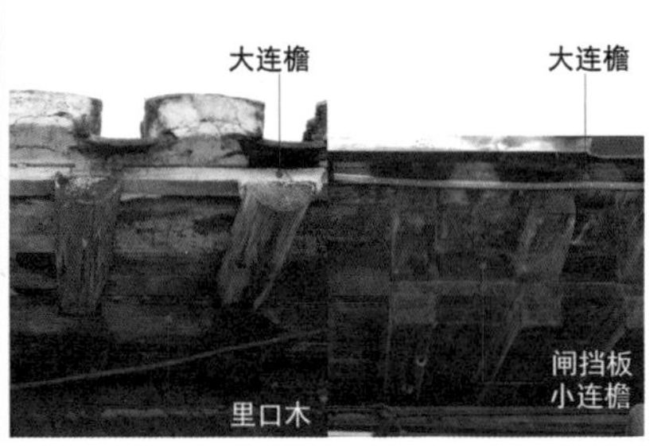

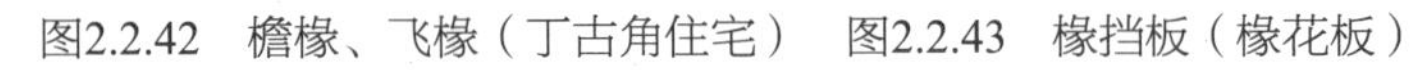

图2.2.42　檐椽、飞椽（丁古角住宅）

图2.2.43　椽挡板（椽花板）

图2.2.44　里口木（挡望条）与连檐加闸挡板做法对比

图2.2.45　弯椽（冯旗杆巷某宅大门檐椽）

南通地区还有一种特殊的弯椽做法，多见于大门檐椽（图2.2.45）。这类椽是将传统的檐椽和飞椽结合起来，本次苏北区域的调研中仅在南通地区见到。

（6）斗拱（图2.2.46）

当地明清住宅建筑的轩廊普遍使用简易斗拱。前文“大木构架”中提到的7处抬梁式敞厅，有5处室内均使用斗拱。其中，除如皋市集贤里戴联奎宅外，均为明代建筑。

以敞厅为例，三架梁与五架梁之间的衔接多使用“单斗只替”[52]，仅以坐斗和一根替木将柱、梁、檩三者结合起来，这是“明代流行于苏南、浙北的太湖流域小式建筑的一种简单的斗拱形式”[53]。潘谷西曾推断：“明清时期盛行的‘雀替’，音形均似由‘只替’转化而来。”[54]也有使用类似“把头绞项作”（吴氏宗祠前某建筑）的形式，即在单斗只替的基础上增加一跳横栱。如皋市集贤里戴联奎宅的敞厅甚至做成了完整的十字形斗拱形式。

（a）单斗只替（冯旗杆巷王宅敞厅）

（b）单斗只替（市大街葆春堂敞厅）

（c）“把头绞项作”（吴氏宗祠前某建筑）

（d）斗拱（如皋市集贤里戴联奎宅）

图2.2.46　斗拱案例

脊檩处多使用《营造法原》所绘的“山雾云”与“抱梁云”（图2.2.47）。关于山雾云的做法，朱光亚曾撰文道：“此种做法应是叉手和丁华抹颏栱变形和装饰化后的产物。”[55]所谓“丁华抹颏栱”（图2.2.48），《营

图2.2.47　山雾云与抱梁云（白蒲镇市大街葆春堂敞厅）

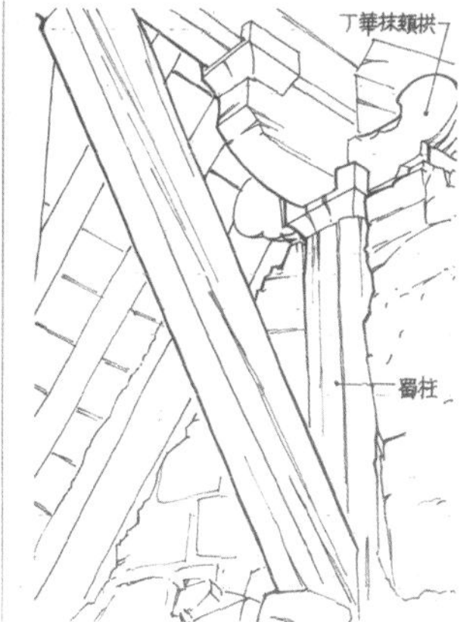

图2.2.48　丁华抹颏栱（图片引自《梁思成全集》，中国建筑工业出版社2001年版）

造法式》卷五中记载："凡屋如彻上明造，即于蜀柱之上安枓。若叉手上角内安栱，两面出耍头者，谓之丁华抹颏栱。"徽州地区也有相似做法，如棠樾清懿堂（图2.2.49）和呈坎环秀桥廊亭（图2.2.50），前者形式较为复杂，当地俗称"蝴蝶木"，后者形式较为简单，是徽州地区明清建筑脊檩下的普遍做法。据推断此二者应与山雾云本出同源。而抱梁云的做法，则是由斗拱中横向的云拱演变而来，并向上延伸形成合抱脊檩之态势。

在五架梁与金柱交接的位置多做丁头栱与替木，有的做单栱，也有的做重栱。明代晚期，丁头栱除了栱眼雕花渐趋复杂外，还演变出《营造法原》中所谓"梁垫寒梢栱"的"梁垫"形式，做出"蜂头"或变成"雀替"（图2.2.51）。[56]横向所出雕花翼形栱（图2.2.52）与《营造法原》中的"棹木"做法类似，而"梁垫"形式实为《营造法式》中楷头、压跳[57]之制（图2.2.53）。

图2.2.49　棠樾清懿堂

图2.2.50　呈坎环秀桥廊亭

图2.2.51　梁下丁头栱与梁垫（市大街葆春堂敞厅）

图2.2.52　重栱丁头栱与雕花翼形栱（冯旗杆巷顾宅）

图2.2.53　山西长治古驿村崇教寺大殿楷头与压跳（图片引自《梁思成全集》，中国建筑工业出版社2001年版）

（7）撑栱（图2.2.54）

撑栱常见于门屋内侧檐下、楼房二层出挑处。斜撑表面多做卷草木雕纹饰，起到一定的加固和装饰作用，在结构上属于软挑。

（a）冯旗杆巷王宅门屋　（b）冯旗杆巷王宅厢房　（c）冯旗杆巷南通工商联合会门屋　（d）冯旗杆巷南通工商联合会楼房　（e）余东镇龙街某宅

图2.2.54　撑栱案例

（四）小木

1.门

按照位置分，门可分为大门、二门、仪门、房门、隔门、屏门等；按照样式分，又有板门与槅扇门两种。大门、仪门、屏门及沿街商铺门均用板门；二门未见实例；房门，位于正面的用槅扇门，凹廊两端的用板门；室内隔门，板门与槅扇门均有使用（图2.2.55）。

（a）板门（田家巷某宅大门）

（b）板门（顾氏住宅大门）

（c）板门（冯旗杆巷顾宅穿堂凹廊两端）

（d）板门（如皋市东大街沿街铺面）

（e）板门（如皋市东大街某宅屏门）

（f）板门（冯旗杆巷顾宅穿堂屏门）

（g）槅扇门（顾氏住宅耳房）

（h）槅扇门（沈岐故宅）

图2.2.55　门案例

二门位于门屋后檐金柱间，因现在一组院落均由多户居住，二门不便于通行，往往被住户拆除。调研中虽未见实例，但从遗留的木构痕迹仍可以推测其大概。从门槛上槽口与门楹的数量推断，二门通常有四扇，开向内部天井（图2.2.56）。屏门位于厅堂明间后檐下金檩一线，意为屏风。

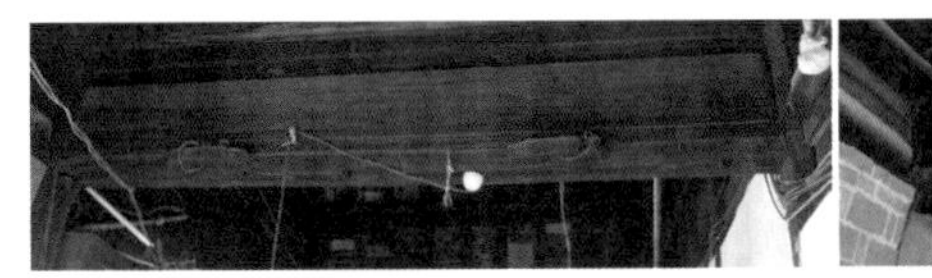

（a）二门上槛与门楹（如皋市集贤里冒家巷某宅）

（b）二门上槛（市大街葆春堂）

（c）二门上槛与门楹（白蒲典当行）

图2.2.56　二门遗留痕迹案例

板门多为实拼的穿暗带（抄手带）做法，双面平整，屏门、隔门穿明带；槅扇门以六抹为主，且多于外侧下段做裙板。

2. 窗（图2.2.57）

窗主要有槛窗与支摘窗两种。

槛窗分为槅扇窗和板窗两种，其下又细分为砖砌槛墙、木质槛墙、木质槛墙加栏杆（即《营造法原》中的“地坪窗”）、下槛之上立窗栅四种。其中，下槛之上立窗栅的做法在徽州地区较为常见，多用于二楼或女性居住的房间，窗栅可遮挡视线，是一种礼教思想的体现。

支摘窗在清末民国时期的住宅建筑中使用较为普遍。

（a）槛窗（四抹槅扇窗，内有窗栅，砖砌槛墙）

（b）槛窗（地坪窗，用板窗）

（c）支摘窗（砖砌矮墙）

（d）支摘窗（木墙加栏杆）

图2.2.57　窗案例

3. 轩（图2.2.58）

厅堂建筑檐步凹进的敞廊和园林游廊，有的会做轩，形式上以船篷轩为主。轩下有雕花梁架与简易斗拱，还有弓形轩、菱角轩等形式。

（a）船篷轩（南关帝庙巷明清住宅）

（b）弓形轩（美国长老会）

（c）弓形轩与菱角轩（如皋水绘园）

图2.2.58　轩案例

4. 其他

建筑室内明间与次间一般做方便拆卸的木质板壁相隔，夏季可拆卸下来，方便通风换气（图2.2.59）。讲究的会在室内墙体的表面装饰护墙板（图2.2.60），好的用白果木。次间一般铺设木地板（图2.2.61），有的还会在次间入口的门槛上留有透气孔，起通风防潮的作用（图2.2.62）。

图2.2.60 护墙板（如皋市集贤里某宅）

图2.2.59 木质板壁（冯旗杆巷顾宅穿堂） 图2.2.61 木地板（顾氏住宅）

在白蒲镇，有的厅屋明间正中的两椽之间做有木撑，据了解是为了在祭祀时悬挂祖先画像（图2.2.63）。

厅堂檐廊明间两侧的檐柱上，有的会设有灯台，如南关帝庙明清住宅与冯旗杆巷顾宅穿堂（图2.2.64）。

图2.2.62 透气孔（南关帝庙巷明清住宅）

图2.2.63 椽间木撑（王家巷吴氏宅）

（a）南关帝庙明清住宅

（b）冯旗杆巷顾宅穿堂

图2.2.64 灯台案例

（五）瓦石

1. 台基及地面

（1）台基

南通民居建筑的台基一般较为低矮，高30～40厘米，讲究的人家会置阶沿石。明间阶沿下常置条石踏步一步。现因室外地坪升高，台基与室外高差大多仅剩一个踏步的高度，为10～20厘米，条石踏步上皮与室外地坪齐平。

图2.2.65　斜铺方砖（冯旗杆巷顾宅正屋明间）

图2.2.66　柳叶人字纹铺地

（2）铺地

建筑外廊与明间地面一般铺设方砖，尺寸约为31厘米见方，有平铺与斜铺两种形式（图2.2.65）。室外铺地多用青砖，铺柳叶人字纹（图2.2.66）。

（3）柱础（图2.2.67）

明清时期的建筑一般柱脚施柱础，民国时期的柱子一般直接落在方形磉石之上。木櫍在南通地区较为常见，呈扁圆状，从纵向断面看，上为内凹弧线，下为内收斜线（也有竖直的，内收不明显），两部分高度比例约为2∶1。木櫍下一般用方形础石，有的用石鼓或覆盆；有的在石鼓上置圆木，虽形式与木櫍不同，但同为横纹木料，有相同的隔水作用。当木櫍与石鼓同时存在于一栋建筑时，往往檐柱下用石鼓，金柱用木櫍。南通地区属北亚热带湿润气候，雨水较多，木材易糟朽，檐柱用石鼓可以较好地防止雨水侵蚀。

（a）木櫍加方石柱础（白蒲镇秀才巷某宅）

（b）木櫍加石鼓柱础（冯旗杆巷某宅）

（c）木櫍（南关帝庙明清住宅）

（d）圆木加石鼓柱础（南关帝庙明清住宅）

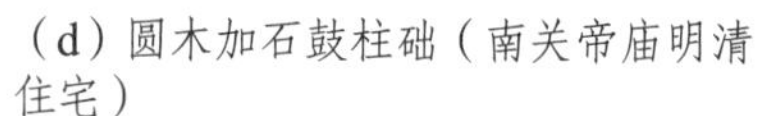

（e）檐柱下石鼓，金柱下木櫍（美国长老会）

（f）金柱下木鼓柱础（南关帝庙明清住宅）

图2.2.67　柱础案例

2. 屋身部分

（1）勒脚

墙体勒脚顶部通常为一圈丁砌立砖（图2.2.68），上皮高度与室内柱脚础石上皮齐平。勒脚表面或上方通常会有透气孔洞或透气花砖（图2.2.69），内有挡篦，有的位于室内木地板以下，有的直接连通室内，起通风换气的作用。

图2.2.68　勒脚丁砌立砖

（a）墙脚透气花砖（如皋市东大街某宅）

（b）墙脚圆形透气孔洞（南关帝庙明清住宅）

（c）墙脚火焰券形透气孔洞（如皋市东大街某宅）

（d）墙脚梳背式透气孔洞（冯旗杆巷某宅）

图2.2.69　墙脚透气孔洞、透气花砖案例

（2）墙身

墙身砌筑（图2.2.70）均使用青砖平砌，三顺一丁，一般在砌筑过程中也会用两顺一丁或一顺一丁来调整砖缝关系（图2.2.71）。墙体厚度一般为30～40厘米，有收分，为空斗墙，外砌整砖，内填碎砖和黄泥（图2.2.72）。一般墙体的砖缝宽度为2～3毫米。讲究的砖墙做磨砖对缝，中间的黏结材料由蛋清、糯米浆、红糖等混合制成，一般用于大门与门楼两侧。门洞两侧墙脚普遍有凸出的砖拼墙垛或采用立砖做法（图2.2.73）。等级较低的普通民宅采用碎砖乱码（图2.2.74）。

沿街的建筑外墙拐角处做一人高的抹角，上方则恢复叠涩的砖下皮，并打磨成银锭状。这种做法不但有效地保护了墙角，也方便了行人的通行（图2.2.75）。

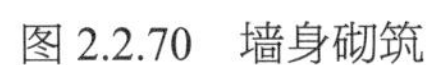

图 2.2.70　墙身砌筑

图2.2.71　青砖平砌（三顺一丁）

图 2.2.72　墙身断面

图 2.2.73　门洞两侧墙垛普遍做法

图 2.2.74　碎砖乱码

图 2.2.75　街角墙体抹角处理

有的墙体表面还会留砌凹龛，供奉神明或者空置（图2.2.76）。

山墙上多会钉有铁扒锔，用于拉接山面的柱子，以提高柱子与山墙的稳定性（图2.2.77）。

（a）凹龛（冯旗杆巷某宅）

（b）凹龛（如皋水绘园）

图2.2.76　墙体凹龛案例

图2.2.77　铁扒锔（美国长老会）

图2.2.78　七层冰盘檐

图2.2.79　屋面做法

（3）砖檐

墙体封檐部位多做有砖椽的冰盘檐，以五至七层为主。以七层为例，由下到上依次挑出头层檐、半混、立砖、直檐、枭砖、砖椽、盖板（图2.2.78）。

3. 屋顶部分

南通地区的屋面做法（图2.2.79）通常是望层上用苫背，直接铺设瓦件，均为蝴蝶瓦。檐口瓦头有三种形式，第一种为勾头（当地俗称“猫头”）、滴水与扇面瓦（当地俗称“猫耳”）的组合；第二种为勾头与滴水瓦；第三种为扇面勾头与滴水瓦。檐口瓦头表面均有吉祥纹饰的砖雕，通常为福寿主题（图2.2.80）。

屋脊均为清水脊，形式多样，以雌毛脊为主，还有甘蔗脊、纹头脊、各种花脊等（图2.2.81）。“南通做脊同样也是先做灰座，当地称‘座线’，也是用油灰粉出……瓦直接搁在帮脊木上。在底瓦交线上扣盖瓦打底，根据所需屋脊横向曲线，盖瓦一层层逐渐增加垫起以起翘，然后再在盖瓦外面用瓦刀灰（石灰加纸筋）粉出座线。座线的断面一般是方的，有时在脊头位置两侧逐渐做成弧面。简单屋脊在座线上就是站瓦了，复杂的要在屋脊上出线后再站瓦。普通人

（a）勾头、滴水与扇面瓦

（b）勾头与滴水瓦

（c）扇面勾头与滴水瓦

图2.2.80　檐口瓦头案例

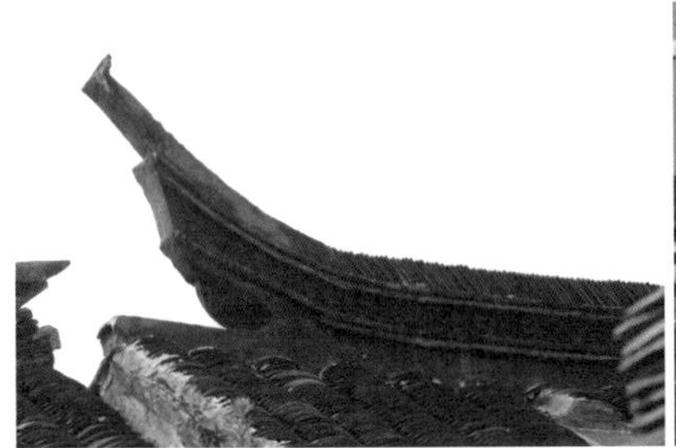

（a）雌毛脊（四层线带砖雕）

（b）甘蔗脊（二层线）

（c）简易纹头脊（三层线）

（d）二层线，用半圆形盖瓦压脊砖

（e）五层线，站瓦直立，接口用方砖

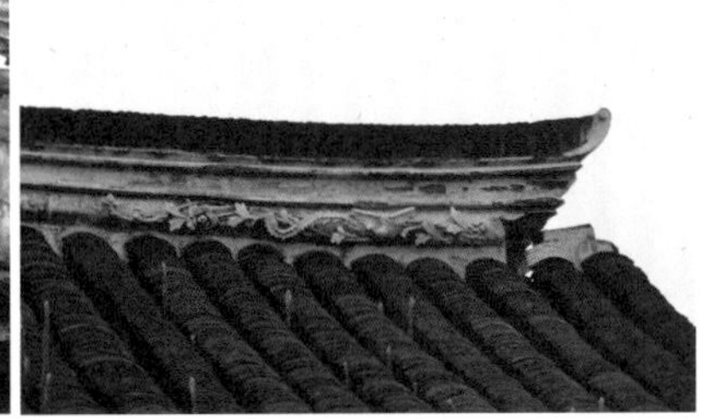

（f）三层线，滚筒带灰塑，站瓦直立

（g）幸福吉祥纹脊（一层线站瓦）

（h）花脊（套方式）

（i）花脊（灯笼砖式）

（j）花脊（灯笼砖式）

（k）花脊（短银锭式）

（l）鱼化龙脊

（m）屋脊组合

图2.2.81　屋脊案例

家一般做一层线、三层线，大户人家做五层线。”[58]讲究的做法是屋脊上的站瓦要保持直立，只有在脊头起翘的地方才开始倾斜。屋脊正中的部分当地称“接口”，一般用整砖，呈方形。也有不搁站瓦而用半圆的盖瓦做压脊的做法。靠近脊头的部分或做灰塑或装饰砖雕。通常屋脊的长度均不超过三间，有“3 + 1”或“1 + 3 + 1”等形式。

（六）其他

1. 雕刻

木雕（图2.2.82）一般集中在梁身、梁头、荷叶墩、山雾云、丁头栱、替木、门楹等部位，有的也在大门门框夹板的表面装饰木雕，如冯旗杆巷王宅大门雕刻的“暗八仙”纹样。

（a）梁身卷草纹（冯旗杆巷顾宅）　（b）梁身如意纹（丁古角住宅）　（c）轩梁梁头做象鼻（南关帝庙巷某宅）

（d）挑梁卷草纹（白蒲镇市大街某宅）　（e）荷叶墩（冯旗杆巷王宅）　（f）荷叶墩与瓜棱斗（如皋市集贤里某宅）

（g）山雾云与抱梁云（市大街葆春堂）　（h）山雾云与抱梁云（丁古角住宅）　（i）雕花替木（冯旗杆巷王宅）

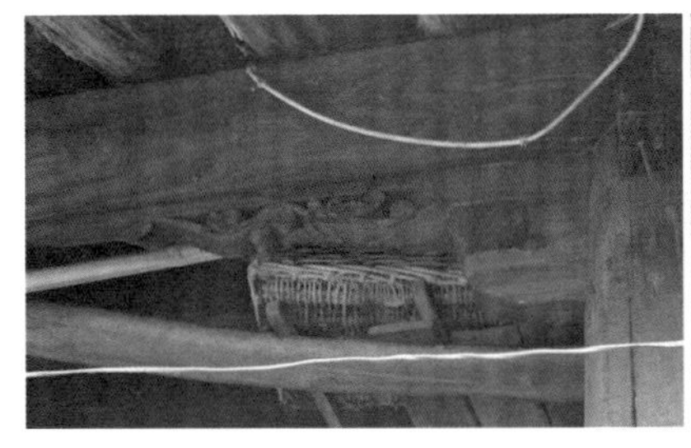

（j）雕花替木（冯旗杆巷顾宅）

（k）雕花替木（白蒲镇史家巷某宅）

（l）雕花替木（王家巷吴氏宅）

（m）丁头栱与雕花替木（双堂屋）

（n）荷叶墩与雕花替木（南关帝庙巷某宅）

（o）“鱼跃龙门”门楹（双堂屋）

（p）连楹“暗八仙”（王家巷吴氏宅大门）

（q）连楹“凤穿牡丹”（白蒲典当行大门）

（r）连楹“石榴多子”（冯旗杆巷王宅大门）

（s）门框夹板雕刻“暗八仙”纹样（冯旗杆巷王宅大门）

图2.2.82　木雕案例

砖雕（图2.2.83）常见于盘头陡板、仪门和门楼式大门的门额，以及象鼻枭、照壁墙心和岔角部位等。陡板有的装饰几何图案，如万字纹；有的雕刻吉祥寓意的图样，如“葫芦多子与松鹤延年”图等。门额的砖雕保存较少，多为几何纹或动植物主题的吉祥寓意图案，而人物主题的雕刻多在“文革”时期遭到破坏。象鼻枭位于门洞上方两侧，当地俗称“门幅”，主要有枭砖形、方形、雀替形与卷草形四种形式。

（a）照壁岔角砖雕（南关帝庙巷明清住宅）

（b）万字纹砖雕盘头（寺街某宅大门）

（c）葫芦多子与松鹤延年图砖雕盘头（仁巷某宅大门）

（d）十字形砖雕（白蒲镇南魁星楼巷某宅门额）

（e）动植物图案砖雕（寺街某宅门额）

（f）枭砖形素面象鼻枭（白蒲镇驷马桥巷某宅门楼）

（g）方形砖雕象鼻枭（王家巷吴氏宅门楼）

（h）雀替形砖雕象鼻枭（新群巷徐庚起故居）

（i）卷草形砖雕象鼻枭（如皋市东大街某宅门楼）

图 2.2.83　砖雕案例

石雕案例发现较少，当地传统建筑中使用石材不多，多见于阶沿石、门枕、抱鼓石。抱鼓石（图2.2.84）多做精美雕饰，题材有“鹤鹿同春”“转角莲”“麒麟献瑞”“太狮少狮”等。

（a）鹤鹿同春（冯旗杆巷王宅）

（b）麒麟、凤凰图案雕饰（冯旗杆巷某宅）

（c）转角莲（如皋市东大街某宅）

（d）转角莲（如皋水绘园）

（e）麒麟献瑞（如皋水绘园）

（f）太狮少狮（如皋水绘园）

图 2.2.84 抱鼓石案例

2. 油饰、彩画（图2.2.85）

明代建筑木材表面一般不做漆，多罩以桐油；清代以后的建筑有的柱子表面做红漆，地仗做法以“一麻四灰”为例，从内到外依次是通灰、麻布、芦草灰、青灰（中灰）、白灰（细灰）。

调研中的彩画案例仅见于南关帝庙巷某宅与冯旗杆巷顾宅，均为清代遗存。南关帝庙巷某宅内均为彩绘门联，大门：“平阳世泽，越国家声”，室内门扇：“松柏有本性，瑾瑜发奇光”，脊檩下皮：“福禄寿”；冯旗杆巷顾宅有一幅彩绘“福”字与一组“麒麟送子”版画。

（a）彩绘门联（南关帝庙巷某宅大门）

（b）彩绘门联（南关帝庙巷某宅室内门扇）

（c）彩绘“福”字（冯旗杆巷顾宅穿堂板门）

（d）红漆与地仗（南关帝庙巷明清住宅檐柱）

（e）彩绘“福禄寿”字样（南关帝庙巷某宅脊檩）

（f）“麒麟送子”版画（冯旗杆巷顾宅穿堂板门）

图2.2.85　油饰、彩画案例

四、建筑施工

在调研白蒲镇传统建筑时，原文化站书记杨春和向调研人员提供了当地非物质文化遗产档案中关于传统建筑施工流程和施工忌语的基础资料。

（一）施工流程

1. 选址、选地、放线

建房之前，房主一般会请风水师选定建造房屋的位置、朝向等，并占卜确定开工日期。

2. 开基础、砌墙基、拥墙脚

放线后在线内挖去原土层，一层深40～60厘米，二层深80～100厘米，用人工先冷夯，使原土层更夯实，在此基础上铺厚20～30厘米的乱砖，用石灰泥浆灌实后进行人工夯实、管平。打夯的时候，工人们会齐唱“打夯号子”。二人夯通常用于打土墙时的和泥及制泥，四人、八人夯用于夯实屋基，过去还有十五六人组成的多人夯，用于建桥。在此基础上砌基础砖三至五皮，做放脚，直至高于地面20～40厘米，四周用原土拥墙脚。此时瓦匠向木匠交尺寸。

3. 立木架

木匠根据瓦匠提供的尺寸开木料，立木架。屋架立好后，要留中间一根正梁（脊檩），待举行隆重的上梁仪式时方可到位，此时木匠要边上梁边说“鸽子”（即吉祥的话语）。木匠同时安门框及窗框。

4. 砌墙体

瓦工用青砖砌墙，先做一皮丁砌立砖，当地俗称“百脚砖”。墙身砌法基本上为一顺一丁、二顺一丁、三顺一丁（较为常见），视主人家经济条件而定，一般富庶之家的丁砖砌筑相对密集一些，墙体的整体性较好。

瓦工墙内外互立（一般高级瓦工站在外墙侧），砖间的黏结材料利用糯米汁调熟石灰加锅底制成，调成青灰色，当地俗称“小刀灰”，灰缝厚度1～2毫米。墙体向上直至盘头，用砖雕装饰，继而向上做三层、五层或七层出线（叠涩），封顶。

5. 木匠做屋顶

在墙体完工后，木匠做封山板（即博风板，硬山建筑不需此步骤），钉椽子，钉挡望条（连檐或里口木）。

6. 瓦匠做屋面

做屋脊铺望砖，盖小瓦做屋檐口，安装滴水、“猫头”，封山尖的同时修建附属用房并砌灶。

7. 做室内

砌内部隔墙，粉刷内墙壁，地面铺设方砖，木匠铺木地板并做门格花窗。

8. 完工

户主鸣放鞭炮，请工匠及亲朋好友参加收工酒宴，并向工匠派发红包。

（二）施工忌语（表2.2.3）

表2.2.3　施工中的忌语与代语

忌语	代语	忌语	代语
尺条	丈杆	上去	升高
斧头	代斧	下来	圣步
梯子	步步高	拉紧	带宽
绳儿	软千斤	小瓦	弯砖

第三节　案例

本章选择南通市丁古角住宅、冯旗杆巷顾宅、冯旗杆巷王宅、如皋水绘园、白蒲镇明清古建筑群、天宁寺、南通文庙大成殿、如皋文庙大成殿共8个案例进行分析，并对丁古角住宅、冯旗杆巷顾宅、冯旗杆巷王宅进行了测绘。

其中丁古角住宅、冯旗杆巷顾宅是明代住宅建筑的代表；冯旗杆巷王宅建于清代，院落布局较为完整，是当地院落住宅的代表；如皋水绘园是当地园林建筑的代表；白蒲镇明清古建筑群是集中分布的传统建筑群代表。除民居建筑外，本节补充了天宁寺、南通文庙大成殿与如皋文庙大成殿3个案例，对官式的宗教建筑和坛庙建筑进行简要介绍。

一、丁古角住宅

（一）建筑背景

丁古角住宅原位于南通古城东南隅丁古角巷北段西侧院内，1998年前后由于城市建设，迁建至八仙花苑东1号，现周边已开发为八仙城商业街（图2.3.1）。1982年丁古角住宅被公布为第三批江苏省文物保护单位。

丁古角住宅的初建者与变迁情况均已不可考，但文物档案记载原宅院大门的地下并排埋有四块青石质地的旗杆石。

图 2.3.1　丁古角住宅西南角

（二）现状概述

现仅存一栋建筑，具体建造时间不详。从现存木构形制来看，推测该建筑始建于明代。2012年10月和2014年9月的两次调研均发现，该建筑被改造为发廊使用，表面观察情况尚好，但有白蚁病害。

由于周边建设原因，建筑室外地坪增高，室内地坪相对显低。明间檐檩下设八扇槅扇门，次间设六扇槛窗，砖砌槛墙，白灰抹面。据遗留的木构痕迹（图2.3.2、图2.3.3）推断，原建筑应为明间凹进，凹廊中开设门扇，现状应为后期改造。建筑后檐为砖砌檐墙，明间与次间均开洞口，做现代样式的门窗，这也是后期使用过程中改造所致。

现建筑木构件均被饰以油漆（图2.3.4），非原作。柱身全做红色，次间梁身做绿色，串枋做红色，其他构件均做棕色。

图 2.3.2　前檐金檩下遗留的门槛与门臼

图 2.3.3　抱头梁下遗留的门楹

图 2.3.4　东次间山面梁架

（三）建筑本体

经过迁建，原建筑群格局以及环境原状不详，现仅对建筑本体进行描述和分析。

丁古角住宅（图2.3.5）坐北朝南，硬山，三间七檩，面阔13.1米、进深7.3米。前檐明间做凹廊（推测为原形制），明次间以可拆卸的木质板壁分隔，分别于檐步与金步开门扇相通。

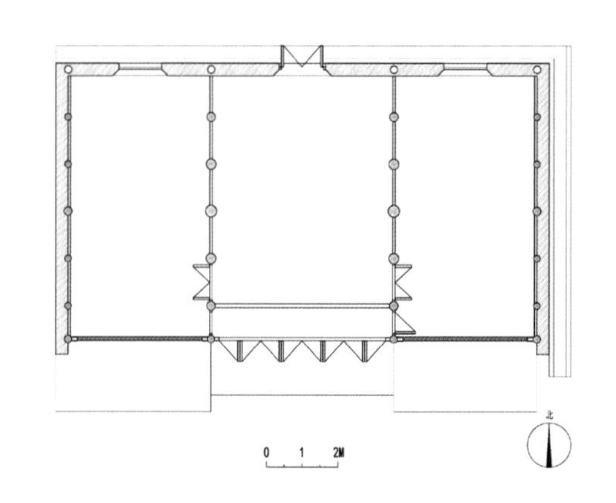

（a）建筑本体平面图

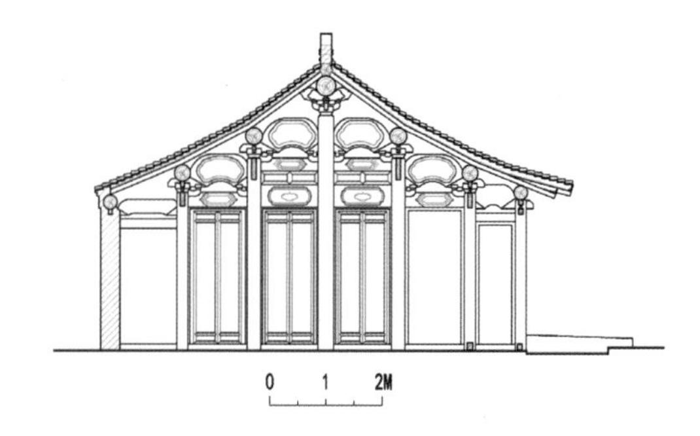

（b）明间剖面图

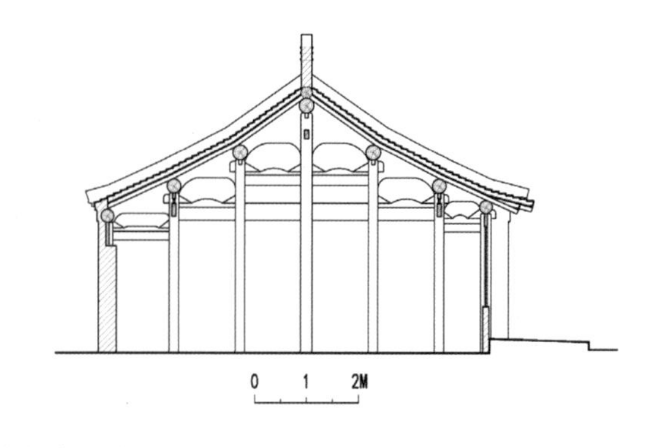

（c）次间剖面图

图 2.3.5　丁古角住宅测绘图

扁作月梁（扇面梁），七柱全部落地，梁背两端与柱头均做卷杀。明间梁架为抬梁，柱头上承坐斗，出丁头栱，搁置梁头与替木，再托檩条，似单斗只替。山面梁架为穿斗，柱头直接承檩，单步梁只起到拉接作用。整个构架中，除明间最后一步抱头梁以外，其他构件风格统一，具有当地典型的明代建筑特征。因为建筑内部现铺设木地板，未见柱础，故推测柱础应被覆于木地板之下，柱础样式未知。

明间脊檩与上金檩下用雕花短替，其他均为通长替木。两缝梁架八根金柱的柱头之间均拉接串枋，其中下金檩与串枋之间间隔垫板。次间替木的分布与明间相同，但串枋拉接于中柱与外金柱之间。

整栋建筑用材硕大。据测绘，明间脊檩直径约35厘米，金檩30厘米，下金檩28厘米，檐檩24厘米。次间脊檩与金檩均缩减至28厘米，下金檩和檐檩的规格与明间相同。

通过测绘数据可知：①该建筑结构规整，斗拱比例、形制符合《营造法式》的斗拱规制；②建筑用材、开间尺寸与明代营造尺基本吻合，整栋建筑的檐步进深0.9米，其他步架进深均为1.28米，约合4尺；③屋架曲线明显，举高约2.1米，前后檐檩间距7.3米，两者比值约1∶3.5，介于1∶3～1∶4，且上金檩跌0.207米（举高的1/10），下金檩跌0.076米（举高的1/27），与举折之制基本吻合（表2.3.1）；④屋面曲线做法若以举架与提栈之法计，则差异较大，七檩小式构架举架一般五举、六五举、八五举，与该建筑四举、五举、六五举不符，七檩提栈二个，檐步1.28米合鲁班尺4.65尺，起算0.45，金步0.5，脊步0.55，合计对应举高与前后檐檩间距比例应为1∶4，亦不相符。以下案例数据分析方法与此相同。

表2.3.1　丁古角住宅屋架测绘数据分析对比表

举折			举架（坡度）			提栈二个			
举高∶前后檐檩距	折架∶举高		檐步	金步	脊步	檐步（米）	鲁班尺（尺）	起算	应对应举比
1∶3.5	1∶10	1∶27	0.38	0.49	0.66	1.28	4.65	0.45	1∶4

注：1鲁班尺合0.275米，下同。

图 2.3.6　明间梁身和随梁枋

建筑木构件做法考究，明间有精美的木雕装饰，脊檩下有山雾云与抱梁云，为“三福云”纹样；梁身、串枋、垫板等构件均雕刻花纹，其中梁身和随梁枋均做简洁的双弯如意纹（图2.3.6），上金檩下串枋枋身做卷草纹和单卷如意头（图2.3.7）。

屋面用方椽，南侧出檐椽与飞椽两层（图2.3.8），飞椽端头略为内收，无封檐板。北侧为砖檐（图2.3.9），挑檐四层，分别为立砖、直檐、直檐和盖板。山墙面砖细博风，拔檐两层，现被水泥抹面。

图 2.3.7　明间上金檩下串枋

图 2.3.8　南侧檐椽与飞椽

图 2.3.9　北侧砖檐

屋面檐口瓦件用蝴蝶瓦（图2.3.10），勾头坐中，瓦头均为新换的扇面瓦与滴水瓦。屋脊为清水脊，三层线，垂直立站瓦，正中接口处搁置矩形方砖。脊头做简单涡卷的纹头脊，起翘幅度较小（图2.3.11）。

图 2.3.10　檐口瓦件

图 2.3.11　纹头脊

二、冯旗杆巷顾宅

（一）建筑背景

冯旗杆巷顾宅（图2.3.12）位于南通古城西南营历史文化街区，冯旗杆巷26号。1983年，冯旗杆巷明代住宅被公布为南通市第一批文物保护单位。

该宅为明末马姓人家所建，清咸丰时期宁镇、苏常地区先后为太平天国军控制，江南财源断绝。为筹集镇压太平军的军饷，由曾国藩、胡林翼创兴厘捐，此宅曾一度为花纱厘捐通局占用。[59]住宅后为顾姓人家购得，遂名“顾宅”。

图 2.3.12　冯旗杆巷顾宅

（二）现状概述

院落内住户众多，建筑室内分隔凌乱，室外加建的构筑物较多。主院落布局基本清晰，共有三进院落，但无法判断东西两侧是否为原有厢房。根据文物档案记载，冯旗杆巷顾宅仅敞厅一进为明代遗构，其他建筑均为清代及后期改建。

第一进的敞厅损毁较为严重，存在雕花替木断裂（图2.3.13）、屋面杂草丛生、屋脊缺失（图2.3.14），以及翼形栱被砍削（图2.3.15）等问题。第二进与第三进堂屋，由于一直有人居住，保存状况较好。其中，第二进院穿堂与厢房现仍为顾氏后人所有。

图 2.3.13　敞厅雕花替木断裂

图 2.3.14　屋面杂草丛生、屋脊缺失

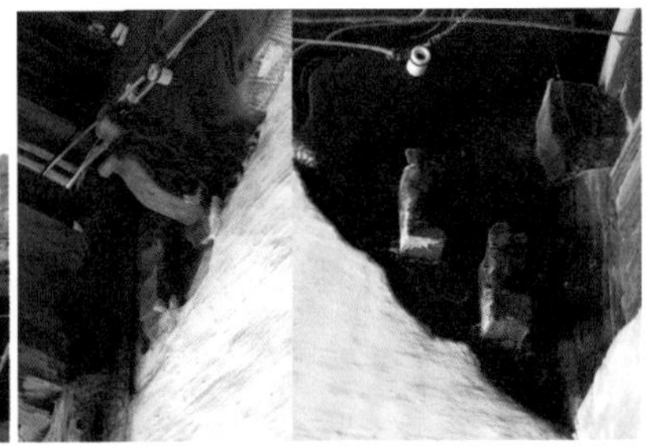

图 2.3.15　被砍削的翼形栱

（三）建筑本体

调研时，仅门屋、敞厅、穿堂、厢房可入内测绘研究（表2.3.2）。

表2.3.2　冯旗杆巷顾宅屋架测绘数据分析对比表

建筑	举折			举架（坡度）			提栈二个			
	举高：前后檐檩距	折架：举高		檐步	金步	脊步	檐步（米）	鲁班尺（尺）	起算	应对应举比
门屋	1：3.5	1：16.3		0.51	—	0.64	1.06	3.84	0.4	1：4.4
敞厅	1：3.9	1：11	1：47	0.36	0.47	0.59	1.12	4.07	0.4	1：4.4
穿堂	1：3.5	1：9.2	1：40	0.43	0.52	0.73	1.2	4.36	0.45	1：4

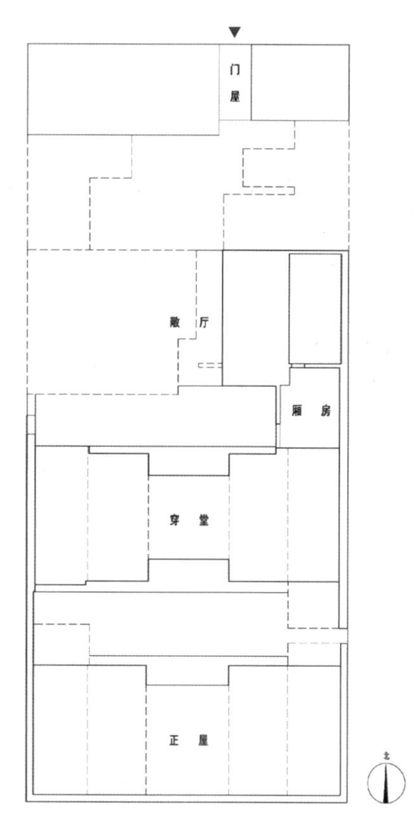

图 2.3.16 冯旗杆巷顾宅总平面示意图

现存院落三进，整体占地约970平方米（图2.3.16）。入口门屋位于院落东北角，主要建筑坐南朝北，由北至南依次为门屋、敞厅、穿堂、正屋（图2.3.17）。敞厅和穿堂之间，东侧有厢房一间。

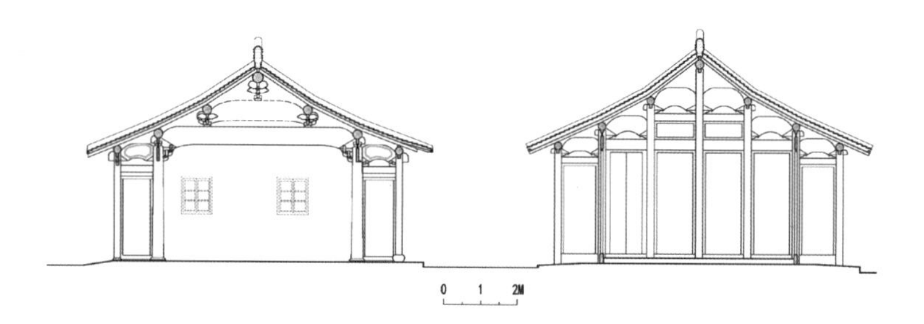

图 2.3.17 敞厅与穿堂明间剖面图

1. 门屋（图2.3.18）

大门经改造，现为如意门，门框上有残缺的雕花连楹，目前仅可见东侧的一缝梁架，面阔情况不明。进深五檩，约4.2米，每步均分，约1.06米（3.3尺）。扁作月梁，柱身全部落地，柱脚有木櫍。檩下全部做通长替木。屋面折线明显，檐步约五举，金步约六五举，用方椽。

（a）雕花连楹

（b）梁架

（c）柱础

图 2.3.18 门屋

2. 敞厅（图2.3.19）

明三暗五，面阔约18.88米（59尺），其中明间4.48米（14尺），次间4米（12.5尺），梢间3.2米（10尺）。进深七檩，约7.68米（24尺），除檐步1.12米（3.5尺）外，其余步架均1.36米（4.25尺）。

调研中仅明间东侧（明间现被砖质隔墙划分，露出位于东侧廊道部分的梁架）及东梢间可以进入。明间与次间梁架均为扁作月梁，抬梁，梢间硬山搁檩。

明间为五架梁前后单步梁对称，用四柱，五架梁与三架梁之间不设瓜柱，直接用斗；三架梁之上斗拱出两跳（次间方向不可见，推断应与明间方向对称），横拱均做翼形拱。金柱与北侧檐柱柱脚均用木櫍，其中金柱木櫍下为石质柱础，由于周边地坪升高不可观其全貌，推测可能为覆盆或石鼓。北侧檐柱下只用石鼓。

次间梁架七柱全部落地，柱头承斗。从破损的山间板缝隙中可见，次间看面的斗拱做法与明间梁架基

（a）南立面

（b）山面

（c）明间梁架

（d）三架梁上斗拱

（e）金柱柱础

（f）檐柱石鼓柱础

（g）次间梁架

（h）南侧梢间砖檐

（i）屋脊

（j）单步梁表面双曲线如意纹

图 2.3.19　敞厅

本相同，而梢间看面斗拱素平不做出跳，替木也不做雕饰。

据遗留的木构痕迹判断，敞厅原应为后凹廊，即建筑南侧明间凹进。屋面用方椽，明间与次间出木檐，梢间砖檐，上挑砖椽（比当地普遍做法的砖椽出挑更长）。南侧出飞椽，北侧不出。屋脊向两端起翘明显，用筒瓦，做两层砖线，上覆盖脊瓦。

建筑整体用材尺寸较大，做法考究。以明间梁架为例，檐柱直径18厘米（属当地平均水平）；金柱32厘米（为调研中所见当地柱径最大者），柱头卷杀。檩条粗壮，脊檩28厘米，上金檩与下金檩均为24厘米，檐檩20厘米。五架梁，高0.52米，通长约5.8米；三架梁，高0.53米，通长约3.3米；单步梁，高0.4米，通长约1.6米。明间梁架均为整料，非拼合，且梁身表面均雕刻精美双曲线如意纹与卷草纹。

敞厅为明代建筑，斗拱形式与《营造法式》做法基本相符，斗欹部分做弧形内凹，木材厚6.4厘米（2寸）。屋面曲线较为平缓，举高1.97米，前后檐檩间距7.68米，其比值约1∶3.9，其中上金檩跌0.179米（举高的1/11），下金檩跌0.042米（举高的 1/47），与《营造法式》做法稍有差异。南侧檐柱高2.7米，檐出0.88米，阶檐石下出0.68米，与“每柱高一丈，得上檐出三尺，下檐出二尺四寸”的传统小式瓦作做法基本吻合。

3. 穿堂（图2.3.20）

穿堂明三暗五，明间南北均凹进成檐廊。面阔与进深均与厅屋一致。

调研时，仅明间与东侧次间、梢间可以进入。

明间，七柱落地，扁作月梁，梁柱交接处均做贴片花替装饰，檩条下均有通长替木；次间，拈金做法，四架梁，南接单步梁，北接双步梁，用四柱，圆作直梁，脊檩与上金檩下用短替，其余用通长替木；山面中柱落地，前后各单步梁、双步梁对称，用五柱，圆作直梁，替木分布与次间相同。

屋面全用方椽，檐口均为木出檐，只出檐椽，无飞椽。瓦头用勾头、滴水与扇面瓦。槛墙青砖平砌，后期使用者在其表面抹灰，并勾勒砖纹。

现北侧檐廊东端板门与金步板门均为清代原物，表面清代版画保存完好。明间与次间梁架下均有板壁，其中明间缝板壁可拆卸。明间铺木地板高出室外檐廊地坪约14厘米。南侧外金柱间串枋上仍保留沥金龙头与凤尾雕饰。

穿堂木材用料的尺寸较敞厅略小，檐柱柱径18厘米，其余均20厘米。明间脊檩稍粗，檩径23厘米，其他檩径均20厘米。屋脊高度高于敞厅约0.36米，屋面曲线也较其略陡，举高2.19米，前后檩距7.68米，比值约为1：3.5。折架与敞厅相似，上金檩跌约1/9.2，下金檩跌约1/40。

（a）北立面　（b）明间梁架　（c）次间梁架　（d）山面梁架　（e）瓦头　（f）明间缝可拆卸板壁　（g）串枋上雕饰龙头与凤尾　（h）槛墙

图 2.3.20　穿堂

4. 正屋（图2.3.21）

正屋已经关闭，不可进入，北侧凹廊，明三暗五。据檐步梁架推断，明间扇面梁结构形式与穿堂相同。檐廊地砖使用方砖斜铺。

（a）檐步梁架

（b）檐廊方砖斜铺

图 2.3.21 正屋

5. 厢房（图2.3.22）

厢房位于敞厅与穿堂之间的院落东侧，五檩，回顶。两金檩间用罗锅椽，圆作直梁，用料纤细，推断为后代加建。

图 2.3.22 厢房梁架

6. 天井（图2.3.23）

门屋内部到敞厅之间的天井开敞，进深约8米（2.5丈）；敞厅与穿堂之间的天井，进深3.2米（1丈）；穿堂与正屋之间的天井，进深约3.8米（1.2丈）。天井内铺地有青砖直柳叶与柳叶人字纹两种。其中第二进天井西墙开门洞通向火巷，墙体向上有收分。

（a）敞厅与穿堂间的天井院

（b）穿堂与正屋间的天井院

（c）天井青砖直柳叶与柳叶人字纹铺地

（d）敞厅与穿堂间天井院西墙门洞

图 2.3.23　天井

三、冯旗杆巷王宅

（一）建筑背景

冯旗杆巷王宅位于南通古城西南营历史文化街区冯旗杆巷21号。该建筑历史沿革不详，据第三次文物普查资料记述，为清代建筑。但从现存主体建筑的结构形式看，多数梁架形制具有明显的明代建筑风格，推测可能始建于明末清初。

（二）现状概述

整组建筑现仍作为住宅使用，产权公有，对外出租。建筑内部均被分隔，一般每栋建筑的每个开间被分为一户。

建筑在居住过程中进行过改造，包括建筑墙体的改造与加砌（图2.3.24），以及室内增设阁楼（图2.3.25）、加装吊顶等。但院落整体布局仍然完整，建筑保存状况尚可。

图 2.3.24　穿堂明间后檐加砌檐墙

图 2.3.25　穿堂西次间室内增设阁楼

调研时，主体建筑中只有第二进西次间与第三进二楼明间可以进入。故仅对门屋及此二间房屋进行测绘与三维数据的采集（表2.3.3）。

表2.3.3　冯旗杆巷王宅屋架测绘数据分析对比表

建筑	举折			举架（坡度）			提栈二个			
	举高∶前后檐檩距	折架∶举高		檐步	金步	脊步	檐步（米）	鲁班尺（尺）	起算	应对应举比
门屋	1∶2	—		0.65	—	0.69	0.96	3.49	0.35	1∶5
穿堂	1∶3.5	1∶9.8	1∶41	0.42	0.53	0.72	1.07	3.89	0.4	1∶4.4
后楼	1∶4	1∶7.6	1∶17.8	0.35	0.46	0.69	0.96	3.49	0.35	1∶5

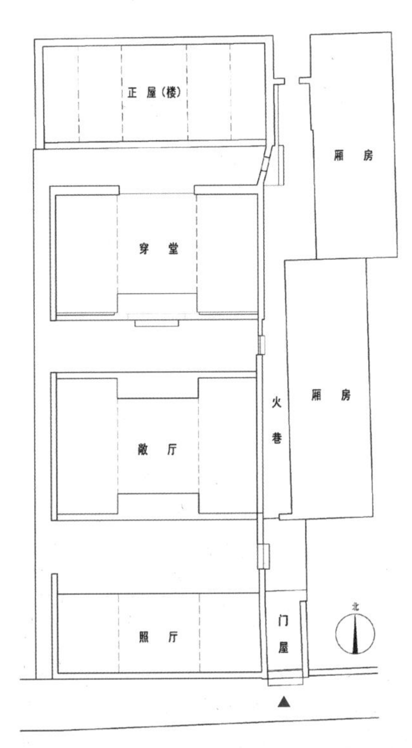

图 2.3.26　冯旗杆巷王宅平面示意图

图 2.3.27　火巷

（三）建筑本体

院落（图2.3.26）共三进，分东西两部分，西侧为主体建筑，东侧为厢房，中间以火巷相隔（图2.3.27）。主入口位于东南角，正对火巷，为典型的三重门形式。西侧主要院落从南至北依次为照厅、敞厅、穿堂、正屋（楼）。每进院落均在东墙开门，朝向火巷，其中第一进为提闼门，第二进与第三进院门较为简陋，推测为后开。东侧厢房的结构未能得见。

1. 门屋（图2.3.28）

大门为蛮子门，五檩长短坡。梁架扁作，穿斗式，泥鳅梁，五柱全部落地，柱脚用木櫍落于础石之上。

后檐檐柱出一步挑梁承檩，下用撑栱，挑出约0.7米，与檐柱呈约40度角伸出，挑接串枋，枋上置坐斗，承托挑梁。脊檩与前檐金檩下用花替，其余檩条下均用通长替木。

大门为实拼板门，两侧的余塞板表面雕刻暗八仙，连楹雕刻卷草、佛手等纹样。在原二门位置，仍可从柱身与替木下皮看到门框与垫板的痕迹。墙面饰以护墙板，抱框均做四出海棠线脚。

屋面为方椽，上铺望砖与蝴蝶瓦。屋脊做法考究，净高约70厘米，做砖线五层，下有滚筒，中间隔以两层立砖，其上仅直立站瓦不做脊头。

经测绘可知，门屋每步步距相等，约0.96米（3尺），从中柱到檐柱柱径均约15厘米。屋面折线不明显，坡度较陡，檐步六五举，脊步六九举。

（a）剖面图

（b）梁架

（c）仰视

（d）柱础

（e）大门

（f）屋脊

图2.3.28　门屋

2. 入口天井（图2.3.29）

大门内是入口天井，平面呈矩形，仍保留部分柳叶人字纹铺地。天井西侧为二门（提闼门）通往敞厅前院落，门洞墙体砌筑，磨砖对缝，檐口用两层砖椽，出叠涩十一层。二门门洞内两侧置方形抱鼓门枕石，雕刻“鹤鹿同春”。

（a）柳叶人字纹铺地

（b）入口天井

图2.3.29　入口天井

3. 照厅

因照厅闭锁，未能进入，通过外侧观察，现北侧檐墙与门屋大致齐平，推测应为三间五檩。

4. 敞厅（图2.3.30）

敞厅三间七檩，前凹廊。明间抬梁，五架梁前后单步梁对称，用四柱，单斗只替，五架梁以上为扁作月梁，前后抱头梁为圆作直梁。坐斗斗欹平直无曲线，荷叶墩雕刻鱼戏莲叶图案。次间也做抬梁，三架梁前后各两步单步梁对称，用六柱，圆作直梁。脊檩与上金檩下用花替，下金檩用通长替木一垫板一串枋，与山面串枋围作一圈形成圈梁。室内山墙面现除檐步为白灰抹面外，其余地方均装饰护墙板与山间板。

（a）明间梁架

（b）次间梁架

图 2.3.30　敞厅

5. 穿堂（图2.3.31）

穿堂三间七檩，面阔12.5米，进深7.1米，前凹廊，廊两端平开门一扇，室内金步做双开门。

明间与山面梁架均七柱落地，明间用扁作月梁，次间用圆作直梁。檐柱表面用红漆，做芦草地仗，柱脚用木櫍。其余柱位于室内，无法进入，或底部被物体遮挡，无法获知柱脚做法。室内明间、次间以板壁相隔，前檐明间已被改造成砖墙，安装防盗门，次间平开玻璃窗六扇，也为现代更换。

檐廊地面方砖斜铺，尺寸约30厘米见方。槛墙表面使用双交四椀菱花贴砖。山墙面做砖细博风，檐口出叠涩盘头，现全部为石灰抹面。

建筑屋面折线明显，据三维扫描数据分析，其举高与前后檩距之比约1∶3.5，若以举折计，上金檩跌约1/9.8，下金檩跌约1/41，基本相符；若以举架计，檐步四二举，金步五三举，脊步七二举，与清小式做法的五举、六五举、八五举的做法均有出入；若以提栈计，檐步1.07米，合鲁班尺3.89尺，对应檐步四算，金步四算五，脊步五算，应对应举比约1∶4.4，与之相去甚远。

（a）立面　（b）明间梁架　（c）檐柱地仗　（d）檐廊铺地　（e）山墙

图 2.3.31　穿堂

6. 正屋（楼）

正屋（图2.3.32）五间七檩，面阔13.7米，进深5.7米。楼梯位于明间西侧，推测为后代改建。七柱全部落地。调研时由于其他房间无法进入，只看到二楼后檐明间梁架。西侧一缝为扁作月梁，东侧有部分梁已被替换为圆作直梁。承托二楼楼板的楞木断面为圆形，直径约15厘米。前檐檐柱，柱脚用石鼓柱础。

正屋较前两进建筑屋面坡度稍缓，举高与前后檩距之比约1∶4，以举折计，上金檩跌约1/7.6，下金檩跌约1/17.8，基本相符。

(a) 楼梯

(b) 立面

(c) 明间梁架

(d) 檐柱柱础

图 2.3.32　正屋(楼)

四、如皋水绘园

(一) 建筑背景

如皋水绘园位于如皋古城东北，2006年被公布为第六批全国重点文物保护单位。

如皋水绘园始建于明万历年间(图2.3.33)，具体营建时间不详，原是明末著名文人冒辟疆[60]曾叔祖的别业，后归冒辟疆所有，曾一度“更园为庵”，故又名水绘庵。陈维崧[61]的《水绘庵记》写道：“水绘之义，绘者会也，南北东西皆水会其中，林

图 2.3.33　沈复《水绘园旧址图》(图片引自童寯：《江南园林志》，中国建筑工业出版社1984年版)

峦葩卉，块圠掩映，若绘画然。”传至冒辟疆时水绘园建筑格局已日趋完善，园内有妙隐香林、壹默斋、枕烟亭、寒碧堂、洗钵池、鹤屿、小三吾亭、波烟玉亭、湘中阁、镜阁、烟树楼、碧落庐等十余处佳境，后一度荒废，现仅存洗钵池一处。

图 2.3.34　水绘园景区卫星图

（二）现状概述

水绘园内建筑在清乾隆、道光年间曾先后修葺、改建。1949年后，当地政府将水绘园扩建为如皋人民公园，并加以修整。现今的水绘园（图2.3.34）由我国古典园林建筑专家陈从周主持修复扩建[62]，后作为如皋博物馆使用。

洗钵池西畔的水明楼为清乾隆时期安徽汪氏[63]所筑。水明楼以西有清代遗构雨香庵与隐玉斋（为当时的安徽籍盐官、盐商所建）。今如皋水绘园南侧园门（图2.3.35）即当年徽商新安会馆的门厅。

图 2.3.35　如皋水绘园南侧园门

（三）建筑本体

水绘园，顾名思义，以水为主，现园内水面一共分为三部分。水口分别位于东南与东北方位，与城河（内护城河）、运河（如泰运河）水系相连。东南部水域为洗钵池（图2.3.36），西部与北部未有命名，为扩建时新开。

1980年，陈从周初至该园时，此处已扩建为如皋人民公园，他在《双环城绕水绘园》一文中评价道：“虽非旧貌，而境界自存，所谓‘水绘’二字，尚能当之。而面水楼台，掩映于垂柳败荷之间，倒影之美，足入画本。此一区建筑群之妙，实为海内孤例。”这里所说的“此一区建筑群”，即水明楼区域。

水明楼区域建筑群共三路，均为清代遗构，即东路水明楼、中路雨香庵、西路隐玉斋。后人又在隐玉斋以西加建一路，有翠明轩、集古斋等建筑。

图 2.3.36　洗钵池

水明楼（图2.3.37），取杜甫“四更山吐月，残夜水明楼”之句，位于洗钵池西岸，为画舫式建筑，歇山顶。水明楼南北长约42米，最宽处约4.8米，由北侧进入，自北向南依次为染香房（二层楼阁）、竹罩（室内飞罩雕刻翠竹）、花罩（又名琴台，现内置董小宛古琴台），其间由曲折的廊道相连，院落穿插其中。室内空间开敞，多用飞罩等装饰分隔，空间围而不隔，流动性强。现建筑内的槅扇门和槛窗多装饰有彩色玻璃，推测为清末民国时期所更换。院落内植紫竹，置石笋，堆砌湖石，自然淡雅，点缀于花墙与回廊之间，步移景异。

（a）东立面

（b）竹罩

（c）琴台

（d）室内飞罩

（e）彩色玻璃窗

（f）院落

图 2.3.37　水明楼

雨香庵西临水明楼，主入口位于南侧，由敞厅、黄杨厅、流光殿组成。院内有一株树龄逾350年的黄杨（图2.3.38）。

隐玉斋（图2.3.39）西临雨香庵，为北宋名臣曾巩读书处。牡丹亭、隐玉斋、聆松篌三栋建筑呈L形分布，北为观桧厅。四者与雨香庵山墙围合而成的近方形院内有八百多年树龄的古桧一株（图2.3.40）。隐玉斋与牡丹亭的南侧均设有独立院落。

图 2.3.38　黄杨　　图 2.3.39　隐玉斋　　图 2.3.40　古桧

水明楼与洗钵池北侧的两组建筑群与两片水面均是在陈从周指导下扩建的，北部水面开阔，临水主要有修复的古城墙与以陈维崧《水绘庵记》为蓝本复建的小浯溪、悬溜峰、悬溜山房、妙隐香林、湘中阁、小三吾亭、波烟玉亭等十余处景观（图2.3.41）。[64]园内现存槟榔石门枕抱鼓石一对（图2.3.42），这种材质在当地十分罕见。

（a）北部水面

（b）湘中阁　　（c）小三吾亭　　（d）波烟玉亭

图 2.3.41　扩建景区

图 2.3.42　槟榔石门枕抱鼓石

五、白蒲镇明清古建筑群

（一）建筑背景

白蒲镇位于如皋市南部，2013年被公布为第七批江苏省历史文化名镇。

“南北分治”是白蒲镇的特有现象。历史上白蒲镇长期分属两地。据清道光二十一年（1841）《白蒲镇志》卷一记载：“周围十余里，南属通州，北属如皋县。……明代及国初通州属扬州府，如皋县属扬州府泰州，故镇南称通界，镇北称泰界。”镇上古迹众多，据清《通州志》所载《白蒲镇图》（图2.3.43），有古城门（聚德门、聚星门、登津门）、街巷（市大街、东大街、秀才巷等）、建筑（法宝寺、南北武庙、文峰阁等）、牌坊（百岁坊、五世坊等）、桥梁（万安桥、溯淮桥等）等，类型多样。

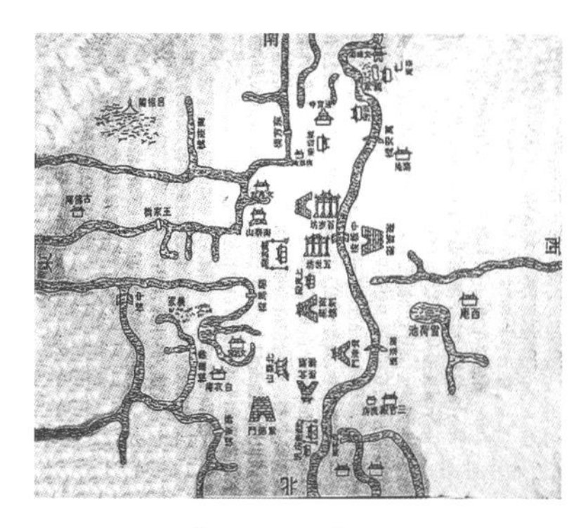

图 2.3.43　《白蒲镇图》（杨春和供图）

（二）现状概述

白蒲镇镇中心现保存有集中的明清古建筑群（图2.3.44），据不完全统计，约有208户832间，其中双堂屋、诵经楼、白蒲典当行、市大街葆春堂等8处建筑被公布为省级文物保护单位，顾氏住宅、法宝寺被公布为市级文物保护单位。

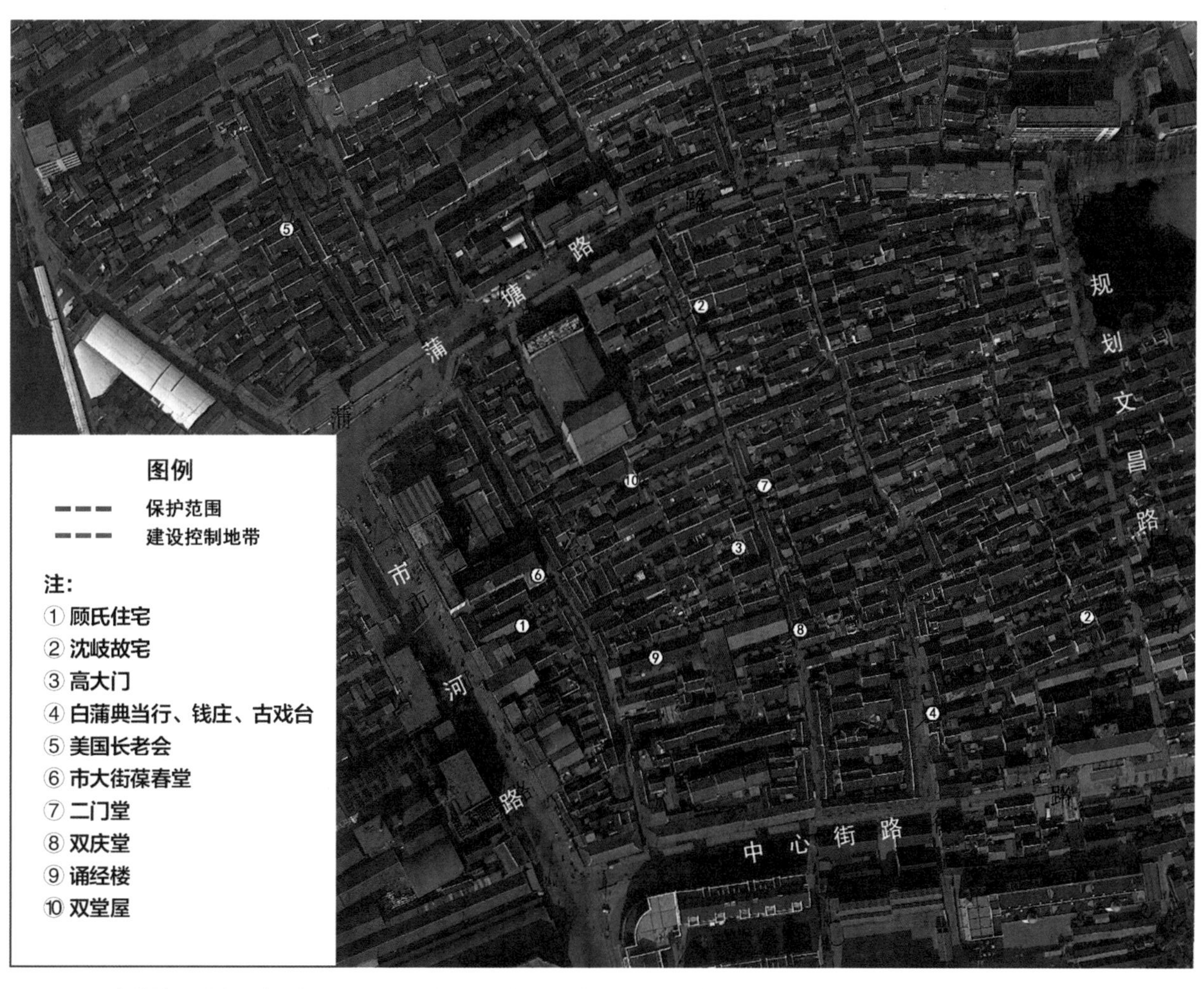

图 2.3.44　白蒲镇明清古建筑群保护范围与建设控制地带图（杨春和供图）

官式建筑仅存法宝寺，民居建筑中遗留类型较丰富，涵盖住宅、药铺、钱庄、典当行、戏台、私塾、诵经楼等。明清古建筑群现主要分布于市大街[65]、史家巷[66]、秀才巷[67]等地（图2.3.45）。

（a）市大街

（b）史家巷

（c）秀才巷

图 2.3.45　白蒲镇街巷

镇内的古建筑破坏严重，虽然传统建筑群落仍然存在，但各院落布局受后期改建、扩建的影响，其原始院落形态已经很难分辨。建筑单体保存质量参差不齐，有的房屋被拆除后三间只剩一间，梁架曝露于巷道之中，如市大街吴氏宗祠西侧建筑；有的经住户精心打理仍保存较好，如市大街葆春堂敞厅。

（三）建筑本体

白蒲镇民居整体风格与周边地区统一，普通房屋多穿斗结构，明代遗留的建筑均做抬梁，清代到民国时期做法较为讲究的敞厅中也做抬梁。

当地建筑普遍使用杉木，且多使用老龄材，讲究的做法是在明间入口上方用三根香椿木做椽，寓意吉祥如意。建筑檐口普遍使用里口木，将飞椽称为“重檐椽”。

建筑前檐立面均设槅扇门、槛窗，据说讲究的传统做法是用云母片照光，但调研中没有见到实例。普通的做法则是用白纸糊，现普遍更换为玻璃。

讲究人家的明间地坪下做覆钵（陶制），铺方砖，次间于覆钵上铺木龙骨（地栿），上设木地板，房间内四壁用杉木板贴壁（护墙板），一般的人家只用纸筋灰粉刷。

以下择取市大街葆春堂、顾氏住宅、沈岐故宅、王家巷吴氏宅、白蒲典当行为例，对镇内的传统建筑进行简要介绍。

1. 市大街葆春堂（图2.3.46）

葆春堂被誉为白蒲镇的“大宅门”，是当地知名的药铺，在市大街和秀才巷均有店面。市大街葆春堂始建于明成化年间，砖木结构，沿街为商铺，院内是居住空间。院落主入口位于西南角，主要房屋坐东面西。现尚保留有院落两进，即敞厅与堂屋，与门屋相连的是沿街店面部分，现已被改建成住宅，原貌不可见。

第一进敞厅于天井南侧设院墙，开设门洞朝向火巷；第二进堂屋沿敞厅后墙砌筑墙体，开设现代防盗门，调研时无法进入。

门屋，四架梁接单步梁，用三柱，后檐金柱落地，原设二门。圆作直梁，脊檩与金檩下施短替。院内檐口原出檐椽与飞椽两层，均为方椽，现飞椽被砍削，里口木曝露在外。四架梁以上做木板壁与山间板，其下为后期改造的用红砖砌筑的空斗砖墙。

敞厅现状保存尚好，局部存在如拔榫、糟朽、望砖酥碱等问题。建筑坐东面西，三间七檩，前檐三间做通廊。圆作月梁，抬梁，明间五架梁前后接单步梁对称，用四柱，单斗只替；山面三架梁前后各接两步单步梁对称，用六柱，梁枋间均用垫板贴于山墙表面。明间五架梁上承荷叶墩（雕“鱼戏莲叶”图案）与瓜棱斗，出雕花替木，承托三架梁与上金檩。三架梁上置荷叶墩与瓜棱斗，出横栱一跳，做山雾云与抱梁云合抱脊檩，脊檩下用通长替木。金柱与五架梁之间，出丁头栱承雕花替木，小斗上横出“翼形栱”，替木下出“蜂头”，与《营造法原》中“梁垫”与“棹木”的做法相近。屋面有半圆椽与方椽两种，推测半圆椽为后期更换。

（a）入口及沿街店面现状
（b）门屋梁架
（c）檐步梁架拔榫
（d）被砍削的飞椽与曝露的里口木
（e）檐柱柱脚糟朽
（f）屋面望砖酥碱
（g）敞厅明间梁架
（h）敞厅山面梁架
（i）荷叶墩雕饰“鱼戏莲叶”
（j）丁头栱
（k）雕花门楹

图 2.3.46　市大街葆春堂

2. 顾氏住宅（图2.3.47）

顾氏[68]住宅始建于明朝洪武年间。据现住户刘汝琴老人讲述，顾氏住宅原规模宏大，周边住宅基本都是顾氏资产。顾氏住宅主入口在南，西北有小门直通市河（现填埋成路，即位于顾氏住宅西侧的市河路，亦称蒲涛路）。

现存住宅有内外两个跨院，外院有入口门楼（藏书楼）与书斋，内院是居住场所，有敞厅。院内原均为柳叶人字纹青砖铺地，现内院已被改为水泥地面。

入口门楼即藏书楼，现为三间六檩（当地俗称“五檩六作”），入口门洞位于明间。现两次间开间尺寸均大于明间，结合遗留木构推断，现入口所在的明间位置应为原三开间建筑中的西次间，现西次间为后期加建。原建筑东次间已然不存，仅余明间与西次间。梁架为圆作直梁，用五架梁，向院内（即北侧）增加一个步架，形成六架。根据原东次间保留的檐步扁作月梁判断，原木构梁架可能为扁作月梁。现建筑门窗等均为民国时期风格。檐廊下还存有八角青石井一口。

书斋坐北朝南，三间五檩。现西侧山面梁架为扁作月梁，其他为圆作直梁。整座建筑用抬梁，明间做五架梁用两柱；山面做中柱前后接双步梁对称，用三柱。南侧明间开槅扇门六扇，次间用支摘窗，均为民国时期所更换。屋面檐口瓦件使用滴水、勾头与扇面瓦（敞厅与藏书楼均只用滴水、勾头，不用扇面瓦），屋脊正中“接口”位置用扇面砖。

两跨院间为简易云墙，开圆洞门，为新做。

敞厅坐北朝南，三间七檩，前檐明间凹进成廊，为明代遗构，脊檩下有子梁。明间梁架七柱落地，用扇面梁，脊檩与上金檩下用雕花替木；次间现为木质吊顶，墙面贴护墙板，柱梁均不可见。现南侧檐檩下，增加两根方柱支撑。凹廊两侧平开板门，室内前檐金步开双开板门，明间与次间南向均为后期更换的玻璃门窗。

（a）院内柳叶人字纹青砖铺地

（b）藏书楼北立面

（e）藏书楼南立面

（c）藏书楼檐步扁作月梁

（d）书斋南立面

（f）书斋明间梁架

（g）书斋山面梁架

（h）院落隔墙与圆洞门

（i）敞厅南立面

（j）敞厅明间梁架

（k）敞厅次间

图 2.3.47　顾氏住宅

3. 沈岐故宅（图2.3.48）

据文物档案记载，沈岐[69]故宅始建于明天启四年（1624），原有敞厅、穿堂、书房、厨房及内外天井等，是白蒲镇最高的民居建筑，现保存较好的只有一进敞厅。

敞厅三间七檩，明间前檐做凹廊，圆作直梁，七柱落地。屋面折线明显，用荷包椽，檩条下均做通长替木。檐柱柱脚使用木櫍，立于方形磉石之上。阶沿有通长条石，两侧以城砖平砌续接。由于室外地坪升高，原第一级踏步条石现与室外地坪平齐。明间南侧的八扇槅扇门与金步两组双开板门均为清代原物。山墙盘头出砖叠涩九层，盘头立板素面不施雕饰。

（a）明间梁架

（b）檐柱柱础

（c）台基阶沿

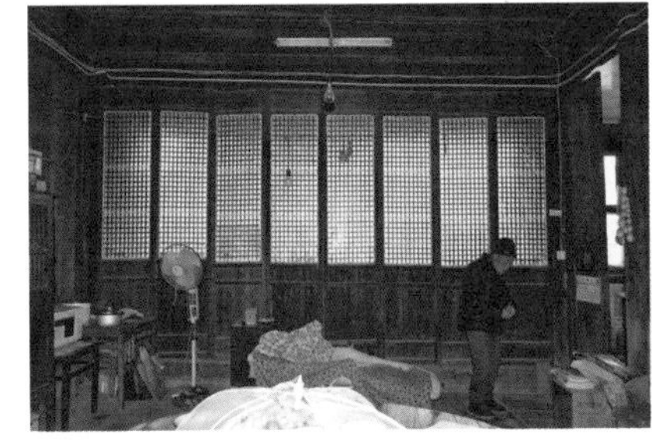
（d）明间门扇

（e）山墙盘头

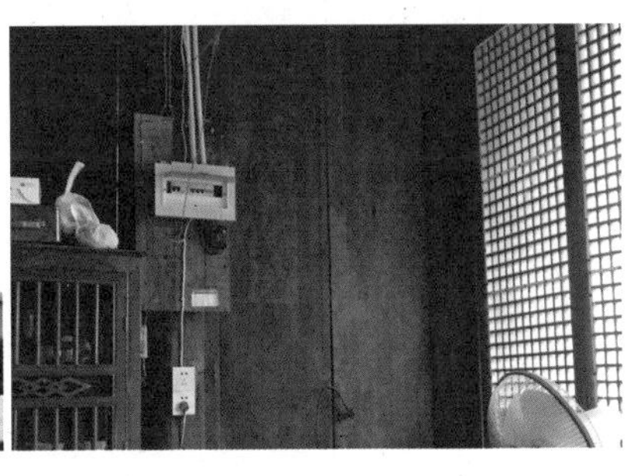
（f）室内板门

图 2.3.48　沈岐故宅

4. 王家巷吴氏宅（图2.3.49）

据记载，王家巷吴氏宅始建于清顺治年间，一直作为书院与住宅使用。目前保存有门屋与一进敞厅。

门屋位于院落西南角，进深五檩。三架梁前后单步梁对称，用四柱，梁柱交接处剥腮，梁头均雕刻卷草装饰。地面为方砖斜铺。沿街一面为砖雕门楼，门额表面浮雕八仙过海及花卉鸟虫等图案，“文革”时期被石灰堵抹，得以保存。

敞厅三间七檩，七柱落地，圆作直梁。明间后檐檐步正中两椽之间有花撑，祭祀时用以悬挂祖先画像。次间支摘窗，仍保留民国时期的彩色玻璃窗，白蒲镇仅此一例。

敞厅正前方有一组厢房，山面冲向厅屋，故在山面加出一道披檐，做成照壁形式，出太平山。

敞厅与门屋之间的天井院内，以青砖柳叶人字纹铺地，属当地传统的室外地面铺砌方式。

（a）门屋梁架　（b）门屋梁头卷草装饰　（c）门屋地面方砖斜铺

（d）被石灰堵抹的门额砖雕　（e）敞厅南立面　（f）敞厅明间梁架

（g）敞厅次间彩色玻璃　（h）敞厅花撑　（i）厢房山面披檐与太平山

（j）敞厅檐口　（k）天井院内青砖柳叶人字纹铺地

图2.3.49　王家巷吴氏宅

5. 白蒲典当行（图2.3.50）

典当行位于秀才巷，始建于明天启三年（1623），建筑群呈L形布局。

（a）古戏台

（b）敞厅

（c）方形麻石井台

（d）堂屋梁架

图 2.3.50　白蒲典当行

典当行入口位于院落西南，其内是古戏台与敞厅，再向内有堂屋一座，屋前原有古井一口，现仅剩方形麻石井台。

调研时仅东北角堂屋可以进入，三间七檩，前檐做通廊，扁作月梁，中柱前后各接双步梁、单步梁对称，用五柱，单斗只替。屋面用方椽，举折明显，推断为明代遗构。

古戏台始建于明天启三年，是白蒲镇民居建筑中唯一一座卷棚歇山式建筑，坐南朝北，原中间为戏台，两侧为化妆台，但现在两侧均有搭建，原貌不存。

六、天宁寺

（一）建筑背景

天宁寺位于南通古城寺街历史文化街区东部，2006年被国务院公布为第六批全国重点文物保护单位。天宁寺始建于唐咸通四年（863），旧名光孝寺，是南通古城初建时的依托。

（二）现状概述

天宁寺现存建筑主要有山门（图2.3.51）、天王殿、大雄之殿、藏经阁、光孝塔等。其中，大雄之殿仍保留部分宋代遗构。光孝塔为明代重修，塔身仍用宋砖，底层须弥座上的十六方瑞兽石刻浮雕为宋代原物（调研时，光孝塔附近正在施工，未能实地探访）。

图 2.3.51　天宁寺山门

（三）建筑本体

大雄之殿（图2.3.52），歇山顶，面阔三间，约17.35米，进深八架椽约17.2米，金厢斗底槽，扁作月梁，脊桁下做蜀柱、叉手，彻上明造。外檐阑额上用普拍枋，其上置斗拱。补间铺作明间三朵，次间一朵，四铺作单昂里转五铺作双抄偷心，昂尾起挑斡施令栱与素枋挑托下平榑；柱头铺作为四铺作单昂，用假昂；转角铺作正侧两面出假昂，转角施真昂挑托平盘斗与由昂。明间六根金柱为十二瓣瓜棱柱，与宁波市保国寺大殿（北宋）瓜棱柱做法相似。檐柱侧脚明显，无明显生起，柱脚用木櫍下做石覆盆，雕刻缠枝牡丹花纹。南侧明间檐下悬挂牌匾，上题“大雄之殿”四字，为宋徽宗御笔亲题。

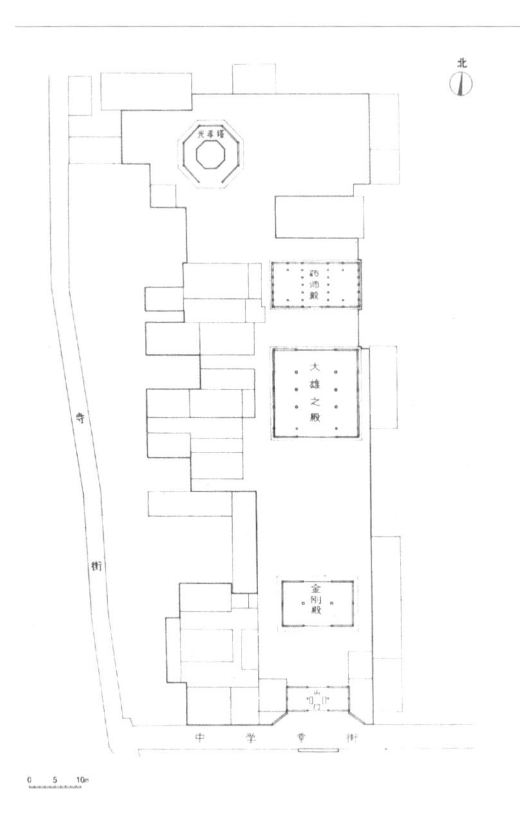

（a）天宁寺总平面图（图片改绘自唐云俊、方长源：《南通天宁寺大殿木构考》，《南京博物院集刊》1985 年第 8 期附图一）

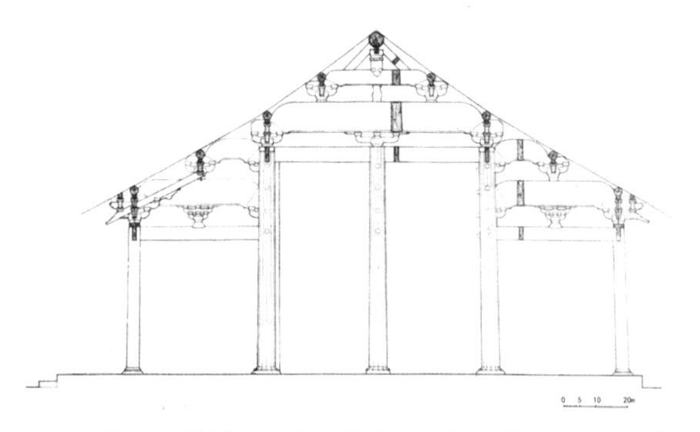

（b）大雄之殿横剖面图（图片改绘自唐云俊、方长源：《南通天宁寺大殿木构考》，《南京博物院集刊》1985 年第 8 期附图三）

（c）大雄之殿南立面

（d）室内梁架

（e）柱头铺作

（f）瓜棱柱

（g）保国寺大殿瓜棱柱（图片引自保国寺古建筑博物馆网站，http://www.baoguosi.com.cn）

（h）檐柱柱脚木櫍与石覆盆

（i）牌匾

图 2.3.52　大雄之殿

图 2.3.53　光孝塔

光孝塔（图2.3.53），阁楼式塔，塔身为砖砌，底部做须弥座，副阶周匝。塔平面呈八角形，共五级，每级以砖砌叠涩出跳做平座，塔刹约与第五级塔身同高。

七、南通文庙大成殿

（一）建筑背景

南通文庙位于南通市区人民中路，东邻濠河，2013年被公布为第七批江苏省文物保护单位。

南通文庙始建于宋代，据清光绪《通州直隶州志》记载："真宗乾兴元年知州王随徙庙州治东，即庙为学，建大成殿。"后经历代多次修缮、重建，现存建筑以大成殿为主，前有戟门和名宦、乡贤两祠（位于戟门两侧），以及东西两庑。20世纪80年代，又在东侧辟碑廊，放置原明伦堂内石碑二十余块。

（二）现状概述

大成殿现作为展厅使用，调研时殿内正举办"南通市大巷老宅民居明清家具展"。名宦、乡贤两祠及东西两庑均被辟为商铺，未能进入。建筑围合成的四合院现作为古玩市场。

（三）建筑本体

大成殿（图2.3.54）重檐庑殿，建于台基之上，前有月台，坐北朝南，殿身三间，进深十架椽，副阶周匝（现仅前檐为廊，东、西、北三面被划入室内），室内做双槽。圆作月梁，抬梁，彻上明造，脊栲下做蜀柱、叉手。柱身均为圆柱，柱头不做卷杀，柱脚下使用柱状青石柱础。檐柱有侧脚，生起不明显。下檐不施斗拱，上檐补间铺作，明间四朵，次间三朵。柱头五铺作双下昂（假昂）里转四

（a）南立面

（b）室内梁架

（c）柱础

（d）梁架彩画

图2.3.54　南通文庙大成殿

图 2.3.55　戟门石鼓门枕石

铺作单抄偷心；补间五铺作双下昂（假昂）里转双抄，横栱均用雕花翼形栱。殿内梁架彩画，为清代修葺时所绘的旋子彩画。台基高五级踏步，周以石质钩栏，栏板部分直接以撮项连接寻杖与地栿。戟门的门洞两侧还遗留有一对石质门枕石，做石鼓，雕饰转角莲（图2.3.55）。

八、如皋文庙大成殿

（一）建筑背景

如皋文庙位于如皋市如城镇孔庙社区如皋师范附属小学内，1991年被公布为第三批江苏省文物保护单位。

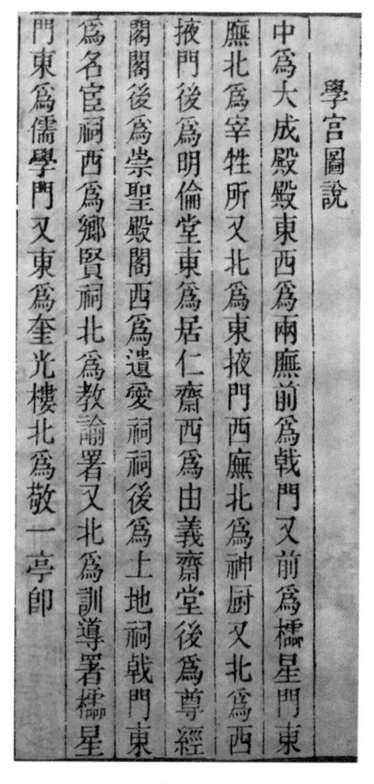

學宮圖說

中爲大成殿殿東西爲兩廡前爲戟門又前爲櫺星門東廡北爲宰牲所又北爲東掖門西廡北爲神厨又北爲西掖門後爲明倫堂東爲居仁齋西爲由義齋堂後爲尊經閣閣後爲崇聖殿閣西爲遺愛祠祠後爲土地祠戟門東爲名宦祠西爲鄉賢祠北爲教諭署又北爲訓導署櫺星門東爲儒學門又東爲奎光樓北爲敬一亭郎

图 2.3.56　《学宫图说》（图片引自清嘉庆十三年《如皋县志》）

如皋文庙始建于南唐保大十年（952），原址位于城东北隅，南宋绍兴初年迁至城西南隅，元初毁于战乱，明洪武三年（1370）重建，后于明嘉靖十九年（1540）东迁半里至现址。据清嘉庆十三年（1808）《如皋县志》记载：“清乾隆十三年五月初四日，烈风倾倒学宫各房屋……乾隆十五年知县郑见龙、教谕任之镛、训导周旋率绅士重修。”明清两代如皋文庙修缮与扩建共计六十余次。

如皋文庙内除大成殿外，原还有东西两庑、戟门、棂星门、明伦堂、尊经阁、崇圣殿等（图2.3.56），今仅存大成殿、泮池和石拱桥两座。[70]

（二）现状概述

如皋文庙现存主要建筑大成殿为明代遗构，保存状况较好，院内尚有碑刻若干。梁枋有彩画，为清代所绘。

根据明清两版《如皋县志》所载《学宫图》（图2.3.57、图2.3.58），原大成殿为五开间重檐庑殿，与现状单檐歇山前有披檐的形象有异。关于此差异产生于何时，无从考据。

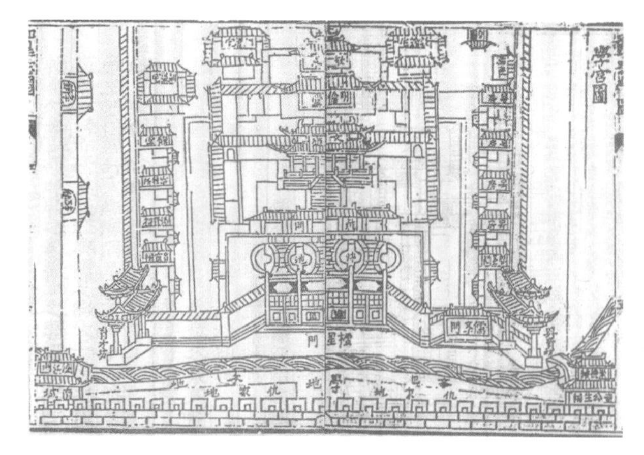

图 2.3.57　明代学宫图（图片引自〔明〕谢绍祖纂修：《天一阁藏明代方志选刊续编·重修如皋县志（嘉靖）》，上海书店出版社 1990 年版）

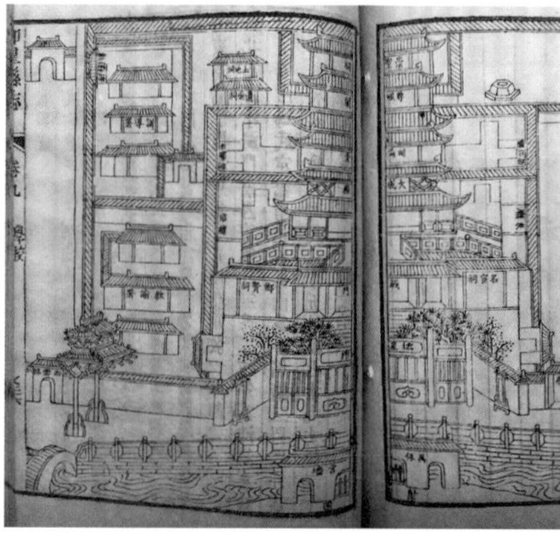

图 2.3.58　清代学宫图（图片引自清嘉庆十三年《如皋县志》）

（三）建筑本体（图2.3.59）

大成殿，歇山顶，殿身五间八架椽，立于石质台基之上，台基高约1米。前后乳栿分心用四柱，圆作直梁，抬梁，彻上明造。据文物档案记载，殿内圆柱均为楠木，直径65～75厘米，柱脚用覆莲柱础。现大殿前檐又增加一个步架，做披檐，从正立面看形似重檐。

檐柱间阑额上置普拍枋，承斗拱。或因乾隆年间有过重修，现存斗拱样式为清式，五踩，外出重昂假昂，里转双翘，其中里翘第一跳无横栱（即“偷心造”），第二跳横栱用翼形栱。平身科明间四攒，次间两攒，梢间一攒。

（a）南立面

（b）东南角透视，前檐加设披檐

（c）柱脚覆莲柱础

（d）前檐彩画，单步梁上麒麟图案

（e）前檐彩画，单步梁上飞凤图案

（f）室内梁架彩画，五架梁上狮子绣球图案

（g）襻间斗拱与檩、枋彩画

（h）檐部斗拱与阑额彩画

（i）檐部斗拱与阑额彩画

图 2.3.59　如皋文庙大成殿

柱身现全部用红漆，梁架顺栿串及以上位置均装饰祥云彩画。梁枋彩画均为苏式，主题多样，如前檐单步梁上的麒麟、飞凤图案，五架梁上的狮子绣球图案，阑额表面的文房雅玩图案，檩身的包袱锦及花卉纹样等。

第四节　总结

南通地区传统建筑的调研工作自2012年冬起，虽只进行了四次专门性的调研，且范围仅限于南通古城、如皋古城与白蒲镇三个区域，但所形成的报告内容基本覆盖整个南通地区，融合了更大范围内的实际调查与相关文献整理工作的成果。

此次调研报告主要对传统建筑中的民居建筑进行了分析与总结，对官式建筑涉及较少；对建筑单体的研究偏重于大木做法，而对小木、瓦石、油饰等方面研究较少，未来有必要开展进一步的调查与研究。

南通地区民居建筑的整体风格和营造技艺与泰州地区、盐城南部有较多的相似之处，后文将会陆续提到。

注释

1.《南通市志》，江苏省地方志网站，http://ntdq.nantong.gov.cn。

2.此种说法古来有之，充分体现了南通重要的地理位置。

3.这8个地貌小区分别为：里下河低洼潟湖沉积平原区、北岸古沙嘴高沙土平原区、南通古河汊区、通吕水脊区、海积低平原区、新三角洲冲积海积平原区、狼山基岩残丘区、海岸滩涂区。

4.单树模主编："南通市"，《中华人民共和国地名词典·江苏省》，商务印书馆1987年版，第152～153页。

5.〔明〕林云程修，沈明臣等纂：《天一阁藏明代方志选刊·通州志（明万历）》卷一，上海古籍书店1982年版，第13页。

6.〔清〕顾祖禹撰，贺次君、施和金点校：《读史方舆纪要》，中华书局2005年版，第1150页。

7.中华人民共和国民政部编：《中华人民共和国行政区划简册》，中国地图出版社2017年版，第57页。

8.〔清〕杨受延等修，马汝舟等纂：《中国方志丛书·江苏省如皋县志（清嘉庆十三年刊本）》卷二"疆域"，台北成文出版社1969年版，第47页。如皋县得名有两种说法：一说源于和《左传·昭公二十八年》"御以如皋射雉"相关的历史故事，"如"是到的意思，"皋"是水边高地；另一说，则以如皋位于长江北岸沙嘴上，平畴弥望，取《荀子·大略篇》"望其圹，皋如也"之意。

9.数据引自如皋市政府网站，http://www.rugao.gov.cn。

10."海门县，州东四十里，本海陵县之东洲镇，后周显德五年始置县，后渐移今治。编户八十三里。今圮于海，县废。""海门城，旧城在州东二百十五里，元末以水患徙治礼安乡，去州城百里，正德中徙余中场，嘉靖二十四年又徙金沙场，皆寄治州境。迩来复圮于海，盖非复旧壤矣。又海门，大江入海之统名也。朱梁贞明五年吴越钱传瓘攻吴常州，吴将陈璋以水军下海门出其后，盖渡江而南耳。时未有海门县。"见〔清〕顾祖禹撰，贺次君、施和金点校：《读史方舆纪要》，中华书局2005年版，第1152～1153页。

11.数据引自海门市政府网站，http://www.haimen.gov.cn。

12.数据引自启东市政府网站，http://www.qidong.gov.cn。

13."海安城，在州东百二十里，南北朝时戍守处也。宋泰始七年侨置新平郡，治江阳，又领海安县。齐永明五年罢新平郡，并入海安，属海陵郡，陈大（太）建五年，将军徐敬辨克齐海安城是也。后省。唐景龙二年又置海安县，开元十年省入海陵……今为海安镇，有土城，周六里。"见〔清〕顾祖禹撰，贺次君、施和金点校：《读史方舆纪要》，中华书局2005年版，第1145页。

14.数据引自海安县政府网站，http://www.haian.gov.cn。

15. 数据引自如东县政府网站，http://www.rudong.gov.cn。
16. “胡逗洲，寰宇记：‘在州东南二百八十三里海中。东西八十里，南北三十五里。上多流人，煮盐为业’。”见〔清〕顾祖禹撰，贺次君、施和金点校：《读史方舆纪要》，中华书局2005年版，第1147页。“胡逗洲，在县东南二百三十八里海中。东西八十里，南北三十五里。上多流人，煮盐为业。”见〔宋〕乐史撰，王文楚等点校：《中国古代地理总志丛刊·太平寰宇记》，中华书局2007年版，第2565页。
17. 崇川区地方志编纂委员会编：《崇川区志》，方志出版社2007年版，第55页。
18. 数据引自崇川区政府网站，http://www.chongchuan.gov.cn。
19. 数据引自港闸区政府网站，http://www.ntgz.gov.cn。
20. 数据引自通州区政府网站，http://www.tongzhou.gov.cn。
21. 陈金渊原著，陈炅校补：《南通成陆》，苏州大学出版社2010年版。
22. 青墩遗址是江淮地区较为典型的新石器时代遗址，距今五千多年，2006年被国务院核定为第六批全国重点文物保护单位。遗址四面环水，总面积约0.08平方千米，文化堆积层主要分布于青墩村东北部，约0.02平方千米。1977～1979年，南通博物馆（现名南通博物苑）、南京博物院曾三次对青墩遗址进行考古发掘，出土大量陶器、石器、玉器、骨角器，骨架、麋鹿、野猪等遗骨，以及芡实等植物果实。
23. 吉家墩遗址是继青墩遗址后，在海安县境内经过发掘清理的又一处新石器时代滨海遗址。遗址出土了部分陶器，经研究，大体与青墩遗址相似，为江海地区不多见的新石器时代遗址。
24. 张荣生：《南通盐业志》，凤凰出版社2012年版；张荣生：《南通盐业史概》，《盐业史研究》1995年第1期。
25. 张謇（1853～1926），字季直，号啬庵，清末状元，中国近代实业家、教育家，主张“实业救国”，时任两淮盐政总理。
26. “张季直先生在近代中国史上是一个很伟大的失败的英雄，这是谁都不能否认的。他独立开辟了无数新路，做了三十年的开路先锋，养活了几百万人，造福于一方，而影响及于全国。”见胡适：《南通张季直先生传记序》，载张孝若：《南通张季直先生传记》，中华书局1930年版，第3页。
27. 此公司名正是大丰区的地名来源。
28. 此规划设计单位为上海同济城市规划设计研究院。
29. 邹仁岳、李茂富：《余东：运盐河畔古凤城》，苏州大学出版社2015年版，第10～11页。
30. 相传唐时，当地生栟树（棕榈）、茶树各一，干高逾丈，冠大如盖。渔人下海捕捞，海天一色，时常迷路，故皆以栟茶二树为标，过往来去，继而设摊易货，搭棚为居，凿井成市，名为栟茶。
31. 根据清道光年间《白蒲镇志》：“县立于东晋，历宋齐梁陈四朝，废于隋。……白蒲古时溪泽多生白色蒲草，因此得名。”
32. 根据清道光年间《白蒲镇志》：“白蒲镇，一曰蒲塘，古蒲涛县地也。”
33. 大生纱厂位于南通市唐闸镇，建于1895年，由近代民族实业家张謇创办，是南通地区近代工业建筑的代表和全国重点文物保护单位。公事厅是原大生纱厂管理机构办公楼，现作为厂史陈列馆使用，二层的砖木结构混合中西结合式建筑，坐北朝南，歇山顶，由英国人汤姆斯设计；清花间是厂内的清花厂房，现仍保持原功能使用，位于公事厅西侧，坐西面东，砖木结构，屋面呈锯齿状，桁架结构。
34. 法宝寺，俗名“大寺”，在白蒲南首、官河东岸。该寺始建于唐大（太）和四年（830），初名圣教寺，后因火灾寺毁僧散。宋至和元年（1054），僧人亿山重建寺庙。定磉时“掘得白龟鲜于朝，赐名法宝寺”。寺中现有宋代石碑记载此事。后经明清多次扩建与修缮，明洪武年间还一度更名“罗汉寺”。1998年法宝寺经如皋市政府批准迁至丁平路白蒲段东侧，现为如皋市级文物保护单位。
35. 〔清〕梁悦馨等修，季念诒等纂：《中国方志丛书·通州直隶州志（清光绪）》卷三，台北成文出版社

1980年版，第132页。

36.〔明〕林云程修，沈明臣等纂：《天一阁藏明代方志选刊·通州志（明万历）》卷三，上海古籍书店1982年版，第37～38页。

37.〔清〕梁悦馨等修，季念诒等纂：《中国方志丛书·通州直隶州志（清光绪）》卷三，台北成文出版社1980年版，第134页。

38.〔清〕梁悦馨等修，季念诒等纂：《中国方志丛书·通州直隶州志（清光绪）》卷三，台北成文出版社1980年版，第132页。

39.2002年和平桥拓宽改造时发现西门瓮城遗址，就地加设玻璃罩保护。

40.据唐云俊、方长源：《南通天宁寺大殿木构考》，《南京博物院集刊》1985年第8期，第64页："所谓寺建于唐咸通四年之说，首见于天顺七年《敕赐天宁寺碑》，其后文献均沿其说"，但文中对该说法也提出了质疑："行文严谨的宣德八年碑，时间比其早三十年，却只字未提唐代建寺之事。另外，到目前为止尚未发现唐时有关佛寺的遗存。所以此说有待于今后发现实物遗址或确凿文字记录予以证明才能确立。""就塔建城"说法的形成，推测大都是因《敕赐天宁寺碑》所记"僧藻焕堂始建大雄殿与五级浮屠、僧堂、馔堂而居之"。天宁寺确切的始建时间尚待考证，本文暂先引用传统文献的说法。

41.〔清〕杨受廷等修，马汝舟等纂：《中国方志丛书·如皋县志（清嘉庆）》卷三，台北成文出版社1980年版，第123页。

42.〔清〕梁悦馨等修，季念诒等纂：《中国方志丛书·通州直隶州志（清光绪）》卷三，台北成文出版社1980年版，第138页。

43.陈从周：《书带集》，花城出版社1982年版，第24页。

44."瑸"是启东、海门等沙地农垦地区计数地皮的量词，一般一条沟到另一条沟之间（即东西向）的距离为一瑸。

45.陈亚昌：《沙上人探源》，《江苏地方志》2007年第5期，第50～54页。

46.陈亚昌：《张謇籍贯辨析——兼谈籍贯界定》，《中国地方志》2009年第8期，第44～49页。

47."拈金，厅堂内四界以金柱落地，前作山界梁，后易廊川为双步，称此金柱为拈金。"见〔清〕姚承祖原著，张志刚增编，刘敦桢校阅：《营造法原（第二版）》，中国建筑工业出版社1986年版，第103页。

48."眉川，扁作之短川，形似眉状弯曲者，亦称骆驼川。"见〔清〕姚承祖原著，张志刚增编，刘敦桢校阅：《营造法原（第二版）》，中国建筑工业出版社1986年版，第105页。

49."造月梁之制……自枓心下量三十八分为斜项。"转引自梁思成：《梁思成全集（第七卷）》，中国建筑工业出版社2001年版，第124页。

50.平房楼房大木总例关于平房式三"三开间深六界（即七樱）"的房屋营造法歌诀，见〔清〕姚承祖原著，张志刚增编，刘敦桢校阅：《营造法原（第二版）》，中国建筑工业出版社1986年版，第8页。在建筑的脊樱与上金樱下均出短替，三开间的短替出头共十八个，而在下金樱与檐樱下均用通长替木，共十二根。因平房式一"脊金短机六个头"，平房式二"脊金短机十二头"，故平房式三中所谓"机十八"也是指在脊樱与两金樱之下。

51.李新建：《苏北传统建筑技艺》，东南大学出版社2014年版，第61页。

52."拆修、挑、拨舍屋功限，拆修铺作舍屋，每一椽：抟樱衮转、脱落，全拆重修，一功二分（枓口跳之类，八分功；单枓只替以下，六分功）。"转引自梁思成：《梁思成全集（第七卷）》，中国建筑工业出版社2001年版，第307页。"柎，造替木之制，……单枓上用者，其长九十六分。"转引自梁思成：《梁思成全集（第七卷）》，中国建筑工业出版社2001年版，第153页。

53.朱光亚：《探索江南明代大木作法的演进》，《南京工学院学报》1983年第2期，第109页。

54. 潘谷西：《营造法式初探（三）》，《南京工学院学报》1985年第1期，第14页。
55. 朱光亚：《探索江南明代大木作法的演进》，《南京工学院学报》1983年第2期，第109页。
56. 朱光亚：《探索江南明代大木作法的演进》，《南京工学院学报》1983年第2期，第107页。
57. “造栱之制有五……若造厅堂，里跳承梁出楷头者，长更加一跳。其楷头或谓之压跳。”转引自梁思成：《梁思成全集（第七卷）》，中国建筑工业出版社2001年版，第81页。
58. 李新建：《苏北传统建筑技艺》，东南大学出版社2014年版，第61页。
59. 中共南通市崇川区委宣传部、南通市崇川区文化新闻出版局策划：《文博崇川》，2011年内部资料，第22页。
60. 冒辟疆，名襄，字辟疆，号巢民，一号朴庵，又号朴巢，晚年自号醉茶老人，私谥潜孝先生。明末清初文学家，与桐城方以智、宜兴陈贞慧和商丘侯朝宗并称“明末四公子”。
61. 陈维崧，字其年，号迦陵，江苏宜兴人。明末清初词坛第一人，阳羡词派领袖。陈维崧生于明天启五年（1625），是“明末四公子”之一陈贞慧之子。
62. 1992年陈从周撰写《重修水绘园记》：“如皋水绘园天下名园也。明冒辟疆所筑，董小宛故事遍传人间，名园名姬，流为艳谈。忆小时谒冒文鹤亭于沪寓，获交孝鲁先生贤乔梓为水绘后人，熟知园之史实，尝拟访名园，因循未果，耿耿于怀，近如皋市以保此名迹，嘱为擘画修复，迟迟未敢举笔。此园以水绘名，重在水字，园故依城，水竹弥漫，城围半园，雉堞俨然，于我国私园中别具一格。今复斯园，仍以水为主，城墙水竹，修复而扩大之，筑山一丘，山中出洞，泻泉入池，合中有分，楼台映水，虚虚实实，游者幻觉迷目，水绘意境于是稍出。园成，为记此文知如皋重历史之文物，振民族之正气，地方文化得兴。他日春秋佳日，携筇与如皋人同游名迹，以偿五十年前访园之夙愿，实平生一大快事也。时，壬申五月陈从周撰。”
63. 汪氏乃如皋文园之主。文园在汪之珩之子汪为霖时达到极盛，为戈裕良设计重修。该园早已无存，原址现为今丰利小学与镇政府所在地。现“水绘园景区”南侧的文园乃是附会复建，非原物。
64. 陈从周曾对如皋水绘园的恢复工程提出三条重要意见，即“其一，要揩揩面；其二，要挖河堆山、绿化；其三，以山石、亭台楼阁掇景”。关于“水”，陈从周说：“顾名思义，水绘园若不吃透‘水’字就搞不起来。水为虚，岸为实……水面要不怕开得大，水下不一定要开得很深；池岸需曲折自然，切不能挖成面盆模样；要弯来弯去，才更有积水弥漫之感。这样，建筑物的影、树的影、云的影就全部出来了。”见徐琛：《陈从周与水绘园》，如皋水绘园官方网站，http://www.rgshy.cn。
65. 市大街是白蒲镇的中心大街，镇志中称之为“正街”。西侧为官河（通扬运河），南北长约1500米，宽约3米。街道中心用麻石铺设（40厘米×60厘米）。大街两边多为店面，东西相向。
66. 史家巷为南北走向，长百余米，宽约3米，两侧分布深院大宅。巷内住宅大门一律东西朝向，高2.8～3米。院落多为三进到五进。
67. 秀才巷位于市大街的东侧，与市大街平行，长约200米。相传，巷内曾居住许多有才学的书生，故名“秀才巷”。巷内集中有省级重点文物保护单位清代木楼、双堂屋等。
68. 顾氏为书香门第，世代从事教育事业。仅明清两代就出进士3人、举人7人、贡生4人，所教子弟百余人在全国二十多个省、市为官。
69. 沈岐（1773～1862），字鸣周，号饴原，别号五山樵叟，谥号文清，沈猷之次子，白蒲镇人，清代帝师。
70. 明嘉靖十九年（1540），巡盐御史吴悌、焦琏和知县黎尧勋等，将文庙移建于今址，同时循古制开凿泮池。明万历三十年（1602），知县张星于池上建石拱桥两座，东名文定桥，西称武定桥。清乾隆三十六年（1771），邑人张殿武捐修泮池，于南北河畔安装青石栏杆。今泮池呈半月形，东西长76米，南北宽35米，石桥护栏也改为水泥建材。

第三章　泰州市

第一节　概况

一、基本情况

（一）地理位置和气候特点[1]

泰州市（图3.1.1）位于江苏中部，居长江北岸，北靠盐城，南依长江，西接扬州，东临南通，“州面江枕淮，川原沃衍……绝南北之津梁，扼江、淮之襟要”[2]。泰州市地处北纬32° 01′ 57″ ～ 33° 10′ 59″ 、东经119° 38′ 21″ ～ 120° 32′ 20″ 。

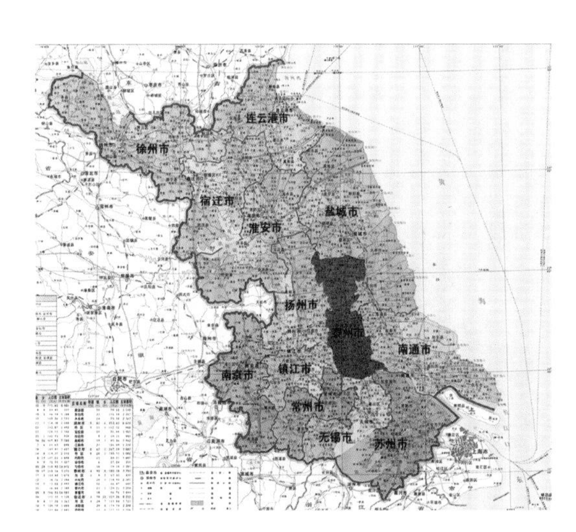

图3.1.1　江苏省泰州市区位图

全市除南部靖江有一座独立的孤山外，其余均为江淮两大水系冲积平原，地势呈中间高、南北两边低的走向。泰州市境内河网、航道密布，北部地区地势低洼，湖泊众多。江淮分水岭由西向东从中部穿过泰州市，大致以通扬公路为界，路北属淮河水系，路南属长江水系。

泰州市地处北亚热带湿润气候区，受季风环流的影响，具有明显的季风性特征，四季分明，夏季高温多雨，冬季温和少雨，无霜期长，年平均气温14.4 ～ 15.1℃，年平均降水量1037.7毫米。泰州市常年主导风向以东南风居多，春、夏两季多东南风，秋季多东北风，冬季以偏北风为主。

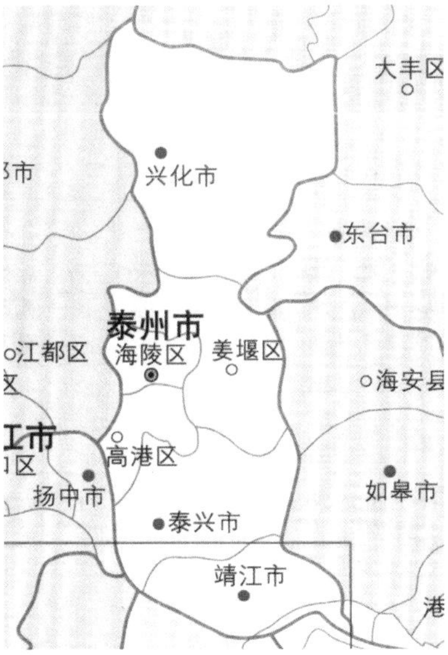

图3.1.2　泰州市政区图

（二）市县建置、规模

泰州市，古称海陵，行政建置始于西汉，“汉置海陵县属临淮郡”[3]。“泰州”地名最早出现于南唐，“伪唐升元元年于此置泰州”[4]。1983年3月，泰州市为省辖县级市，划归扬州市。[5]1996年8月12日，经国务院批准，扬州市行政区划调整，泰州从扬州划出，设立地级泰州市。

泰州市现辖靖江市、泰兴市、兴化市三个县级市，海陵区、高港区、姜堰区三区和医药高新区（图3.1.2）。截至2016年末，全市总面积5787平方千米，辖区总人口508万人。[6]

靖江市：古名“马驮沙”，曾属江阴。“靖”即安定、太平，取“靖江”之名，即是“以地扼江海门户，而其时沿江不靖，多倭寇侵犯”，而希望“长江安定”之意。[7]明成化七年（1471）建县，属常州府。1993年，靖江撤县建市，1996年改由泰州市代管迄今。截至2016年末，全市总面积665平方千米，辖区总人口68.71万人。[8]

泰兴市：南唐升元年间置县，“本海陵县济南镇地，伪唐升元三年析海陵县之南界五乡为泰兴县，属泰州”[9]。因其随泰州而兴建，故名“泰兴”。县“治济川镇……宋乾德三年徙治于柴墟镇……绍兴初县治延令村，即今城也”[10]。泰兴，元属扬州路，明属扬州府，清雍正二年（1724）改属通州，1992年经国务院批准撤县，设泰兴市（县级），由江苏省直辖、扬州市代管。1996年8月，泰兴市由新设立的地级泰州市代管。截至2015年末，全市总面积1172.27平方千米，辖区总人口119.53万人。[11]

兴化市：“唐海陵县之昭阳镇，杨吴始置兴化县，属江都府，南唐属泰州。”[12]所谓“兴化”，即兴盛教化之意。后兴化曾属扬州、泰州、扬州府高邮州等。1987年12月，兴化撤县建市，仍属扬州市。1996年，兴化隶属新设立的地级泰州市。截至2013年末，全市总面积2393.35平方千米，辖区总人口157.79万人。[13]

海陵区：泰州市主城区，初名“海阳”，“海陵县，故楚邑，汉以为县，属临淮郡”[14]。据南宋王象之《舆地纪胜》记：“傍海而高，为海渚之陵”，故名“海陵”。王莽篡汉后，改名“亭间”（一曰“亭门”），唐武德四年（621）改称吴陵县，县治吴州。南唐升元元年（937）设泰州，州治海陵。1996年7月，设立地级泰州市，以原县级泰州市的行政区域改建为区，将“海陵”定为新建区区名。全区总面积300平方千米，辖区总人口50万人。[15]

高港区：1997年8月设立，由原泰兴市与姜堰市划出口岸镇、田河镇、刁铺镇、永安洲镇、许庄乡、白马镇、野徐镇7个乡镇组建而成，以境内长江港口高港而命名。[16]全区总面积286.83平方千米，辖区总人口26.27万人。[17]

姜堰区：地名最早见于《宋史·河渠志》，相传北宋时大水为患，泰州富商姜仁惠父子出资筑堰抗洪，故名。[18]姜堰区前身为泰县，1994年7月，撤县设立县级姜堰市。1996年，姜堰市隶属新设立的地级泰州市。2012年12月，撤销县级姜堰市，设立泰州市姜堰区。全区总面积927.52平方千米，辖区总人口78.81万人。[19]

二、历史沿革

泰州地区成陆较早，目前在兴化市与姜堰区范围内发现了距今四千多年的新石器时代遗址，如兴化市南荡遗址（位于兴化市林湖乡戴家村东南方向南荡）[20]与姜堰区单塘河遗址（位于姜堰三水大道与新通扬运河交会处西南角）[21]等。

（一）建置沿革

清顾祖禹《读史方舆纪要》记：

> 泰州……春秋时吴地，战国时属楚。秦属九江郡，汉属临淮郡。东晋安帝分广陵立海陵郡，宋以后因之。隋初郡废，仍属扬州。唐武德四年，置吴州，七年复废，还属扬州……明初仍为州，以州治海陵县省入……今因之。[22]

西汉武帝元狩六年（前117）为海陵县治。东晋义熙七年（411）并为海陵郡治。南唐升元元年升泰州，取“安泰”之意，泰州之名自此始。宋属淮南东路。元至元十四年（1277）置泰州路，二十一年（1284）复为州，属扬州路。明、清属扬州府。1912年废州为泰县治。1949年1月设泰州市，与泰县分治，为苏北行署驻地，旋迁苏北行署于扬州市，改为泰州专署驻地。1950年5月并入泰县，同年10月市、县分治，仍称泰州市。[23]

（二）城池兴废[24]

泰州城池的兴建时间，学界尚无定论。李昌龄的《泰州城池沿革》、黄炳煜的《海陵唐城考略》、王为刚的《唐以来泰州城池考》等文章均对泰州筑城时间进行过讨论，认为泰州在南唐以前就筑有城池。但据明嘉靖《惟扬志》、明万历《泰州志》、清道光《泰州志》等文献记载，泰州筑城始于南唐。以清道光《泰州志》为例：

> 南唐升元元年升海陵县为泰州，以褚仁规为刺史，筑罗城二十五里，濠广一丈二尺。后周显德五年……增子城于东北隅，更筑城，自子城西北至西、东南至南，合西南旧城，周十里一十六步，皆甓，高子城一尺，而厚如之，今城是也。[25]

泰州古城位置及规模自后周至清代一直未发生过重大变化，直到1938～1939年间城墙被拆除。泰州古城现虽已不存，但城河、市河等水系肌理仍得以保存至今（图3.1.3）。城墙拆毁后，南北贯穿泰州古城的中市河仍在使用，南水关遗址也得以保留，直至20世纪七八十年代，中市河淤塞而被废弃，南水关也遭封塞。2009年12月，在泰州市区铁塔广场修建人防工程时发现了两期南水关遗址（图3.1.4）。据《江苏泰州城南水关遗址发掘简报》分析，两期南水关遗址应分别建于后周到北宋之交与南宋淳熙十年（1183）。[26]

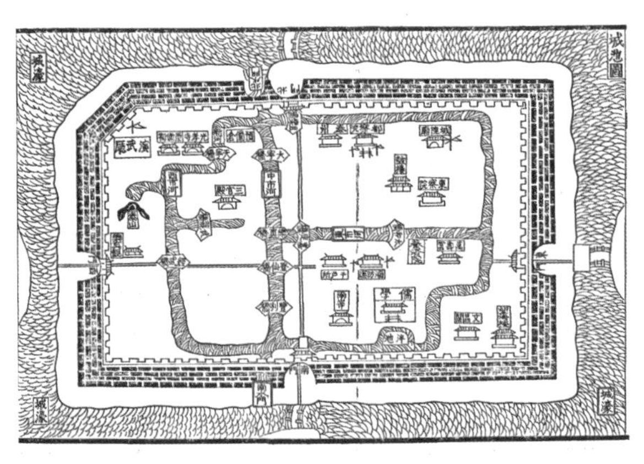

（a）城池图（图片引自泰州市地名委员会编：《明代泰州城池图》，《江苏省泰州市地名录》，1984年内部资料）

（b）泰州城市水系图（1913）（图片引自吴茜华：《泰州城市水系变迁与城市形态演进研究》，硕士学位论文，华南理工大学，2011年）

（c）泰州城市水系图（现状）

图3.1.3　泰州市城市水系演变图

（三）因盐而生、因税而兴[27]

据相关研究，泰州自成陆至北宋仁宗天圣年间，均以盐业生产为主导，引海水烧盐、制盐。宋、元、明、清时期，淮南盐场在泰州境内曾一度北起阜宁的庙湾盐场，南至东台境内的富安、梁垛两个盐场，绵延七百余里，占据了淮盐产量的一半以上。

图3.1.4　南水关遗址

南朝宋文帝元嘉二年（425），泰州开始征收盐税。唐玄宗开元元年（713），在海陵设置盐税官。据《两淮盐法志》记载，唐代全国的税收，盐赋占50%，而泰州的盐赋又占全国盐赋总额的50%；南宋绍兴末年，泰州所收的盐税高达六七百万缗，比唐朝时全国盐税总数还多；明万历年间泰州岁额盐引，过两淮盐引之半；清代泰州仍以盐课为主，泰州分司所属11个盐场，盐产量于乾隆、嘉庆年间达到顶峰，盐税亦过两淮盐税之半。

清末民国，一方面由于数百年的黄河夺淮，大量泥沙使海岸线快速东移，泰州地区得天独厚的滩涂资源和舟楫之利等优势不复存在；另一方面由于淮南产盐区域的结构调整，沿海地区陆续废灶兴垦，泰州盐业经济的地位逐渐弱化，盐业随之衰落。

积淀千年的盐税文化在泰州留下了丰富的文化遗存，如盐宗庙（涵西街管王庙）、税务桥（我国古代唯一一座以“税务”命名的桥梁）、税务街、税务告示牌，以及若干盐官住宅（如日涉园）与盐商住宅（如钟楼巷王氏住宅），等等。

三、保护概况

（一）历史文化名城、名镇（图3.1.5、表3.1.1）

1. 历史文化名城

（1）泰州市

泰州市，1995年被公布为第一批江苏省历史文化名城，2010年，江苏省人民政府批准了《泰州历史文化名城保护规划（2008～2020）》（苏政复〔2010〕34号），2013年被公布为国家历史文化名城。

泰州市历史城区保护范围为西至城河、青年北路，北至城河、海阳路，东至城河、鼓楼北路、万字会路，南至城河、南水关遗址、丰裕路，总面积约为4.43平方千米，包括四个历史文化街区（图3.1.6），分别为城中历史文化街区、五巷—涵西历史文化街区、涵东街历史文化街区、渔行水村历史文化街区。据泰州市规划局网站发布的保护规划批后公示，四个历史文化街区现已分别完成了保护规划编制，并通过了江苏省建设厅组织的有关专家论证。

图3.1.5　泰州市历史文化名城、名镇分布图

表3.1.1　泰州市历史文化名城、名镇列表

名称	类别	属地	批次	等级
泰州市	名城	泰州市	增补（2013年2月公布）	国家级
兴化市		兴化市	第二批（2001年4月公布）	省级
溱潼镇	名镇	姜堰区	第二批（2005年9月公布）	国家级
黄桥镇		泰兴市	第二批（2005年9月公布）	国家级
沙沟镇		兴化市	第五批（2010年12月公布）	国家级

1）城中历史文化街区

保护范围：北至五一路，东至海陵北路，南至税务西街，西至青年北路，总面积约为12.41平方千米。

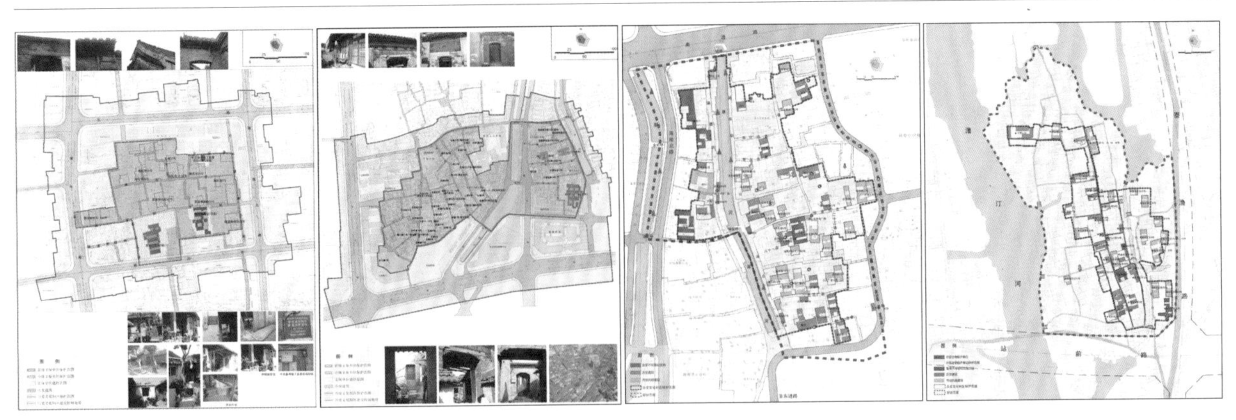

（a）城中历史文化街区　（b）五巷—涵西历史文化街区　（c）涵东街历史文化街区　（d）渔行水村历史文化街区

图3.1.6　泰州市历史文化街区图（图片引自泰州市规划局网站）

城中历史文化街区有以陈家桥西街、大林桥南小街以及南阮巷为骨架的“两横一竖”街巷体系，还保存有宫氏住宅、汪氏住宅、王氏住宅、蒋科宅第、税务桥等传统建筑与建筑遗址。

2）五巷—涵西历史文化街区

保护范围：北至工人路，东至草河，南至中央国际购物中心和锦泰商城以及东进西路，西至青年北路，总面积约为0.1547平方千米。

五巷—涵西历史文化街区以五条巷为骨干和主轴，各主要巷道布列于两侧，还有稻河、草河两条古河道。街区保留有大量传统民居建筑，如周氏住宅、戈氏住宅、钱氏住宅、多儿巷胡宅等。

3）涵东街历史文化街区

保护范围：北至南通路，西至稻河，南至鹏欣丽都小区北围墙，东至规划道路万字会路—石头巷路，总面积约为0.0839平方千米。

涵东街历史文化街区内有涵东街、徐家桥东巷、徐家桥西巷、北瓦厂巷、顾家巷、缪家巷等传统街巷，还有同泰当铺、王五房、许宅、陈厚耀故居、韩宅、尤宅、戈宅等大量传统民居建筑。

4）渔行水村历史文化街区

保护范围：南至规划道路站前路，北至北侧河边界，西至澛汀河，东到规划海陵北路延伸段泰渔路，总面积约为0.0797平方千米。

渔行水村历史文化街区四面环水，一条夹河贯穿南北。传统建筑分布于渔行大街、板桥河下至砖桥河下的两条主街两侧，主要有夏思恭祠、新城过街楼等。

（2）兴化市

兴化市位于泰州市北部，2001年被公布为第二批江苏省历史文化名城。2014年江苏省人民政府批准了《兴化历史文化名城保护规划（2013～2030）》（苏政复〔2014〕117号）。

兴化市历史城区保护范围为东至上官河，南至沧浪河，西至下官河，北至海池河，总面积约为2.46平方千米，包括东门历史文化街区和北门历史文化街区。2016年，两个历史文化街区均被公布为第一批江苏省历史文化街区（图3.1.7）。

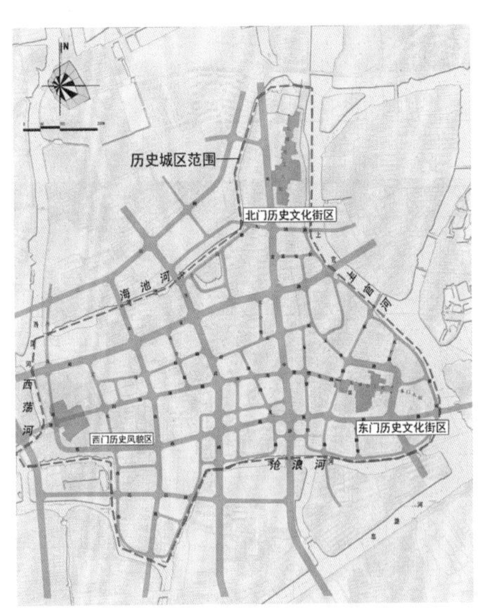

图3.1.7　兴化市历史城区保护范围与历史文化街区分布图（图片改绘自《兴化历史文化名城保护规划》所附图纸《历史城区历史地段保护规划图》）

1）东门历史文化街区

保护范围：东至徐家桥巷，西至板桥路，南至东城外后街，北至玉带路，总面积约为0.0242平方千米。

东门历史文化街区素有“金东门”之称，在东城外大街、家舒巷、竹巷等历史街巷中保存有大量的明清传统建筑，如上池斋药店、解家祠堂、家舒巷古民居群、赵海仙洋楼、状元坊等。

2）北门历史文化街区

保护范围：东至上官河西岸，西至长安中路，南至铁匠巷，北至挂面厂巷以北，总面积约为0.0353平方千米。

北门历史文化街区素有“银北门”之称，明清以来商业发达，保存有北城外大街、百岁坊巷、王府巷等历史街巷，另有万兴大典、王府大厅、罗家大院、莫氏民居、魏氏民居等明清传统建筑。

2. 历史文化名镇

（1）溱潼镇

溱潼镇，位于姜堰区东北部，2005年被公布为第二批中国历史文化名镇，2008年被公布为第五批江苏省历史文化名镇。2009年，江苏省人民政府批准了《姜堰市溱潼历史文化名镇保护规划》（苏政复〔2009〕60号），保护范围为溱东河、姜埝河环绕的区域。

“溱潼”一名，最早见于南宋岳珂所著《金佗粹编》“军驻溱潼村”[28]。古镇四周环水，夹河穿镇，街巷纵横，保存有田家巷、竹河街等传统街巷，以及绿树院、山茶苑、院士旧居（图3.1.8）等传统建筑。

（2）黄桥镇

黄桥镇，位于泰兴市东部，2004年被公布为第三批江苏省历史文化名镇，2005年被公布为第二批中国历史文化名镇。2009年，江苏省人民政府批准了《泰兴市黄桥历史文化名镇保护规划》（苏政复〔2009〕71号），保护范围为北至直来河，南至如泰运河，东至致富路，西至姜黄河。

图3.1.8　溱潼镇院士旧居

黄桥，旧名永丰，西汉高帝年间因仓而取名“永丰里”，宋神宗熙宁年间永丰里升为永丰镇，为黄桥镇治之始。据《明史·地理志》记载，元末明初，永丰镇改名为黄桥镇。[29]古镇南、北、西三面环水，整体呈矩形，西北—东南走向，中间偏北有一道夹河横穿古镇。现存古建筑群以十桥中路为界分为东西两片，主要为明清时期的传统民居建筑，如东片区新四军黄桥战役纪念馆、何氏宗祠（黄桥战役支前委员会旧址）、韩秋岩故居及西片区真武庙、韩氏故居等。

（3）沙沟镇

沙沟镇，位于兴化市西北部，2010年被公布为第五批中国历史文化名镇。2014年，江苏省人民政府批准了《沙沟历史文化名镇保护规划》（苏政复〔2014〕121号），保护范围为东至下官河西岸，南至镇南河北岸，西至李中河东岸，北至后河南岸与大士禅林地块，总面积约为0.3486平方千米。

图3.1.9　兴化市沙沟镇卫星图

沙沟镇，素有“金沙沟”之称，古代商业发达。古镇四面环水，镇内街巷呈鱼骨状，传统建筑分布两侧（图3.1.9）。

（二）文物保护单位、不可移动文物

截至2010年10月，在江苏省第三次不可移动文物普查工作统计中，泰州市范围内古建筑类文物保护单位465处，近现代重要史迹及代表性建筑类文物保护单位209处，共计674处。其中包括全国重点文物保护单位6处

（泰州城隍庙、日涉园、学政试院、人民海军诞生地旧址、上池斋药店、黄桥战役支前委员会旧址），省级文物保护单位23处，市县级文物保护单位132处，尚未核定等级文物保护单位513处。学政试院、日涉园、上池斋药店、黄桥战役支前委员会旧址4处单位为2013年公布的第七批全国重点文物保护单位中所新增。

四、调研概况

泰州地区的传统建筑调研对象主要为明清时期的传统民居建筑。根据江苏省第三次不可移动文物普查工作的统计数据，泰州市范围内古建筑类与近现代重要史迹及代表性建筑类共约670处文物保护单位中，包含传统民居建筑约500处，占比约74.6%，其中明清时期的传统民居建筑约370处，占比约55.2%。

2013～2014年，针对泰州地区进行的专门调查共2次。调查区域主要集中在泰州市海陵区城中街道、城北街道以及兴化市昭阳镇，传统建筑调查点共计39处（表3.1.2）。此外，对高港区口岸街道、刁铺街道与姜堰区溱潼镇也进行了非专门性走访。

（1）2013年6月，普遍调查。调查范围集中在泰州市老城区内，涉及3个历史街区（城中、五巷—涵西、涵东街），调查点共计34处。

（2）2014年7月，普遍调查、重点调查。在前一次普遍调查的基础上，对泰州市老城区的4处建筑进行了详细调查和重点调查，并选择了其中3处进行测绘。对兴化市老城区进行了基础调查和重点测绘，调查范围涉及东门与西门2个区域，调查点5处，其中重点调查并测绘3处。

测绘点共6处——泰州市崇儒祠、四巷陈宅、多儿巷胡宅、上池斋药店、解家祠堂、许家巷许宅，总面积约2260平方米。

表3.1.2　泰州市传统建筑调查点

序号	所在区	名称	年代	不可移动文物分级	调查深度
1	海陵区	北瓦厂巷王宅	清	第四批市级文物保护单位	基础调查
2		北瓦厂巷顾宅	清	第四批市级文物保护单位	基础调查
3		北瓦厂巷高宅	清	第四批市级文物保护单位	基础调查
4		缪家巷钱宅	清	不可移动文物	基础调查
5		徐家桥东巷许宅	清	第四批市级文物保护单位	基础调查
6		徐家桥东巷陈宅	清	不可移动文物	基础调查
7		顾家巷王宅	清	第四批市级文物保护单位	基础调查
8		顾家巷杨宅	清	不可移动文物	基础调查
9		温知女校旧址	清	第四批市级文物保护单位	基础调查
10		涵西街戈氏住宅	明清	第四批市级文物保护单位	基础调查
11		陈厚耀读书处	明	第四批市级文物保护单位	基础调查
12		同泰当铺	清	第四批市级文物保护单位	基础调查
13		周氏（吴氏）住宅（以下简称“周氏住宅”）	清	第五批省级文物保护单位	基础调查

续表

序号	所在区	名称	年代	不可移动文物分级	调查深度
14	海陵区	头巷朱宅	清	第四批市文级物保护单位	基础调查
15		四巷陈宅	清	第四批市级文物保护单位	重点调查
16		多儿巷胡宅	清	第四批市级文物保护单位	重点调查
17		管王庙	明	第四批市级文物保护单位	基础调查
18		钱桂森故居	清	第二批市级文物保护单位	基础调查
19		徐家桥西巷戈宅	清	第四批市级文物保护单位	基础调查
20		徐家桥西巷王宅	清	第四批市级文物保护单位	基础调查
21		泰州明代住宅（王氏住宅）	明	第四批省级文物保护单位	基础调查
22		泰州明代住宅（汪氏住宅）	明	第四批省级文物保护单位	基础调查
23		泰州明代住宅（宫氏住宅）	明	第四批省级文物保护单位	基础调查
24		税东街明清住宅（蒋科宅第）	明清	第三批省级文物保护单位	基础调查
25		泰州钟楼	清	第一批市级文物保护单位	基础调查
26		税务桥南小街陈宅	清	不可移动文物	基础调查
27		大林桥南小街徐宅	明清	不可移动文物	基础调查
28		北阮巷焦宅	清	不可移动文物	基础调查
29		南阮巷王宅	清	不可移动文物	基础调查
30		陈家桥西街卢宅	清	第一批市级文物保护单位	基础调查
31		陈毅、朱克靖在泰州谈判处	1939～1940年	第一批市级文物保护单位	基础调查
32		陈厚耀故居	清	第四批市级文物保护单位	基础调查
33		崇儒祠	明清	第四批省级文物保护单位	详细调查
34		学政试院	明清	第七批全国重点文物保护单位	详细调查
35	昭阳镇	上池斋药店	清	第七批全国重点文物保护单位	重点调查
36		解家祠堂	明	市级文物保护单位（2007）	重点调查
37		家舒巷某宅	清	不可移动文物	基础调查
38		赵海仙洋楼	清	县级文物保护单位（1986）	基础调查
39		许家巷许宅	民国	不可移动文物	重点调查

五、保存概况

（一）建筑分布

泰州市传统建筑主要分布在泰州古城、兴化古城范围内，如泰州市城中、五巷—涵西、涵东街、渔行水村四个历史文化街区，兴化市东门、北门两个历史文化街区以及西门历史风貌区，还有溱潼镇、黄桥镇、沙沟镇三个历史文化名镇。此外，泰州市的传统建筑在古溪、柴墟、蒋垛、张甸、白米等古镇中也有零星分布。

（二）建筑年代

泰州市现存年代最早的传统建筑为明隆庆三年（1569）的靖江钟楼，住宅建筑年代较早的有明隆庆年间的蒋科宅第、万历年间的汪氏住宅、崇祯年间的宫氏住宅等。

泰州市保存最多的为清代到民国时期的传统建筑，其中清初与清中期的建筑较少，如清康熙年间的泰州都天行宫、始建于清雍正年间的上池斋药店、乾隆年间的口岸雕花楼、清中期的黄桥镇朱履先中将府、溱潼镇朱氏宅，共计5处。其余均为清末民初时期的传统建筑，共约五百余处。

（三）建筑类型

泰州地区保留下来的传统建筑以民居为主，江苏省第三次不可移动文物普查中所记录的泰州地区465处古建筑类文物点中，包含民居建筑373处，占比80.2%；209处近现代史迹及代表性建筑类文物点中，包含民居建筑133处，占比63.6%。

这些民居建筑类型丰富，包含住宅建筑298处，如明代的王氏住宅、汪氏住宅、宫氏住宅等；园林4处，如日涉园、李园等；以及公共建筑类的祠堂、会馆、学校、作坊、店铺等约200处，如何氏宗祠、新安会馆、安定书院、上池斋药店、姜堰南街当铺等。

（四）修缮情况（图3.1.10）

泰州市的省级以上文物保护单位，大多能够得到及时有效的修缮与保护，如泰州城隍庙、崇儒祠、何氏宗祠、学政试院、周氏住宅等都已做过相应的修缮设计方案并加以实施；日涉园已完成保护规划设计方案并加以实施。

（a）修缮后的响厅做法展示（周氏住宅）

（b）王氏住宅内增加简易斜撑

图3.1.10　修缮情况图

市县级以及尚未核定保护单位的建筑，则缺少专业的修缮措施，多由使用者进行日常的简易维修。在一些年代较早的建筑中，由于出现结构变形，以及建筑材料的力学性能不足等情况，人们在后期的使用中，对建筑进行了一定的稳定加固，例如增加简易斜撑等斜向构件。

（五）破坏因素

泰州市的传统建筑面临的主要破坏因素包括两方面：一、人为因素，由于当地文物保护意识缺乏，拆除、改造、私自搭建等破坏行为普遍存在，而一些精美的雕花建筑构件也面临被偷盗的风险；二、自然因素，潮湿的气候带来木构件糟朽、霉菌滋生，雨水侵蚀造成砖石构件风化、酥碱等。由于缺少合理的日常维护，传统建筑的保存状况不容乐观。

第二节　传统建筑研究概述

鉴于泰州地区所保存的传统建筑中民居建筑的占比较高，故本节将当地传统建筑的研究对象限定于民居，仅大木构架部分纳入“学政试院”一处官式建筑案例。

泰州市地处江淮之间，民居建筑雄浑又不失清秀，硬朗又不失活泼。20世纪80年代，陈从周考察泰州之时，“因泰州古民居规制鲜明、本色雅致、乡土实用，将其命名为‘泰式民居’，与苏式民居、赣式民居、徽式民居齐名”[30]。

明朝初年“洪武赶散”，江南移民迁至江北，其中很大一部分是苏州居民充填至淮、扬两地，以兴化和三泰地区（泰州、泰县、泰兴）为最。夏兆麐在《泰县氏族略》一书中写道：“吾邑氏族由苏迁泰者十之八九。”苏州的移民来到泰州地区，带来了苏州民居的特点（如柱梁结构、轩廊形式、屋脊做法等），但泰州地区的建筑并没有完全继承苏州民居的粉墙黛瓦和轻灵的水乡建筑特征，而是形成了自己的青砖青瓦和稳健特点（如檐口曲线平直、室内空间较为封闭等）。

泰州地区现存的明清民居，主要是明清以来一些名门望族的住所，其中大多为盐商住宅，这与泰州地区积淀千年的盐业文化息息相关。传统建筑风格整体上反映了当地中上阶层的生活状况，虽然这些建筑在历史变迁中几易其主，但整体的建筑群格局与单体结构仍基本被保存下来。

此次调研过程中发现，泰州以东地区，如盐城南部的东台、大丰，以及南通地区的传统建筑，与泰式民居在形式、做法上都存在一定的相似之处。推测这一现象形成的原因，可能与三地元、明、清数百年来统一的行政区划有着一定的关联（图3.2.1）。

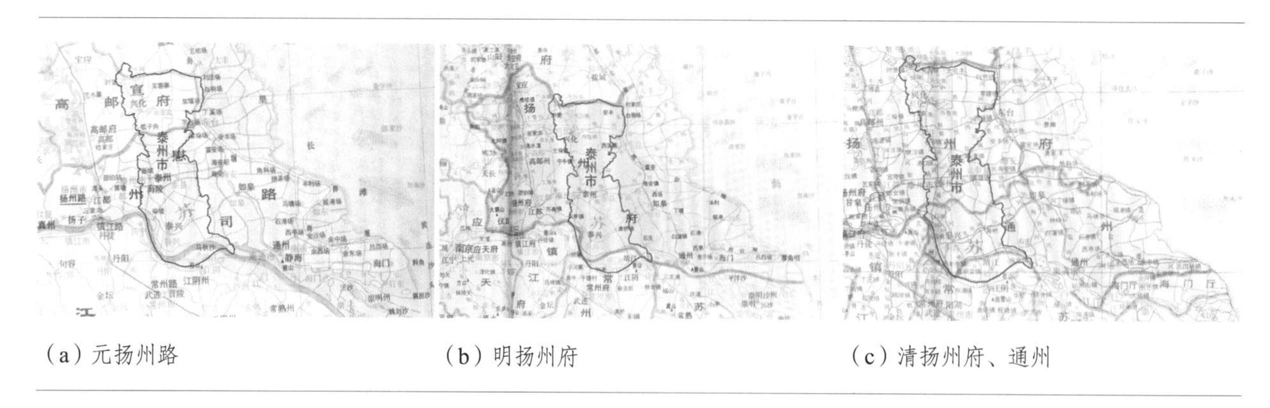

（a）元扬州路　（b）明扬州府　（c）清扬州府、通州

图3.2.1　泰州元、明、清历史地图（图片改绘自《元河南行省》《明南京》《清江苏》，《中国历史地图集》，中国地图出版社1982年版）

一、街巷格局

（一）泰州古城

泰州古城整体呈矩形，东西方向较长，比例约5∶4。整体格局可概括为“双水绕城”[31]，即城外一圈护城河与城内一周市河。从明万历《泰州志》所载泰州《城池图》可见，城内有十字街，市河三横三纵，

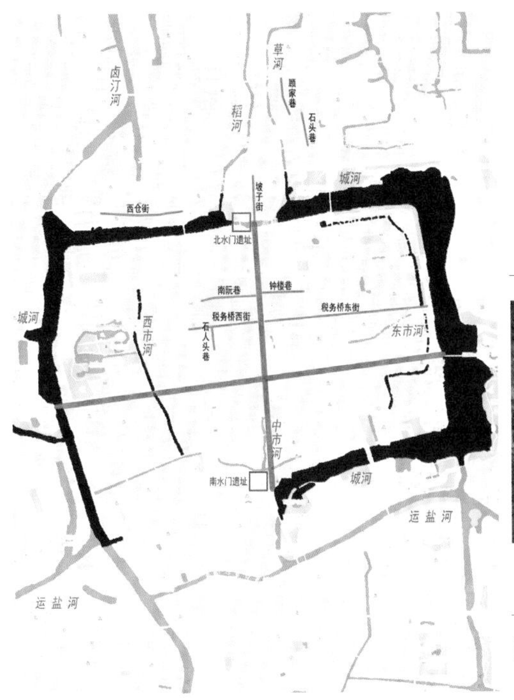
图3.2.2　泰州古城城池肌理示意图

且于南北城门旁各设水门一座，至今泰州古城仍依稀可见往日城池肌理（图3.2.2）。此外，如清道光《泰州志》所记街巷，如坡子街、西仓街、南阮巷、钟楼巷、石人巷、顾家巷、缪家巷[32]等，现仍得以保留。城内街巷布局方正，宽2～3米（图3.2.3）。

（a）徐家桥西巷

（b）北瓦厂巷

图3.2.3　泰州古城传统街巷

（二）兴化古城

兴化古城四面环水，依水而筑，因城市轮廓犹如荷叶浮于水面，故又称“荷叶城”（图3.2.4）。

原古城内的街巷呈鱼骨状，沿现牌楼路两侧分布，在明末清初形成了“金东门”“银北门”，以及一条条布满手工作坊的街巷，从而使兴化古城成为当时里下河地区最为繁华的县城之一。现城内街巷肌理基本不存，主要保留东、西、北三个城门外的三片街区，以及纵横交错的若干历史街巷（图3.2.5）。

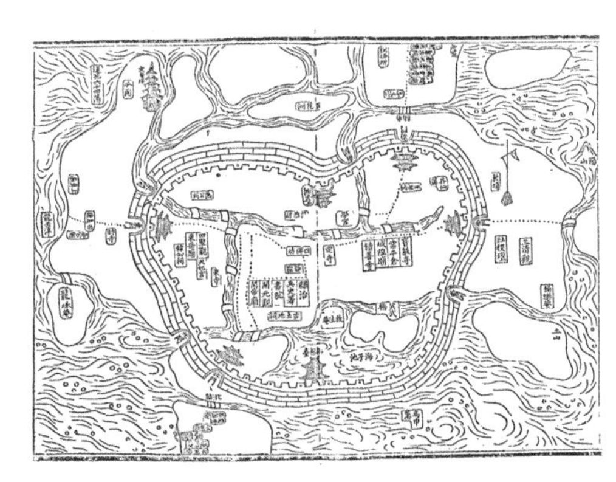
图3.2.4　兴化古城城池图（图片引自兴化县地名委员会：《附：古城池图》，《江苏省兴化县地名录》，1983年内部资料）

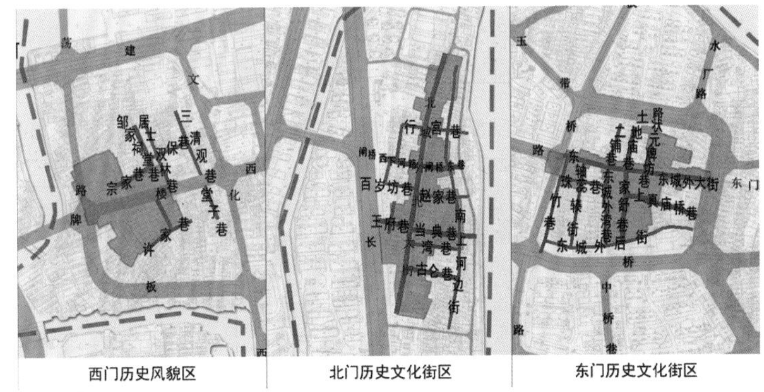

图3.2.5　兴化古城现存历史街巷格局示意图（图片改绘自《兴化历史文化名城保护规划》所附图纸《历史城区街巷保护规划图》）

二、建筑群格局

建筑群格局一般沿轴线南北向展开，院落整体布局规整且紧凑。泰州地区少有四合院，天井东西做围墙。房屋东西山墙之间或与厢房、围墙之间留有约1米宽的巷道，俗称“火巷”。常见的院落一般有一路，如四巷陈宅（详见第三节“案例”）；也有两路并排，如宫氏住宅（图3.2.6）；或是有三路、四路，如涵西街周氏住宅（图3.2.7）。院落由前至后通常由大门、仪门、照厅、厅屋、穿堂、正屋等构成，有的最后一进有楼。整体而言，泰州地区建筑群格局较为封闭，各家互不干扰。有的大门外砌筑照壁，有的在大门正对的人家房屋后墙上做照壁形式，用以界定空间。进入大门后一般有天井，迎面做照壁，天井的侧墙开仪门，通往内部空间。

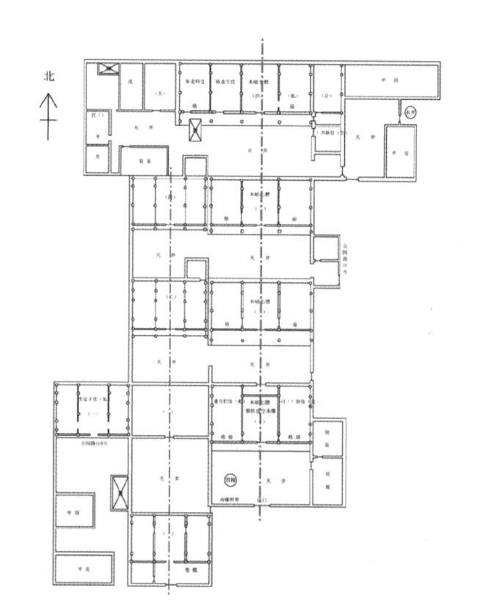

图3.2.6　宫氏住宅平面布局示意图（图片引自沈小华等：《泰州宫氏住宅的建筑空间研究》，《建筑与文化》2017年第1期）

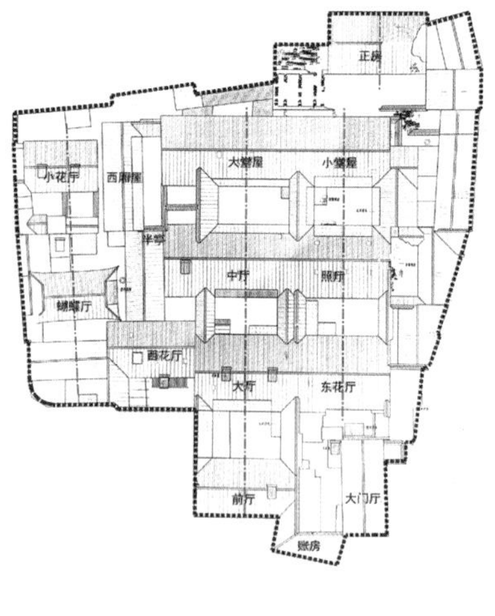

图3.2.7　周氏住宅平面布局示意图（图片引自《泰州周氏住宅》，第三届江苏省文物保护优秀工程申报材料）

三、建筑单体

（一）建筑平面

泰州地区的盐商、士绅虽然富有，但是没有官阶品级，所以在营造住宅的时候，以“庶民庐舍”为标准，住宅中的厅堂建筑均只做三间五架，即最长的梁为五架梁。为增大室内的进深，往往前后各增加一步，形成七檩。讲究的人家，则在厅的前后檐步做轩廊，但后檐步有轩的较少。“到清代中晚期，在清代泰州建一栋住房还是五架梁、三间房，即便建五间的也是在三间房的两边各接上一间套房，上面的屋脊也是当中三间与旁边的一间各有不同。”[33]这种“1 + 3 + 1”的做法，俗称“明三暗五”；也有“3 + 1”的做法，即在三开间的房屋一侧增建一间套房。

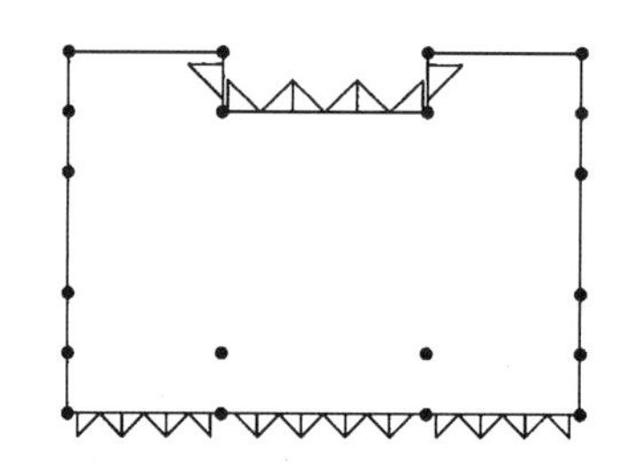

图3.2.8　常见厅屋建筑平面划分与柱网形式

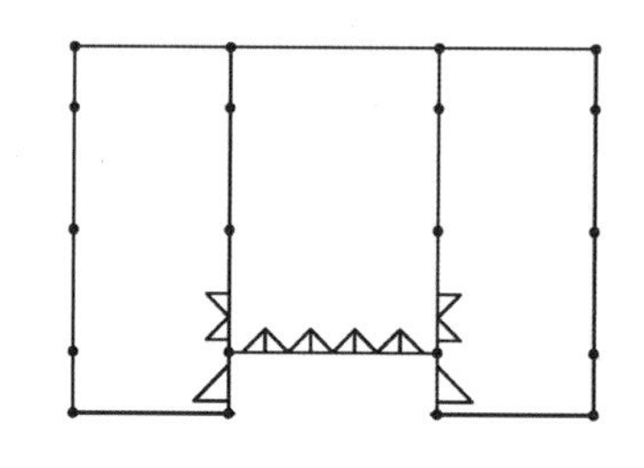

图3.2.9　常见堂屋建筑平面划分与柱网形式

以当地三开间的厅堂建筑为例，面阔多为11～14米，进深6～9米。明代建筑面阔与进深的比例多为7∶5～8∶5，清代建筑多为8∶5～9∶5。

最为常见的厅堂建筑平面划分形式为凹字形，即明间一侧做凹廊，一般厅屋后檐凹进（图3.2.8），堂屋前檐凹进（图3.2.9），其中前檐通檐做敞廊的形式也较为多见。

图3.2.10　涵西街周氏住宅蝴蝶厅歇山顶

（二）建筑立面

泰州地区的房屋高度大致相等，同一组院落内，一般前房檐口不高于后房。房屋的东西山墙和后墙均不设窗，保证了居住空间良好的私密性，同时也起到一定的防火作用。

1. 屋面形制

民居建筑的屋面形制主要为硬山双坡，其中歇山案例较为少见，此次调研中仅见涵西街周氏住宅蝴蝶厅歇山顶（图3.2.10）一处。

2. 山面形制（图3.2.11）

山面多为硬山，主要有人字山与太平山两种，也有个别案例使用云墙。人字山，通常前后对称，也有的只做半坡，如四巷陈宅照厅；太平山，即在人字山的基础上于山尖位置砌筑一小段封火墙；云墙案例仅见于涵西街周氏住宅西花园。明清时期建筑的山面多做砖细博风，到清末民初做法有所简化，只用砖拨檐二至三层。

（a）人字山砖细博风（王氏住宅）

（b）人字山砖拨檐（钟楼巷）

（c）人字山半坡（四巷陈宅）

（d）太平山（涵东街）

（e）太平山（顾家巷）

（f）云墙（涵西街周氏住宅西花园）

图3.2.11　山面形制案例

3. 正立面、背立面形制（图3.2.12）

正立面、背立面形制以竖向划分形式可分为两种，即通檐式与三段式。通檐式包括正立面通檐木门与背立面通檐砖墙两种；三段式包括正立面的明间木门次间开窗与背立面的明间木门次间砖墙两种。

按出檐材料划分可分为三种，即木檐、砖檐、混合檐。一般正立面使用木檐，背立面使用砖檐。背面有凹廊者，则用混合檐，即明间用木檐，两次间砖檐。沿街建筑檐口一般全部使用砖檐。清末出现砖砌的仿木结构，如砖椽。

从正立面看，房屋檐口到阶沿的高度与檐口到屋脊的高度，其比例一般为1∶1。

（a）正立面通檐木门，木檐（多儿巷胡宅）

（b）正立面明间木门次间开窗，木槛墙，木檐（溱潼镇山茶苑）

（c）正立面明间木门次间开窗，木栏杆，木檐（溱潼镇院士旧居）

（d）正立面明间木门次间开窗，砖槛墙，木檐（许家巷许宅）

（e）背立面通檐砖墙（多儿巷胡宅）

（f）背立面明间木门次间砖墙，混合檐（四巷陈宅）

图3.2.12　正立面、背立面形制案例

4. 大门、仪门与照壁形制（图3.2.13）

大门与仪门是“泰州民居装饰集中的部位，形式源于徽州的飞砖牌楼”[34]，表面普遍饰以砖雕，或繁或简。门洞两侧有砖制壁柱，下置马蹄磉（图3.2.14），由墙脚立砖直达封檐。过梁以下两侧做象鼻枭，形式主要有素面、雕花与方形雕花三种，起到斜向加固与装饰的作用（图3.2.15）。梁上做砖挂枋，饰以砖雕。普通人家的大门则形式相对简单，随墙开设。

（a）砖雕门楼 1（涵西街周氏住宅）

（b）砖雕门楼 2（涵西街周氏住宅）

（c）砖雕门楼（钱桂森故居）

（d）砖雕门楼（家舒巷某宅）

（e）简易砖雕门楼（顾家巷王宅）

（f）简易门楼（北瓦厂巷高宅）

（g）随墙开设大门（北阮巷焦宅）

（h）照壁（涵西街戈氏住宅）

(i)照壁(涵西街周氏住宅入口天井)

(j)照壁(四巷街巷中)

(k)内部仪门(四巷陈宅)

(l)内部仪门与照壁(家舒巷某宅)

图3.2.13　大门、仪门与照壁形制案例

照壁正对大门，有的做砖细花纹，有的做粉饰；有的在照壁上做凹龛并饰以砖雕，当地俗称“宅神龛”或“福祠”（图3.2.16）；有的将内部仪门与照壁连为一体。

图3.2.14　马蹄磉

(a)素面象鼻枭(顾家巷王宅)

(b)雕花象鼻枭(陈家桥西街孙宅)

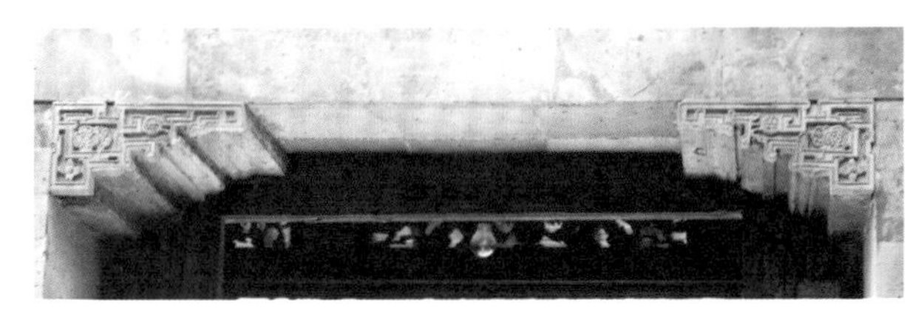

(c)方形雕花象鼻枭(涵西街周氏住宅)

图3.2.15　象鼻枭形式案例

(a)涵西街周氏住宅福祠

(b)溱潼镇山茶苑福祠

图3.2.16　福祠案例

（三）大木

泰州地处北亚热带北缘，接近暖温带，地带性植被型为落叶、阔叶与常绿阔叶混交林。由于长期受人类活动影响，天然植被稀少。当地常见树种有桑、榆、楝、槐、柳、竹等，现存百年以上的大树以银杏最多，松柏次之。[35]但在泰州传统建筑中，一般不使用本地木材，木构主要采用“从上江（即湖南、江西一带）运来的杉木，以及楠木、柏木等优良木料”[36]。泰州地区至今仍保留有几处楠木厅（如王氏住宅楠木厅，图3.2.17）、柏木厅（如汪氏住宅柏木厅，图3.2.18）与柏木楼（如蒋科宅第柏木楼，图3.2.19）等。由于等级制度的约束，房屋营造的规模受到限制，人们多在用材的材等上彰显自己的财富与地位。总体来讲，泰州地区传统建筑中明代建筑的材等要高于清代。

图3.2.17　王氏住宅楠木厅

图3.2.18　汪氏住宅柏木厅

图3.2.19　蒋科宅第柏木楼

1. 大木构架

一般来讲，厅屋使用抬梁，或明间抬梁、次间穿斗；堂屋使用穿斗；厢房和门屋的明间也多做抬梁，次间穿斗。当地抬梁与穿斗的形式及构造做法与别处基本相同，都是在柱头上方开十字口，将梁头嵌入，再将檩条搁置在梁头的桁椀之中，柱、梁、檩三构件相互咬合（图3.2.20）。区别之处在于：抬梁构架中，梁的位置略微靠上，承重作用更加明显；穿斗构架中，梁的位置靠下，拉接作用更加明显，檩条与柱头的结合更加紧密。中柱落地梁架中，梁身一端直接插于中柱，一端架于梁头，多为穿斗。即使在柱子全部落地，柱间只用单步梁拉接的梁架中，梁仍然能起到一定的承重作用。

图3.2.20　大木节点构造做法

在屋面曲线的做法上，据当地文史专家黄炳煜讲述，泰州地区传统民居的做法，常常使用“举折”之制，即先确定屋面的举高，大致为通进深的1/3～1/4，再自檐柱头至脊柱头做一条直线，然后自上往下跌架。一般“跌金不跌步”，即内金柱跌，外金柱不跌或少跌；也有做法是在脊檩与檐檩上方钉钉，以绳索拉牵，获取屋面曲线。

此次调研中所见梁架样式主要有20种（图3.2.21）。

（1）五檩梁架（图3.2.22）

五檩梁架用于门屋、照厅、厢房。形式主要分四种：①五架梁通檐，檐柱落地，抬梁，多用于照厅与厢

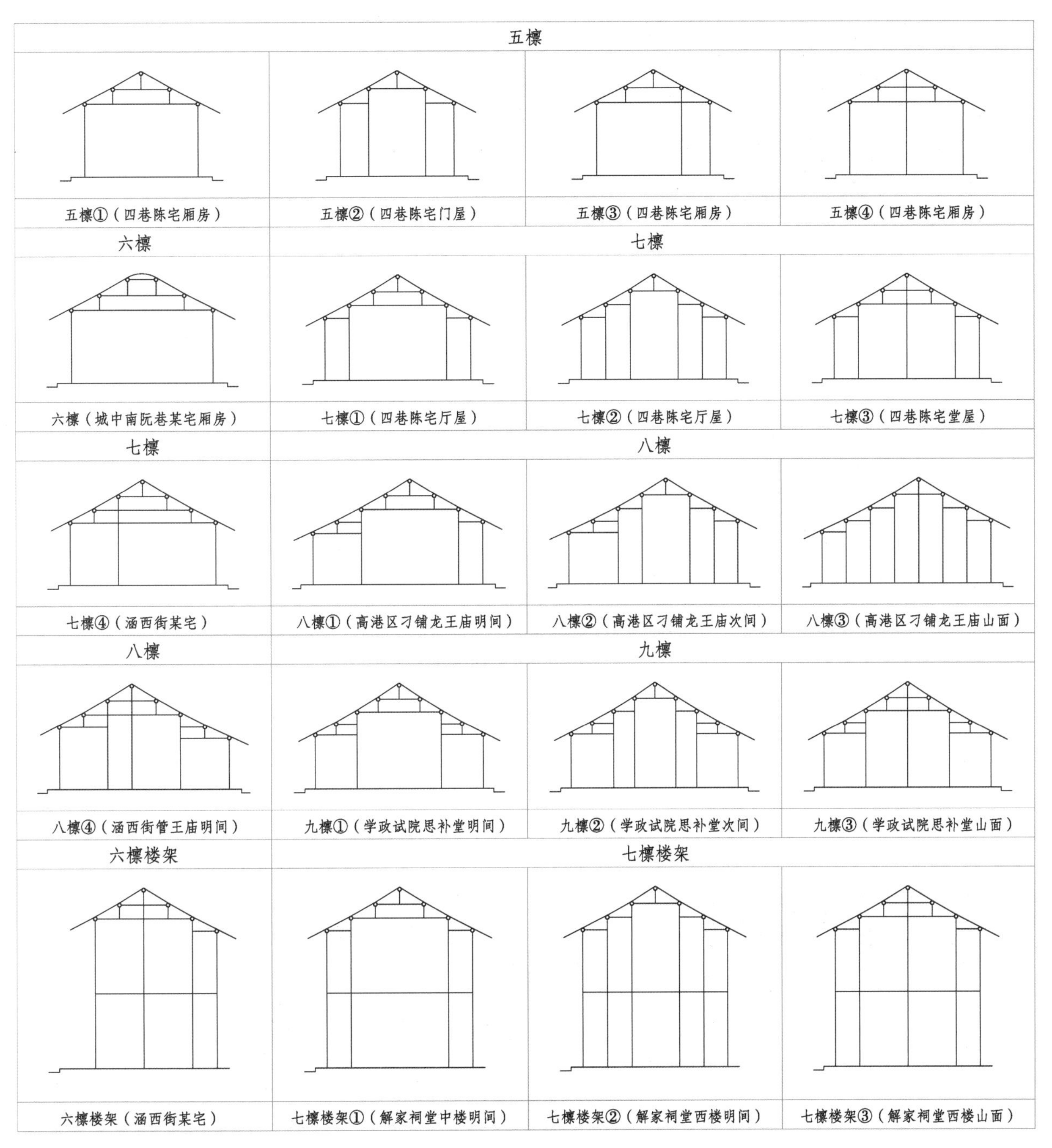

图3.2.21　泰州地区梁架样式

（a）五檩①（四巷陈宅厢房明间）　（b）五檩②（四巷陈宅门屋明间）

房明间；②三架梁前后单步梁，檐柱、金柱均落地，抬梁，三架梁下施以串枋，高度与前后单步梁齐平，此次调研中仅见于四巷陈宅与北瓦厂巷高宅门屋；③四架梁前接单步梁，檐柱、一侧金柱落地，抬梁，多用于厢房明间；④中柱落地，前后双步梁对称，穿斗，多用于厢房山面。

（c）五檩③（四巷陈宅厢房明间）　（d）五檩④（四巷陈宅厢房明间）

图3.2.22　五檩梁架案例

（a）六檩平房梁架（南阮巷某宅厢房）　（b）六檩楼房梁架（涵西街某宅）

图3.2.23　六檩梁架案例

（2）六檩梁架（图3.2.23）

六檩梁架不常见，此次调研仅见于南阮巷某宅厢房与涵西街某宅被拆毁的楼房两处。前者屋面为卷棚，用罗锅椽；后者即在五檩④的基础上增加一个步架。

（3）七檩梁架（图3.2.24）

七檩梁架最为常见，一般的住宅厅堂、楼屋都使用七檩。形式主要分四种：①五架梁，前后单步梁对称，用四柱（即四柱落地，下同），抬梁，多用于厅屋明间；②三架梁，前后各两步单步梁对称，用六柱，与①配合使用于山面；③中柱对称，前后各双步梁接单步梁，用五柱，多用于堂屋，也常与①配合使用于山面，穿斗，是泰州地区最为多见的一种梁架形式；④五架梁接双步梁，用三柱，抬梁，调研中仅见于涵西街某宅（房屋已坍塌）。

（a）七檩①、②（四巷陈宅厅屋）　（b）七檩③（四巷陈宅堂屋）　（c）七檩④（涵西街某宅）

图3.2.24　七檩梁架案例

（4）八檩梁架（图3.2.25）

八檩梁架，仅见于高港区刁铺龙王庙与涵西街管王庙。形式主要分四种：①五架梁，前接单步梁，后接双步梁，用四柱，抬梁，见于刁铺龙王庙明间；②三架梁，前接两步单步梁，后接单步梁、双步梁，用六柱，抬梁，见于刁铺龙王庙次间；③八柱全部落地，见于刁铺龙王庙山面；④中柱落地，前用两步双步梁，后用单步梁接双步梁，五柱落地，见于涵西街管王庙明间。

（5）九檩梁架

由于受到等级限制，九檩梁架在民居建筑中未曾得见，调研中仅见于官式建筑学政试院思补堂一处。九檩梁架，即在五檩梁架①、②、③的基础上前后各增加两个步架，均做抬梁，其中①为明间，

（a）八檩①、②（刁铺龙王庙明间、次间）（b）八檩②、③（刁铺龙王庙次间、山面）（c）八檩④（涵西街管王庙明间）

图3.2.25　八檩梁架案例

图3.2.26　柱梁作（四巷陈宅厅屋）

图3.2.27　柱头卷杀（王氏住宅）

图3.2.28　圆作瓜柱，柱脚做鹰嘴

②为次间，③为山面。

以最为常见的七檩梁架为例分析，泰州地区梁架做法与用料一般有两种。一种做法简洁，只用梁柱而不施斗拱类构件，即《营造法式》所谓之“柱梁作”，多选用优质本色杉木，如四巷陈宅厅屋（图3.2.26），讲究者则选用楠木、柏木。另一种较为华丽，主要体现在用精美的木雕构件组合代替瓜柱承檩，如雕花的荷叶墩、坐斗与替木等，即《营造法式》所谓之“单斗只替”。后者的明间脊檩下有的还会在“单斗只替”的基础上，在坐斗与替木间增加一跳横栱，似“把头绞项作”。柱梁之间亦出丁头栱与雕花替木等雕饰构件承接，梁头往往也饰以木雕。梁架用材多为楠木、柏木，如王氏住宅厅屋等。

2. 大木构件

（1）柱

泰州地区在建筑构架的称谓上，受到苏式影响。以七檩梁架为例，遵照《营造法原》中的“廊柱”“步柱”“金柱”“脊柱”等称谓，短柱曰“童柱”。

柱子一般为圆柱，明代建筑多在柱头做卷杀，如王氏住宅（图3.2.27）。檐柱柱径与柱高的比例，明代建筑约为1∶9，清代建筑多为1∶10～1∶11。明间柱径一般大于山面，七檩建筑柱径中柱＞内金柱＞外金柱＞檐柱，五檩建筑同一缝梁架柱径差距不明显。方柱，一般只用于仪门内侧，四角做海棠线脚，约10厘米见方。

瓜柱有圆作与扁作两种。圆作瓜柱（图3.2.28）落于扁作梁上之时，柱脚一般做成鹰嘴的形式，如涵西街管王庙；扁作瓜柱（图3.2.29）一般配合扁作月梁出现，较为少见，调研中仅见于季家院汪氏住宅、徐家桥西巷王宅与解家祠堂松鹤院三处。

（2）梁

梁主要有圆作直梁、圆作月梁和扁作月梁三种形式。其中最常见的做法是全部用圆作直梁，厅屋明间的抬梁构架中，梁身会稍有上弯的弧度，但不明显。当圆作和扁作混用时，一般明间用圆作月梁，次间用扁作月梁；若明间做扁作月梁，次间一般做圆作直梁。在泰州地区，扁作和圆作的月梁都是明代建筑的标志性特征之一。

图3.2.29　扁作瓜柱

图3.2.30　梁头剥腮

圆作直梁的梁头与柱头的交接处削去部分使梁端变薄，俗称“剥腮”（图3.2.30）。

（3）枋

枋类构件主要有替木、串枋、挑檐枋三种。

1）替木

替木的分布呈现一定的规律性，以最为普遍的五檩与七檩建筑为例。五檩建筑中，一般不用短替，在脊檩与檐檩下做通长替木，门屋建筑有的会在上金檩下饰以丁头栱和雕花替木，如北瓦厂巷高宅（图3.2.31）。七檩柱梁作建筑中，不用短替，在脊檩、下金檩与檐檩下做通长替木。七檩单斗只替建筑中又分两种，一是在脊檩与上金檩下用短替，下金檩与檐檩下用通长替木；二是在脊檩、下金檩与檐檩下用通长替木，上金檩下做丁头栱与雕花替木（次间只出素面短替）。

图3.2.31　丁头栱和雕花替木（北瓦厂巷高宅）

2）串枋

串枋的高厚比多为1∶2～1∶3。七檩梁架的下金檩处均做“檩＋通长替木＋垫板＋串枋”的“一檩四件”组合（图3.2.32），与清《工部工程做法》小式建筑中“檩＋垫＋枋”组合的“一檩三件”形式相仿。且在串枋的相应位置，每缝梁架的梁下（厅屋明间五架梁下除外）也会拉接串枋，与之围合形成“圈梁”。

图3.2.32　“一檩四件”组合（四巷陈宅）

脊枋的做法在当地也有若干实例，与南通地区的“子梁”做法一致，如徐家桥西巷戈宅（图3.2.33）、涵西街管王庙、蒋科宅第、上池斋药店作坊等。

图3.2.33　脊枋（徐家桥西巷戈宅）

图3.2.34　挑檐枋（溱潼镇山茶苑）

3）挑檐枋

挑檐枋断面一般呈方形，尺寸约10厘米，下皮做琴面（图3.2.34）。

（4）檩

檩，当地俗称“桁（音形）条”，均为圆檩。檩条直径根据建筑的规模、檩条的位置等不同，为150～300毫米。同一栋建筑中，明间脊檩最为粗壮。相邻檩条之间以燕尾榫（图3.2.35）搭接。

（5）椽

椽子从断面形式分，以荷包椽（即椽子断面呈3：4的椭圆形）为主，扁方椽多用于明代与清初建筑。有的清末建筑也用方椽，如多儿巷胡宅。檐口飞椽多为扁方椽。荷包椽直径为60～70毫米，扁方椽断面尺寸约为60毫米×90毫米（图3.2.36）。

图3.2.35　檩条燕尾榫

图3.2.36　荷包椽与扁方椽

一般檐椽和飞椽之间用连檐与闸挡板相隔，也有的做里口木（图3.2.37）。椽头有封檐板的建筑较少，仅见于缪家巷钱宅、许家巷许宅、刁铺龙王庙三处（图3.2.38）。

（a）税务桥南小街陈宅

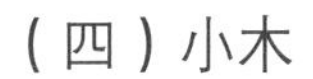

（b）溱潼镇山茶苑

图3.2.37　里口木案例

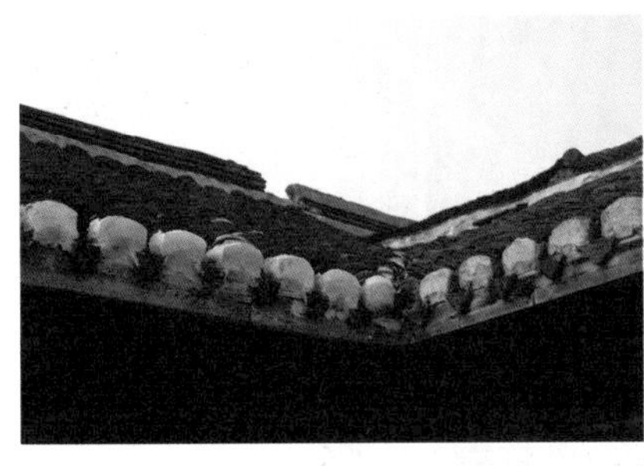

（a）封檐板（缪家巷钱宅）

（b）封檐板（许家巷许宅）

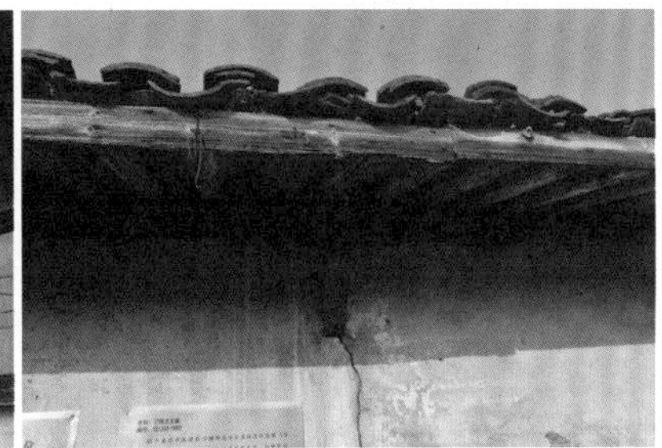

（c）封檐板（刁铺龙王庙）

图3.2.38　封檐板案例

（四）小木

1. 门（图3.2.39）

按样式分，门可划分为板门与槅扇门两大类。

大门、仪门、屏门均用板门，分为镜面板门与棋盘板门两种。镜面板门多为实拼的穿暗带做法，双面平整，多用于大门；棋盘板门为穿明带，用于大门、厅堂凹廊房门、屏门。

厅堂建筑房门与室内隔门多为槅扇门，一般为六抹，也有的用五抹或四抹。

2. 窗（图3.2.40）

窗的形式主要有槛窗和支摘窗两种。槛窗又分为板窗、槅扇窗，一般为四抹。

(a) 镜面板门（多儿巷胡宅大门）

(b) 棋盘板门（头巷朱宅大门）

(c) 棋盘板门（多儿巷胡宅厅堂凹廊房门）

(d) 六抹槅扇门（涵西街周氏住宅）

(e) 五抹槅扇门（多儿巷胡宅）

(f) 四抹槅扇门（许家巷许宅）

(g) 棋盘板门（多儿巷胡宅屏门）

(h) 六抹槅扇门（头巷朱宅）

图3.2.39 门案例

(a) 三抹槅扇窗（许家巷许宅）

(b) 四抹槅扇窗（上池斋药店）

(c) 玻璃槛窗（多儿巷胡宅）

(d) 板窗（上池斋药店）

(e) 支摘窗（涵西街周氏住宅）

(f) 支摘窗（许家巷许宅）

图3.2.40 窗案例

3. 轩（图3.2.41）

轩仅见于厅屋檐廊，其形式丰富多样，调研中主要见到船篷轩、弓形轩、菱角轩、茶壶档轩四种。

（a）船篷轩（王氏住宅）

（b）船篷轩（涵西街周氏住宅）

（c）弓形轩（钱桂森故居）

（d）菱角轩（蒋科宅第）

（e）菱角轩（四巷陈宅）

（f）茶壶档轩（涵西街周氏住宅）

图3.2.41　轩案例

4. 其他（图3.2.42）

在室内装饰方面，较为讲究的人家会在次间做木质地板（地板多已损坏，调研中没有见到实例），墙壁表面贴护墙板，房顶加设天花吊顶。有的还会在梁枋间用挂落装饰。

（a）护墙板 1（四巷陈宅）

（b）护墙板 2（四巷陈宅）

（c）梯形天花吊顶 1（四巷陈宅）

（d）梯形天花吊顶 2（四巷陈宅）

（e）天花吊顶（徐家桥东巷许宅）

（f）挂落（涵西街周氏住宅）

图3.2.42　建筑装饰案例

（五）瓦石

1. 台基及地面

（1）台基

泰州民居建筑台基低矮，高30～40毫米，多使用阶沿石，材料以青石为主。有条件的人家明间、次间均使用，有的仅于明间置阶沿石，两次间丁砌城砖。

（2）铺地

泰州地处里下河地区，千年来淤积的黑色土壤是做砖瓦的天然良材。当地室外天井的铺砖一般来自溱潼、戴窑一带，由里下河地区的河泥发酵、烧制而成，其中绿豆青的砖瓦最佳，即烧制后呈现青绿色。[37]据当地居民讲述，天井地下一般设有暗沟，并于房屋下穿过，即“地窨”。此次调研中发现天井角落设置带孔方砖的实例，如多儿巷胡宅（图3.2.43）、涵西街周氏住宅。房间下地窨虽未见实例，但四巷陈宅与涵西街周氏住宅的厅屋室内也都有带孔的方砖（图3.2.44），透气之余可能与排水相关。

图3.2.43　天井带孔方砖（多儿巷胡宅）

图3.2.44　室内带孔方砖（四巷陈宅）

室内地面多铺方砖，讲究的厅屋做法是在方砖下放置倒扣的陶盆，当地称之为“响厅”，如四巷陈宅厅屋（图3.2.45）与涵西街周氏住宅厅屋等均有此做法。所谓响厅，即由于地砖下空，加之陶盆空腔，人走在上面的时候，鞋底与地砖触碰，会发出共鸣的声响。陶盆底承托起方砖四角，一般用35～38厘米见方的罗底方砖。盆与方砖的黏结较为讲究，黏结土上为青灰（具体成分不详，起黏结作用），下为黄土（普通黄泥，用于找平），平均厚度约2厘米（图3.2.46）。有的方砖下也做地垄或砖墩（图3.2.47），均起到防潮、透气的作用。

图3.2.45　响厅（四巷陈宅厅屋）

图3.2.46　黏结土

图3.2.47　砖墩（四巷陈宅）

（3）柱础

放置柱础前，会在柱基位置开挖方坑，平面尺寸约为柱础的一倍，深度以挖到老土为止，坑底加碎砖石夯实，再在上面砌砖墩，即磉墩（图3.2.48）。有时候，人们会在柱础下部垫铜钱，以祈求大吉大利。

图3.2.48　柱础与磉墩

柱础的形式主要有三种——覆盆柱础、古镜式柱础、素平方石柱础。有的方石上直接承接柱脚，有的做木櫍，也有用木鼓的做法（图3.2.49）。木櫍在当地较为普遍，清末民国时期的民居柱脚仍有沿用。木櫍的平面为圆形，断面两折，上部呈内凹曲线，下部为内收斜线，且上径一般比柱底直径多出一寸，上表面开卯口与柱脚管脚榫结合。

2. 屋身部分

（1）墙基与勒脚

一般以夯土进行浅层地基处理后开始做墙基，底部大放脚，每60厘米收两砖，用砖较为简单，一般为碎砖。墙身和墙基的交接部分会砌筑一圈丁砌立砖，即外墙勒脚（图3.2.50）。勒脚砖的上皮和室内地坪齐平，是用来判断损毁建筑的原始室内地坪标高的有利依据之一。

（2）墙身

平房墙身一般不做收分，楼屋墙身均有收分。

（a）覆盆柱础

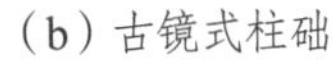

（b）古镜式柱础

（c）木櫍加方石柱础

（d）木鼓柱础（刁铺龙王庙）

图3.2.49　柱础形式案例

图3.2.50　外墙勒脚

泰州当地墙体厚度为40～50厘米，均为空斗墙，砌筑方法主要为平砌（当地俗称“扁砌”），立砌（当地俗称“侧砌”）案例较少，调研中仅见于宫氏住宅、解家祠堂与李信昌过载行三处。平砌墙体的外侧用整砖三顺一丁，墙身中间填充碎砖与黄泥；立砌墙体在水平方向一顺一丁，竖直方向“三斗一卧”，即每三皮立砖砌一皮顺砖（图3.2.51）。砌筑墙的黏结材料一般为石灰加草木灰，有的加糯米汁。砖缝一般较细，有勾线的做法，即在砌筑好的砖缝处用工具勾勒以加强线条感，一般宽约3毫米。

（a）平砌，三顺一丁

（b）下身平砌上身立砌（宫氏住宅山墙）

（c）墙体断面

（d）墙体砌筑

图3.2.51　墙身砌筑形式

考究的墙体砌法是用青砖干摆，磨砖对缝（图3.2.52），一般见于砖雕门楼门洞两侧。

建筑外墙面往往钉有铁扒锔（图3.2.53），用以拉接山面的柱子。也有的在墙中加木筋，用铁扒锔钉入木筋拉接，以强化墙体整体结构。木筋的室内部分还可以用来固定护墙板。

图3.2.52　磨砖对缝

临街的建筑外墙在转角处一人高的地方都会做抹角处理，当地俗称“左右逢源”；抹角的上部再逐步挑出，恢复为直角，挑出的青砖部分经过加工，做成银锭的形状，当地俗称“和气生财”（图3.2.54）。

图3.2.53　铁扒锔

图3.2.54　“左右逢源”“和气生财”

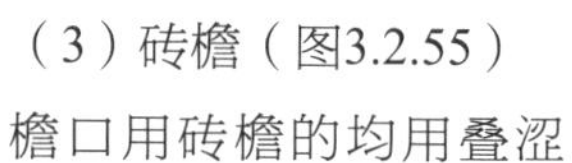

（3）砖檐（图3.2.55）

檐口用砖檐的均用叠涩出挑，做冰盘檐，三至九层，挑出层数一般为阳数，形式多样。以五层砖檐为例，有的从下到上依次挑出半混（圆线）、挂斗（立砖）、直檐、半混、盖板。构造上，挂斗砖的内侧开槽口，置于墙体内的木枋或木筋上；有的依次挑出直檐（两皮）、直檐（半皮）、砖椽、直檐或菱角砖（半皮）、盖板。

（a）五层砖檐

（b）五层砖檐出砖椽

（c）九层砖檐

图3.2.55　砖檐案例

3. 屋顶部分

屋面瓦件均使用蝴蝶瓦。瓦件铺设的传统做法多为黄泥苫背，并在两片底瓦相交的底部空间之内嵌入通长的芦苇后填以黄泥，这样有助于减轻屋面的荷载，也可加强瓦件间的连接（图3.2.56）。但这种屋面苫背的做法在近代新建和修缮的房屋中已经消失不见。檐口瓦件种类主要有勾头瓦和滴水瓦两种，瓦头一般印有吉祥寓意的图案（图3.2.57），其中勾头瓦有虎头、太平八卦、福禄寿等；滴水瓦有鲤鱼、牡丹、凤凰、蝙蝠等。且泰州地区屋面瓦件皆为勾头坐

图3.2.56　传统屋面苫背做法

中，整体盖瓦垄数成单数，仰瓦为双数。

屋脊是屋面的重要组成部分（图3.2.58），除了保护脊檩外，还起到稳固屋面的作用，同时可满足人们避凶趋吉的心理需求。泰州民居中屋脊的做法一般较为讲究，实砌，不用空心。屋脊正中（当地俗称“龙口”）一般用扇形的素面方砖，较为讲究的雕刻吉祥图案。还有一种简单的做法，即用青瓦拼成简单花纹。总体来讲，屋脊类型多样，其中雌毛脊较为常见，还有甘蔗脊、纹头脊（脊头做成圆圈状，有的在表面做砖雕纹样）、花脊（多见于仪门与花厅）等，与苏式做法几近相同。清代以后，建筑脊头逐渐升高，在脊头下通常做砖砌的拼砖支承（常做寿字、灯笼等花纹）。两个屋脊相撞的部位，为了不显得生硬，也会有砖砌的纹饰，如双喜纹样。

（a）太平八卦、福禄寿

（b）福禄寿

图3.2.57　瓦头吉祥图案

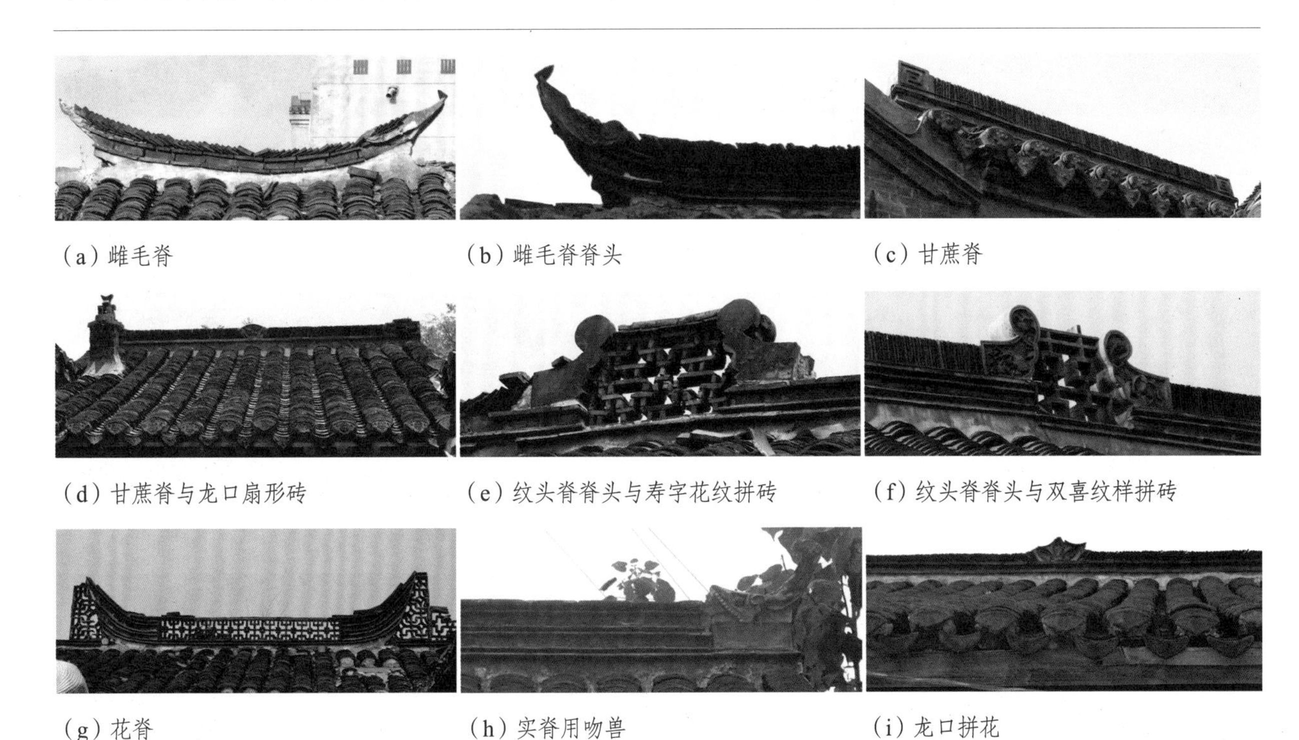

（a）雌毛脊　（b）雌毛脊脊头　（c）甘蔗脊

（d）甘蔗脊与龙口扇形砖　（e）纹头脊脊头与寿字花纹拼砖　（f）纹头脊脊头与双喜纹样拼砖

（g）花脊　（h）实脊用吻兽　（i）龙口拼花

图3.2.58　屋脊案例

（六）其他

1. 雕刻

（1）木雕（图3.2.59）

木雕一般集中在荷叶墩、瓜棱斗、丁头栱、山雾云、替木等部位。若厅屋有木雕，一般明间与次间均雕饰精美，无明显差异；若堂屋有木雕，则着重于明间，次间一般素平，山面不做或有所简化。

有的建筑在枋间垫板上做雕花装饰，如四巷陈宅的花开富贵与灵芝如意、许家巷许宅的福禄寿与平安、涵西街周氏住宅的花卉图案。富贵人家也会在自家花园的游廊木构上精雕细琢，如涵西街周氏住宅西花园游廊的轩梁做花卉包袱木雕，檐枋也布满花卉等图案的雕饰。

（a）荷叶墩、山雾云、抱梁云等（王氏住宅）

（b）瓜棱斗与雕花云板（王氏住宅）

（c）雕花云板、丁头栱与替木（陈厚耀读书处）

（d）荷叶墩、瓜棱斗、丁头栱与雕花替木（陈厚耀读书处）

（e）丁头栱与雕花替木（多儿巷胡宅）

（f）雕花替木（多儿巷胡宅）

（g）花开富贵与灵芝如意（四巷陈宅）

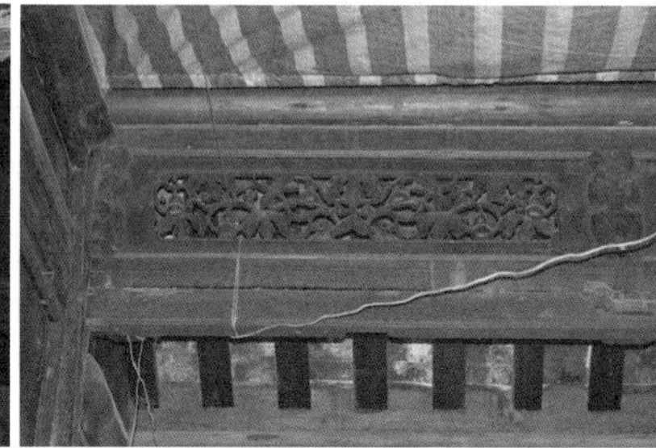

（h）福禄寿与平安1（许家巷许宅）

（i）福禄寿与平安2（许家巷许宅）

（j）雕花轩梁（涵西街周氏住宅）

（k）雕花檐枋（涵西街周氏住宅）

（l）垂花门花卉图案（涵西街周氏住宅）

图3.2.59　木雕案例

（2）砖雕（图3.2.60）

砖雕常见于大门及仪门砖枋及过当，雕刻福寿、吉祥等图案。

（a）祝寿图（徐家桥西巷戈宅）

（b）八仙、卷草、五福捧寿，椽头做如意头（四巷陈宅）

（c）鹿衔灵芝、卷草（王氏住宅）

（d）牡丹、五福捧寿（徐家桥东巷许宅）

（e）福禄寿三星（涵西街周氏住宅）

（f）松鹤延年（溱潼镇绿树院巷某宅）

（g）五福捧寿、喜鹊登梅、一路连科、花开富贵、凤穿牡丹（涵西街戈氏住宅）

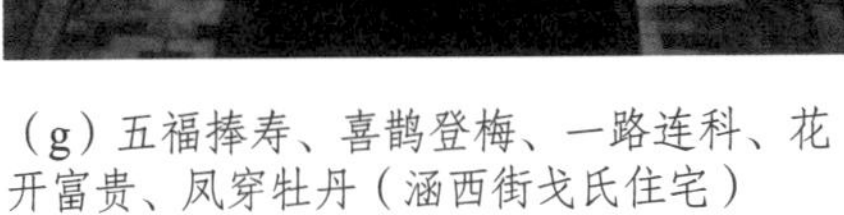

（h）暗八仙、大吉大利（兴化市裕东砖桥附近某庙）

（i）五福捧寿（徐家桥西巷王宅）

图3.2.60　砖雕案例

（a）五福捧寿（涵西街周氏住宅）

（b）鹿衔灵芝（北瓦厂巷高宅）

（c）太狮少狮（崇儒祠）

（3）石雕（图3.2.61）

石雕主题以吉祥图案为主，如鹿衔灵芝、太狮少狮、五福捧寿、狮子绣球等，多雕刻于门枕石。有些不为人留意的角落也保留了一些精美的石雕作品，如陈厚耀读书处的阶沿石，表面雕刻双龙戏珠，侧面用万字纹样界边。

（d）一路连科（崇儒祠）

（e）鹿衔灵芝（崇儒祠）

（f）狮子绣球（崇儒祠）

（g）双龙戏珠、万字纹（陈厚耀读书处）

图3.2.61　石雕案例

2. 油饰

民居建筑中较好的材料，如楠木、柏木，一般只油不漆，即只在表面刷桐油，保持本色。如若做漆（图3.2.62），以柱子为例，传统做法由内向外一般为通灰、夏布（即以苎麻为原料编制而成的麻布）、芦草灰（由打碎的芦草与黄泥混合而成）、青灰、底漆、面漆。灰中通常掺有猪血，又称“猪血灰”。

图3.2.62　做漆

第三节　案例

本章选择泰州地区民居建筑中住宅类建筑（四巷陈宅、多儿巷胡宅、许家巷许宅）、祠堂类建筑（解家祠堂）、店铺作坊类建筑（上池斋药店），以及官式建筑（崇儒祠、学政试院）共七个案例进行介绍和分析，时间跨度从明代到民国时期。其中，对四巷陈宅、多儿巷胡宅、许家巷许宅、解家祠堂、上池斋药店进行了测绘。

一、四巷陈宅

（一）建筑背景

陈宅位于五巷—涵西历史文化街区之四巷。据文献记载，该宅原为陈氏家族所有，故名陈宅。四巷陈宅始建年代无文字记录可考，通过现存构架形式与用材等方面推断，应始建于清代。2010年，陈宅被公布为第四批泰州市文物保护单位。

所谓“五巷”，即现在青年北路以东、扬州路以南、稻河路以西、东进游园以北的范围内，自东向西排列的五条皆为南北走向的巷弄。当年五巷中居住的几乎都是“洪武赶散”中从苏州迁来的移民。明洪武五年（1372），泰州州府在打牛汪东辟出空地，统一安排筑巷建屋，五巷由此而来。[38]这五条巷弄长短不一，其中头巷与二巷最长，约百米，三巷、四巷较短，有四五十米，巷宽均为三四米。巷内主要房屋一律朝南，结构布局大致相同，初到者难以辨识，故而泰州地区有“进了五条巷，如吃昏迷汤”的俗语。

陈姓是泰州地区的大姓，夏兆麐《吴陵野记》卷三记载：“泰有‘宫、陈、俞、缪，四大乡绅’之谚。”四巷陈宅的具体主人不详，但推测与泰州陈氏应该存在一定的渊源。

（二）现状概述

2013年夏季调研时，五条巷中除四巷外，其他均已修缮。四巷陈宅内原有居民大多已迁出，唯东北角厢房内几户人家仍在。建筑室内场地基本整洁，天井内杂草丛生。据当地文管会工作人员表示，四巷陈宅的修缮设计方案已经报批通过，正待修缮施工，此次调研人员赶在修缮之前对陈宅进行了简要的现场测绘与三维数据采集工作（图3.3.1）。

四巷陈宅整组建筑院落格局保存基本完整，建筑单体损坏较为严重（图3.3.2）。仪门及砖雕尚存，建筑屋脊损坏，屋面坍塌，植被丛生，瓦件损坏脱落，木构件糟朽，室内地面损毁，仪门砖雕受损，墙体开裂歪闪，窗残存若干，门全无。搭建、改造的痕迹亦清晰可见，如墙体表面遗留的白瓷砖、屋面为增加采光增设的老虎窗、改造或更换的简易门窗等。

四巷陈宅完整的平面布局有助于人们了解当地传统住宅的院落特点，同时，建筑残损状态所曝露的内部结构也为研究传统建筑构造与施工工艺提供了宝贵的资料。

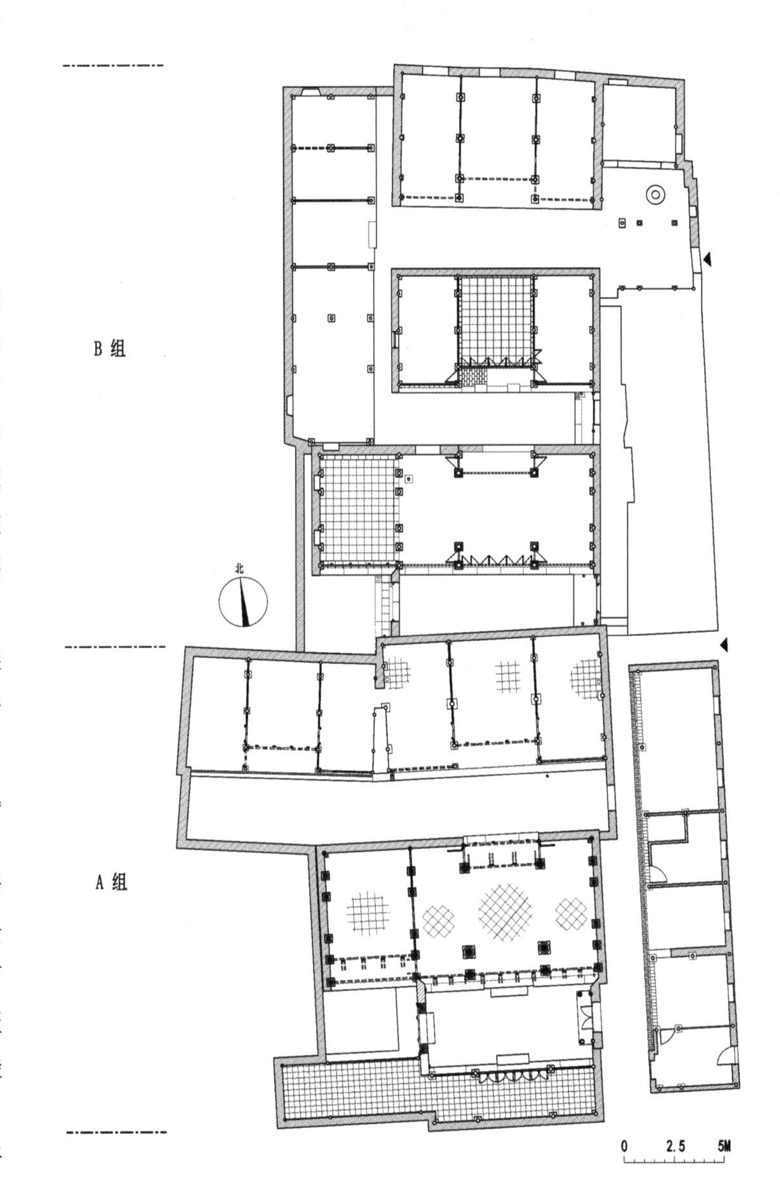

图3.3.1 四巷陈宅总平面图

（三）建筑本体

四巷陈宅整体坐北朝南，前后院落共五进，前有照厅，有东西厢房。在公布为文物保护单位时，四巷陈宅被认定为一组院落，但前两进与后三进的建筑风格不同，院落相对独立，均设置独立的出入口，且根据测绘可知，后三进厅屋的檐口高度比前一进堂屋低约0.2米，不符合当地“前房檐口高度不高于后房”的

（a）屋面瓦件损坏脱落

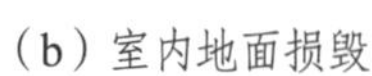

（b）室内地面损毁

（c）墙体表面遗留的白瓷砖

（d）屋面增设的老虎窗

（f）更换的简易木门

（e）酥碱损坏的仪门砖雕

（g）更换的简易玻璃窗

图3.3.2　四巷陈宅损坏状况

传统，推测应为不同时期建造的两组院落。为方便表述，下文中暂将前两进院落定义为A组，后三进院落定义为B组（图3.3.3）。

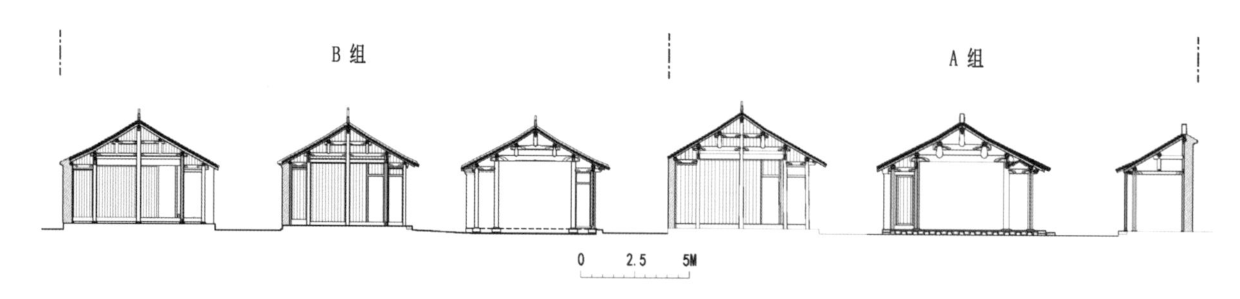

图3.3.3　四巷陈宅总剖面图

1. A组院落

A组院落由中间一组主院落与东侧厢房组成，之间由1米多宽的火巷分隔。现主入口位于A组院落的东北角，东厢房的北侧。仪门位于第一进院东墙，与其相对的西墙处也开砖雕仪门通向内部跨院（图3.3.4）。

主院落自南向北依次为照厅、天井（进深3.8米）、厅屋、天井（进深2.9米）、堂屋。房屋高度依次升高，后房比前房高出约0.4米（以脊檩下皮计）。东厢房共两组，每组三间五檩，共六间。

（a）仪门外立面　　（b）仪门内立面

图3.3.4　四巷陈宅A组院落仪门

（1）照厅

照厅坐南朝北，分东西两个部分，彼此形制不同，前后错落，西侧部分推测为加建。照厅门窗全无，用材均只在外表刷桐油。

照厅东侧部分（图3.3.5）为半坡，三间三檩，面阔约8.2米，进深约2.3米，圆作直梁，檐柱与脊柱落地。双步梁与两端柱子交接处做剥腮，梁头有精美的雕花，图案均为花卉纹样。单步梁原位于吊顶之上，为草架，无剥腮

（a）照厅东侧部分正立面

（b）梁头花卉纹雕花 1

（c）梁头花卉纹雕花 2

（d）梁头花卉纹雕花 3

（e）梁头花卉纹雕花 4

图3.3.5　四巷陈宅A组院落照厅东侧部分

做法。金瓜柱与双步梁交接的位置在面阔方向连接串枋，以固定吊顶（已缺失），墙体内钉有木龙骨，以固定护墙板。双步梁头承挑檐枋，上承檐椽（荷包椽）、小连檐、飞椽（扁方椽）、大连檐，椽子上面铺望砖、苫背、蝴蝶瓦（四巷陈宅其他建筑屋面做法均与之相同）。照厅东侧部分的基础已全部损毁。

（b）室内梯形吊顶

（c）“回顶”做法

（a）草脊檩折断，金檩坠落　（d）倾落的椽子连接草编望板

图3.3.6　四巷陈宅A组院落照厅西侧部分

照厅西侧部分（图3.3.6），二间五檩，面阔约6.9米，进深约2.6米，其中东边的开间尺寸较大，面阔约4.6米。圆作直梁，抬梁，檐柱落地，无剥腮做法。调研时，照厅西侧部分几乎全部坍塌，如若天花板未有损毁，在室内看来，梁架似四檩卷棚，但实际脊檩跨两个开间隐藏于天花板之上，似苏式“回顶”做法。金檩粗壮，脊檩较细，约为金檩的1/2，起到扶脊木的作用。局部倾落的椽子有草编望板与之相连。由于当地用草编望板的做法较少见，所以推测应为部分屋面损毁后修补所配。

（2）厅屋（图3.3.7）

厅屋四间七檩，面阔12.6米，为“3 + 1”的形式，进深6.3米。西侧加出的套间开间较大（4.35米），大于正厅明间（3.9米），独立形成跨院。正厅与套间之间以板壁相隔，两者之间的前檐檐步做平开门两扇相通。

厅屋在A组院落中规模最大，用材最为粗壮，圆作直梁，抬梁。明间做五架梁（直径约30厘米），前后单步梁对称，用四柱，单步梁梁头均做麻叶线脚与花卉雕饰；次间与套间均为三架梁前后各两步单步梁对称，用六柱。

正厅脊檩下有通长替木，下金檩下做通长替木—垫板—串枋，垫板中有雕花矮柱，起到一定的加固和

（a）厅屋梁架

（b）套间梁架与护墙板

（c）响厅

（d）菱角轩

（e）单楹

（f）连二楹

图3.3.7　四巷陈宅A组院落厅屋

装饰作用。柱梁交接处均有剥腮做法，明间柱脚用覆盆柱础，其余用古镜式柱础。正厅立面上，屋脊同样做成“3 + 1”的形式，门窗全无。但根据现场遗留的门槛、门柤、门楹等，可以推断正厅前檐于檐檩下明间平开槅扇门八扇，次间开六扇；明间后檐做凹廊，外金柱一线平开板门六扇，为屏门；凹廊两端分别做平开门一扇通向两次间；套间槅扇门开在前檐外金柱一线，平开八扇。

正厅三间地面均为方砖斜铺，做响厅，方砖尺寸38厘米×38厘米，厚5厘米，置于下方覆盆之上。基础为素夯土，陶盆直接倒扣于基础表面。套间地面方砖平铺，基础做法与正厅相同。

建筑装饰部分，正厅于明间、次间前檐步均做菱角轩，套间内墙表面贴有护墙板。

（3）堂屋（图3.3.8）

堂屋有东西两栋，东侧堂屋位于主院落轴线。两栋建筑前有天井相通，内部开宽约1米的门洞相连，共用山墙，结构相互独立，但形制相同。两栋堂屋均为三间七檩，明间前檐凹进成廊，室内明间、次间以板壁相隔。东侧堂屋整体尺寸较大，面阔11.1米，进深6.1米；西侧堂屋面阔9.2米，进深5.4米。梁架均为圆作直梁，中柱落地前后各双步梁接单步梁用五柱，穿斗。东侧堂屋梁架全部剥腮做法，西侧堂屋不用。现两屋均门窗不存，但从残留的构件中可以推测，东侧堂屋明间均做平开槅扇门八扇，次间做平开窗六扇，下有木质槛墙；西侧堂屋两次间木质槛墙上用支摘窗。

东侧堂屋柱脚直接落在方形石础之上，下有砖砌磉墩。每缝梁架的磉墩间砌筑拦土墙，青砖平砌。室内原平铺37厘米×37厘米的方砖，现已散落。现场残留有部分透气砖，从方砖缝隙中可见搁置方砖的砖墩。后墙内有木筋，外侧钉铁扒锔以拉接墙体内木筋。西侧堂屋地面为万字锦砖墁地面。

（a）东侧堂屋梁架

（b）西侧堂屋梁架

（c）磉墩与拦土墙

（d）东侧堂屋方砖铺地与砖墩

（e）墙体内木筋

（f）西侧堂屋万字锦砖墁地面

图3.3.8　四巷陈宅A组院落堂屋

根据此次调研的三维数据采集信息，分析A组院落建筑屋架测绘数据，以厅屋为例。屋架举高1.675米，前后檐檩檩距6.31米，得出比例1：3.77，约1：4。若按举折算法，厅屋上金檩跌75毫米，约为举高的1/22；下金檩跌5毫米，约为举高的1/840，明显不符。其他建筑情况基本相同，故略去举折对比。若按举架算法，檐步坡度0.48、金步0.49、脊步0.54，亦不相符，但相对较为接近。若按提栈算，七檩提栈二个，檐步1.13米，合鲁班尺4.11尺（1鲁班尺 ≈ 27.5厘米），则起算坡度（即檐步坡度）为0.4、金步0.45、脊步

0.5，合计所对应“举高：前后檐檩距”应为1：4.4，与实际测绘情况相去甚远。综合比较之下，以举架算法计算。以下案例部分测绘数据的分析方法与此相同。四巷陈宅A组院落厅堂屋架测绘数据分析对比情况详见表3.3.1。

表3.3.1　四巷陈宅A组院落厅堂屋架测绘数据分析对比表

建筑	举高：前后檐檩距	举架（坡度）			提栈二个			
		檐步	金步	脊步	檐步（米）	鲁班尺（尺）	起算	应对应举比
厅屋	1：3.77	0.48	0.49	0.54	1.13	4.11	0.4	1：4.4
东侧堂屋	1：3.36	0.56	0.59	0.63	1.02	3.71	0.4	1：4.4
西侧堂屋	1：3.38	0.48	0.59	0.66	1.04	3.78	0.4	1：4.4

2. B组院落

B组院落（图3.3.9）包括中轴三进主院落与东西两侧厢房。厢房与主院落均以1米多宽的火巷分隔。整体院落呈矩形，较A组院落规整。主入口位于院落东北角，设有门房，东南角火巷南端开便门，与A组院落相通。第一进与第二进天井开仪门（图3.3.10）通向火巷，其中第二进仪门疑为后代改建。

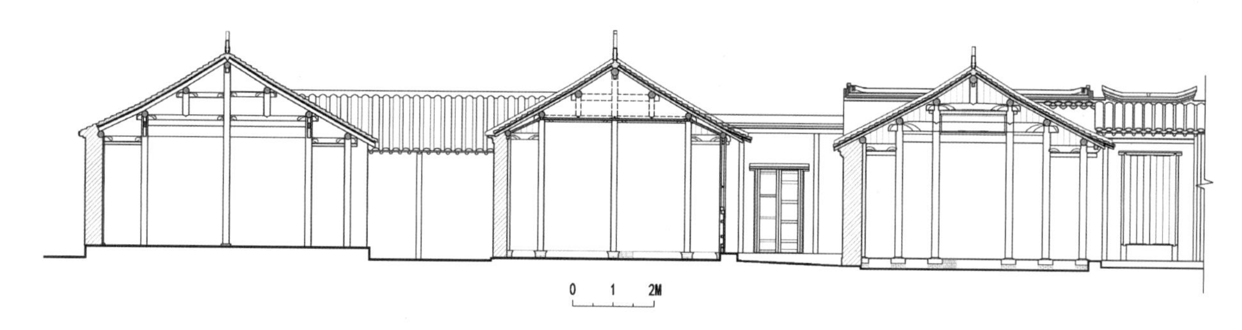

图3.3.9　四巷陈宅B组院落次间剖面图

主院落自南向北依次为天井（进深2.8米）、厅屋、天井（进深2.6米）、中堂、天井（进深2.9米）、后堂，从建筑构架做法看，较A组院落修建略晚。后堂东侧另有耳房一间，前有水井，推测原为厨房。

西侧厢房分两组，每组三间五檩，共六间。东侧厢房有人居住，未能进入。

（1）厅屋（图3.3.11）

厅屋四间七檩，面阔13.9米，为“3 + 1”的形式，进深5.4米，明间后檐凹进成廊。圆作直梁，抬梁，剥腮做法，与A组院落厅屋构造相同，但整体用材较小，规格等级较低。柱脚均用古镜式柱础，础石下有砖砌磉墩。明间与次间地面不存，唯见素夯土地面与散落满地的青砖，推测为原室内方砖下的砖墩。西侧套间方砖平铺，尺寸约为33厘米×33厘米，山墙开两个壁龛，墙体表面有护墙板。

图3.3.10　四巷陈宅B组院落仪门

(a) 厅屋梁架

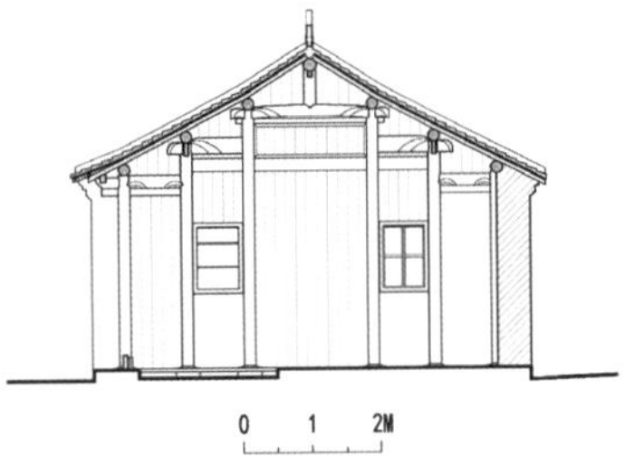

(b) 套间纵剖面图

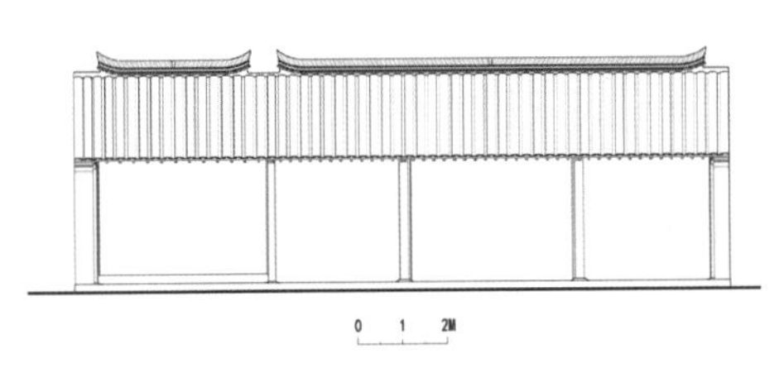

(c) 厅屋正立面图

图3.3.11 四巷陈宅B组院落厅屋

(2) 堂屋(图3.3.12)

堂屋两进，包括中堂与后堂，形制大小几近相同。三间七檩，面阔9.9米，进深5.3米，明间前檐凹进成廊，明次间以板壁相隔。中柱落地，前后各双步梁接单步梁用五柱，穿斗，圆作直梁，剥腮做法。檐廊青砖十字平铺，明间平铺方砖，尺寸约为38厘米×38厘米；次间遗留夯土地面，推测原为木质地板铺地。明间构架露明，脊檩下做通长替木，下金檩下做通长替木、垫板、串枋。

中堂次间还做有梯形木质吊顶，西侧山墙表面可见木筋与护墙板。

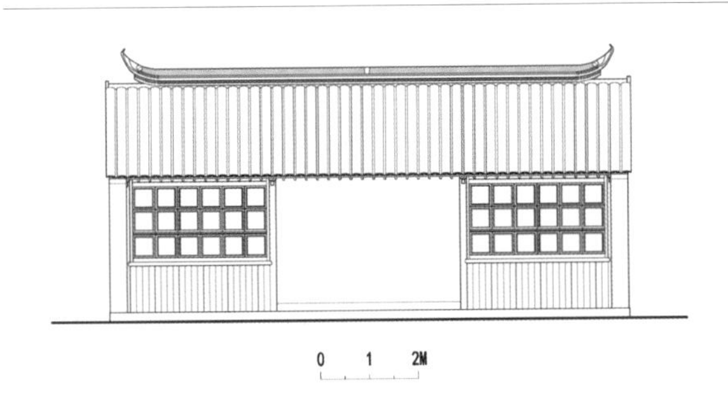

(a) 中堂正立面图

(b) 中堂次间吊顶与山墙内木筋

(c) 后堂梁架

图3.3.12 四巷陈宅B组院落堂屋

四巷陈宅B组院落厅堂屋架测绘数据分析对比情况详见表3.3.2。

表3.3.2 四巷陈宅B组院落厅堂屋架测绘数据分析对比表

建筑	举高:前后檐檩距	举架(坡度)			提栈二个			
		檐步	金步	脊步	檐步(米)	鲁班尺(尺)	起算	应对应举比
厅屋	1∶3.67	0.53	0.53	0.59	0.85	3.09	0.3	1∶5.7
中堂	1∶3.53	0.53	0.53	0.59	0.85	3.09	0.3	1∶5.7
后堂	1∶3.65	0.53	0.54	0.6	0.96	3.49	0.35	1∶5

图3.3.13　多儿巷胡宅

二、多儿巷胡宅

（一）建筑背景

胡宅（图3.3.13）位于五巷—涵西历史文化街区西南角多儿巷，在青年路和东进路交会处的工商银行大楼后面，是前国家主席胡锦涛旧居，故名胡宅。多儿巷胡宅为清代建筑，始建年份不详，2010年被公布为第四批泰州市文物保护单位。

多儿巷东距稻河约200米，东北方向是五条巷，历史上是泰州比较富有的商贾聚居地。多儿巷原名兔儿巷，因泰州方言中“多”与“兔”谐音，且有人丁兴旺、多儿多女之寓意，于是改称多儿巷。[39]原来多儿巷巷道最宽处不足2米，巷中麻石铺地。除胡宅外，巷子里的其他历史建筑都已被拆除，巷道也因此不复存在，只留下了多儿巷的地名。

（二）现状概述

胡宅产权现归国家所有，目前被作为中国（泰州）科学发展观展示馆的一部分，现已整理修缮完毕，由专人负责管理和维护，保存状况较好。

（三）建筑本体

胡宅（图3.3.14）主入口位于院落东南角，原位于巷子北侧。大门为门屋，内有天井，左侧开门进入西路建筑的前院。整组院落两进两路，没有火巷，与周边五巷的住宅形制规模（多为三进一路，有火巷）存在一定的差异。黄炳煜写道：“多儿巷内有一组居民住宅，颇具特色。其建筑既和周围民居形式相类似，又与其他房屋的布局有较大不同。”[40]相对于五条巷中的其他房屋，多儿巷胡宅房屋的整体平均高度低约20厘米。

东路建筑（图3.3.15）从南到北依次为门屋、天井、厨房、天井、耳房，房屋均为一个开间。西路建筑（图3.3.16）为主要房屋，包括前院、厅屋、天井、堂屋。

（1）东路建筑（图3.3.17）

大门为门屋形式，开如意门，五檩长短坡（前檐脊步较后檐少0.4米），进深约2.8米，后檐内金柱落地。门屋后为梯形天井，面阔约2.5米，进深约4.5米。

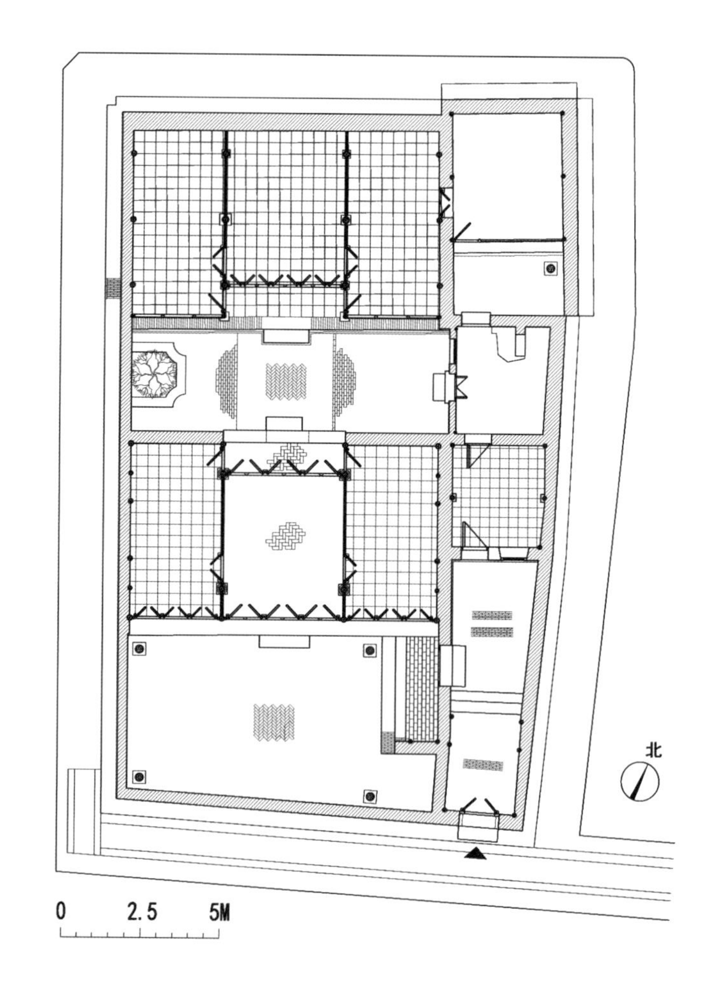

图3.3.14　多儿巷胡宅总平面图

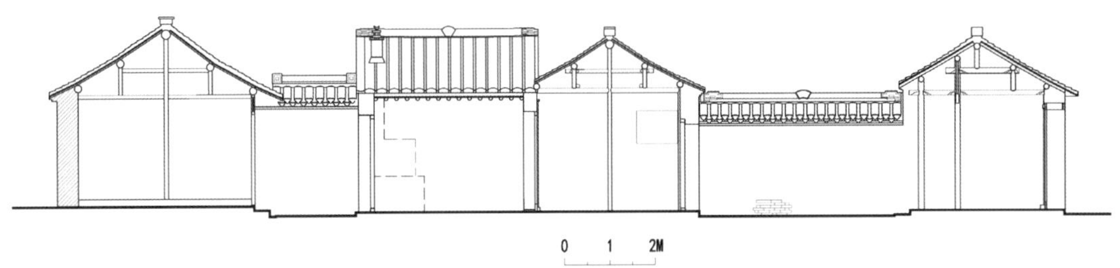

图3.3.15 多儿巷胡宅东路建筑剖面图

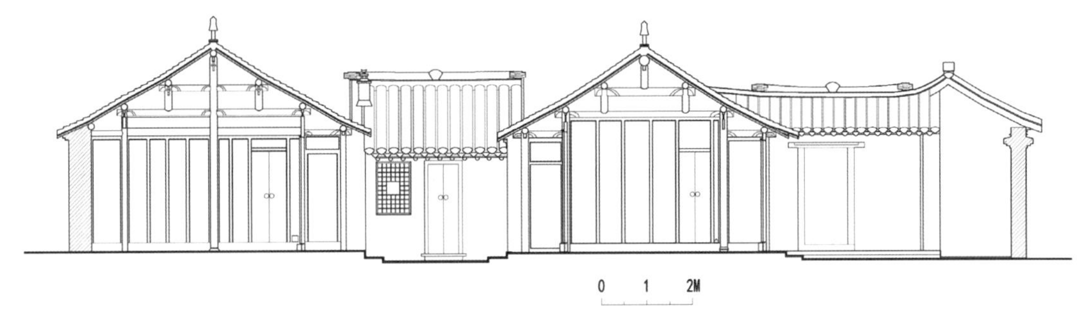

图3.3.16 多儿巷胡宅西路建筑剖面图

（a）门屋

（b）入口天井

（c）厨房南侧部分梁架

（d）厨房北侧部分西立面

（e）耳房天井铺地

（f）耳房支摘花窗

图3.3.17 多儿巷胡宅东路建筑

与门屋正对的是厨房，分南北两部分，中间以实墙间隔，靠西侧开宽约0.8米平开门一扇以联系两侧。厨房平面呈不规则矩形，尺寸大致相同，均约3.2米×2.8米。南侧部分厨房向前开门，通向门口的天井，与厅屋共用山墙，结构相互独立，五檩，中柱落地，圆作直梁，穿斗。北侧部分厨房位于厅屋与堂屋之间，向西开门朝向堂屋前的天井，向北开门朝向耳房前的天井，室内置灶台，未见柱子，硬山搁檩，单坡，屋脊方向与南侧部分厨房垂直相交。

厨房与耳房有一狭小封闭的天井，呈约3.5米×1.4米的不规则矩形平面。靠耳房一侧做通长排水沟，东北角设万字纹带孔方砖（已堵塞）。

耳房结构简单，与堂屋独立开来，前后错落。耳房西南角南向平开门一扇，作为通往天井院的出入口，旁设支摘花窗。一间五檩，3.8米×3.4米，中柱落地，圆作直梁。室内铺木质地板，墙体做白灰粉刷。

（2）西路建筑（图3.3.18）

前院呈不规则矩形，南侧临街一面略有角度，约4度。院内地坪为柳叶人字铺砖，院子四角各放置一块万字纹带孔方砖，推测为院落沿四周组织排水。

厅屋三间七檩，面阔约9.6米，进深约5.3米。明间后檐凹进成廊，凹廊两端开侧门。室内部分，明间前檐金步做平开双开门通向两次间，明间与次间之间以板壁相隔。明间为五架梁前后单步梁对称，用四柱，次间为三架梁前后各两步单步梁用六柱，均为圆作直梁，抬梁，梁身在与柱子的交接处做剥腮。明次间檩径相同，脊檩（22厘米）较其他檩条（14厘米）直径略大，其下做通长替木。明间四根外金柱下有木櫍，其他柱的柱脚均直接落于方形础石之上。南侧凹廊檐下均做槅扇门平开，明间八扇，次间六扇；北侧凹廊为屏门六扇。明间后檐为木檐，两次间均为砖檐，做砖叠涩五层，第三层砖为砖椽。明间地面铺尺寸为21厘米×10厘米的青砖，用拐子锦（插关地），次间地面平铺约35厘米×35厘米的方砖。

（a）前院　（b）前院万字纹带孔方砖　（c）厅屋正立面

（d）厅屋明间梁架　（g）天井人字铺砖

（e）厅屋山面梁架　（f）厅屋与堂屋间天井　（h）堂屋正立面

（i）堂屋梁架

（j）堂屋下金檩雕花丁头栱承托雕花替木

（k）堂屋柱础

图3.3.18　多儿巷胡宅西路建筑

（a）瓦头雕刻太平八卦与福禄寿等图案

（b）龙口花砖雕刻福禄寿

（c）甘蔗脊

图3.3.19　多儿巷胡宅瓦石做法

厅屋和堂屋之间的天井，进深约3米。地面中轴做人字铺砖，两侧青砖十字平铺。现院内西侧植黄杨树一株，放置两尊陶缸，用以蓄水防火。

天井后是堂屋，三间七檩，面阔约9.6米，进深约5.6米。明间前檐凹进成廊，凹廊处平开门八扇，两端开侧门。室内明间两侧金步开平开双开门通向两次间，明间与次间以板壁相隔。次间脊柱北侧开约0.92米宽门洞，通向东侧耳房，双开门。明间、次间均为三架梁前后各两步单步梁对称，用六柱，圆作直梁，穿斗，剥腮做法。明间脊檩与上金檩下有雕花丁头栱承托雕花替木，前檐檐檩下做镂空雕花短替。明间柱子下均有柱础，与泰州地区传统做法一致，柱脚用木櫍，櫍下有古镜式柱础。堂屋与厅屋的整体高度基本一致，进深略大（约多0.3米）。前檐为木檐，两端山墙檐口盘头处做叠涩三层；后檐为砖檐，叠涩三层，做砖椽形式。室内地坪用方砖铺墁，尺寸约35厘米×35厘米。

胡宅的建筑墙体均为青砖平砌，三顺一丁，表面可见铁扒锔，用以拉接室内柱子。屋面用蝴蝶瓦，勾头瓦雕刻太平八卦等图案，滴水瓦雕刻福禄寿；屋脊部分，厅屋与堂屋做水线五层，其上以小青瓦立砌，略有倾角，其他房屋只做水线一层；正中龙口处均为花砖，雕刻福禄寿、喜鹊登梅等，但现存砖雕均为后期修缮时所更换；脊头除堂屋做寿字形拼砖，厅屋做圆形脊头外，其他均为“甘蔗脊”（图3.3.19）。

多儿巷胡宅厅堂屋架测绘数据分析对比情况详见表3.3.3。

表3.3.3　多儿巷胡宅厅堂屋架测绘数据分析对比表

建筑	举高 : 前后檐檩距	举架（坡度）			提栈二个			
		檐步	金步	脊步	檐步（米）	鲁班尺（尺）	起算	应对应举比
厅屋	1 : 3.38	0.5	0.5	0.61	0.9	3.27	0.35	1 : 5
堂屋	1 : 3.43	0.49	0.57	0.68	0.92	3.35	0.35	1 : 5

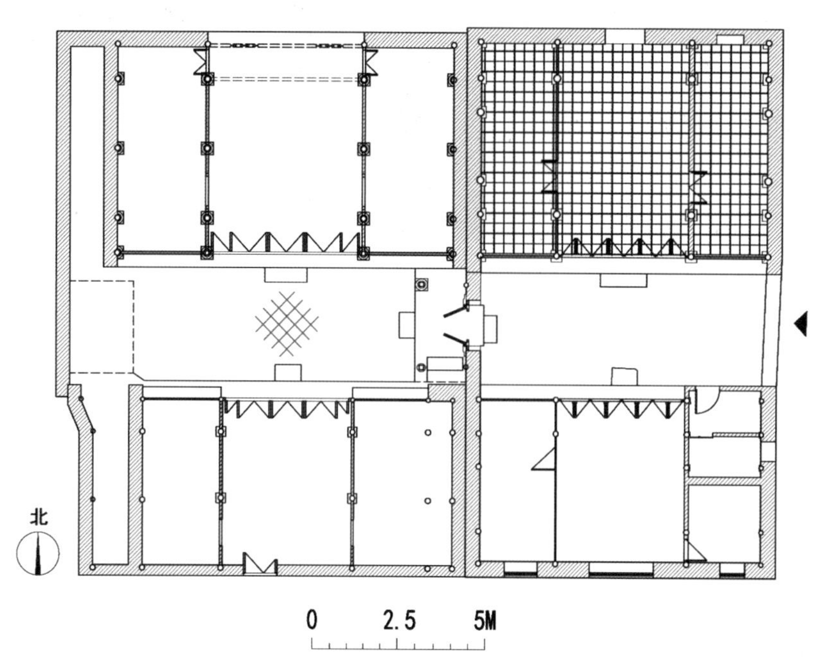

图3.3.20 许家巷许宅总平面图

三、许家巷许宅

（一）建筑背景

许宅位于兴化市西门历史风貌区许家巷，具体沿革不详，根据梁架结构与大木做法等，推测应为清末民国时期的建筑。

（二）现状概述

许家巷许宅由东西两路并排的院落组成（图3.3.20），原有格局包括照厅、厅屋、堂屋三部分，之间开仪门相连。此次调研所至为两路建筑的照厅和厅屋部分，北面现还有一组院落为堂屋，未能进入。

院落格局保存尚好，个别建筑在使用过程中遭到了人为的改造破坏，其中西路照厅南侧一步架被拆除，原有的堂屋部分现被改造为一栋二层小楼；东路建筑内部均被改造，铺设瓷砖、增设吊顶，屋架结构不得见。

西路建筑未经改造的房屋保存质量较好，院落干净整洁，门扇、窗扇、雀替、垫板等处均保存精美木雕。

（三）建筑本体

两路建筑之间彼此结构独立，相邻两间房屋间，山墙不共用。

东路照厅三间六檩，长短坡，南侧檐下减去一步架，面阔8米，进深4.5米，明间用五架梁，次间三架梁；厅屋三间七檩，面阔8.2米，进深5.9米，明间为五架梁前后单步梁对称，用四柱，次间为三架梁用六柱。由于东路建筑受人为扰动较多，梁架结构不得见，以下仅对西路建筑进行阐述，并列举屋架数据。

西路建筑包括照厅、天井、厅屋，天井东墙开设仪门与东路建筑相通（图3.3.21）。

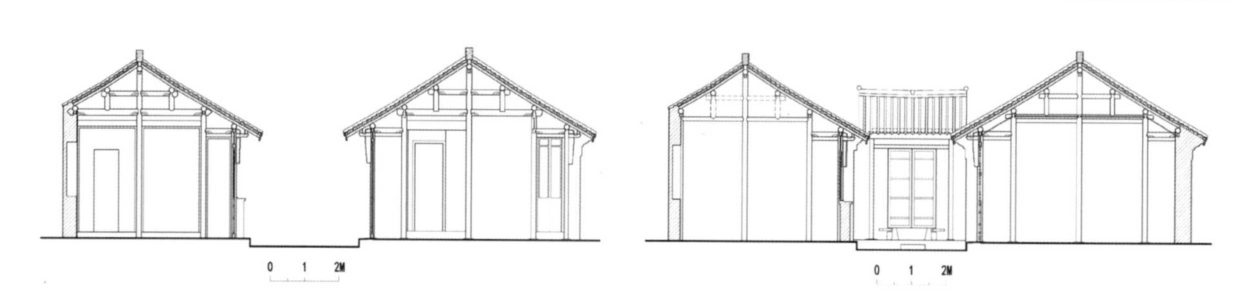

（a）明间剖面图　　（b）次间剖面图

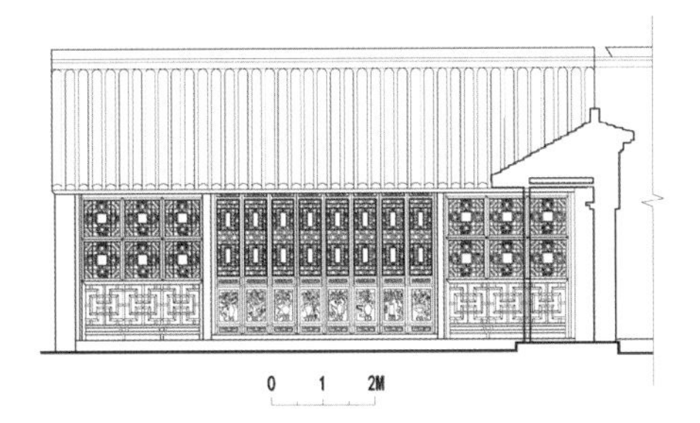

（c）厅屋立面图

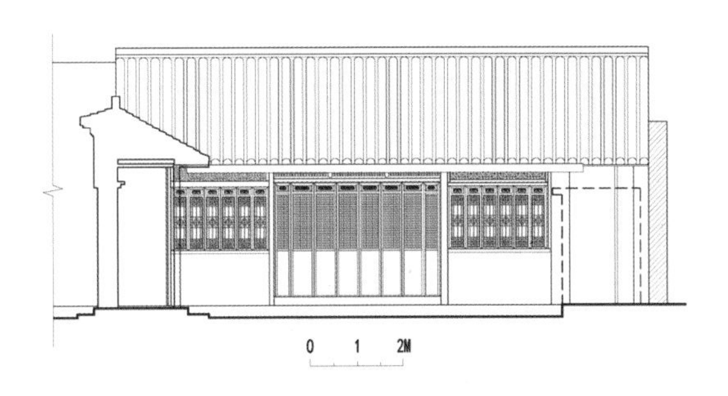

（d）照厅立面图

图3.3.21　西路建筑测绘图

（a）西侧廊道　（b）照厅梁架

图3.3.22　西路建筑照厅

（1）照厅（图3.3.22）

照厅坐南朝北，五间（明三暗五）六架，中柱落地，面阔10米，进深4.66米。两侧梢间面阔尺寸并不相同。西侧做宽1.4米的廊道；东侧梢间宽0.7米，直接纳入主体建筑。

（2）厅屋（图3.3.23）

厅屋坐北朝南，三间七檩，面阔9.6米，进深

（a）厅屋明间梁架　（b）厅屋山面梁架　（c）梁头简易雕花

（d）封檐板线脚与雕花　（e）明间金柱卯口　（f）次间构件油漆痕迹

图3.3.23　西路建筑厅屋

图3.3.24 仪门外立面

5.76米，中柱落地，圆作直梁，剥腮做法，梁头均做简易雕花。明间后檐下金檩下依次做通长替木、垫板、串枋。屋面平直，从檐步到脊步坡度相差无几。檐口出木檐，有封檐板，末端做线脚并雕刻卷草纹样。

虽然在使用过程中建筑构造经过改动，但从建筑构件遗留的卯口和痕迹来看，基本上还是可以推测出其原有形制。从明间金柱上残留的卯口可以推断，原明间下金檩下应有通长替木、垫板、串枋，再根据相同地区其他建筑推断，其下或开有门扇，即明间后檐原有凹廊并设置屏门；又从两次间构件油漆痕迹的不同和构件断面推断，室内原有梯形吊顶。

（3）仪门

仪门开板门，砖雕门楼样式，大门两侧置方形门枕石（图3.3.24）。

两组院落都保留精美的木雕（图3.3.25）。以雀替为例，西路建筑

（a）缠枝花卉雕花雀替1（西路建筑） （b）缠枝花卉雕花雀替2（西路建筑） （c）假山花卉雕花雀替（东路建筑）

（d）暗八宝博古花卉图门扇（西路建筑厅屋）

（e）四君子、多子雕花支摘窗扇（西路建筑厅屋）

（f）福禄寿组合雕花垫板（东路建筑厅屋）

图3.3.25　许家巷许宅木雕

院落的雕花雀替均以缠枝花卉为主题，形式不尽相同；东路建筑院落则以假山花卉为主题。西路建筑厅屋有雕饰暗八宝博古花卉图的门扇，以及内做四君子、外做多子雕花的支摘窗扇。东路建筑厅屋内有雕饰福禄寿纹样的组合雕花垫板。

许家巷许宅西路建筑屋架测绘数据分析对比情况详见表3.3.4。

表3.3.4　许家巷许宅西路建筑屋架测绘数据分析对比表

建筑	举高：前后檐檩距	举架（坡度）			提栈二个			
		檐步	金步	脊步	檐步（米）	鲁班尺（尺）	起算	应对应举比
照厅	1：3.43	0.56	0.55	0.64	0.9	3.27	0.3	1：5.7
厅屋	1：3.9	0.56	0.58	0.63	0.96	3.49	0.35	1：5

四、解家祠堂

（一）建筑背景

解家祠堂位于兴化市东门历史文化街区市场巷，也就是原来的东门大码头。2007年，解家祠堂被公布为兴化市文物保护单位。

解家在明洪武年间自苏州阊门移民至兴化，是兴化明清八大家族[41]之一。据《鹤立堂解氏宗谱》记载，明洪武二年（1369），解氏先祖解七二携家眷从苏州阊门迁居兴化，并于永乐年间建成解家祠堂。宗祠前一进为坐北朝南的二层楼房（20世纪90年代坍塌），后一进为一字排开、坐北朝南的串楼，分为东、西、中三部分。东楼系明建（一层）清修（加建为两层）；西楼内悬有“灵宗锡祉”匾额；中楼原为明代平房建筑，民国初年按西楼的明代建筑风格改为楼房。东、西、中三楼和前楼相互连接，形成一个整体。[42]

兴化明清八大家族每家都有自己的祠堂，除解家外规模都相当宏大。例如其中的吴家祠堂[43]，1949年后曾被改建为小学。大部分祠堂已然随着社会的发展而消失，唯独规模较小、形制与普通住宅无异的解家祠堂得以留存下来。

解家祠堂中楼（正厅）内最早供奉的是晏公像，后来运河沿线建庙供奉水神，要把晏公像从解家祠堂请走。当时解家先祖解七二已去世，与两位夫人并葬于家门口。出于供奉水神的需要，权宜之下只好在三座坟上修建高楼为庙，将解氏先祖的坟墓覆于其下，楼上供奉晏公。由于解氏的祭祖活动受到了影响，解氏子孙就从松鹤院（详见后文）挖地道，直通庙底，在地下祭祖。现今，由于时代变迁、战争破坏，地道早已不存。

（二）现状概述

解家祠堂现存后进的东、西、中三楼，以及周边的厢房、大门、二门、后门等，建筑面积约为300平方米，作为居住建筑使用，其中西楼二楼仍有解家后人居住。

解家祠堂室内空间被任意分隔，以往的整体布局早已不见，建筑质量保存不佳。其中东楼与中楼室内梁架均不可见，只能从平面与立面角度观察其形制。仅西楼可以清晰地看到原始的梁架痕迹，故只对西楼进行了详细调研。使用者将西楼二楼的檐墙拆除，在其后加出一个步架，做卫生间与厨房，改变了建筑的原始布局。楼屋前的天井也被居民改建或加建的附属用房（砖混结构）所占据。

此次调研对解家祠堂的西楼和中楼进行了测绘与三维数据的采集。

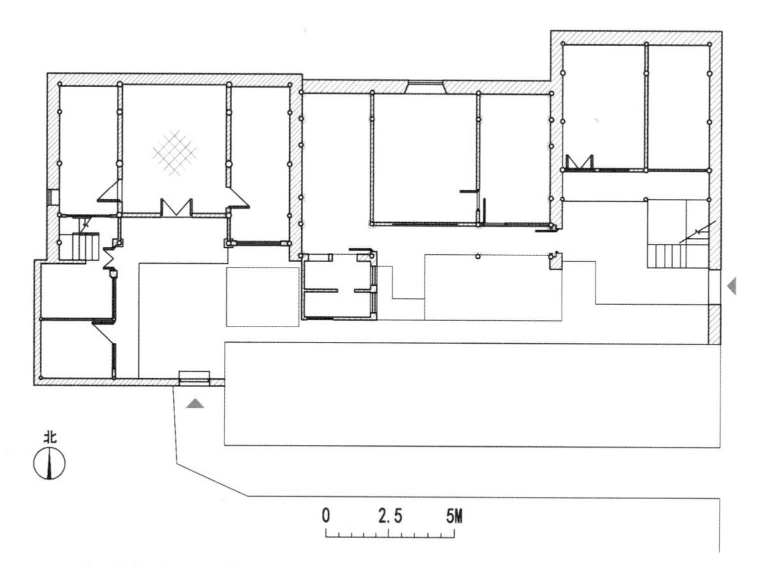

图3.3.26　解家祠堂一层总平面图

（三）建筑本体（图3.3.26）

解家祠堂现存三组建筑，坐北朝南，横向并列，均为二层楼，其中中楼建筑最高（图3.3.27）。三组建筑前方均有独立的天井。院落的东、北、南侧均有巷道环绕，东楼和中楼院落共用主入口，位于东侧；西楼院落在其南侧开独立出入口。中楼与西楼大致前后齐平，东楼较中楼靠后约2米。

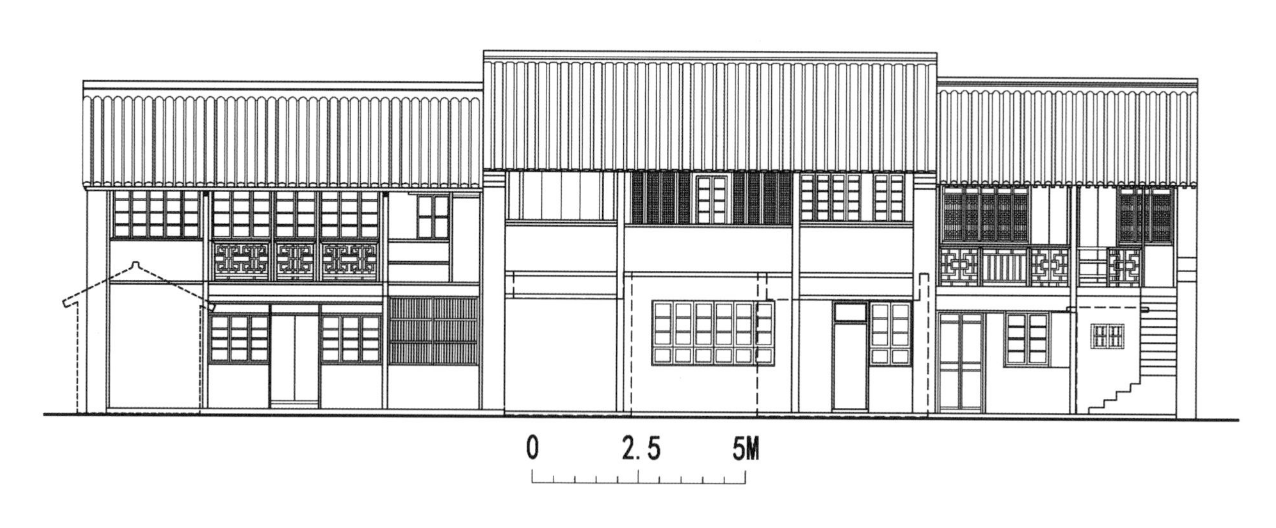

图3.3.27　解家祠堂南立面图

（a）东楼南立面

（b）东楼东立面

图3.3.28 解家祠堂东楼

（1）东楼（图3.3.28）

东楼两间七檩，面阔5.6米，进深5.8米，前檐做檐廊，中间一缝梁架为五架梁前后单步梁用四柱，山面为中柱落地。在解家祠堂东侧巷道内可见其山墙，一层青砖平砌，三顺一丁；二层三斗一卧，立砖一顺一丁。

（2）西楼（图3.3.29）

西楼所在的院子名曰“松鹤院”，院内除西楼外还包括西侧的两间厢房。

西楼三间七檩，面阔8.8米，进深5.9米，一层明间前檐做凹廊，通往二层的楼梯位于西次间檐步。梁架中柱落地，穿斗，其中明间为扁作月梁，金瓜柱亦为扁作的方柱；次间圆作月梁，双步梁下增加一道串枋连接。承接二楼楼板的楞木为圆木，断面直径约15厘米。屋面用方椽，门窗均是后期更换，唯有二层明间槛窗下保留的木质栏杆，推测为民国时期遗留；东次间檐下有板门遗留。据了解，楼前原有回马廊与其他建筑相连，现已不存。建筑木构表面不做漆，只在表面刷桐油。明间地面斜铺30厘米×30厘米方砖，次间地面已在后期使用中改为水泥铺地。东侧与中楼共用山墙，西侧山墙以青砖平砌，表面覆盖爬山虎，山尖做太平山形式。

（a）西楼南立面

（b）西楼明间剖面图

（c）西楼明间梁架

（d）西楼山面梁架

（e）西楼一层室内

（f）西楼西山墙太平山

图3.3.29 解家祠堂西楼

松鹤院厢房（图3.3.30）两间五檩，回顶，每间面阔约2米，进深2.8米，中间隔以板壁。圆作直梁，五架梁通檐用两柱，硬山搁檩。两上金檩之间距离较近，金步步距约檐步的1/4，其上搭方椽，椽

（a）厢房外立面

（b）厢房梁架

图3.3.30　解家祠堂松鹤院厢房

图3.3.31　解家祠堂中楼南立面

上搁草脊檩。南侧一间作为厨房使用，北侧一间堆放杂物。

（3）中楼（图3.3.31）

中楼三间七檩，面阔9.7米，进深4.9米，梁架样式不可见。一层前檐做檐廊，室内明间与次间以砖墙隔断，推测原做法应为板壁。

解家祠堂屋架测绘数据分析对比情况详见表3.3.5。

表3.3.5　解家祠堂屋架测绘数据分析对比表

建筑	举折			举架（坡度）			提栈二个			
	举高：前后檐檩距	折架：举高		檐步	金步	脊步	檐步（米）	鲁班尺（尺）	起算	应对应举比
西楼	1∶3.69	1∶10	1∶48	0.45	0.5	0.65	1.03	3.75	0.4	1∶4.4
中楼	1∶3.52	—	—	0.54	0.58	0.6	1.1	4	0.4	1∶4.4

五、上池斋药店

（一）建筑背景

上池斋药店（图3.3.32）位于兴化市东门历史文化街区，在牌楼东路和板桥路的交叉口。2013年，上池斋药店被公布为第七批全国重点文物保护单位。

清康熙六十年（1721），迁居兴化的扬州人方石川在此购得前后三进、两厢一楼的明代建筑，开设前

图3.3.32　上池斋药店北立面三维扫描图

图3.3.33　上池斋药店凉亭（凉亭的翼角撒网椽椽头做马蹄形切面，此种形式的断面在扬州地区较为多见，泰州地区调研中仅见此例）

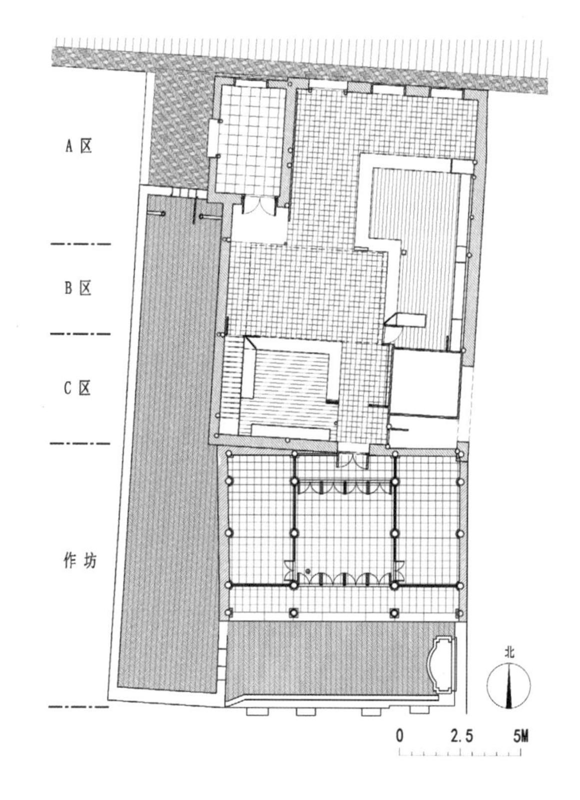

图3.3.34　上池斋药店总平面图

店后坊的药号，取《史记·扁鹊仓公列传》中“饮是以上池之水，三十日当知物矣”的典故，定名为“上池斋”。

1931年，方氏后裔方少泉（上池斋药店第五代业主）将临街店堂重新装修。地面、柜台迎面分别铺进口水泥砖和青花瓷砖；店门仿上海国药号式样改建为石库门，上方镶有鹿衔灵芝浮雕；后进作坊未做改动。

1956年，上池斋药店公私合营。“文革”期间，上池斋药店曾改名为长春药店，后又复名上池斋药店，沿用至今。

2005年，上池斋药店落架大修，扩建了围墙、凉亭（图3.3.33），并增开了朝西的门楼。

（二）现状概述

上池斋药店建筑格局保存较好，现仍为中药店，保存了原有的建筑功能。

由于屋面漏雨导致构件潮湿、糟朽，建筑的正常使用已受到影响。结构构件的变形与损坏给建筑带来了安全隐患。墙面大面积酥碱、碎裂，破坏了建筑风貌，有损于文物本体真实信息的保留与传达。城市发展造成了建筑周边地坪升高，导致建筑内部及周边排水不畅，危及建筑安全。

（三）建筑本体（图3.3.34）

上池斋药店坐南朝北，北侧为药店的店铺部分，南侧为作坊部分。院落整体南侧和西侧各有一小院。

1. 店铺部分（图3.3.35）

北侧店铺部分现为一栋两层中西结合的建筑，一层为店面，二层为药材库房。店铺部分整体呈矩形，面阔10米，进深14米，平面又划分成两部分：西北角的矩形空间，一层作为门房，二层露台营建方亭；其余为主体部分，呈L形。

主体室内空间大致又可分为三部分，暂且将其从北到南定义为A、B、C区，以便表述。A区与B区以中药柜台内一根约175毫米×175毫米的方形木柱（一层室内唯一一根柱子）及其一旁飞罩为界；B区与C区以中药柜台南侧房间的板壁及通往二层的楼梯为界。主入口位于A区北墙；B区偏西部分为两层通高，二层的相应部位设有回马廊以联系各个空间；C

区中部开双开门与南侧作坊部分相通。

一层A、B两区域，空间开敞，室内不做划分；C区东侧一间为药店的办公用房，西侧有楼梯间。二层A区开敞，北侧做栏杆与一层入口处通高空间相连；B区与C区均沿回马廊划分房间，隔以板壁。

店铺部分建筑整体为主次梁结构，仅在山墙缝做柱，其上做中式屋架。其中A区五檩，北侧向外继续延伸出四步架；B区六檩卷棚；C区六檩长短坡，南侧比北侧多出一个步架，各屋面间做勾连搭。

店铺内功能布局紧凑，北侧为中药柜台紧靠东墙，外皮用青花瓷砖铺贴，南侧为丸散膏丹柜台。室内地面铺设的彩色花砖，以及北入口进门右手边墙体表面镶嵌的镜子，均为民国时期的原物。A区与B区的交接处有一处精美的飞罩，雕刻仙鹤、鹿衔灵芝、葫芦缠枝等吉祥图案。

墙体均为青砖平砌，三顺一丁。山墙做云墙形式，云墙峰部恰好可以遮挡建筑屋脊的脊头。北侧主入口东侧有矩形窗洞两个，二层部分有弧形窗洞，都在后期的修缮中用玻璃封死，无法开启。大门的上方做鹿衔灵芝的石雕装饰。西侧的侧院围墙也做云墙形式，装饰有镂空的砖砌花窗。

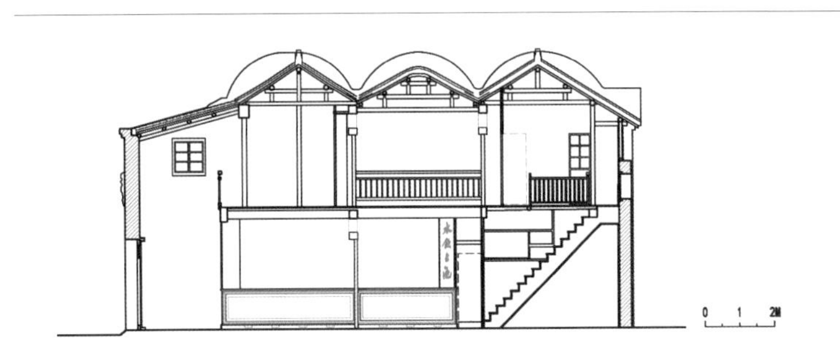

（a）店铺部分剖面图

（b）店铺部分西立面

（c）店铺B区顶部

（d）丸散膏丹柜台

（e）室内彩色花砖

（f）飞罩与入口镜子

（g）鹿衔灵芝石雕

（h）西侧侧院围墙砖砌花窗

图3.3.35　上池斋药店店铺部分

2. 作坊部分（图3.3.36）

南侧作坊部分为传统建筑式样，次间未能进入。三间七檩，面阔11米，进深7米，前后檐均做檐廊，明间与次间之间隔以板壁。明间圆作月梁，抬梁，梁头做剥腮，中柱落地，脊檩下有脊枋（子梁）一道，用料较大。柱脚下用古镜式柱础，室内平铺30厘米×30厘米方砖，南侧檐廊铺58厘米宽的阶沿石。现作坊部分的木构件表面均做广漆。

此次调研对上池斋药店作坊部分进行了测绘与三维数据的采集。作坊部分与店铺部分结构相对独立，两者之间有约27度夹角，推测是因营建时期不同所致。作坊部分梁架结构颇具明代建筑的风格，应有过修缮。

（a）作坊明间梁架

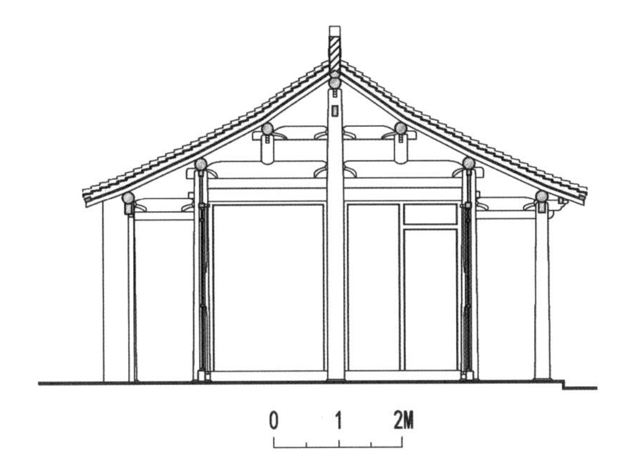

（b）作坊明间剖面图

图3.3.36 上池斋药店作坊部分

上池斋药店作坊部分屋架测绘数据分析对比情况详见表3.3.6。

表3.3.6 上池斋药店作坊部分屋架测绘数据分析对比表

举折			举架（坡度）			提栈二个			
举高：前后檐檩距	折架：举高		檐步	金步	脊步	檐步（米）	鲁班尺（尺）	起算	应对应举比
1：3.76	1：13	1：59	0.45	0.5	0.65	1.12	4.07	0.4	1：4.4

六、崇儒祠

（一）建筑背景

崇儒祠位于泰州市城中历史文化街区五一路，东侧与光孝寺毗邻，南临五一路，西近体育场，北近人民西路。崇儒祠始建于明万历四年（1576），是崇祀“泰州学派”创始人王艮[44]的专祠，后又从祀泰州学派的部分弟子。每年春秋两季，泰州的州官都会在崇儒祠举行隆重的祭祀活动。1995年，崇儒祠被公布为第四批江苏省文物保护单位。

崇儒祠“有人专施管理，中华人民共和国成立之初，还有一位从姜堰来的老太太住在祠内看管。后祠堂成为纺机厂职工住宅。1986年，为纪念王艮逝世445周年，动迁了居民，对崇儒祠进行了全面修缮。崇儒祠建成之初，当时的人绘制了一份《崇儒祠全图》，收录在《心斋王先生全集》里。祠原有东西两部分，主体建筑位于西边，前后四进，北边有花园，直至北城墙。西部原有四进，后只剩后面三进”[45]。1998年，崇儒祠大修，2001年进行了一次修复建设，重建了大门，拆除了西部的五户民居，恢复了原本的西侧轴线，增建了回廊、假山、水池、碑刻，同时对东侧轴线建筑进行了整体的修缮。

（二）现状概述

崇儒祠（图3.3.37）现作为泰州学派纪念馆，免费对公众开放，主要陈列泰州学派相关的学术专著和研究成果。现祠内仍保存明代《心斋王先生祠堂记》和《崇儒祠记》石碑。

由于有专人使用和看管，现建筑保存状况较好，但修缮施工过程中的粗放操作，使柱础、地面等部位多残留有滴落的红漆印记与散落的白色涂料，且现室内铺设水泥方砖，不符合传统做法。

图3.3.37　崇儒祠沿街立面

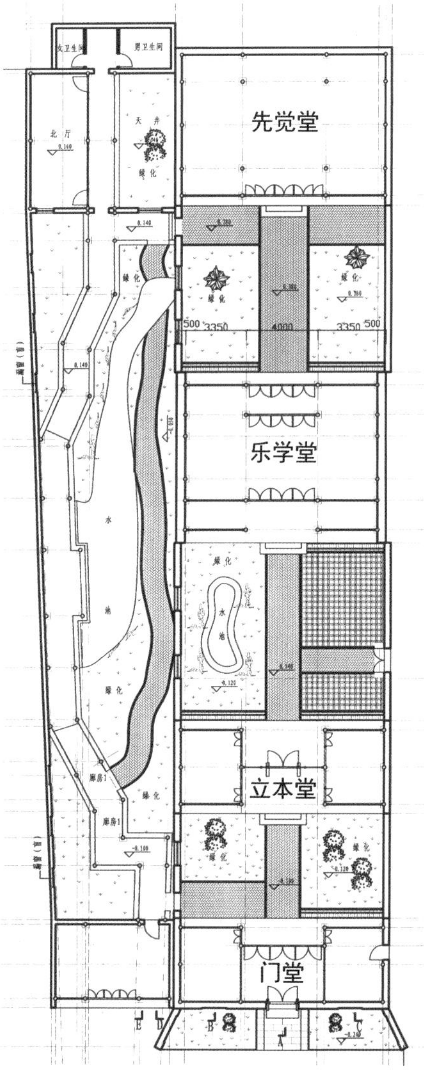

（三）建筑本体

现崇儒祠由东西两部分构成（图3.3.38），砖木结构。东路为主体建筑，西路为花园与厢房。第一进与第三进天井西侧墙壁开门洞与西侧廊院相连。

东路的主体建筑共三进院落，自南向北包括门堂、立本堂、乐学堂、先觉堂，房屋间天井宽敞。第一进天井进深约6.6米，后两进天井进深约10.5米，与普通民居1丈左右（约3.2米）的天井尺度不同，体现了纪念性建筑的尺度特征。

门堂（重建）三间五檩，面阔12米，进深4米，东侧山墙开1米宽门洞，方便工作人员进出。明间后檐凹进成廊，平开门六扇，两端做双开门。圆作直梁，明间三架梁，抬梁；次间中柱落地，穿斗。大门为如意门，两侧加砌砖墙，八字外开，墙身装饰砖细假窗。

立本堂（仪门）三间五檩，面阔12米，进深4米（图3.3.39）。明间脊檩下做平开板门，两次间为门房，南北檐柱旁各平开双开

图3.3.38　崇儒祠总平面图（图片改绘自扬州市古宸古典建筑工程有限公司：《泰州崇儒祠修缮方案》）

图3.3.39　立本堂（仪门）

图3.3.40　乐学堂

门。圆作直梁，中柱落地。

乐学堂三间七檩，面阔10.7米，进深7.8米，前檐做檐廊（图3.3.40）。圆作直梁，抬梁，剥腮做法，明间用五架梁，次间为三架梁。柱脚均做石质覆盆柱础。前后檐均用木檐，前檐檐檩下做挂落、花牙子装饰，次间还做有栏杆。

先觉堂三间七檩，面阔12米，进深7.6米（图3.3.41）。圆作直梁，剥腮做法，明间五架梁，抬梁。值得一提的是，由于使用过程中木料力学性能的变化，后期修缮时在五架梁下增加了一个立柱作为支撑，柱脚做石鼓柱础；次间中柱落地穿斗，柱脚均直接落于方形础石之上。

（a）先觉堂南立面

（b）五架梁下增加立柱

（c）石鼓柱础

图3.3.41　先觉堂

四栋建筑从南至北逐渐增高，开间面阔均基本相同。前两栋门屋，每个步架约1米；后两栋厅堂，每个步架约1.2米。

西路庭院2001年复建，南北段分别设置一进厅房，之间由廊房曲折连接，廊房中段为三间水榭，廊房东侧凿水池、垒山石、铺曲径（图3.3.42）。

（a）西路庭院 1

（b）西路庭院 2

图3.3.42　西路庭院

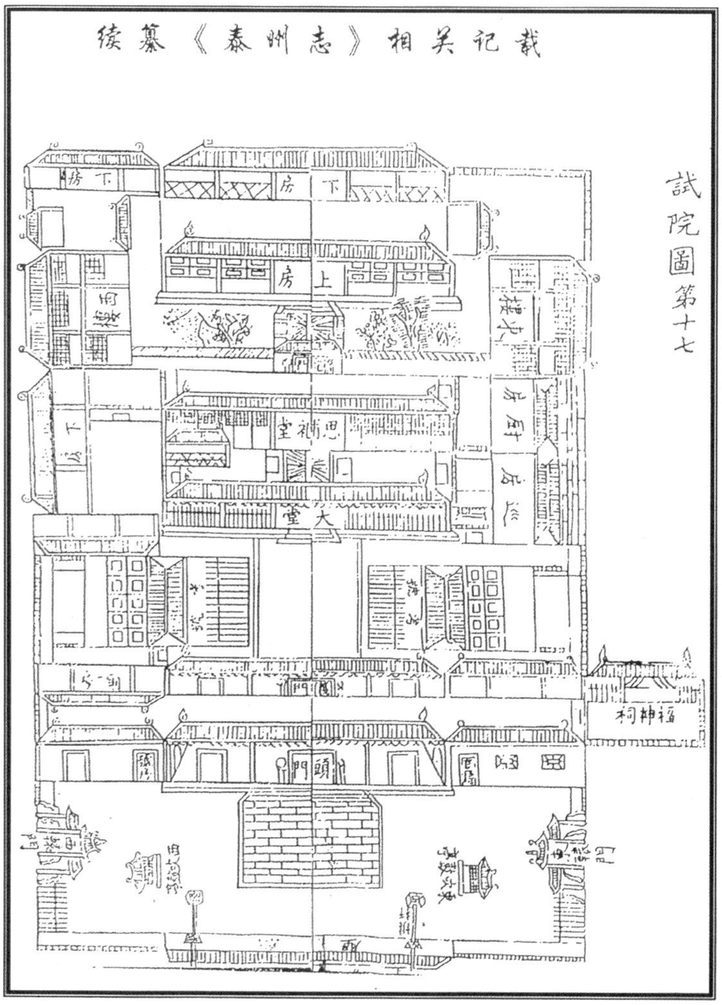

七、学政试院

（一）建筑背景

学政试院又名扬郡试院，位于泰州市城中历史文化街区府前路。学政试院原为南唐永宁宫遗址，明初于遗址上建凤阳军抚使院，专门统领针对倭寇的海防事务，清代改为试院，自清康熙年间至科举制度被废除期间，一直是扬州府所属八县科举考试取庠生的场所，由省学政主持考试，故称“学政试院”。2013年，学政试院被公布为第七批全国重点文物保护单位。

据清道光《泰州志》记载，学政试院曾经规模宏大，大门前有照壁和东西辕门、东西吹鼓亭围合形成广场（图3.3.43）。学政试院自南向北，中轴线上有六进建筑，分别为头门（大门）、仪门、大堂、思补堂（二堂，图3.3.44）、内宅门、上房（正房，原为楼房，毁于火灾，嘉庆年间改建为平房），除内宅门为三开间外，其余全部为五开间，此外还有东西楼、巡房、厨房等。

图3.3.43　试院图（图片引自扬州市德华古建筑研究所：《泰州学政试院修缮、修复方案设计》）

2006年，泰州市人民政府启动学政试院修缮工程，拆除违章建筑，复建了头门前的照壁、东西吹鼓亭、辕门、仪门、福神祠、考棚、大堂等，并整治了周边环境（图3.3.45）。

图3.3.44　思补堂（图片引自学政试院文物档案）

图3.3.45　学政试院鸟瞰图（图片引自学政试院文物档案）

（二）现状概述

修缮后的学政试院基本恢复了清代时期的规模，被命名为“中国科举院试博物馆”，用于举办中国科举院试展览，对公众收费开放。

学政试院的主体建筑中，只有头门和思补堂的保存较好，为清代官式建筑，系为原构。建筑群整体保存状况较好，利用率较高，除主要的展厅外，新建的房屋多被作为博物馆的办公区域及功能性用房使用，也有的作为商铺对外出租，如东侧沿街部分的巡房。

（三）建筑本体（图3.3.46）

学政试院现有院落组成基本完整，主要建筑较文献中记载之规模少了最后一进下房，均为硬山建筑（图3.3.47）。下文以清代遗构头门与思补堂为例简要介绍。

1. 头门（大门）（图3.3.48）

头门五间五檩，面阔19.3米，进深6米。两侧梢间设门房，门设于明间与次间中柱一线。圆作直梁，抬梁，剥腮做法，檐柱与中柱落地，明间与次间的梁柱尺寸明显比山面大。柱脚做覆盆柱础，整栋建筑建于约35厘米高的台基之上。

明间平身科四攒，次间与梢间平身科各两攒，坐落于平板枋之上。平板枋断面宽度大于额枋，组合呈T形。前檐斗拱做五踩重昂里转单翘麻叶头，里拽瓜栱做三福云；后檐做五踩双翘里转单翘麻叶头，出跳的横栱均做成斜栱的形式。明间与次间均施斗拱，双步梁与串枋之间置隔架科，一斗六升，上承替木；双步梁上承荷叶墩，置45度平盘斗，做三踩单翘斗拱，承接单步梁与金檩。脊檩与脊枋之间也做隔架科，一斗三升。

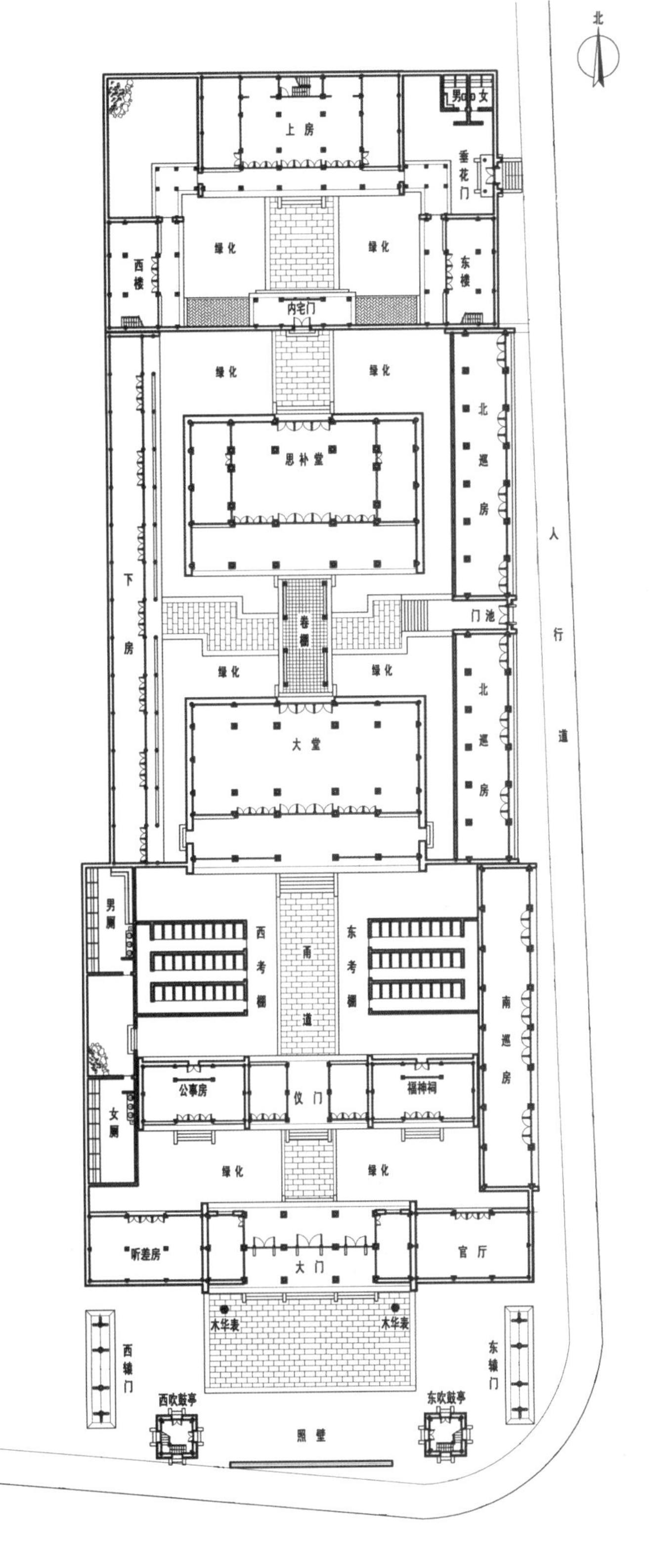

图3.3.46　学政试院总平面图（图片引自扬州市德华古建筑研究所：《泰州学政试院修缮、修复方案设计》）

梁架上保留彩画，双步梁梁身为包袱彩画，随梁枋做箍头彩画。脊檩随檩枋与门上槛之间的走马板表面，也遗留有简单的祥云彩绘痕迹。

头门前后均为木檐，明间与次间三道门的两侧均放置抱鼓门枕石。

（a）照壁

（b）头门

（c）吹鼓亭与辕门

（d）仪门

（e）大堂

（f）思补堂

图3.3.47　学政试院现有主要建筑

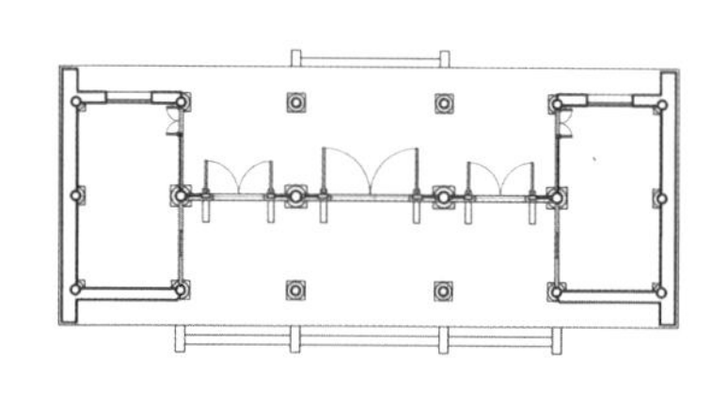

（a）头门平面图

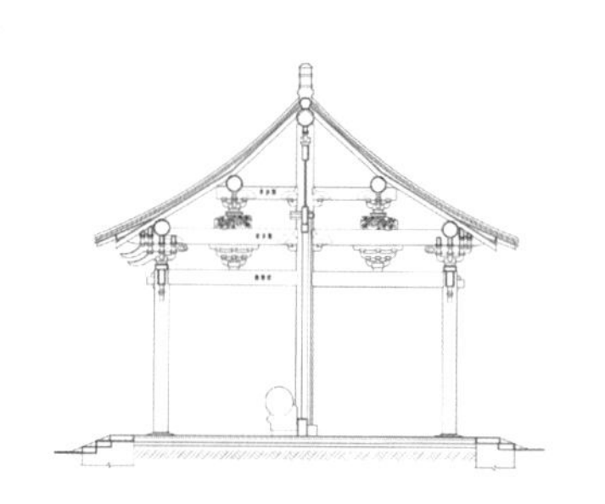

（b）头门明间剖面图

（c）正立面现状

（d）金檩下斗拱

（e）梁架彩画

（f）走马板祥云彩绘痕迹

图3.3.48　学政试院头门［图片（a）、（b）引自扬州市德华古建筑研究所：《泰州学政试院修缮、修复方案设计》］

2. 思补堂（二堂）

思补堂又名四教堂[46]，五间九檩，面阔21.4米，进深13米（图3.3.49）。前檐两步架凹进做檐廊，明间后檐内金柱间做屏门。

思补堂圆作直梁，抬梁。明间五架梁前后双步梁对称，用四柱；次间三架梁前后各单步梁、双步梁对称，用六柱；山面以中柱对称，各两步双步梁，用五柱。由于后檐次间与梢间做檐墙，檐柱均一半包裹在

（a）四教堂匾额

（b）思补堂明间剖面图

（c）思补堂明间梁架

（d）思补堂次间与山面梁架

图3.3.49　学政试院思补堂［图片（b）引自扬州市德华古建筑研究所：《泰州学政试院修缮、修复方案设计》］

墙体之中。脊檩约1尺的间距下有脊枋，明间脊枋下皮留有“大清光绪十七年岁次辛卯三月吉旦知府衔知泰州事张兆鹿重修”墨书题记。

前檐檐檩下施斗拱，明间平身科四攒，次间与梢间平身科各两攒。斗拱均为五踩重昂里转单翘麻叶头，后檐无斗拱。室内只有明间做隔架科，三架梁与串枋间为一斗九升一攒，五架梁与串枋之间为一斗六升三攒，后檐双步梁与串枋之间为一斗六升一攒。

前檐出木檐，后檐明间木檐，用封檐板，次间与梢间做砖檐。

檐廊做轩廊，船篷轩，轩梁之上置荷叶墩，上承坐斗，承轩月梁，梁头做木雕，当地俗称“象儿梁”。

另外，现学政试院的大堂前檐也做轩廊，屋面部分与大堂以勾连搭的方式相连，相接处以天沟组织排水（图3.3.50）。

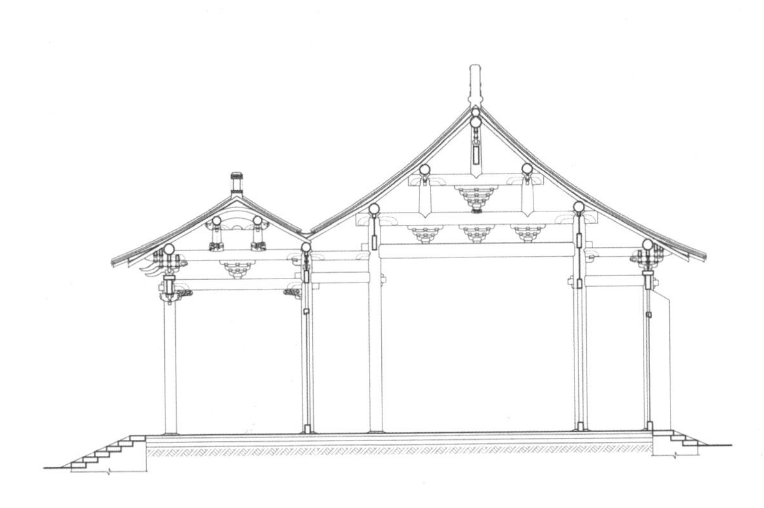

图3.3.50　学政试院大堂明间剖面图（图片引自扬州市德华古建筑研究所：《泰州学政试院修缮、修复方案设计》）

第四节　总结

泰州地区的调研工作主要针对现存的文保建筑，对未列入普查范围的建筑调研较为不足。总体而言，此次调研的过程较为缺乏全局性的把握，调研所覆盖的区域不够全面，对民居建筑调查较多，对官式建筑的关注明显不足。且进行测绘的几组建筑大都为清代到民国时期，对明代建筑的测绘资料掌握欠缺。对当地材料、工艺、结构做法等的了解有待进一步加深。

未来有必要在此次调研的基础上深入研究，拓宽调研的覆盖面，对“泰式建筑”的传统做法、工艺加强了解和研究。

此外，综合本次调研成果发现，针对第二节所提到的泰州地区传统建筑风格与其东部地区（盐城南部与南通市）相一致的问题，特别挑选出部分有代表性的案例罗列如下（图3.4.1）。未来有必要设置专门课题，关注泰州市与周边地区建筑流派的区别与联系，经过深入探讨，以形成系统性的研究成果。

（a）泰州市王氏住宅　（b）盐城安丰镇周法高故居　（c）南通市白蒲镇葆春堂

（d）泰州市四巷陈宅　（e）盐城市安丰镇某宅　（f）如皋市东大街某宅

（g）泰州市徐家桥西巷王宅　（h）盐城市安丰镇某宅　（i）南通市白蒲镇顾氏住宅

（j）泰州市多儿巷胡宅正立面　（k）盐城市安丰镇某宅正立面　（l）南通市冯旗杆巷某宅正立面

（m）泰州市建筑勒脚

（n）盐城市建筑勒脚

（o）南通市建筑勒脚

（p）泰州市建筑响厅

（q）盐城市建筑响厅

图3.4.1　泰州、盐城、南通三地相似传统建筑做法对比图

注释

1. 数据引自泰州市政府网站，http: www.taizhou.gov.cn。
2. 〔清〕顾祖禹撰，贺次君、施和金点校：《读史方舆纪要》，中华书局2005年版，第1144页。
3. 〔清〕王有庆等纂：《中国地方志集成·江苏府县志辑50·道光泰州志》卷一《建置沿革》，江苏古籍出版社1991年版，第7页。
4. 〔宋〕乐史撰，王文楚等点校：《中国古代地理总志丛刊·太平寰宇记》，中华书局2007年版，第2565页。
5. 单树模主编：“泰州市”，《中华人民共和国地名词典·江苏省》，商务印书馆1987年版，第297页。
6. 数据引自泰州市政府网站。
7. 尤岩：“靖江市”，《江苏地名溯源》，方志出版社2004年版，电子版见http: www.jssdfz.com。
8. 数据引自靖江市政府网站，http: www.jingjiang.gov.cn。
9. 〔宋〕乐史撰，王文楚等点校：《中国古代地理总志丛刊·太平寰宇记》，中华书局2007年版，第2566页。
10. 〔清〕顾祖禹撰，贺次君、施和金点校：《读史方舆纪要》，中华书局2005年版，第1131～1132页。延令村，今济川街道，原为泰兴镇。
11. 数据引自泰兴市政府网站，http: www.taixing.gov.cn。
12. 〔清〕顾祖禹撰，贺次君、施和金点校：《读史方舆纪要》，中华书局2005年版，第1142页。
13. 数据引自兴化市政府网站，http: www.xinghua.gov.cn。
14. 〔宋〕乐史撰，王文楚等点校：《中国古代地理总志丛刊·太平寰宇记》，中华书局2007年版，第2565页。
15. 数据引自海陵区政府网站，http: www.tzhl.gov.cn。

16. 吉祥："高港区"，《江苏地名溯源》，方志出版社2004年版，电子版见http: www.jssdfz.com。
17. 数据引自高港区政府网站，http: www.gaogang.gov.cn。
18. 吉祥："姜堰市"，《江苏地名溯源》，方志出版社2004年版，电子版见http: www.jssdfz.com。
19. 数据引自姜堰区政府网站，http:www.jiangyan.gov.cn。
20. 南荡遗址距今四千多年，是新石器时代古人类活动的遗址，也是里下河地区一处罕见的湖荡遗址。遗址的发现对研究苏北里下河地区的成陆史和海岸线的变迁、古代地理环境的变化，特别是对里下河地区史前文化研究有着重要意义。
21. 单塘河遗址距今约四千年，原始地貌四周环水，其文化面貌与江南环太湖地区的良渚文化有着密切关系。2002年，单塘河遗址被公布为江苏省文物保护单位。
22. 〔清〕顾祖禹撰，贺次君、施和金点校：《读史方舆纪要》，中华书局2005年版，第1144页。
23. 单树模主编："泰州市"，《中华人民共和国地名词典·江苏省》，商务印书馆1987年版，第297页。
24. 本段内容参考：① 黄炳煜：《海陵唐城考略》，江苏省泰州市海陵区政协文史资料委员会编印《海陵文史·第九辑》，1996年内部资料，第79～93页；② 王为刚：《唐以来泰州城池考》，泰州市政府网站。
25. 〔清〕王有庆等纂：《中国地方志集成·江苏府县志辑50·道光泰州志》卷六《城池（街市坊巷附）》，江苏古籍出版社1991年版，第41页。
26. 南京博物院、泰州市博物馆：《江苏泰州城南水关遗址发掘简报》，《东南文化》2014年第1期，第51页。
27. 本段内容参考：① 张树俊：《泰州盐税及其文化遗存》，《江苏地方志》2015年第6期，第4～7页；② 李晏墅、郭宁生主编："泰州的盐税文化"，《泰州文化》，凤凰出版社2014年版，第57～59页。
28. 转引自黄曙明：《从溱潼村到溱潼镇》，《泰州市古镇丛书·溱潼》，江苏人民出版社2014年版，第229～231页。
29. 泰州市古镇丛书《黄桥》编委会：《黄桥镇简史》，《泰州市古镇丛书·黄桥》，江苏人民出版社2013年版，第3页。
30. 沈小华：《泰式民居建筑伦理思想的溯源》，《工业建筑》2017年第5期。
31. 韩欣主编：《泰州泰式民居》，《中国名居（下册）》，东方出版社2006年版，第316页。
32. 以上地名均引自〔清〕王有庆等纂：《中国地方志集成·江苏府县志辑50·道光泰州志》卷六《城池（街市坊巷附）》，江苏古籍出版社1991年版，第43页。
33. 黄炳煜：《泰州明清古民居》，《江苏地方志》2001年第6期，第45页。
34. 吴茜华：《泰州古稻河历史街区传统建筑研究》，中国建筑学会建筑史学分会、华南理工大学建筑学院编印：《第五届中国建筑史学国际研讨会会议论文集（下）》，2010年内部资料，第705页。
35. 王建平主编：《土地概况》，《泰州市土地志》，江苏古籍出版社2001年版，第41页。
36. 黄炳煜：《泰州明清古民居》，《江苏地方志》2001年第6期，第45页。
37. 黄炳煜：《泰州古民居考察》，《炎黄文化》2015年第4期，第15页。
38. 徐同华：《五条巷》，泰州市政协学习文史委编：《泰州的老街老巷老镇》，方志出版社2009年版，第44页。
39. 当代泰州学者周志陶有一首《巧对话街坊》词："吴陵忆，巧对话街坊。湾子街联多儿巷，打牛汪偶斗鸡场，牛市配渔行。"其中全是泰州地区较具地方特色的古地名。在泰州地区的婚俗里，花轿迎娶的途中，特意要让新人绕道经过百子桥、多儿巷，这就使得多儿巷在泰州地区家喻户晓。
40. 黄炳煜：《多儿巷》，泰州记忆网站，http:rwtz.t56.net，2015年1月12日访问。

41. 据统计，元末兴化县只有八千九百多人，之后有大量移民从苏州等地迁移至此。直至明清兴化出现八大家族，即高、宗、徐、杨、李、吴、解、魏，以诗书传家，入仕者较多。

42. 兴化市文化广电出版局编印：《解家祠堂》，《物华昭阳》，2011年内部资料，第83页。

43. 兴化歇后语“吴家的石狮子往下爬”，据说吴家祠堂门口有石狮一对，“地理家”（即民间俗称的“风水先生”）跟吴家说石狮子太高了，要往下摆摆，主人相信后就把石狮子往下放了，从此吴家便衰落下去。

44. 王艮（1483～1541），原名银，其师王守仁为其改名为艮，字汝止，自号心斋。先祖王伯寿，明初自苏州迁居泰州安丰场，占灶籍，煮盐为业。王艮的哲学思想大概可以概括为“万物一体”“百姓日用即道”“修身立本”“军民同乐”。

45. 李晏墅、郭宁生主编：“泰州的建筑和园林”，《泰州文化》，凤凰出版社2014年版，第264～265页。

46. “思补”“四教”均出自《论语》，“思补”取“退思补过”之意，“四教”指“文、行、忠、信”四方面的教育。

第四章　扬州市

第一节　概况

一、基本情况

（一）地理位置和气候特点

扬州市地处江苏省中部，位于长江北岸、江淮平原南端，东部与盐城市、泰州市毗邻；南部濒临长江，与镇江市隔江相望；西南部与南京市相连；西部与安徽省滁州市交界；西北部与淮安市接壤（图4.1.1）。扬州是南京都市圈紧密圈内的城市和长三角城市群城市，也是国家重点工程南水北调东线水源地。扬州市地处北纬32° 15′～33° 25′、东经119° 01′～119° 54′。

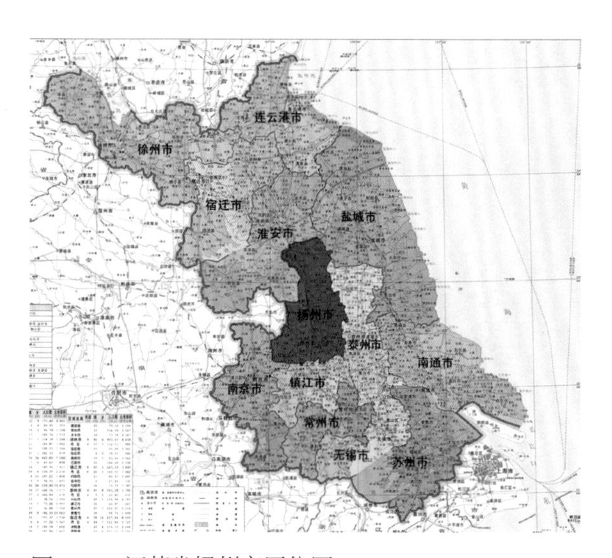

图4.1.1　江苏省扬州市区位图

扬州市境内有长江岸线80.5千米。世界文化遗产大运河（扬州段）是整个运河中最古老的一段，与春秋时期的古邗沟路线大部分吻合，与隋炀帝开凿的运河则完全契合。扬州作为大运河联合申遗的牵头城市，共有瘦西湖、个园等10个遗产点，里运河、古邗沟等6段河道被列入首批申遗点段，成为全线列入遗产最多的遗产区。除长江和京杭大运河外，扬州市的主要河流还有东西向的宝射河、大潼河、北澄子河、通扬运河、新通扬运河。

扬州市境内地形西高东低，以仪征市境内丘陵山区为最高，从西向东呈扇形逐渐倾斜，高邮市、宝应县与泰州兴化市交界一带最低，为浅水湖荡地区。扬州市境内最高峰为仪征市大铜山，海拔149.5米；最低点位于高邮市、宝应县与泰州兴化市交界一带，平均海拔2米。扬州市区北部和仪征市北部为丘陵，京杭大运河以东、通扬运河以北为里下河地区，沿江和沿湖一带为平原。扬州市陆地面积4591.21平方千米，占73.7%；水域面积1735平方千米，占26.3%。

扬州市属于亚热带季风性湿润气候向温带季风气候的过渡区。气候主要特点是四季分明，日照充足，雨量丰沛，盛行风向随季节有明显变化。冬季盛行干冷的偏北风，以东北风和西北风居多；夏季多为从海洋吹来的湿热的东南风和东风，以东南风居多；春季多东南风；秋季多东北风。扬州市冬季偏长，四个多月；夏季次之，约三个月；春秋季较短，各为两个多月。1971～2000年，扬州市年平均气温为14.8～15.3℃，年降水量为961～1048毫米，年日照时数为1896～2182小时。年平均降水量的变化趋势虽然不明显，但在季节上，冬、春季降水增多，秋季降水减少。日照时数的年际变化呈现逐年振荡减少的趋势，自1987年以来，扬州市的年日照时数连续18年均为接近或少于常年值。

扬州市洪涝灾害发生频率较高。据历史资料统计，从北宋开始，直到黄河长期夺淮之前的193年（1001 ~ 1193）中，平均每9年发生一次洪涝；而在黄河长期夺淮之后到1949年的756年中，平均每2.5年发生一次洪涝。黄河夺淮严重破坏了扬州市的水系，使河湖淤浅，洪涝灾害的发生频率大大增加。1949年后，政府兴修水利，提高了抗御洪涝灾害的能力，洪涝灾害的发生频率有所降低，为十年三遇。[1]

扬州市地处下扬子地块，境内发育有多条隐伏断裂，主要有洪泽—墩沟断裂、甘泉—小纪断裂、双桥断裂、凤凰河断裂、蒋王—宜陵断裂、杨汊叉—桑树头断裂。据史料记载，1624年2月10日扬州市曾发生一次6级地震。扬州市目前抗震设防烈度为7度。

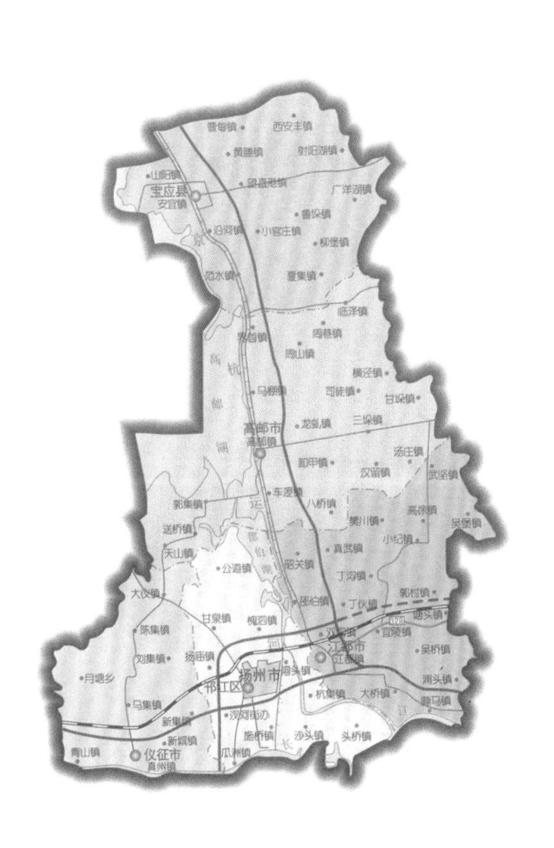

图4.1.2　扬州市政区图

（二）市县建置、规模

扬州城区位于长江与京杭大运河交汇处。全市东西最大距离85千米，南北最大距离125千米，总面积约为6591.21平方千米，其中市辖区面积2305.68平方千米（其中建成区面积132平方千米）、县（市）面积4285.53平方千米（其中建成区面积95.2平方千米）。扬州市下辖邗江区、广陵区、江都区3个市辖区和宝应县1个县，代管仪征市、高邮市2个县级市（图4.1.2）。截至2016年末，全市户籍总人口461.67万人，常住人口449.14万人。

邗江区：周敬王三十四年（前486），吴王夫差筑邗城，开邗沟。周慎靓王二年（前319），“楚怀王槐城广陵”，在邗城旧址设置“广陵邑”。隋开皇十八年（598），改广陵县为邗江县，此为邗江县名之始。2000年12月，经国务院批复，撤销邗江县，以原邗江县的行政区域设立扬州市邗江区。2011年11月，邗江区与维扬区合并，组建新的扬州市邗江区。截至2016年末，全区总面积553平方千米，辖区总人口60.06万人。[2]

广陵区：公元前319年，楚怀王在邗城旧址重筑新城，因其地“广被丘陵”，遂名广陵。秦统一中国后，设广陵县，广陵由此建置设县。1983年3月，江苏省改革地市体制，调整行政区划，扬州地区行政公署撤销，扬州市改由省管辖，设广陵区。截至2016年末，全区总面积341.96平方千米，辖区总人口43.13万人。

江都区：古称龙川，于汉景帝四年（前153）建县，因“江淮之水都汇于此”，“乃江淮一大都会”而得名。1994年4月，江都县撤县设市。2011年11月，撤销县级江都市，设立扬州市江都区。截至2016年末，全区总面积1332平方千米，辖区总人口105.94万人。

宝应县：境域置县已有两千两百余年。秦始皇二十六年（前221）建立东阳县。隋开皇初始定名为安宜县，境域相对稳定起来。唐初，安宜县治所北迁于白田，即今县治宝应城所在地老城区。唐上元三年（762），县境获“定国之宝”，肃宗诏书，改上元三年为宝应元年，将安宜县易名为宝应县，一直沿称至今。1983年3月，江苏省改革地市体制，调整行政区划，扬州地区行政公署撤销，宝应县划归扬州市管辖。截至2016年末，全县总面积1468平方千米，辖区总人口91.25万人。

仪征市：汉武帝元封五年（前106）始置县，为舆县。唐永淳元年（682）复置县，为扬子县。宋乾德二年（964）升迎銮镇为建安军。大中祥符六年（1013）改建安军（今仪征市区）为真州，政和七年（1117）赐名仪真郡，仪真之名始于此。明洪武二年（1369），撤销真州，设仪真县。清雍正元年（1723）避帝名讳，改为仪征县，仪征之名延续至今。1986年7月，经国务院批准，撤销仪征县，设立仪征市。截至2016年末，全市总面积857平方千米，辖区总人口56.47万人。

高邮市：境内发现了代表江淮地区东部史前文化的龙虬庄遗址，表明七千多年前境内便有人类的璀璨文明。公元前223年，秦王嬴政时筑高台、置邮亭，故名“高邮”，迄今已有两千两百多年的历史，也是全国唯一以“邮”命名的城市。1991年2月经国务院批准撤县设市（县级），同年4月1日正式建高邮市。截至2016年末，全市总面积1963平方千米，辖区总人口81.48万人。

二、历史沿革（图4.1.3）

（一）人文之始

龙虬庄遗址距今5000～7000年，是扬州地区目前发现最早的人类活动遗迹。龙虬文化被誉为“江淮文明之花”，它是江淮地区东部同时期文化的典型。扬州市境内的新石器时代遗址有高邮龙虬庄遗址、唐王墩遗址和周邶墩遗址等；夏、商、西周时期遗址有高邮商周古文化遗址。

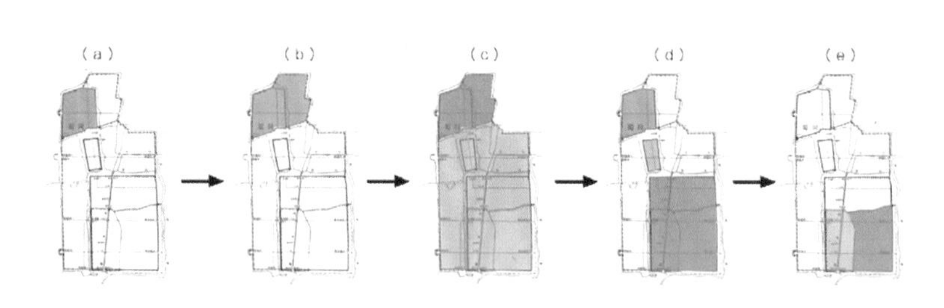

（a）春秋邗城城址；（b）汉广陵城城址；（c）唐代扬州城池；（d）宋代扬州城池；（e）明清扬州城池

图4.1.3　扬州历代城址、城池变迁图（图片引自过伟敏、王筱倩：《扬州老城区民居建筑》，东南大学出版社2015年版）

（二）建置之初

第一次筑城：扬州春秋时称“邗”。公元前486年，吴灭邗，吴王夫差在此筑邗城，开邗沟，连接长江、淮河。邗城是扬州最早的城池，而邗沟则成为中国历史上最早的运河，是京杭大运河的起源。

第二次筑城：战国时期，扬州地界归属楚国。公元前319年，楚怀王在邗城旧址上重筑新城，名“广陵”。

汉诸侯国都：汉初为荆国、吴国。汉景帝四年（前153）更名江都国。武帝元狩四年（前119）改广陵国，东汉建武中改为广陵郡。

（三）格局演变

隋唐子城、罗城：隋开皇九年（589）废郡改州为扬州，置总管府，是为称扬州之始；大业初废州改郡曰江都。[3]唐武德九年（626），复曰扬州，置大都督府，由此广陵专有扬州名。隋炀帝在汉广陵城的基础上营建了江都宫城，唐代沿用宫城旧址建成子城，为唐代府衙所在。[4]蜀岗下新发展起来的工商业

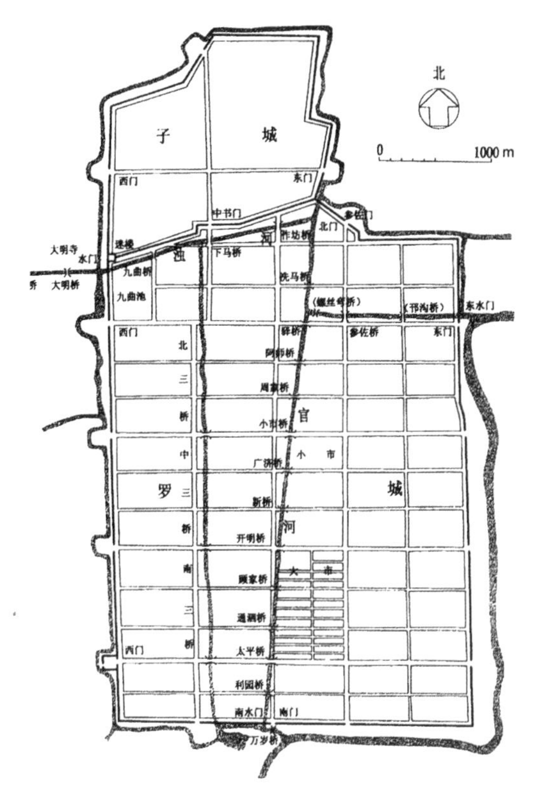

图4.1.4　唐代扬州城市布局图（图片引自刘捷：《由唐至明运河与扬州城的变迁》，《华中建筑》2001年第5期）

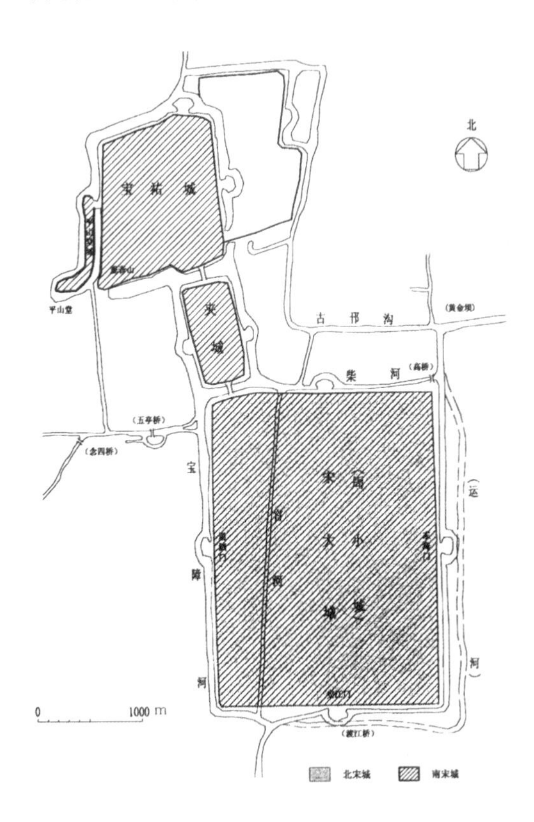

图4.1.5　宋代扬州城市布局图（图片引自刘捷：《由唐至明运河与扬州城的变迁》，《华中建筑》2001年第5期）

区，则称为“罗城”，亦名“大城”（图4.1.4）。[5]如果说唐代扬州的子城是延续前代而建，那么罗城的生长应是与运河的贯通密不可分的。罗城内有两条南北向的水道，均为运河的一部分。[6]运河的开通使扬州成为全国最重要的水陆交通枢纽之一。唐代时扬州是中国东南第一大都会，时有“扬一益二”之称（益州即今成都市）。

宋三城：南宋建炎元年（1127），宋高宗南迁扬州，“命吕颐浩修缮城池，二年十月，命扬州浚隍修城，旧称宋大城，周长二千二百八十丈”。宋大城是在五代的周小城、北宋的州城基础上修筑而成。南宋乾道、淳熙年间（1165～1175），在唐子城内西半部的废墟上修筑“堡寨城”（又名“堡城”）[7]，南宋宝祐年间重修后称“宝祐城”。后又在宋大城与堡寨城之间筑“夹城”以通来往。出于军事防御的目的，在南宋末年，扬州呈一地三城、三城一体的特殊格局（图4.1.5）。

明新、旧双城：元世祖至元十三年（1276），蒙古军队攻陷扬州，三城只余宋大城保存，其余均被毁、荒废。元惠宗至正十七年（1357），朱元璋攻取扬州后，令元降将张德林守扬州，“德林以旧城虚旷难守，乃截城西南隅，筑而守之”[8]，此为后来的扬州“旧城”。因水利与漕运之故，城址设在原宋大城西南角，较宋大城略向南移。选此处筑城，还因为此处有南北向的市河相通，在河道附近筑城，不仅利于市民用水，也便于船舶运输货物。明嘉靖三十四年（1555），扬州知府吴桂芳在城东的商业区筑城，以抵御倭寇，即“新城”，有大运河绕其东南。此时的扬州城已经完全移至蜀岗下，形成整体一城、内部双城的结构。自明永乐年间重开会通河，京杭大运河航运畅通之后，扬州又发展为我国东南地区的一大商业城市（图4.1.6）。

（四）由盛至衰

清初沿用明朝所建新、旧两城，修缮而未有增改。清咸丰三年（1853）四月，太平军攻占扬州，改扬州府为扬州郡，改甘泉县为甘泉天县，历时8个多月。清末，盐业政策变化和盐业中心北移，使得兴盛一时的扬州盐业走向衰落；加之漕运舍运河而取海运，以及上津浦铁路的建成，扬州已不再是南北交通的要津，自此工商凋敝，日趋衰落。

1912年1月，废扬州府，并甘泉入江都县，原扬州府所属各县直隶江苏省，于新城之南增设了福运门。1916

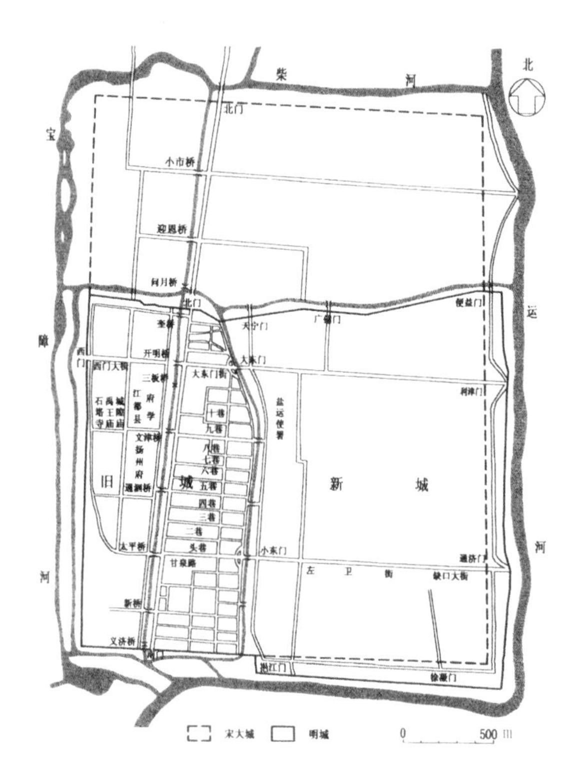

图4.1.6　明代扬州城市布局图（图片引自刘捷：《由唐至明运河与扬州城的变迁》，《华中建筑》2001年第5期）

年，拆除了小秦淮河西侧新城、旧城之间的城墙和大东门。1937年，兴筑新马路即今淮海路，并在城墙南北各开一座城门，南面的称凯旋门（俗称新南门），北面的称和平门（俗称新北门）。民国初期扬州城市规模和布局并无太大变化，城市东部的小街小巷增多，西部城根一带逐渐荒凉。

1914～1927年，扬州地区属淮扬道。1949年1月25日，江都县城（扬州）解放，27日设立扬州市，隶属苏皖边区第二行政区。1950年，扬州市改由苏北行署区直辖。1952年属江苏省扬州专区，为扬州专署驻地。1954年为省辖市。1958年复属扬州专区。1970年为扬州地区行政公署驻地。1983年3月再升省辖市，辖原扬州地区所属县（市）。[9]

三、保护概况

（一）历史文化名城、名镇

1. 历史文化名城

（1）扬州市

1982年2月8日，扬州市成为国务院公布的首批24个国家历史文化名城之一。1985年，江苏省人民政府批复的第一轮城市总体规划（1982～2000）中，扬州市首次编制了历史文化名城保护专项规划，确立了古城保护的基本原则和总体格局。1999年批复的第二轮城市总体规划（1996～2010）和2005年报批的第三轮城市总体规划（2002～2020）中，扬州市两度修订了历史文化名城保护专项规划。2016年2月，《扬州历史文化名城保护规划（2015～2030）》（下文简称《规划》）获江苏省人民政府正式批准。《规划》系统研究了扬州市的历史文化价值，提出了名城保护原则、规划目标和框架，明确了城市整体格局和风貌保护要求，确定了历史城区、4个历史文化街区的保护范围和保护措施。

《规划》重点对市域各个片区的历史文化资源、大运河遗产，以及与历史文化遗产相关的自然环境提出总体保护的要求；确定历史文化资源保护策略，并对名镇、古村落提出总体的保护要求。同时，对市区范围内（广陵区、邗江区、江都区）的文化资源提出保护要求。

针对历史城市范围，即扬州城遗址（隋—宋）分布范围，重点保护历史城市历代叠加的城市形态与格局，对历史城市的总体结构、用地调整、交通组织、建筑高度等提出具体的规划要求，妥善处理历史保护与城市建设的关系（图4.1.7）。

《规划》确定历史城区为明清扬州城（亦称“老城区”），重点保护老城格局和风貌，体现扬州传统生活方式的延续，对用地、建筑高度、街巷、交通组织等提出了具体规划要求。《规划》明确了扬州历史城区保护范围为：东、南至古运河，西至二道河，北至北护城河，面积约5.09平方千米；确定了东关街、仁丰里、湾子街和南河下4个历史文化街区，其中东关街历史文化街区保护范围为：东至泰州路，西至国庆路，南至东圈门—三祝庵—地官第一线，北至个园及下总门一线，面积为0.325平方千米；仁丰里历史文化街区保护范围为：东至小秦淮河，西至迎春巷、史巷，北至旧城七巷，南至甘泉路，面积为0.1207平方千米；湾子街历史文化街区保护范围为：东至皮市街，南至风箱巷—梅花书院东—广陵路一线，西至国庆

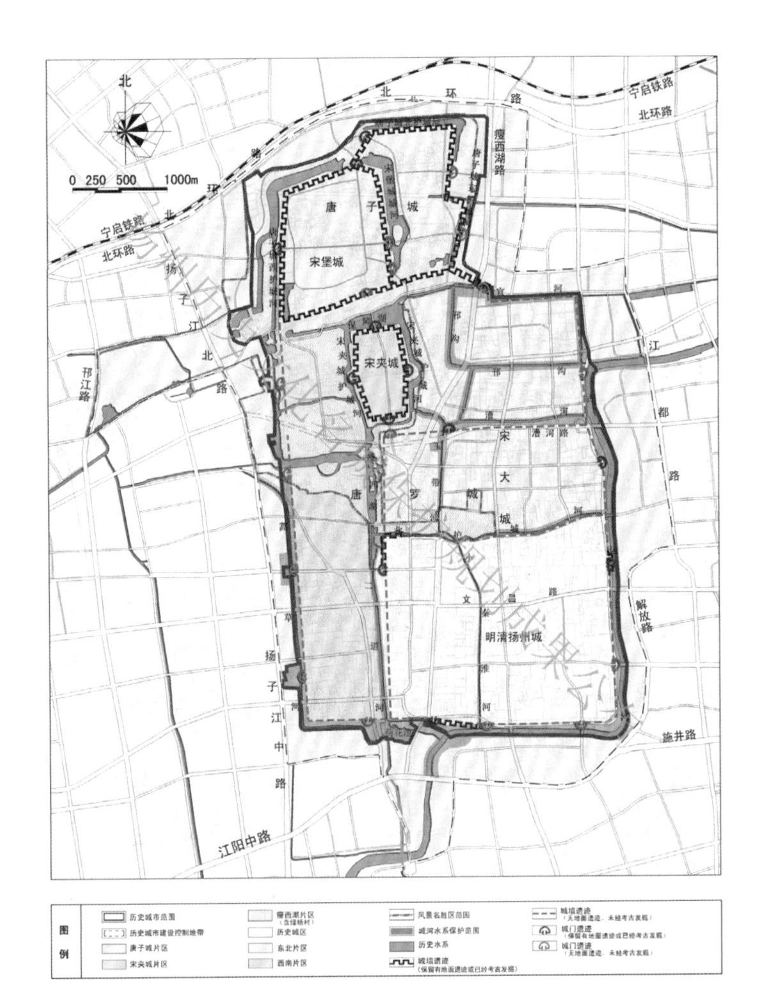

图4.1.7　历史城市格局保护区划图（图片引自扬州市规划局网站，http://ghj.yangzhou.gov.cn）

路，北至古旗亭街—莲桥东巷一线，面积为0.325平方千米；南河下历史文化街区保护范围为：北至广陵路，南至南河下—新大树巷一线，东至居士巷—徐凝门路一线，西至渡江路，面积为0.2235平方千米。[10]

2014年6月22日，中国大运河成功列入《世界遗产名录》，大运河申遗成功后，扬州市共有10个遗产点、6段河道列入《世界遗产名录》。其中，10个遗产点分别为瘦西湖、个园、汪鲁门住宅、卢绍绪盐商住宅、盐宗庙、天宁寺行宫（含重宁寺）、刘堡减水闸、盂城驿、邵伯古堤、邵伯码头；6段河道分别为古邗沟故道、扬州古运河、高邮明清大运河故道、邵伯明清大运河故道、里运河、瓜洲运河。

（2）高邮市

1995年，江苏省人民政府批准高邮市为江苏省首批省级历史文化名城。2013年，高邮市出台申报国家历史文化名城工作意见，编制《高邮市历史文化名城保护规划》，并于2014年5月获省政府批准。高邮市历史城区保护范围为：东至人民路、大淖河与盂城路东侧，南至城南大街与大猪集巷沿线，西至明清古运河西堤与现高邮湖岸线，北至高邮北门大街与运河河堤，面积约4.08平方千米，并划定城南、城北、城中3个历史文化街区。[11]

随着大运河申遗成功，高邮市成为“世界遗产城市”。高邮市现有世界文化遗产大运河（扬州段）遗产点盂城驿，以及高邮明清大运河故道、里运河两段遗产河道（另有大运河遗产点5处待批，菱塘清真寺被列入待申报的海上丝绸之路世界文化遗产点）。

2016年11月，经国务院正式批复，高邮市成为全国第130座、江苏省第13座国家级历史文化名城。2017年6月，《高邮市历史文化名城保护规划》修编工作正式启动。

2. 历史文化名镇

（1）邵伯镇

2006年，扬州江都市（现为扬州市江都区）邵伯镇被公布为第四批江苏省历史文化名镇。

2008年，扬州江都市（现为扬州市江都区）邵伯镇被公布为第四批中国历史文化名镇。

历史镇区保护范围为：北至甘棠路，南至老盐邵运河，西临京杭大运河、高水河，东至后街路、跃进路，规划总用地面积为0.318平方千米。重点保护邵伯古镇河街并行、依水成市和鱼骨状街巷的古镇空间格局。[12]

目前，邵伯镇有世界文化遗产大运河（扬州段）遗产点：邵伯古堤、邵伯码头；遗产河道：邵伯明清大运河故道、里运河。

（2）大桥镇

2013年，扬州市江都区大桥镇被公布为第七批江苏省历史文化名镇。

2014年，扬州市江都区大桥镇被公布为第六批中国历史文化名镇。

历史镇区保护范围为：东至玉带河沿线，西至通江内街，南至团结街、联盟街，北至菜市街，规划总用地面积为0.1252平方千米。

（3）临泽镇

2017年，高邮市临泽镇被公布为第八批江苏省历史文化名镇。

（4）界首镇

2017年，高邮市界首镇被公布为第八批江苏省历史文化名镇。

（二）文物保护单位

截至2013年11月，扬州市（包括高邮市、仪征市、宝应县）共有文物保护单位462处，其中全国重点文物保护单位20处（不包含大运河），省级文物保护单位46处，市级文物保护单位171处，县级文物保护单位225处。扬州市区现有文物保护单位265处，其中全国重点文物保护单位16处，省级文物保护单位29处。扬州市登记文物保护单位数量众多，是苏北城市中拥有文物保护单位数量较多、等级较高的地区。扬州市区公布的文物保护单位数量高于下辖市、县，其中尤以明清老城区所在的广陵区数量最多。

（三）历史建筑[13]

扬州老城区清代、民国时期建筑数量众多，已有近两百处被列为文物保护单位。暂未被认定为文物保护单位的传统建筑仍有很多，它们同样具有一定的历史价值，需要对其采取具体的保护措施。2011年，扬州市政府颁布了《扬州市市区历史建筑保护办法》。同年，扬州市政府公布了扬州市区首批历史建筑保护名单，首批推荐历史建筑共37处，分五种类型，包括居住建筑18处、商业建筑7处、宗教建筑7处、文教建筑4处及产业建筑1处。其中居住建筑又分三种：典型民居11处、名人故居4处、洋楼3处。2015年，扬州市政府公布了扬州市区第二批历史建筑保护名单，共19处，包括居住建筑7处、商业建筑5处、宗教建筑1处、会馆建筑1处、文教卫生建筑3处、产业建筑1处及其他类型1处。扬州市公布的历史建筑保护名单，主要参照“扬州市全国第三次文物普查数据库”收集的数据，经过档案比对、筛选、现场调研、专家座谈、征求文物部门意见，最终确定并报扬州市规划委员会审查通过。

四、调研概况

扬州的历史和人文积淀深厚，关于其城市史和传统建筑方面的理论研究甚多，在苏北地区较为突出。鉴于此，本次调研的侧重点在于：①在普遍了解的基础上进行查漏补缺，以之前不曾出现过的案例为重点，避免重复研究；②侧重对现实情况的客观描述和记录，而非理论研究。

调研共进行了三次：第一次为2014年9月，第二次为2015年8月，第三次为2016年1月。调研范围主要集中在传统建筑遗存数量较多、分布较为密集的广陵区内的明清老城区，同时也对瘦西湖景区保护范围内的不可移动文物、唐子城保护范围内的大明寺进行了调研。明清老城区内的传统建筑调研涉及历史文化街区4处：东关街历史文化街区、仁丰里历史文化街区、湾子街历史文化街区以及南河下历史文化街区。

本次扬州市传统建筑调研的主要调查点共计62处（表4.1.1）。

表4.1.1 扬州市传统建筑调查点

序号	所在区	名称	年代	不可移动文物分级	调查深度
1	广陵区	刘氏盐商住宅	民国	第四批市级文物保护单位	基础调查
2		通运南街16号民居	清	第五批市级文物保护单位	基础调查
3		湾子街69、71、73号民居	清	第五批市级文物保护单位	基础调查
4		湾子街210号民居	清末民初	第四批市级文物保护单位	基础调查
5		绞肉巷4号吴氏住宅	清	扬州市历史建筑	基础调查
6		旌忠寺	清	第一批市级文物保护单位	基础调查
7		凌氏住宅	民国	第四批市级文物保护单位	基础调查
8		阮家祠堂	清	第五批省级文物保护单位	基础调查
9		史巷2号民居	清末民初	—	基础调查
10		史巷9号民居	清末民初	第四批市级文物保护单位	详细调查
11		邹氏住宅	清末民初	第四批市级文物保护单位	基础调查
12		达士巷民居群	清末民初	第四批市级文物保护单位	基础调查
13		大陆旅社	民国	第四批市级文物保护单位	基础调查
14		甘泉路17号李氏住宅	清	第五批市级文物保护单位	基础调查
15		埂子街172号梁氏住宅	清	第五批市级文物保护单位	基础调查
16		景氏住宅	清末	第四批市级文物保护单位	基础调查
17		绿杨旅社	清末民初	第五批省级文物保护单位	详细调查
18		王氏住宅	清	第一批市级文物保护单位	基础调查
19		愿生寺	民国	第一批市级文物保护单位	基础调查
20		朱氏园	清	第一批市级文物保护单位	基础调查
21		甘泉县衙署门厅	清	第三批市级文物保护单位	详细调查
22		刘氏庭园	清	第一批市级文物保护单位	基础调查
23		木香巷37号民居	清	第五批市级文物保护单位	基础调查
24		方氏住宅	清	第一批市级文物保护单位	基础调查
25		匏庐	民国	第六批省级文物保护单位	详细调查
26		汪氏盐商住宅	清	第七批全国重点文物保护单位	基础调查
27		永宁宫古戏台	清	第三批市级文物保护单位	详细调查
28		周扶九盐商住宅	清	第六批省级文物保护单位	详细调查
29		邱氏园	民国	第一批市级文物保护单位	基础调查
30		刘庄	清	第一批市级文物保护单位	基础调查
31		梅花书院	清	第七批省级文物保护单位	基础调查
32		张联桂住宅	清	第二批市级文物保护单位	基础调查

续表

序号	所在区	名称	年代	不可移动文物分级	调查深度
33	广陵区	卢氏盐商住宅	清	第七批全国重点文物保护单位	详细调查
34		盐宗庙	清	第一批市级文物保护单位	基础调查
35		湖南会馆	清	第一批市级文物保护单位	基础调查
36		罗聘故居	清	第七批省级文物保护单位	详细调查
37		杨氏住宅	清	第一批市级文物保护单位	基础调查
38		旌德会馆	清	第四批市级文物保护单位	基础调查
39		冯氏住宅	清	第四批市级文物保护单位	详细调查
40		九巷10号朗氏家庵	民国	扬州市历史建筑	基础调查
41		弥陀巷吴氏住宅	清	第五批市级文物保护单位	基础调查
42		赵氏住宅	民国	第一批市级文物保护单位	基础调查
43		西方寺大殿	明	第三批省级文物保护单位	基础调查
44		徐氏住宅	清末民初	第一批市级文物保护单位	基础调查
45		新仓巷62号民居	清	第一批市级文物保护单位	基础调查
46		南河下黄氏盐商住宅	清	第五批市级文物保护单位	基础调查
47		南河下72号砖刻门楼	清	第一批市级文物保护单位	基础调查
48		旗杆巷5号慈云德星庵	清	扬州市历史建筑	基础调查
49		粉妆巷杉木大厅	清	扬州市文物控制单位	基础调查
50		蒋记盐号	民国	扬州市历史建筑	基础调查
51		董子祠	明	第一批市级文物保护单位	基础调查
52		贾氏宅（同福祥盐号）	清	第三批市级文物保护单位	基础调查
53		廖可亭盐商住宅	清	第六批省级文物保护单位	详细调查
54		四岸公所	清	第一批市级文物保护单位	基础调查
55		小盘谷	清	第六批全国重点文物保护单位	基础调查
56		汶河路24号民居	明	第一批市级文物保护单位	基础调查
57		朱自清旧居	1930～1946	第六批全国重点文物保护单位	基础调查
58	邗江区	大明寺	清	第六批全国重点文物保护单位	基础调查
59		小金山	清	第三批市级文物保护单位	基础调查
60		莲花桥	清	第六批全国重点文物保护单位	基础调查
61		凫庄	民国	第一批市级文物保护单位	基础调查
62		徐园	民国	第一批市级文物保护单位	基础调查

五、保存概况

（一）建筑分布

整个扬州市的传统建筑主要分布在四个片区，即扬州片区、高邮片区、仪征片区和宝应片区。其中以扬州片区的传统建筑分布最为密集，保存状况最为完好。扬州片区保存集中的区域主要在扬州历史城区、邵伯镇、大桥镇、湾头镇和瓜洲古镇。扬州历史城区即明清扬州城的范围，分旧城和新城两部分，构成“西府东市”的独特双城格局，总面积约为5.06平方千米。旧城形成于元末明初，主要分布有府衙建筑、文化建筑、寺院和普通百姓的民居；新城形成于明嘉靖年间，以商业集市和盐商住宅为主。现扬州历史城区内共有四个历史文化街区：东关街历史文化街区、仁丰里历史文化街区、湾子街历史文化街区、南河下历史文化街区（图4.1.8）。高邮片区有城南、城北、城中三个历史文化街区，以及界首镇、临泽镇两个历史文化名镇。仪征片区传统建筑主要集中在十二圩农乐路历史街区。宝应片区传统建筑主要集中在宝应县老城区。

图4.1.8　历史城区保护规划总图（图片引自扬州市规划局网站，http://ghj.yangzhou.gov.cn）

（二）建筑年代

隋唐、宋元时期，扬州城几经战火，城市几度兴废，传统木构建筑至今已无遗存，仅留有城门、城墙等部分砖石及夯土遗址。现存传统木构建筑中年代最早的是明代建筑，数量较少。还有部分木构建筑的始建年代很早，但现存部分多为清代在原有建筑基址上重新翻建、复建而成。有些建筑仍在使用早期建筑遗留的构件，如旌忠寺大殿内存有铁梨木柱础，据传为宋代遗构。许多传统建筑改建情况严重，对年代判断造成一定干扰。现存数量最多的传统木构建筑主要为清代，清末民初开始出现砖木混合结构建筑，遗存数量较多。

（三）建筑类型（图4.1.9）

扬州自古以来就是运河沿岸的重要城市，有着较为完善的城防设施体系，特别是宋代因防御需求而发展成的极具特点的“宋三城”城市格局。明清扬州城的城防主要是靠城墙防御体系和城门，明初筑城时即已修建瓮城、城台、马面等防御设施。

除了城防设施外，城内的传统建筑按功能主要分为：衙署建筑、教育建筑、宗教建筑、商业建筑、祭祀建筑、会馆建筑、居住建筑等。明清扬州的衙署建筑主要有：扬州府署、江都县署、院署（盐漕察院）、甘泉县署、盐运司署、守城署、卫署等。[14]教育建筑主要包括官办的府学、县学和民办的书院，如梅花书院等。宗教建筑主要包括寺院、道观，如大明寺、仙鹤寺、琼花观等。商业建筑主要有钱庄、当铺、盐号、手工作坊，如蒋记盐号等。祭祀建筑主要分官方祭祀和民间祭祀两类，如史公祠、董子祠等。会馆建筑主要以地域性会馆为主，如湖南会馆等，同时拥有大量突破地域的行业组织，如钱业会馆、四岸公所等。明清时期扬州的最大商业有两项，一是盐业，二是南北货，因此扬州会馆的建置者也以盐商和南北货商为主。[15]居住建筑主要是规模较小的普通百姓住宅和规模庞大的盐商住宅，如卢氏盐商住宅等。

清末至民国时期，随着西方文化的传入，各种新的建筑类型开始出现，包括医院、戏院、教堂、旅馆、西式住宅，如绿杨旅社等。

（a）梅花书院　（b）大明寺　（c）蒋记盐号

（d）董子祠　（e）湖南会馆　（f）绿杨旅社

图4.1.9　不同传统建筑类型

（四）修缮情况

对于始建年代较早的宗教建筑，历朝历代往往都对其进行了修缮甚至重修、复建。1949年后，首先进行的是对保护级别较高的全国重点文物保护单位和省级文物保护单位的本体修缮和环境整治。目前全国重点文物保护单位大部分已完成修缮，或已编写修缮设计方案；省级文物保护单位部分已修缮，或已编写修缮设计方案；市级、县级文物保护单位主要是对保存状况较差的建筑进行了修缮（图4.1.10）。根

（a）修缮前　（b）修缮后

图4.1.10　甘泉县署门厅修缮前后对比

据《扬州历史文化名城保护规划（2015～2030）》，扬州市将继续保护和整治历史城区内的传统建筑周边环境。

与苏北其他城市相比，扬州市政府在历史文化名城、传统建筑保护等方面较早采取措施，相继出台了一系列法律、法规。为了防止建设性的破坏，扬州市政府于2002年下发了165号文件《关于暂停审批老城区民房建设项目的通知》，要求在控制性详细规划出台之前，除个别危房维修外，老城区内拆建项目全部暂停。

2006年7月27日，老城区12个街坊的控制性详细规划和《扬州市历史文化街区保护整治实施暂行办法》出台。对于老城区的大量民居建筑，政府出台了《扬州市老城区民房规划建设管理办法》，于2010年1月18日起正式施行。2010年12月，扬州市规划局、古城保护办公室印发了《扬州老城区民居整修与保护技术导则》。2011年，《扬州市古城保护管理办法》出台，并于当年1月20日起正式施行。根据以上法规，并结合老城区民居整治修缮实际操作中遇到的困难和问题，扬州市政府还发布了《扬州古城传统民居修缮实施意见》。2012年，《扬州市文化遗产保护管理办法》出台，并于当年3月1日起正式施行。

（五）破坏因素

扬州市传统建筑的破坏因素主要有人为因素和自然因素，其中以人为因素为主，因为大部分传统建筑在城镇区域内，一直有人居住和使用。主要破坏类型归纳如下（图4.1.11）：

（a）湖南会馆门楼人物砖雕遭破坏

（b）市政工人拆除城墙（图片引自邱正峰：《用城砖作建筑材料拓宽街道——拆城筑环城马路旧影》，《扬州晚报》2013年12月28日B4版）

凌晨1点30分还有人看见，早上5点多就不见了——

昨天凌晨，永宁宫古井栏丢了

业内人士：近年古玩市场古井栏十分走俏

保护老井栏您有什么建议请拨打：96496

井边上几乎看不到撬痕

《御马头怎成停车场？》追踪

记者回访发现，乱停乱放依然存在——

价值达不到"文保"，御马头谁管？

交警二大队承诺协调相关部门加强对车辆管理

（c）永宁宫古井栏失窃（图片引自余佳：《昨天凌晨，永宁宫古井栏丢了》，《扬州晚报》2011年5月16日A10版）

图4.1.11　传统建筑遭破坏案例

1. 历史原因

太平天国运动时期，太平军和清军对扬州城造成了巨大的破坏，建筑几成废墟，连两淮盐政总署都被烧毁。抗日战争时期，扬州再遭重创，众多文物古迹和传统建筑被毁，如宝应县千年古刹龙竿寺毁于一旦，江都仙女庙最繁华的河北街地段全部被烧毁，一千多间店铺和民房化为废墟，扬州市康山镇国民小学、私立慕究理小学被破坏。"文革"期间，遭到破坏的主要是砖雕、木雕中的人物形象，人物往往被铲去头部或面部，甚至全部拆毁。

2. 城市建设

城市建设是现今传统建筑的主要破坏因素之一。20世纪50年代，扬州市城墙被拆除，改建环城马路。老城区汶河路西侧及东侧部分范围内，由于城市建设，传统建筑和街道肌理均已不复存在。

3. 改造工程

扬州市作为千年古城，自古以来便是旅游胜地，近年来愈发火热的古镇古街旅游，促使传统街区、传统建筑等纷纷进行商业改造，不断有新的商铺、民宿等涌现。很多改造行为受市场的驱使，缺少统一规划、监管，存在一定的盲目性与无序性，对传统建筑造成破坏。同时，对于传统建筑内的住户来说，原有建筑难以满足现代生活的需求，因而对其进行了各种各样的改造，如更换现代铺地材料，拆除原有槅扇门改为砌墙封堵，院落内加建卫生间等。此类改造工程普遍缺少专业性的指导，甚至很多都是私搭乱建，对传统建筑造成了很大的破坏。

4. 缺乏维护

由于房产改革等历史原因，老城区传统建筑的产权混乱，情况复杂。其中大部分是直管公房，同时还有私宅和单位产权。这三种产权经常混杂在院落建筑各单体之中，难以分割。各产权单位及私人住宅户主均不愿出资维护，造成只用不修、现状破旧的情况。

5. 火灾

火灾是传统木构建筑的致命破坏因素之一，近三十年来扬州古城传统建筑毁于火灾的不在少数，主要原因为内部功能使用不当和电路老化等。1981年，卢氏盐商住宅内食品厂失火，照厅、大厅、二厅、女厅被烧毁；1992年，旌忠寺藏经阁被烧毁；1996年，因用电不慎，广陵路219号卞氏住宅发生火灾，10间厢房被烧毁；1998年，岭南会馆楠木大厅及8间厢房被烧毁；2015年，长生寺阁失火，内部基本被烧毁，仅剩外檐立面。

6. 偷盗

近年来不断升温的文物收藏热，以及由此带来的市场需求，导致文物贩子偷盗传统建筑的构件，如木雕、砖雕、石雕等，对传统建筑的破坏日趋加重。

尽管扬州市政府已经出台了各种保护古城街区传统建筑的法律、法规，并且已有很多成功的修缮案例，但扬州历史城区面积大，传统建筑数量多，很多传统建筑的保存状况仍然令人担忧，大量的传统建筑现状急需改善，保护任务艰巨。

第二节　传统建筑研究概述

一、街巷格局

扬州城的发展演变主要受朝代更迭等人为原因和地理环境变化等自然环境的影响，不同时期的主要影响因素也不同，如唐代扬州子城和罗城的规模宏大主要受经济繁荣发展的影响，宋代三城的格局则主要出于军事防御的目的，明代扬州旧城修筑的选址范围也是出于军事防御目的，而新城的扩建主要受商业发展影响。

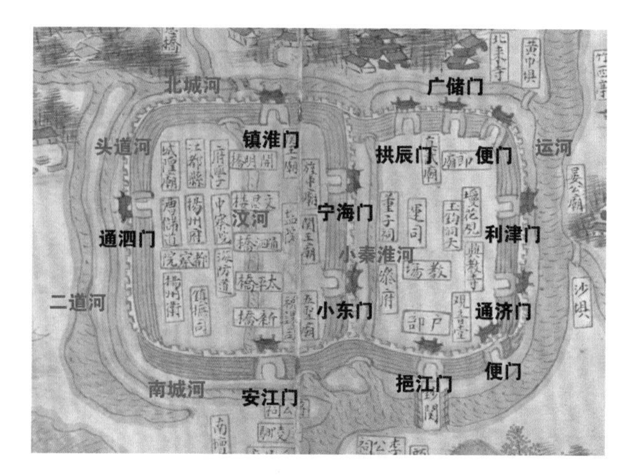

图4.2.1　扬州水系、城门图（图片改绘自明万历《扬州府图说》）

明清新旧二城，旧城在西，新城在东，整体为东西向的长方形，东西长约2.5千米，南北长约2千米，总面积约5.09平方千米。元惠宗至正十七年（1357），旧城建立，设城门五座，南曰安江，北曰镇淮，西曰通泗，东曰宁海，东南曰小东。明嘉靖三十四年（1555），增建新城，设城门七座，南曰挹江（钞关），挹江门左有便门（徐凝门），东南曰通济，东曰利津（东关），东北曰便门（便益门），北曰广储、拱辰（天宁门），各门建有城楼。[16]清代沿用明代格局（图4.2.1）。现存的城门遗址有南门（安江门）遗址、东门（利津门）遗址、西门（通泗门）遗址、北门（镇淮门）遗址等。扬州城墙在民国至中华人民共和国成立初期经历多次拆改，至1951年拆除全部城墙，变为环城马路。

旧城四周有护城河围绕，西侧护城河有两道，即今头道河和二道河，此二河向南分别接入南城河与荷花池，之后汇入大运河；东护城河为小秦淮河，新旧两城以此为界。新城的东面及南面均以大运河为护城河，北城河西接二道河，东出便益门闸入大运河。旧城内有汶河由北至南经旧城的北水关，穿城而过入运河，前身为扬州唐代官河，后为明清扬州旧城的官河，是城内重要的水运交通补给线。1949年后河道逐渐淤塞，1952年将之填埋，改筑为马路，即今天的汶河路。[17]

明代旧城是在宋大城的基址范围内建立发展起来的，此范围也是宋大城主要的政府机构所在地。旧城内除卫署在城西南部外，其余衙署及官办教育建筑等重要公共建筑均集中在南北中轴线靠近中央的位置上，如扬州府署、江都县署、府学等，其选址体现了传统儒家礼制等级思想。

由此，旧城的传统建筑分布形成了大多数街巷均与南北中轴线垂直或平行的格局，如主要干道中东西走向的有连接西门与大东门的西门大街，连接南门大街与小东门的甘泉街；南北走向的有连接北门到南门的北小街一线、北门街一线等。次干道及街巷也呈现较为规整的网格布局，同时汶河南北笔直穿过城中，沿河岸形成与河道平行或垂直的街道，出现了很多十字街。旧城整体街巷以规整的方格网形态为主。

新城是由于商业发展而形成的，道路、街巷的形态相对比较自由，大街少而小巷密布。其中湾子街是一条比较有特点的斜街，其形成于明朝早期，首先是作为连接钞关和东关的捷径而出现的，之后两侧陆续出现居住区、市场等；明嘉靖年间在旧城东侧建新城，此斜街得以保留，依弯就势逐渐发展成了新城内具有独特斜向肌理的湾子街（图4.2.2）。新城内有两条东西走向主干道，保持了平直走向，分别是连接宁海

（a）明清扬州城道路系统图（图片引自杨建华：《明清扬州城市发展和空间形态研究》，博士学位论文，华南理工大学，2015年）

（b）湾子街卫星图

图4.2.2　湾子街斜向肌理图

门至利津门的东关大街一线和连接小东门与通济门的缺口大街一线；而南北走向有自拱辰门到挹江门的天宁门大街一线。这条纵轴线略有折转，但总体趋势是南北贯通城市的，这也是当年的乾隆“御道”。[18]

宋代的街巷按明《嘉靖惟扬志·宋大城图》（图4.2.3）所示，今已有不少扩建、改造，遗迹尚存的有东

西走向的西门街、县学街（今为四望亭路东段）、大东门街，南北走向的有北门外街、北门街、院大街（今汶河夜市路段）、南门街、北小街、中小街、南小街。明嘉靖以前的街巷按明《嘉靖惟扬志·今扬州府城隍图》（图4.2.4）所示，今有迹可循的街道主要有南北走向的府西街（今淮海路）、仁丰里，东西走向的县府街（今文昌中路文昌阁至淮海路段）、三元巷（今文昌中路文昌阁至仁丰里段）、府前街（今通泗西街）、甘泉街（今甘泉路大部）、新桥街（今星桥街）、堂子巷等。[19]

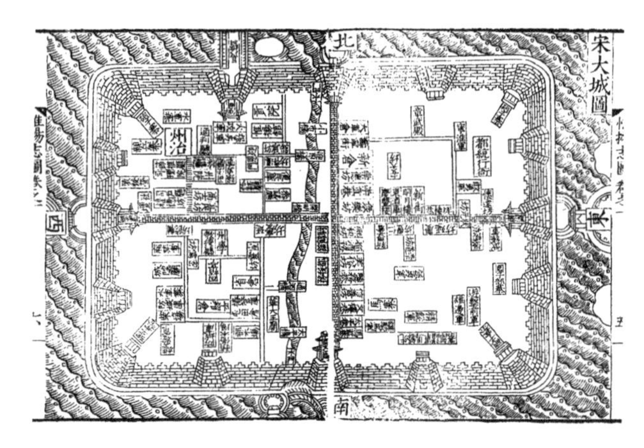

图 4.2.3　明《嘉靖惟扬志·宋大城图》

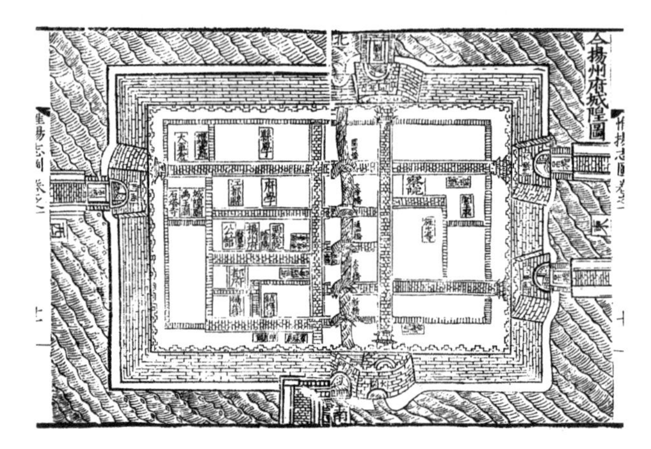

图 4.2.4　明《嘉靖惟扬志·今扬州府城隍图》

二、建筑群格局

扬州地区传统建筑群布局主要以院落的形式进行空间组合，自身的形态较为规则，组合方式随地形、家族关系等灵活布置。大部分传统建筑院落朝向为坐北朝南，特别是主要的公共建筑，按照儒家礼制布局。普通民居则相对自由些，特别是明清新城部分，由于是商业集市发展而来，顺应集市街道走势而布置建筑，故出现了很多非正南正北的院落朝向，如东北—西南走向的湾子街沿街院落。传统建筑院落与街巷之间多以高墙相隔，每个组群利用集中的院门同街巷相通，外观比较齐整。

基本院落单元为以正房中轴对称的三间两厢式三合院，典型平面为三开间正房前部，左右各有一间厢房，三边加正房对面的围墙（或前进院落的后墙）围合成院。整体院落平面近正方形，正房对面墙上或两厢均可开门设院落入口，正房后墙设门则多为多进院落内部联系之用。以此三合院为基本单元，可以衍生出对合二进、六间两厢对合、六间四厢对合、明三暗五（四）等变体院落布局（图4.2.5）。

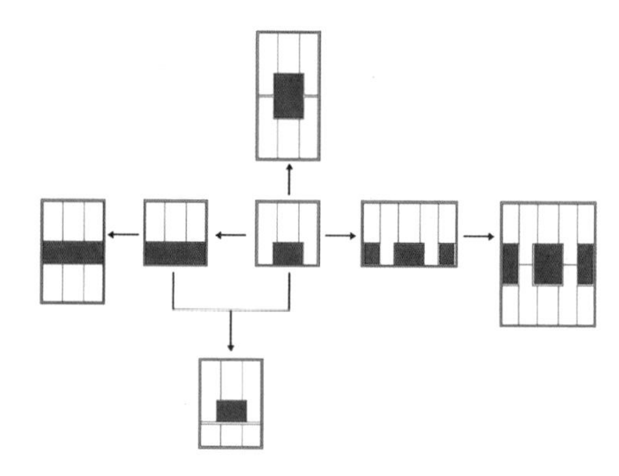

图4.2.5　院落单元平面模式的转换（图片引自过伟敏、王筱倩：《扬州老城区民居建筑》，东南大学出版社2015年版）

各组院落单元之间以横向或纵向进行组合。纵向连接的每组院落一般称为一“进”，前后多进院落逐步升高，取“步步高升”之意。纵向布局忌“六进”，民间有“六门干净”的说法，院落布局六进有断子绝孙之嫌。[20]多进院落的一侧常设有前后贯通的巷道，当地称之为“火巷”，前后进一般通过天井空间、火巷空间的侧门相互联通。纵向排列的院落中现存进数最多的是卢氏盐商住宅，共十一进。院落之间横向并列时，每一纵列一般称为一“路”，大的家族宅院往往按宗亲血缘关系组织称为“多路多进”的布局形式，如汪氏小苑（图4.2.6）。多路住宅常见的是兄弟之间并列布局。此外，沿街的店铺常会采用“前店后宅”的组织形式，沿街面开店，店堂后为住宅院落。

传统建筑群的功能布置受传统礼制影响，以民居建筑群为例，后面、两侧为生活性内部功能空间；东面为男厅、西边为女厅的布局方式来源于传统礼制男尊女卑、男左女右的理念，且男厅用圆作，女厅用方作，方圆互补；男厅为春，女厅为秋。如汪氏小苑的东轴前厅春晖堂、西轴前厅秋嫮轩分别为方厅和圆厅，个园透风漏月厅为方厅。[21]

图4.2.6　汪氏小苑平面图（图片引自陈从周编著，路秉杰等译：《扬州园林：汉日对照》，同济大学出版社2007年版）

三、建筑单体

（一）建筑平面（图4.2.7）

扬州地区传统木构建筑平面多为三开间布局。传统住宅建筑普遍为三开间，少数住宅正房会做四或五开间，此种情况往往会做成“明三暗四”或“明三暗五”的院落形式，即通过厢房的设置进行遮挡，达到仅显露正房为三间格局的效果，如匏庐东侧两进院落均为明三暗五的格局。清末民国时期，封建等级礼制的约束力逐渐减弱，住宅平面格局更加多样，如周扶九盐商住宅东路沿街五开间两层楼，中路六开间两层楼；卢氏盐商住宅前七进为七开间。

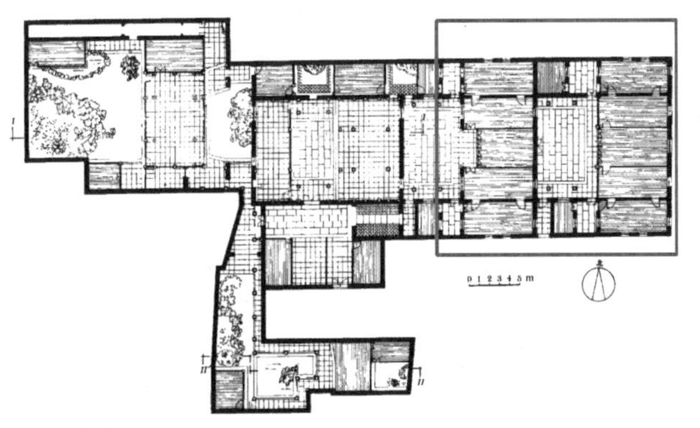

（a）匏庐平面图

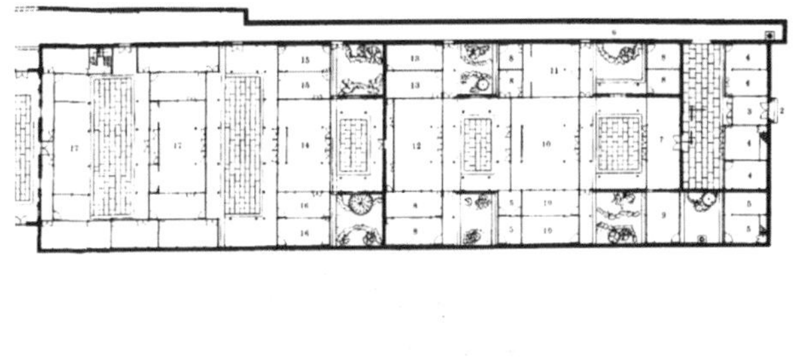

（b）卢氏盐商住宅平面图

（c）小盘谷曲尺厅平面图

图4.2.7　传统建筑平面格局案例（图片引自陈从周编著，路秉杰等译：《扬州园林：汉日对照》，同济大学出版社2007年版）

公共建筑单体以三开间为主，部分为五或七开间，如旌忠寺大殿、愿生寺山门等。

传统建筑单体平面通常为中轴对称的矩形，但在此次调研中也发现有特殊案例，如小盘谷内的曲尺厅，平面为两个花厅错落叠加的样式；又如永宁宫古戏台，在二层有戏台向北突出，平面呈凸字形。可以看出，一般非常规的平面形式多出现于园林建筑或有特殊功能的建筑案例。

传统住宅建筑明间与次间的面阔尺寸以二尺为一级递进，梢间比次间短一尺。进深与明间面阔之间的比例为1.5∶1～1.7∶1。进深以半尺作为界深的递进单位。[22]目前我国各地木工所用之尺并不完全统一，扬州传统营造使用的鲁班尺通常为一尺等于27.5厘米。本次调研对部分传统建筑的平面尺寸进行了核对，如周扶九盐商住宅中路第五进房屋正房进深6.8米，明间面阔4.2米，次间面阔3.6米，进深与明间面阔的比例为1.62∶1，明间与次间面阔相差0.6米，约为2.2尺，基本符合上述描述。

（二）建筑立面

1. 山面形制

扬州地区传统建筑的山面以硬山为主，形式最多的是完全不高出屋面的“人字山”。高度超出屋面的硬山常见的有三种形式，扬州当地叫法分别为：①屏风墙式，造型如屏风，根据屏风墙垛的数量，分别称独立屏风式、三山屏风式、五山屏风式等；②观音兜式，山墙尖端砌成状如观音头顶披风的形式；③云山式，山墙上端部位砌成高低起伏的弧线状（图4.2.8）。

（a）人字山（卢氏盐商住宅）　（b）独立屏风式（匏庐）　（c）三山屏风式（小盘谷）

（d）五山屏风式（凌氏住宅）　（c）观音兜式（四岸公所）　（f）云山式（愿生寺）

图4.2.8　硬山山面形制案例

除了硬山外，还有其他几种山面形制，如歇山、悬山等（图4.2.9）。歇山案例多出现在寺庙建筑、戏台建筑、住宅庭园建筑等特殊功能建筑中，如旌忠寺大殿、永宁宫古戏台、小盘谷曲尺厅等。悬山案例常见于公共建筑的门厅建筑，如甘泉县衙署门厅。住宅建筑使用悬山极少，此次调研中仅发现廖可亭盐商住宅中一栋建筑使用，且山面不砌砖墙而用木板壁，较为特殊。在庭院建筑中有时会出现山面形制与正立面、背立面相同，均为槅扇门窗的情况，如小盘谷中的水榭四面厅。一般情况下，山墙不设窗，但清末民国时期以后有在山墙上开窗的案例，如卢氏盐商住宅最后两进建筑。

（a）悬山山面形制（廖可亭盐商住宅）

（b）山面形制与正立面、背立面相同（小盘谷水榭四面厅）

（c）山墙开窗（卢氏盐商住宅最后两进）

图4.2.9　其他山面形制案例

2. 正立面、背立面形制

扬州地区传统建筑根据檐口材料形式一般分为木檐与砖檐，两种做法通常不出现在同一立面中。一般正立面使用木檐，背立面使用砖檐。建筑临街立面、住宅建筑通常使用砖檐，店铺建筑则多为木檐。

（1）木檐立面（图4.2.10）

单层：多为建筑正立面，明间一般为槅扇门，次间一般为槛墙加短窗或支摘窗的组合，厅堂的次间往往仍做槅扇门。

（a）周扶九盐商住宅

（b）湾子街某沿街商铺

图4.2.10　木檐立面案例

两层：一般用于两层住宅内院面向天井一侧，一层立面形制与单层木檐立面类似，二层多沿天井四周布置通廊，设木栏杆或栏板。无廊则外檐常做木槛墙上接短窗的形式。沿街两层商铺一般为木檐立面，底层作为铺面，使用可拆卸的木门板，二层为木槛墙上接短窗。

（2）砖檐立面

扬州地区传统建筑沿街多数使用砖檐立面，此立面上的入口是整个建筑最直接、最突出的形象代表，普通的处理手法就是在门洞四周做砖砌门框进行装饰（图4.2.11）。而老城区大部分的民居建筑大门几乎都做更为复杂的门楼或门罩，形式多样，按造型大体可分为牌楼式门楼、屋宇式门楼和飞砖门檐式门罩三种。[23]其中，牌楼式门楼一般体量大，出檐远，如湖南会馆的大门门楼。屋宇式门楼根据平面形式，一般又分为三种：①一字形，其平面呈一字形，竖向可做一层或两层，是扬州地区传统民居建筑最常见的门楼形式，如卢氏盐商住宅、南河下黄氏盐商住宅等；②凹字形，两侧墙与门扇及门垛垂直，平面呈凹字形，此类门楼竖向多为两层，如周扶九盐商住宅、何园等；③八字形，两侧墙与门扇及门垛呈一定角度，向街巷展开，平面呈八字形，竖向可做一层或两层，如方尔咸盐商住宅、刘氏庭园等。飞砖门檐式门罩较为简单，即在普通处理的大门上方设置磨砖

图4.2.11　砖砌门框

飞挑做门檐，造型简洁古朴，如木香巷37号民居。

建筑背立面用砖檐时，往往不开窗，但多进院落中前进建筑的背立面使用砖檐时，经常会在明间正中开门洞，处理手法相对简单，一般不做门楼，有时会使用飞砖门檐或门罩（图4.2.12）。

（a）牌楼式门楼（湖南会馆）

（b）一字形屋宇式门楼（卢氏盐商住宅）

（c）凹字形屋宇式门楼（周扶九盐商住宅）

（d）八字形屋宇式门楼（刘氏庭园）

（e）飞砖门檐式门罩（木香巷37号民居）

（f）飞砖门檐式门罩（周扶九盐商住宅中路背立面）

图4.2.12　砖雕门楼、门罩案例

（三）大木

扬州地区传统建筑以江西、安徽、福建等省份的杉木为主要木料。松木、榉木、柏木、香樟、楠木、银杏木等也是常用木料。[24]房屋的用材彰显着建筑等级与屋主的地位和财力，扬州地区至今仍保存有十多处楠木厅，如旌忠寺楠木厅、汪鲁门故居楠木厅、何园与归堂楠木厅、梅花书院楠木厅、广陵路250号楠木厅、粮油公司楠木厅、刘庄楠木厅、四岸公所楠木厅、汶河路楠木厅等。

1. 大木构架

根据《苏北传统建筑技艺》一书对于大木构架的分类，扬州地区的梁架体系属于“通扬泰穿斗梁架区”[25]。该片区以正交穿斗体系为主，另有少量正交抬梁建筑。书中还对扬州地区传统建筑中的五檩、七檩等大木梁架样式进行了总结。

抬梁和穿斗两种木构梁架类型扬州地区均有使用。一般殿堂、厅堂全部使用抬梁，山面梁架或使用穿斗，其余中间梁架使用抬梁。民居建筑的居住部分常使用穿斗。

五檩梁架多用于门屋或厢房（图4.2.13）。常见形式为：①五架梁抬梁，两柱落地，多用于明间及五开间、七开间的次间梁架；②中柱落地，前后双步梁，多用于山面梁架。在此次调研中也发现了一些较为少见的五檩梁架形式。

（a）五架梁抬梁（卢氏盐商住宅照厅）

（b）中柱落地，前后双步梁（新仓巷62号民居）

（c）金童落地（匏庐照厅西侧房）

（d）不对称五檩梁架（匏庐照厅）

图4.2.13　五檩梁架案例

七檩梁架最为普遍，一般用于住宅的厅、堂及楼（图4.2.14）。常见形式为：①五架梁抬梁，前后单步梁，多用于明间及五开间、七开间的次间梁架；②三架梁抬梁，前后单步梁接单步梁，六柱落地，多用于次间及山面梁架；③中柱落地，前后双步梁接单步梁，多用于山面梁架。

（a）五架梁抬梁，前后单步梁（匏庐正厅）

（b）三架梁抬梁，前后单步梁接单步梁，六柱落地（史巷9号民居第三进）

（c）中柱落地，前后双步梁接单步梁（史巷9号民居第四进）

图4.2.14　七檩梁架案例

檩条使用最为普遍的是五檩梁架和七檩梁架，除此之外还有三檩、四檩、六檩、八檩、九檩等梁架样式（图4.2.15）。三檩梁架多用于门房，如南河下黄氏盐商住宅的门房。四檩梁架多为卷棚样式，常见于廊，如卢氏盐商住宅中连接前后两进房屋的连廊。邱氏园的大厅明间由三檩双坡屋顶同四檩卷棚垂直组合而成，这样的屋架形式在此次调研中仅见此一例。六檩和八檩梁架通常是卷棚屋面的样式，多为四架或六架梁抬梁，前后接单步梁。六檩梁架的实例见于蔚圃正厅，四架梁抬梁，前后单步梁。八檩梁架的实例见于个园透风漏月厅，六架梁抬梁，前后单步梁。九檩梁架的实例见于匏庐和卢氏盐商住宅，匏庐第二进山面的梁架为中柱落地，前后双步梁再接双步梁，五柱落地。

此次调研中还发现个别桁架的案例，推测应为清末民国时期所建，并无代表性，如王氏住宅和朱氏园（图4.2.16）。

对扬州地区梁架样式的总结如图4.2.17。

（a）三檩梁架（南河下黄氏盐商住宅门房）（b）四檩梁架（卢氏盐商住宅连廊）（c）三檩接四檩组合（邱氏园大厅明间）

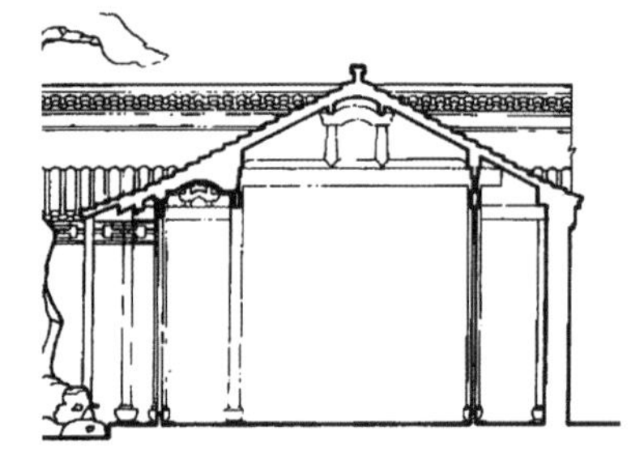

（d）六檩梁架（蔚圃正厅）

（e）八檩梁架（个园透风漏月厅）

（f）九檩梁架（匏庐住宅第二进）

图4.2.15　其他檩数梁架案例（图片引自陈从周编著，路秉杰等译：《扬州园林：汉日对照》，同济大学出版社2007年版）

（a）王氏住宅

（b）朱氏园

图4.2.16　桁架案例

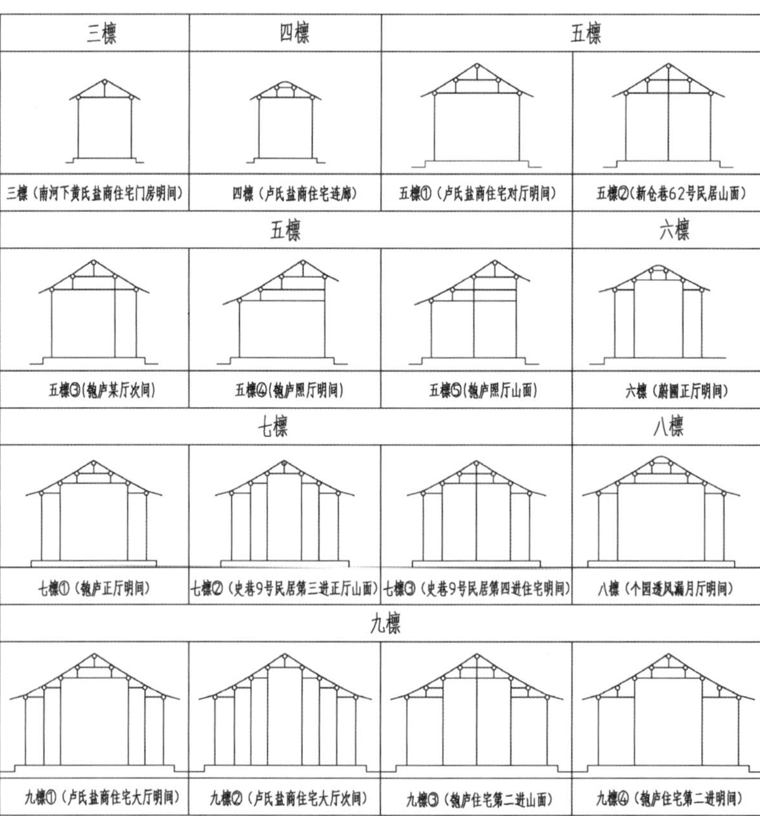

图4.2.17　扬州地区梁架样式

2. 大木构件

（1）柱

木柱普遍使用圆柱，一般收分约1%。柱子的上下大致有两种形式，一种是从下到上、从大到小直接收分，中间不弯收；另一种是柱子下端保持平直，在上端1/2或1/3处开始有收分。[26]落地柱下端一般不做榫卯，直接搁置在柱础上。

方柱较少使用（图4.2.18），有女子做人须方方正正、冰清玉洁的寓意。汪氏小苑的秋嫮轩和静瑞馆使用方柱，两处均属于较为私密的场所，其中秋嫮轩为女眷所用。此次调研中发现，个园透风漏月轩和刘氏庭园书斋中也使用了方柱。

（a）汪氏小苑秋嫮轩　（b）汪氏小苑静瑞馆　（c）个园透风漏月轩　（d）刘氏庭园书斋

图4.2.18　方柱案例［图片（a）、（b）引自周文逸：《扬州东圈门汪氏小苑建筑空间研究》，硕士学位论文，南京艺术学院，2012年］

瓜柱高度较矮，断面收分一般较大，呈直线收分。通常殿堂瓜柱用二八收，即收分20%；民房用三七收，因民房瓜柱高度小于殿堂（图4.2.19）。

（2）梁

木梁通常用圆料直材，形式简洁，有的会在两端与柱子交接处做剥腮（图4.2.20）。梁头部分有的会做砍杀或雕刻（图4.2.21）。

扁作使用较少，在个园汉学堂明间梁架有见实例（图4.2.22）。

（a）盐宗庙

（b）冯氏住宅

图4.2.19　瓜柱案例

图 4.2.20　梁端剥腮做法（旌忠寺大殿）

（a）梁头砍杀（卢氏盐商住宅）

（b）梁头雕刻纹饰（方氏住宅）

（c）梁头雕刻纹饰（彩衣街30号）

图4.2.21　梁头处理案例

（3）檩

檩的断面多为圆形，檩下替木搭接处会在下方刨出一个平面。挑檐檩的断面一般为方形或扁方形（图4.2.23）。相邻两开间一般使用雌雄榫来连接檩条，通常东头做榫，西头做卯，或南头做榫，北头做卯，当地俗称“晒公不晒母”。[27]

图4.2.22　扁作（个园汉学堂）

图4.2.23　挑檐檩（廖可亭盐商住宅）

（4）枋（图4.2.24）

檩下多用通长木枋，即《营造法原》中的“连机”，扬州地区称之为“垫枋”；檩下也有不用连机，而在两端用短替木的，即《营造法原》中的“短机”。扬州地区习用“七梁五垫三道花”的做法，即七檩房屋用五道连机（垫枋）、三道椽花板。一般规律是脊檩、下金檩和檐檩下用连机，上金檩下一般不用连机。[28]少数七檩房屋上金檩也同样使用连机，此次调研中发现的案例有盐宗庙、董子祠，均为公共建筑。五檩房屋一般用三道连机，分别位于脊檩和檐檩之下。在匏庐所见的九檩房屋用五道连机，分别位于脊檩、下金檩和檐檩之下。而卢氏盐商住宅所见的九檩房屋则在每根檩条之下用连机。短机往往进行雕刻装饰，轩檩与轩童柱交接处也常用短机。

（a）七梁五垫三道花（史巷9号民居）

（b）七檩均用连机（盐宗庙）

（c）五檩用三道连机（卢氏盐商住宅）

（d）九檩用五道连机（匏庐）

（e）九檩均用连机（卢氏盐商住宅）

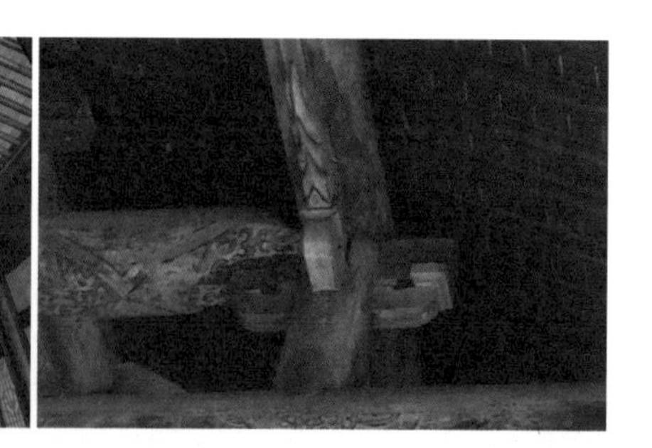

（f）短机雕刻装饰（西方寺）

图4.2.24　枋案例

（5）撑栱

撑栱用在檐柱外以支撑梁头，是一种斜向构件，整体大致呈倒三角状，其上常雕刻精美纹饰，多为卷草花卉、百福流云等纹样。此次调研中发现歇山建筑的角柱处，在面阔、进深和翼角三个方向均设有撑栱。在清晚期的二层木楼中，常在一层处出挑梁头下方使用撑栱（图4.2.25）。

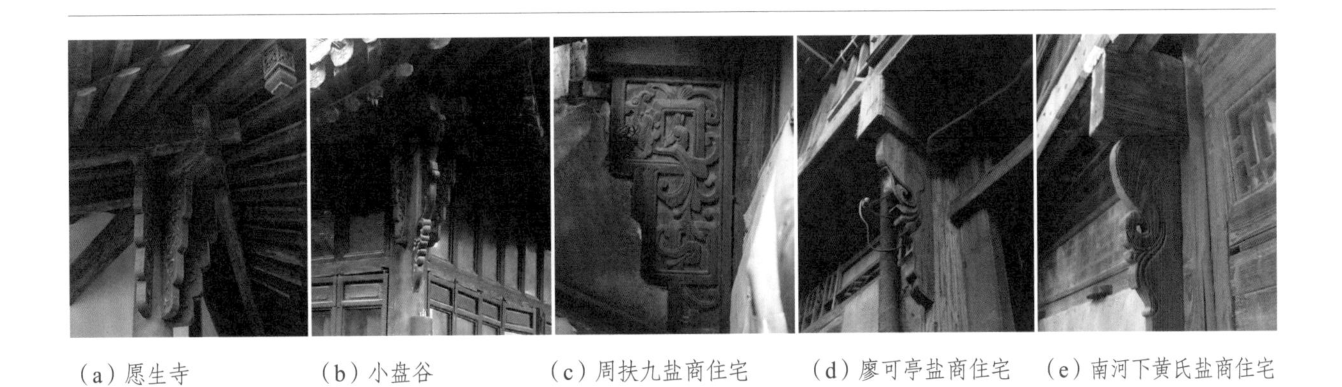

(a) 愿生寺　(b) 小盘谷　(c) 周扶九盐商住宅　(d) 廖可亭盐商住宅　(e) 南河下黄氏盐商住宅

图4.2.25　撑拱案例

（6）檐椽与椽花（图4.2.26）

扬州地区传统建筑檐部使用檐椽和飞椽，檐椽多为圆椽、半圆椽或荷包椽，扁椽实例较少。飞椽和轩椽一般为扁椽。檐椽和飞椽椽身均不做收分，椽头不做砍杀，多数均直接竖直截断，断面与地面垂直。在翼角位置采用当地工匠俗称为“扫檐”的做法，即使用撒网椽头沿檐口曲线竖直截下，形成锐利的椽端斜断面，当地俗称“象牙椽”。[29]此次调研中的部分案例使用封檐板。檐檩上使用木望板，房屋内部椽上一般使用望砖。

(a) 楠木厅木檐（丁家湾1号）　(b) 木檐（邱氏园）　(c) 木檐（愿生寺）

(d) 门厅木檐（甘泉县衙署）　(e) 翼角撒网椽（愿生寺）　(f) 卷棚封檐（方氏住宅）

(g) 封檐板（赵氏住宅）　(h) 椽花（周扶九盐商住宅）　(i) 椽花（邱氏园）

图4.2.26　檐椽与椽花案例

此次调研中在方氏住宅见到卷棚封檐的做法，即椽子和里面钉的薄木板均是经过沸水煮透后，弯曲阴干而成。[30]这种做法在湖北等地区较为常见，属于外地工艺做法的流入。

椽花一般用在椽子与檩条搭接的位置，起到封堵椽子间空当和固定椽子的作用。椽花的使用在扬州地区传统建筑中较为常见。

（7）斗拱

扬州地区的斗拱一般见于宗祠、寺庙、衙署等公共建筑。此次调研中遇到使用斗拱的案例有董子祠、西方寺、旌忠寺、愿生寺、甘泉县衙署门厅等（图4.2.27）。甘泉县衙署门厅的平身科为一字斗拱，其余案例中多为品字斗拱。西方寺和董子祠中使用了枫栱，是南方建筑中特有的，其状为长方形的木板，一端稍高，向外倾斜，板身雕刻花卉纹样。

此次调研中未见民居建筑的大木构架使用斗拱的案例。但在砖雕门楼和福祠中，会有砖雕斗拱的形象出现。

（a）一字斗拱（甘泉县衙署门厅）

（b）枫栱（西方寺）

（c）枫栱（董子祠）

图4.2.27　斗拱案例

（四）小木

1. 门窗

（1）门（图4.2.28）

扬州地区传统建筑中的门按位置可分为院门、大门、房门、屏门等，按构造形式可分为槅扇门、实拼门、框档门等。

1）槅扇门

槅扇门即《营造法原》中的长窗，常用在木檐下，多为六扇或八扇一组，以内开形式较为普遍。木窗内

（a）槅扇门（赵氏住宅）

（b）竹丝门（湾子街69号民居）

（c）竹丝门（小盘谷）

（d）竹丝门（卢氏盐商住宅）

（e）实拼门（卢氏盐商住宅）

（f）实拼门（匏庐）

（g）框档门（匏庐）

（h）框档门（廖可亭盐商住宅）

图4.2.28　门案例

心仔样式繁多，一般做成各种花纹分隔，如海棠纹、蝙蝠纹、冰裂纹等。发展到后期逐渐简化，民国时期又出现了玻璃镶嵌。将木窗内心仔换为宽度一致的竹网片，就成为扬州地区俗称的竹丝门。竹丝门多设在天井与边路住宅或花园的分隔墙上，门洞口一般较宽，通常为四开形式，旁边两扇槅扇门固定，中间两扇对开。

2）实拼门

实拼门多用于宅院的前、后大门，常用杉木厚板实拼而成。门框由上槛、左右边梃和下槛构成。

3）框档门

《营造法原》中对框档门描述为："框档门两边直框，称边挺（梃）。上下两端之横料，称横头料。中间之横料凡二三道，称光子，外钉木板。"[31]

图4.2.29　墙洞（新胜街7号住宅）

屏门多采用框档门的构造，一般位于明间的后步架位置，用于分隔空间，遮挡视线。房门构造形式也多为框档门，为联系明间与次间之用，通常为对开门。进深五架的建筑，房门常设在明间前檐柱内侧。进深七架的建筑，房门常设在明间前外金柱的内侧。

扬州地区民居建筑一般会在大门门框上槛中部上方的内墙暗留一小洞，内藏一枚"顺治"或"太平"铜钱，用红布或红纸包上，然后用灰粉平，以谋吉利。[32]此次调研中新胜街7号住宅大门上方可见因盗取铜钱而留下的墙洞（图4.2.29）。

（2）窗

扬州地区传统建筑中的窗根据形式可分为槛窗、横风窗、支摘窗等（图4.2.30）。

（a）砖槛窗（愿生寺）

（b）砖槛窗（小盘谷）

（c）木槛窗（方氏住宅）

（d）地坪窗（周扶九盐商住宅）

(e)窗外设木栅(朱自清旧居)(f)横风窗(匏庐)　(g)支摘窗(罗聘故居)

图4.2.30　窗案例

1)槛窗

槛窗即短窗，槛窗下有的用砖槛墙，有的用木槛墙，还有一种窗下部分采用木槛墙与木质栏杆组合的方式，《营造法原》中称之为地坪窗。此外，窗外也有设木栅者，为少数案例。

2)横风窗

横风窗一般是在房屋过高时使用，用来调节窗樘口，分割比例，一般为扁长方形。

3)支摘窗

支摘窗又称和合窗，常用在厢房或园林建筑中，多数为上中下三层窗，也有两层的情况。开启方式为上旋开启，上中下三层时一般为中间扇向外支起，上下两层时一般为上层窗向外支起。

2. 天花

木板天花一般设置在民居住宅次间顶部，住宅的明间和厅堂一般不做天花，二层住宅外檐廊上部也会设置天花。此次调研中所见住宅内天花均为水平向铺设，而外檐廊天花则为斜向铺设(图4.2.31)。

(a)冯氏住宅　(b)湾子街69号民居　(c)周扶九盐商住宅

图4.2.31　天花案例

3. 轩

扬州地区传统建筑中轩常设置在外檐廊顶部或建筑内部最外一步架上方，用来降低层高、装饰或界定空间。一般轩从上到下分别由望砖、轩椽、轩桁、轩机、荷包梁、轩瓜柱和轩梁组成，也有使用坐斗代替轩瓜柱的做法，轩桁下也有不置轩机的做法。扬州地区轩的造型最常见的为鹤颈轩，但轩椽端部平直，与一般鹤颈三弯椽不同，此外还有船篷轩、弓形轩、海棠轩等(图4.2.32)。

（a）鹤颈轩（盐宗庙）

（b）鹤颈轩（卢氏盐商住宅）

（c）鹤颈轩（朱氏园）

（d）船篷轩（董子祠）

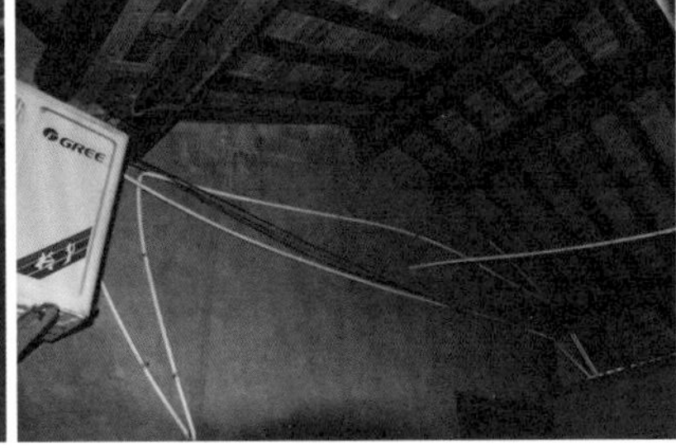

（e）船篷轩（赵氏住宅）

（f）弓形轩（廖可亭盐商住宅）

图4.2.32　轩案例

轩椽一般为扁作，轩桁有扁作和圆作两种做法，轩桁下的短机、荷包梁和坐斗上一般雕刻有精美纹饰，题材以四季花草、如意祥云、奇珍瑞兽等为主（图4.2.33）。

图4.2.33　轩椽（旌忠寺）

4. 挂落

挂落安装在带有走廊的房屋廊檩底部或园林建筑中，多在廊柱两柱之间，一般以木条搭接成透空花纹。花纹样式与门窗内心仔样式相似，常为万式或葵式纹样。两边及上边设框，两边框下做勾头，称为“挂楣”，下边不设框，靠高低起伏的内心仔作为构件的收尾；也存在四周都设框的挂落。此次调研中发现，在卢氏盐商住宅的连廊和刘氏庭园中都有使用挂落（图4.2.34）。

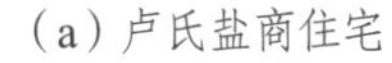

（a）卢氏盐商住宅

（b）刘氏庭园

图4.2.34　挂落案例

（五）瓦石

扬州因本地不产石，其石材

主要来自外地。相较苏南地区，扬州石作类型较少，主要用于阶沿石、柱础、抱鼓石等位置。扬州地区传统建筑外观以清水砖墙为主，搭配小瓦屋面。汉代时，扬州窑制砖瓦技术已十分成熟并得到广泛应用。扬州地区传统建筑外墙主要使用黏土烧制的青砖，扬州城西北山丘地区及里下河地区是优质的黏土产地。[33]

1. 基础及地面

（1）基础

扬州地区传统民居的基础主要以素土基础、三合土基础和木桩基础最为常见。素土基础是开挖后进行回填分层夯实的基础。三合土基础是用细石灰与细土拌和（30%细石灰、70%细土）铺上基底分层夯实的基础。木桩基础是针对坑墓、河床等不良土质、松软地基，以及沿河或建筑有高差等情况采用的办法。木桩一般采用杉木，根据地基情况来确定。[34]基础由于均在地坪之下，在此次调研中并未见到实例。

图4.2.35　阶沿石（西方寺）

（2）台基

台基一般用砖或石来砌筑，压顶石收边使用条石做阶沿石（图4.2.35）。等级较高的公共建筑台基往往要比普通民居的台基高。此次调研中发现很多建筑室外地坪都已被抬高，台基上表面与室外地面高度差不再明显。

（3）柱础（图4.2.36）

扬州匠人俗称柱础为石磉、磉盘石、磉墩等，主要有素平、古镜式、覆盆等基本类型，以及在基本类型柱础上增加鼓式柱础的组合式柱础。扬州地区使用木鼓和木榍的案例极少，如西方寺大殿木榍、旌忠寺大殿木鼓，均为早期做法。

扬州地区的柱础按年代来分，大致可分为宋式、元式、明式、清式。宋式以较粗的覆盆柱础和上面的木榍为主要特点（《营造法式》规定用木为柱础称之榍）。扬州市文昌中路琼花观大殿（原扬州市田家炳实验中学内遗存的明代兴教寺大殿，在20世纪90年代初整体移建于此）的廊柱做法为宋式柱础。旌忠寺大殿木柱下方的楠木木鼓（也有说其用材为铁梨木），比常见的鼓式更扁，也为宋式做法。元式柱础的特点是不加雕饰的覆盆柱础，例如北柳巷小学内遗存的董子祠内后金柱下的柱础。明式柱础以覆盆、古镜式最为常见，样式相对较多。清式柱础传承明式做法，使用白矾石制作，用材上较为考究，并雕饰纹样，在盐商住宅、会馆中较为多见，例如汪鲁门住宅、湖北会馆等。清中期以后，有在柱子柱脚与柱础间放上一枚铜钱或银圆的做法。[35]

（a）古镜式柱础（黄氏住宅）

（b）覆盆柱础（董子祠）

（c）组合式柱础（盐宗庙）

（d）木櫍柱础（西方寺大殿）　（e）木鼓柱础（旌忠寺大殿）　（f）王氏住宅圆柱方础

图4.2.36　柱础案例

方柱下一般使用方形柱础，如汪氏小苑女厅方柱。但在此次调研中也发现存在圆柱方础的实例，如王氏住宅外檐廊柱。

（4）地面（图4.2.37）

室内地面最普遍的是方砖铺地和木地板铺地两种，堂屋明间一般以实铺方砖为主（因方砖大小、形状似箩筐的底，也称“箩底砖”），采用桐油石灰勾补灰缝、砖缝，用砖面灰做表面补眼，待硬化后进行打磨、上油，一般在砖面上刷两道桐油。[36]方砖下面为了防潮，一般做法是先在地面铺一层石灰，撒上细沙，将小酒坛或钵子倒置，在小酒坛或钵子之间的缝隙撒入细沙，方砖四角架在小酒坛或钵子上。讲究的人家会在楼面木地板上架铺方砖，利于防火，隔音效果好，如周扶九盐商住宅二层檐廊。[37]《扬州画舫录》记载的“停泥砖，再漫涂桐油”即“金砖”，比方砖尺寸大，边长达两尺，制作复杂，价格昂贵，此次调研中未见实例。

室外地面的铺装材料一般使用砖、石材或组合材料。室外砖铺地多使用条砖，一般立铺或平铺，常见的铺砌图案有人字纹、十字纹和席纹。石材以青石板平铺为主，一般是以整块石板规则顺铺，也可处理成冰裂纹等。组合材料常见的形式为“花街铺地”，以砖、瓦、石片、陶瓷片等铺砌而成，花纹样式很多，图案精美，常在园林中应用，具有较强的装饰性。[38]

（a）方砖铺地（赵氏住宅）　（b）人字纹铺地（卢氏盐商住宅）　（c）规则青石板铺地（匏庐）

（d）冰裂纹石板铺地（罗聘故居）　（e）花街铺地（刘氏庭园）　（f）花街铺地（卢氏盐商住宅）　（g）二层檐廊方砖铺地（周扶九盐商住宅）

图4.2.37　地面案例

2. 屋身部分

（1）砖墙（图4.2.38）

扬州地区传统建筑的砖墙并非竖直砌到顶，而是从下到上略有收分。主要砌筑材料为青砖，按施工工艺一般分为清水砖墙（扬州匠人称之为“清水货”）和混水砖墙两种。[39]普通砖墙常用的砌筑方式以平砌到顶为主，以立砌和平砌结合的形式为辅。

（a）磨砖对缝墙（杨氏住宅）

（b）和合墙（阮家祠堂）

（c）乱码墙（永宁宫古戏台）

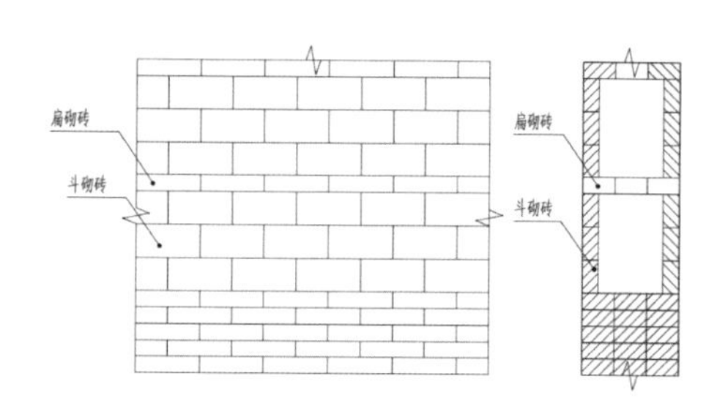

（d）和合墙构造图（图片引自徐建卓：《扬州传统建筑砖作研究》，硕士学位论文，南京工业大学，2012 年）

图4.2.38　砖墙案例

按砌筑的做工形式划分，墙体主要分为磨砖对缝墙、整砖整砌墙、乱码墙等。门楼、门墙、照壁等处一般使用磨砖对缝墙。利用旧建筑拆除后的旧砖砌筑的墙，由于各个历史时期的各类建筑用砖尺寸不一，故被称为“乱码墙”，扬州有“无墙不乱”的说法。[40]

山墙或院墙经常会使用和合墙，又称“鸳鸯墙”，墙体下半段青砖平砌，上半段做空斗立砌，空斗形式通常是“三斗一卧”，即三层立砌，一层平砌，立砌一般为一顺一丁。

（2）砖檐（图4.2.39）

扬州地区传统建筑的砖檐普遍采用磨砖线脚逐层出挑、下方搭配砖细挂枋的做法。此次调研中发现少

（a）小盘谷

（b）邱氏园

（c）通运南街 16 号

（d）湾子街 69 号民居

（e）盐宗庙　（f）方氏住宅　（g）贾氏宅　（h）廖可亭盐商住宅

（i）冯氏住宅门楼　（j）岭南会馆门楼　（k）小盘谷门楼　（l）新仓巷62号民居门楼

图4.2.39　砖檐案例

数院落天井内檐墙未使用砖檐，推测其原因或为檐口破损、线脚挂枋脱落，或为后期改动所致。最常见的组合做法由下至上依次是半混、砖细挂枋、直檐、半混、枭和盖板。讲究的做法是在上部线脚部分增加层数，如盐宗庙的檐口部分在枭的上部多加了一层半混。而砖雕门楼上的砖檐，其形式通常会更加复杂。

（3）山墙封檐（图4.2.40）

当硬山屋面山墙不高出屋面时，屋顶与山墙交接位置的处理方法一般分为两种。第一种为简单的做法，只使用青砖和望砖沿屋面坡度平砌两层作为收边。第二种做法较为讲究，与砖檐做法类似，做磨砖线脚搭配砖细挂枋，挂枋下均设半混一层与山墙交接，在砖细挂枋下端往往做出造型的变化，有些还会使用

（a）邱氏园　（b）阮家祠堂　（c）旌忠寺

（d）小盘谷　（e）邹氏住宅　（f）新胜街7号住宅

图4.2.40　山墙封檐案例

砖雕装饰，有的山墙封檐会与相连接的厢房或院墙砖檐交圈相连。

（4）盘头（图4.2.41）

扬州地区传统建筑的盘头做法多样，最简单的为青砖叠涩出挑，讲究的做法是做磨砖线脚，与檐口砖檐做法类似，下部也会搭配砖细挂枋，有的会在挂枋上装饰砖雕。

（a）贾氏宅

（b）湖南会馆

（c）小盘谷

（d）董子祠

图4.2.41　盘头案例

（5）砖雕门楼（图4.2.42）

扬州地区传统建筑的砖雕门楼较之徽州地区更加简洁，传统装饰题材如道家“八宝”、戏文人物、瑞兽、花卉等，往往点到即止，较为克制，强化了图形的寓意。[41]

牌楼式门楼屋顶一般做硬山，下设磨砖仿木构件，如飞椽、檐椽、斗拱、额枋和匾墙等，关键部位装饰砖雕。其余形式门楼立面主要有匾墙式和额枋式两种。匾墙式门楼一般高两层，多用于大中型传统建筑，大门两侧门垛磨砖对缝砌筑，砖面细腻，凹凸有致，线条流畅。门垛两旁置对称砖柱或砖蹬，考究的砖柱顶端置砖雕挂耳如意或镂空花草饰件。大门上首置仿木作磨砖额枋和匾墙，匾墙面积较大，镶嵌磨砖，正中缀砖雕。匾墙顶端檐墙由仿木磨砖斗拱、檐椽、飞椽重叠三飞式出檐。额枋式门楼高度多为一层，为匾墙式门楼去掉匾墙而成。门垛两侧一般不设砖柱，讲究者做砖蹬。门垛上方设磨砖额枋，可根据高度设上中下三层或上下两层，额枋上有时嵌砖雕装饰。[42]

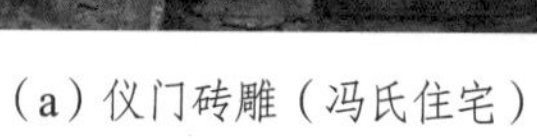

（a）仪门砖雕（冯氏住宅）

（b）匾墙式门楼（达士巷20号）

（c）额枋式门楼（通运南街16号民居）

图4.2.42　砖雕门楼案例

（6）墙角处理（图4.2.43）

扬州地区传统民居主要在街道小巷处的外墙位置做抹角处理，以做退让之势，并且起到让视线通透的

（a）罗聘故居

（b）南河下某宅

（c）小盘谷

图4.2.43　墙角处理案例

作用。一般抹角的高度比人略高一点。此次调研中所见抹角均为45度斜角，未见抹圆角案例。

（7）砖雕象鼻枭（图4.2.44）

北京四合院如意门左右上方的内凹构件被称为“象鼻枭”，扬州地区传统民居中门洞的左右上方常饰以相似的构件，此处沿用象鼻枭的称呼。扬州地区传统建筑的砖雕象鼻枭的题材较为丰富，纹样包括花草祥云、万字纹、奇珍瑞兽等。

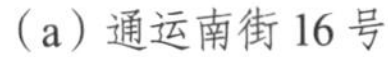

（a）通运南街 16 号

（b）冯氏住宅

（c）新仓巷 62 号民居

图4.2.44　砖雕象鼻枭案例

（8）福祠（图4.2.45）

福祠是扬州地区传统民居比较有特点的地域符号，一般设在进入大门后第一进院落迎门的墙面上，福祠左侧通常为仪门，右侧是进入火巷的门。福祠一般为佛龛的形制，立面上常做仿古建筑的造型，一般高为1.5～2米，宽约1米，厚为0.1～0.2米，规格没有严格限定。福祠是扬州水磨砖细工艺的使用典范，各构件严丝合缝，精致细腻。福祠的装饰纹样一般选用传统吉祥纹样和祭祀纹样。[43]

（9）抱鼓石（图4.2.46）

抱鼓石一般由白矾石、汉白玉、高资石、青石等制作而成，呈长方形或圆鼓形。长方形抱鼓石多见于民居住宅，圆鼓形抱鼓石则多见于寺庙、衙署等公共建筑。抱鼓石上面雕刻各种图案，一般为高浮雕，常见的纹饰有万字纹，也有刻吉祥图案，如狮子绣球、双狮戏水、竹梅双喜、竹报平安、八卦图、太极图、富贵牡丹、如意等。

（a）小盘谷

（b）卢氏盐商住宅

（c）匏庐

图4.2.45　福祠案例

（10）照壁（图4.2.47）

扬州地区传统建筑的照壁位置多位于大门正对面，根据周边环境条件，可独立设置也可设置在大门对面的墙上。独立设置的照壁根据平面形式一般分为一字形和雁翅形两种，如阮家祠堂前和汪氏盐商住宅大门前的一字形照壁，以及个园对面的雁翅形照壁。设置在大门对面墙上的照壁，如小盘谷在大门对面房屋后檐墙上

（a）小盘谷

（b）匏庐

（c）盐宗庙

图4.2.46　抱鼓石案例

（a）一字形照壁（阮家祠堂）

（b）一字形照壁（汪氏盐商住宅）

（c）雁翅形照壁（个园）

（d）照壁（小盘谷）

图4.2.47　照壁案例

设置了磨砖斜铺照壁。

（11）漏窗

漏窗（图4.2.48）又称花窗，一般用于住宅庭园中，作为观景和装饰之用。制作材料常为瓦片、望砖、筒瓦等，并普遍使用砖细做法。漏窗图案丰富多样，多为有文化色彩或吉祥寓意的样式。

图4.2.48　漏窗（小盘谷）

（12）砖细山花（图4.2.49）

在歇山屋顶的山花处，往往使用砖细做法进行装饰，有用素面砖的，也有雕饰各种纹饰图案的。

（a）旌忠寺

（b）小盘谷

（c）凫庄

图4.2.49　砖细山花案例

（13）透气孔（图4.2.50）

室内如铺设木地板，往往会在木地板下方外墙上开设透气孔。由于开在外立面上，为了美观，透气孔均会做出特别的造型或装饰各类图案。透气孔外盖常使用砖雕或石雕，清晚期开始使用金属构件。

（a）赵氏住宅

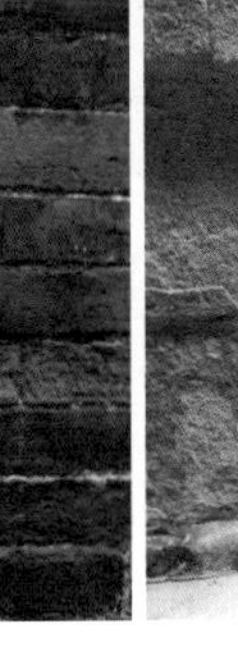

（b）周扶九盐商住宅

图4.2.50　透气孔案例

3. 屋顶部分

（1）屋顶形式

扬州地区传统建筑最常见的是硬山人字坡屋顶，住宅中的厢房有时会将屋脊偏外，做成单坡或不等坡，从内院看去屋顶大小与正房屋顶大小协调，入口门楼有时也会采取同样的做法，将檐口高度增加，使入口更加有气势。悬山屋面在此次调研中仅见甘泉县衙署门厅和廖可亭盐商住宅两处实例。歇山屋顶多见于寺庙大殿等公共建筑及住宅庭园中的建筑，分为人字顶歇山和卷棚歇山两种。攒尖屋面一般也多见于住宅庭园建筑。

（2）屋面

扬州地区传统屋面构造为室内木椽上搁置望砖，室外檐椽上同样铺设望砖，端头设挡望条，飞椽上铺设木望板或望砖，歇山屋顶翼角部分檐椽和飞椽均铺设木望板（图4.2.51）。望层之上做苫背，最后铺瓦。

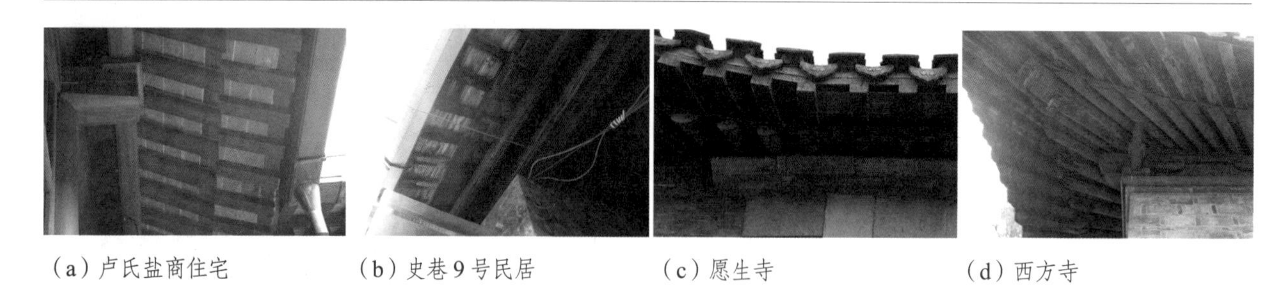

（a）卢氏盐商住宅　（b）史巷9号民居　（c）愿生寺　（d）西方寺

图4.2.51　木望板案例

（a）卢氏盐商住宅　（b）周扶九盐商住宅

（c）赵氏住宅　（d）湖南会馆

图4.2.52　猫头及滴水表面纹饰案例

屋面常用小青瓦铺设，扬州地区俗称为“小瓦屋面”。屋面材料主要来自天长、甘泉一带。小瓦屋面瓦与瓦的搭接厚密，一般底瓦错按二分之一盖瓦，瓦上下错按三分之二。屋面檐口处的盖瓦及滴水均为如意头样式，扬州地区俗称为“猫头”。猫头及滴水表面多烧制有福、禄、寿或倒挂蝙蝠等吉祥纹饰（图4.2.52）。[44]

（3）屋脊

扬州地区屋脊类型主要为小瓦脊和花脊。小瓦脊多在民居住宅硬山屋顶使用，又称竹脊、瓦条脊。瓦条上方用方正小青瓦竖向密排，在屋顶正中形成一条通顺平直的粗实线。瓦条层次越多，建筑等级越高。屋脊又以瓦条层次数量来命名，如一瓦条脊、二瓦条脊等。屋脊中部多以泥灰浮雕成吉祥图案或嵌入一面圆镜。脊头常做各种造型，如用瓦片编成端方平实的回字形，或用小型板砖镂空架设成寿字、福字或花卉等造型（图4.2.53）。

花脊（图4.2.54）常用在寺庙祠堂或民居住宅的园林建筑上，硬山和歇山均有使用。常见的形式有小青瓦花脊、筒瓦花脊、板砖花脊和砖细花脊等。

图4.2.53　脊头（周扶九盐商住宅）

（a）董子祠　（b）旌忠寺　（c）愿生寺　（d）小盘谷

图4.2.54　花脊案例

（六）其他

扬州地区的彩画（图4.2.55）常运用于宗祠寺庙建筑中，如盐宗庙、西方寺大殿的梁架上均绘制有精美的彩画，常见的为包袱彩画和旋子彩画。

（a）盐宗庙　（b）西方寺大殿

图4.2.55　彩画案例

第三节　案例

扬州市选择五个案例进行研究，这些案例均选自现今保存状况较为完好的明清老城区，每个案例均有自身的特点和代表性，力求从各方面来丰富能够传达的信息。这些案例从年代分布上看，既有清代也有民国时期的建筑；从公私属性上看，既有公共建筑也有私家住宅，其中住宅又选取大型盐商住宅和名人故居两类。从修缮利用角度上看，卢氏盐商住宅已修缮并作为饭店使用；罗聘故居已修缮并向公众有偿开放参观；永宁宫古戏台尚未修缮且保存状况较差；周扶九盐商住宅在此次调研期间已开始修缮；甘泉县衙署门厅在第一次调研时尚未修缮，第二次调研时已修缮完成。

一、周扶九盐商住宅

（一）建筑背景

周扶九盐商住宅建于清末，原有各类房屋一百五十余间，是当时扬州著名盐商周扶九[45]的住宅，被命名为“贻孙堂”。周扶九盐商住宅位于现广陵区东关街道新仓巷社区青莲巷，其范围包括了广陵路[46]上的若干院落。1937年12月，日军侵占扬州后，曾在周扶九盐商住宅设日军慰安所。[47]周扶九盐商住宅东路的两幢西式洋楼在1949年前被卖给上海的一位邱姓人士，后又转给扬州市邮电局，在20世纪80年代前是邮电局办理电话业务和电报业务的办公楼，邮电局搬走后被改为邮电局的职工宿舍，现住户多是昔日邮电局的退休人员。周扶九盐商住宅的其他中式建筑在1949年后被公管。[48]

2006年，周扶九盐商住宅被江苏省人民政府公布为第六批省级文物保护单位。

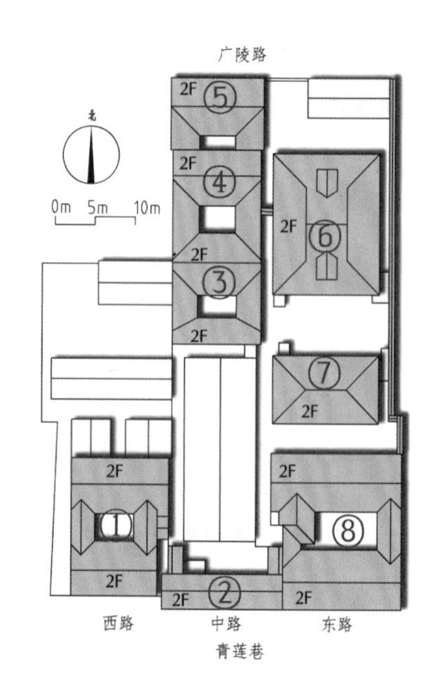

图4.3.1　周扶九盐商住宅院落编号示意图

（二）现状概述

周扶九盐商住宅院落南侧为青莲巷，西侧为民居建筑，西距渡江路约80米，北侧为广陵路，东侧与民居建筑以窄巷相隔。周边多为传统的建筑群，东面有贾氏庭园，南面有金氏住宅和王氏住宅，北面有三义阁、汉庐等。

现存建筑南北长73.64米，东西宽50.18米，占地面积3093平方米，总建筑面积2563平方米。建筑群格局保存基本完整，主房由东、中、西三路房屋及三条火巷组合而成。其中，中路原第二、第三进被拆毁，在原址建了砖混二层楼房；西路第二进北面的原有房屋被毁，后建砖混结构房屋。除东路、北部两幢为砖混结构西式洋楼外，其余均为中式传统砖木结构房屋。东路、中路建筑均为二层，西路为一层。为了便于描述，在此将现存建筑群的单体和院落进行了编号（图4.3.1）。

周扶九盐商住宅现属城南房管所直管，目前住宅内住户众多，对原有建筑进行了较多的改动和搭建，呈现为一个混乱的杂居院落。周扶九盐商住宅的主要院落关系尚存，但建筑单体保存状况较差。部分建筑木质构件糟朽虫蛀、受潮开裂、结构变形；屋面瓦件缺失，屋脊断裂，漏雨现象严重，天花破损，地面塌陷，门窗改换，雨搭缺失，墙体粉刷层开裂发霉。为了保证结构安全，增加了许多砖墙砖柱来支撑房屋构架，破坏了原有的建筑风貌。为了改善居住条件，住户还对建筑进行了较多的改造，包括改换现代门窗、加建石棉瓦遮檐、外挂空调机和铺设排水管道等，改变了原有的通风采光和屋面排水系统，甚至有住户将生活用水引至二楼外檐廊上（图4.3.2），造成很多不良影响，加速了建筑损坏。2014年8月调研时，周扶九盐商住宅的东路第一进建筑正在进行整体修缮保护，未能进入。

图4.3.2　生活用水改造

（三）建筑本体

周扶九盐商住宅为东、中、西三路并置，主体建筑坐北朝南。据当地老人回忆，其中东路8号院应为周家的小姐楼[49]，北侧有两幢独栋西式小楼；中路院落原有七进，应为周扶九所居住的正房院落；西路原有院落前后五进，现仅存南端对合两进1号院。

1. 东路（图4.3.3）

（1）8号院落

东路8号院落为两层对合式串楼院落，建筑均为砖木结构。8号院落西侧火巷设门进入该院落的天井；南侧临街建筑面阔五间，南立面原上下两层除西侧梢间外，每间均开窗，窗上设拱形砖细窗楣；东侧梢间二层窗洞被砌成砖墙，其余窗已被改为现代平开木窗，外设竖向金属防盗栏杆；西侧梢间一层后开门洞直接面向青莲巷，做木质平开门，室外置青石与麻石踏步两块。

南檐墙青砖平砌到顶，墙面上可见六列铁扒锔，每列四个。檐口出线五层，自下而上依次为半混、立板、直檐、半混、盖板，滴水和勾头瓦件已重新修补更换，屋脊已重新修葺，为一瓦条脊，现状良好。

山墙为尖山式，檐口施砖线两层。墙体砌法为和合墙，二层以上为三斗一卧空斗墙，二层设平开窗。西山墙二层北部设矩形砖细漏窗，漏窗上方嵌入方砖字匾，字匾阳刻楷书“紫气东来”四字。

2014年8月调研时，8号院落正封闭修缮，未能进入勘查。

（2）6号、7号建筑

6号、7号建筑为两栋独立的西式洋楼，建于民国时期。6号建筑入口朝南，建筑面积约506平方米；7号建筑入口朝北，与6号建筑相对，建筑面积约242平方米。两栋建筑风格一致，柱子与拱券均使用红砖砌筑，墙面使用青砖砌筑，皆扁砌到顶，灰缝采用当地俗称为“灯草缝”的做法，细腻、平直，状如白色灯草。

西式洋楼北侧临街原有大门开在今广陵路上。两扇大门原有铁铸花饰，门两旁砌有西式平房，现均已改建[50]，目前为一排砖混平房和一幢二层小楼，用作临街商铺。

（a）8号院落临街建筑南立面

（b）8号院落临街建筑东立面

（c）砖细漏窗及“紫气东来”方砖字匾

（d）7号建筑南立面

（e）7号建筑北立面

（f）北侧广陵路临街商铺

图4.3.3　东路建筑主要立面

2. 中路

中路原为七进，第一进为门房，第二进照厅，第三进正厅，后四进均为内宅楼。现存建筑五进，除第二、第三进被拆毁、改建外，其余皆为二层砖木结构的传统民居式建筑，与东路建筑以火巷相隔。

（1）2号院落（图4.3.4）

（a）院落内景

（b）二层内部搭建情况

（c）梢间梁架中柱落地

（d）北侧檐口情况

（e）沿街南立面

（f）凹字形砖雕门楼

图4.3.4　2号院落保存状况

2号院落建筑为二层，平面为六间两厢（图4.3.5）。

1）正房

2号院落正房为门房，东起第二间为门堂，门堂南部为凹字形砖雕门楼，门堂木柱可见，柱体下端开裂、破损，柱础为石鼓墩，门堂后檐原应有六扇门，现已缺失。门堂东、西两侧墙体为红砖砌筑，为后期拆改。门楼外侧入口处为条石铺地，内部已改为现代行道砖铺地（同巷道铺地），一直延伸向里，经过天井，沿新建建筑（原第二、第三进）西侧的巷子通向3号院落。

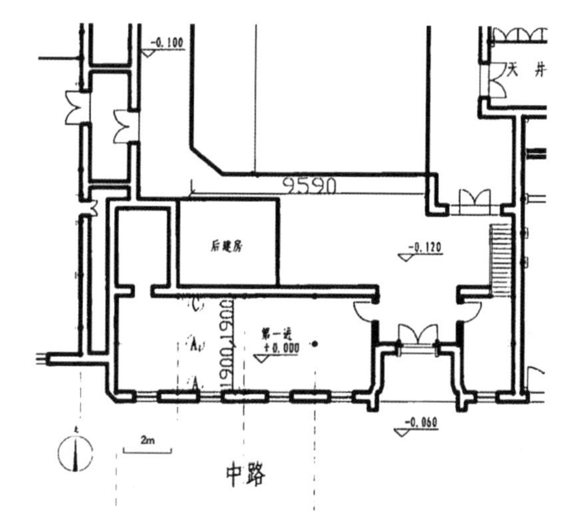

图4.3.5　2号院落一层平面图（图片引自扬州市古宸古典建筑工程有限公司：《周扶九盐商住宅修缮方案》）

一层内部已经全部改建，原平面关系暂无法考证。二层为六开间，以木板壁相隔，各板壁北侧均设有门，将各间流线串联起来。目前二层有人居住，室内杂乱不堪，在房间内北侧窗下搭设简易灶台炊具，存在火灾隐患。为方便使用，住户在室内还搭建了置物板等，对建筑风貌造成破坏。油烟垢滓污染了梁架等木质构件。

正房进深五檩，西起第一间东侧梁架为中柱落地，前后双步梁，其余开间构架因杂物遮挡未能进入勘查。楼面木结构由楼板、搁栅、楼楞和顺枋（顺梁方向）组成，其中楼楞和顺枋构成一层龙骨，搁栅作为二层龙骨，上置木楼板。楼面出檐方向不外挑，无台口。北侧檐口为木檐，有叉栱，无飞椽。檐椽截面为半圆椽，截面垂直于椽身。原有木窗均已缺失或被改动。

东山墙与东路8号院落沿街房屋共用，为清水乱砖墙。西山墙为混水砖墙。南檐墙为整砖实砌清水砖墙，平砌到顶，砖细垛头及五层挑檐。墙面已经扭曲、鼓肚，部分墙体有水泥抹面。原南檐墙一层、二层均不开窗，现各层、各间均后开窗洞。

门堂的砖雕门楼平面呈凹字形，两层高，砖柱和门楼的中下部墙体酥碱情况严重，成片破损、剥落。门楼下方的门枕石上部缺失，只余底座。木门框和木门槛保存完好，大门为对开。门框上方由下至上分三部分：①三道青砖立砌的砖细枋，中间砖枋稍突出于下层砖枋，上层砖枋与中间砖枋之间有一层平砌青砖，各层砖枋上的砖雕均被灰泥糊住；②匾墙内用六角砖，匾墙的四个边角和中心曾装饰精美的砖雕，在“文革”时期被灰泥抹平，但仍可看出中心为扁桃花形雕饰；③五层青砖叠涩而成的线脚，与两侧墙的线脚交圈。

2）东厢房、西厢房

东厢房一层开敞，有一简易木爬梯，由北向南通往二层，其北侧起步处紧贴北面通往火巷的仪门（图4.3.6）。加之东厢房屋面明显低于正房，推测东厢房为后建。此处木爬梯为暗步楼梯，踏步板和踢脚板嵌入楼梯斜梁内，围护只设置木扶手，木爬梯踏步磨损情况严重。木楼梯紧贴仪门，通过仪门可进入中路、东路之间的火巷。仪门立面样式较为简单，为方砖镶框，上角为花牙式，雕刻成灵芝形牡丹花。门洞侧壁饰砖细方砖，东侧方砖下部缺损，露出内部墙体，墙体表面现已开裂。

（a）木楼梯紧贴仪门

（b）仪门立面样式

图4.3.6　仪门与木楼梯

西厢房已不是原状。

3）其他（图4.3.7）

天井地面为方整青石板，剩余面积较少，多数已碎裂，其余部分为现代行道砖铺地及水泥地面。正房与西厢房的阴角处搭建红砖砌筑的厨房。

（a）天井铺地

（b）后建红砖砌筑厨房

图4.3.7　2号院落内部保存状况

（2）3号、4号、5号院落（图4.3.8）

（a）3号院落正房一层通道

（b）3号院落侧门被封堵

（c）4号院落侧门

（d）4号院落楼梯

（e）4号院落二层设门通向5号院落二层

（f）4号院落东厢二层设通道与东路6号院落二层相连

（g）木质天桥外观

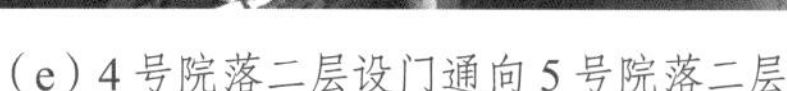

图4.3.8　3号、4号、5号院落保存状况

1）平面格局

3号、4号、5号院落格局保存相对完整（图4.3.9），其中3号院落平面为六间四厢对合式，4号院落平面为三间四厢三合式，5号院落平面为三间两厢三合式。每进院落一层明间后檐墙设门前后连通，现均已被封堵。3号院落正房一层西次间现隔出一条通道穿过西侧山墙进入西路，东侧南厢房和4号院落东侧南厢房设侧门通向东路与中路之间的火巷，现3号院落侧门被后砌砖墙封堵。5号院落正房明间原设后门通向广陵路，现已被改成沿街商铺。

楼梯设在3号院落南端建筑东次间和4号院落东厢房南间。3号院落二层正房东次间设门与4号院落相连通，现被后砌砖墙封堵。4号院落正房东次间后檐开门通向5号院落，厢房东檐墙上开设洞口，加建一座木质天桥，与东路6号院落的二层相连。

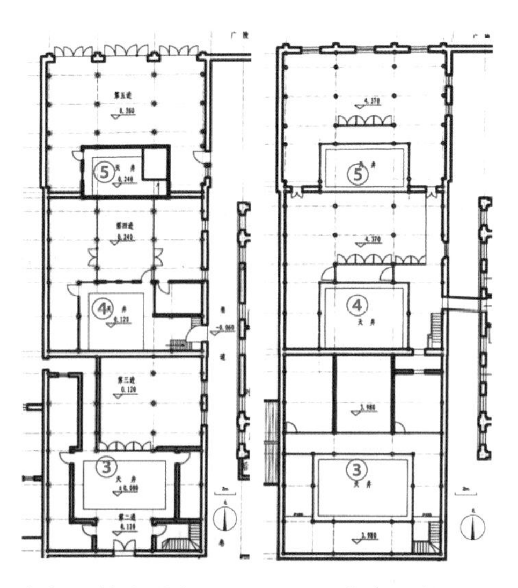
（a）一层平面图　（b）二层平面图

图4.3.9　3号、4号、5号院落现状平面图（图片改绘自扬州市古宸古典建筑工程有限公司：《周扶九盐商住宅修缮方案》）

2）建筑构架（图4.3.10）

3号、4号、5号院落内宅楼均为二层砖木结构，3号院落南侧建筑为此部分的门楼，进深三檩，抬梁。4号、5号院落正房均进深七檩，穿斗式木构架，中柱落地，前后双步梁接单步梁。此次调研中，3号院落厢房未能进入勘查，其余院落厢房均为单坡三檩抬梁式结构，靠院墙一侧檐柱一半埋入墙中，楼面结构与2号院落正房基本相同。区别之处在于每进院落建筑一层挑出梁头下方多设撑栱，多数已损坏、脱落；二层面向天井一侧均向外出挑，并设置砖细台口。

（a）4号院落正房梁架

（b）4号院落东厢房梁架

（c）面向天井一侧二层出挑

（d）撑栱

图4.3.10　3号、4号、5号院落建筑构架

3）墙体（图4.3.11）

东、西两侧墙体由各院落正房的山墙和厢房的檐墙组成。墙体为青砖实砌，清水墙面，墙顶标高与3号院落南侧建筑屋脊高度相同，山墙顶部设两层砖挑檐，两层压顶。3号、4号院落正房山墙为独立屏风墙，墙上施双坡瓦顶，瓦顶下为砖挑檐和砖细挂枋。5号院落正房山墙为尖山式。3号、4号、5号院落东山墙、西山墙均经过修葺、改造，有多处后开窗洞。墙上多处架设现代设施，如电视天线、空调外挂机等，影响传统建筑的原始风貌。

3号院落南侧建筑南檐墙为青砖砌筑和合墙，清水墙面。明间设对开大门，保存有砖细门楼。门楼为立线垛形式。门洞上方设素面额枋两层，三分之一已脱落，再上为砖细雨搭，多处破损脱落。木板门与门上方的门楹保存良好，门框两边存有铁质门闩。西次间墙面被水泥抹面，改变了原有风貌，一层、二层均后开窗洞。3号院落正房北檐墙为青砖混水墙，白色抹灰层脱落严重，墙面霉菌滋生。檐口为砖细叠涩檐口。明间一层开设门洞，门洞两侧为方砖贴面的砖垛。门洞上方有两层砖细额枋及砖细雨搭，雨搭破损严重。该

（a）3号院落正房北檐墙

（b）4号院落正房山墙

（c）5号院落正房山墙

(d) 3号院落南侧建筑南檐墙

(e) 5号院落正房沿广陵路改为商铺

(f) 4号院落正房北檐墙

图4.3.11　3号、4号、5号院落墙体

门洞目前被砖砌，并设现代窗。明间二层及西次间一层各开一窗，并设防盗网。4号院落正房北檐墙已不见原貌，一层门洞被封堵，二层明间被白色抹灰层覆盖，其余水泥素面，在一层墙面上凸出有后加水泥素面柱子。一层、二层均后开现代窗。5号院落正房北临广陵路，已被改为沿街商铺，北檐墙已改动，看不出房屋的原始样貌。

4）天井内立面（图4.3.12）

3号院落的天井内立面二层外檐设古式栏杆，保存相对完整，局部破损、失落。横竖栏杆内心仔均为直棂条，栏杆内侧安装活动移板。栏杆上方设置槛窗，窗扇为四抹头形式。西厢房一层及南侧建筑次间一层

(a) 3号院落西厢房一层立面

(b) 4号院落正房二层立面

(e) 5号院落正房及西厢房立面

(c) 台口饰素面砖细面砖

(d) 5号院落正房台口破损严重

图4.3.12　3号、4号、5号院落天井内立面

留存部分砖细槛墙。4号院落正房二层明间和东次间的外檐为古式栏杆；内檐为槅扇，东厢房二层设古式栏杆，西厢一层部分设有槛窗，其余均已被改动。5号院落二层设古式栏杆，西厢房二层设有槛窗，其余已被改动。

3号、4号、5号院落的天井二层楼面处均设台口，台口外立面和一层梁头端部均饰素面砖细面砖。台口保存状况较差，多已破损，尤以5号院落正房最为严重，砖细面砖均已脱落。

5）地面

楼梯间和其余各进房的明间及侧门堂均为方砖地面，其余房间及厢房铺设架空式木地板。[51]4号院落楼梯间二层方砖大部分已碎裂，正房二层外檐廊地面改铺红色釉面砖（图4.3.13）。

（a）4号院楼梯间二层方砖

（b）4号院正房二层外檐廊地面改铺红色釉面砖

图4.3.13　4号院落二层铺地

仅3号院落的天井还保留有青石板地面，且大部分已碎裂。4号、5号院落天井地坪均已被抬高，现为水泥地面。3号、5号院落的天井四周还留存有青石板阶沿石。

6）加建（图4.3.14）

3号院落的天井东北部加砌有砖房。4号院落天井东南角砌筑水泥盥洗台。

（a）3号院落天井加砌砖房

（b）4号院落天井砌筑水泥盥洗台

图4.3.14　3号、4号院落加建

3. 西路

西路建筑现仅存1号院落，北侧房屋均已被拆改。院落形式为六间两厢对合式，东厢东侧开门通向西路与中路之间的火巷。天井四周铺设的青石阶沿大部分在位，部分被后增高的地面所覆盖。天井地面为方整青石板，大部分现已碎裂（图4.3.15）。

图4.3.15　天井地面

（1）南侧沿街建筑（图4.3.16）

南侧沿街建筑进深七檩，山面梁架中柱落地，前后双步梁接单步梁。前下金檩、后下金檩下方均设有连机及夹堂板，脊檩下设有连机。明间及东次间已重新改造。西次间及东厢房地面仍保存有方砖地面，绝大部分已破碎。西次间屋面部分坍塌，檐檩由简易木柱支撑。

南檐墙为面向青莲巷沿街立面，青砖砌筑清水墙，檐口砖细挑檐、挂枋保存完整。原有门楼被封堵，墙面后开四窗一门，并加设防盗网。墙面部分被粉刷污染，檐口下部架设轻质雨棚，墙体中部外挂电表箱、空调机等现代设施，对传统建筑风貌破坏严重。北立面改动较大，已不是原貌。

（a）西次间现状

（b）沿街立面

图4.3.16　西路建筑南侧沿街建筑

（a）东次间现代推拉窗

（b）明间石柱础

图4.3.17　西路建筑北侧正房

（2）北侧正房（图4.3.17）

此次调研未能进入北侧正房。南立面明间槅扇门和次间木槛墙保存状况相对完好，东次间槛窗被改为现代推拉窗。明间石柱础保存较好。东厢房、西厢房改动较大，已不是原貌。

二、卢氏盐商住宅

（一）建筑背景

卢氏盐商住宅位于扬州市广陵区康山街[52]，是扬州市现存规模最大的盐商住宅建筑，被誉为“盐商第一楼”，也是扬州大户人家传统民居的杰出代表作之一。

宅主卢绍绪[53]以“卢庆云堂”名义购得康山街南北两块空地，为康山草堂[54]部分遗址，造屋构园。清光绪二十年（1894）始建，历时三年，共花费白银七万八千余两，为晚清扬州住宅之最。花园部分建成于清光绪三十三年（1907），取名曰“意园”。后世子孙又于花园前后各扩建房屋两进，形成了现在共十一进的格局。

卢绍绪去世后，其二子利用宅第办学，后分割家产。[55]抗战时，意园（长房产业）为王姓人家购得，后来又被卖出。抗战时期及战后，两房产业分别由前河工局、汪伪盐务署、国民党海军留守处占用。1949年后均被公管，成为苏北火柴厂，20世纪50年代初成为军管营房，苏北军区服装厂也设在这里。1958年大办工业时，卢氏盐商住宅成了扬州制药厂，后又被扬州五一食品厂租用，直至2005年搬出。1981年，由于食品厂工具使用不当，建筑惨遭大火，自照厅至女厅全部被烧毁。

1955年，陈从周对当时的卢氏盐商住宅主要房屋进行了测绘，并根据卢氏后人的记忆和提供的相关资料绘制了图纸。2005年，相关部门依据陈从周提供的平面图和剖面图，对其进行修缮和复建工作（图4.3.18）。卢氏盐商住宅于2006年5月3日正式对外开放，现为全国重点文物保护单位。大运河申遗成功后，卢氏盐商住宅成为世界文化遗产大运河（扬州段）遗产点之一。

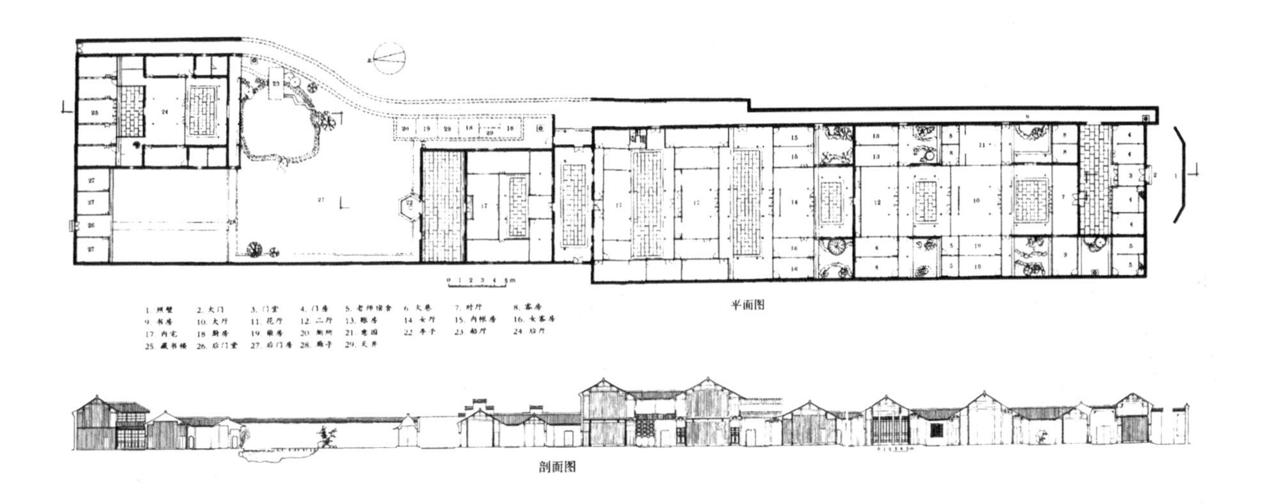

图4.3.18　卢氏盐商住宅剖面图和平面图（图片引自陈从周编著，路秉杰等译：《扬州园林：汉日对照》，同济大学出版社2007年版）

（二）现状概述

卢氏盐商住宅南北范围为今康山街22号至羊胡巷63号、65号，东西范围为北河下南段7号至西宅山墙及南通路12号、14号（原康山街41号范围），南临康山街，北临羊胡巷，东侧南端与文物保护单位盐宗庙毗邻，西为自然小巷。整体来看，卢氏盐商住宅东侧、南侧为现代仿古商业文化园二层建筑，西侧、北侧为传统民居，北部意园部分的西侧建有三栋多层住宅楼。

卢氏盐商住宅前后共十一进建筑，占地总面积为6157平方米，火灾前建筑总面积为4284平方米（构筑物照壁除外）。其中照厅、大厅、二厅、女厅四进房屋为2005年复建。大门外原有八字照壁，已毁。卢氏盐商住宅现为具有旅游、餐饮等公共服务功能的盐商老宅，内部还设置了中国淮扬菜博物馆，产权单位为扬州市扬子江投资发展集团。

（三）建筑本体

1. 平面布局

卢氏盐商住宅坐北朝南，总体布局为一路纵向宅院，前后共十一进，东侧有火巷相连。

卢氏盐商住宅前七进建筑为一整体院落，均面阔七间，为“3＋2＋2”形式，沿中轴线布局，由南向北依次为门楼厅、照厅、大厅、二厅、女厅和前后两栋内宅楼（图4.3.19）。每进之间均有天井间隔，两旁由厢廊、厢楼前后相接形成回字形串楼。除门楼厅外，其余建筑以大厅、二厅和女厅为主厅，每进的梢间、尽间用可开启的屏门壁板或碧纱橱槅扇隔成偏厅、客座或套房、书房。门楼厅东起第三间为门堂，为整个宅院的入口大门，北侧天井内设隔墙将天井西侧两间区域隔为花园。照厅东起两间现被改造为盥洗室。大厅中部三间现命名为庆云堂，东侧两间是花厅，隔有客房两小间，花厅前有一小庭院，西侧两间隔成四间，其中北侧两小间曾作为教师宿舍使用。二厅中部三间现命名为淮海厅，后檐金柱间设有屏门，东边两间原为账房，西边两间原为客房，现内部均无分隔，改为开敞空间，布置为餐饮包间。女厅位于二厅北侧，中间三开间现命名为兰馨厅，西侧为兰凤厅，东侧为兰影厅。前宅楼现命名为涵碧楼，后宅楼现命名为怡晴楼，此次调研时两栋内宅楼均在进行修缮，内部空间经过重新划分被用作餐饮包间。

（a）门楼厅北立面　（b）大厅南侧院落　（c）二厅内部　（d）二厅西侧两间客房

（e）后宅楼　（f）大厅东侧花厅前庭院　（g）女厅北立面　（h）火巷

图4.3.19　卢氏盐商住宅前七进建筑

第八、第九进建筑为对合院落，建设时间较前七进略晚，均为明三暗五式格局，现作为卢氏盐商住宅餐厅的厨房使用。

第九进之后为卢氏盐商住宅的花园，名为意园（图4.3.20）。意园西南有倚墙而建的盝顶亭一座，园东北侧有一水池，池中置假山、石舫。陈从周《扬州园林》对卢氏盐商住宅意园有“池东原有旱船，今亦废”的描述，可知现存石舫为后建。石舫前有长廊，长廊尽头有八角形地穴[56]通庭院。石舫北侧有一眼井。

（a）意园　（b）石舫　（c）井

图4.3.20　意园

意园后的第十、第十一进为整体院落，两进房屋平面均为明三暗五式格局。第十进为书房、客厅；第十一进为楼厅，楼厅西侧接后门房（图4.3.21）。第十进为五间两厢式布局。正房面阔五间，现内部为开敞大厅。第十一进的正房面阔五间，平面呈凹字形，为二层小楼。一层原本各开间之间有木板壁相隔，现木板壁已被拆除，变为开敞的大空间。原建筑只在入口处设有一架旋转木楼梯通向二层，现东侧梢间加建一架双跑木楼梯。二楼由木板壁分隔成五开间。西侧后门房为四开间，门房东侧与第十一进楼厅西山墙相接，西起第二间为门堂，通向院外。

（a）第十一进一层内部空间　（b）第十一进旋转木楼梯

（c）第十一进后加双跑木楼梯　（d）后门房

图4.3.21　第十、第十一进建筑及后门房

2. 建筑构架（图4.3.22）

门楼厅为二层砖木结构，进深七檩，五架梁抬梁，前后接单步梁。[57]照厅进深五檩，明间、次间为五架梁抬梁，梢间、尽间中柱落地，前后双步梁。大厅进深九檩，前后均有轩廊。明间为五架梁抬梁，前后单步梁再接单步梁，六柱落地。次间、梢间、尽间为三架梁抬梁，其余均为单步梁，八柱落地。二厅进深九檩，南侧有轩廊，北侧明间、次间有轩廊。明间为五架梁抬梁，前后单步梁再接单步梁，六柱落地。次间三架梁抬梁，其余均为单步梁，八柱落地。梢间、尽间均为进深八檩，构架形式与次间相同，仅最北侧比次间少一单步梁步架。女厅明间、次间进深八檩，明间五架梁抬梁，南接单步梁，北接单步梁再接单步梁，五柱落地。次间三架梁抬梁，其余均为单步梁相接，七柱落地。梢间、尽间进深九檩，比明间、次间在北檐增加一架轩篷，加一同檐高檐柱，用草架手法，将正脊向北推一步架并增高一举架。[58]前宅楼进深七檩，两层砖木结构，明间、次间五架梁抬梁，前后单步梁再接单步梁，六柱落地，次间、梢间、尽间均为中柱落地，前后双步梁接单步梁再接单步梁，七柱落地。后宅楼进深八檩，两层砖木结构，明间五架梁抬梁，前后单步梁，南檐再接单步梁，五柱落地。次间、梢间、尽间均为中柱落地，前后双步梁接单步梁，南檐再接单步梁，六柱落地。

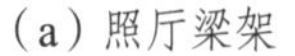

（a）照厅梁架　（b）大厅南侧轩廊　（c）二厅南侧轩廊　（d）第十进室内吊顶

（e）二厅明间梁架

（f）二厅次间梁架

（g）第十一进明间梁架

图4.3.22　建筑构架

第十进书房室内做木吊顶，无法看到内部梁架结构。第十一进两层砖木结构，进深七檩，明间为三架梁抬梁，前后单步梁再接单步梁，六柱落地。后门房进深六檩，中柱落地，前后双步梁南侧再接单步梁。

3. 墙体（图4.3.23）

沿街门楼厅设高大精致的水磨砖雕门楼。对厅明间南檐墙设砖雕仪门。南檐墙及天井东西两侧墙面均设砖细方砖斜铺装饰。在大门正对位置的墙面上设砖细福祠。天井东侧墙上设竹丝门通往火巷。第十、第十一进建筑山墙采用三顺一丁的砌筑方式，上部采用砖细博风，博风端部有花卉样式砖雕。盘头较为简洁，仅用青砖叠涩出简单线脚作为装饰，没有砖雕。

（a）门楼厅水磨砖雕门楼

（b）对厅砖雕仪门

（c）砖细方砖斜铺装饰

（d）砖细福祠

（e）竹丝门

（f）第十进西山墙

（g）第十一进盘头

图4.3.23　墙体

4. 铺地（图4.3.24）

室内一层地面大部分为方砖铺地，部分改为现代餐厅的位置用现代地砖与方砖拼接。天井地面以矩形青石板为主，多已碎裂。花园部分地面为花街铺地做法。

（a）现代地砖与方砖拼接

（b）天井青石板铺地

（c）花街铺地

图4.3.24　铺地

三、罗聘故居

（一）建筑背景

罗聘[59]故居又称“朱草诗林”，为清代建筑，建于清乾隆年间。据《甘泉县续志》载：“朱草诗林在弥陀巷内，花之僧罗两峰寓庐也。今名其地为小花园巷，仪征金氏所居即其故地。”罗聘的创作活动主要在此进行。罗聘及其妻儿均善画梅，号“梅家画派”，在此宅内生活了几十年。

罗聘故居于1952年修复，1962年5月被定为市级文物保护单位，1987年大修，2006～2007年迁出住户。2007～2008年，扬州市古典建筑工程公司对罗聘故居书斋、客座、半亭及西部住宅等进行了全面维修。经过整修和内部陈列布置后，罗聘故居于2008年4月起对外开放。2011年12月，罗聘故居被公布为省级文物保护单位。

（二）现状概述

罗聘故居位于东关街道彩衣街社区弥陀巷中段向东的小花园巷内，故居南侧为传统民居建筑群。尽管故居院墙四周均为传统建筑，但自西院墙向西10米，北院墙向北10米，东院墙向东北20米，均已到达扬州市妇幼保健院的现代建筑场地范围（图4.3.25）。尤其东院墙东侧的现代建筑大楼距故居仅10米。扬州市妇幼保健院的扩建对故居所在老城区传统建筑风貌及街巷布局造成了极大影响。罗聘故居附近的人文景观丰富，东面有杨氏住宅，南面有赵氏庭园、旌德会馆，北面不远处有明清北护城河等。

图4.3.25　罗聘故居周边建筑卫星图

罗聘故居现存建筑面积286平方米，占地面积447.5平方米，原东部住宅与书斋间以一条长廊隔开，廊中原有六角形小门相通，现此门已封闭，东侧住宅已拆改。西侧住宅第二进在2007年修缮之前，为一栋坐北朝南的砖混房屋。经过修缮拆除之后，目前为新建砖木结构仿古建筑，面阔三间，进深七檩，内部为罗聘故居史料陈列室，室内有吊顶和展陈设施（图4.3.26）。明间入口处悬挂“香叶草堂”牌匾，易造成参观者对建筑真实历史信息的误读。

罗聘故居范围东到长廊东侧院墙为止，廊西为园。经修缮后建筑本体保存完好，现存西部庭院住宅布

(a)"香叶草堂"牌匾

(b)陈列室内部

图4.3.26 罗聘故居史料陈列室

局及单体传统建筑构造做法均有较高的研究价值。

罗聘故居现由扬州八怪纪念馆管理，产权单位为扬州市文化局。

(三)建筑本体(图4.3.27)

现存罗聘故居园内东北部有书斋两间，坐北朝南，据称此斋即为"香叶草堂"，堂前原有池。书斋西南依南院墙筑一半亭，半亭之西有坐西朝东客座三间，以短廊相接。书斋西侧有住宅前后两进。

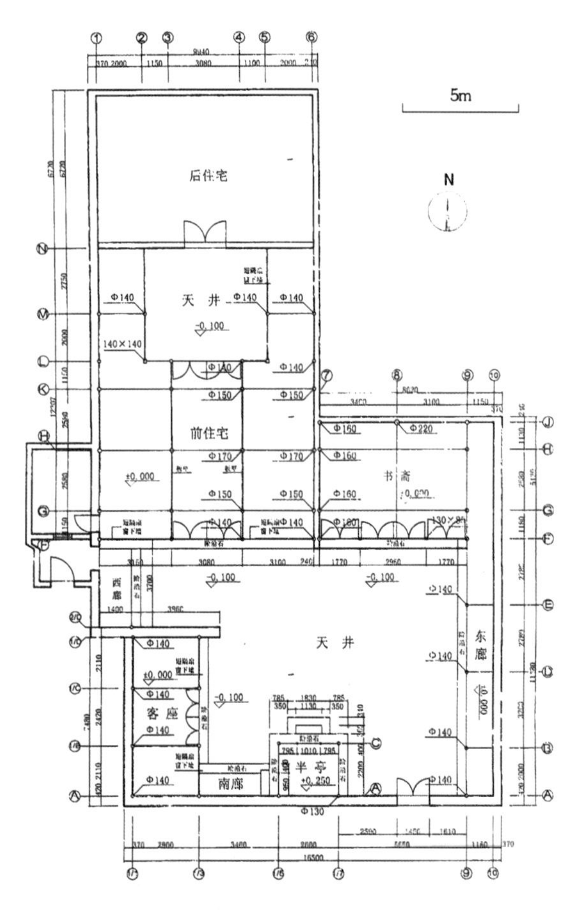

图4.3.27 罗聘故居一层平面图(图片引自扬州市古典建筑工程公司:《扬州市罗聘故居修缮方案》)

1. 院墙、大门(图4.3.28)

罗聘故居沿小花园巷筑高大院墙，沿街巷转角墙体下部做抹角退让处理。故居南院墙由客座的南山墙、东廊的南山墙，以及两者之间的院墙组成一面墙体，两山墙为对称样式的云式山墙。南院墙下部为清水乱砖墙，上部为三斗一卧空斗墙，一直砌到顶部砖细挂枋下方，墙顶为双坡瓦顶，脊部为一瓦条脊，脊头做砖细"万卷书"样式。大门设置在南院墙偏东位置，砖细门楼样式简洁，保存完好。门洞上方有简单的青砖叠涩雀替，大门左右两侧有方形抱鼓石，雕刻有仙鹤、麒麟和凤凰等瑞兽图案。

(a)院墙及抹角退让处理 (b)方形抱鼓石

图4.3.28 院墙及大门

2. 庭院、半亭(图4.3.29)

庭院内有砖铺和石板两种形式的道路，沿庭院四周将园内主要建筑联系起来。庭院中间和东南角各有一株桂花树，为主要景观植物，其余为各类灌木。半亭位于庭院西南，依院墙而筑，单檐歇山顶，檐下有

（a）庭院

（b）半亭

（c）半亭梁架

图4.3.29 庭院及半亭

挂落，正面分为三组，每组挂落下方设木雀替，台基之上设青石阶沿，地面为方砖铺地，砖槛墙座椅上设美人靠。

3. 客座（图4.3.30）

客座位于院落的西南部，坐西朝东，面阔三间，进深五檩。前檐柱前下出青石阶沿石，室内地面为方砖铺地。

屋架形式明间和次间相同，均为五架梁抬梁，前后檐柱落地。前后金檩之间平铺半圆椽及望砖，其上方梁架结构未能勘查，推测为《营造法原》中所述“回顶”做法。前檐为木檐，檐椽为半圆椽，飞椽为方椽。后檐为砖檐。

东立面明间上部设横风窗，下部为四扇槅扇门。次间对称设置，上部为横风窗，中部为三排支摘窗，每排三扇，下部为砖槛墙，清水做法。明间檐口下方悬挂“朱草诗林”牌匾。

西檐墙为清水乱砖墙，南山墙为云山式山墙，与南院墙连成一体，下部为清水乱砖墙，上部为三斗一卧空斗墙。北山墙为混水砖墙，顶部造型为云山式。屋面为小青瓦屋面，屋檐滴水、勾头构件保存完好。屋脊为一瓦条脊，脊头为砖细“万卷书”样式。

（a）梁架

（b）东立面

（c）室内方砖铺地

图4.3.30 客座

4. 书斋

书斋坐北朝南，面阔两间，进深五檩，内部不做分隔，室内地面为方砖铺地，前檐柱前下出青石阶沿石。

两间外侧梁架为三架梁抬梁，前后接单步梁，四柱落地。中间梁架为五架梁抬梁，南端搁置在前檐通跨坎梁上，北端由檐柱支撑。[60]

（a）书斋 2007 年修缮前南立面

（b）书斋现南立面

图4.3.31　书斋南立面修缮前后对比图

根据2007年修缮前的勘查照片，书斋虽然面阔两间，但在南立面上，做成三开间的样式，两侧为对称的木槛墙与支摘窗组合，中间为四扇两组对开槅扇门。现南立面两开间在坎梁下设有一檐柱，两间立面样式相同，下部木槛墙，上部支摘窗，再上设横风窗，每间分四排，唯一区别在于东间的中间两排为槅扇门（图4.3.31）。西侧山墙同前住宅共用。后檐墙为乱砖实砌墙。屋顶为小青瓦屋面，屋脊为一瓦条脊。南侧木檐以挑檐檩承托，檐椽为半圆椽，飞椽使用扁方椽，出檐部分均使用望砖。

5. 前住宅（图4.3.32）

前住宅位于客座的北侧，坐北朝南，面阔三间，进深七檩，东与书斋一墙之隔。明间与次间以木板壁分隔，前檐金柱里侧安装对开房门，向次间开启。明间后檐金柱间设屏门。明间地面方砖铺地，次间为木地板铺地。柱础样式为鼓磴与覆盆组合样式。檐柱前有青石铺成阶沿石，宽370毫米。

（a）明间吊顶

（b）明间南立面槅扇门和支摘窗

（c）组合式柱础

（d）台阶状木吊顶

（e）小青瓦屋面

图4.3.32　前住宅

明间、次间均中柱落地，前后双步梁接单步梁。明间、次间做木吊顶，呈台阶状，檐檩和下金檩之间吊顶高度与檐檩下皮平齐，其余吊顶高度与下金檩下皮平齐。

明间南立面上设横风窗，下面为六扇槅扇门，均向内侧开启。两侧次间相对称，上设横风窗，中间为三排支摘窗。支摘窗内心仔花纹旋转90度则与槅扇门内心仔花纹一致，窗下为全顺砖砌槛墙。

屋面由小青瓦铺制，檐口设滴水瓦件。屋脊为一瓦条脊，脊头为砖细“万卷书”样式。

6. 天井

天井位于前住宅北侧，四周为一圈青石阶沿石，地面为矩形青石铺地，现已碎裂（图4.3.33）。地面四角设有铜钱状的砖雕地漏。

图4.3.33　天井地面

四、甘泉县衙署门厅

（一）建筑背景

甘泉县衙署门厅为扬州市老城区仅存的县衙建筑。清雍正十年（1732），地方申请行政区划调整，因扬州境内有甘泉山，状如北斗七星，故用甘泉做县名，得到朝廷批准。府城内由甘泉、江都二县分治。旧城东半壁、新城北半壁属甘泉县管辖。县衙为龚姓知县监建。原衙署中为正堂，堂后有知县宅，两翼为司房吏舍，甬道直达仪门，再前为门厅和照壁。现衙署除了清同治八年（1869）重建的门厅外，其余建筑已不存在。20世纪80年代，扬州市人民检察院曾在此办公，90年代检察院迁出，后为其他单位占用。1996年，甘泉县衙署门厅被列为市级文物保护单位。

图4.3.34　甘泉县衙署门厅沿街

（二）现状概述

甘泉县衙署门厅位于广陵区甘泉路194号，南临甘泉路，北侧为临时停车场，东、西两侧为现代沿街商铺建筑（图4.3.34）。

2014年9月第一次调研中发现建筑本体有改动，现代附加物较多，保存状况不佳，所在环境也较为混乱（图4.3.35）。两次间北侧后砌砖墙分别围合成房间，在面向明间一侧均设现代对开木门，房间内设木吊顶，现已破损。东侧房间内山墙中柱与北檐柱之间后开门洞。明间大门木质门槛遗失，仅余石门臼，木板大门下端破损。明间东侧南檐柱及其下方石鼓移位，柱子根部开裂。明间西侧南檐柱向北歪斜，柱子根部开裂。柱子、枋、檩条等木构件油漆起皮剥落。

墙体多处抹灰破损、剥落，有涂鸦痕迹。次间南侧部分地面为小青砖铺地，明间部分为现代矩形

（a）次间北侧后砌砖墙围合成房间

（b）后砌房间设现代对开木门

（c）东侧房间内山墙后开门洞

（d）房间内设木吊顶

（e）木质门槛遗失，仅余石门臼，大门下端破损

（f）明间东侧南檐柱根部开裂，石鼓移位

（g）木构件油漆起皮脱落

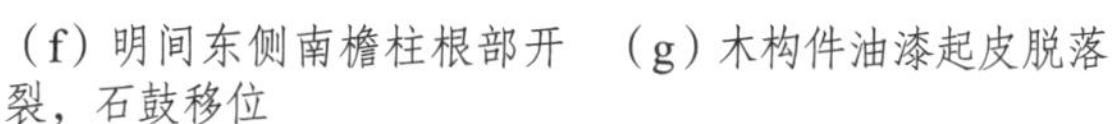

（h）明间西侧南檐柱向北歪斜，柱子根部开裂

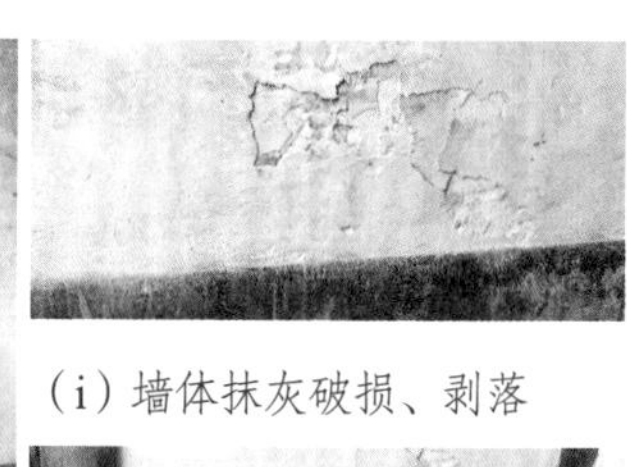

（i）墙体抹灰破损、剥落

（j）次间南侧小青砖铺地

（k）原始条石

（l）建筑构件上后加小彩灯

（m）后砌水泥墩上设电箱

（n）东南侧屋面檐口破损严重，植物生长

图4.3.35　甘泉县衙署门厅保存状况

地砖铺地，与门厅北侧停车场地面材质相同，穿越大门的通道左右各保留一列原始条石。小青瓦屋面有植物生长，东南侧屋面檐口部分破损严重。门厅沿街八字墙西墙上开一窗洞，东墙上开一门洞。门厅大门两侧墙体沿街悬挂告示栏和广告牌。建筑构件上后加小彩灯。南檐柱南侧靠西山墙位置砌筑矩形水泥墩，上设电箱。

2014年11月，甘泉县衙署门厅揭顶大修完工。此次大修修补、替换了原衙署门厅的破损木构件，重新油漆；修补破损墙体表面，重新粉刷；重铺屋面，修补破损檐口构件；重新修整屋脊；去除了墙面上的告示栏、广告牌和建筑构件上的小彩灯；电箱下的水泥墩外部贴瓷砖装饰（图4.3.36）。

（a）修补、替换破损木构件，重新油漆

（b）重铺屋面，修补破损檐口构件

（c）水泥墩贴瓷砖装饰

图4.3.36　甘泉县衙署门厅修缮后状况

（三）建筑本体（图4.3.37）

甘泉县衙署门厅坐北朝南，面阔三间，进深五檩。明间、次间均中柱落地，前后双步梁。次间中柱东西轴线上，下部砌墙，上部为木板壁。大门设在明间中柱东西轴线上，大门内侧上部门楹保存较好。次间山墙向南延伸接八字墙体。

门厅南檐柱间设额枋，其上为平板枋，断面宽度大于额枋，组合呈T形，区别于清代一般的凸字形组合。柱间设两攒平身科，为一斗六升，柱头科坐斗承横栱两层，出翘一层，承托梁头。檐椽为半圆椽，其上为望砖，檐椽端头上方设眠檐。飞椽为扁方椽，其上为木望板。

屋顶为悬山顶，置有木博风板。屋面为小青瓦屋面。屋脊为清水脊，造型平直，仅在端部微微起翘。勾头瓦和滴水瓦构件上有“太平”“福禄寿”字样和八卦图样。

（a）明间梁架

（b）次间上部木板壁

（c）斗拱

（d）木檐构造

（e）悬山屋顶木博风板

（f）勾头瓦、滴水瓦上纹样

图4.3.37　甘泉县衙署门厅建筑本体

五、永宁宫古戏台

（一）建筑背景

永宁宫古戏台（图4.3.38）建于清雍正年间，是扬州市现存最古老、保存最完整的一座戏台，有近三百年的历史，现为扬州市级文物保护单位。

永宁宫古戏台原属福缘寺[61]下院，是向普通民众开放的平民戏台。

1949年后，永宁宫遣散了里面的僧道，先后作为庆丰造纸厂的车间和职工宿舍使用，现成为大杂院。

图4.3.38　永宁宫古戏台南立面

（二）现状概述

永宁宫古戏台位于广陵区永宁巷23号，位于原寺院建筑群的南部。大殿建筑位于古戏台的北侧，现改动较大。

永宁宫古戏台现改造为居住使用，产权属于扬州市房管局。目前仅有几户居民，二层已无住户。

永宁宫古戏台建筑本体保存状况较差（图4.3.39）。南檐墙白色抹灰层大部分已变色、剥落，露出里面的青砖，墙体下部酥碱情况严重。西山墙下部有白色抹灰残留，部分青砖酥碱严重。戏台木构件多处破损，歇山屋顶两个翼角破损尤为严重。屋面瓦件缺损较多，已设置铁构件加以支撑。硬山屋面瓦件部分缺损。

建筑本体改建及加建现象严重。在一层两次间北侧分别加建了一层高红砖小房，靠明间通道一侧还后砌有水泥盥洗池。一层通道内现地面为小条青砖仄砌铺地，部分为水泥抹面。通道中部位置有后加木板围挡，西南位置有后砌砖墙围挡，墙面为水泥抹面，并在其上开设门窗。通道两侧墙面有后开窗洞和后砌红砖封堵。永宁宫古戏台南侧街道地面已经高于古戏台建筑一层地坪。

南檐墙上多处后开窗洞，北面戏台已被改建，在外檐砌筑砖墙封闭，并开设木窗，又在破损的窗户外包裹黑色塑料布，原貌已无法分辨。东山墙二层居中位置有一矩形后开窗洞，一层南部有后加建红砖小房，红砖房上方有原先的建筑痕迹。东山墙北侧部分墙体有较大缝隙，且砌筑方式不同，推测此段墙体为重新修葺砌筑。西山墙和西侧建筑之间形成一条一米多宽的巷道，设有南北两个小门楼。巷道内北侧门楼靠近山墙中心线，南侧门楼与南檐墙平齐。

永宁宫古戏台内电线杂乱，存在火灾隐患，且缺少必备的消防设施。

（a）歇山屋顶破损严重

（b）一层通道内部改建、加建

（c）后砌水泥盥洗池

（d）巷道内北侧门楼

（e）西山墙　（f）一层北侧后加红砖小房　（g）东山墙　（h）巷道南侧门楼

图4.3.39　永宁宫古戏台保存状况

（三）建筑本体（图4.3.40）

永宁宫古戏台建筑面阔三间，进深七檩，上下两层，硬山屋面。戏台建在二层明间，歇山顶，向北侧挑出，整个平面呈凸字形。古戏台一层明间为通道，层高较低，石柱础可见。通道南侧入口处石门槛保存较好，木板门下端破损，上方有木门楹。门槛内侧尚存几块条石铺地，现均已碎裂。

梁架结构由于调研时未能进入建筑内部而无法探明。从一层明间通道可以见到木楼楞、木楼搁栅等楼面木结构。木楼楞在进深方向连接檐柱、金柱，上承木楼搁栅，搁栅上铺木楼板。在面阔方向设楼面顺枋，连接檐柱。出檐方向木楼板外挑，推测原先应有台口。

戏台北侧部分的两根檐柱上端在面阔、进深方向均设有撑栱，翼角方向设波浪形木斜撑。歇山顶出檐部分由梁头出挑承接挑檐檩。檐椽为半圆荷包椽，飞椽为矩形截面，椽上铺木望板。

南立面一层明间居中设大门，门洞四周由石材拼成拱形门券，券顶上方有一门额，可依稀辨认出隶书“永宁”二字，推测戏台为原永宁宫院落的大门。西次间二层保留原有圆窗洞。墙面为混水砖墙，檐口设砖细挂枋。

北立面东次间、西次间为硬山屋顶，檐墙为清水砖墙，两次间各开一矩形窗洞，现窗户为现代木质平开窗，窗洞上方有一道通长砖细枋。一层明间开敞，次间被后加建红砖小房遮挡。

东山墙、西山墙下部均为实砌乱砖墙，上部为三斗一卧空斗墙。

屋面为硬山与歇山组合式，均为小青瓦屋面。硬山屋脊为一瓦条脊，现已不平直。

（a）一层大门门槛内侧残存条石　（b）二层楼面木结构　（c）二层木楼板出挑

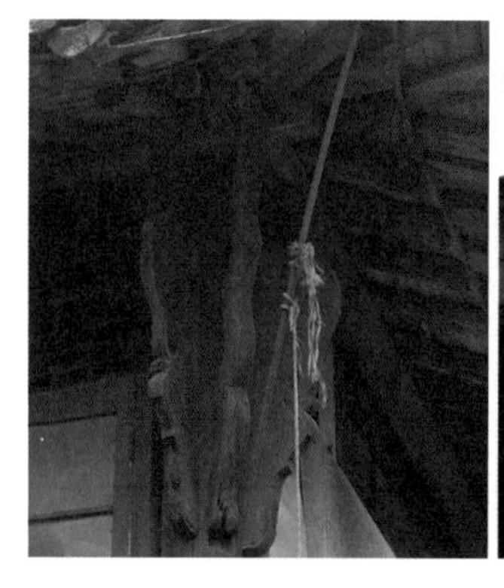

（d）撑栱及波浪形木斜撑

（e）歇山檐口构造

（f）小青瓦屋面及一瓦条脊

图4.3.40　永宁宫古戏台建筑本体

第四节　总结

扬州市有约两千五百年的建城史，自古以来便是运河沿岸的重要城市之一，如今更是世界文化遗产大运河的牵头城市，历史古迹众多。扬州市的传统建筑保存状况相比苏北其他城市要好一些，因此，以其作为研究对象的专著、论文、调研数量较多。本课题扬州市部分主要对扬州地区现存传统建筑现状进行了普遍调研，并未像其他地区的调研一样进行测绘和三维扫描，主要调研区域集中在传统建筑保存最为完整、密集的明清历史城区。这一块区域内分布有四个历史文化街区，如此密集、成规模的传统建筑保存状况比较少见。

此次调研根据大量的案例调查，并对前人已有的研究成果进行比对、验证，在此基础上形成了一些初步成果，但还很不完善，尚有较多不足之处有待补充调查和深入研究。例如高邮、仪征等其他片区此次并未前往，也未对任何案例进行详细测绘，缺乏实测的数据作为论据。

扬州市政府对传统建筑的保护一直很重视，出台了各种法律、法规及相关政策条款。但因扬州地区传统建筑数量庞大，实际情况复杂，基层的保护实践工作存在重重困难。而且随着扬州古城旅游热的发展，传统建筑又将面临更多新的问题。在这种情况下，本课题希望能搜集并记录更多的传统建筑原始资料，希望能为将来的文物保护工作提供帮助。

注释

1. 李芸：《扬州市洪涝灾害的特点、成因及减灾对策》，《扬州职业大学学报》2003年第4期，第25页。
2. 人口数据引自扬州市统计局网站发布的《2016年扬州市国民经济和社会发展统计公报》。
3. 单树模主编：“扬州市”，《中华人民共和国地名词典·江苏省》，商务印书馆1987年版，第292页。
4. 李裕群：《隋唐时代的扬州城》，《考古》2003年第3期，第71页。
5. 王育民：《中国历史地理概论（下册）》，人民教育出版社1988年版，第612页。
6. 刘捷：《由唐至明运河与扬州城的变迁》，《华中建筑》2001年第5期，第82页。
7. 李久海：《论扬州宋三城的布局和防御设施》，《东南文化》2000年第11期，第57页。
8. 〔清〕毕沅：《续资治通鉴》卷第二百一十四，http://guoxue.hxlsw.com/book/187/2012/0624/83018_2.html，2017年7月7日访问。

9. 单树模主编："扬州市"，《中华人民共和国地名词典·江苏省》，商务印书馆1987年版，第293页。
10. 数据引自《扬州历史文化名城保护规划（2015～2030）》，扬州市规划局网站，http://ghj.yangzhou.gov.cn。
11. 数据引自《省政府关于高邮历史文化名城保护规划的批复》苏政复〔2014〕56号。
12. 数据引自《扬州历史文化名城保护规划（2015～2030）》，扬州市规划局网站，http://ghj.yangzhou.gov.cn。
13. 根据《历史文化名城名镇名村保护条例》第四十七条：（一）历史建筑，是指经城市、县人民政府确定公布的具有一定保护价值，能够反映历史风貌和地方特色，未公布为文物保护单位，也未登记为不可移动文物的建筑物、构筑物。
14. 杨建华：《明清扬州衙署建筑》，《华中建筑》2015年第12期，第178页。
15. 沈旸：《扬州会馆录》，《文物建筑论文集（第2辑）》，2009年内部资料，第31页。
16. 江苏省地方志编纂委员会办公室：《扬州市》，江苏地情网，http://jssdfz.jiangsu.gov.cn。
17. 杨建华：《明清扬州城市发展和空间形态研究》，博士学位论文，华南理工大学，2015年，第201页。
18. 杨建华：《明清扬州城市发展和空间形态研究》，博士学位论文，华南理工大学，2015年，第195页。
19. 张春华：《扬州地区住宅的发展脉络研究》，博士学位论文，同济大学，2010年，第261页。
20. 梁宝富：《扬州民居营建技术》，中国建筑工业出版社2015年版，第51页。
21. 张春华：《扬州地区住宅的发展脉络研究》，博士学位论文，同济大学，2010年，第276页。
22. 梁宝富：《扬州民居营建技术》，中国建筑工业出版社2015年版，第32页。
23. 过伟敏、王筱倩：《扬州老城区民居建筑》，东南大学出版社2015年版，第86页。
24. 梁宝富：《扬州民居营建技术》，中国建筑工业出版社2015年版，第59页。
25. 李新建：《苏北传统建筑技艺》，东南大学出版社2014年版，第17页。
26. 梁宝富：《扬州民居营建技术》，中国建筑工业出版社2015年版，第92页。
27. 马炳坚：《中国古建筑木作营造技术》，科学出版社1991年版，第172页。
28. 李新建：《苏北传统建筑技艺》，东南大学出版社2014年版，第29页。
29. 李新建：《苏北传统建筑技艺》，东南大学出版社2014年版，第47页。
30. 熊海龙：《沿江山地祠庙建筑》，硕士学位论文，重庆大学，2001年，第88页。
31. 〔清〕姚承祖原著，张志刚增编，刘敦桢校阅：《营造法原（第二版）》，中国建筑工业出版社1986年版，第42页。
32. 梁宝富：《扬州民居营建技术》，中国建筑工业出版社2015年版，第51页。
33. 张春华：《扬州地区住宅的发展脉络研究》，博士学位论文，同济大学，2010年，第297页。
34. 梁宝富：《扬州民居营建技术》，中国建筑工业出版社2015年版，第126页。
35. 赵立昌：《扬州柱础百年解读》《扬州晚报》2008年1月10日T11版。
36. 梁宝富：《扬州民居营建技术》，中国建筑工业出版社2015年版，第160页。
37. 张春华：《扬州地区住宅的发展脉络研究》，东南大学出版社2011年版，第301～302页。
38. 刘托、马全宝、冯晓东：《苏州香山帮建筑营造技艺》，安徽科学技术出版社2013年版，第152页。
39. 清水砖墙是指外墙面不做抹灰粉刷或贴面材料，青砖直接外露的砖墙；混水砖墙则是指外墙面抹灰粉刷或贴面材料的砖墙。
40. 李新建：《苏北传统建筑技艺》，东南大学出版社2014年版，第69页。
41. 刘晓宏：《扬州古民居门楼建筑装饰艺术》，《创意与设计》2011年第2期，第90页。
42. 过伟敏、王筱倩：《扬州老城区民居建筑》，东南大学出版社2015年版，第88页。
43. 赵克理：《扬州古民居福祠装饰艺术赏析》，《郑州轻工业学院学报（社会科学版）》2012年第5期，第110页。

44. 宋莉娜：《扬州近代中西合璧建筑式样研究》，硕士学位论文，江南大学，2015年，第46页。

45. 周扶九（1831～1920），字泽鹏，号凌云，江西吉安庐陵县（今江西省吉安县）高塘乡人，近代扬州最大盐商，金融家、实业家，曾为民国初期的中国首富。周扶九凭盐票发家后，举家迁往扬州，开办了盐号和钱庄。他在扬州置下大笔产业，兴建大批房舍，并命名为“贻孙堂”。辛亥革命之后，周扶九迁居上海，成为上海滩黄金巨子。周扶九有“江南盐业领袖”之称，曾捐助孙中山“二次革命”军饷30万银圆。

46. 广陵路原为左卫街，明扬州卫辖“左卫街千户所”设此，故名。清代中叶，以街道宽敞、富商名人聚居而著称，曾先后开设银行、钱庄，一度成为扬州繁荣的金融街。

47. 马恒宝：《扬州盐商建筑》，广陵书社2007年版，第128页。

48. 朱韫慧：《广陵路上鸳鸯楼》，《扬州晚报》2011年6月4日B9版。

49. 陈跃：《家住青莲巷，扶摇九天上》，《扬州晚报》2011年4月23日B6版。

50. 马恒宝：《扬州盐商建筑》，广陵书社2007年版，第126页。

51. 扬州市古宸古典建筑工程有限公司：《周扶九盐商住宅修缮方案》，2012年。

52. 康山街、南河下以东向西称“盐商一条街”，是盐商富贾聚居之地，卢氏盐商住宅的位置在最东首。

53. 卢绍绪（1843～1905），字星垣，江西上饶人。1873年，卢绍绪迁居扬州，先在两淮盐运司下的富安盐场任盐课大使，之后弃官经商，经营盐业。

54. 明代永乐年间，总督漕运的陈瑄在扬州疏浚运河，堆积河泥，在扬州城外东南角形成了一座无名山丘，即康山。明末大理寺卿姚思孝于此葺山筑馆，礼部尚书、书法家董其昌为之书“康山草堂”匾额，俨然成为一代名园。清初，康山草堂被废为民居。清乾隆年间，两淮盐务总商江春复建“退园”于此，乾隆皇帝南巡曾两次巡幸该园。道光二十三年（1843），致仕回家的体仁阁大学士阮元买下了已经成为官府财产的康山草堂，略加修建，改为“康山正宅”。太平天国时期，太平军曾三次占领扬州，在此过程中，扬州城及城内的园林都遭到了巨大的冲击和破坏，其中康山草堂被毁。

55. 1906年，卢绍绪的两个儿子在此创办了扬州速成师范学堂，在花园里创办了译学馆。1913年，卢氏二子分家，前面的七间七进住宅为二房卢粹恩所有，后面从第八进到意园再到园后三进房屋归长房卢晋恩所有。

56. 据《营造法原》载：“苏南凡走廊园庭之墙垣，辟有门宕，而不装门户者，谓之‘地穴’。”

57. 此次调研未能进入内部勘查，故依据陈从周《扬州园林》所绘卢氏盐商住宅剖面图进行描述。

58. 此次调研未能进入大厅、女厅、前后宅楼及后门房勘查，故依据《扬州市清代卢姓盐商住宅维修方案》（2005年）所述内容进行描述。

59. 罗聘（1733～1799），清代画家，字遁夫，号两峰，又号花之寺僧、金牛山人等。罗聘祖籍安徽歙县呈坎村，其先祖迁居江苏扬州。罗聘为“扬州八怪”中最年轻者，24岁时拜金农为师，学诗习画，30岁时在扬州画界崭露头角。清乾隆三十六年（1771），罗聘携画至京师拜谒名流，其中所作八幅《鬼趣图》最受关注。

60. 此次调研未能进入书斋勘查，故依据《扬州市罗聘故居修缮方案》（2007）所述内容进行描述。

61. 福缘寺位于扬州南门外通扬桥东南侧古运河边，始建于明代，为僧人明道创建，初名福缘庵。清乾隆十六年（1751），乾隆帝南巡时，亲书“福缘寺”匾额赐寺，从此改名为福缘寺。清咸丰三年（1853），寺毁于兵火。从清同治初年起，寺僧默斋募化十三年复建。20世纪60年代，大雄宝殿被一场历时三个多小时的大火烧毁，其他寺房逐步被拆除，后被改建为厂房。1984年，寺内最后的大建筑藏经楼被移建至大明寺，而今只在福缘寺侧门留存三四间寺房。

第五章　淮安市

第一节　概况

一、基本情况

（一）地理位置和气候特点[1]

淮安市位于淮河下游地区，苏北平原中心区域（图5.1.1），北纬32° 43′ ～ 34° 27′，东经117° 56′ ～ 119° 48′。淮安市西南部与安徽省相接，北临连云港，南靠扬州，西接宿迁，东连盐城。中国主要南北地理分界线“秦岭—淮河线”中的淮河，即从淮安市境内经过。黄河夺淮后，淮河失去下游河道，成为“地上河”，从而形成了中国五大淡水湖之一的洪泽湖。淮安所辖淮阴区、洪泽区、盱眙县从东南环抱洪泽湖，堪称“扼淮控湖”之处，由“淮安”这一城市名称也可见该地与淮河之间的紧密关系。大运河是淮安境内的另一重要水系，隋唐后淮安成为漕运枢纽、盐运要冲，是明清时期运河沿线四大都市之一，享有“运河之都”的美誉。

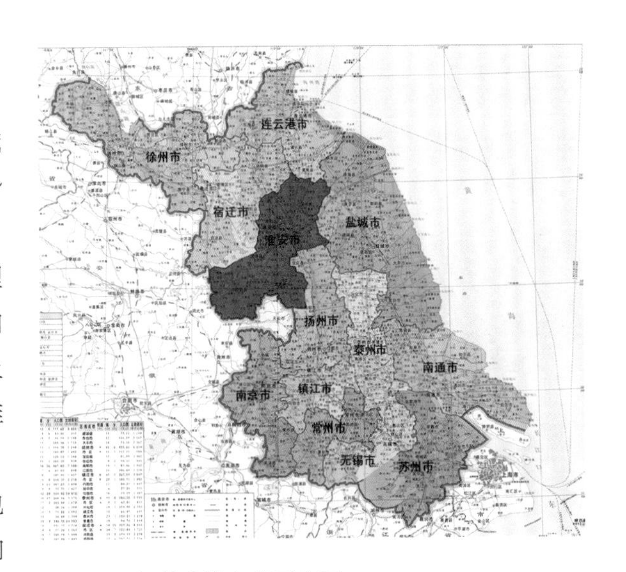

图5.1.1　江苏省淮安市区位图

淮安地形西高东低，除西南盱眙有丘陵岗地外，全市以平原为主，地势平坦。最高处位于盱眙境内的老虎峰，海拔231米；最低处为淮安区境内的绿草荡，海拔仅1米左右。淮安境内河湖交错，水网纵横。平原面积占淮安市总面积的69.39%，湖泊面积占11.39%，丘陵岗地面积占18.32%。

淮安地处我国南暖温带和北亚热带的过渡地区，淮河以北属暖温带区，淮河以南属北亚热带区，兼具南北气候特征。年平均气温为11 ～ 16℃，极端最高气温44.5℃，极端最低气温-24.1℃。年平均水面蒸发量为900 ～ 1500毫米，无霜期207 ～ 242天。淮安地区自然降水丰富，年平均降水量913 ～ 1030毫米，降水量年际变化较大，最大年降水量为最小年降水量的3 ～ 4倍，且年内分配也极不均匀，汛期（6 ～ 9月）降水量占年降水量的50% ～ 80%。

淮安受季风环流影响，自然灾害较为频繁，包括涝渍、连阴雨、干旱、寒潮、霜冻、大风、冰雹等灾害性天气，其中以涝渍和干旱为主。雨季常出现暴雨，且由于暴雨移动方向接近河流方向，使得淮河流域容易形成洪涝灾害。重大涝灾一般为4 ～ 5年一遇。干旱发生概率小于涝灾，平均为10年一遇。

（二）市县建置、规模[2]

图5.1.2　淮安市政区图

淮安市为江苏省地级市，现辖淮阴、淮安、清江浦、洪泽四区，涟水、盱眙、金湖三县，总面积为10 072平方千米（图5.1.2）。

淮阴区：文献最早记录淮阴建县时间为秦王政二十四年（前223）。该地区区划沿革复杂，最近一次区划调整是2001年，由原淮阴市改为淮安市，原淮阴县撤县建区，称淮安市淮阴区。全区总面积1264平方千米，辖区总人口89万人。

淮安区：南朝齐永明七年（489），“淮安”一名首次出现。原淮安区的区划沿革复杂，最近一次调整是在2012年，由淮安市楚州区更名为淮安区。全区总面积1452平方千米，辖区总人口118.74万人。

清江浦区：因明朝永乐十三年（1415）陈瑄开凿清江浦河而得名。近现代行政区划调整频繁，最近一次是在2016年，撤销清河区、清浦区，设清江浦区。全区总面积309.28平方千米，辖区总人口70万人。

洪泽区：因洪泽湖而得名，1956年建洪泽县，2016年撤销洪泽县，建洪泽区。全区总面积1394平方千米，辖区总人口38.8万人。

涟水县：隋开皇三年（583）罢诸郡为州，两年后改襄贲为涟水县，因县北有涟水而得名。1950年，涟水、涟东两县合并，仍名涟水县，属淮阴专区。2001年涟水县划归淮安市。全县总面积1676平方千米，辖区总人口110.3万人。

盱眙县：秦王政二十四年置盱台县，西汉改盱台为盱眙，因县治建在山上可以远眺，“张目为盱，直视为眙”，取高瞻远瞩之意。盱眙县区划沿革复杂，1955年由安徽省划归江苏省，2001年划归淮安市。全县总面积2497.3平方千米，辖区总人口79.27万人。

金湖县：境内氾光湖有“金湖”之称，取湖中“日出斗金”之意，名金湖县。历史上县域归属多有变化，1959年建县，属扬州专区。1971年改隶淮阴地区，2001年划归淮安市。全县总面积1393.86 平方千米，辖区总人口35.7万人。

二、历史沿革

今天的淮安市，即历史上通常所说的“两淮”。“两淮”一词大致有三种含义：一是泛指淮河南北地区；二是指淮阴（元明清时期称清河县）、淮安（史称射阳县、山阳县、楚州）；三是指分别属于原淮阴县（清江浦区大部分地区，淮阴区王营、西坝、码头、杨庄）和原淮安县（淮安区淮城、河下、板闸、河北）的部分地区，它们主要分布在古淮河两岸，横跨泗水入淮处大清口、小清口和邗沟入淮处末口。历史上两淮的兴衰主要取决于大运河、淮河、泗水和黄河的变迁，特别是大运河。[3]

（一）人文之始

淮安地处江淮东部，属于徐海文化区、太湖文化区、宁镇文化区、淮河下游三角洲文化区的中间地带，拥有特殊的历史文化面貌。淮安地区六七千年前便有人类活动，已发现的新石器时代遗址有青莲岗、山头、颜家码头、茭陵集、西韩庄、南塘、许庄（乙）等。夏商周时期，淮安曾为夷人故地，已发现的西周遗址有盱眙县六郎墩和旧铺镇千棵柳。

（二）建置之初

春秋战国时期，淮安地区先后属吴、越、楚三国。周敬王三十四年（前486），吴王夫差开凿邗沟以通江、淮，邗沟入淮处末口即在淮安境内。淮安扼交通要津，富灌溉之利，成为各国争夺的重地，考古发现有高庄及运河村等先秦贵族大墓。

秦统一中国后推行郡县制，该地区分属泗水郡和东海郡。秦置淮阴县，《水经注·淮水》记载："淮水右岸，即淮阴也"[4]，这是"淮阴"之名首次出现。宋人祝穆在《方舆胜览》中曾提及淮阴一名的由来："东楚、淮阴。许氏《说文》：'水之北为阳，水之南为阴。'县在淮水之南，故曰淮阴。"[5]

淮安，即淮水安澜之意，得名于南北朝时期。据《南齐书》记载，南朝齐永明七年，"淮安割直渎、破釜以东，淮阴镇下流杂一百户置"[6]，隶属于东平郡。此为"淮安"之名首次出现。

（三）城镇兴废

位于大清口的淮阴故城和古镇泗口是最早因水运而兴起的沿淮、沿运河古城镇[7]，之后邗沟入淮处末口兴起了重镇北辰镇（即淮安古城前身），这些城镇成为淮安地区最早的城市经济文化区域。现存的甘罗城遗址（目前学界认为甘罗城就是秦淮阴故城）是淮安重要的战国城址，位于码头镇码头村西北，史载秦修甘罗城，设立淮阴县治。

淮安的汉代遗存丰富，包括遗址、窖藏、墓葬等。汉代遗址有盱眙县的古城岗、范岗、项王城、东阳城遗址等，涟水县的三里墩、宋庄、大庄、小成庄遗址等，洪泽区的秦邓庄、越城、小韦庄等。盱眙县穆店乡发现的南窑庄窖藏是极为重要的汉代考古发现之一，县内大云山江都王陵是汉代诸侯王墓葬的重要发现。

魏晋南北朝时期，因战乱该地区成为凭淮而守的对峙前沿、军事要塞和屯兵积粟之区。[8]盱眙、淮阴和角城（今泗阳县和淮阴区交界处的三岔、李口附近）等沿淮区域成为军事重镇，屯兵垦田。魏正始初（约240～241），大将邓艾修筑石鳖城（位于金湖县境内），此城历经两晋南北朝，一直是屯田积谷的中心。

东晋永和五年（349），荀羡在甘罗城（即秦淮阴故城）南建淮阴城。[9]筑新城之前，甘罗城是清口地区最重要的城池。淮阴城成为主城后，甘罗城与淮阴城互为依托，并多次作为淮阴县或清河县甚至更高行政机关的治所。[10]东晋义熙七年（411）置山阳郡[11]，山阳即淮安古城。

隋唐时期，大运河的开凿促进了沿线的楚州（山阳县）、泗州及淮阴、泗口、洪泽、龟山、盱眙等城镇的繁荣[12]，以漕运要津楚州和泗州最盛。后因泗水的水运干线地位被通济渠取代，导致淮阴和泗口的优势地位丧失。楚州治所由淮阴迁往山阳，淮阴县也数次并入山阳县，这反映了楚州城逐渐取代淮阴城成为区域性的经济政治文化中心[13]，至唐代，楚州被白居易称为"淮水东南第一州"[14]。

隋唐至北宋末年，在楚州城和淮阴故城之间还兴起了韩信城、八里庄、磨盘口等城镇。[15]经考古认定，韩信城遗址外城郭建于元代，内城垣建于宋代。[16]北宋时期因漕运量增加，遂在淮河右岸开凿复线运河以避淮。因水利设施先进完备，两淮成为鱼米之乡，工商业也得到了发展。

北宋灭亡后，楚、泗二州成为南宋与金元对峙的前沿。南宋建炎四年（1130）楚州保卫战一役，全城军民几乎全部罹难。战后韩世忠驻节楚州，重建边境重镇。宋金议和后，南宋在盱眙宝积山设岁币库，每年向金交纳岁贡。宋金分别在盱眙、楚州和泗州、涟水等地设置榷场，开展边贸活动。南宋咸淳九年（1273），为抗击元兵，在泗口镇置清河军、清河县，清河县始立。南宋末年，改楚州为淮安州。

元代设淮安路总管府于淮安古城。据《正德淮安府志》载："按旧志，郡城晋时所筑。宋、金交争，此为重镇。守臣陈敏重筑，北使见其雉堞坚新，号'银铸城'。嘉定初，复有倾圮，知州事赵仲葺之；九年，知州应纯之填塞洼坎，浚池泄水，乃益坚完。元至正间，江淮兵乱时，守臣因土城之旧，稍加补筑防守。"[17]元代因淮北黄河水患加剧，泗水沿岸的城镇如宿豫县、泗州、宿预古城等均被冲圮、吞没。至元二十六年（1289）会通河开通后，淮北运河恢复由清口北上之路，已被黄河夺去河道的泗水成为淮北运河的一部分，故沿线城市如小清口城、宿迁城等再度兴起。元泰定年间（1324～1328），黄河冲毁重镇泗口（大清口镇），泗口地位遂被小清口取代，清河县（小清口镇）取代了淮阴县的地位，但小清口镇与淮阴故城一直饱受黄河水患之苦。元末史文炳在旧城北侧、淮河南岸的北辰镇旧址上建造新城，形成双城并峙的格局。

（四）明清盛极

明清两代设淮安府，治山阳县。明初，淮安地区因战乱而人口凋零，朝廷强制性地大规模迁移江南百姓至此，民间称"洪武赶散"。淮安历来为南北战略重镇[18]，而山阳则为漕运行政中心。明初对淮安府城旧城增修，包砌砖石，并在四周修建城楼敌台，至明中叶新旧二城均得到重修，嘉靖三十九年（1560）倭寇犯境，为强化府城防御，新旧二城间加建城墙，称"联城"，形成三城相连的格局[19]，享有"铁打淮安城"之誉。明中叶，晋商、徽商来淮业盐，其中河下镇是晋商、徽商聚居地。

明永乐八年（1410）开始，清江浦的漕运地位逐渐取代山阳，王营（旧称王家营）则是"通京大道"的南端起点，两地为"南船北马，辕楫交替"之地，逐渐繁荣兴盛，清乾隆年间达到鼎盛。随之兴起的还有王营西侧的杨庄和西坝，因康熙年间运口东移，杨庄成为漕运和盐运的必经之地，繁盛至道光年间。

河下镇位于淮安新城之西，原是北辰镇的一部分，明永乐十三年（1415）因开清江浦河引管家湖水入淮而兴起。在清江浦南岸创建清江督造船厂后，河下镇作为造船物资集散地，日渐繁盛。随着淮北盐运分司署迁至河下，淮北运商卜居河下，其中以徽商为多。

明清时期，因淮北盐业集散及税关设置，盐商巨贾云集淮安，城市发展达到鼎盛。从末口到清口之间，有淮城、河下、河北、板闸、钵池、清江浦、王营、西坝、韩城、杨庄、码头、清口等十多个城镇，形成了以运河为纽带的"城镇链"，人口规模居于全国前列。[20]

（五）衰退之因

水患一直是淮安地区的威胁。黄淮水患、洪泽湖决堤等灾害对众多城镇造成破坏。黄河夺淮后陆续被毁的城镇有甘罗城、洪泽镇、渡头镇、龟山镇，以及泗州城、明祖陵和小清口城等。根据记载，明中叶淮阴城一角被洪水冲塌；清康熙十九年（1680）泗州城毁于大水；清乾隆二十五年（1760）清河县因水患弃城；甘罗城防洪堤也越筑越高，连城门都无法开启，乾隆二十六年（1761）洪水侵入，泥沙淤垫。[21]

战乱是另一个威胁。自清河县移至清江浦后，最初在运河北岸筑土城。清咸丰十年（1860），捻军攻占清江浦，土城在战斗中被毁，清江浦及周边城镇如杨庄、西坝、王营、板闸、河北、河下等均被攻占，且受到严重焚掠。清江浦、板闸等地的官署被烧，如南河总督署被焚烧后只剩下荷芳书院，清河县署、王营清口驿、淮关监督署等也无一幸免。咸丰十三年（1863），吴棠筑砖城于运河南岸，即新县城，1912年仍称清河县。北洋政府时期，盗匪横行，商户所在的集镇如黎城、众兴、渔沟等都被土匪攻略过，损失惨重。

漕运逐渐受阻是淮安经济衰退的根本原因，道光六年（1826）清政府改江南漕运为海运，淮安经济自此衰退。同治十一年（1872）上海轮船招商局承包漕粮，用海轮转运北上，淮安彻底失去漕粮转运枢纽地位。20世纪初，津浦铁路和陇海铁路通车后，淮安"南船北马"的要冲地位也随之动摇。

三、保护概况

（一）历史文化名城、名镇、名村

1986年，淮安市被国务院公布为第二批国家历史文化名城。为此，淮安先后编制了两版历史文化名城保护规划，2002年版的保护规划以楚州区（现更名为淮安区）为核心，形成“一个核心、五个方面、三个层次”的保护框架体系。2008年，淮安市启动《淮安市城市总体规划》修编工作，《淮安历史文化名城保护规划》作为专项规划的修编工作也同期展开。2012年，江苏省人民政府批复了该保护规划，并与《大运河（淮安段）遗产保护规划》《楚州老城控制性详细规划》等进行了衔接[22]，对名城规划范围进行了探讨，最后确定历史城区仍为“淮安古城”。新版保护规划对驸马巷—龙窝巷—上坂街和河下古镇两片历史文化街区进行深化保护，补充了老西门大街、双刀刘巷、太清观街、县东街、东岳庙、河北街—光明街、都天庙、西长西街、大闸口九处一般历史地段，确定了淮阴区码头镇和渔沟镇两座古镇、淮阴区杨庄村和淮安区板闸村两个古村（图5.1.3）。2013年，码头镇被列为第七批江苏省历史文化名镇（苏政办发〔2013〕155号）。2016年，淮安市政府同时批复了《淮安市驸马巷—龙窝巷—上坂街历史文化街区保护规划》和《淮安市河下古镇历史文化街区保护规划》（淮政复〔2016〕31号）。同年，《淮安市码头历史文化名镇保护规划》通过江苏省住建厅专家论证。

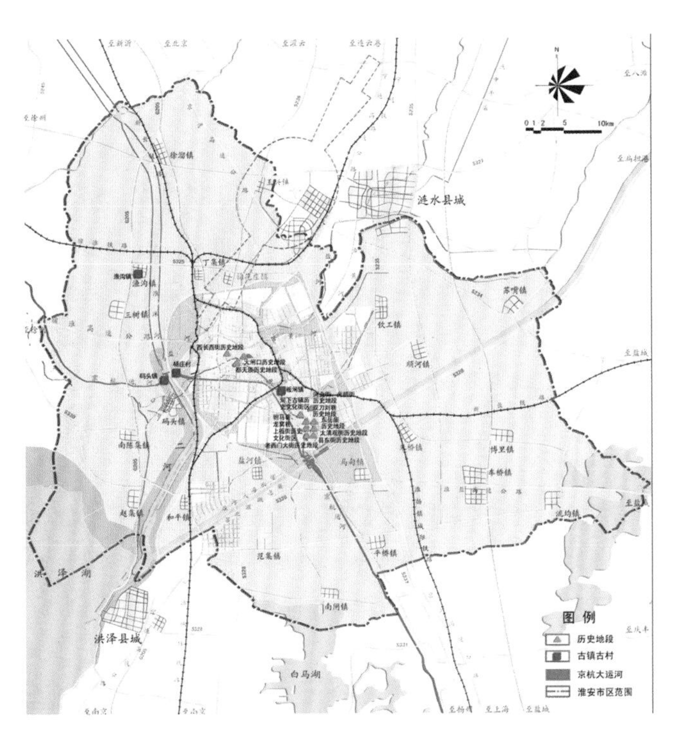

图5.1.3　淮安市历史文化名城、名镇、名村分布图（图片引自淮安市规划局网站，http://ghj.huajan.gov.cn）

（二）文物保护单位、不可移动文物

淮安市的文物资源相当丰富。据2012年《淮安市第三次全国文物普查名录》[23]显示，全市共有1600处不可移动文物通过国家文物局审核，其中包括复查文物点576处、新发现文物点1024处、消失文物点56处，新发现文物点占调查总数的64%。

2017年7月，淮安市政府公布了第五批淮安市文物保护单位，至此，淮安市拥有全国重点文物保护单位11处，省级文物保护单位24处，市县级文物保护单位163处。另外，2009年3月和4月，淮安市分别公布了两批不可移动文物名单（共117处），并实行挂牌保护。[24]

淮安市是苏北地区不可移动文物保存数量较多的地区，其中淮安区（淮安古城）第三次全国文物普查登记的文物点明显多于淮安市下辖其他区县。除了各级文物保护单位和不可移动文物外，还有不少尚未定级的文物点价值也很高，需要加大保护力度。

2017年，《淮安市文物保护条例》由江苏省第十二届人民代表大会常务委员会第三十三次会议批准，于2018年3月1日起施行。

（三）历史建筑[25]

2007年起，淮安市开展第三次文物普查，2012年此项工作全面完成。普查工作开展后，新登记了大量的文物点。《淮安历史文化名城保护规划》提出，应从普查中发现的未公布为不可移动文物的历史文化资源中选出一定量的历史建筑，经专家评议后对外公布。目前，淮安尚未公布历史建筑名单，但这些文物资源是构成历史文化名城、名镇、名村的重要组成部分，值得进一步关注与保护。

四、调研概况

对淮安地区的传统建筑调研始于2013年3月，2014年9月再次调研并选择部分建筑进行测绘，2015年8月、11月、12月补充调研。调研区域选择了淮安市辖三区，即淮阴区、淮安区、清江浦区，其中淮安古城是重点调研及测绘区域。淮安古城即历史文化名城淮安的历史城区范围，调研涉及的历史文化街区有河下古镇历史文化街区和驸马巷—龙窝巷—上坂街历史文化街区，一般历史地段包括老西门大街历史地段、双刀刘巷历史地段、太清观街历史地段、县东街历史地段、东岳庙历史地段、都天庙历史地段、西长西街历史地段，涉及的古镇有淮阴区码头古镇。淮安市传统建筑调查点共计118处（表5.1.1），其中淮安古城的调查点约占66%。由于淮安古城保存的古建筑很多尚未修缮，保留有较多的历史信息，因此测绘对象主要选自古城。综合考虑年代、等级、保存情况等因素，选取清代富商李正泰宅、清代官员秦焕宅以及民国官员陈幼斋宅进行测绘研究，总测绘面积约为2500平方米。另外，对一些形制特别的建筑做了绘图记录，对一些研究价值高但尚不具备测绘条件的传统建筑进行了三维数据扫描，为今后进一步保护做准备。

本书调查研究的对象为淮安市传统建筑，即1949年之前地面以上的传统木构建筑，研究对象不包括塔和近代建筑。调查研究中发现民居案例居多，因此研究对象以民居建筑为主，辅以官式建筑和公共建筑。

表5.1.1　淮安市传统建筑调查点

序号	所在区	名称	年代	不可移动文物分级	调查深度
1	淮安区	周恩来故居	1898～1910年	第三批全国重点文物保护单位	重点调查
2		淮安府衙	明清	第六批全国重点文物保护单位	详细调查
3		中共中央华中分局	1945～1946年	第四批省级文物保护单位	基础调查
4		镇淮楼	清	第五批省级文物保护单位	详细调查
5		润州会馆	清	第二批市级文物保护单位	基础调查
6		韩侯祠	明清	第二批市级文物保护单位	基础调查
7		胯下桥牌坊	明清	第二批市级文物保护单位	基础调查
8		淮安东岳庙	唐—明	第二批市级文物保护单位	详细调查
9		勺湖草堂	清	第二批市级文物保护单位	基础调查
10		刘鹗故居	清咸丰七年（1857）	第二批市级文物保护单位	基础调查
11		秦焕故居	清	第二批市级文物保护单位	重点调查
12		谈荔孙故居	民国	第二批市级文物保护单位	详细调查
13		朱占科故居	清	第三批市级文物保护单位	详细调查

续表

序号	所在区	名称	年代	不可移动文物分级	调查深度
14	淮安区	杨士骧故居	清代	第三批市级文物保护单位	基础调查
15		蝴蝶厅（遂园）	清末	第三批市级文物保护单位	重点调查
16		王遂良宅	清末民初	第三批市级文物保护单位	详细调查
17		淮安福音堂	清末	第三批市级文物保护单位	基础调查
18		松寿中药号	民国	第四批市级文物保护单位	详细调查
19		王少清宅	民国	第四批市级文物保护单位	基础调查
20		施耐庵著书处旧址	明清	第四批市级文物保护单位	详细调查
21		陈幼斋宅（陈济川宅）	1936年	第四批市级文物保护单位	重点调查
22		霍培元皂厂旧址	1936年	第四批市级文物保护单位	基础调查
23		淮安天主教堂	清	第四批市级文物保护单位	基础调查
24		裴荫森旧居	清	第二批不可移动文物	基础调查
25		吉星壁宅	清	第二批不可移动文物	基础调查
26		程锡友宅	清—民国	不可移动文物	基础调查
27		李正泰宅	清末	不可移动文物	重点调查
28		大鱼市口西街窦氏宅	民国	不可移动文物	基础调查
29		胯下桥南街陈氏宅	民国	不可移动文物	基础调查
30		陶少堂旧居	民国	不可移动文物	基础调查
31		胯下桥南街王氏宅	民国	不可移动文物	基础调查
32		金氏糖果店	民国	不可移动文物	基础调查
33		县东街1-2号	清	不可移动文物	基础调查
34		县东街虞崇儒宅	清	不可移动文物	基础调查
35		县东街金氏宅	民国	不可移动文物	基础调查
36		马祜臣宅	清末	不可移动文物	基础调查
37		徐新安宅	清末	不可移动文物	基础调查
38		杨殿邦旧居	清	第二批不可移动文物	基础调查
39		兴文街陈氏宅	民国	不可移动文物	基础调查
40		尹柏寒故居	清末	不可移动文物	基础调查
41		西长街朱氏宅	清	不可移动文物	基础调查
42		徐子村宅	清	第二批不可移动文物	基础调查
43		珠市街丁家祠堂	清	不可移动文物	基础调查
44		珠市街蒋氏宅	清	不可移动文物	基础调查
45		珠市街唐氏宅	民国	不可移动文物	基础调查

续表

序号	所在区	名称	年代	不可移动文物分级	调查深度
46	淮安区	老西门大街中浮炭店	清	不可移动文物	基础调查
47		老西门大街吴氏米行	清	不可移动文物	基础调查
48		老西门大街72号	清	不可移动文物	基础调查
49		崇实小学旧址	民国	不可移动文物	基础调查
50		杨述故居	民国	不可移动文物	基础调查
51		李氏宅（太清观街5号）	清	第二批不可移动文物	基础调查
52		太清观街程氏宅	清末民国	不可移动文物	基础调查
53		太清观街7号宅	民国	不可移动文物	基础调查
54		老西门大街袁氏商行	清	不可移动文物	基础调查
55		义盛旅社旧址	清—民国	不可移动文物	基础调查
56		钱家书楼	清道光	不可移动文物	基础调查
57		卫生巷秦氏宅	清	不可移动文物	基础调查
58		吴茂轩钱庄	清	不可移动文物	基础调查
59		俞恕斋宅	清末	不可移动文物	基础调查
60		韦坦宅	清—民国	不可移动文物	详细调查
61		福荣女子学校旧址	民国	第二批不可移动文物	基础调查
62		上坂街许家祠堂	清	不可移动文物	基础调查
63		许焕宅	清	第二批不可移动文物	基础调查
64		多子巷杨家祠堂	清	不可移动文物	基础调查
65		袁松庭宅	清末	不可移动文物	基础调查
66		裴籽卿宅	清末	不可移动文物	基础调查
67		章湘侯医宅	清末	不可移动文物	详细调查
68		驸马巷杨宅	清	不可移动文物	基础调查
69		龙窝巷高氏宅	民国	不可移动文物	基础调查
70		丁澄故居	清	不可移动文物	详细调查
71		驸马巷李氏宅	清末	不可移动文物	基础调查
72		小羔皮巷韦氏宅	清	不可移动文物	基础调查
73		张林芝宅	清	不可移动文物	基础调查
74		郝荐之宅	清—民国	不可移动文物	详细调查
75		郝氏宅（双刀刘巷）	清	第二批不可移动文物	基础调查
76		双刀刘巷沈氏宅	清末	不可移动文物	基础调查
77		沈炎青宅	清—民国	不可移动文物	基础调查

续表

序号	所在区	名称	年代	不可移动文物分级	调查深度
78	淮安区	张汝梅宅	清	不可移动文物	基础调查
79	河下镇	吴承恩故居	明清	第一批市级文物保护单位	基础调查
80		秦举人宅	清	第三批市级文物保护单位	基础调查
81		河下三官殿	清	第四批市级文物保护单位	重点调查
82		吴鞠通中医馆	清	—	基础调查
83		葛宅	清	—	重点调查
84		估衣街王宅	清—民国	—	基础调查
85	淮阴区	王家营清真寺	清	第二批市级文物保护单位	基础调查
86	清江浦区	苏皖边区政府旧址	1945～1949年	第六批全国重点文物保护单位	详细调查
87		清晏园（京杭大运河·江苏段）	明清	第六批全国重点文物保护单位	基础调查
88		丰济仓遗址（京杭大运河·江苏段）	清	第六批全国重点文物保护单位	详细调查
89		清江浦楼（京杭大运河·江苏段）	清雍正七年（1729）	第六批全国重点文物保护单位	基础调查
90		清江文庙	清	第五批省级文物保护单位	详细调查
91		慈云寺	明万历四十三年（1615）	第一批市级文物保护单位	基础调查
92		荷芳书院	清乾隆十五年（1750）	第一批市级文物保护单位	基础调查
93		陈潘二公祠	清	第一批市级文物保护单位	基础调查
94		李更生故居	清末	第一批市级文物保护单位	基础调查
95		吴公祠	清	第二批市级文物保护单位	详细调查
96		王瑶卿故居	清末	第二批市级文物保护单位	基础调查
97		周信芳故居	清末	第二批市级文物保护单位	详细调查
98		都天庙	清	第二批市级文物保护单位	基础调查
99		郎静山故居	清	第四批市级文物保护单位	详细调查
100		都天庙民居（都天庙街62号）	民国	第一批不可移动文物	基础调查
101		都天庙街63号民居	清	不可移动文物	基础调查
102		都天庙街16号民居	清	不可移动文物	基础调查
103		花门楼漂染坊	民国	第一批不可移动文物	基础调查

续表

序号	所在区	名称	年代	不可移动文物分级	调查深度
104	清江浦区	清江古清真寺（京杭大运河·江苏段）	清	第六批全国重点文物保护单位	详细调查
105		周恩来童年读书处旧址	1904年	第四批省级文物保护单位	详细调查
106		和平路福音堂	1900年	第二批市级文物保护单位	详细调查
107		基隆东巷福音堂	1900年	第二批市级文物保护单位	详细调查
108		仁慈医院旧址	1920年	第二批市级文物保护单位	详细调查
109		清江钟楼	1925年	第四批市级文物保护单位	详细调查
110		河北西路168号	清	—	基础调查
111		义顺巷民居	民国	第一批不可移动文物	基础调查
112		西长西街57号	清—民国	—	基础调查
113		西长西街10号	清—民国	—	基础调查
114		泗阳公馆	民国	第一批不可移动文物	基础调查
115		漕运西路94-1号	清—民国	—	基础调查
116		西大街古民居（西大街96号）	清	第一批不可移动文物	基础调查
117	码头镇	码头南街47号	民国	不可移动文物	基础调查
118		码头南街35号	民国	不可移动文物	基础调查

五、保存概况

（一）建筑分布

淮安地区的传统建筑主要分布在明清时期逐步繁盛的以运河为组带的历史城镇群范围内。经调查发现，传统建筑保存集中的区域有淮安古城、清江浦、河下、王营、码头、渔沟等古城镇。淮安古城“三联城”格局形成于明嘉靖年间，虽古城城墙已拆除但格局尚存（图5.1.4），古城与城外河下镇形成“三城带一镇”的

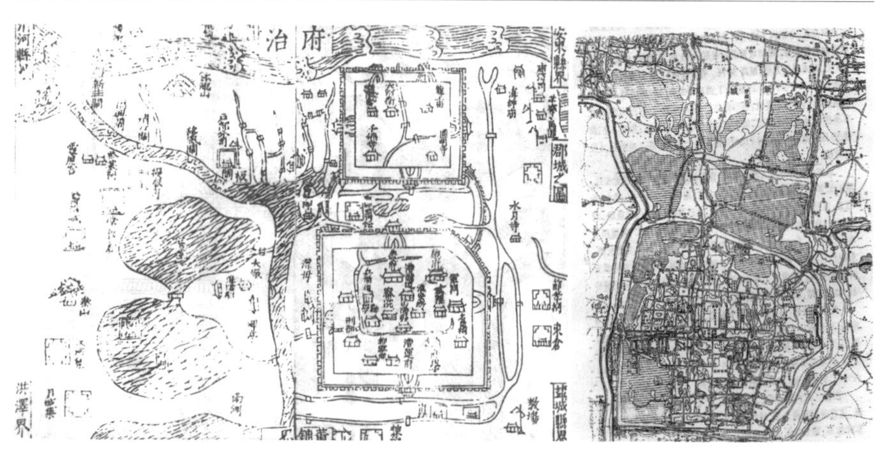

（a）明代淮安府城图（图片引自明万历《淮安府志》）（b）1908年淮安城测绘图（图片由江北陆军学堂绘制）

图5.1.4　淮安古城图

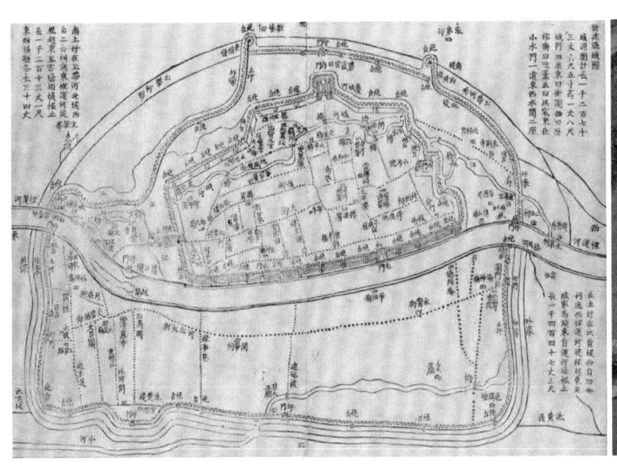

(a) 新建县城图（图片引自清光绪《清河县志》）

(b) 清河县北门城墙遗址

图5.1.5　清江浦古城图

空间景观结构。此范围内有两片历史街区和六处一般历史地段。清江浦古城已不复存在，2014年7月在北门桥地区发现了清同治年间清河县北门城墙遗址[26]，即清江浦古城墙（图5.1.5），如今古城整体格局已被毁，仅存两处一般历史地段，传统建筑零散分布在一些老街巷内。另外，王营、码头、渔沟等古镇相对集中地保存了一些传统建筑。因此，淮安传统建筑主要集中在其所下辖的淮阴、淮安及清江浦三区，其余区、县传统建筑保存不多且分布零散。

（二）建筑年代

淮安地处要冲，其城镇的兴衰与运河密不可分，历史上战乱不断、水患频发，导致大量城镇湮没在历史长河中，明代以前的传统木构建筑已基本无存。因此，淮安地区现存传统建筑的年代跨度一般为明代至民国，尤以清中晚期至民国的传统建筑存量为多。

淮安地区部分传统建筑特别是建筑群的年代较难辨别，有些建筑群始建年代早，虽有文献记载，但经历过毁后重建，有些甚至是现代迁建复建，历史信息十分混杂。因此，本章的研究对象以未经修缮且历史信息保存较完整的传统建筑为主。

（三）建筑类型

淮安城镇群沿运河而建，既有城防坚固的府城，又有位于交通要冲的转运城镇，城市建设涵盖城防设施、公署建制、坛庙寺观、集市街衢和风景园林[27]等多方面，现存的传统公共建筑类型有城防、公署、钟鼓楼、钞关、仓库、牌坊、文庙及其他寺观祠庙等。虽然很多建筑本体已毁，但结合遗迹与文献资料，仍可窥见各种官式建筑的类型，如总督漕运公署、淮安府衙、丰济仓、清江浦楼（图5.1.6）、韩侯祠、楚元王庙等。此外，淮安地方建筑类型也很丰富，包括钱庄、当铺（图5.1.7）、酱园、医馆、药号、住宅、书院、园林、会馆、祠堂、庙宇等，其中住宅类建筑数量最多。

图5.1.6　清江浦楼

图5.1.7　老西门大街商铺

清末，淮安也受到西方外来建筑的影响，建造了许多中西合璧的建筑，如学校、工厂、医院、教堂、西式住宅等。

（四）修缮情况

淮安市的省级以上文物保护单位保护级别较高，较早受到政府的关注，已逐步完成本体修缮和环境整治等项目。这些文保单位的保护工作开展情况较好，有专门的管理机构进行日常维护，也能申请到维修资金，且大多对外开放。然而随着现代保护理念的发展，重新审视这些早期项目就会发现，由于时代的局限性，它们存在不少问题，常见的是因不当修缮导致的文物信息的丧失，比如镇淮楼在20世纪50年代的修缮中失去了建筑原貌、驸马巷李氏宅改造导致立面发生变化等（图5.1.8）。造成修缮性破坏的原因主要包括修缮设计方案研究依据不足、施工缺少监管、文保工程招标设计存在缺陷等，而早期修缮缺少维修记录也给修缮后辨别原状造成困难。迫于城市建设压力迁建文物保护单位的做法，导致传统建筑历史环境丧失，复建过程中建筑本体信息进一步损失，这也属于修缮性破坏，如陈潘二公祠、王瑶卿故居等。另外，历史街区的集中改造容易造成过度商业化，如上坂街的改造，而街区的改造也会造成历史风貌的破坏，如周恩来故居周边环境整治时拆除了大量民居，导致街巷格局失去完整性。

（a）改造前（2008年摄，淮安区文物局供图）

（b）改造后（摄于2014年）

图5.1.8　驸马巷李氏宅改造前后立面对比

淮安地区现存传统建筑多为民居，大部分属非国有不可移动文物。根据《中华人民共和国文物保护法》（以下简称《文物保护法》）第二十一条的规定，一般只有当非国有不可移动文物面临损毁危险而所有人不具备修缮能力时，才能得到政府的资金支持。

据调研，淮安城区传统建筑产权、使用权相当混乱，产权主要归国家、集体、个人等所有，建筑群中各单体甚至单体建筑中各间房屋都分属不同产权。比如陈幼斋宅，其中数间房屋为陈家后人所有并居住，其余则由房产公司分租给他人居住。秦焕故居的产权一部分属于半导体零件厂，一部分属于房产公司，还有一部分为住户从房产公司购得，为私有产权，产权不统一的问题导致建筑群内居住人员既多且杂。虽然《文物保护法》规定了保护主体，但无论所有人还是使用人都未妥善尽到修缮、保养的责任。公房中除了部分严重危害居住安全的能得到基本的维修，大部分都已破败不堪。而私房能得到政府经费维修的只有少数低保户，大部分私房的修缮只能由房主承担，且这种修缮很难得到有效监管，往往导致建筑面目全非。有些不属于低保户而无力承担修缮费用的房主希望得到政府经费支持，否则，只能任房屋损毁倒塌（图5.1.9）。

（a）2014年秦焕故居

（b）2015年朱占科故居

图5.1.9　淮安传统民居损坏情况

（五）破坏因素

调研中发现，传统建筑的破坏以人为破坏为主，特别是缺少保护意识的建设、改造、使用。对破坏类型归纳如下（图5.1.10）：

1. 历史原因

部分建筑在“文革”中被破坏，如王遂良宅内的木雕被铲除。

2. 城市建设

城市建设往往是传统建筑消亡的主要原因之一，一些价值很高却未被登记保护的建筑被拆除，如耶稣堂被拆至仅剩钟楼。即使是已挂牌的不可移动文物在面临城市建设的压力时，也不得不为城市建设让道。2013～2014年调研时发现，清江浦区的传统民居正在拆迁，涉及西长街、抬花头巷和义顺巷等。城市建设还导致传统建筑被迫迁建。此外，也出现了道路标高提升引发老城区积水、历史环境被破坏等问题。

3. 改造工程

缺乏保护意识的改造是另一种破坏。从历史街区改造来看，集中而短期的建设改造很难达到预期效

（a）王遂良宅内的木雕被铲除

（b）耶稣堂拆后仅剩钟楼

（c）2013～2014年清江浦区传统民居被拆除

（d）面临拆除的义顺巷民居

（e）被改变旧貌的上坂街

（f）淮安天主教堂被截断柱子改造成浴室

（g）韦坦宅窗户被改建

（h）小羔皮巷韦氏宅的加建与内部装修

（i）局部坍塌的杨殿邦旧居

（j）太清观街程氏宅雕花撑栱丢失

图5.1.10　淮安市传统建筑破坏类型案例

果，传统街区成为用来打造商业、旅游的牺牲品，上坂街即属于这种情况；从小的单体建筑改造来看，住户希望改善生活条件，但由于缺乏专业指导与监管，改造往往变成破坏。人们拆除传统建筑的隔断围合，锯断木构件，加建或拆分空间，砌筑墙体，加建天花，或者更换现代材料的门窗与铺地，重新粉刷油漆等，破坏了传统建筑的原貌，如淮安天主教堂、韦坦宅、小羔皮巷韦氏宅等。

4. 过度使用

这一现象普遍集中于公房，住户众多且只用不护，长时间的过度使用导致传统建筑破败不堪。房屋所有人不愿出资维修。一些私宅因屋主经济能力不足或房屋出租等原因也存在相同的问题，如杨殿邦旧居。

5. 收购偷盗

随着近年文物市场火热，传统建筑中木雕、石雕、砖雕等建筑构件的偷盗、非法买卖等行为成为不容忽视的破坏因素。古建雕刻构件散佚严重，丢失构件现象比较普遍，如太清观街程氏宅。

除人为破坏，自然因素也对传统建筑造成了一定程度的破坏，如砖石酥碱、白蚁蛀蚀、木构糟朽、屋面杂草丛生造成的漏雨，以及排水不畅造成的淹水等问题。尤其是废弃的传统建筑，自然因素造成的破坏更为明显。

调研过程中发现，既有好坏参半的维修案例，也有一些面临拆除或正在拆除的传统建筑，但更多的则是大量亟待维修的传统建筑。淮安地区传统建筑保护任务十分艰巨，尽管地方文物部门已在努力，地方媒体和关心文化遗产的人士也在不断呼吁，但保护之路仍旧困难重重。

第二节　传统建筑研究概述

一、街巷格局

淮安的古城兴衰更迭，格局尚存的淮安府城最具代表性，其三城纵向相连的格局非常特别，但在苏北地区并非孤例，扬州府城也是如此，可见苏北城防存在共性。淮安三城形态并不取直规整，而是依地形蜿蜒而建。三城中，北面新城、联城用作军事防御，内部道路较少。旧城为主城，平面接近方形，但城门互不相对，尤其是东门瞻岱门，位于东北斜角。因水系贯通，四面除设城门还设有水门。根据1908年淮安古城测绘图（图5.2.1）分析，南门迎熏门为旧城中轴线南端起点，向北依次设有镇淮楼、漕运公署、淮安府衙等主要公共建筑（以下简称“公建”）。漕运公署位于古城中心，紧靠中轴线两边分布有试院、府学、山阳县衙、徐节孝祠等其他重要公建。依循城门及重要公建的位置，分布着古城的主要干道，南北向有西长街、中长街、东长街、北门大街、上坂街等；东西向有东门大街、漕运前街、西门大街、县前街、大鱼市口街、小鱼市口街等。由街巷名称可见城门、公建在城内位置上的标志性作用。主干道周边再分出若干

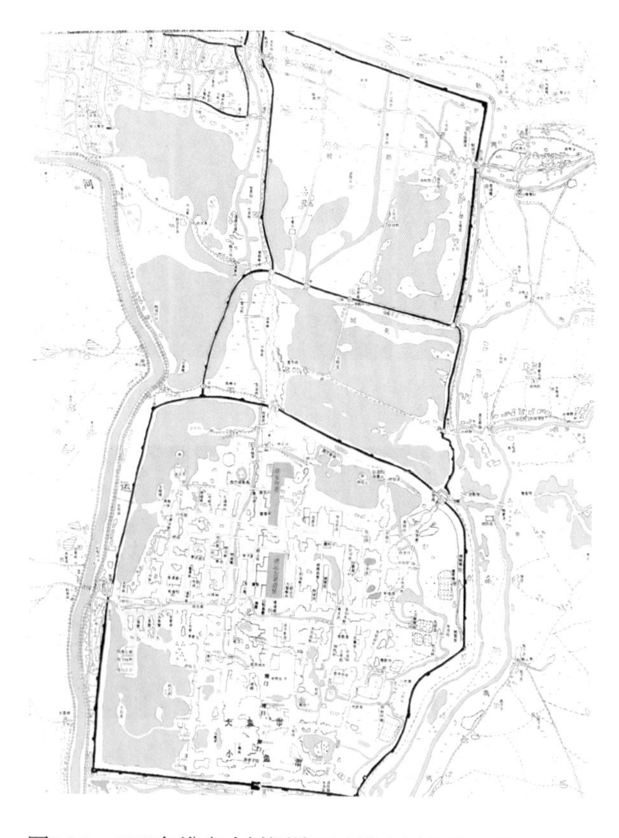

图5.2.1　1908年淮安古城测绘图（淮安区文物局供图）

街巷，形成旧城的棋盘式格局。

从建筑设置与街巷关系来看，重要公共建筑群前（南）为东西向干道，建筑群主入口设在南面，即干道的北侧。建筑群占地规模大，按多路轴线布置，如漕运公署、淮安府衙、淮安府学等。民间的庙宇、祠堂总体上也遵循入口设于南的规制。数量占绝对优势的住宅规制相对自由，通常随街巷分布，入口沿街巷布置，但是规模大、等级高的住宅也多选择在南面设置入口。因住宅主屋坐北朝南，东西向主入口均从侧面进入主轴线院落，南北向主入口则不会布置在主屋的中轴线上，而是偏向一侧。淮安传统商铺为前店后宅或上宅下铺，铺面占据主街两侧，后宅可以从铺面进入或者从与主街垂直的支巷进入。

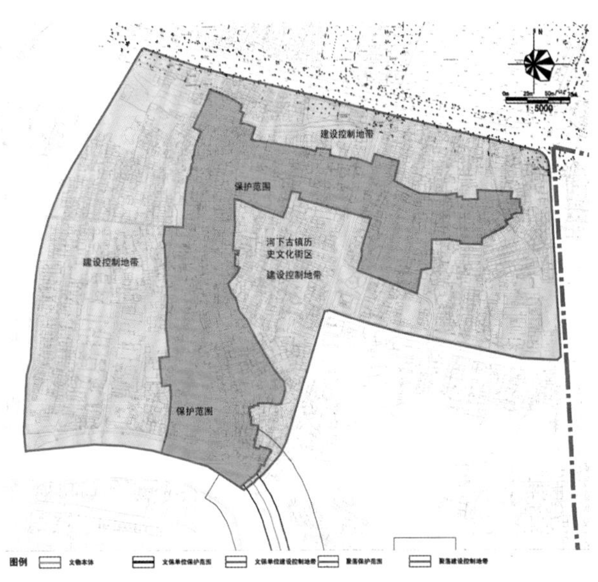

图5.2.2 河下古镇保护区划图（图片引自东南大学建筑设计研究院 、中国文化遗产研究院编制：《大运河（淮安段）遗产保护规划》，2009年）

淮安地区水网密布，大运河联结着这里的各个古城镇，因此水运交通非常发达，舟船是重要的交通工具。淮安府城内有文渠，很多街巷的住宅沿河而建，如老西门大街、驸马巷、龙窝巷等。城内还有萧湖、月湖、勺湖等，不少住宅引水筑园，如沈氏遂园。河下镇在明清时期更是建有一百多座私家园林[28]，可惜尽毁。

淮安古镇的形态比较自由，但均为沿河建镇，由主要干道向两旁延伸，干道为商业街及交通要道，垂直分布若干支道，类似鱼骨状，建筑群分布在街道周边。码头镇、河下镇（图5.2.2）均是按此规律布局。

二、建筑群格局

淮安传统建筑群格局基本属于院落式布局（图5.2.3），最小的是单个院落，即三合院或四合院，如袁松庭宅；规模大一点的，则按轴线南北向排列若干进，如双刀刘巷沈氏宅；大规模的建筑群，则南北若干进加东西若干路，多条轴线并行，如秦焕故居。

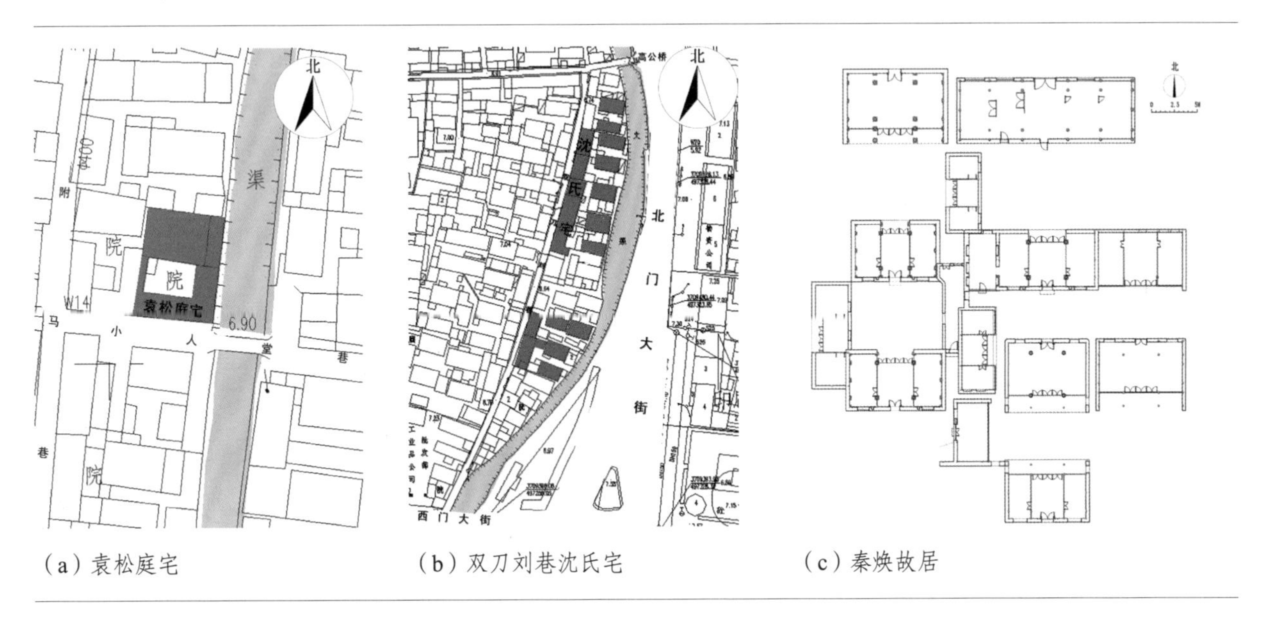

（a）袁松庭宅　（b）双刀刘巷沈氏宅　（c）秦焕故居

图5.2.3 建筑群格局平面图［图片（a）、（b）引自第三次文物普查资料］

传统院落布局以对称轴线式最为常见，公建格局比较规整，轴线沿南北向布置，讲究对称（图5.2.4）；住宅通常也以轴线对称为主（图5.2.5），但相对灵活，对称中有变化，因地制宜，其中以园林布置最为自由。对称院落由主屋与厢房围合，讲究的会采用连廊连接各屋舍，方便雨雪天气行走，这在遂园的相关文献中曾有提及。秦焕故居建筑群中不少单体建筑都有前廊，其中4号建筑次间外檐发现榫眼痕迹（图5.2.6），证明此处原有廊与之垂直相接。

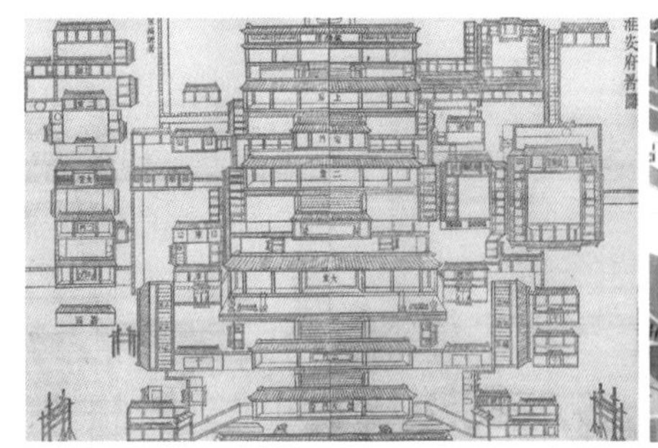
图5.2.4　清淮安府署图（图片引自清同治《重修山阳县志》）

图5.2.5　谈荔孙故居（淮安区文物局供图）

图5.2.6　秦焕故居4号建筑次间外檐的榫眼痕迹

民国时期出现了非对称轴线布局，如陈幼斋宅。它由二层建筑主体及其他单层建筑围合出两个院落，主体建筑平面呈L形（图5.2.7），突破了传统的对称模式，但在局部也有轴线对称关系，表明仍受传统建筑理念影响。

传统布局在平面上伸展铺陈，院落排列多以轴线序列展开，呈主体对称、局部自由状。各院落面貌并不是简单重复，而是随建筑单体的立面变化呈现出各自的特色。传统建筑群布局体现了等级制度，通常沿轴线由南往北等级递增，通过建筑开间进深、高度、梁架样式、用料、装饰等建筑手法表现差异。

淮安地区的传统建筑群格局是值得深入研究的课题，现存建筑不同程度的受损情况，给研究带来了一定困难。目前，尚存的朱占科故居、王遂良宅[29]等大规模建筑群虽有毁坏，但仍可作为研究淮安地区传统建筑格局的重要实例。

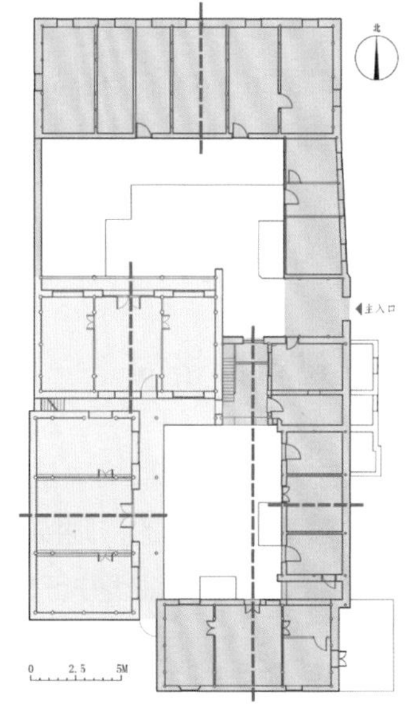

图5.2.7　陈幼斋宅平面图

三、建筑单体

（一）建筑平面

淮安地区传统木构建筑的单体平面普遍为三开间。住宅建筑单体以三开间为基数，根据需要变化。常见的有三间加一间的做法，如秦焕故居5号建筑，在西侧加了一开间作为书房。还有李更生故居北屋以及老西门大街某宅，四开间通常将屋脊处理成“3 + 1”的形式（图5.2.8），以表示其符合三开间的规制。

图5.2.8　老西门大街某宅屋脊

淮安地区仅有极少的住宅面阔为五开间，即“明三暗五”的做法，仅见于高等级住宅，如秦焕故居6号建筑（本次调研中仅见此一例）。所谓“明三暗五”，主要指在院

图5.2.9　都天庙街62号格局

落围合中以东西厢房遮挡五开间主屋的两梢间，因此从院落中只能看到主屋立面的三个开间，保持了明面上的三开间规制。另外，调研中还观察到有类似明暗的做法，如都天庙街62号（图5.2.9）因用地狭窄，东西厢房遮挡了三开间的两次间，明显可以看到两次间窗户正对厢房山面。

本次调研中见到的唯一一座面阔七开间的住宅建筑是王少清宅，建于民国时期，为二层楼，沿县东街，坐北朝南，屋脊处理成三段（图5.2.10）。

公建单体通常也以三开间为主，而官式建筑规模可达五开间甚至七开间，如淮安府衙大堂、二堂等。

调研中发现，淮安传统木构建筑单体多为矩形平面，但也存在一些特殊案例，如遂园蝴蝶厅。该厅为园林建筑，平面呈凸字形，为三开间向北出一开间抱厦的做法。又如清江古清真寺礼拜殿，属于复合型平面，由于礼拜空间需要长进深，因此该建筑由前后两个三间九架大殿组合而成，后殿明间出一六檩卷棚，即后窑殿。

除单层建筑以外，调研中也发现有不少两层楼的住宅采用了回形走马楼形式，如霍培元皂厂旧址、王遂良宅（图5.2.11）。一些书香门第家中还建有书楼，多为矩形平面二层独立小楼，如秦焕故居、杨士骧故居以及钱家书楼。此外，码头镇码头南街某宅是一栋凹字形二层小楼，沿街一层为商铺（图5.2.12）。建于民国时期的陈幼斋宅，主体建筑为L形二层楼，是调研中的孤例。

图5.2.10　王少清宅三段屋脊

图5.2.11　王遂良宅回形走马楼

图5.2.12　码头镇码头南街某宅凹字形布局

由此可见，淮安地区传统木构建筑平面普遍遵循礼制要求，为规整的矩形，并以三开间为主，进深则以五架、七架为多。出现特殊平面的建筑多见于相对自由的园林建筑，还有清真寺等外来宗教建筑，它们虽然也采用了中式传统建筑技术，但因其特殊的使用要求，形成了特殊的平面形制。尽管如此，这些特殊平面的建筑仍然受到传统对称格局的影响，真正打破对称平面的单体实例是建于民国时期的陈幼斋宅主楼——可能是受到了西方建筑文化的影响。

（二）建筑立面

1. 山面形制（图5.2.13）

淮安传统建筑多用硬山，“淮安匠师介绍的山墙做法其实包括了屋面形式的不同，称山墙的做法分为六种，分别是五山垛、钟形、观音兜、齿形、歇山。……歇山又分为两种，一种是‘扒鱼头’（即通称的歇山），一种是没有山墙的四面落山（类似四坡顶，当地叫‘大歇山’）”[30]。就调研案例来看，淮安山墙多为不高出屋面的人字山；高出屋面的山墙，以观音兜做法较为常见；润州会馆前廊为卷棚屋面，山墙顺屋面曲线建造，为钟形山墙；码头镇发现几处屏风墙案例，其五山屏风推测为五山垛；只有少量案例为悬山及歇山，悬山案例仅见于淮安府衙大堂，为五花山墙，即齿形，属于官式建筑范畴，歇山案例主要见于住宅，用于书楼、蝴蝶厅等特定建筑，如钱家书楼、遂园蝴蝶厅等。

2. 正立面、背立面形制

淮安传统建筑单体正立面、背立面形制多样，根据檐口建筑材料可分为砖檐、木檐、砖木檐三种（图5.2.14）。建筑单体根据功能、位置选择不同材质，沿街建筑立面一般采用砖檐，主堂屋也多采用砖檐；厅堂、穿堂等多用木檐或砖木檐。一个建筑单体的正立面、背立面常常采用不同材料，从而形成了复杂的建筑面貌。同时，某些功能位置也形成了淮安特有的立面形制，如一门三搭形制。

（a）人字山

（b）观音兜

（c）钟形山墙

（d）屏风墙（五山屏风）

（e）五花山墙（齿形）

图5.2.13　山面形制案例

（a）砖檐立面

（b）木檐立面

（c）砖木檐立面

图5.2.14　立面形制案例

（1）砖檐立面

1）八字门形制（图5.2.15）

八字门是一种特殊的全砖檐立面形制，用于建筑群的主入口。八字形成围合空间，可凸显入口位置，多为一些公共建筑所采用，如沂泉浴室。八字门多为斜八字，也有垂直做法，如太清观街李氏宅。有的民居为了凸显身份也会采用八字门，如双刀刘巷郝氏宅。

（a）沂泉浴室（现已拆，图片引自“文史淮安”网站，http://www.wshuaian.org）　（b）太清观街李氏宅　（c）双刀刘巷郝氏宅

图5.2.15　八字门形制案例

2）一门三搭形制（图5.2.16）

一门三搭是淮安地区砖立面的一种典型做法，指在砖墙上开一门两窗，门窗上方均挑出磨砖雨檐，多用于堂屋、厅堂等。一门三搭的实际做法较为灵活，其中一门两窗是固定结构，雨搭可以不做，也可以只做两搭。

（a）一门三搭（蒋裕泰宅）　（b）一门两搭（李正泰宅）　（c）一门两窗无搭（胯下桥南街陈氏宅）

图5.2.16　一门三搭形制案例

3）两层建筑砖檐立面形制（图5.2.17）

沿街两层楼通常用全砖檐，底层一般开有出入口，二层砖墙不开窗，现二层窗户多为20世纪50年代后

（a）霍培元皂厂旧址　（b）王少清宅　（c）王遂良宅

图5.2.17　两层建筑砖檐立面形制案例

陆续改造，如霍培元皂厂旧址、王少清宅、王遂良宅。

（2）木檐立面

1）单层建筑木檐立面形制（图5.2.18）

单层建筑采用全木檐的做法较为普遍，但是现代改造造成传统木质门窗缺失，完整木构立面很少保存下来。全木构立面极具装饰性，主要用于厅堂或厢房。木檐立面厅堂往往设有前廊，木质门窗通常安装在前檐金柱或前檐外金柱位置，如袁松庭宅。木檐立面厢房则直接安装门窗于檐柱位置，如李正泰宅西厢房。从门窗组合来看，明间一般安装六扇槅扇门，也有少数安装八扇的，次间根据使用情况选择安装槅扇门或木槛窗。一般作为卧室使用的多选用木槛窗，一些需要灵活开敞空间的则会选用槅扇门，厅堂及厢房均有见。随着民国时期新式门窗的出现，木质门窗呈现出一些新的组合面貌。

（a）袁松庭宅

（b）李正泰宅西厢房

图5.2.18　单层建筑木檐立面形制案例

2）两层建筑木檐立面形制（图5.2.19）

两层楼多在院落或天井内侧用全木檐立面。规模较大的建筑单体，二层通常设有回廊和样式丰富的栏杆；规模较小的建筑单体，二层则用木窗围合，多见于用地紧张的商铺住宅或者门屋。商铺店面也多用木质立面，两层楼通常上宅下铺，底层铺面装有可拆卸的铺面板。二层立面用栏杆、门窗围合。

（a）王遂良宅

（b）老西门大街某宅，前店后宅

（c）霍培元皂厂旧址

（d）码头镇码头南街某宅，上宅下铺

图5.2.19　两层建筑木檐立面形制案例

（3）砖木檐立面

1）砖木大门形制（图5.2.20）

淮安地区普遍的大门做法是直接在门屋外墙上开门洞，比较讲究的则以砖木材料建造。

就调研案例来看，其做法是将大门后退形成凹廊空间，木檐下多装饰有挂落、夹堂板、雀替等木雕构件。多数案例大门开在后退的砖墙上，但王遂良宅的大门做法比较特别，完全以木材建造，门樘口大，形似将军门。

(a) 许焕宅

(b) 施耐庵著书处旧址

(c) 王遂良宅

图5.2.20　砖木大门形制案例

2）单层建筑砖木檐立面形制（图5.2.21）

这种立面形制也很常见，门屋、厅堂、厢房等均可采用。明间用木檐，通常后退一步在前檐金柱或前檐外金柱间设槅扇门，形成凹廊。两次间用砖檐，次间砖墙也可开窗并做雨搭。

(a) 小羔皮巷韦氏宅

(b) 朱占科故居（明间墙体改造时后加）

图5.2.21　单层建筑砖木檐立面形制案例

3） 两层建筑砖木檐立面形制（图5.2.22）

两层建筑的立面有时也采用砖木檐，通常三开间明间用木檐，次间用砖檐。底层往往设有通道，如霍培元皂厂旧址。王遂良宅也运用了这样的立面形制，但受改造影响现已面目全非，仅从屋檐用材仍可分辨出来。

(a) 霍培元皂厂旧址

(b) 王遂良宅（明间墙体为改造时后加）

图5.2.22　两层建筑砖木檐立面形制案例

（三）大木

1. 大木构架（图5.2.23）

淮安地区木构单体规模普遍为三间五架和三间七架，俗称“小五路”和“大七路”，这种规制是循古礼而形成的。五檩房屋为基本样式，通常用于门房、厢房。除了各种对称样式，也有不对称的五檩样式，即长短坡屋面，多见于门屋，比如双刀刘巷郝氏宅。七檩通常是在五檩的前后各加一步，等级更高，多用于主屋，也可用于门房，比如都天庙街62号。

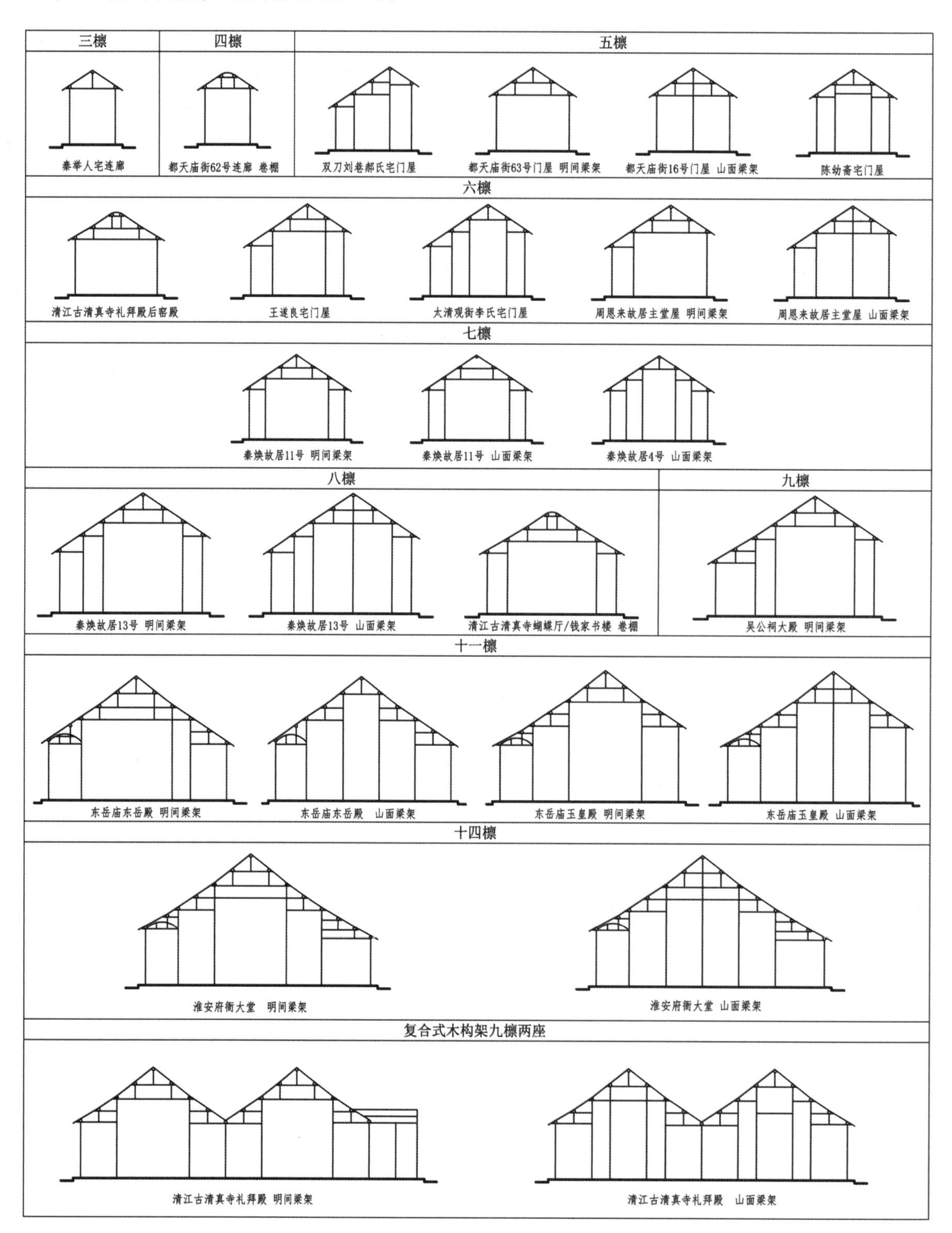

图5.2.23 淮安地区梁架样式

五檩以下梁架（图5.2.24）主要用于墙门的坡屋面、连廊或者建筑前廊等处。墙门上部常做小坡屋面用来遮雨，单坡为双檩，如李正泰宅墙门；双坡为三檩，如秦举人宅连廊。四檩卷棚样式常见于建筑单体外廊，如润州会馆，或者用于室内轩作。厢房和门房之间的连廊既可采用三檩，也可用四檩，如都天庙街62号。

（a）单坡墙门（李正泰宅）

（b）双坡连廊（秦举人宅）

（c）卷棚外廊（润州会馆）

（d）卷棚连廊（都天庙街62号）

图5.2.24　五檩以下梁架案例

五檩以上梁架还有六檩、八檩、九檩及九檩以上的做法，六檩和八檩梁架样式通常是在五檩和七檩梁架前檐增加一步架，形成长短坡屋面，如周恩来故居主堂屋、双刀刘巷郝氏宅主屋与秦焕故居8号厢房皆为六檩，秦焕故居13号建筑与杨士骧故居主厅皆为八檩。另外，八檩也有卷棚做法，比如清江古清真寺的蝴蝶厅和钱家书楼，室内为六檩卷棚，外加一圈廊。吴公祠则为九檩，祭堂为三间九架，室内构架为七檩前后廊式，再加双步梁前廊，屋面呈长短坡。住宅建筑如张汝梅宅，根据资料记载，主屋为“三开间面阔13米，进深九檩9米”，此屋内部构架被后期加建的天花遮挡，但前廊尚可见，从山墙看为长短坡，推测也是七架加两架外廊形式（图5.2.25）。九檩也有对称做法，如清江古清真寺礼拜殿的九檩，其梁架在五架抬梁基础上，前后各加两步架。九檩以上的有东岳庙前后殿和都天庙，均为十一檩；淮安府衙大堂为十四檩。

图5.2.25　张汝梅宅

根据淮安现存实例整理归纳的梁架样式，目前所知最大规模的单体构架是淮安府衙大堂，达七开间十四檩。东岳庙次之，为三开间十一檩。清江古清真寺礼拜殿规模也很大，由两个九檩梁架组成，属于复合式木构架。可见九檩以上梁架都为公建，而住宅梁架普遍在九檩以下。

淮安地区传统建筑属于正交梁架样式，建筑单体明间梁架以檐柱、金柱落地为多，山面梁架普遍山柱落地，但未见明间梁架中柱落地的情况，可见淮安梁架样式与建筑等级存在着对应关系。淮安地区不对称梁架比较常见，门屋、堂屋、正殿都有使用，该地区习惯在基本梁架前后按需要增加步架，公建多加轩廊。

关于淮安地区木构架属于抬梁还是穿斗这个问题，《苏北传统建筑技艺》中曾提道：“苏北各地的传统匠师并没有抬梁和穿斗这样的概念，所谓的抬梁和穿斗只是在柱、梁、檩的节点榫卯的做法上有所区别而已。淮安匠师将柱止于梁底，梁承檩的做法叫‘凳榫’，而将梁承檩、柱亦升至檩底、梁插于柱头内的做法叫‘清榫’。”[31] 因此，淮安的抬梁和穿斗很难区分开。

2. 大木构件

（1）柱

淮安地区木柱基本使用圆柱，直径15～30厘米，因天然木料根大端小，故木柱一般上小下大。柱头卷杀比较少见，如上坂街许家祠堂（图5.2.26）、双刀刘巷郝氏宅、河下三官殿等，这些建筑用料都很大，推测木构建造年代较早。脚柱下端一般不做管脚榫，而是直接搁置在石柱础上（图5.2.27）。瓜柱与梁交接的柱脚处，有些雕刻成鹰嘴状，鹰嘴做法可追溯至元代，明代住宅也有[32]；另外一些建筑瓜柱以下采用荷叶墩做法，常用鱼戏莲叶题材，寓意年年有余（图5.2.28）。

图5.2.26　柱头（上坂街许家祠堂）

图5.2.27　石柱础（王遂良宅）

（a）章湘侯医宅

（b）杨殿邦旧居

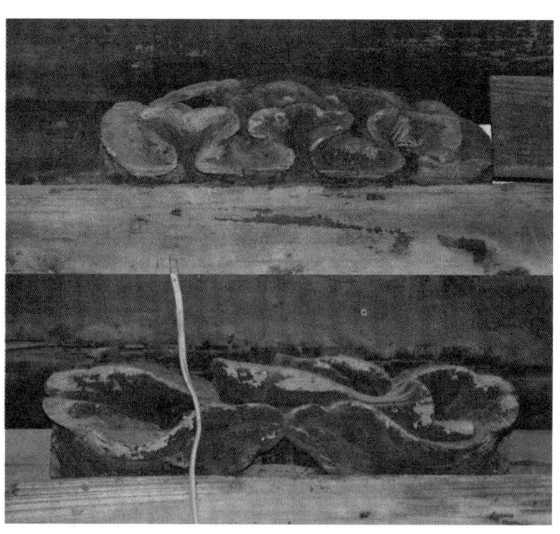

（c）尹柏寒故居

图5.2.28　鹰嘴、荷叶墩案例

（2）梁（图5.2.29）

淮安木梁通常圆作，与柱交接的梁端做剥腮，形成三角形，有的饰以曲线。梁头做雕刻，多饰以卷草纹。有的外檐木梁端头用木雕板装饰兼保护。扁作梁则十分少见，调研中仅见于东岳庙玉皇殿轩梁。

（a）雕花梁头（李正泰宅北屋）

（b）扁作梁（东岳庙玉皇殿）

（c）剥腮（李正泰宅南屋）

（d）剥腮（程锡友宅）

（e）梁头板（秦焕故居4号建筑）

（f）转角梁头板（陈幼斋宅）

图5.2.29　梁案例

（3）檩（图5.2.30）

淮安古城一带称檩为“桁条”，断面多为圆形，若檩下有枋，檩下皮会刨平。挑檐檩的断面多用方形，讲究的会在底面上做出琴面，甚至刻上海棠线。

（a）圆檩断面（秦焕故居4号建筑）

（b）方形挑檐檩（秦焕故居4号建筑）

图5.2.30　檩案例

（4）枋（图5.2.31）

淮安木构进深方向梁下多用穿插枋、随梁枋及其他串枋，尤其山面多用木枋加强联结。面阔方向檩下多用通长木枋，即《营造法原》中的“连机”，淮安称“垫牵”；檩下也有不用连机而在两端用替木的做法，即《营造法原》中的“短机”，淮安称“羊尾子”或“替木”。“淮安地区习用‘满梁满牵’，即每根檩（梁）下均用连机（垫牵），少数简陋民居为节约材料，也有用短垫枋的，但特点是每根檩下均有连机或短机”[33]，满梁满牵的实例很多，如秦焕故居13号建筑，上金檩垫牵下设挂灯笼用的铜钩，又称“亮牵”。短机的案例有李正泰宅的五架花房，明间檩条和次间脊檩用连机，次间金檩下使用短机。另外，挑檐檩下常用替木辅助受力，替木置于抱头梁端之上，多素面处理，如义盛旅社旧址；讲究的则做木雕，采用浮雕、圆雕、透雕等多种技

（a）满梁满牵、亮牵（秦焕故居13号建筑）

（b）替木（李正泰宅花房）

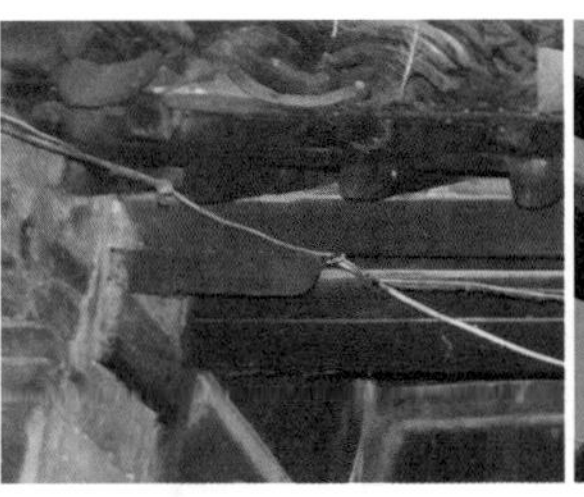

（c）挑檐檩下素面替木（义盛旅社旧址门屋）

（d）挑檐檩下雕花替木（秦焕故居4号建筑）

（e）枋底刻线（李正泰宅南屋）

图5.2.31　枋案例

法，如秦焕故居4号建筑。枋底讲究的会做出线脚，如李正泰宅南屋，刻海棠线脚。

（5）撑栱（图5.2.32）

撑栱在淮安地区称“撑牙”，是一种斜撑构件，常用在檐柱外支撑梁头，由两块木构件组成。上部构件通常雕刻鱼龙形纹样，也有做卷草纹，在上坂街许家祠堂还发现斗拱状的，极为罕见；下部构件呈直角三角形，同一栋建筑既可用同一种图案，也可用多种图案。其雕刻题材丰富，有卷草、百福流云、六合同春、松鹤长春、松鼠葡萄等。

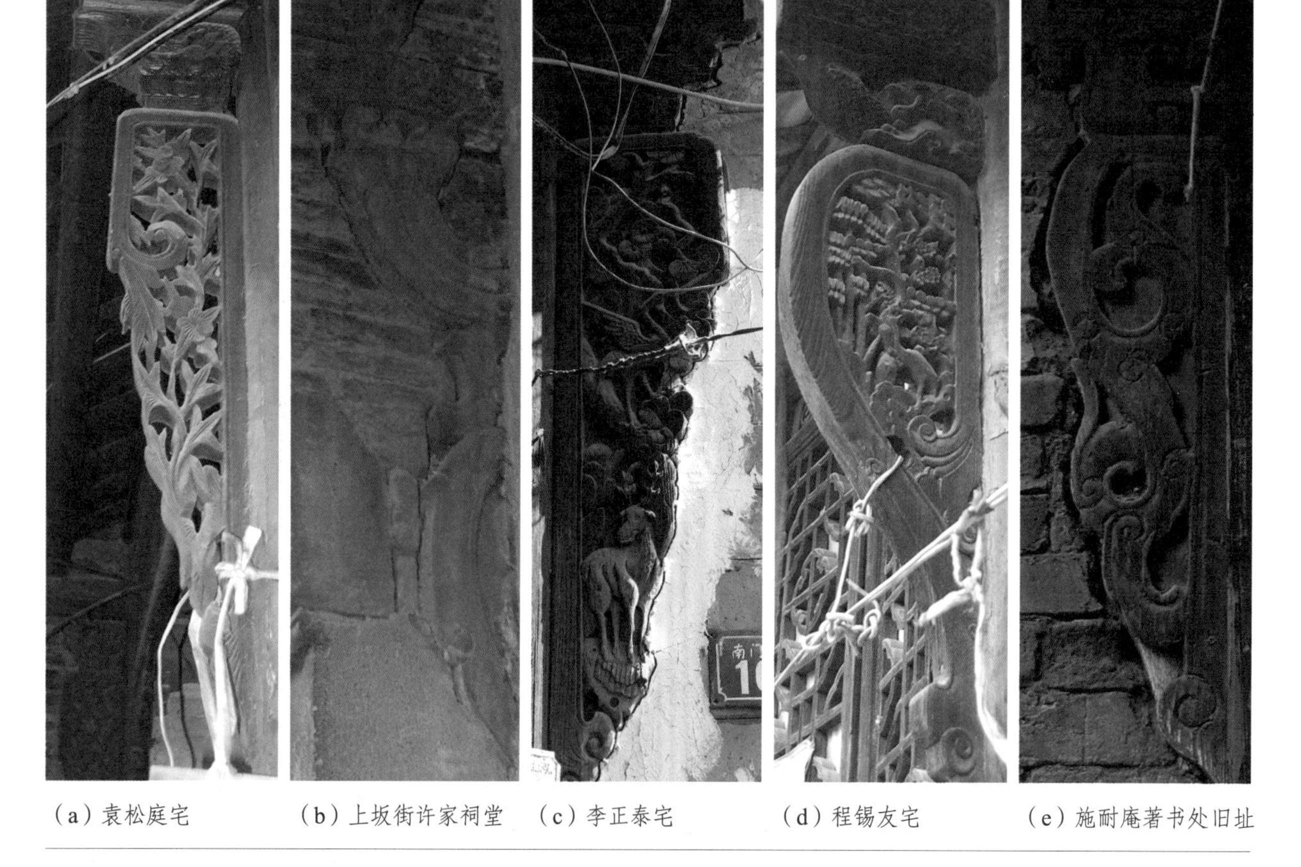

（a）袁松庭宅　（b）上坂街许家祠堂　（c）李正泰宅　（d）程锡友宅　（e）施耐庵著书处旧址

图5.2.32　撑栱案例

（6）云板（图5.2.33）

淮安地区在屋顶内三架梁以上、脊瓜柱两旁的三角空间常做雕花木板，用一整块木雕或若干块木板拼接而成。其雕刻题材多为卷草、花卉、云纹等。

（a）李正泰宅　（b）章湘侯医宅

（c）县东街某宅

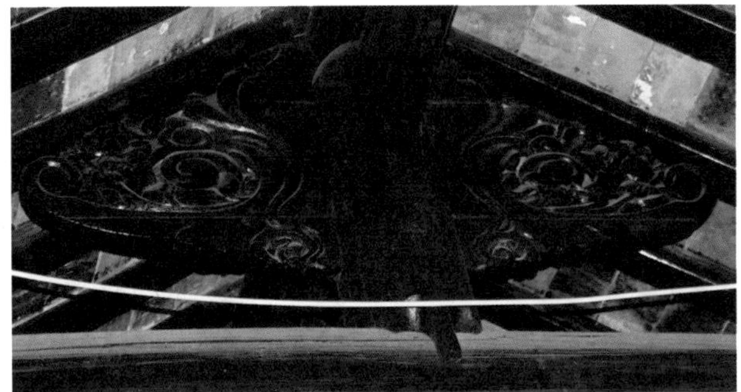

（d）朱占科故居

图5.2.33　云板案例

（7）斗拱（图5.2.34）

淮安调研中传统民居檐下未发现使用木斗拱。[34]仅见雨檐下砖砌斗拱的案例，如秦焕故居5号建筑的砖砌门头，还有杨殿邦旧居砖壁龛中的斗拱样式。木斗拱构件出现在局部木构中，如上坂街许家祠堂的撑栱构件使用了斗拱形式，斗则做成花斗；还有县东街某宅，于脊瓜柱两侧出丁头栱承接云板。除此以外，轩作也用坐斗及栱支撑轩梁、轩机。

（a）砖砌斗拱（秦焕故居5号建筑）

（b）轩作坐斗（龙窝巷高氏宅）

图5.2.34　斗拱案例

（8）椽（图5.2.35）

木椽按位置可分为飞椽、脑椽、花架椽、檐椽等。淮安地区飞椽多用于重要的建筑，但没有形成固定的规制，如秦焕故居的厢房用了飞椽，而韦坦宅除主屋外均未用飞椽；都天庙街62号门屋使用飞椽，而袁松庭宅的门屋则未用飞椽；王遂良宅的走马楼用了飞椽，而霍培元皂厂旧址的走马楼则未用。脑椽、花架椽与檐椽的形制大多为半圆椽或荷包椽，方椽、扁椽较少，但在秦焕故居建筑中大量使用扁椽并在椽底刻出海棠线脚，袁松庭宅也是如此。翼角撒网椽多为圆形断面。飞椽则用方椽或扁椽。椽头的截断方式比较特别，檐椽竖直（垂直于地面）截断，而飞椽垂直椽身截断。《苏北传统建筑技艺》提到淮安“在椽身收杀和砍杀方面，以及是否使用封檐板方面也表现出各种做法并存”[35]，但是调研中发现的案例普遍未做封檐板，而是用大小连檐、闸挡板、瓦口板等。檐檩以外铺望板，檐檩以内铺望砖。

（a）飞椽（都天庙街62号门屋）

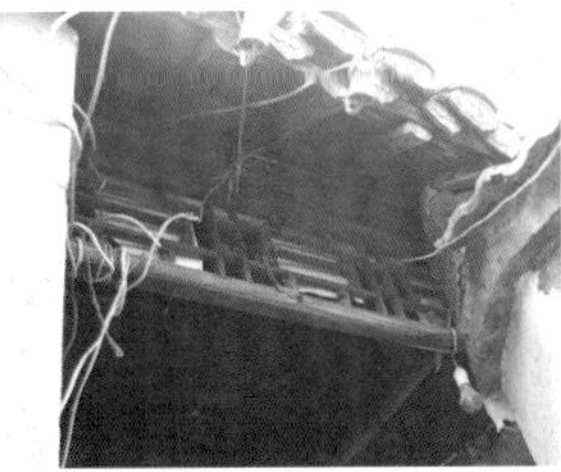

（b）檐椽（袁松庭宅门屋）

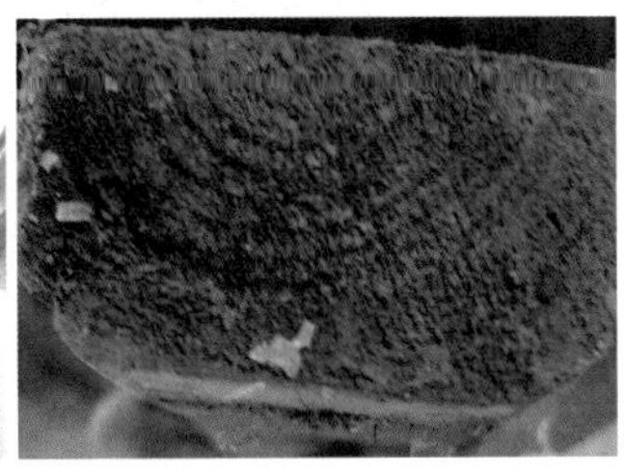

（c）扁椽刻海棠线脚（秦焕故居5号建筑）

（d）檐椽、飞椽刻线（袁松庭宅主屋）

图5.2.35　椽案例

（9）博风（图5.2.36）

淮安传统建筑大多用硬山，悬山较少见。官式建筑如淮安府衙大堂，采用木博风。住宅案例中秦焕故居一单体与遂园蝴蝶厅均做歇山屋面，使用博风和悬鱼。

（a）木博风（淮安府衙大堂）

（b）博风和悬鱼（秦焕故居）

（c）博风和悬鱼（遂园蝴蝶厅）

图5.2.36　博风案例

（四）小木

1. 门

淮安的门按位置分为大门、二门、屏门、院门、房门、隔门等；按形式分为板门、槅扇门、风门、券门等。通常大门、二门、房门都用对开板门，属于实拼门；室内分隔明次间的板壁上也常设对开小板门，属于框档门（图5.2.37）。调研中仅见王遂良宅大门为复杂木构，板门形制与《营造法原》中的将军门类似，但安装在前金檩下而非脊檩（图5.2.38）。屏门多用在门屋、穿堂、通道等处。因调研案例中屏门多已拆除散佚，通过残留的上门楹痕迹可推测其门扇数量，如门屋多用四扇门，中间对开，推测屏门也为框档门形式（图5.2.39）。

2. 门楹（图5.2.40）

沉重的板门通常门轴

（a）大门（许焕宅）

（b）房门（秦焕故居5号建筑）

（c）室内隔断对开小门（陈幼斋宅）

图5.2.37　板门案例

图5.2.38　大门（王遂良宅）

图5.2.39　屏门（许焕宅门屋）

下部插入门臼石、门枕石等，门轴上部则插入上门楹，常用一根整木制门楹，称连楹，多做雕花装饰，以吉祥寓意的图案为主。

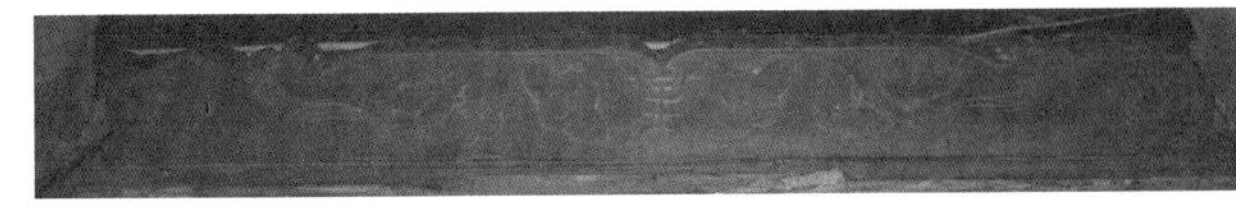

（a）太清观街李氏宅大门

（b）胯下桥南街王氏宅主屋

图5.2.40　门楹案例

3. 槅扇（图5.2.41）

槅扇，即《营造法原》中的长窗，可作为对外的门、窗，也可作为室内分隔明次间的隔断。槅扇样式繁多，内心仔花纹式样有夔式、书条、海棠、冰纹等，其分段方式也很多，除了传统的五部外，省去夹堂板的也很常见。讲究的做法一般是在夹堂板与裙板上做浅雕。清末民国时期，槅扇门趋于简化，有些甚至不做雕饰，使用拱形线脚、素面木板等。民国时期还出现了尺寸较宽的槅扇门和彩色玻璃。

（a）秦焕故居

（b）程锡友宅

（c）陶少堂旧居

（d）李正泰宅

（e）秦举人宅

（f）周信芳故居

（g）双刀刘巷郝氏宅

（h）施耐庵著书处旧址

（i）西长西街10号

4. 横风窗（图5.2.42）

淮安传统建筑有时在槅扇以上安装横风窗，这种做法一般用于较高的建筑立面，其图案往往与槅扇、挂落等一致。

5. 槛窗、支摘窗、砖墙窗（图5.2.43）

淮安传统建筑上木窗的破坏相当严重，很多都被改造成铝合金玻璃窗，传统窗扇保存状况较好的建筑屈指可数。木檐下开窗主要有槛窗与支摘窗两种形式。槛窗常用于单层建筑次间和两层小楼上层，较槅扇短，窗下用砖墙或板壁，一般两边窗扇固定，中间窗扇可对开。支摘窗在淮安比较常见，使用位置与槛窗相同，通常一个开间划分成两层各三扇，共计六扇。小楼上层因尺寸限制也有只开一层四扇的案例。窗的长宽尺寸根据次间尺寸确定，按长宽比例分为方形、竖长形或者扁长形，一般下层是固定扇，上层为开启扇，窗下用砖墙或板壁。砖檐下开窗，于左右次间砖墙对称开

（j）俞恕斋宅

（k）陈幼斋宅

图5.2.41　槅扇案例

（a）驸马巷高宅

（b）河下镇葛宅

图5.2.42　横风窗案例

（a）槛窗（袁松庭宅）

（b）槛窗（松寿中药号店面二层）

（c）支摘窗（秦举人宅）

（d）支摘窗（双刀刘巷郝氏宅）

（e）支摘窗（王遂良宅二层）

（f）支摘窗（老西门大街某宅二层）

（g）砖墙窗外层（李正泰宅南屋）

（h）砖墙窗中层（李正泰宅南屋）

（i）砖墙窗内层暖板（李正泰宅南屋）

图5.2.43　槛窗、支摘窗、砖墙窗案例

窗，一般呈方形，内外有两层或三层，外窗为对开窗，内窗为两块木板，插在板槽内可左右推拉，俗称“暖板”[36]。暖板上部有圆形孔洞，雕钱纹或万字纹，中间层通常用竖向木条用以防盗。李正泰宅南屋砖墙窗中间层另做一层窗，这种做法极为少见。

6. 挂落（图5.2.44）

挂落是用木条组成各式图案的装饰构件，室内外均可用。淮安室外挂落在紧贴枋下的檐柱间，多见于主屋外廊，或门屋、厢房等建筑通道檐下。室内挂落主要置于明间后檐金柱或后檐外金柱木枋下，也可用于次间天花下装饰，如朱占科故居，但十分少见。淮安挂落的组成包括抱柱、边框、内心仔、雀替等，其图案与槅扇类似，有书条、海棠、冰纹、菱形等，同一处建筑的挂落样式多与槅扇样式统一，如秦焕故居中反复使用的梅花冰纹式。

（a）袁松庭宅主屋外廊

（b）陈幼斋宅主楼底层外廊

（c）太清观街程氏宅门屋天井外檐

（d）朱占科故居某屋次间天花下

（e）秦焕故居 13 号建筑明间后檐金柱间

图5.2.44　挂落案例

7. 板壁、壁龛（图5.2.45）

淮安三开间建筑明间与次间之间多用板壁分隔，板壁分为固定和可拆卸两类，如秦焕故居、朱占科故居的穿堂板壁均可拆卸，这样空间能灵活变化，适应多种需求。板壁可由多块组成，先制边框，中间置横料多道，外面钉木板，类似框档门做法，可拆卸的板壁则装有插销。讲究的可用槅扇进行装饰。淮安地区壁龛做法较为少见，一般在山墙内侧砌出壁龛，包以木板，设有隔板，如秦焕故居3号建筑与5号建筑。

8. 地板、天花、隔层（图5.2.46）

淮安三开间建筑通常在次间铺木地板。地板架空，砌砖墩，搁置木龙骨，再铺木地板，板材尺寸较大。天花也多用于次间，另外等级较高的建筑门屋也有用天花的，其形式主要有两种，一种呈水平直线状，另一种中间平直，两端檐步斜坡向下，其断面似覆斗剖线。淮安地区主屋次间有时也用木板做隔层，上面可做储物空间。

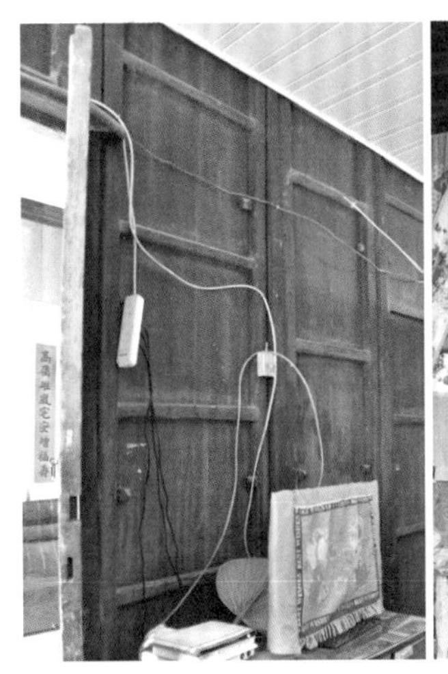

（a）可拆卸板壁、插销（朱占科故居某屋）

（b）槅扇门式板壁（李正泰宅西厢房）

（c）壁龛（秦焕故居5号建筑）

图5.2.45　板壁、壁龛案例

（a）水平直线式天花（许焕宅门屋）

（b）覆斗剖线式天花（胯下桥陈氏宅主屋次间）

（c）储物隔层（松寿中药号主屋次间）

（d）储物隔层（施耐庵著书处旧址某屋次间）

图5.2.46　天花、隔层案例

9. 轩（图5.2.47）

轩是一种假屋顶，淮安传统建筑做轩于檐廊，即《营造法原》中的廊轩。调研中发现，轩用料扁作、圆作均可，完全使用扁作的仅见于东岳庙玉皇殿。较常见的式样为鹤颈轩。轩梁多用圆作，两端剥腮，案例中有挖底、梁垫做法，讲究的轩梁做彩绘或雕刻。轩梁上置坐斗、荷叶墩或短柱，承接顶梁（又称月梁），顶梁圆作、扁作皆有，两端剥腮，有的做成荷包梁形式，梁端多做云纹状，也有雕刻其他花纹装饰的。顶梁上置轩桁和轩机，案例中仅见双轩桁，短机多做雕刻。罗锅椽断面呈方形，上承望砖。

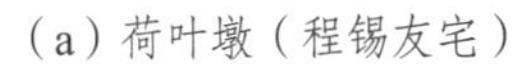

（a）荷叶墩（程锡友宅）

（b）坐斗（秦焕故居1号建筑）

（c）坐斗（驸马巷高宅）

（d）扁作、挖底（东岳庙玉皇殿）

（e）短柱（上坂街许家祠堂）

（f）梁垫（河下镇葛宅）

图5.2.47 轩案例

10. 夹堂板（图5.2.48）

夹堂板在《营造法原》里指连机与枋子间之木垫板，中间可设置小蜀柱分隔。淮安传统木构的夹堂板主要用在金柱之间的木枋下，明次间都可用，明间夹堂板多做木雕，次间做木雕的较为少见，如李正泰宅南屋。通常一个开间按照尺寸分为三段，用蜀柱分隔，有三块夹堂板。有时明间后檐金柱之间的夹堂板下还配有挂落，装饰更为讲究。调研中发现，王遂良宅大门前檐柱间使用了雕花夹堂板，其两层门屋底层通道的屏门上方也使用了雕花夹堂板，非常少见。夹堂板图案以几何纹和花纹为主。

（a）后檐金柱夹堂板（义盛旅社旧址门屋）

（b）前檐檐柱夹堂板（王遂良宅大门）

（c）底层通道屏门上方夹堂板（王遂良宅两层门屋）

（d）明间后檐金柱夹堂板配挂落（胯下桥南街王氏宅主屋）

图5.2.48 夹堂板案例

11. 栏杆（图5.2.49）

淮安的木栏杆多用于二层檐廊位置和楼梯，比较接近《营造法原》中的做法，以木条围成框，两边用垂直木条，水平横枋普遍用三道，民国时期也有简化成两道的，如陈幼斋宅。常规尺寸开间，其三段式的空夹堂和下脚通过结子或蜀柱分成左、中、右三段。栏杆的简单做法可用竖向棂条，讲究的做出各式线脚，复杂的可用短木条拼成图案，万川纹、回纹、亚纹等纹饰都较为常见。比较注重装饰的会将栏杆纹样与挂落纹样统一，如王遂良宅。

（a）水平两段直棂式栏杆（陈幼斋宅）

（b）水平三段直棂式栏杆（码头镇码头南街某商铺）

（c）雕花栏杆（王遂良宅）

（d）纹样统一的栏杆与挂落（王遂良宅）

图5.2.49 栏杆案例

（五）瓦石

“淮安地处苏北腹地，不产木料、石材，建房用旧料是常事，往往一家建房，木料是张家的，砖头是李家的，石头又是从王家拆来的，民间称之为‘脱驳’。”[37]由调研情况看，淮安传统建筑中较少使用石材，通常仅用于阶沿石、柱础和抱鼓石等，用于大面积铺地是比较少见的。为了节省石材，台阶一般只在正中用一块石材，两边用砖砌筑。淮安传统建筑多用硬山，建筑外墙表现为清水做法。砖是使用最多的建筑材料，因此淮安的砖作技术水平很高，各种砖作讲究，砖雕精美。

1. 基础及地面

（1）基础

由于建筑的基础部分较难观测，目前了解到的基础做法主要来自秦焕故居现场维修案例。秦焕故居建筑基础埋深比较浅，砌墙的位置一般先夯土，再打木桩（图5.2.50），然后砌墙，石柱础下砌筑有砖墩（图5.2.51）。室内在夯土之上铺一层碎砖土，高度接近40厘米，然后铺一层贝壳灰，上面再铺设方砖或砌地陇墙架设木地板（图5.2.52）。沿墙基外侧砌筑排水暗沟，沟宽约13厘米，高约27厘米（图5.2.53）。

图5.2.50　基础木桩洞眼

图5.2.51　柱础下砖墩

图5.2.52　碎砖土层与贝壳灰层

图5.2.53　排水暗沟

（2）台基（图5.2.54）

因院落普遍抬高，调研中的建筑台基高约1～3个踏步，主要以砖砌筑。因淮安石材难得，大户人家石材用量较普通人家多，如王遂良宅阶沿全部采用石材，而普通人家只在重要位置铺石，如在阶沿中央铺设长条石，两边则用砖砌筑，立砌、平砌均可。踏步多用石材，其余部分通常结合砖砌筑，如秦焕故居。

（a）阶条石（王遂良宅）

（b）阶条石加方砖（李正泰宅）

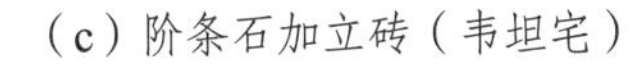

（c）阶条石加立砖（韦坦宅）

（d）石台阶（秦焕故居6号建筑）

图5.2.54　台基案例

（3）铺地、下水口

淮安地区传统建筑的铺地破坏比较严重，室内的铺地现多改成了瓷砖，院落的铺地则多浇筑成水泥地或用现代砖铺设。传统铺地材料主要为砖，少量用石材，室内多用约30厘米的方砖铺设，可正铺也可斜铺，等级较低的厢房或门屋一般用小方砖或长条砖，小方砖尺寸约22厘米（图5.2.55）。院落则多用长条砖，可平砌也可立砌，拼出图案，财力雄厚的则用长石板或方石板铺设，如王遂良宅，长石板长约80厘米、宽约50厘米，方石板约35厘米见方；院落四周布置下水口，为方石板开孔，多为钱纹（图5.2.56）。

（a）方砖斜铺（双刀刘巷郝氏宅主屋明间）

（b）方砖铺地（胯下桥南街陈氏宅主屋明间）

（c）万字锦长条砖铺地（韦坦宅门屋通道）

图5.2.55　室内铺地案例

（a）长条砖铺地（韦坦宅院落）

（b）柳叶人字纹长条砖立砌（太清观街程氏宅院落）

（c）方石板铺地、钱纹下水口（王遂良宅院落）

（d）长石板铺地（王遂良宅院落）

图5.2.56　院落铺地、下水口案例

（4）柱础

根据调研资料，淮安地区的柱础做法朴实，大尺寸的柱础主要见于官式建筑，明代柱础明显要大于清代。如淮安府衙大堂，其明代木构毁于大火，但明代柱础尚存痕迹，为素覆盆式，清代重建则使用了鼓式柱础，从尺寸看明清差距甚大（图5.2.57），据测量明代磉石尺寸大于1.2米，漕运总督公署遗址大堂中考古发现的柱础，“有覆盆式石柱础34个，柱础直径通常为0.7米，最大的有1.1米”[38]。明代柱础多见素覆盆式或古镜式。东岳庙还保存有莲花覆盆式柱础，但木柱尺寸明显与之不配，推测该柱础年代可能较早。民居柱础用得最多的是古镜式，山柱柱础较简单，仅在磉石上简单凸起。比较特别的是在双刀刘巷郝氏宅看到的素覆盆式柱础，磉石尺寸达64厘米，木构用料较大，

图5.2.57　明代、清代柱础对比（淮安府衙大堂）

推测该柱础年代较早。总体来说，淮安的柱础高度不高。比较特别的柱础案例如李正泰宅中发现的一散落复合式柱础，下部为八角形，上部为鼓式；王遂良宅中发现有组合柱础，为古镜上加鼓式柱础；郝荐之宅有一鼓式柱础，其磉石部分呈方形抹角，推测和方砖斜铺有关（图5.2.58）。

（a）明代素覆盆式柱础（淮安府衙）

（b）古镜式柱础（漕运总督公署遗址）

（c）莲花覆盆式柱础（东岳庙玉皇殿）

（d）素覆盆式柱础（双刀刘巷郝氏宅）

（e）素平柱础（秦焕故居4号建筑）

（f）组合柱础（王遂良宅）

（g）磉石抹角（郝荐之宅）

图5.2.58　柱础案例

2. 屋身部分

（1）门

1）如意门（图5.2.59、图5.2.60）

如意门等级较高，广泛用于大门、屋门等处，通常包括门和挂方，或配以雨搭。门

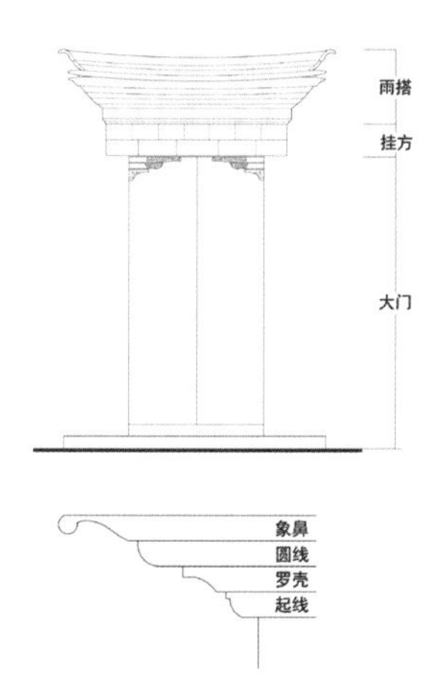

图5.2.59　如意门示意图（图片改绘自刘艺：《淮安传统民居形态特征研究》，硕士学位论文，江南大学，2014年）

（a）四层出挑，有雨搭，无雕饰（杨殿邦旧居）

（b）四层出挑，无雨搭，无雕饰（都天庙街62号）

（c）四层出挑，正面雕耕牛图，底部雕树叶、如意、必定胜（龙窝巷高氏宅）

图5.2.60　如意门案例

洞上部两角处使用砖叠涩，砖磨出弧线，普遍挑出四层，分别称“起线”“罗壳”“圆线”“象鼻”。[39]出挑砖是砖雕装饰重点，正面和底部均可做砖雕，门洞上方的挂方较少做雕饰。

2）印方门（图5.2.61）

印方门主要用于二门，跨度较大，门扇可以做到两扇以上，由门与挂方组成。门内侧有时用木构做单坡屋檐，门洞上部两角用砖叠涩出挑两至三层。该处是砖雕装饰的重点，挂方也可做雕饰，多仿木构梁头式样。

（a）两层出挑（县东街虞崇儒宅）

（b）两层出挑，挂方雕饰仿木构（码头镇码头南街某宅）

（c）三层出挑（胯下桥某宅）

（d）三层出挑，挂方雕饰仿木构（施耐庵著书处旧址）

图5.2.61　印方门案例

（2）过当（图5.2.62）

淮安砖门门洞顶部正中用方砖，俗称“过当”[40]，是砖雕装饰的重要位置。过当按门洞尺寸有两种做法：一种是门洞跨度小的，多见于如意门，过当用一块方砖，两侧为叠涩砖，方砖普遍有雕刻，讲究的做法是叠涩砖底也饰以雕刻；另一种是门洞跨度大的，多见于印方门，通常由三块方砖组成，做长图案砖雕，仿木构彩画构图，即两端为藻头，枋心为主题图案。砖雕图案题材丰富，常见的有五福捧寿、暗八仙、吉庆有余、石榴、铜钱、方胜、鱼等吉祥图案。

（a）五福捧寿（章湘侯医宅）

（b）过当与叠涩砖底雕刻，雕吉庆有余（徐子村宅）

（c）楼阁（胯下桥南街67号）

（d）过当用三块砖，雕暗八仙（秦焕故居）

图5.2.62　过当案例

（3）抱鼓石（图5.2.63）

淮安地区传统建筑多用抱鼓石立于大门两侧，石鼓与门枕石做成一个整体。圆鼓一般用于官署、庙宇、祠堂等公建和大户人家，如王遂良宅大门，所用圆鼓原有雕刻，可惜被毁，漕运总督遗址发现的双鼓推测可能用于垂花门；民居则普遍使用方鼓，石鼓大小、高矮不定，外侧面均做雕刻，比较注重相对面和侧立面，雕刻题材丰富，如五福捧寿、仙鹤、狮子滚绣球、喜报三元、福禄寿、卷草花卉等。雕刻工艺包括浅雕和浮雕。

（a）圆形抱鼓石（王遂良宅）

（b）双圆抱鼓石（漕运总督遗址）

（c）方形抱鼓石（太清观街李氏宅）

（d）喜报三元、福禄寿、仙鹤方形抱鼓石（太清观街程氏宅）

（e）狮子滚绣球、仙鹤、方胜、卷草花卉方形抱鼓石（河下镇葛宅）

图5.2.63　抱鼓石案例

（4）猫洞、壁龛、透气孔（图5.2.64）

淮安地区主屋砖门洞侧壁下部普遍砌出L形猫洞，供猫出入，洞口有时装饰成壶门状。杨殿邦旧居堂屋主立面屋门一侧有砖作壁龛，这与盐城、连云港的天香阁相似，仿木构房屋样式，上部细致雕出枋、斗拱、屋面、博风、屋脊等。淮安地区房屋次间多做木地板，架空地板需要透气，因此在外墙根部做方形透气孔，多饰以钱纹、万字纹、花纹等纹样。

（a）猫洞（裴荫森旧居）

（b）壶门状猫洞（松寿中药号）

（c）壁龛（杨殿邦旧居）（d）透气孔（松寿中药号）

图5.2.64　猫洞、壁龛、透气孔案例

（5）门脸、门罩（图5.2.65）

淮安传统建筑屋门也用砖门脸、门罩装饰。如吴公祠，在门两侧砌出壁柱、柱础、梁头等，门头上方嵌有石碑。比较讲究的民居也做砖雕门罩，有时会将雨搭与门罩结合在一起，如秦焕故居5号建筑。秦焕故居有多处门罩，为仿木构做法，用砖砌出垂柱、梁、枋、雀替等，并配以精细的雕刻。

（a）砖雕门罩（吴公祠）

（b）砖雕门罩（秦焕故居5号建筑）

（c）砖雕门罩（勺湖草堂，现证实原位于秦焕故居3号建筑）

图5.2.65　门脸、门罩案例

（6）雨搭（图5.2.66）

淮安地区的雨搭包括门搭和窗搭，门搭是一种砖门头做法，砖墙出挑单坡屋顶，复杂的还配以门罩，如秦焕故居。绝大多数经简化后只剩屋顶，如龙窝巷高氏宅。一门三搭中，三搭形式统一，但与门搭相

（a）门搭，门罩（秦焕故居5号建筑）

（b）门搭（龙窝巷高氏宅）

（c）门搭，挂方砖雕（丁澄故居）

（d）窗搭（朱占科故居）

图5.2.66 雨搭案例

比，窗搭的尺寸较小，高度较低，装饰也较为简单。通常在门窗上部用砖立砌，俗称挂方。出挑部分做出砖檐线脚、博风头、瓦檐以及屋脊，局部用砖雕装饰。挂方做砖雕的十分罕见，如丁澄故居，挂方雕刻模仿木枋，刻彩绘藻头，枋心题有“玉堂富贵喜庆大来”字样。其他雕饰主要位于博风头、瓦檐端头以及鸱吻处（图5.2.67）。

（a）博风头（打箔巷某宅）

（b）瓦檐端头（朱占科故居）

（c）鸱吻处（县东街虞崇儒宅）

图5.2.67 雨搭雕饰案例

（7）墀头（图5.2.68）

墀头指山墙伸出檐柱的部分，《营造法原》中称垛头，用于承托出挑的木构屋檐。墀头由上至下分盘头、上身和下碱三个部分。盘头通常由线脚与挂砖组成，挂砖可方可扁，也有不用挂砖只见线脚的。线脚层数没有固定，檐口线脚做法与封檐相同，有些讲究的挂砖呈方形并饰以砖雕，单体建筑对称位置的砖雕并不一定相同，如程锡友宅。雕刻题材有卷草、花卉、吉祥图案等。调研中发现，河北西路某宅盘头线脚砖与挂砖的砌筑方式为叠涩做法，后尾插入山墙，再用其他砖压住（图5.2.69）。

(a)扁砖盘头(丁澄故居)

(b)线脚盘头(吴茂轩钱庄)

(c)方形砖雕盘头(程锡友宅)

图5.2.68 墀头案例

图5.2.69 叠涩做法盘头(河北西路某宅)

(8)勒脚

勒脚位于基础以上，是砖墙的底部。由于荷重大，勒脚均采用丁顺结合的平砌方式(淮安地区称平砌为“扁”，立砌为“斗”)。淮安的勒脚墙体要比上身墙体凸出一点。铺设木地板的房间外墙一般会在勒脚开几个透气孔(图5.2.70)。《苏北传统建筑技艺》中提到淮安等地墙体勒脚“一般青砖扁砌5～9层，必须为单数而以7层居多，上身墙体比勒脚收进约五分(半寸)”[41]。由于调研案例中多数院落地面抬高，外墙多已改造抹灰，所以青砖砌筑的勒脚能完全显露的不多，目前观察到的地面以上勒脚部分大约有3～4层皮砖，勒脚高度通常与室内地面平齐。个别案例的勒脚采用的青砖尺寸要小于墙身砖，很可能是晚期墙体建在早期的勒脚上(图5.2.71)。

图5.2.70 勒脚及透气孔(周恩来故居)

图5.2.71 勒脚(南门大街某宅)

(9)砖墙

淮安传统砌墙均为清水做法，墙体厚度为30～48厘米，为空心墙做法，即内外砌两层皮，以丁顺结合的平砌为多，另外扁斗结合的砌法也较为常见。两层皮之间以丁砖相互拉结，中间填充碎砖瓦、土或土坯砖。墙体通过埋设的顺墙木或铁扒锔增强与木柱的联结，提高稳定性(图5.2.72)。两层高的墙体多有收分，陈幼斋宅两层主楼底层墙体比二层墙体厚9厘米。淮安砖墙砌法虽以平砌为主，如二

（a）顺墙木（秦焕故居 4 号建筑）

（b）铁扒锔（秦焕故居 4 号建筑）

图5.2.72　顺墙木、铁扒锔案例

顺一丁、三顺一丁、全顺全丁，但也未必都遵守规律，也有利用旧砖砌筑的乱砖墙；扁斗结合的砌法用砖量少，自重轻，多用于山墙、高墙等，也可用于正立面、背立面以节约成本；三斗一扁的砌法比较多见，斗子墙底部有时用平砌，以确保墙体稳定性，通过观察河北西路一些被拆传统建筑残留的墙体，可以发现空斗墙是依靠丁砖交错来加强结构联系的（图5.2.73）。

（a）二顺一丁（松寿中药号正立面）　（b）三顺一丁（东岳庙山墙）　（c）全顺全丁（西长西街某宅山墙）　（d）乱砖墙（程锡友宅山墙）

（e）三斗一扁（码头镇某宅正立面）　（f）三斗一扁（都大庙街某宅山墙）　（g）底部平砌（河北西路某宅斗子墙）　（h）二斗一扁砖墙断面（河北西路某宅斗子墙）

图5.2.73　砖墙砌法案例

（10）墙角处理（图5.2.74）

淮安古城多窄巷，位于公共巷口的外墙转角处多处理为抹角，一方面可避免墙角被撞，另一方面可保持交通视线的通透。多路布局的住宅建筑群内常有巷，因此巷口墙角也会处理为抹角。单体建筑明间木构与次间砖构交接处也有抹角处理的方式，但比较少见。

（a）义顺巷民居公共巷口　（b）秦焕故居内巷　（c）陶少堂旧居墙体

图5.2.74　抹角案例

（11）封护檐（图5.2.75）

砖墙一直砌到屋檐下与屋檐相连，用砖将檐口封砌形成封护檐。淮安地区的民居前后墙均可做封护檐，多用望砖、青砖或各种线脚砖组合而成。一种为菱角檐，做法简单，单层、双层均有，但这种做法的案例中有一部分存在后期改动的可能性；另一种比较讲究，用线脚砖组合，类似冰盘檐的做法，通常出挑层数为单数，约5～9层。砖封檐出挑由直檐、半混、枭、盖板等组成，俗称“齐线”“牛角”“圆线”“超”。[42]封护檐的层数体现了建筑等级，讲究的线脚砖下还设有挂砖，砖有方有扁。

（a）单层菱角檐（王遂良宅）　（b）双层菱角檐（龙窝巷高氏宅）　（c）线脚砖檐（打箔巷某宅）　（d）线脚砖檐与挂砖（老西门大街中浮炭店）

图5.2.75　封护檐案例

（12）山墙封檐（图5.2.76）

淮安地区的山墙以不高出屋面的人字山做法最多，山墙封檐的一般做法是在山墙顶砌两层望砖再铺瓦，讲究的则用砖砌筑，仿木博风做法，上部为砖博风，下部线脚称为拔檐，线脚层数不固定，有的与前后墙封檐线脚砖形成交圈。砖博风端头常饰以砖雕。

（a）封檐（程锡友宅山墙）

（b）封檐（李正泰宅山墙）

（c）博风头砖雕，线脚交圈（秦焕故居）

图5.2.76　山墙封檐案例

（13）照壁（图5.2.77）

淮安地区照壁遗存不多，就调研案例看，未见独立照壁，但根据文献资料可知官式建筑多建有独立照壁，位于主轴线的起始点，与大门相对。清同治《重修山阳县志》中绘制的《淮安府署图》《漕运总督署图》《山阳县学宫图》《山阳县署图》《淮安考棚图》都建有照壁。住宅的照壁通常用来遮挡入口视线，一般做在建筑单体上。山墙照壁比较常见，如朱占科故居、刘鹗故居等。在建筑正立面次间砌照壁的做法则比较少见，调研案例中仅见于秦焕故居3号建筑。

（14）漏窗（图5.2.78）

漏窗又称漏墙，《营造法原》中称花墙洞，苏南多用在园林墙上。淮安则多用

（a）山墙照壁（朱占科故居）

（b）《淮安考棚图》局部（图片引自清同治《重修山阳县志》）

（c）正立面照壁（秦焕故居3号建筑）

图5.2.77　照壁案例

（a）李正泰宅

（b）秦焕故居

（c）卫生巷秦氏宅

图5.2.78　漏窗案例

在连接建筑或者分隔内院的墙体上。漏窗下方一般开有门洞。开设漏窗一方面可减轻上部墙体的重量，一方面也可起到装饰作用。漏窗用望砖砌出窗框，调研中所见案例大多为规则的矩形窗框，框内采用小青瓦拼出图案，淮安地区多用圆形图案。

3. 屋顶部分

（1）屋面形式（图5.2.79）

淮安地区传统建筑最常见的是硬山双坡屋面，悬山案例调研中仅见淮安府衙大堂、二堂一处案例。歇山屋面有两类，一类为尖山顶歇山，如遂园蝴蝶厅，此外在住宅建筑群里也有遗存，如杨士骧故居；另一类为卷棚顶歇山，如清江古清真寺的蝴蝶厅和钱家书楼。除此以外，卷棚屋面还可作为建筑前廊，用勾连搭的形式与主体建筑相连，如润州会馆。

（a）硬山双坡屋面（秦焕故居）

（b）尖山顶歇山（遂园蝴蝶厅）

（c）尖山顶歇山（杨士骧故居）

（d）卷棚顶歇山（清江古清真寺蝴蝶厅）

（e）卷棚顶歇山（钱家书楼）

（f）卷棚前廊（润州会馆）

图5.2.79　屋面形式案例

（2）屋面构造（图5.2.80）

淮安传统屋面构造大致是木椽上搁置望砖，出檐部分均铺设望板防止瓦件下滑，望层之上做苫背，最后铺瓦。从此次调研的情况来看，淮安地区传统民居绝人多数没有举折或举架（指木椽连线），有些建筑脊步显得相对陡一些，其余步架木椽连线基本呈一条线。《苏北传统建筑技艺》曾提道，“淮安的民居小瓦房坡度一般都是六分半，即约33度”[43]，这种说法与本次调研的测绘结果基本相符。淮安屋面铺设小青瓦，分仰瓦和盖瓦，讲究的檐口瓦件可采用勾头、滴水或花边。淮安地方工匠称勾头为“猫儿头”，与滴水一样下部做尖，常有猫脸纹装饰。猫儿头上面有时会加一块反翘向上的瓦件，称为花边，呈扁长扇面形，或用滴水瓦直接倒扣在猫儿头上。普通人家则用石灰将盖瓦抹成扇形，由于檐口瓦件易损，因此在瓦件损坏后通常用石灰修复破损面，这也是此次调研中很少能看到完整檐口瓦件的缘故。仰瓦有两种砌法，砖檐直接用灰砌在线脚砖上，木檐则使用瓦口板，将其卡在槽里。淮安檐口瓦件具体形状变化很多，线条活泼，纹样丰富，以吉祥寓意的文字和图案为主。

（a）屋面脊步较陡（抬花头巷某宅）

（b）无举折屋面（珠市街蒋氏宅）

（c）瓦口板、猫儿头、滴水（程锡友宅）

（d）猫儿头、滴水、花边（珠市街蒋氏宅）

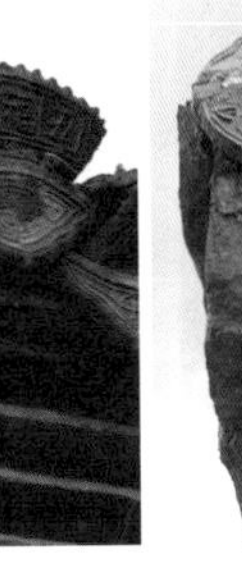

（e）猫儿头、滴水、倒扣滴水（打箔巷某宅）

（f）两种仰瓦砌法、盖瓦粉扇面（抬花头巷某宅）

图5.2.80　屋面构造案例

（3）屋脊（图5.2.81）

淮安地区屋顶正脊曲线较为平缓，在脊两端微微起翘。三开间以上建筑单体的屋脊通常做分段处理，两屋脊端头之间以砖瓦件拼花相连，脊头撞山墙时也用瓦件拼花相接。《苏北传统建筑技艺》详细叙述了淮安地区的屋脊做法[44]，屋脊分成大瓦屋脊和小瓦屋脊，大瓦屋脊接近官式做法，用兽头瓦件。民间传统建筑采用的小瓦屋脊分成四类，即小脊、大脊、板脊和亮脊。屋脊脊身用望砖、小青瓦、立砖等砌出多层；屋脊脊中的简单做法是利用垒砖粉出方盒状的“一颗印”，以此来分隔脊身，或只是利用款瓦向两端对称排列，比较讲究的做法则是用瓦件拼出图案，也有脊中不做处理的；脊头缓缓起翘，脊头山面用特制的瓦件如托盘、鱼尾、猫头、“咪咪”（即猫纹勾头）等砌筑。灰塑也可用于脊头和脊中的装饰，但由于灰塑比较脆弱，保存下来的案例很少。

（a）两脊头之间用瓦件拼花

（b）脊头撞山墙时用瓦件拼花

（c）小脊

（d）板脊（脊头缺损）

（e）大脊正面构造

（f）大脊山面构造

（g）亮脊

（h）亮脊

（i）脊中用一颗印，款瓦对称排列

（j）脊中用瓦件拼出图案（已缺损）

（k）脊头灰塑

图5.2.81　屋脊案例

（六）其他

1. 雕刻（图5.2.82）

淮安传统建筑有三雕，即砖雕、木雕、石雕，在调研案例中均有大量遗存，其中以木雕、砖雕运用最广，石雕最少。木雕主要装饰在槅扇、木窗、栏杆、撑栱、梁头、挂落、夹堂板等处；砖雕则用于砖门脸、门罩、雨搭、过当、砖龛、透气孔、墀头、砖博风头等处；淮安地区石料较少，石雕多用于抱鼓石。雕刻手法多样，结合浅雕、浮雕、透雕、圆雕等多种技法。雕刻图案题材丰富，主要有两大类，即纹样图案和寓意图案，其中民居的雕饰喜用寓意吉祥的图案，如年年有余、五福临门、连升三级、暗八仙等。

（a）浅雕、浮雕（苏皖边区政府旧址抱鼓石）　（b）浅雕（王遂良宅抱鼓石）　（c）圆雕（慈云寺石雕）　（d）透雕（胯下桥南街王氏宅挂落）

(e)浮雕(太清观街程氏宅撑栱)

(f)圆雕、浅雕(霍培元皂厂旧址栏杆、门板)

(g)浅雕、浮雕(太清观街程氏宅挂方)

(h)浮雕、透雕(秦焕故居门罩)

图5.2.82 雕刻案例

2. 彩画(图5.2.83)

淮安地区尚有少量木构彩画遗存，此次调研中共发现六处。其中，公建有吴公祠、东岳庙及河下三官殿，民居建筑有刘鹗故居、双刀刘巷郝氏宅及张林芝宅。淮安地区用彩比较克制，梁、瓜柱、檩条均绘彩的有吴公祠和东岳庙，其余案例中的彩画部位主要用在三架梁、五架梁、双步梁或轩梁等位置。总的来说，公建单体用彩较多，因其用材较大，山面梁架也可绘彩；而民居建筑单体用彩较少，一般只在明间梁架绘彩。淮安彩画主要是包袱彩画，根据梁的尺寸选择系袱子、搭袱子、交脚搭袱子等不同方式，图案以包袱锦纹为主。淮安彩画从工艺上可归入薄地仗彩画，但因病害导致彩画颜色难辨，目前观察到的有红、青、绿色等，推测可能还有沥金粉的做法。

(a)吴公祠

(b)东岳庙玉皇殿

(c)河下三官殿

(d)刘鹗故居画杉大厅

(e)双刀刘巷郝氏宅

(f)张林芝宅

图5.2.83 彩画案例

第三节　案例

本节选择七个案例进行深入研究。淮安古城传统建筑密集，建筑类型丰富、年代跨度大，相关历史信息保存完整的实例较多。案例均选自淮安古城，调查时大多尚未修缮，可以准确反映其原始信息[45]，个别已修缮并有深入研究价值的案例也得到了关注。因民居建筑最能代表地方传统建筑工艺，所以此次调研案例以不同阶层的传统住宅为主，时间跨度为清代至民国时期。因公建大多做过修缮，故本次调研仅选择了两处具有代表性的公建案例进行研究。

一、淮安东岳庙

（一）建筑背景

东岳庙位于岳庙东街东首，即淮安古城的东端。该庙是淮安地区著名的道教庙观，2003年被公布为第二批市级文物保护单位。

东岳庙历史悠久，明《正德淮安府志》载："在旧城震隅。旧传唐贞观间，程知节守御于此创建。永乐间，都指挥施文重建。宣德间，平江伯陈瑄修葺。成化三年，知府杨昶以祷雨屡应增修。"[46]清同治《重修山阳县志》记载："东岳庙，城东，相传为唐代建，明永乐中，都指挥施文重修，宣德中，平江伯陈瑄修，成化中，知府杨昶祷雨屡应增修，咸丰元年复修又一庙在新城内。"[47]《信今录》载："东岳庙，在古东门街，居紫霄宫之右，传云唐贞观间程知节守御于此，建近日市流赛会，以五月朔，舁从巡游士女喧阗。"[48] 明刘复撰写的《重修东岳庙碑记》载："淮安旧有东岳庙，考之郡志，在府治东南一里零二百五十步，其建立之详，世远莫载"，"元泰定年间曾加修葺，其后正殿两庑岁久日颓坏"，"永乐元年春，……造材于杞梓之木，鸠工于轮陶之匠，经划措置，不扰而就。"[49]民国《续纂山阳县志》记载："光绪三十年，邑人周鹏举、丁赐第等请款重修。"[50]后于1958年被淮安县织布厂所征用。1996年，东岳庙进行了部分修缮（图5.3.1）。2006年初，东岳庙正式作为宗教活动场所开放。2014年，东岳庙东岳殿和玉皇殿再次维修，重点修缮屋面、重做木构油漆以及恢复原立面样貌（图5.3.2）。

图5.3.1　20世纪90年代末，东岳殿修缮后外观（淮安区文物局供图）

"历史上的东岳庙占地面积20余亩，有房屋数百间，由乐楼、东岳大殿、玉皇大殿及娘娘殿等主殿及附房组合而成。淮安东岳庙在岳庙街北，原前殿大门与东西群房不在一条线上，北移4～5米，由前殿山头墙角砌'八'字墙与东西群房相接。山门外有影壁旗杆和一对大石狮，山门内便是前殿，前殿东西间各置木栅栏，栅栏后为神台，神台上各塑像五尊俗称'十帅'。……走出前殿，即见大石狮一对立于院中，再向前就是乐楼，飞檐翘角，同蝴蝶形状相似，其下层除四角用砖砌，南北东西皆通行无阻，称为过街楼。正楼是庆贺东岳大帝生辰演戏的戏台，东西为钟鼓楼，离前殿不远，东西各有廊房十间，……乐楼以东、十殿之北有门通东院，内有清书科、道士住宅、文武殿、雷神殿等；乐楼以西、十司之北有门通西院，内有财神殿、老君殿等，还有大面积空地。……走出前殿向北约30米，便来到二殿，又称东岳殿，……大殿建筑为明三暗五，深亦五间，整个殿堂雕梁画栋，……从大殿东边往北即到内宫，内宫为三间……西间为书

（a）维修前的东岳殿（摄于 2013 年）

（b）维修后的东岳殿（摄于 2014 年）

（c）维修前的玉皇殿（摄于 2013 年）

（d）维修后的玉皇殿（摄于 2014 年）

图5.3.2　东岳殿、玉皇殿维修前后对比图

房，……东间为‘娘娘殿’，即太太房。……二殿的北边是大殿，又称‘玉皇殿’，大殿为宋代石础，明代风格，大殿东西宽12.5米，南北进深15.5米，檐高4米，整个殿堂雕梁画栋。”[51]可见，原东岳庙建筑群规模很大，主要建筑包括影壁、山门、前殿、乐楼、二殿、大殿以及东西配房等。但此段资料的描述也存在不少疑点，如明三暗五的形制并未见于遗存。

图5.3.3　东岳庙鸟瞰图（淮安区文物局供图）

（二）现状概述

20世纪50年代起，漕院前街拓宽并更名为镇淮楼东路和镇淮楼西路，其中镇淮楼东路与岳庙东街相连，故东岳庙现地址为镇淮楼东路51号。

现存东岳庙建筑群占地面积约4000平方米，包括东岳殿（二殿）与玉皇殿（大殿）（图5.3.3）。资料上记载的其他建筑均已不存，现有的山门也是后建的，院内尚存古井一口，古银杏两棵，树龄约400年。因历史上东岳庙曾被改造，故2013年调研时所见的外观与原状有出入，2014年的维修有所调整恢复，但因原始建筑相关数据缺失，故研究不足，并未彻底复原（图5.3.4）。

图5.3.4　东岳殿前廊轩作未复原

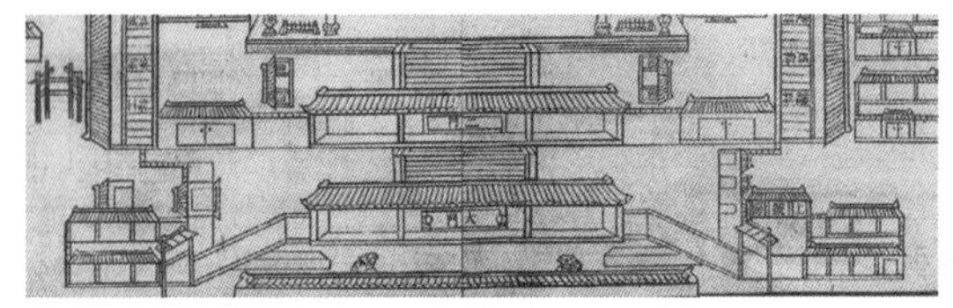

图5.3.5 《清淮安府署图》入口空间（图片引自清同治《重修山阳县志》）

（三）建筑本体

东岳庙原建筑群布局已毁，根据《淮安东岳庙》的记载，东岳庙大体分中路及东西两院，东院有文武庙、雷神殿及道士住宅等；西院有财神殿、老君殿等；中路多个建筑单体依轴线分布，前殿可能就是山门，做八字墙与东西沿街建筑相连，门前有影壁、石狮与旗杆各一对，形成入口空间。这种入口布局在公建中很常见，如清代淮安府署（图5.3.5）。轴线上的二殿和大殿如今尚存。据记载还有一座乐楼（戏台），下面可通行，两翼还设有钟鼓楼，现已不存。该建筑的设计和布局比较符合道教音乐酬神的需求，是当地民众活动聚集的场所。

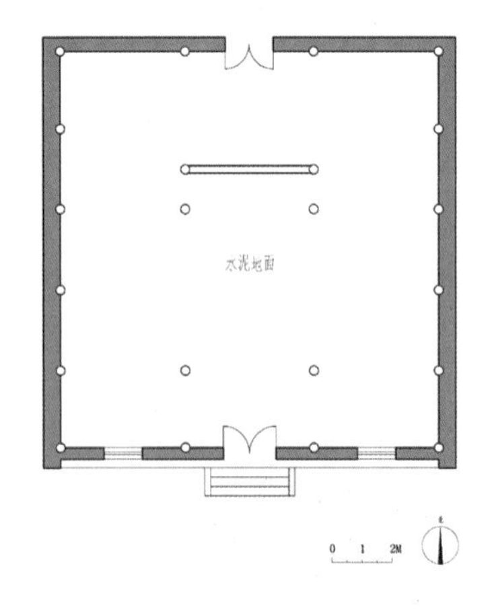

图5.3.6 东岳殿维修前平面图（淮安区文物局供图）

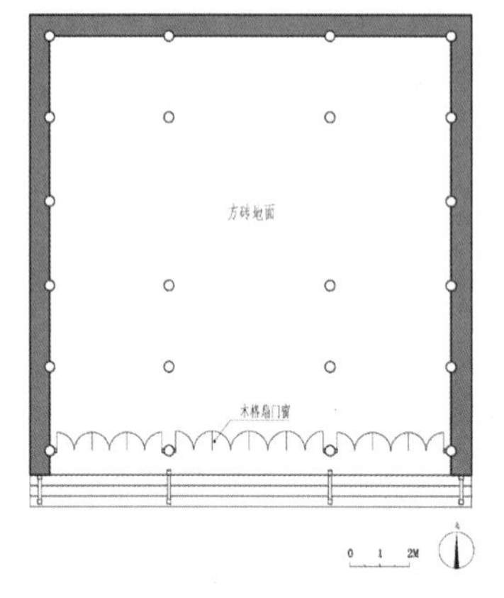

图5.3.7 玉皇殿维修前平面图（淮安区文物局供图）

东岳殿和玉皇殿因进深尺度大，平面接近方形，面阔均为三开间（图5.3.6、图5.3.7）。东岳殿后墙开有门洞可通往玉皇殿。位于北端的玉皇殿规模要比东岳殿大，玉皇殿面阔进深约15米，东岳殿约13米。两殿的石柱础样式年代较早，玉皇殿覆莲柱础尺寸较大，约1米见方，与础上木柱明显不是同一时期所建（图5.3.8、图5.3.9）。柱础年代尚有疑问，专家初步推测为唐代或宋代。

图5.3.8 东岳殿覆莲柱础

图5.3.9 玉皇殿覆莲柱础

两殿虽然构架形式不同，但进深檩数均为十一檩，且均设有前廊空间，廊下设轩。东岳殿构架可分解为“2 + 7 + 2”，即在七檩构架前后各加两步，前步为轩廊，建筑外观表现为等坡硬山（图5.3.10）。玉皇殿构架可分解为“2 + 5 + 2 + 2”，即五架梁前后各加两步，构成对称式的九

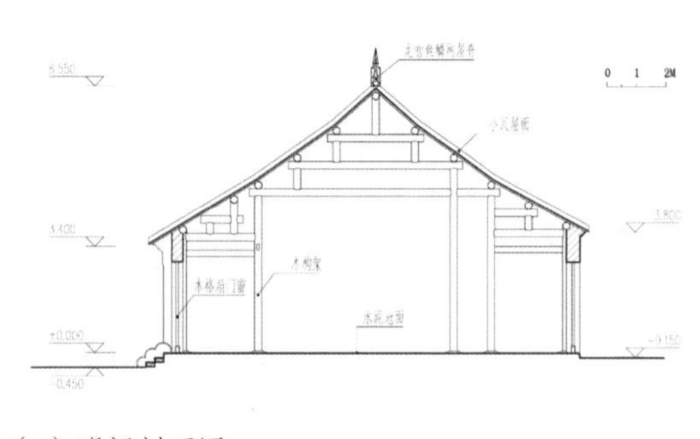

（a）明间剖面图

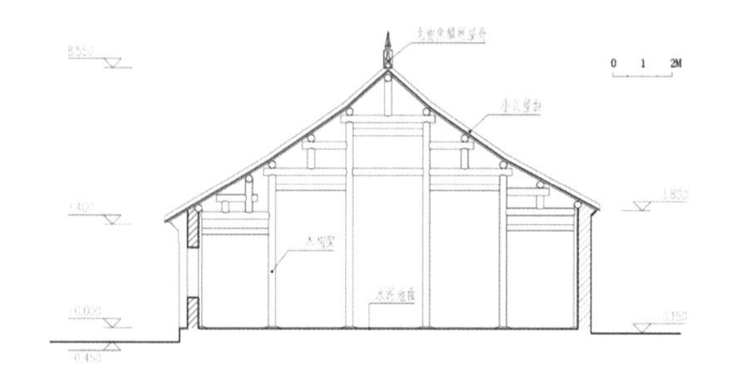

（b）次间剖面图

图5.3.10 东岳殿剖面图（淮安区文物局供图）

檩构架，然后前步再加两步轩廊，建筑外观表现为长短坡硬山（图5.3.11）。

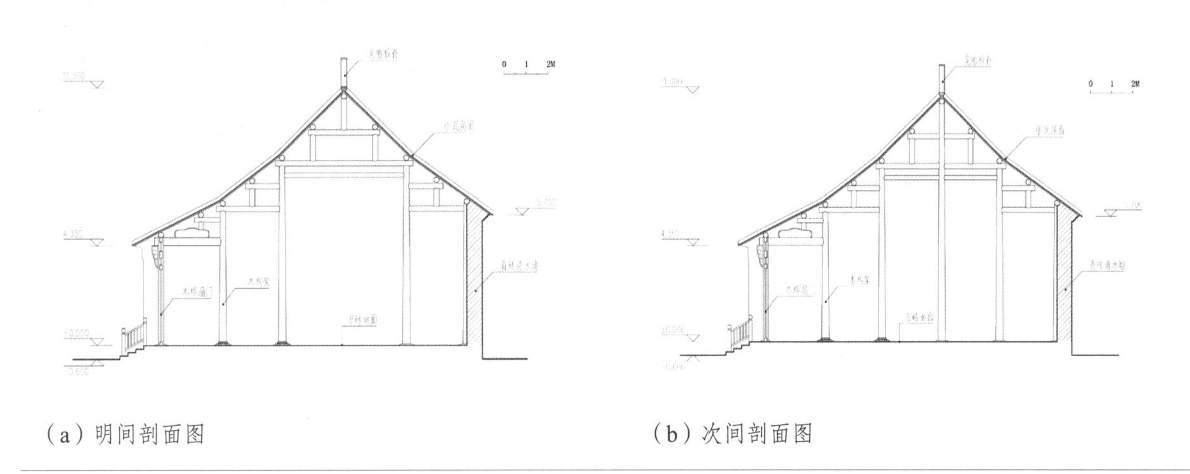

（a）明间剖面图　　（b）次间剖面图

图5.3.11　玉皇殿剖面图（淮安区文物局供图）

两殿的木构表现出不同特征：东岳殿木构为圆作，后金柱柱头以坐斗承接梁头，明间采用秤钩梁做法，形成六架梁的跨度，满足大空间的需要，梁头斜线剥腮，五架梁和六架梁之间以瓜柱和柁墩联结，轩下顶梁与轩梁剥腮挖底做弧线（图5.3.12）；玉皇殿木构样式较简单，主体木构也是圆作，但轩梁扁作，梁头无剥腮，木构饰以彩绘和雕刻（图5.3.13）。两殿木构结合了抬梁和穿斗，檩条下均有随檩枋。2013年调研中发现随檩枋多被截走，仅存断面，2014年维修后已恢复。

（a）柱头坐斗　　（b）六架梁　　（c）轩下顶梁与轩梁

图5.3.12　东岳殿木构特征

（a）五架梁　　（b）轩梁扁作

图5.3.13　玉皇殿木构特征

东岳殿现存木构装饰较少，除了柁墩有雕饰外，其余均无装饰，木构做漆无彩，资料记载的彩绘已不存。而玉皇殿木构装饰较多，轩梁做精美木雕，仿彩画纹样，荷包梁两端雕云头；梁架局部尚存彩画，位于明间梁架三架梁、五架梁、脊檩及随檩枋；入口处两前金柱上绘有一副楹联（图5.3.14），曰："尔知上帝至公，善者降祥，恶者降殃，喜看到头全报应；我本直言不讳，有过自新，无过自勉，须当援手好扶持。"时间为"乙巳年癸未月"，即光绪三十一年（1905）六月，根据志书记载，光绪三十年（1904）邑人周鹏举、丁赐第等请款重修，可见是此次重修后所写。

图 5.3.14　前金柱楹联

两殿均用木檐，檐柱外木构做法相似，轩梁挑出檐柱的梁头上承接挑檐檩，辅以替木，梁头以撑栱支撑。东岳殿撑栱斜件已缺失，其檐檩下仅施木枋（图5.3.15）。玉皇殿檐檩下则较为复杂，采用木枋及雕花夹堂板，并施以雀替（图5.3.16）。出檐均做飞椽，檐檩外侧椽上铺望板，檐檩内侧椽上铺望砖。山墙也经过维修，目前墀头无装饰，清水砖墙。由于室内地平较高，两殿勒脚也都比较高，尤其是玉皇殿的勒脚，平砌九层再立砌一层（图5.3.17）。因屋面多次修缮，由早期照片可见原屋面情况并非建筑历史原貌，这里不做详细研究。

图5.3.15　外檐构造（东岳殿）

图5.3.16　外檐构造（玉皇殿）

图5.3.17　勒脚（玉皇殿）

历史上规模宏大的东岳庙现仅存两殿，两殿建筑构件保存不同时代的印记，其木构形式保存了清晚期的特征。通过两殿十一檩的大木构架，可以了解淮安地区大进深木构的营造方式，了解公建前廊空间、祭拜空间的实现方式，以及公建重点装饰区域的位置。特别值得一提的是，玉皇殿所遗存的宝贵彩画，极具研究价值。

二、镇淮楼

（一）建筑背景

镇淮楼位于淮安旧城中心（图5.3.18），2002年被公布为第五批江苏省文物保护单位。镇淮楼原称谯楼，老百姓称鼓楼。据明《正德淮安府志》记载，"阴阳学在卫前谯楼内"[52]。另据清乾隆《淮安府志》记载："谯楼旧城中央漕院署前四十步，台高二丈五尺，上建高楼，旧贮铜壶刻漏，更筹十二辰二十四气牌，畀阴阳生居之。"[53]《淮城信今录》也记载，楼上有用于计时的铜壶刻漏，打更者按之以报更。[54]

根据文献记载，镇淮楼建造应早于宋宝庆二年（1226）。[55]历代均有修缮，"至元间，张士诚伪将史

图5.3.18 镇淮楼位置示意图（图片改绘自1908年淮安旧城图）

文炳重修，洪武二十九年倾圮。永乐十七年镇守淮安指挥使黄瑄等重建，景泰四年，指挥丁裕重修”[56]。成化六年（1470）重修。正德十年（1515）知府薛鎏再次修建。清嘉庆年间督漕铁保改题“镇淮楼”，额曰“声彻云衢”。清道光十八年（1838），漕督周天爵再修，改楼匾南为“彩彻云衢”，北曰“镇淮楼”。“光绪七年知府孙云锦重修。”[57]

民国时期，镇淮楼易名“中山楼”。1939年前，国民党淮安县政府曾在镇淮楼上设立望哨，并于屋面置一构架悬大钟以报警。1939年，日军占领淮安，有资料提及抱厦，“在二楼平台西部接建一抱厦，鬼子北川在上面训练特务，改名新民楼”[58]，“楼东头抱厦被毁，两边楼梯口被居民沿台基墙盖起房屋，致使西边楼梯损坏，只有东楼梯供使用”[59]。

“1945年日寇投降，新四军攻克淮安城，淮安人民政府决定重修镇淮楼，邀请美术家鲁莽设计维修方案。西边楼梯口因有民房，当时未拆迁，就在两山头另建楼梯，直通楼上，东楼梯仍按原样修好。这样，东、西两边均可登楼。楼上木结构经过整修、油漆，木格扇装上了玻璃，楼上及楼梯栏杆做成砖格花墙。”[60]并在镇淮楼创建了图书馆（图5.3.19）。1957年，江苏省人民委员会公布镇淮楼为省级文物保护单位。为迎接中华人民共和国成立十周年庆典，“1958年，淮安在拓宽街道的同时，对镇淮楼重新修建。由淮安县城市建设委员会责成县建筑站设计施工。将楼身放大增高，变木结构为砖木结构，改花墙为实墙，砖梯改为直角条石阶梯，东西两头从南北两方皆可登楼；楼基亦放大加高，仍由砖土筑成，……楼基上建三间两层砖木结构楼宇，……屋脊上塑有两条卧龙（螭吻），顶端镶嵌的四个瓦制龙头，玲珑剔透，底层楼的回廊里，二十根赭红色柱子的横梁上，绘有古色古香的花纹，在横梁和柱子的接头处，刻有凤凰、孔雀和麒麟等动物图案”[61]。但是此次维修彻底改变了镇淮楼原貌，“楼顶的大钟直到1959年县政府为迎接国庆十周年对镇淮楼进行大修时才被拆掉。那次重修时为了保持原来楼顶有钟架的高度，还相应地提高了建筑高度，使之与原高度相等。……镇淮楼的建筑原来是和周围街道联系在一起的。从楼底拱形门到漕运总督府门前是一条很短的中长街，上楼也只有一个内楼梯，不是现在四面皆可登楼的。基台上的建筑都是木格扇，不是砖墙，现在的样子也是1959年那次搞的”[62]。根据秦九凤在《镇淮楼琐记》中叙述的内容以及镇淮楼的老照片，可以确定1958～1959年的修缮改变了镇淮楼的原貌，导致了原建筑历史信息的丧失。[63]（图5.3.20）

图5.3.19 20世纪40年代修缮后开放的镇淮楼，屋面悬大钟（图片引自江苏省地方志网，http://jssdfz.jiangsu.gov.cn）

图5.3.20 20世纪50年代修缮后改变了原状（图片引自文史淮安网，http://www.wshuaian.org）

（二）现状概述

镇淮楼原在中长街上。淮安古城“中长街最长，南起南门，经镇淮楼，由漕院门口向西拐一下，从上坂街、下坂街出府市口，直抵北门出城”[64]。现在南门到镇淮楼一段称南门大街。镇淮楼向南，有三思桥；

向北是漕运部院，称院门口；向东为院东街，今名镇淮楼东路；向西为响铺街、棋盘街（已拆除），今名为镇淮楼西路。镇淮楼周边原是民居，如今这些建筑早已拆除，街道也已拓宽，围绕镇淮楼新建了市民广场，成为镇淮楼西路与镇淮楼东路的分界点（图5.3.21）。

1958～1959年的维修，导致镇淮楼的现状与中华人民共和国成立前的样貌大不一样，因此下文将结合历史文献、老照片和现状对镇淮楼的原貌进行探讨。

图5.3.21　镇淮楼现状（摄于2013年）

（三）建筑本体

据明《正德淮安府志》卷六记载："谯楼一座，三间，在卫仪门前四十步，台高二丈五尺，阔五丈，深二丈。"[65]万历、天启府志也有相同记载。清乾隆《山阳县志》卷四中也有记载："谯楼在城中央漕院署前四十步，台高二丈五尺，上建高楼，原额曰谯楼，后改曰南北枢机。"[66]文献中记载了镇淮楼清中期以前的台基尺寸。根据1945年战后的照片，砖砌楼台有收分，台东西两侧砌有砖梯。镇淮楼现在的台基做法亦为砖砌收分，但是登台的砖道已重新改建（图5.3.22）。除去后加建的砖砌登楼踏步，台底面东西长约32米，南北宽约18米，高7.12米。[67]明代记载的台基数据按明营造尺换算后，台长15.9米，宽6.36米，高7.95米。可见，历代的修建使台基规模扩大很多，台高变化不大，维持在7米左右。

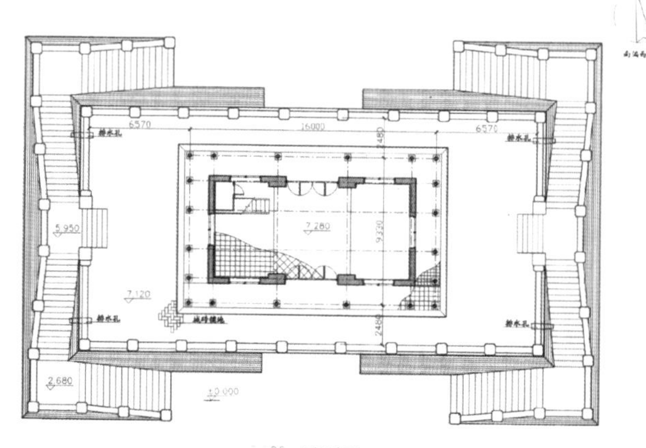

图5.3.22　镇淮楼平面图（图片引自楚州区文化局：《楚州区镇淮楼——测绘图、设计方案》，2003年4月25日）

根据1945年战后的老照片（图5.3.23），台上建二层楼阁式建筑，重檐歇山，一层檐西面出抱厦。由资料可知日军占领淮安时，东抱厦被毁，接建了西抱厦，可见原镇淮楼东西均出抱厦。楼为木构建筑，底层用墙体围合，副阶周匝；二层用木构围合，山面可见四柱，因木窗缺失不能知其样式。屋面正中设有后加的钟架。1949年的修缮增加了玻璃窗，对屋面、台基都做了整修，基本保存了原状（图5.3.24）。

图5.3.23　1945年的镇淮楼（淮安区文物局供图，张爱萍将军摄）

图5.3.24　1949年修缮后的镇淮楼（图片引自名城淮安网，http://www.w0517.com）

对比1959年修缮前后的镇淮楼，主要变化有：台基改变了登台踏道，拆除了抱厦，将二层木质窗改成了墙体，一层的墙体也重新改建，重新设计了门窗；木构比例有变化，原状较为扁平，出檐平缓，姿态舒展，修缮后显得更为高瘦，尤其出檐明显变小，改建的砖墙导致整体建筑风格发生巨大变化。从木构现状看为三间七架抬梁，木作粗糙，构件交接简单僵硬。由于缺少修缮记录，难以推测原木构具体构造情况，且早期不当的修缮理念对传统建筑本体及环境均造成破坏，导致文物信息及文物价值受损严重。

三、秦焕故居

（一）建筑背景

秦焕故居位于淮城镇楼东社区南门大街零件厂内，2003年被公布为第二批淮安市文物保护单位。秦焕，字文伯，生于清嘉庆二十二年（1817），淮安府山阳县人，出身书香门第，“焕之曾祖钦，邑诸生，祖淦，国子监生，考廷楝，邑诸生”[68]。咸丰十年（1860）中进士，分户部“以主事用”，光绪年间官至广西桂林知府、梧州知府、广西按察使兼布政使，光绪十六年（1890），秦焕“奉旨入觐”，不慎伤足，遂陈情改道“归籍养疴”，光绪十七年（1891）病逝于淮，享年74岁。[69]秦焕著有《剑虹居文集》《剑虹居诗集》《剑虹居制艺》《时文感旧集》等，晚年归乡购屋置地。秦焕之子名保愚，字少文，候选知府（图5.3.25）。[70]秦少文善于经营，为淮安城内首屈一指的地主富户，秦宅在其经营下规模已远超其父。同时，秦氏也成为新兴的淮安四大家族“秦、杨、叶、范”之一。“秦氏住城内小鱼市口东，有宏大气派的‘大宅门’……解放前秦家在南乡有良田万亩，秦家宅院雕梁画栋，房屋百间，大门和‘明三暗五（间）’的堂屋砖雕十分精美”[71]，秦家的田产在离城十五里的秦田[72]（现属马甸镇秦田庄）。由文献资料推测，秦焕故居主要建造于光绪中晚期。

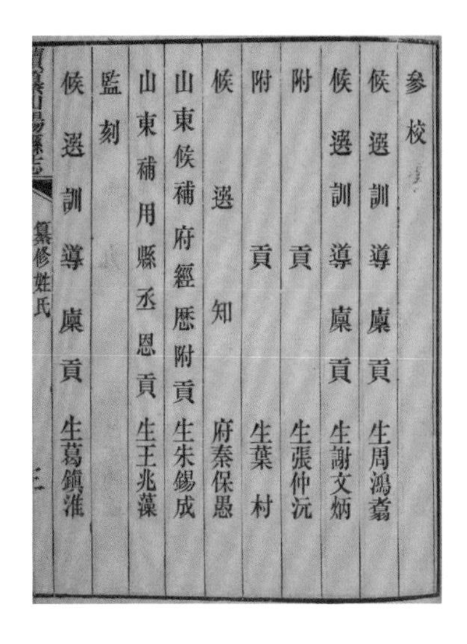
續纂山陽縣志 纂修姓氏

參校
候選訓導廪貢生周鴻翥
候選訓導廪貢生謝文炳
附貢生張仲沅
附貢生葉村
候選知府秦保愚
山東候補府經歷附貢生朱錫成
山東補用縣丞恩貢生王兆藻
監刻
候選訓導廪貢生葛鎮淮

图5.3.25 民国《续纂山阳县志》纂修姓氏，候选知府秦保愚

（二）现状概述

秦焕故居位于南门大街老城区，已被拆除的东路位置早已建成厂房，拆除的西路位置也已建成沿街多层楼房，南面与杨士骧故居隔巷相对。秦焕故居虽然有不少部分已被拆除，但从遗存的房屋来看，该建筑群规模庞大（图5.3.26）。根据调研，秦焕故居现存建筑产权混杂，绝大部分归原半导体零件厂所有，其中部分房屋曾作为车间使用，因零件厂倒闭，现已闲置，用于堆放机器设备（图5.3.27），部分房屋作为职工宿舍或对外出租。其余房屋产权既有归房管所的，也有归私人所有的。秦焕故居建筑现状主要有以下问题：因城市建设拆除了部分房屋导致建筑群整体格局被毁；因厂房改造致使很多木构件被拆除，损坏了文物建筑；工厂倒闭后因年久失修，屋面及部分墙体破损严重，有些墙体因渗水导致鼓胀（图5.3.28）；因职工宿舍杂居，各户均设置隔间，搭建

图5.3.26 秦焕故居鸟瞰

图5.3.27 闲置的厂房　　图5.3.28 墙体鼓胀

图5.3.29　秦焕故居杂居现状

厨卫等生活空间，水电线路混杂（图5.3.29）；房屋过度使用却缺少维修，尤其是公共部分；住户私下对所居房屋进行装修翻新，拆除原先木构件，重新砌墙、换瓦、开窗、铺地、吊顶、油漆等，对文物建筑造成不可逆的损害；还有一部分住宅因无人居住，年久失修，日渐倾圮。总的来说，秦焕故居现存本体未能得到有效保护，损坏情况严重。该建筑群的拆建史也无记录可查，例如由秦焕故居移建至勺湖公园的两套砖雕门罩，具体出自何处并无详细记录[73]，且了解秦焕故居原貌的老人或已去世，或难觅踪迹。下文试图从现存建筑的局部入手，探寻相关的营造情况。

（三）建筑本体

秦焕故居原建筑格局已不完整，“西路建筑已被拆除，建起了高楼大厦，东路建筑被工厂占用几十年，多数房屋已拆除改建，只剩中路几栋建筑幸存”[74]。关于秦焕曾孙秦士蔚的纪念文章曾提道：“他小时住在淮安淮城小鱼市口东秦家大院中路西侧，进入砖雕大门、穿堂向西，内有两棵参天的银杏树，书房坐落其中，环以假山、水榭，甚是清幽典雅。”[75] 由此判断，秦焕故居里曾有花园，但现已不存。因对建筑格局缺少研究，文物保护单位登录时认定本体为八栋，此数据有误。现存建筑群虽残缺破损，但仍可看出是按四条并列的南北轴线排列（图5.3.30）。因秦焕故居建筑群产权复杂，此次调研仅选择了14座建筑单体[76]进行测绘研究（图5.3.31）。

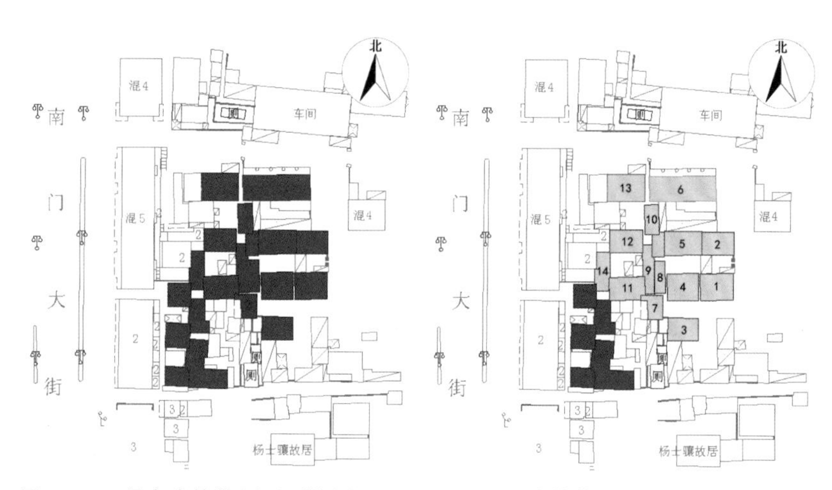

图5.3.30　现存秦焕故居平面格局图　　图5.3.31　秦焕故居测绘编号图

现存四路中，西路破坏最严重，有些房屋已不完整，三开间只余两间，山面尚能看到被锯断的檩枋（图5.3.32），但是西路轴线布局仍可分辨（图5.3.33）。14号建筑面西，显然是西路幸存的东厢房。中间两路格局保存较为完整，也是此次研究的主要对象。11～13号建筑由南往北排列在一条轴线上（该轴线南端尚存一座建筑单体，因未能测绘，故不作为研究对象）。东边3～6号建筑由南往北排列在一条轴线上。10号是厢房，其山墙朝东的墀头有砖

图5.3.32　被拆除一间后的房屋断面

图5.3.33　西路轴线布局

雕，因此属于6号的西厢房，由于西面也开门，推测10号兼做13号的东厢房。8号是西厢房，与9号连廊相接。7号是二层小楼。东路现仅存1号、2号两屋，与4号、5号并列，外貌改动较大，1号东山墙已用红砖重砌（图5.3.34）。其余房屋均有搭建改造，损坏最严重的主要是前后立面以及原室内格局。

从建筑平面看，基本都是三开间，只有6号为五开间，符合“明三暗五”堂屋的记载。因其被公司租用，多处改造，内部重新装修，所有的木构架都被墙板、天花板遮挡，背立面加建了混凝土柱平顶檐廊，正立面沿墙搭建了其他构筑物。2016年底修缮6号时拆除了加建，五开间的正立面随即显出，为一门五搭的立面形制（图5.3.35）。10号西厢房位于6号的西梢间前，从院落方向看，可遮住6号正立面的梢间部分，只露出三开间的立面，即明三暗五。明、次间木构架（图5.3.36）为七檩前后廊式，四柱落地，五架抬梁前后接单步梁，明、次间梁架相同，梢间山面梁架使用山柱，将梁架从中间分为两段，五架梁变成两根双步梁，三架梁变成两根单步梁。西山墙保存较完整，可看到砖雕博风和联结厢房的花墙。

图5.3.34　1号建筑东山墙

图5.3.35　6号建筑正立面（陈冬摄）

图5.3.36　6号建筑梁架（陈冬摄）

5号、11号、12号建筑做法基本相同，均为三间七架，圆作，明间构架与6号相同，为七檩前后廊式，山面梁架中柱落地，梁插入山柱，梁上抬瓜柱（图5.3.37）。值得注意的是，5号明间构架瓜柱底部做鹰嘴

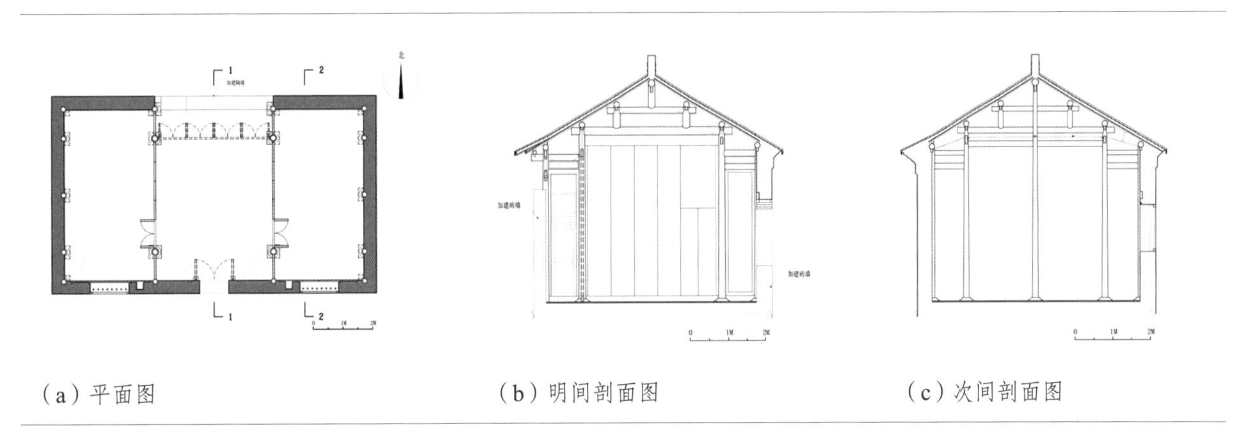

（a）平面图　（b）明间剖面图　（c）次间剖面图

图5.3.37　11号建筑测绘图

形与梁相接（图5.3.38）。这三处建筑室内明间与次间以板壁相隔，其中12号隔断不是固定板，而是可以打开的板门，因此三开间的空间可以灵活使用。明间均为方砖铺地，次间木板铺地，柱础样式简单，金柱下用古镜式柱础（图5.3.39）。靠近前金柱处的板壁上设对开板门，后金柱间设六扇或八扇槅扇门。5号西侧加建一开间房屋，但屋脊低于5号，墙壁内嵌五个木质橱，推测为书房，此间与5号有门洞相通。5号、11号、12号三处建筑明间露明造，檩下均设连机，明间前檐下金檩及后檐檩下均设木枋加强联结，前金柱金枋间用一块雕花夹堂板装饰，后檐檐枋间用挂落装饰，图案采用梅花冰裂纹。次间均做天花，其中5号使用水平直线式天花，11号、12号和5号西侧书房均采用覆斗剖线式天花，中间平直，两端檐步斜坡向下（图5.3.40）。

图5.3.38　5号建筑鹰嘴瓜柱

图5.3.39　11号建筑古镜式柱础

图5.3.40　5号西侧书房残存的覆斗剖线式天花

5号、11号、12号建筑立面做法相似，正立面采用砖檐，5号封护檐七层，11号与12号封护檐五层。一门两窗，门为对开木板门，方形窗。其中5号采用了一门三搭的做法，雨搭砖作精细，砖雕集中于博风与屋脊仿件，砖门罩仿木构门头，有斗拱六朵，一斗三升，斗拱上承接两层出挑檐椽，垂柱、雀替、栱眼壁、博风、檐口两端、脊端等处均做砖雕，题材主要为卷草花卉图案（图5.3.41）。门洞上方也是装饰重点，两角出四层叠涩砖，磨出弧线，饰以砖雕。门洞顶正中过当已被取走，但两扇木板门尚存，门轴上端插入木门楹，下端插入石门臼（图5.3.42）。11号的门被砖填充，且被构筑物遮挡，从室内观察其门洞做法与上述门洞相同，但木板门已缺失。12号砖墙窗外侧已改造，未见雨搭，窗内侧仍保存旧貌，门上方的砖门罩非常讲究，以砖仿木构挂落形式，垂柱、木枋、雀替构件均精雕细刻。垂柱上端雕云纹，下端雕花篮寿桃；枋上施万字不断纹；枋下挂落以九块方砖拼成，装饰以双鱼吉庆图案，但受损严重，仅存一块完整图案；雀替雕卷草纹（图5.3.43）。砖雕突出墙体深浅不一，营造出构件立体感。门洞做法与5号一致，洞顶方形砖雕尚存，其图案组合了多种题材，包括鱼、双柿、如意、万字、祥云、蝙蝠、元宝、莲花、莲蓬、珠、磬等，寓意吉庆有余、事事如意、万福流云、多子多财等，木板门现已不存。立面开窗极具淮安特色，分内外两层，外窗对开，内窗用“暖板”，可在开有木槽的窗框内平移，窗板关闭后墙壁上露出放置油灯的灯龛，白天打开窗板灯龛随即被板遮住，可惜因改造窗原貌已被破坏。11号、12号两窗户上部未见雨搭。11号、12号背立面用三段式做法，明间木檐，次间用砖檐，后墙封护檐均挑出七层，比前墙封护檐层

（a）一门三搭

（b）砖门罩

图5.3.41　5号建筑正立面

图5.3.42　5号建筑石门臼，海棠线脚

（a）正立面

（b）砖门罩

图5.3.43　12号建筑正立面

数多。明间因槅扇门安装在后金柱间，形成内凹的门廊空间。木檐均用飞椽，挑檐檩在抱头梁挑出的梁头上，下有替木支撑，抱头梁下用撑栱，替木与撑栱均是雕刻装饰的重点部位。5号背立面明间被砖封堵，推测与上述做法相同。

1号、2号、4号建筑构架类型一样（图5.3.44），面阔三开间，七檩圆作建筑，1号、4号室内均未见分隔，推测可能是厅堂。明间梁架与5号、11号、12号做法相同，为七檩前后廊式。山面梁架除中柱外六柱皆落地，三架梁上抬脊瓜柱，其余梁皆穿进柱身。1号、2号、4号正立面用木檐，做飞椽。根据残留痕迹，其中1号、4号檐步做轩。1号西侧内墙可见轩下构件，包括坐斗、荷包梁等，雕有云纹，根据残存构件推测为船篷轩（图5.3.45）；4号轩作已毁，仅见搁轩椽的榫眼。1号轩下山墙位置有砖雕框，山墙内侧用砖砌出墙裙突出墙体。4号轩下山墙分段装饰，上部用砖拼花，下部用砖雕框，其中一边框内开有门洞（图5.3.46）。另外，根据门轴安装的榫眼，推测六扇门安装在明间前金柱之间，次间推测可能是槛窗，轩下形成前廊空间。三处建筑的檐柱间均被砖墙封堵，仅可见抱头梁梁头，端部装饰以木雕板（图5.3.47）。背立面均用砖檐，一门两窗，未见雨搭。4号门洞保存较好，过当方砖雕寿字纹，1号、2号因改动较大，立面原状已基本不存。4号建筑北墙角下部做抹角处理，以保证4号与1号、8号之间的宅内巷道转角处视线通透。另外在此次研究的秦焕故居建筑中，4号建筑木构用柱尺寸最大，室内四根金柱直径达27厘米，可见其在建筑群中的重要性。

3号建筑做法比较特别，构架形式与5号相同（图5.3.48）。但是3号是14处建筑里唯一一处在背立面用全木檐的建筑，且3号山墙北侧开有门洞，推测后檐下为廊，正与4号正立面轩廊相对，且3号和4

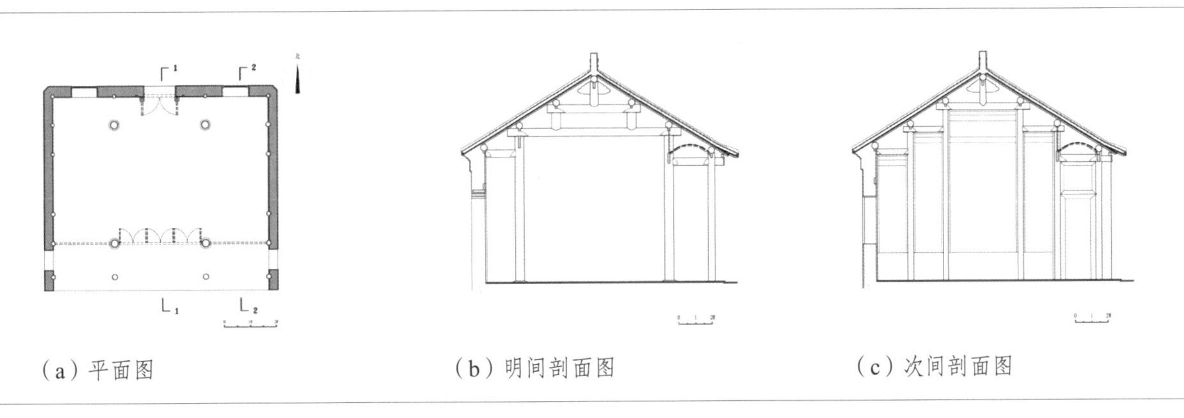

（a）平面图　　（b）明间剖面图　　（c）次间剖面图

图5.3.44　4号建筑测绘图

图5.3.45　1号建筑檐步轩作残存

图5.3.46　2015年维修中的4号建筑轩下山墙

图5.3.47　4号建筑抱头梁梁头木雕板

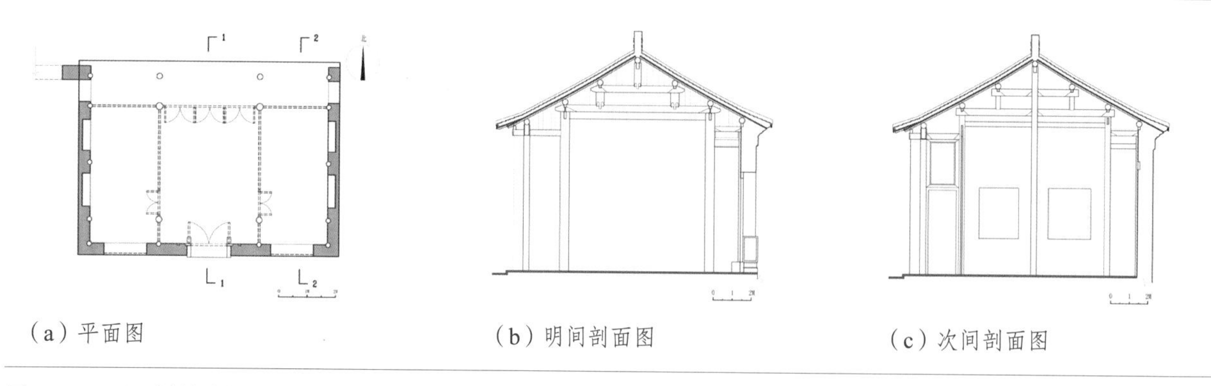

（a）平面图 （b）明间剖面图 （c）次间剖面图

图5.3.48 3号建筑测绘图

号的面阔开间尺寸完全一致，这种对称的做法显示出3号与4号围合的院落极为重要，7号二层楼的木檐也同样面向此院落。3号建筑维修时发现正立面有照壁，有雕刻精美的抱鼓石和残损的过当砖雕。依据尺寸基本可以确定，勺湖草堂的砖雕门罩拆自3号正立面，此处封护檐出挑达九层，可见3号是十分重要的迎客门厅。3号东山墙可见拆除房屋后留下的痕迹以及残墙，推测此侧原有房屋相接，屋脊高度低于东山墙（图5.3.49）。而4号则是用料最大的厅堂，可见3号、4号和7号围合出的院落可能是秦宅对外迎宾的重要场所。

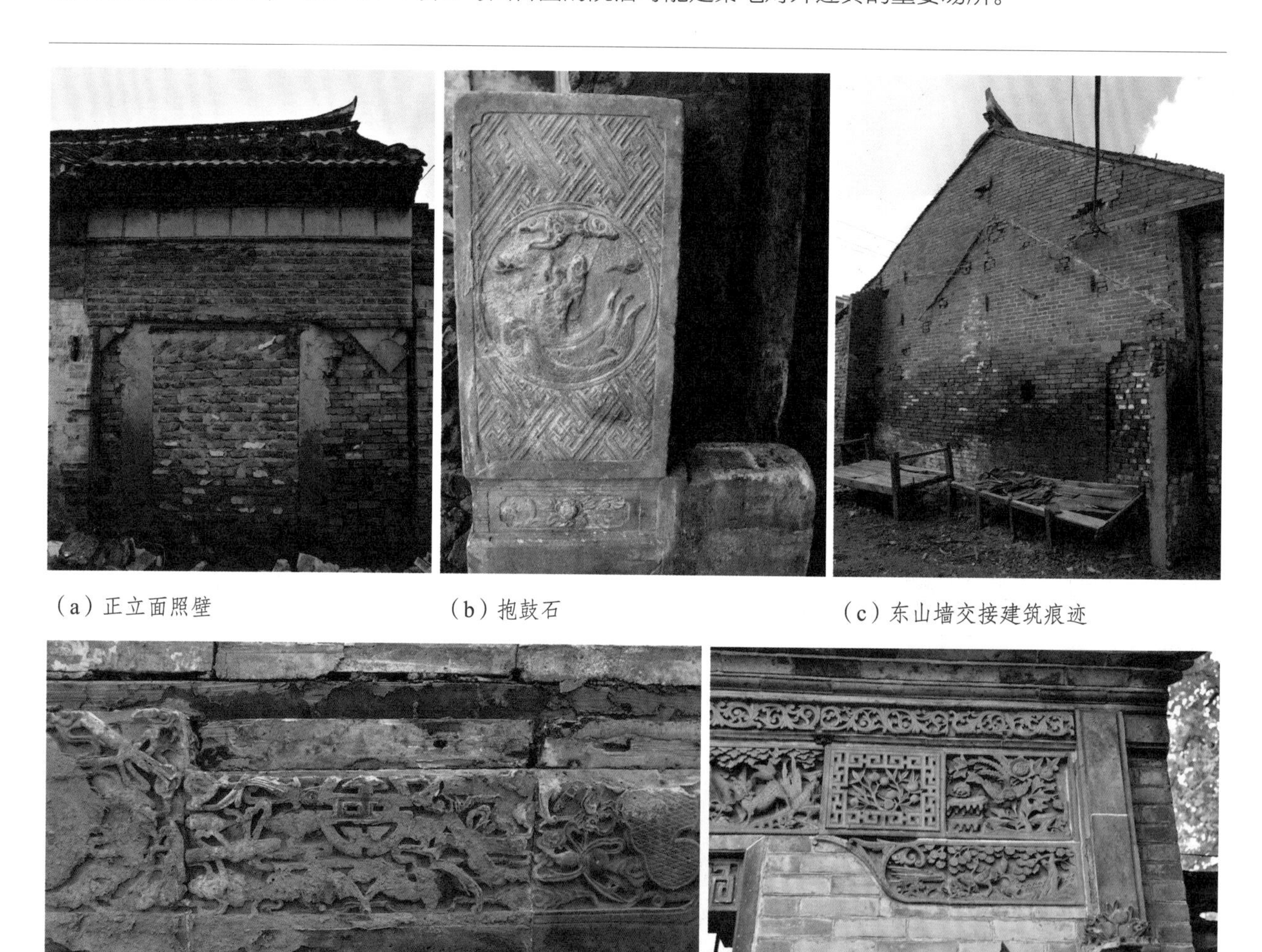
（a）正立面照壁 （b）抱鼓石 （c）东山墙交接建筑痕迹

（d）过当砖雕 （e）砖雕门罩（现移至勺湖草堂）

图5.3.49 3号建筑外观

面向同一院落的7号建筑是现存的唯一一座二层小楼，坐东朝西，可能是读书楼。秦士蔚曾经提到秦宅中有一座小楼，称“寄楼”，是其父秦粤生1928年归隐淮城老家时所建。[77]据此推测，这座二层小楼可能就是寄楼，也有资料称其为“眉影楼”。小楼构架比较特殊（图5.3.50），为三开间，七檩前后廊式，

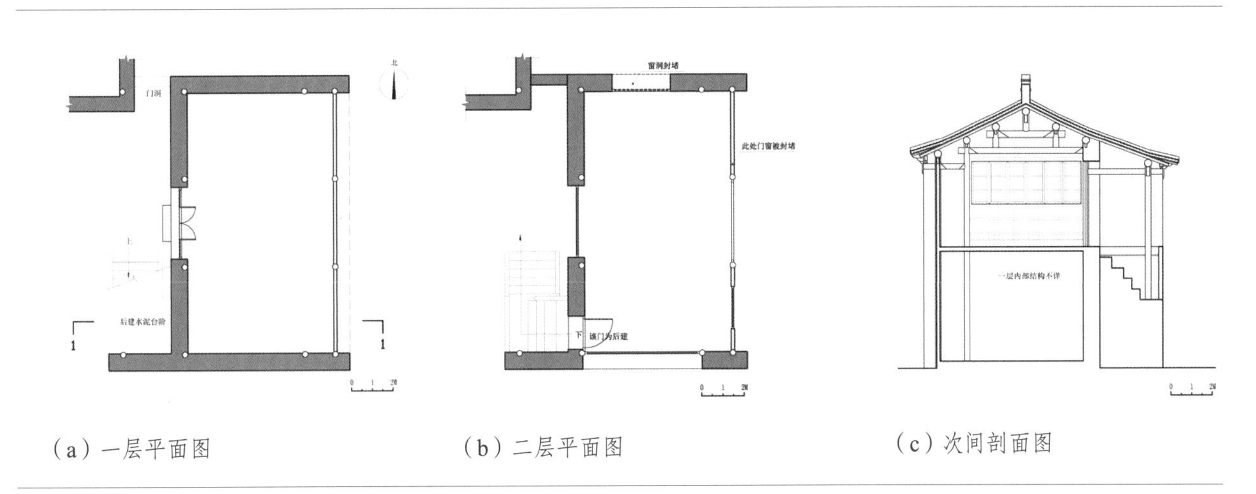

（a）一层平面图　（b）二层平面图　（c）次间剖面图

图5.3.50　7号建筑测绘图

西侧檐步比东侧檐步大一倍，室外前廊通向9号建筑，由此进入其他院落，西檐则与11号建筑屋面交接（图5.3.51）。室内檩条下均用连机，但连机现已被锯，只见残留断面。从立面看，西立面为入口，明间安装木门窗，次间封墙；南北山墙于二层开窗（图5.3.52）；东立面现状有大片墙体，但二层应该全用木窗，此处具有良好的视野。因底层封闭未能进入，推测原建筑由底层室内木楼梯通往二层。东西檐均用木檐及飞椽，挑檐檩下用替木。因两层现分属不同住户使用，可由外部搭建的楼梯进入二层，此门也是后开的，住户封堵了原来的部分窗户并新开了几扇窗，导致立面出现较大变化（图5.3.53）。

图 5.3.51　7 号建筑西檐与 11 号建筑屋面交接处　图5.3.52　7号建筑山墙立面　图 5.3.53　7 号建筑西立面外加楼梯

13号也是秦焕故居建筑群中的重要建筑，位于一路建筑的最北端，是此次调研对象中规模最大的三开间单层建筑。明间面阔尺寸达4.37米，通面阔尺寸在10.5米以上，金柱直径21.5厘米，屋脊高约7.3米。进深方向梁架不对称，屋面为长短坡，八檩圆作，明间梁架为七檩前后廊式，于前檐增加一步，山柱落地，地面方砖铺地（图5.3.54）。室内因改造格局已变，根据残留构件特征与居民口述，可知北门为后开，推测13号三间未做

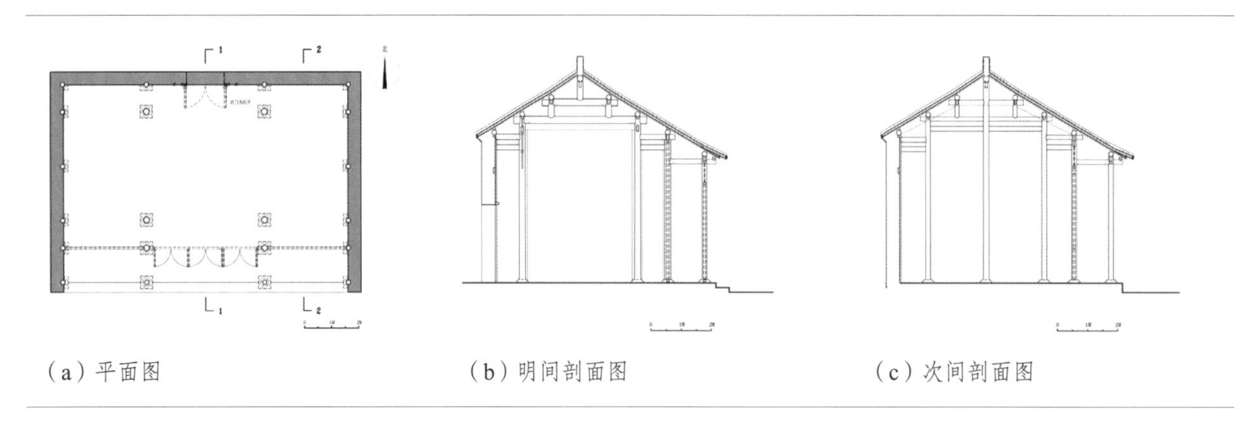

（a）平面图　　（b）明间剖面图　　（c）次间剖面图

图5.3.54　13号建筑测绘图

分隔。室内明间构架极为注重装饰，后金柱间使用夹堂板、挂落和雀替等雕花构件（图5.3.55），挂落饰梅花冰裂纹，檩下均用连机，两根上金檩下的连机底设亮牵。正立面用木檐，做法与11号相似，但雕花撑栱现已不存（图5.3.56）。从上门楹榫眼痕迹推测明间有六扇槅扇门安装于前金柱间，次间有槛窗。因此南侧外加的一步成为外廊。槅扇门大部分已缺失，仅存的一扇做工精美，采用梅花冰裂纹。山墙墀头盘头装饰有砖雕，封护檐挑出七层，与5号、6号挑出层数一致。

（a）后金柱间雕花构件

（b）亮牵

图5.3.55　13号建筑现况

图5.3.56　13号建筑正立面

8号、10号、14号均为厢房，10号与14号平面柱网相同，14号因改造较大，室内只能看到柱。10号室内后加建吊顶，基本可以判断是三间五架，明间梁架是抬梁，山柱落地（图5.3.57）。明次间用板壁隔开，靠近东檐柱板壁上开对开门。10号山墙东墀头有砖雕，使用木檐，因此10号东立面为正立面，可视为6号的西厢房。其西立面采用砖木檐，明间木檐，次间用砖檐（图5.3.58），推测六扇门安装在金檩下，形成凹形前廊，因此可能兼做13号的东厢房。14号西立面用木檐，推测是因为14号次间后墙接在11号山墙，没办法在后墙开窗透光，使用木檐并采用木质门窗，可以解决采光问题。8号为西厢房，构架比10号、14号多一步（图5.3.59），为六檩，后墙未开窗，因此东立面用木檐。8号门窗后

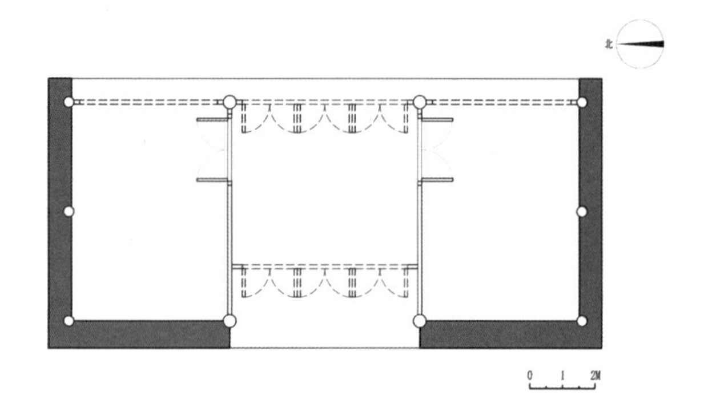

图5.3.57　10号建筑平面图

期改动很大，推测明间用六扇槅扇门安装在前金柱，次间用槛窗安装在檐柱，形成凹形前廊。

另外，建筑群围合的院落之间均可互通，或设巷道，或设连廊，山墙间多用漏墙联结，下方开门，上方漏窗用瓦叠砌出透空的图案（图5.3.60）。

图5.3.58　10号建筑西立面

图5.3.59　8号建筑剖面图

（a）6号和10号间漏墙

（b）8号和11号间漏墙

图5.3.60　漏墙

秦焕故居的木檐做法均使用飞椽，檐椽飞椽为扁椽。普遍构造为檐椽上用小连檐、闸挡板，飞椽上用大连檐、瓦口板，不用封檐板，椽头外露（图5.3.61）。除挑檐檩外侧木椽铺望板，内侧均铺望砖。墙柱与墙体之间用铁扒锔固定，外墙可见成排的铁扒锔。外墙均用清水墙，平砌，丁顺结合。屋瓦用小青瓦，但现存建筑瓦当及滴水毁坏严重，仅存少量，饰吉祥字纹（图5.3.62）。秦焕故居屋脊式样有多种，如大

图5.3.61　3号建筑木檐构造

图5.3.62　7号建筑残存瓦当、滴水

脊、小脊、亮脊，最重要的房屋用大脊，其余主屋多用亮脊，厢房的亮脊样式更轻巧，巷道边门多用小脊（图5.3.63）。秦焕故居木构油饰偏深棕色，木构地仗层比较薄，先以草灰或麻灰做底，再刷桐油。

由于秦焕为清代高官，秦焕故居为淮安官宅的代表，现存建筑群体现了秦家的身份地位及财力，反映

（a）大脊　　（b）小脊　　（c）亮脊　　（d）亮脊

图5.3.63　屋脊样式

了明确的等级规制，其中位于同一轴线上的11号、12号、13号建筑，11号与12号均为常用的七檩，北端的13号规模最大，为较少见的八檩，厢房用五檩；位于另一轴线上的3～6号建筑，3号、4号规模相近，5号规模较大，仅次于13号的三开间房屋，而北端的6号规模最大，明三暗五，突破了三开间的规制，可见这路建筑应该是秦焕故居中最重要的建筑。

由秦焕故居可总结建筑等级的表现手法，如建筑开间数量、尺寸、檩数、高度、砖檐出挑层数等越多，等级越高；砖雕与木雕等装饰部位越多，工艺越精致，表明建筑越重要；建筑形制、大木形制以及构件形制等也可体现等级。

另外，空间特点体现了建筑的功能要求。3号、5号、11号、12号等建筑使用相同的木构架，室内做相同的分隔，一般是用来居住的房屋，次间使用天花、木地板、双层窗等，作为卧室适宜起居。1号、2号、4号等属另一类构架，空间不做分隔，可能是对外接待的厅堂。而院落最北端的6号和13号是最重要的建筑，多用于议事、祭祀、礼佛等。

秦焕故居有极精美的雕刻艺术，石雕较少，遗存有3号建筑的抱鼓石。木雕与砖雕较常见，木雕主要用于梁头、撑栱、挂落、雀替、云板、夹堂板、门窗等，同一轴线上的建筑群有相同的装饰主题，体现了营造的区域整体性。砖雕主要用于门罩、门洞、雨搭、墀头、博风等。根据张璞考证，秦焕故居原有七处砖雕，其中两座砖雕门罩被移至勺湖草堂和勺湖碑园（图5.3.64）。根据网络资料，修复勺湖草堂时，因建设街道公共厕所，秦焕故居大门要拆，王文韶为保护砖雕，请工匠小心拆下并镶嵌到新建的勺湖草堂大门上方；另一处中路穿堂大厅印方门砖雕，现已移至勺湖碑园门楼。[78]

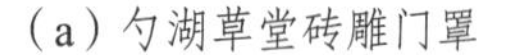

（a）勺湖草堂砖雕门罩　　（b）勺湖碑园砖雕门罩

图5.3.64　秦焕故居被迁走的两座砖雕门罩

根据比对，这两处砖雕题材与12号建筑门头题材相同，雕刻手法也一致，比如砖垂柱使用的寿桃花篮、云纹，砖挂落使用的双鱼吉庆等图案，可见两座门头均出自秦焕故居一说是可信的。两座门头正中位置的砖雕表现了同样的画面（图5.3.65），即在一间中堂正中，悬挂着有“寿”字和一副体现家族地位的对联，曰：“两字功名盖世，一门袍笏承恩。”2015年修缮3号建筑时，经过比对砖雕门罩尺寸，基本确定勺湖草堂砖雕门罩拆自3号建筑，修缮时已根据原砖雕尺寸复原。

（a）勺湖碑园门罩砖雕

（b）勺湖草堂门罩砖雕

图5.3.65　两座门罩砖雕的局部

告诉你所不知道的非遗

A12

在青砖上雕刻时光

郭氏砖雕

○砖雕俗称“硬花活”

○祖辈九代代代相传

○看似简单讲究颇多

○一手绝技期盼传承

图5.3.66　《淮海晚报》登载关于郭氏砖雕的介绍文章

根据新闻资料，秦焕故居砖雕出自淮安砖雕世家郭氏之手（图5.3.66）。2010年6月，“郭氏砖雕”入选淮安第三批市级非物质文化遗产名录，第九代传人郭宝平为非物质文化遗产传承人。郭宝平提及他的祖辈曾为纂香楼、朱占科故居、左宝贵故居、许氏宅院、罗振玉宅和东岳庙等做过砖雕。现保存较好的有朱占科故居窗罩，秦焕故居门罩砖雕，关天培祠堂两侧撑牙、垛头砖雕和勺湖碑园内砖雕等。郭宝平提到，其曾祖郭寿昌的砖雕技艺为郭氏砖雕的鼎盛，时人称“郭三先生”，“他的砖雕技艺被誉为天飞地走无所不及”。砖雕俗称“硬花活”，郭宝平提到砖雕应采用淮安传统方砖“罗底砖”，这种砖颗粒细腻、质地密实，“敲之有声，断之无孔”，“将砖刨光加施雕刻，然后打磨，遇有空隙则以油灰填补。随填随磨则其色均匀经久不变，以砖刨推之，其断面随口而异，分为文武面、木脚线、核桃线等”。通常砖雕工具都是自己制作，包括凿、刨、锯、锉刀等。他认为砖雕和木雕的技法基本相同，但砖雕最难，“砖质坚脆易爆裂，一刀下去，落手无情，所以腕力指功要拿捏得十分准确”。[79]

秦焕故居建筑本体多是人为破坏，损坏情况严重，速度快且持续时间长（图5.3.67）。2015年淮安区文物局对产权属于半导体零件厂的3号、4号、5号和8号建筑进行了维修，2016年修缮了6号建筑，其余维修工作将逐步展开。但是由于产权复杂，工作推进较为艰难。作为幸存下来的淮安地区代表性官宅建筑，秦焕故居的研究和保护刻不容缓。

（a）2005 年

（b）2014 年

图5.3.67　2号建筑的人为改造情况 [图片（a）引自淮水安澜网，http://bbs.huainet.com]

四、李正泰宅

（一）建筑背景

李正泰宅位于淮城镇南门大街162号。南门大街是原中长街的南段[80]，是旧城最繁华的一条古街，街两旁有许多名人故居和公建，如罗振玉故居、直隶总督杨士骧故居、广西按察使秦焕故居、山西巡抚丁宝铨宅、河南巡抚潘埙宅、丽正书院等（图5.3.68）。1949年后南门大街进行拓宽，拆除了许多民房、店铺，部分拆迁工作直到20世纪80年代初才完成。拆迁工程结束后，南门大街成为几十米宽的大马路。[81]

根据李氏长房后人李锦顺回忆，“李正泰”并非人名，乃是李家开设的钱庄名号，店面与李宅隔街相望。李氏家族早期居住在淮安打线巷一带，在城东种园田（即菜地）为生，其祖籍可能为甘肃，有“陇西堂”堂号。民国年间，长房李少亭开设银楼、钱庄，其中从事银楼生意的有长房、三房、四房，商号有“聚泰”“聚祥”等，其店面位于南门大街、响铺街一带。李宅内尚存有残损招牌，隐约可见“聚祥”字样（图5.3.69）。民国时期，李家从王家购宅，现存南屋即早期所购，后因

图5.3.68　拆迁前的南门大街（图片引自“文史淮安”网站，http://www.wshuaian.org）

图5.3.69　残损的“聚祥”招牌

家族人口增长又扩建房屋，北屋、西厢房于1936年竣工。

李正泰宅是清末民国商贾住宅的代表，具有一定的规模，并且营造精细，是研究淮安普通民居的代表性案例。

（二）现状概述

李正泰宅位于老城区内，周边仍以居民住宅为主，南面为塑料厂。李正泰宅现由一条东西向巷道进入，据李氏后人回忆，此巷道原本很长，一直延伸至早年尚未拓宽的南门大街，并建有门楼，但就目前文物档案认定的建筑本体来看，因南门大街拆除改造，李正泰宅格局已不完整（图5.3.70）。据现场调研，其中仅有4处房屋较完整地保留了原始建筑信息，其他房屋则改动较大，有的因木构糟朽在原址重新搭建了房屋，这部分文物信息已受损。

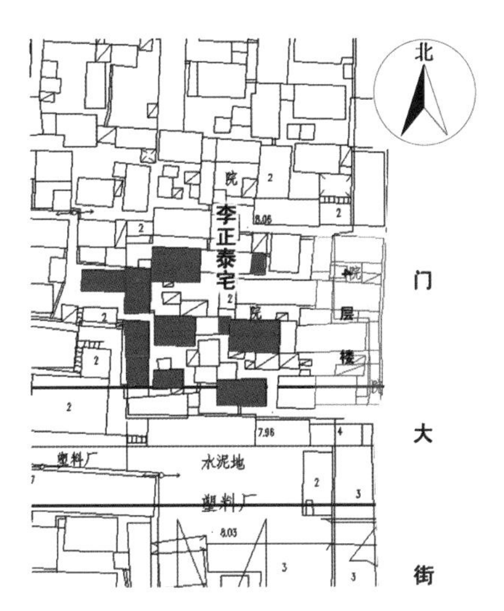

图5.3.70　李正泰宅平面图（图片引自第三次文物普查资料）

李正泰宅现仍作为住宅使用，除了已空置的花房，其余均有人居住，产权为私宅，主要归李氏各房后代所有，五房私宅已转卖。因住户多，常有两户共用一个建筑单体的情况，因此室内、院落有各种搭建物。为了改善居住条件，住户多重新装修，包括地砖换成了瓷砖，雕花木窗换成了铝合金推拉窗，新开窗户，挪动门扇的位置，增加吊顶，搭建隔层，用纸包裹板壁，用水泥、乳胶漆粉刷墙面等，对研究原状有很大影响。总的来说，使用中的房屋多有改造或修缮，而花房因空置，年久失修，破损情况最为严重。

（三）建筑本体

此次测绘研究的四座建筑单体均位于李正泰宅建筑群的核心区域，包括前后进两间坐北朝南的堂屋、后进的西厢房和花园的花房（图5.3.71）。花房为南北向，与西厢房后墙垂直相接，花房南还有一口井，由此可见花园是设在李正泰宅的西侧。据后人回忆，园内原植有枣树，井旁还有两棵高大的榆树，在淮安城内十分醒目。另外，院落内有小型假山，现在尚余残石可见（图5.3.72）。

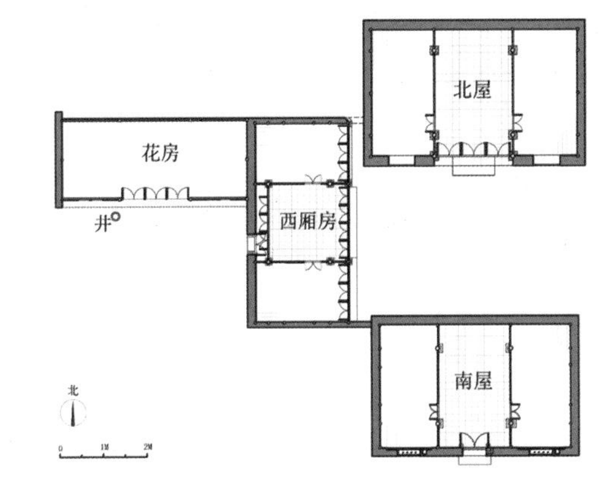

图5.3.71　李正泰宅总平面图

南屋即测绘的第一进（图5.3.73），乃李氏早年所购，是李正泰宅建造时间最早的房屋，为典型的淮安堂屋做法，三间七架硬山（图5.3.74）。明间与次间以板壁分隔，靠近前金柱

图5.3.72　院落内假山残石

图5.3.73　李正泰宅南屋

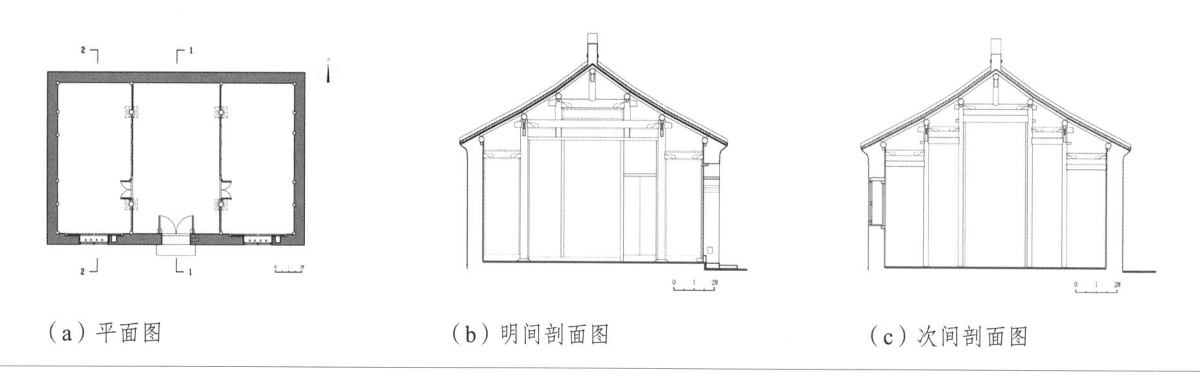
(a) 平面图　(b) 明间剖面图　(c) 次间剖面图

图5.3.74　南屋测绘图

处设对开小门。明间原为砖铺地，现已改成瓷砖，尚可见古镜式柱础（图5.3.75），次间用木地板铺地。明间梁架为七檩前后廊式，山面梁架六柱落地，不用山柱用脊瓜柱，墙柱之间梁下均使用木枋连接。三间檩下均用连机，下金檩处连机与金枋之间用夹堂板，每间宽用三块，中间板与两边板的雕花纹样不同，包括宫式、四斜球纹、六角、十字海棠（两种）、万字六种纹样（图5.3.76）。

图5.3.75　古镜式柱础

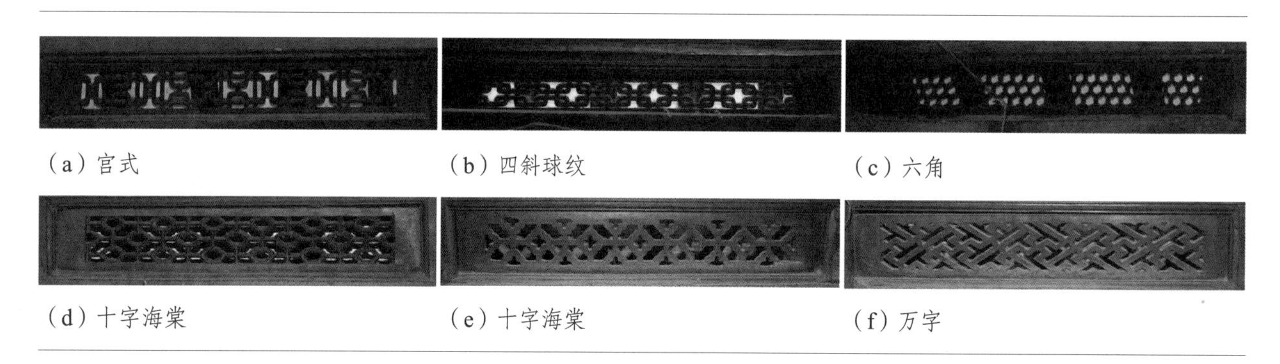
(a) 宫式　(b) 四斜球纹　(c) 六角
(d) 十字海棠　(e) 十字海棠　(f) 万字

图5.3.76　南屋夹堂板纹样

南屋四面皆为砖檐，正立面一门两窗，窗有雨搭，形式朴素不做砖雕。门虽有改动，但原貌仍可辨别，为如意门做法，门洞过当用一整块砖雕，题材为福禄寿（图5.3.77）。过当以上为木过梁，墙体采用顺扁方式砌筑，但木过梁对应的外墙部分砌砖有变化，采用顺斗，又称挂方。门洞东侧墙体开L形猫洞。室外地坪已抬高，原踏步数不知，仅剩一块与门洞等宽的石材踏步。东次间窗户已改成铝合金推拉窗，西次间窗户尚存，窗洞呈方形，窗有三层，外层为对开木窗，木雕装饰精美。中间层现由上下窗组成，下窗为两格玻璃窗，上窗为木雕支摘窗。内层为两块暖板，板上部开有直径12.5厘米的孔，饰以钱纹。内层与中层之间有四根竖向菱形柱，可防盗。室内窗左侧墙壁设有灯龛，暖板开启时遮住灯龛，闭合时露出。封护檐出挑五层。

图5.3.77　福禄寿过当

图5.3.78　李正泰宅北屋

北屋即测绘的第二进（图5.3.78），与南屋在一条轴线上，建成时间较晚，规模比南屋略大，用料也较大，也为三间七架硬山建筑。北屋明间梁架与南屋相同。山面梁架与南屋不同，山柱落地（图5.3.79）。北屋也用板壁分隔开间，现有门开在檐柱与前金柱之间，为后改，原有对开门位于前金柱内侧。明间方砖铺地，次间木板铺地。石柱础用古镜样式，台阶部分只在正中用一块长条石，两边铺设方砖，踏步用长条石，由于淮安不产石材，故石材只使用在最重要、最必要的位置。木构制作讲究，重装饰，三架梁头与五架梁头均做雕刻。瓜柱底部做

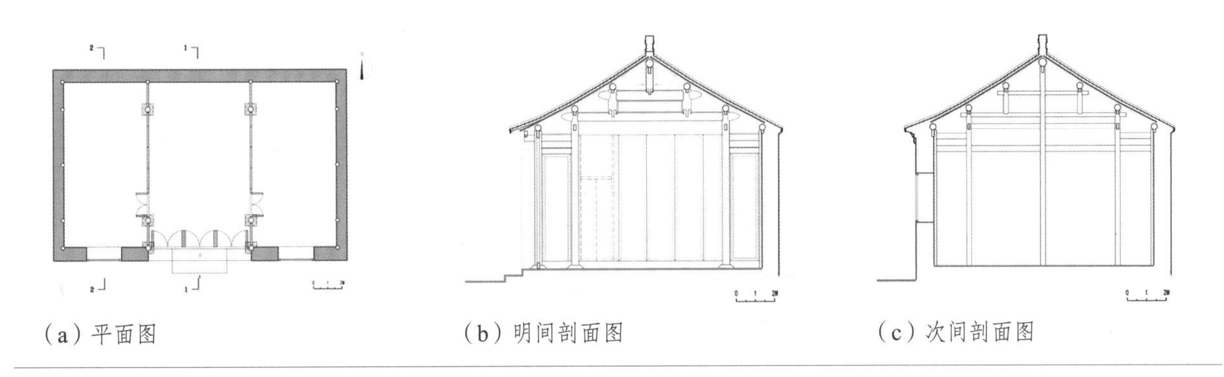

（a）平面图　（b）明间剖面图　（c）次间剖面图

图5.3.79　北屋测绘图

图5.3.80　明间五架梁以上构造

鹰嘴，脊瓜柱两旁三角处使用雕花云板（图5.3.80）。北屋背立面砌砖墙，正立面分三段处理，明间木檐，次间砖檐。明间六扇槅扇门现被后移一步，根据室内外铺地变化以及檐柱脚部榫洞，可确定原槅扇门设在檐柱位置。明间外檐下的木雕装饰集中在檐柱外的木构部分。抱头梁从檐柱出头，梁头雕花，上承矩形断面挑檐檩，檩端头以雕花替木承接。抱头梁端头以下用撑栱支撑，撑栱分成两块木雕，上块雕龙头鱼尾纹，下块雕鹿鹤同春图案。木雕主要采用浮雕技法，替木则用圆雕与透雕相结合（图5.3.81）。次间用砖檐，向南开窗，仅能见外侧对开木窗，内侧因改造故原构造不详。现存木窗和槅扇门形式统一，均无雕刻，仅为简单分隔，最上格呈拱状（图5.3.82）。木檐使用飞椽，均为方椽，檐椽竖直截断（垂直于地面），飞椽垂直截断（垂直于椽身），使用大小连檐、瓦口板，不做封檐板，椽头外露。檐檩外侧木椽上铺望板，内侧铺望砖。北屋屋面举折不明显，屋脊保存较好，属大脊做法，端头的砖雕瓦件保存完好（图5.3.83）。北屋用砖尺寸较

图5.3.81　檐下木雕构件　图5.3.82　槅扇门

图5.3.83　大脊端头砖雕瓦件

大，长27厘米，宽12厘米，高8厘米。

西厢房（图5.3.84）与北屋、花房之间互相搭接。西厢房的前檐与北屋的山墙相接（图5.3.85），形成一条通道可通往北面，山面交接处的门洞上方为漏窗，墙体有转角，屋面交接处设有排水沟。后墙明间偏南开有一门可通往花园，门外即依西厢房后墙而建的花房。西厢房为三开间七檩构架，圆作。该建筑极为注重门扇装饰，明间与次间之间用板壁隔开，板壁由雕花的槅扇组成，前金柱内侧板壁上对开小门也是木雕门，周边饰以冰裂纹。正立面用木檐，明间置八扇槅扇门，两次间各置六扇槅扇门，均饰以雕花，但现在室内槅扇门已有不少缺失，外檐下槅扇门也年久失修，构件糟朽缺损（图5.3.86）。西厢房构架形式与南屋相似，但明间梁头有雕花。明间后金柱间原有屏门，门扇现已不存。檩条下用连机，明间西侧下金檩以下用雕花夹堂板，东侧金枋下有三个挂灯笼用的铜钩。外檐木构做法与北屋相似，只是挑檐檩下不用替木，外檐木雕只用于明间檐柱撑栱，饰卷草纹。后墙用砖檐，开有门洞，上方两角叠涩挑出，无砖雕等装饰，砖砌筑方式为顺斗。

图5.3.84　李正泰宅西厢房

图5.3.85　西厢房与北屋交接处

图5.3.86　室内雕花槅扇门

花房（图5.3.87）依西厢房后墙而建，因花房屋脊高于厢房后墙檐，交接处的后墙处理成向上凸起，呈半圆形（图5.3.88）。花房三间五架，硬山建筑。木材用料很小，柱径、檩径基本为10厘米。明间梁架抬梁，山柱落地。明间檩条下均用连机，次间仅脊檩下用连机，其余用短机（图5.3.89）。正立面原貌尚存，明间六扇槅扇门，次间为槛窗，门窗形式类似北屋。木窗下砌有墙体，可能是后加建，后墙推测也为后建。前后立面均为木檐，不用飞椽。屋檐瓦件尚存，勾头、滴水均为尖头形。花房屋脊两端有明显升起，形成弯曲的弧线，屋脊使用亮脊做法。

图5.3.87　花房

图5.3.88　花房与西厢房交接处

图5.3.89　室内木构架

图5.3.90 复合式柱础

图5.3.91 改造前的四房老屋（屋主供图）

此次调研中还发现了一个复合式柱础，上部为鼓墩，下部为八角形础（图5.3.90），据称出自李家四房建筑金柱。因房屋改造，柱础散落仅见孤例，其形制在淮安很罕见。另外，根据四房老屋改造前的照片，可知屋脊正中为灰塑（图5.3.91）。

李正泰宅建筑单体多为私房，各户维修改造情况不同，各建筑物损坏程度不同，因产权和居住情况复杂，导致保护工作难以开展。如何参与和监督保护这些民宅？保护主体是谁？保护资金从哪里来？政府在保护中扮演什么角色？这些都是民居建筑保护长期面临的难题。

五、陈幼斋宅

（一）建筑背景

陈幼斋宅位于淮城镇岳庙东街26号，2009年6月被公布为第二批淮安市文物保护单位，登记名称为“陈济川宅”。之后陈家后人提出登记名称有误，此宅乃陈幼斋所建，陈济川是其三弟，并非屋主。目前“陈济川宅”更名“陈幼斋宅”的工作正在进行中。

陈幼斋，原名陈汝勋，20世纪30年代任淮安县油粮科科长。《抗战前后淮安县田赋征收概况》一文中提道：“淮安县政府下设田赋征收处，负责管理全县田赋征收事宜，处内设主任一人。抗战初期由陈幼斋（淮安人名汝勋）充当主任。”[82]

文物资料显示，陈幼斋宅建于1936年。此宅中西合璧，是淮安地区民国时期住宅的典型案例。

（二）现状概述

陈幼斋宅原位于老街区内，因楚州医院建设，北、西两面的民居被拆，建成医院的多层楼房，东、南两面仍为居民区。周边建设造成陈幼斋宅的室外地面逐渐抬高，大门的抱鼓石已有大半埋入地下（图5.3.92），暴雨季节常常被淹。该宅产权分属私人与房产公司，其中陈家后人私产约有三间，其余绝大部分为出租房。住户为了改善居住条件，在院落里搭建厨房、厕所等，建筑本体被加建、改建、装修等，对建筑原状研究造成了一定的困难（图5.3.93）。另外，因年久失修，一些木构件

图5.3.92 大门抱鼓石大半已埋入地下

图5.3.93 院落内的搭建物

（a）二层木地板糟朽、破损

（b）木构糟朽，天花坍塌

（c）二层出挑弯垂，现用砖柱支撑

图5.3.94　陈幼斋宅损坏情况

已经糟朽，房屋存在安全问题，比如二层转角屋面漏雨，导致该处的木构件、天花及地板糟朽，破损严重。另有一些木柱朽烂，导致二层出挑弯垂，仅靠住户砌砖柱勉强支撑（图5.3.94）。

（三）建筑本体

陈幼斋宅总体布局尚存，大体呈日字形，建筑围合出南、北两个院落（图5.3.95）。大门位于东侧，进大门后可入北院，两院落之间有一处通道，为进入南院的二门，设有两道门，一为对开板门，一为四扇屏门，门扇均已缺失。二门通道处设楼梯可上二层。由此可见，北院应是对外接待使用，而南院则用于居住。

整个建筑群占地约600平方米，建筑主体部分为两层L形楼房，其余为单层房屋（图5.3.96）。陈幼斋宅中西合璧，采用传统木构做法，清水硬山建筑，而墙体砌筑的砖券、门窗则是西式风格，简洁大方。2014年对陈幼斋宅现状进行测绘，为表述方便，将其分成四个部分，即总平面图中1～4号建筑，以下按编号进行阐述。

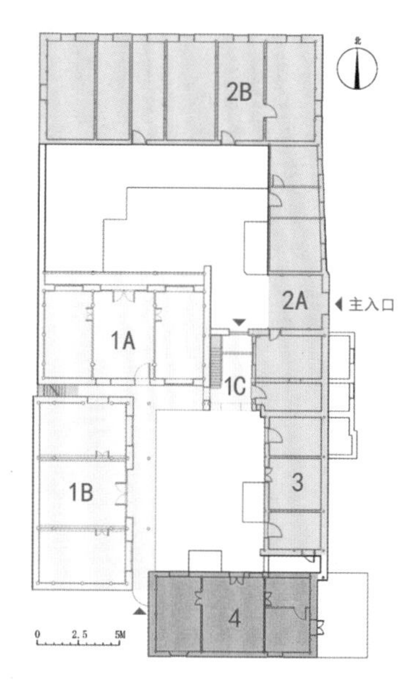

图5.3.95　陈幼斋宅总平面图

图5.3.96　陈幼斋宅鸟瞰图

1号建筑为L形两层小楼，是陈宅的主体建筑，面向院落的内侧两层皆做廊。转角和东侧分别有两座木楼梯可供上下。屋面的交接比较特别，南北朝向小楼（下文简称“1A”）的东西山墙采用观音兜式，东侧的楼梯间（下文简称“1C”）屋脊较低，与东山墙相接。东西朝向小楼（下文简称“1B”）与1A之间有楼梯，此处屋面开天窗。楼梯现已被杂物封堵，推测应是通向1A底层的西次间。1A与1B的木构架类似，面阔均为三开间，梁架则是在七檩的基础上增加廊步，1A在南北两侧各增加一步外廊，1B在东侧增加一步外廊（图5.3.97）。因室内构架均被后建天花遮挡，根据木柱位置，推测明间梁架为七檩前后廊式，山面中柱落地。七檩构架两端砌墙，陈幼斋宅的两层高墙体是逐渐收分的。1号建筑墙体开有砖券门窗，形式简洁，采用几何纹（图5.3.98）。室内三间用板壁分隔，底层铺地沿用传统做法，即明间铺砖、次间铺地板，二层全部铺木地板。底层外廊檐柱间用挂落装饰（图5.3.99），承接二层地板的梁底以天花封护，但挂落、天花等木构件大多已缺损。二层外廊檐部为传统做法，抱头梁从檐柱伸出端头，承方形挑檐檩，使用飞椽。檐椽使用半圆椽，竖直切断；飞椽用扁椽，椽头收分，垂直切断。檐檩内侧椽上铺望砖，外侧铺望板。抱头梁端头装饰有木雕板，下部有木雕撑栱支撑，撑栱分两块构件，上部饰以龙头鱼尾纹，下部饰以卷草纹（图5.3.100）。二层檐柱之间用木栏杆。

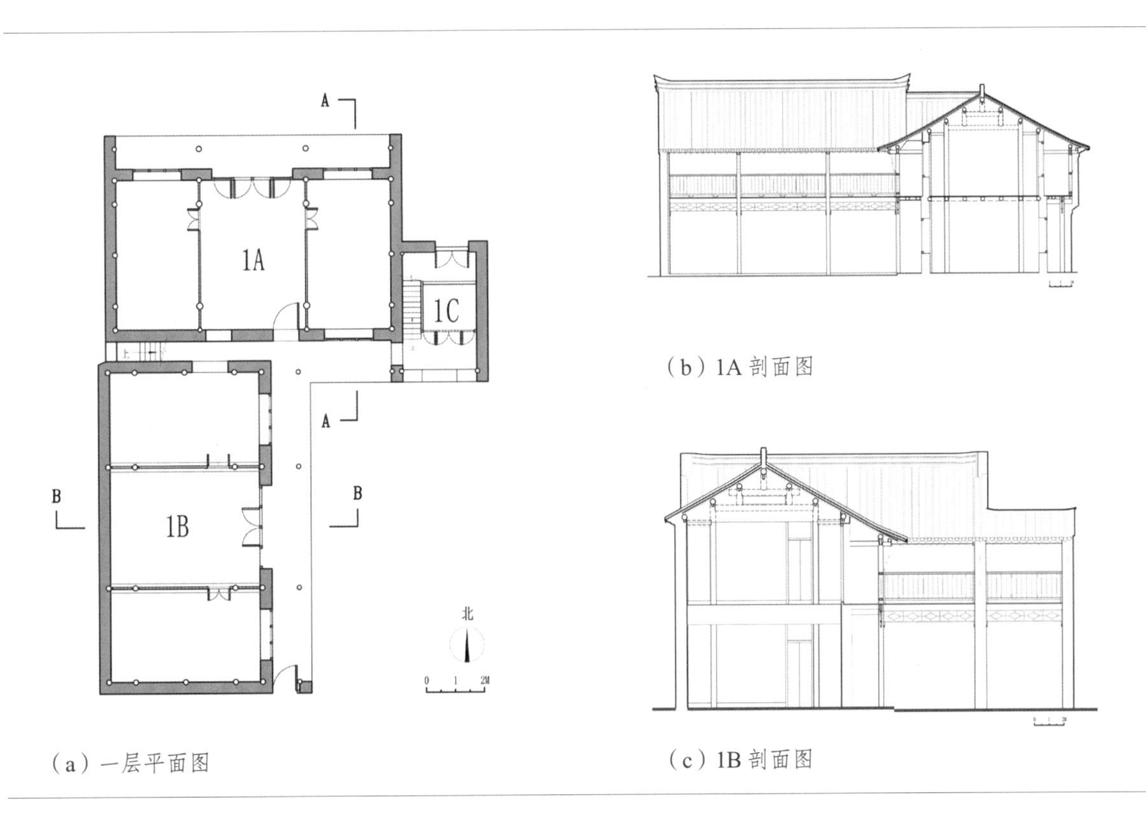

图5.3.97　1号建筑测绘图

图5.3.98　1B东立面　　图5.3.99　1号建筑挂落　　图5.3.100　1号建筑外檐木构

1C为二门通道，也是楼梯间所在，设有木质楼梯可上二层（图5.3.101），1A东山墙上下两层均开有拱券门，由此通向1号建筑。1C构架不对称，共计六檩，长短坡屋面，脊檩低于1A脊檩，南屋檐与1A屋檐平齐相连（图5.3.102）。

（a）北立面　　（b）南立面

图5.3.101　1C楼梯间

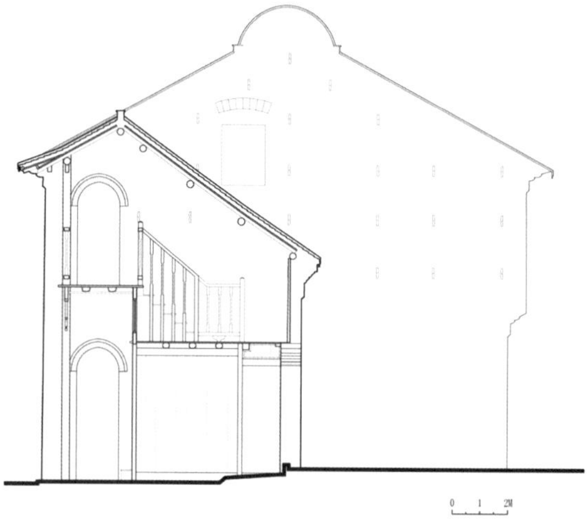

图5.3.102　1C楼梯间剖面图

2～4号建筑均为一层建筑，其外侧（围墙）立面均采用砖檐。在面向院落的内侧立面，2号和3号采用木檐，4号推测为砖木檐，立面做法不同应与建筑朝向有关，2号和3号朝向院落的是南、西立面，而4号朝向院落的是北立面。2～4号建筑因住户改造，仅存几间构架尚可见。

2号建筑东西朝向的2A设有主入口，即门屋，进入即见1A东山墙，视线被遮挡。其门屋木构架为五檩前后廊式，各檩下均有连机，两金檩下木构件均有缺失，东金檩下有金枋榫口，西金檩下也有木构痕迹，西檐檩与檐枋之间设有夹堂板，但无雕刻（图5.3.103）。朝向院落的西面用木檐，抱头梁出檐柱承接挑檐檩，檩下有短机，檩上承檐椽、飞椽。抱头梁端头下以木雕撑栱支撑，刻卷草图案。梁架尚存少量木板，推测此间原用板壁分隔。地面抬高，柱础已不可见，铺地也不存，因二门方砖铺地尚存，故推测此处也应为方砖铺地。主入口大门仅可见砖门洞、木过梁、木门楹，以及埋入地下的抱鼓石和位置提高的长条石踏步，封护檐出挑五层。2号建筑其余东西朝向的房屋均为五檩构架，外围墙重新修葺过。

2号建筑南北朝向的2B为七檩，其中东侧一间构架为七檩前后廊式，抬梁圆作，山柱落地。檩下均用连机，南面用木檐，原槅扇门已缺失，因南面檐下加建了墙体，木檐部分被遮挡，据露出墙体的构件推测，其檐下做法与门屋木檐做法相同。此间房室内可见斜置的角梁，用于支撑转角屋面木椽。比较特别的是两间分隔，五架梁下使用可开启的窗扇分隔，但因部分窗被遮挡，未能见其全貌（图5.3.104）。

图5.3.103　2A木构架

图5.3.104　2B木构架

3号建筑南端为三开间硬山房屋，与门屋用房相接，因内部已被住户安装吊顶，木构架不可见，单从进深看，与门屋同为五檩构架。从西立面看，墀头和木檐做法与门屋相似，因西立面加建封堵，只能看见两次间檐檩下有精美的横风窗以及撑栱，原木槅扇尚存两扇，但因改造已残损（图5.3.105）。

4号建筑为南北朝向，三间七架，其构架形式与2B相似，但木料要大一些（图5.3.106）。明间与次间之间以板壁相隔，靠近前金柱设对开小门。明间檩下用连机，次间仅脊檩下用连机，其余檩下用短机。4号建筑墙体门窗改动较大，根据建造痕迹推测，北立面为砖木檐，明间用木檐，两次间为砖檐开窗，现存的一部分砖檐为五层出挑（图5.3.107）。南立面与东立面的门、窗为后期改建。

陈幼斋宅两层楼房，建筑墙体与木柱之间使用大量铁扒锔，用铁件环绕柱身半圈后伸出墙外，在两端加以固定（图5.3.108）。因此从山墙铁扒锔的排列便可了解内部梁架的构造情况。另外，据陈家后人口

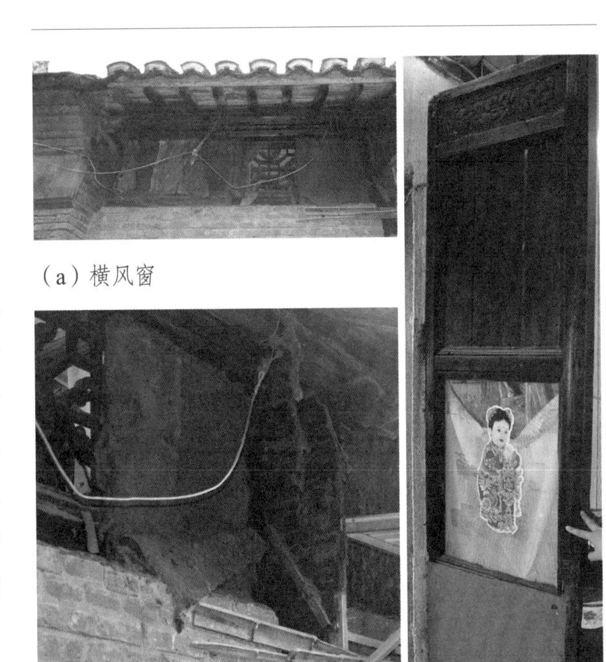

（a）横风窗

（b）撑栱

（c）槅扇门

图 5.3.105　3 号建筑构造

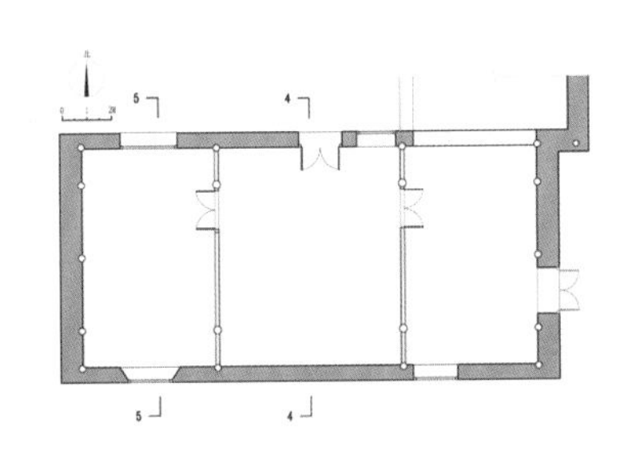

（a）平面图

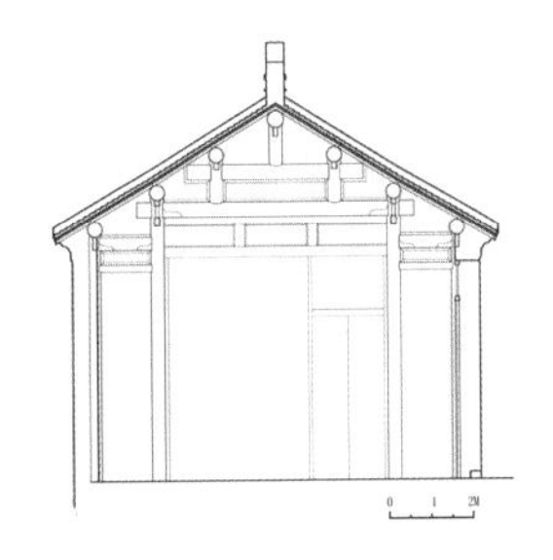

（b）明间剖面图

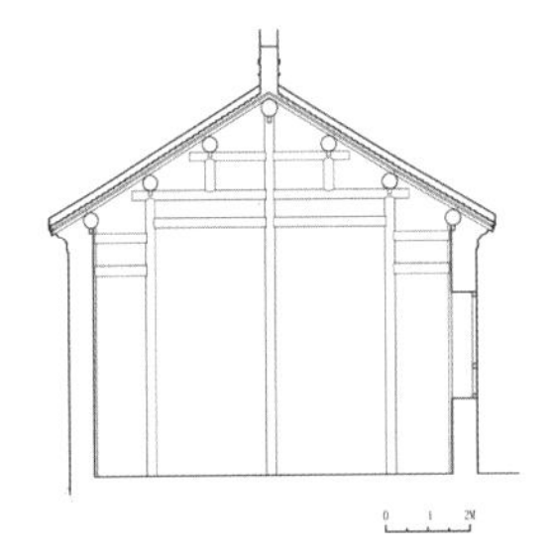

（c）次间剖面图

图5.3.106　4号建筑测绘图

图5.3.107　4号建筑北立面

（a）内侧

（b）外侧

图5.3.108　铁扒锔

述，陈幼斋宅木构建成后因战乱及资金不足未做油漆，经调查核实确实如此。

总体来说，陈幼斋宅两层主楼原貌保存较好，其余用房木构尚存，但立面改动较大，需要拆除后建建筑，清除遮挡物后才能进行深入复原研究。但因年久失修，木构存在安全隐患，应尽快修缮保证其安全。

六、周恩来故居

（一）建筑背景

周恩来故居（图5.3.109）位于淮城镇驸马巷7号，1988年被公布为第三批全国重点文物保护单位。此宅是“由周恩来祖父周攀龙和二祖父周昂骏合买（典），房子是先典后买，典房时间应该在光绪五年（1879），买房时间则应该是在光绪十四年（1888）左右”[83]。1898年，周恩来在此诞生，并生活了十二年，他曾在《旅日日记》中回忆自己的童年生活：“众位伯伯跟前的哥哥、弟弟、姊姊、妹妹，全都是在一个门里头，每天在一起儿玩，有时候恼了，有时候好了，说不尽的好处。”[84]

图5.3.109　周恩来故居外观

根据《周恩来故居二三事》一文：“解放初，除周恩来诞生的三间房子外，其余的房子已是东倒西歪，瓦楞长草，破败不堪。1953年，旧居西边宅院的三间堂屋因年久失修有倒塌的危险，县委考虑到故乡人民的感情，对这三间堂屋进行了较大的修整。”1960年，“把总理诞生和生活过的东边宅院，作为县委学习室和儿童图书馆；西边宅院让群众住进去”。1976年，周恩来逝世，1978年，淮安县委向江苏省委提交关于修复和开放周总理故居的报告，江苏省委批示：“周恩来总理故居内部的房屋、道路、内园一律按原状修复……”淮安县委成立周恩来总理故居修复办公室，工作人员走访了周恩来、邓颖超身边的工作人员四十多人，周恩来亲属三十多人，跑了9个省市、走访了135人次，征集文物、图片186件（幅），制作资料卡片346张。另据《王文韶情系周恩来故居建设始末》一文记载，1978年，淮安县人民政府筹备恢复周恩来故居，“当时故居里面的格局大多还没有变，但是由于长期有群众住在里面，所以有的房屋发生了变化”。又有资料记载：“周恩来故居多年失修而逐渐破败。墙垣也开始倒塌，东宅院周恩来童年读书的家塾馆三间，塾师休息室二间，祖堂屋三间，周恩来童年与嗣母居住的亭子间二间，长廊及厨房二间，早已荡然无存，只剩下堂屋三间、一眼水井和两棵枝繁叶茂的大榆树。”[85]这些资料多提及周宅因年久失修而损毁，因此1978年的修缮是按照1910年周恩来离开淮安时的原状进行了修复或恢复了主体建筑。

根据周恩寿回忆：“当年从东边驸马巷大门进入，映入眼帘的是几间门房，向北进院，坐东朝西的几间房子，是周恩来童年读书的地方，进院向西有一座周家主屋三间，是周家的上堂屋。上堂屋东边紧邻的三间小屋，就是周恩来诞生的地方。上堂屋正北有下堂屋三间，是周恩来乳母蒋江氏的住房，乳母住房前的东侧有一口水井。下堂屋的南侧是周恩来嗣父母的住房，嗣父母住房的东边就是周家的厨房，院子里有块菜地。以上部分是东宅院。西边的宅院也有一座高大雄伟的上堂屋三间，堂屋正北是三间下堂屋穿堂，穿堂南院是周恩来八婶母杨氏的住房，大门出去就是局巷。在西宅院后面还有一处较大的后院。”[86]王文韶据此描述绘制了草图，并结合史料和其他人的回忆完成了周恩来故居的修缮。1979年3月5日，周恩来故居正式对外开放（图5.3.110）。

图5.3.110　20世纪80年代的周恩来故居（图片引自江苏省地方志网，http://jssdfz.jiangsu.gov.cn）

（二）现状概述

周恩来故居位于驸马巷—龙窝巷—上坂街历史文化街区，东临驸马巷，南临局巷，可惜周边民宅多遭拆除，历史环境被破坏（图5.3.111）。自1979年开放至今，周恩来故居一直作为展陈馆使用，经过数次修缮与扩建，增建了书画苑、周恩来墨迹碑廊、邓颖超纪念园、辅助用房以及配套设施等，如今景区规模已数倍于本体（图5.3.112）。景区除了展示故居原貌，还设有多个展览，讲述周恩来的家世与生平事迹等。景区在1996年成为全国中小学爱国主义教育基地，2005年被列入全国百家红色旅游经典景区。因政府多次拨款修缮，周恩来故居保存、维护状况良好。

（三）建筑本体

周恩来故居占地1987.4平方米，有大小房屋32间[87]，建筑本体包括东西相连的两个宅院，东宅院临驸马巷，西宅院临局巷，院落布局并不规则（图5.3.113）。由总平面看，东西宅院之间辟有内门可互通，两个宅院临巷各自有门出入。单体建筑包括门房、读书房、诞生地、主堂屋、嗣父母室、二伯父住房北屋和南屋、八婶母住房及厨房9处，基本代表了淮安清晚期民居的特色。

图5.3.111　周恩来故居周边环境（图片引自东南大学建筑设计研究院：《淮安市周恩来故居总体保护规划》，2006年）

图5.3.112　周恩来故居景区导览图

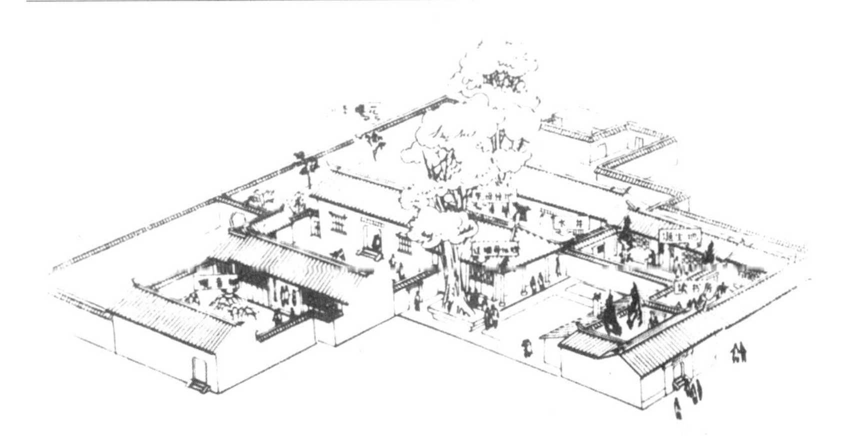

（a）周恩来故居本体鸟瞰图（图片引自王树荣：《淮安周恩来同志故居》，文物出版社1987年版，第4～5页）

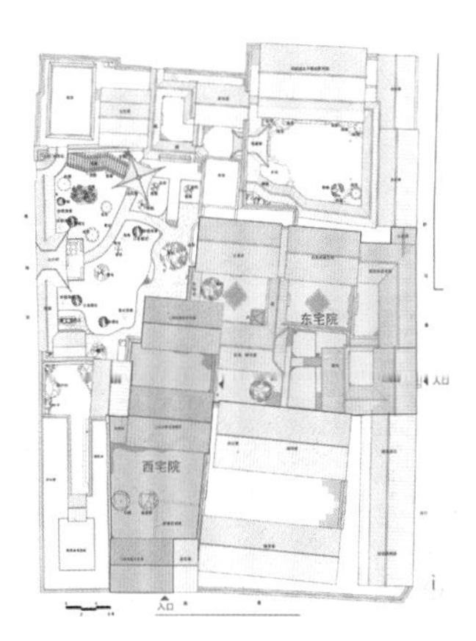

（b）周恩来故居屋面总图，红线范围为文物本体

图5.3.113　周恩来故居总图

从总平面来看，西宅院比较规整，二伯父住房北屋、南屋及八婶母住房基本沿南北方向直线排列；东宅院则不太规整，单体平面呈L形或两开间的非常规平面形制。从构架形式来看，西宅院的建筑都使用了相同构架，而东宅院建筑的构架类型丰富，变化较大。

图 5.3.114　西宅院平面图

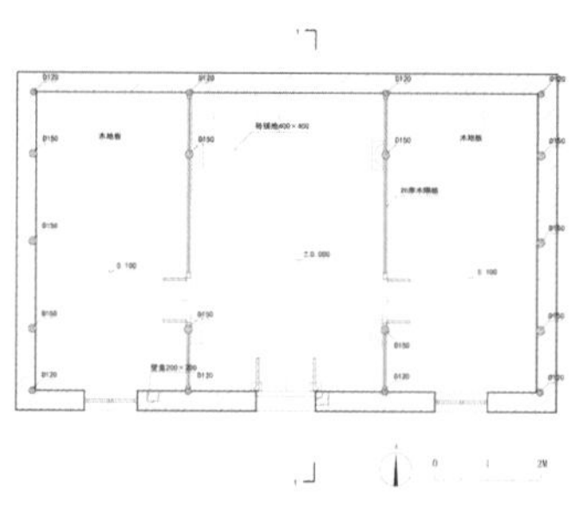

（a）平面图

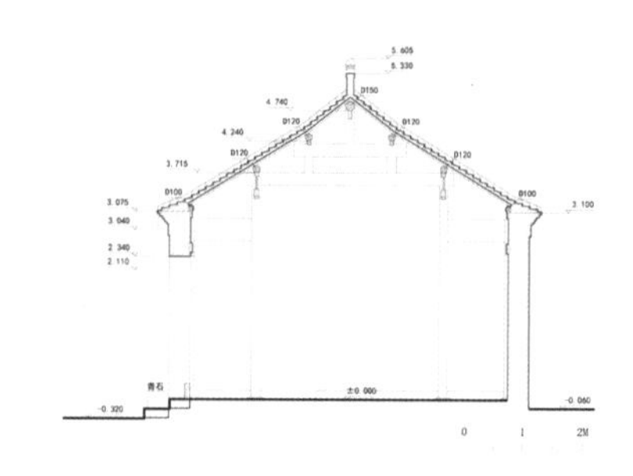

（b）明间剖面图

图5.3.115　二伯父住房北屋测绘图

西宅院（图5.3.114）的二伯父住房北屋、南屋及八婶母住房均为面阔三开间的矩形平面。八婶母住房于1949年后在东山墙外增加了一间，东次间后墙对局巷开门，室内铺方砖未用地板，据此推测应为沿街门房。三座建筑均为七檩前后廊式，明间梁架抬梁，山柱落地，这也是周恩来故居使用最普遍的梁架形式。二伯父住房北屋、南屋明次间均用板壁隔开，明间方砖铺地，北屋正铺，南屋45度斜铺，次间铺设木地板，为保持通风，立面开有若干透气孔，室内板壁靠近前金柱处设置对开小板门。除八婶母住房檩下不用连机，其余檩下皆用连机。二伯父住房北屋是西院最重要的建筑，俗称“堂屋”，位于院落最北端，室内明间做露明造，金檩金枋间置雕花夹堂板，次间吊天花，为覆斗剖线式天花，中间平直，两边斜坡向下，这些均为淮安的常见做法（图5.3.115）。

西宅院各建筑的立面做法也很丰富，二伯父住房北屋的北墙与八婶母住房的南墙均是宅围墙。二伯父住房南屋南檐与八婶母住房北檐均用木檐，面向同一个院落，此院落里植有观音柳。二伯父住房南屋北立面用砖木檐，明间用木檐，次间用砖檐。明间门扇已卸下，据遗留门轴构件推测，明间安装门扇的位置分别在前檐柱与后金柱。后檐柱有门槛但未见上门楹构件，因此不能确定此处是否安装门扇，次间正立面门窗合用，四扇小槅扇门在两旁，中间为固定槛窗。二伯父住房北屋前檐用砖檐，为淮安典型的立面做法，一门两窗，不用雨搭（图5.3.116）。

（a）八婶母住房，木檐

（b）二伯父住房南屋，砖木檐

（c）二伯父住房北屋，砖檐

图5.3.116　西宅院建筑立面

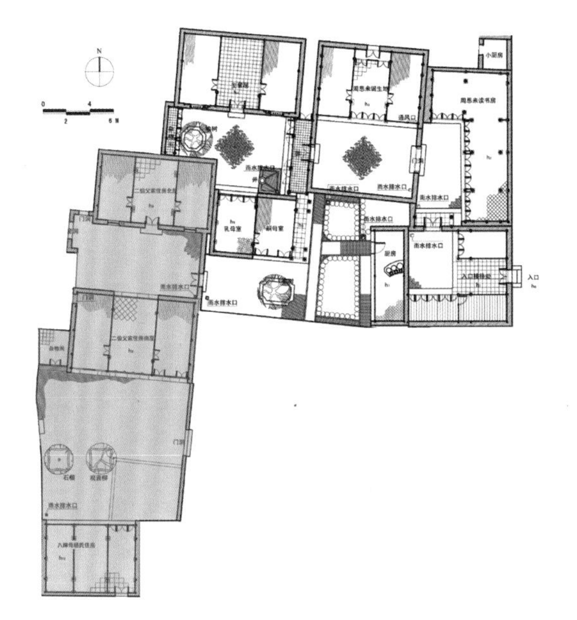

图5.3.117　东宅院平面图

东宅院（图5.3.117）呈东西向展开，门房与读书房临驸马巷，平面均为L形，围合出独立的院落。门房主体木构三间五檩，前后檐柱与外金柱共计三柱落地，即“金童落地”，正门所在的当心间方砖铺地。主入口立面曾修葺，砖檐部分明显为后期做法，大门比较朴素，直接在门屋外墙开门洞，即淮安地区如意门的做法。

读书房位于门房北侧的第二进院落，平面呈L形，柱网转角处非直角，与巷道走向及房屋朝向相关。梁架与西院各房相同，七檩前后廊硬山，山柱落地使用飞罩，隔而不断。室内方砖斜铺，每根檩条下都有连机，朝向院落的木檐下，抱头梁出挑梁头，以雕花撑栱支撑。

诞生地与主堂屋皆为面阔三开间的矩形平面，明次间分隔及铺地方式与二伯父住房北屋相同，但木构架有异。诞生地亦为七檩前后廊硬山，但屋面长短坡，前檐步距比后檐大，明间前后共设三道门，前檐柱设六扇槅扇门；后金柱间设屏门，中间为固定板，两侧各开两扇；后砖墙开门洞，对开板门，可通往小厨房。山面梁架除中柱不落地，其余柱皆落地，脊檩下用脊瓜柱，下端处理成鹰嘴形与三架梁相接，脊瓜柱头两旁用雕花云板。主堂屋构架更为特别，屋面长短坡，进深方向梁架不对称，六檩，可看成在五檩抬梁构架基础上南侧外加一步（图5.3.118、图5.3.119）。

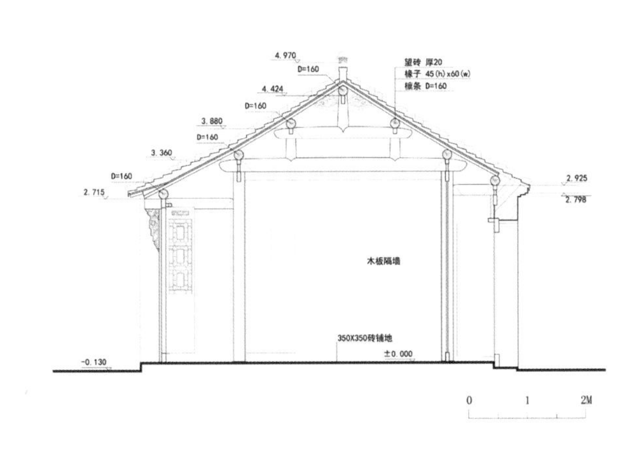

图5.3.118　诞生地明间剖面图

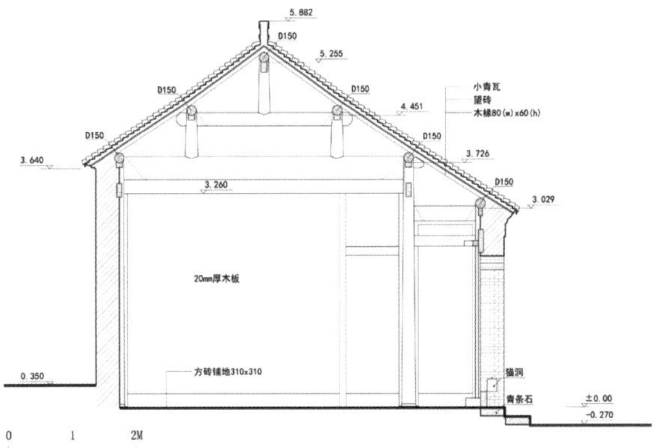

图5.3.119　主堂屋明间剖面图

从立面看，门房、读书房、诞生地因是围合院落的外围建筑，外墙均为砖砌。三者面对院落的前檐均用木檐，使用木质门窗。门房与读书房用槅扇门，出檐无飞椽。诞生地正立面门窗结合，明间槅扇门，次间木槛窗，两排各三扇方形支摘窗，上排可开启，出檐用飞椽。

主堂屋立面做法与二伯父住房北屋相似，四面皆砌砖墙，前后檐均用砖檐，封护檐做五层。主堂屋正立面（图5.3.120）制作讲究，采用淮安地区一门三搭的做法，雨搭脊两端和博风头用卷草花卉图案，瓦檐两端用蝙蝠图案（图5.3.121）。堂屋门与宅门做法相似，只是在叠涩砖线脚样式、雕刻图案上有区别。门前设两级石材踏步，第一步宽于门洞，第二步与门洞等宽，二步上设门槛，木门扇对开，门轴下分置两方石门臼，上置一根通长木门楹。门洞砖墙侧下方开L形猫洞。外墙做四皮砖高的勒脚，凸出墙身约1厘米，次间因架空木地板，勒脚位置开有方形透气孔，以砖雕装饰（主堂屋用万字纹与花纹，二伯父住房北屋用铜钱纹）。主堂屋正立面为典型砖墙窗做法，内外两层，外窗对开，内窗暖板平移开合，板上部开一圆形铜钱纹小孔洞。

嗣父母室山墙与二伯父住房北屋山墙相接，建筑形制区别于其他，面阔两间，东间向南开门，西间向北开门，均为六扇槅扇门。两间以板壁相隔，开门可通。梁架为七檩前后廊式，山柱落地。东侧有廊与主堂屋相接，屋面西侧为硬山，东端做歇山，屋角起翘（图5.3.122）。

图5.3.120　主堂屋正立面

图5.3.121　主堂屋雨搭

图5.3.122　嗣父母室

周恩来故居所有建筑梁架均采用圆作，金柱下置古镜式柱础，其余置微凸起的柱顶石。建筑装饰主要体现在木雕与砖雕，木雕主要用于梁头、脊部云板、夹堂板、飞罩、撑栱、门窗等位置，砖雕主要用于雨搭、门洞、透气孔等位置。

屋面由于做过多次维修，较难反映原状，其做法基本是采用方椽，屋面举折不明显，除了读书房、诞生地和二伯父住房北屋脊步稍陡，其余基本呈直线。木椽上用望砖，然后苫背宽瓦。木檐檐口则用望板，有的木檐使用飞椽，挑檐檩支撑檐椽，挑檐檩做方檩，椽子用方椽，檐椽竖直截断（垂直于地面），飞椽垂直截断（垂直于椽身），使用大小连檐，不用封檐板，椽头外露。屋瓦使用小青瓦，一层底瓦一层盖瓦，底瓦檐口收头用滴水，盖瓦檐口收头用勾头。屋脊做法变动较大，主要是小脊做法，主堂屋和二伯父住房北屋因等级较高，采用大脊和板脊做法，而嗣父母室因类似园林建筑，使用轻巧的拼花图案，即亮脊做法。屋脊两端起翘不明显。

周恩来故居部分建筑是复建的，因缺少早期修缮记录，难以判断复原依据是否充分，这是研究时需要注意的，但是这部分复建建筑可以反映20世纪70年代传统营造工艺的水平。

七、蝴蝶厅

（一）建筑背景

蝴蝶厅（图5.3.123）位于淮城镇瞻岱社区镇淮楼东路（卫生局院西南侧），2006年被公布为第三批淮安市文物保护单位。蝴蝶厅为“遂园”唯一遗构[88]，遂园是清末常镇通海道道台沈敦兰的私家园林。

图5.3.123　蝴蝶厅外观

沈敦兰，字彦征，原籍浙江鄞县，为甬上望族。道光二十六年（1846）举人，历任内阁中书、户部郎中、陕西道御史，擢江苏常镇通海兵备道加布政使衔。其父沈道宽，字栗仲，嘉庆二十五年（1820）进士。光绪二年（1876），沈敦兰将其父遗作《话山草堂诗钞》四卷刻印行世。光绪八年（1882），沈敦兰告老辞官，侨寓淮安。沈家当时以两万两白银的价格买了一所坐落在淮安城内东长街朱雀桥下偏南带有花园的巨宅。[89]“这座宅院很大，占地五十八亩，有房匿七进，总计二百多间”，原在“今市人民医院及其向北延伸很大一块地面上”。[90]“当年院东街（今名镇淮楼东路，现在的镇淮楼东路是从原沈宅中通过，直至今汽车站）至东长街便结束了，向东不通，因此如今的镇淮楼东路是穿过原沈宅范围的。东长街路东（约在今淮安师范附属小学[91]东大门对面）另有一条甬道向东延伸，便是通往沈宅的孔道。沈宅大门即在甬道上，面南。”[92]另有资料称，沈宅“位于淮安城东长街朱雀桥边，在旧时院东街（今镇淮楼东路）东首与东长街形成的丁字路口处，直对院东街的即是沈公馆西山墙，……其与东长街北侧袁世凯妹夫张香谷公馆，南侧顺宁府知府朱占科宅邸，前后坐落”[93]（图5.3.124）。

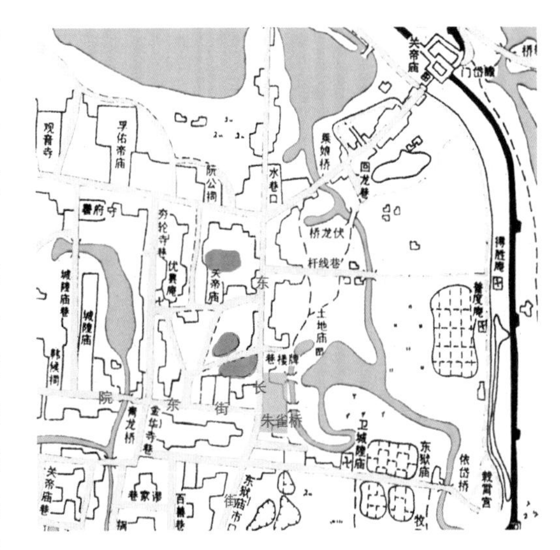

图5.3.124　沈宅位置示意图

“沈氏宅院近六十亩，主要分东西两个部分，西侧主要为居住、生活用房，共有七进院落，房屋近三百间。东侧则是一座大型私人园林，小桥、流水、假山、竹海，秀气十足。沈公馆坐北朝南，正门前有一院，形成封闭状，均由东侧面朝东长街沈公馆牌坊下进出。据曾居住在沈公馆长达两年的徐行先生回忆，沈公馆共有房屋七进，首进为宅门，面阔三间，抬梁结构硬山式建造。大门内共有四进面阔五间的堂屋，自第二进起到第五进中堂分别设为二过道、下厅房、上厅房、上过道，第六进即为沈公馆正堂屋，为面阔五开间的两层小楼。第七进建筑为沈公馆佛堂，是为沈氏供奉佛像的堂屋。”[94]“进门后各建筑之间均有长廊连接，雨天无须张伞。”[95]“宅院的东部有一所花园，名曰‘遂’，遂园构建之念应始于沈敦兰其父，但园林构建一直未能实现。……直至沈敦兰置房产后才在家中花园中大兴土木新建山水林园。”[96]可见，遂园营造时间在光绪八年之后，晚于房屋购置时间。

遂园在沈宅偏东，以一条南北向的“火巷”与住宅区隔开。过园拱门向东进入遂园，首先见到的是南北两厅：北为蝴蝶厅，面阔三间，四周围廊，状如蝴蝶展翅，是宴宾之所；南是竹厅，面阔四间，房屋外墙用竹片贴面，是为书房。两厅之间为小花园，遍植桃、桂、菊、梅，四季渐次开花。竹厅之南还有大片竹林，堪称一景。两厅之东又设园门，入门方是遂园的主要部分。园中古木参天，花木繁盛，植有稀世黑牡丹。园内小溪呈南北走向，溪上架三座小桥。溪东，北为荷花池，建有水榭，名曰“荷花厅”，池中有船舫；南边堆筑大型假山一座，名曰“缎山”，环绕各种树木（图5.3.125）。遂园的水与城中水系相通，可以出入行舟，甚至夜里亦有游船往来。

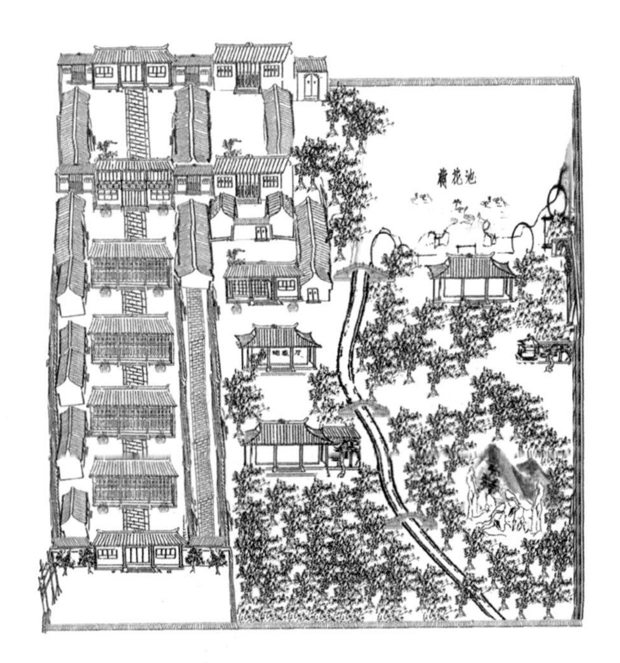
图5.3.125　沈宅格局示意图（图片引自张璞、叶占鳌：《淮安豪宅，居东而坐——常镇通海兵备道沈敦兰公馆》，中国文史出版社2012年版）

沈敦兰之孙沈京似与淮安文人雅士常于遂园诗酒觞咏，描述1923～1925年间活动的诗作中常提及遂园，内容包括修竹路笋、小桃发花、窗含远景、坐临流、山林幽、虚竹茂兰、绿荫楼台、水荇莲池、穿花夜船。[97]据《宾楚丛谈》记载，此园“花木扶疏，小桥流水，地至宽广。有亭翼然，在水榭之隅。梧竹深处，销夏最宜”。

遂园建筑墙上镶嵌有石刻，据《楚州金石录》载，共计158块，现存77块，包括《瘗鹤铭》《龙藏寺碑》《十七帖》等。这些石刻为沈道宽多年搜集和复刻之作，后人将其收录于《话山草堂帖》和《话山草堂续帖》（图5.3.126）。现今这些石刻均保存在淮安府衙内（图5.3.127）。

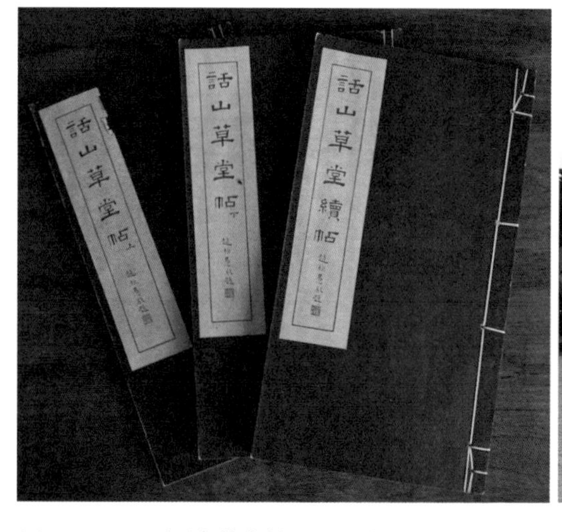

图5.3.126　《话山草堂帖》《话山草堂续帖》

图5.3.127　遂园石刻（现位于淮安府衙）

（二）现状概述

图5.3.128　蝴蝶厅周边环境

根据文献资料，沈宅已拆除，现仅存蝴蝶厅。蝴蝶厅现作为楚州医院职工宿舍使用，周边均是1949年后新建的多层建筑（图5.3.128）。通过2013～2014年的调研，发现建筑本体改建情况严重，多表现为砌筑墙体封堵门窗洞，在原砖墙上开窗以及紧贴本体加建房屋等。建筑内部因有人居住未能入内详细调研，但可观察到已做分隔和装修。由外部看，建筑破损严重，亟待维修。其中，木柱开裂，檐下木构件多有缺损，屋面损坏，由木椽望板可见大面积水迹，严重处木构件糟朽腐烂，很多构件已经丧失结构承载能力。木檐损坏最为严重，飞椽大部分已经损坏，局部木椽和望砖破损缺失，特别是翼角部分，仅剩檐椽和角梁（图5.3.129）。西面檐廊木构发黑，龟裂纹密布，似乎被火烧过（图5.3.130）。整体木构油漆已基本剥落。

图5.3.129　损坏的翼角

图5.3.130　檐廊木构损坏

（三）建筑本体

蝴蝶厅建筑总面积约120平方米，平面呈凸字形，三开间歇山建筑明间向北出一歇山抱厦[98]，外绕回廊，从屋面看为两歇山屋面北小南大组合在一起，屋翼展开，状如蝴蝶（图5.3.131）。现虽破败不堪，但是外观仍显得十分精巧，是一座设计独特的园林建筑单体（图5.3.132）。

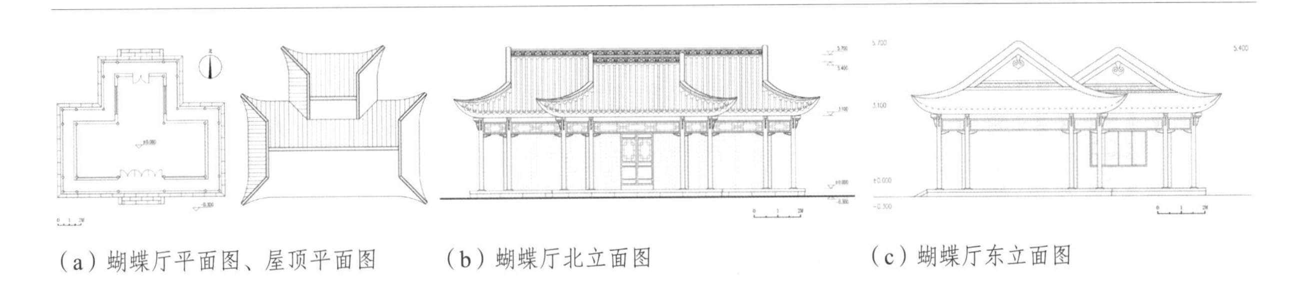

（a）蝴蝶厅平面图、屋顶平面图　（b）蝴蝶厅北立面图　（c）蝴蝶厅东立面图

图5.3.131　蝴蝶厅修缮设计图（淮安区文物局供图）

（a）屋面抱厦西北外观　（b）屋面抱厦东北外观

图5.3.132　屋面抱厦外观（图片引自淮水安澜网，http://bbs.huainet.com）

2017年底，蝴蝶厅开始修缮，拆除遮挡后见其木构。南面主体构架面阔三开间，七檩前后廊式，室内为五檩抬梁，周边环以一步架外廊。北面抱厦与南面主体明间相接，南构架明间北金柱同时作为北构架南金柱，是两构架交接处。南构架明间北檐柱位置，两柱升至北构架上金檩底，上承北构架三架梁。北构架室内亦为五檩，室外环以一步架外廊。故蝴蝶厅明间进深达十一檩，其木构为圆作，檩下均用连机（图5.3.133）。

（a）蝴蝶厅南构架　（b）蝴蝶厅北构架

图5.3.133　蝴蝶厅木构架（陈冬摄）

蝴蝶厅现存砖墙包含南面主体山墙、次间北墙

以及抱厦北墙，墙体均开有大窗洞，视线通透。下部砖墙平砌勒脚，上部砖墙室内以方砖45度斜挂装饰（图5.3.134）。窗洞以方砖铺砌，外窗框以磨砖砌出海棠线脚，十分讲究（图5.3.135）。由墙体位置分析，蝴蝶厅入口设在南面，可惜原木窗扇皆已不存。

图5.3.134　砖墙室内做法（陈冬摄）图5.3.135　外窗框海棠线脚（陈冬摄）

蝴蝶厅外廊木构纤细，木柱用料小，比较符合园林建筑精巧细致的风格。檐廊下原有很多装饰木构件，现缺损严重。从尚存构件及榫眼看，檐檩下有檐枋，抱头梁穿檐柱出头，梁头下设撑栱，由上下两块木雕构件组成，现仅剩上构件雕卷草纹。挑檐檩为圆木四面略刨平，呈方形抹角断面。檐枋下原有挂落，尚存少量小垂柱，紧贴檐柱，檐枋下有随枋木条，为挂落的外框，残留的榫眼清晰可见，推测挂落应为格子图案（图5.3.136）。檐檩内侧木椽上用望砖，檐檩外侧木椽上用望板。檐椽用四分之三圆椽，撒网椽用圆椽，椽端头顺着檐口曲线切出断面，飞椽使用扁椽，使用大小连檐，椽头露出，不用封檐板。翼角可见老角梁与仔角梁，淮安地区建筑的翼角起翘较为平缓。歇山屋面虽损坏严重，但山面保存尚可见原貌，尤其三开间西侧歇山山面构造保存完整（图5.3.137）。博脊用花砖拼成，上下各两层砖线，中间用小青瓦及雕花砖拼出虚实图案，博脊花砖有钱纹、卷草纹和花纹三种图案。博风及悬鱼均用木板，曲线柔美。博风遮挡住脊部构架伸出的脊檩及金檩。垂脊与戗脊连在一起，垂脊交接处以曲线缓缓转向戗脊，垂脊不出头（图5.3.138）。正脊、垂脊、戗脊均采用亮脊做法，和博脊砌法类似，只是花砖图案不同。除上文提及的花砖纹样，还增加了双钱纹、方胜纹等。抱厦和主屋的屋脊高低分明，以表现主次关

图5.3.136　檐枋下残损挂落榫眼

图5.3.137　歇山山面构造

图5.3.138　歇山屋面

系。两个坡面交接处应设有勾连搭用以排水，但因屋面铺设了大量石棉板，现难以判断排水沟原状。屋瓦只剩小青瓦，屋檐勾头及滴水均已不存。

蝴蝶厅是淮安古城仅存的蝴蝶厅形制案例，其形制特殊，构造精巧，做工讲究，建筑通透性好，是淮安地区优秀的园林建筑代表。

第四节　总结

淮安地区的传统建筑调研始于2013年3月，最初的调研路线由淮阴区到淮安区，当进入淮安古城后，调研人员被大量密集保存的传统建筑所吸引。虽然很多建筑群的格局已不完整，建筑单体也受到各种破坏，但是尚存的建筑历史信息仍显示出很高的研究价值。课题开展的同时，传统建筑仍在受到破坏，这一现象更加凸显出研究的迫切性。鉴于淮安其他区县的传统建筑较为分散，本次调研工作的重点被放在了淮安古城。但是，其他区县的传统建筑也具有研究价值，应尽快行动起来，填补那些区域研究工作的空白。另外，苏北其他地区传统建筑的初步研究显示，各地之间存在明显的关联性，如连云港板浦镇汪家大院与淮安传统住宅非常相似，这种联系的成因以及是否具有普遍性值得深入研究；又如盐商在淮安和扬州地区都有建宅，这两个地区盐商住宅建造的异同也值得深入研究。

本课题对淮安古城区域的研究尚处于初级阶段，其深入研究应基于该地区传统建筑的大量测绘，这需要投入更多的人力和时间。实际工作中，传统建筑测绘遇到的困难非常多，房屋产权混杂、后期改造违建等，都形成了不小的阻力。地方文物部门组织的修缮工程是深入研究的良好契机，但相对于古城数量众多的传统建筑，每年2～3个修缮工程只是杯水车薪。值得关注的是，淮安基层文物部门保护传统建筑的任务十分艰巨，仅靠政府拨款解决保护问题并不现实，如何引入其他资金，建立民间保护机制是未来需要优先思考的问题。

对比淮安早期的传统建筑资料，这二十年来淮安城市面貌日新月异，城市化进程对传统建筑的冲击巨大。面对该地区传统建筑保护的困局，在这个时间节点对这些幸存建筑进行调研，最大的价值在于资料的搜集与记录，这些可以为深入、广泛的研究打下坚实基础，有助于更好地保护这些珍贵的建筑文化遗产。

注释

1. 刘学军、葛莱主编：《千年古县·淮阴》，南京大学出版社2011年版，第30～31页。
2. 数据引自淮安市及下辖各区县政府网站。
3. 荀德麟：《运河之都的形成及其嬗替》，《江苏地方志》2006年第4期，第34页。
4. 〔北魏〕郦道元著，陈桥驿校证：《水经注校证》，中华书局2007年版，第713页。
5. 〔宋〕祝穆撰，祝洙增订，施和金点校：《方舆胜览》，中华书局2003年版，第819页。
6. 〔梁〕萧子显撰：《南齐书》卷十四，中华书局1972年版，第257页。
7. 荀德麟：《运河之都的形成及其嬗替》，《江苏地方志》2006年第4期，第34页。
8. 荀德麟：《运河之都的形成及其嬗替》，《江苏地方志》2006年第4期，第34页。
9. “淮阴故城在旧清河县治东南五里。旧志：秦时所建，以《韩信传》‘钓于城下，知之。按，晋永和五年，北中郎将荀羡北讨鲜卑，以淮阴旧镇，地形都要，乃营立城池，似城创于此时。”见〔清〕胡裕燕等修，吴昆山等纂：《清河县志》（清光绪二年刊本），台北成文出版社1983年版，第232页；“甘罗城在旧淮阴治北，或云即淮阴故城。今属清河界，去马（码）头巡检司一里许。相传秦甘罗筑。”见〔明〕薛鎏修，陈艮山纂，荀德麟、陈凤雏、王朝堂点校：《正德淮安府志》，方志出版社

2009年版，第359页。

10. 荀德麟：《秦淮阴故城和荀羡筑淮阴城考》，《淮阴工学院学报》2013年第4期，第1页。

11. “义熙七年，……又分广陵界置海陵、山阳二郡。”见〔唐〕房玄龄等撰：《晋书》卷十五，中华书局1974年版，第453页。

12. 荀德麟：《运河之都的形成及其嬗替》，《江苏地方志》2006年第4期，第35页。

13. 荀德麟：《淮安史略——古代的淮安（下）》，淮安市市志编纂委员会办公室网站，http://szb.huaian.gov.cn。

14. 〔唐〕白居易：《赠楚州郭使君》，〔唐〕白居易著，丁如明、聂世美点校：《白居易全集》，上海古籍出版社1999年版，第377页。

15. 荀德麟：《运河之都的形成及其嬗替》，《江苏地方志》2006年第4期，第35页。

16. “韩信城北宋时期为淮东转运枢纽，金元时期为军事重镇，嘉定七年（1214）迁淮阴县治于此。宋咸淳五年（1269）易置新县城，元至元二十年（1283）并入山阳县。”见淮安市博物馆：《江苏淮安韩信城遗址调查试掘与文化性质再认识》，《东南文化》2009年第4期，第63页。

17. 〔明〕薛鎏修，陈艮山纂，荀德麟、陈凤雏、王朝堂点校：《正德淮安府志》，方志出版社2009年版，第46页。

18. “崇祯《淮安府实录备草》称：‘淮为南北吭喉，又系转输要地，淮存则南北俱通，淮亡则南北两困，战与守可易言耶。’元末明初，天下激战方酣，淮安府城位于北进南伐的咽喉要道，是兵家必争之地，军事意义显著。”见贾珺：《三城鼎峙，署宇秩立——明代淮安府城及其主要建筑空间探析》，《中国建筑史论汇刊》第4辑，清华大学出版社2011年版，第264页。

19. 贾珺：《三城鼎峙，署宇秩立——明代淮安府城及其主要建筑空间探析》，《中国建筑史论汇刊》第4辑，清华大学出版社2011年版，第258页。

20. 荀德麟：《运河之都的形成及其嬗替》，《江苏地方志》2006年第4期，第37页。

21. 荀德麟：《秦淮阴故城和荀羡筑淮阴城考》，《淮阴工学院学报》2013年第4期，第2～3页。

22. 沈俊超：《历史文化名城保护规划的修编要点与实践反思——以〈淮安历史文化名城保护规划〉为例》，《江苏城市规划》2014年第6期，第6页。

23. 引自淮安市文化广电新闻出版局网站，http://wgj.huaian.gov.cn。

24. 淮安市文物局：《关于公布第三次全国文物普查第一批城区（清河、清浦）不可移动文物名单的公告》（2009年3月18日），《关于公布第三次全国文物普查第二批城区（楚州、淮阴）不可移动文物名单的公告》（2009年4月14日）。

25. 根据中华人民共和国国务院令第524号《历史文化名城名镇名村保护条例》（2008年7月1日起施行）第四十七条规定，历史建筑是指经城市、县人民政府确定公布的具有一定保护价值，能够反映历史风貌和地方特色，未公布为文物保护单位，也未登记为不可移动文物的建筑物、构筑物。

26. 淮安市博物馆：《淮安市清河县城北门城墙遗址考古工作报告》，2014年内部资料。

27. 贾珺：《三城鼎峙，署宇秩立——明代淮安府城及其主要建筑空间探析》，《中国建筑史论汇刊》第4辑，清华大学出版社2011年版，第256页。

28. 贾珺：《明清时期淮安府河下镇私家园林探析》，《中国建筑史论汇刊》第3辑，清华大学出版社2010年版，第409页。

29. 据《清代淮安王氏永懋当典考略》，此宅原为王氏永懋当典房屋，后处理房产转至王遂良、王蔚华等人手中，目前文物资料划定的王遂良宅范围将王蔚华宅也纳入其中，王宅范围界定不清，需进一步研究建筑群格局，本书暂时以文物资料认定范围称王遂良宅。刘怀玉：《清代淮安王氏永懋当典考略》，载金志庚主编：《淮安文史研究2014》，内部资料，第6～7页。

30. 李新建：《苏北传统建筑技艺》，东南大学出版社2014年版，第73页。
31. 李新建：《苏北传统建筑技艺》，东南大学出版社2014年版，第24页。
32. 何建中：《东山明代住宅大木作》，《古建园林技术》1992年第4期，第18页。
33. 李新建：《苏北传统建筑技艺》，东南大学出版社2014年版，第28页。
34. 本书主要探讨传统民居，调研中确看到清江文庙、清宴园关帝庙等部分公建檐下使用斗拱，但因案例数量少、后期干扰多，导致难以甄别原始信息，故民居以外的斗拱案例不纳入研究范围。
35. 李新建：《苏北传统建筑技艺》，东南大学出版社2014年版，第49页。
36. “淮安民居窗户的内侧，装有对开的暖板，白天打开，晚上关闭。可作保温、对外封闭、增添室内的隐蔽性。为增加空气流通，对开的暖板上端还凿有圆形古钱状透风孔。”见章来福：《淮城民居建筑特色及家具物件摆设》，载金志庚主编：《淮安文史研究2013》，内部资料，第140页。
37. 李诚：《淮安古民居：不应忽视的城市名片》，《档案与建设》2007年第10期，第33～34页。
38. 车军、俊强：《见证明清淮安运河文化的制高点——漕运总督公署遗址挖掘考古浮记》，《名城绘》2014年第4期，第30页。
39. 章来福：《淮城民居建筑特色及家具物件摆设》，载金志庚主编：《淮安文史研究2013》，内部资料，第138页。
40. 章来福：《淮城民居建筑特色及家具物件摆设》，载金志庚主编：《淮安文史研究2013》，内部资料，第138页。
41. 李新建：《苏北传统建筑技艺》，东南大学出版社2014年版，第69页。
42. 章来福：《淮城民居建筑特色及家具物件摆设》，载金志庚主编：《淮安文史研究2013》，内部资料，第138页。
43. 李新建：《苏北传统建筑技艺》，东南大学出版社2014年版，第42页。
44. 李新建：《苏北传统建筑技艺》，东南大学出版社2014年版，第58～60页。
45. 由于调研工作持续多年，至成书时东岳庙、秦焕故居部分建筑已修缮完成，蝴蝶厅也正在修缮。
46. 〔明〕薛鍙修，陈艮山纂，荀德麟、陈凤雏、王朝堂点校：《正德淮安府志》，方志出版社2009年版，第238页。
47. 〔清〕文彬、孙云等纂修：《重修山阳县志》（清同治十二年刊本），台北成文出版社1983年版，第30页。
48. 〔清〕曹镳：《信今录》卷九，第9页。
49. 陈廷顺、毛鼎来：《淮安东岳庙》，载毛鼎来编著：《名寺名庙》，中国文史出版社2012年版，第80页。
50. 周钧、段朝瑞等纂：《续纂山阳县志》（民国十年刊本），台北成文出版社1983年版，第10页。
51. 陈廷顺、毛鼎来：《淮安东岳庙》，载毛鼎来编著：《名寺名庙》，中国文史出版社2012年版，第80～83页。
52. 〔明〕薛鍙修，陈艮山纂，荀德麟、陈凤雏、王朝堂点校：《正德淮安府志》，方志出版社2009年版，第81页。
53. 〔清〕卫哲治等修，叶长扬、顾栋高等纂：《淮安府志》（清乾隆十三年刻本）卷五，咸丰壬子重刊刻本，第3页。
54. 刘怀玉：《闲话镇淮楼》，《淮海晚报·淮周刊》2010年11月28日第5版。
55. 刘怀玉：《闲话镇淮楼》，《淮海晚报·淮周刊》2010年11月28日第5版。
56. 〔明〕薛鍙修，陈艮山纂，荀德麟、陈凤雏、王朝堂点校：《正德淮安府志》，方志出版社2009年版，第102页。
57. 周钧、段朝瑞等纂：《续纂山阳县志》（民国十年刊本），台北成文出版社1983年版，第10页。
58. 刘怀玉：《镇淮楼》，《淮海晚报》2009年10月10日A6版。

59. 李诚、孟宝林、陈锦惠：《镇淮楼》，载江苏省政协文史资料委员会、淮安市政协文史资料委员会编：《淮安名胜古迹》，江苏文史资料编辑部1997年版，第128页。
60. 李诚、孟宝林、陈锦惠：《镇淮楼》，载江苏省政协文史资料委员会、淮安市政协文史资料委员会编：《淮安名胜古迹》，江苏文史资料编辑部1997年版，第128页。
61. 李诚、孟宝林、陈锦惠：《镇淮楼》，载江苏省政协文史资料委员会、淮安市政协文史资料委员会编：《淮安名胜古迹》，江苏文史资料编辑部1997年版，第129页。
62. 秦九凤：《镇淮楼琐记》，《淮海晚报·淮周刊》2014年3月23日第6版。
63. 镇淮楼"由于建筑高度、周围环境和用料等都改变了，还曾因此被省政府'开除'出省级文物保护单位的资格，直到前几年才重新获得批复。"引自秦九凤：《镇淮楼琐记》，《淮海晚报·淮周刊》2014年3月23日第6版。
64. 刘怀玉：《南门大街》，载李诚、陈民牛：《名街名巷》，中国文史出版社2012年版，第31页。
65.〔明〕薛鋆修，陈艮山纂，荀德麟、陈凤雏、王朝堂点校：《正德淮安府志》，方志出版社2009年版，第101～102页。
66.〔清〕金秉祚修：《山阳县志》（清乾隆十四年刻本）卷四，第4页。
67. 楚州区文化局：《楚州区镇淮楼——测绘图、设计方案》，2003年4月25日。
68. 顾云臣：《广西按察使秦公神道碑》，转引自仲勉：《广西按察使秦焕》，载江苏省政协文史资料委员会、淮安市政协文史资料委员会编：《淮安古今人物》第二集，江苏文史资料编辑部1995年版，第104页。
69. 顾云臣：《广西按察使秦公神道碑》，转引自仲勉：《广西按察使秦焕》，载江苏省政协文史资料委员会、淮安市政协文史资料委员会编：《淮安古今人物》第二集，江苏文史资料编辑部1995年版，第106页。
70. "十七年冬，卒于籍，子保愚候选知府。"摘自《国史馆本传》，转引自刘雪平：《〈剑虹居古文诗集〉校注》附录一，硕士学位论文，广西大学，2006年，第201页。
71. 郭寿龄：《晚清以来淮安文化现象回顾与思考》，引自"文史淮安"网站，http://www.wshuaian.org。
72. 秦士蔚：《秦寄尘拒绝出任日伪淮安县知事》，载淮安市政协文史资料委员会编：《淮安文史资料第十辑》，1992年内部资料，第144页。
73. "如今，淮安的古民居中砖雕保存完好，当数清末广西按察使秦焕故宅的门楼砖雕了，堪称淮安砖雕中的精品。现移建于勺湖园内的'勺湖草堂'和'勺湖碑园'大门上端的门罩……"见章来福：《淮安老民居的三雕艺术》，载金志庚主编：《淮安文史研究2013》，内部资料，第134页。
74. 陈金鑫、张文辉、卜英宝：《名人故居，一个日渐沉重的话题》，《淮海晚报》2010年11月2日A17版。
75. 高建平：《淮安籍甲骨文书法篆刻家秦士蔚》，载金志庚主编：《淮安文史研究2013》，内部资料，第179页。
76. 未纳入此次研究部分的秦焕故居建筑单体同样具有文物价值，需要尽快开展研究与保护工作。
77. 秦士蔚：《秦寄尘拒绝出任日伪淮安县知事》，载淮安市政协文史资料委员会编：《淮安文史资料第十辑》，1992年内部资料，第144页。
78. 高建平：《淮安修缮文通塔与"文通塔苑"石匾额及勺湖砖雕的背后故事》，http://tieba.baidu.com/p/3886493280，2015年7月12日访问。
79. 曹盈、朱友光、谭鑫：《在青砖上雕刻时光》，《淮安晚报》2014年11月26日A12版。叶列、谈天：《古韵犹存是砖雕——记市级非物质文化遗产项目郭氏砖雕传承人郭宝平》，《淮安日报》2012年10月27日A4版。
80. "中长街最长，南起南门，经镇淮楼，由漕院门口向西拐一下，从上坂街、下坂街出府市口，直抵北门出城。现在人们已经将从南门到镇淮楼一段，以及南门向南延伸的部分统称为南门大街。"见刘怀玉：

《南门大街》，载李诚、陈民牛：《名街名巷》，中国文史出版社2012年版，第31页。

81. 刘怀玉：《南门大街》，载李诚、陈民牛：《名街名巷》，中国文史出版社2012年版，第34页。

82. 王健夫：《抗战前后淮安县田赋征收概况》，载淮安市政协文史资料委员会编：《淮安文史资料第六辑》，1988年内部资料，第103页。

83. 周秉宜：《周恩来的先人何时迁往淮安》，《党史博览》2008年第3期，第23页。

84. 张秋兵：《周恩来故居二三事》，《红岩春秋》2010年第2期，第43～44页。

85. 叶占鳌、朱晓芳：《小街深巷与水相依——周恩来总理故居》，载张璞、叶占鳌：《名署名宅》，中国文史出版社2012版，第145～146页。

86. 高建平：《王文韶情系周恩来故居建设始末》，《淮海晚报·淮周刊》2014年4月20日第3版。

87. 张秋兵：《驸马巷的保护与周恩来故居》，《文史春秋》2006年第7期，第50页。

88. "58亩'遂园'仅剩一'蝴蝶'。"见陈金鑫、张文辉、卜英宝：《名人故居，一个日渐沉重的话题》，《淮海晚报》2010年11月2日A17版。

89. "沈原籍浙江宁波，他不回故乡，而选择淮安定居的原因之一是：淮地民风淳朴，水陆交通便利，生活条件比较好。"引自邵寄声、朱慧君：《李公朴出生淮安续考》，载淮安市政协文史资料委员会编：《淮安文史资料第五辑》，1987年内部资料，第59～60页。

90. 刘怀玉：《沈氏遂园》，载江苏省政协文史资料委员会、淮安市政协文史资料委员会编：《淮安名胜古迹》，江苏文史资料编辑部1997年版，第171页。

91. 淮安师范附属小学现已更名为楚州实验小学。

92. 刘怀玉：《沈氏遂园》，载江苏省政协文史资料委员会、淮安市政协文史资料委员会编：《淮安名胜古迹》，江苏文史资料编辑部1997年版，第174页。

93. 《淮安豪宅，居东而坐——常镇通海兵备道沈敦兰公馆》，载张璞、叶占鳌：《名署名宅》，中国文史出版社2012年版，第238页。

94. 《淮安豪宅，居东而坐——常镇通海兵备道沈敦兰公馆》，载张璞、叶占鳌：《名署名宅》，中国文史出版社2012年版，第239页。

95. 刘怀玉：《沈氏遂园》，载江苏省政协文史资料委员会、淮安市政协文史资料委员会编：《淮安名胜古迹》，江苏文史资料编辑部1997年版，第174页。

96. 《淮安豪宅，居东而坐——常镇通海兵备道沈敦兰公馆》，载张璞、叶占鳌：《名署名宅》，中国文史出版社2012年版，第239～240页。

97. 刘怀玉：《沈氏遂园》，载江苏省政协文史资料委员会、淮安市政协文史资料委员会编：《淮安名胜古迹》，江苏文史资料编辑部1997年版，第172～174页。

98. 文物资料称抱厦为"虎尾"，应是民间称谓，《鲁迅故居的后虎尾》一文中提道："这种称谓可能是南方人说北京话的谐音所致。早年北京便有就房接屋，或将前廊后厦接出来、推出去的做法。……这小屋的平面形状好似老虎尾巴，所以老北京传统习俗多称它为'后虎尾'。"见冯致清：《鲁迅故居的后虎尾》，《建筑工人》1995年第6期，第57页。

第六章　盐城市

第一节　概况

一、基本情况

（一）地理位置和气候特点[1]

盐城市位于江苏省中东部，淮河下游东海之滨，北纬32° 34′～34° 28′，东经119° 27′～120° 54′，东临黄海，南与南通市、泰州市接壤，西与淮安市、扬州市毗邻，北隔灌河与连云港市相望（图6.1.1）。盐城市有着得天独厚的土地、海洋、滩涂资源，是江苏省土地面积最大、海岸线最长的地级市。盐城市全市土地总面积为17 000平方千米，其中沿海滩涂面积4553平方千米，占全省沿海滩涂面积的70%。

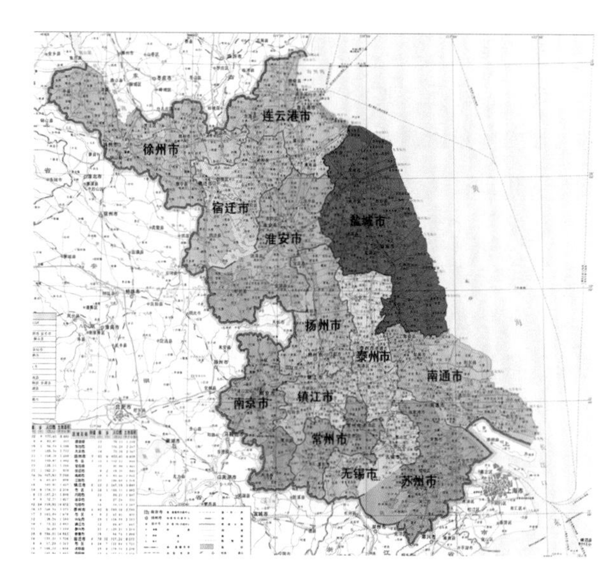

图6.1.1　江苏省盐城市区位图

盐城市全境为平原地貌，分为3个平原区（黄淮平原区、里下河平原区和滨海平原区）。整体地势为西北部和东南部略高，中部和东北部较低，大部分地区海拔不足5米，最大相对高度不足8米。

盐城市地处北亚热带向暖温带气候过渡地带，一般以苏北灌溉总渠为界，渠南属北亚热带气候，渠北属南暖温带气候，具有过渡性特征。盐城市年总日照时数为1763.2～2067.6小时；年平均气温14.5～15.4℃，极端最高气温36.7℃，极端最低气温-8.1℃；年降水总量为880.1～1713.7毫米，南多北少。

（二）市县建置、规模[2]

盐城市（图6.1.2）下辖三个区（亭湖区、盐都区、大丰区）、一个县级市（东台市）和五个县（射阳县、建湖县、阜宁县、滨海县和响水县）。汉武帝元狩四年（前119），因这里“煮海（盐）兴利，穿渠通运”，始设盐渎县；东晋安帝义熙七年（411），盐渎因“环城皆盐场”而更名为盐城，自此成为名副其实的产盐之城。

亭湖区：1983年初实行市管县（区）新体制后，在原盐城镇的基础上组建城区，2004年经过行政区划调整更名为盐城市亭湖区，是盐城市的中心区。全区行政区域总面积732平方千米，全区户籍总人口72万人。[3]

盐都区：1983年初实行市管县（区）新体制后，盐城为省辖市，撤销盐城县，盐城镇为盐城市城区，其余乡镇为盐城市郊区。1996年，国务院批准撤销盐城市郊区，设立盐都县，隶属盐城市。2004年撤销盐都县，设立盐城市盐都区。全区行政区域总面积1015平方千米，全区户籍总人口71.5万人。[4]

大丰区：1942年始设县，由东台北部划出，故命名为台北县。1951年更名为大丰县，1996年撤销大丰县，设立县级大丰市。2015年撤销大丰市，设立盐城市大丰区。2006年，大丰市被中国野生动物保护协会授予“中国麋鹿之乡”称号，拥有世界最大的麋鹿自然保护区。全区行政区域总面积3059平方千米，全区户籍总人口72万人。

图6.1.2　盐城市政区图

东台市：南唐升元元年（937），于海陵县置泰州，海陵监（与县同级）移至东台场，东台之名始见于史书。明太祖洪武元年（1368），海陵县并入泰州。清乾隆三十三年（1768），分泰州东北九场四乡，设置东台县，与泰州同属扬州府，治所在东台镇。1953年，苏南、苏北两个行署区和南京市合并置江苏省，东台隶属江苏省盐城专区。1983年盐城专区改地级市，东台为其市属县之一。1987年12月，国务院批准东台撤县建市（县级），属江苏省盐城市管辖。[5]全市行政区域总面积3175.7平方千米，全市户籍总人口113万人。

射阳县：汉武帝元狩六年（前117），从淮阴县东南析置射阳县，县以其地居“射水之阳”而得名，乃淮安市前身。1942年，射阳正式建县。1983年初实行市管县（区）新体制后，射阳县属江苏省盐城市管辖。全县行政区域总面积2605.72平方千米，其中水域面积779.37平方千米；全县户籍总人口96万人。

建湖县：1941年9月18日，建湖县成立，初名建阳县，因境内建阳镇而得名。1951年因与福建省建阳县同名，又因县治设湖垛镇（今建湖镇），故取建阳、湖垛两镇的首字，更名为建湖县。全县行政区域总面积1154平方千米，其中水域面积占19.58%；全县户籍总人口80万人。

阜宁县：清雍正九年（1731），析山阳、盐城二县地暨盐场及海滩升涨之地置县，名阜宁县，属淮安府。1983年初实行市管县（区）新体制后，阜宁县属江苏省盐城市管辖。全县行政区域总面积1438平方千米，全县户籍总人口112万人。

滨海县：原阜宁、涟水、灌云三县地。1942年析阜宁废黄河西北、灌云县灌河东、涟水县东北境置，因地处黄海之滨而得名。1983年初实行市管县（区）新体制后，滨海县属江苏省盐城市管辖。全县行政区域总面积1915平方千米，全县户籍总人口112万人。

响水县：原阜宁、涟水、灌云三县地。1966年析滨海县中山河以北置县，因县人民政府驻响水口而得名。全县行政区域总面积1461平方千米，全县户籍总人口60万人。

二、历史沿革[6]

盐城有着两千多年的产盐历史，曾是“两淮盐税甲天下”的重要源区。盐场自汉武帝元狩四年建县始，县域变迁，县名更替，但均不离“盐”字。

（一）成陆海岸

盐城是沿海成陆较早的地区之一，市境海陆几经变迁，经历了桑田沧海、沧海桑田的演变过程。根据

1949年后大丰西团一带出土的古陆生物化石推断，盐城至少在两三万年前即已成陆。[7]

新石器时期，长江、淮河搬运入海的大量泥沙在浅海湾底部逐步堆积，形成了呈西北—东南走向的岸外沙堤，海岸线长期稳定在阜宁、盐城一线，即被称为西冈的今羊寨、龙冈、大冈、安丰一线。目前，盐城地区考古发现的新石器时期遗址有阜宁县板湖乡陆庄遗址、阜宁县施庄镇东园遗址及东台市溱东镇开庄遗址等。

秦汉以前，西冈以东开始形成新的内堤，即被称为东冈的今施庄、上冈、盐城、草埝、东台一线。

南宋建炎二年（1128）黄河夺淮后，流经盐城境内，带来大量泥沙入海，与长江入海口北移的泥沙汇合，使盐场海岸线迅速东移，海涂渐成陆，至清咸丰年间，大体形成了今盐城市的地理格局。

（二）因盐建城

盐城市地处江淮平原东部的黄海之滨，境内水网密布，拥有丰富的滩涂资源，是我国重要的八大海盐生产基地之一。

战国时期，先民们利用近海之利“煮海为盐”。秦汉时期，境内“煮海兴利、穿渠通运”，盐铁业相当发达。汉武帝元狩四年，古射阳县[8]东部靠黄海的一部分县境因遍地皆为煎盐亭场，到处是运盐的盐河，故在此建盐渎县，并设盐铁官署，专司管理盐业生产。此时，盐城已是盐商、灶民聚集之地，盐业兴旺繁盛。三国时，整个盐业耽于连年兵灾，致县废。西晋太康元年（280），晋武帝重振江淮盐业，盐业得以再发展，并于太康二年（281）复立县。东晋安帝义熙七年，因“环城皆盐场”，改盐渎为盐城。北齐时，于盐城县置射阳郡；南陈时，改为盐城郡；隋朝时，废盐城郡为盐城县。隋末大业十四年（618），义军将领韦彻据盐城称王，置射州，分盐城为射阳、新安、安乐三县。唐武德七年（624），废射州，复盐城县，属楚州。唐乾元元年（758），置盐城监，管理楚州境内盐务。唐朝时期，盐城曾是长安与海外交往的要津之一。南唐升元元年，盐城划归泰州，并设海陵监驻东台场，监管南北八个盐场。

（三）人口变迁

三国时期，盐城地处吴魏边境，百姓深受战争之苦，被迫大举迁移。曹操为防吴军北上，据有盐渎作为吴国北边的屏障，下令江淮十万户百姓迁往淮河以北，致盐城县废。西晋太康元年，晋武帝统一全国，招江淮流民返乡，以免除徭役二十年的政策，鼓励吴人北迁，使人口回增。[9]

唐宋时期，盐城盐业兴盛，人口也随盐业的发展迅速增长。南宋建炎二年以来，因黄河夺淮流经苏北境内，并由此入海，经淡水大肆冲刷，卤气减淡，多处盐场废置，盐业萧条。

明初，盐城属应天府。洪武年间，朝廷遣苏州、松江、嘉兴、湖州、杭州等地区的数万富庶之民充实淮扬两郡，史称“洪武赶散”[10]，其中一部分移民落户盐城。

清代晚期，盐城盐业逐步衰竭，而垦殖业日益兴盛。清末状元、近代著名实业家张謇为发展民族纺织业，将启东、海门、通州等地的大批棉农迁往盐城定居，与“废灶兴垦”的灶民共同开垦棉植业。

（四）废灶兴垦[11]

清乾隆时期，海岸线东移，盐城海岸线已离海边百余里，随着海滩的不断增扩，海水引灌逐渐困难，盐业生产受到严重影响。而上游洪泽湖、淮河常溃决发水，加之产盐技术落后，盐商苛刻，成本过高，迫使灶民纷纷逃亡；部分灶民在沿海荡地种植麦、豆等粮食，盐产量骤减，整个淮南盐区已缓慢地由盐业为主向盐垦并举的方向发展。

清光绪二十七年（1901），清政府派蒯光典到盐城的伍佑、新兴两盐场办理樵地升科（即放垦）。放垦后，更多的沿海灶民转投入垦殖业中。盐业发展每况愈下，而垦殖业得到了迅速发展。

清末民初，张謇在盐城带动了“废灶兴垦”的热潮，各大盐垦公司先后成立。在盐垦过程中，结合生产、商贸、生活、文化、科技等同步发展，以垦殖公司为中心的市镇、仓库、工厂、诊所、合作社、学校等陆续建立，逐渐形成基础设施较为健全的城镇。现在，盐城境内很多城镇皆由当时的垦区发展而成，有的市县名称也源于盐垦公司的名字，如大丰区因原大丰垦区而得名，还有射阳县合德镇、耦耕镇等地名也均为盐垦公司名称。

三、保护概况

（一）历史文化名镇

盐城市有两处全国历史文化名镇（东台市安丰镇、富安镇[12]）、一处省级历史文化名镇（东台市时堰镇）、一处省级文化保护区（大丰区草堰镇）。其中，东台市安丰镇于2007年被公布为第三批中国历史文化名镇（建规〔2007〕137号），2015年江苏省人民政府同意《东台市安丰镇历史文化名镇保护规划》中的请示[13]，2016年东台市安丰镇被中华人民共和国住房和城乡建设部公布为第一批中国特色小镇（建村〔2016〕221号）；东台市富安镇于2014年被公布为第六批中国历史文化名镇（建规〔2014〕27号），2017年江苏省人民政府同意《东台市富安镇历史文化名镇保护规划》中的请示[14]；东台市时堰镇于2017年被公布为第八批江苏省历史文化名镇（苏政办发〔2017〕24号）。

（二）文物保护单位、不可移动文物

根据2014年盐城市文化广电新闻出版局发布的《关于盐城市文物保护工作的情况》[15]，盐城市共有不可移动文物点563处，各级文物保护单位159处，其中全国重点文物保护单位2处、省级文物保护单位18处、市县级文物保护单位139处。

四、调研概况

盐城地区的传统建筑调研时间为2012～2016年，共开展了三次调研。第一次调研于2012年11月开展，主要针对重点文物保护单位进行基础调查；第二次调研于2014年12月开展，主要针对前一次调研成果进行筛选，并选择相对集中且历史信息保存较好的传统建筑进行重点调查，列出了12处历史价值较高的传统建筑进行三维数据采集；第三次调研于2016年1月开展，主要针对第二次调研测绘的7处传统建筑进行补充调查。盐城地区的传统建筑调研区域选定为盐城市亭湖区、盐都区，以及东台市市区、安丰镇和富安镇。盐城地区的传统建筑调研涉及历史文化街区1处、省级文物保护单位4处、市县级文物保护单位10处、文物保护控制单位4处，还有多处历史信息保存尚好的传统建筑。

本次盐城市传统建筑调研的主要调查点共计42处（表6.1.1）。

表6.1.1　盐城市传统建筑调查点

序号	所在区	名称	年代	不可移动文物分级	调查深度
1	亭湖区	陆公祠	明清	第四批省级文物保护单位	基础调查
2	盐都区	王氏宅	明	市级文物保护单位（2009）	重点调查
3		王家宅院	清	市级文物保护单位（2009）	重点调查
4		薛氏宅	清	市级文物保护单位（2009）	基础调查

续表

序号	所在区	名称	年代	不可移动文物分级	调查深度
5	盐都区	楼王镇顾氏宅	清	登记保护单位	重点调查
6		丁马港村某宅	—	不可移动文物	基础调查
7	东台市区	东明电气股份有限公司旧址	1917年	第四批省级文物保护单位	基础调查
8		戈公振故居	清	市级文物保护单位（1990）	基础调查
9		黄逸峰故居	清	市级文物保护单位（2001）	基础调查
10		沈氏大楼	清	市级文物保护单位（2001）	基础调查
11	东台市富安镇	富安明代住宅*	明	第四批省级文物保护单位	重点调查
12		朱华故居	清末民初	市级文物保护单位（2004）	基础调查
13		唐氏宅	—	不可移动文物	详细调查
14		丁家巷张氏宅	—	不可移动文物	基础调查
15		丁家巷王氏宅	—	不可移动文物	基础调查
16		土地庙	—	不可移动文物	基础调查
17		吴宅	—	不可移动文物	基础调查
18		戏台	—	不可移动文物	基础调查
19		施宅	—	不可移动文物	基础调查
20		东圈门申宅	—	不可移动文物	基础调查
21		薛家巷王宅	—	不可移动文物	基础调查
22		张宅	—	不可移动文物	基础调查
23		丁家巷施宅	—	不可移动文物	基础调查
24		东磨担巷某宅	—	不可移动文物	基础调查
25		丁家巷某宅	—	不可移动文物	基础调查
26	东台市安丰镇	鲍氏大楼	清道光三十年（1850）	第四批省级文物保护单位	基础调查
27		吴氏家祠	清	市级文物保护单位（1990）	基础调查
28		周法高故居	明	市级文物保护单位（2009）	重点调查
29		东岳宫	明	市级文物保护单位（1989）	重点调查
30		万维国宅	明	文物保护控制单位	详细调查
31		陈氏住宅	清	文物保护控制单位	基础调查
32		地藏庵	清	文物保护控制单位	基础调查
33		将军宅	明	文物保护控制单位	详细调查
34		戈湘岚故居	民国	不可移动文物	基础调查

续表

序号	所在区	名称	年代	不可移动文物分级	调查深度
35	东台市安丰镇	范宅	清末	不可移动文物	基础调查
36		周宅	—	不可移动文物	基础调查
37		顾宅	—	不可移动文物	基础调查
38		四仓巷王宅	—	不可移动文物	基础调查
39		四仓巷某宅	—	不可移动文物	基础调查
40		西小坝巷张宅	—	不可移动文物	基础调查
41		杨宅	—	不可移动文物	基础调查
42		东抬盐巷张宅	—	不可移动文物	基础调查

* 东台市富安镇明代住宅的总称，包括卢氏住宅、贲氏住宅、张氏住宅、王氏（甲）住宅、王氏（乙）住宅、崔氏住宅、董氏住宅等。

五、保存概况

（一）建筑分布

传统木构建筑因难以保存，易于毁损，所以在城市发展中逐渐被新型结构的建筑代替。盐城地区遗存的传统建筑主要集中分布在东台市，特别是安丰镇和富安镇，大丰区也有部分遗存，位于盐城市区的盐都区仅有零散的几处传统建筑。其中，安丰镇古南街历史文化街区及北街两侧街巷内分布有大量传统建筑（图6.1.3）；而富安镇的传统建筑则多分布于镇中心道路米市路东西两侧的老街街巷内。

图6.1.3　东台市安丰镇古南街历史文化街区及北街

（二）建筑年代

盐城因盐建城，秦汉至隋唐时期，盐业及城镇建设相当发达，社会发展较为繁荣。但自三国至元末时期，因战乱不断，水患频发，大量城镇被毁。明初因“洪武赶散”，苏南富庶之地的百姓迁入盐城，人口递增，盐业再度恢复，城镇建设等也逐渐繁盛起来。盐城市境内现存的传统建筑多与海盐文化有关联，其中年代最早的为江苏第一古塔——海春轩塔，唐代所建，位于东台市古镇西溪。盐城地区的传统民居建筑年代跨度为明代至民国，其中明代传统建筑保存数量较多。20世纪80年代文物普查中发现，东台市富安镇有大量明代传统建筑，在江苏省境内较为罕见。除此以外，盐城地区的清代传统建筑保存状况也较为完好。

（三）建筑类型

由历史文献资料可知，盐城地区有多种类型的公共建筑，包括县署、试院、育婴堂、文庙、儒学等，但并未发现相关遗迹。地方传统建筑类型也较丰富，有书院、私塾馆、商铺、家祠、孝子坊、庙宇、戏台、钱庄等，遗存数量较少，但传统民居建筑较多。

（四）修缮情况

盐城地区文物保护单位产权分国有和个人两种，不同产权、不同级别的文物保护单位的保护修缮情况也各不相同。其中，属国有产权且保护级别较高的文物保护单位由政府划拨部分维修资金，修缮建筑本体并整治周边环境。修缮后的传统建筑本体结构更为牢固、风貌更好（图6.1.4），但因其本体原始信息无记录可考，修缮前设计方对传统建筑相关情况研究不足，修缮过程中施工方工艺不精，监管方监管不到位等，传统建筑的修缮基本都存在历史信息有所缺失的问题。部分国有产权的文保单位现已成为出租房，个人产权的文保单位则很难获得政府划拨的维修资金，通常是由产权方自行修缮、维护，所以保存状况较差。

（a）南立面（修缮前）

（b）南立面（修缮后）

（c）明间梁架（修缮前）

（d）明间梁架（修缮后）

图6.1.4　东台市富安镇王氏（甲）住宅修缮前后对比

（五）破坏因素

盐城地区传统建筑的主要破坏原因归纳如下：①过度使用，属个人产权的文保单位没有足够的经济能力修缮老宅，长期只用不修，致使传统建筑损毁；②长期闲置，产权人拥有其他住房，传统建筑被长期闲置，无人问津，日久荒废；③拆旧建新，拆除传统建筑，新建仿古建筑，如东台市安丰镇古南街历史文化街区内部分传统建筑被拆除，取而代之的是新建的仿古建筑，还有部分屋主希望改善居住条件，按其自身需求对传统建筑进行装修、改造，但缺乏专业指导与监管，最终导致传统建筑损坏；④历史原因，大量传统建筑在“文革”期间被拆除或破坏，如东台市富安镇董氏住宅的檐廊被拆除，造成了无法挽回的损失（图6.1.5）。

（a）地藏庵外立面原门被改造成窗

（b）东台市富安镇崔氏住宅西次间外立面被改造

（c）废弃民居

（d）楼王镇废弃民居

（e）安丰镇废弃民居

（f）安丰镇改造中的民居

（g）改造中的东台市安丰镇古南街历史文化街区

图6.1.5　盐城市传统建筑损坏案例

此次调研中发现，一些传统建筑在一片废墟中逐渐破败，随时会坍塌、消失，令人痛惜。传统建筑的历史价值不容忽视，它们凝聚着前人的智慧，反映着过去的社会状况，对当下的城市发展有着重要意义。此次调研旨在记录传统建筑保存现状，考证传统建筑历史信息，呼吁公众重视对传统建筑的保护，并为今后的修缮工作提供基础资料。

第二节　传统建筑研究概述

一、街巷格局

盐城古城不似其他古城方正，乃依地形而建，四面环水，东阔西狭，“城形似瓢”，故又名“瓢城”。盐城地区的原有土城在魏晋南北朝至隋末的长期战争中已经损毁，至唐太宗统一全国后，时兴时废的“瓢城”才得以修复。明永乐十六年（1418），在原土城基础上修筑了砖城。

古城东、西二门与南、北二门分别沿东西大街、南北大街相对而设。东门、西门和北门均建有瓮城。城外新官河与蟒蛇河交汇，河水从古城西门水关入城内河道，经由南门、东门至北门水关出城，入濠河。盐城古城内水网密布，部分街巷沿十字形主干道及水网纵横分布。衙署、寺庵、儒学、教场等公共建筑沿街巷设置。衙署位于古城东北方位，其南面的南北向轴线两侧由南向北依次分布教场、节孝坊、试院、育婴堂、文庙、儒学等（图6.2.1）。

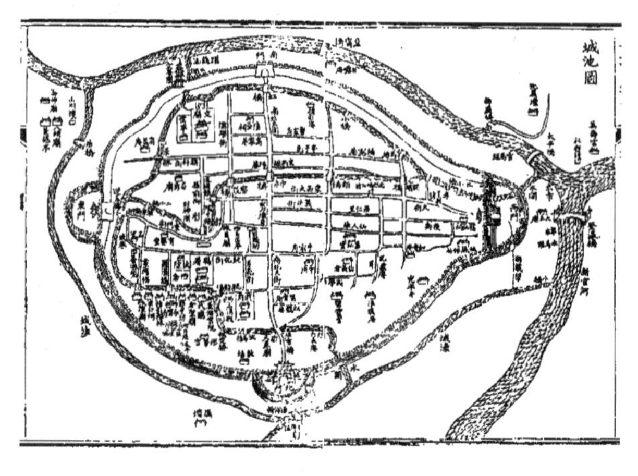

（a）清代盐城城池图（图片引自〔清〕王有庆等纂：《中国地方志集成·江苏府县志辑59·光绪盐城县志》，江苏古籍出版社1991年版，第7～8页）

（b）民国时期盐城县城厢图（图片引自盐都区政府网站，http://www.yandu.gov.cn）

图6.2.1　城池图

二、建筑群格局

盐城地区的传统建筑多为明清时期的民居，院落式格局。此次调研未发现保存完整的多进院落格局传统建筑案例，现存的多为一进三合院式传统民居建筑。但由现存的传统建筑格局推测，原建筑群为多进院落式格局的有东台市安丰镇鲍氏大楼及富安镇卢氏住宅等。此次调研所见盐城地区的厅堂、堂屋均坐北朝南，主入口朝向与街道走向相关，通常不设在中轴线上，而是在院落东南方位，如东台市安丰镇鲍氏大楼，沿东西向街道而建，南向临街，主入口设在第一进门屋前檐墙东侧（图6.2.2）；又如东台市富安镇董氏住宅、丁家巷某宅院落均为东向临街，主入口则设在院落东南角的临街门屋前檐墙南侧（图6.2.3）。

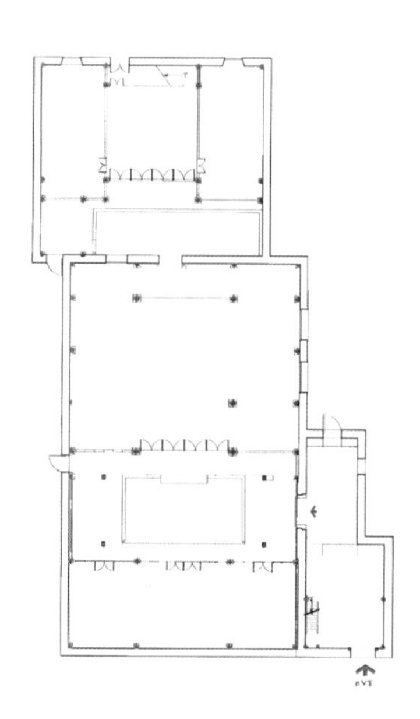

图6.2.2　鲍氏大楼一层平面图（图片改绘自南京工业大学建筑与城市规划学院：《鲍氏大楼维修保护与环境整治规划》，2006年）

图6.2.3　富安镇丁家巷某宅临街门屋

三、建筑单体

（一）建筑平面

盐城地区传统建筑单体通常是面阔三间，进深五檩、六檩、七檩或九檩。传统建筑中厅堂规模相对较大，厢房进深小于厅堂，为二檩至三檩，常做回顶。此次调研中仅发现东台市安丰镇东岳宫为三间九檩。

盐城地区传统建筑中存在四开间的形式，即在三开间的基础上增加一间，屋脊也做同样处理，如东台市安丰镇周宅（东侧房屋）、周法高故居（东侧房屋）、陈氏住宅堂屋（西侧房屋）及东台市区戈公振故居第二进（西侧房屋）等（图6.2.4）。

（a）安丰镇周宅

（b）戈公振故居

图6.2.4　屋脊处理案例

（二）建筑立面

1. 山面形制（图6.2.5）

盐城地区传统建筑一般使用硬山，山墙形式有人字山、太平山及屏风墙，其中人字山最为常见。如戈公振故居、黄逸峰故居等均使用太平山。屏风墙分三山屏风和五山屏风，在盐都区楼王镇及东台市安丰镇均有案例，如薜氏宅、王家宅院、陈氏住宅、四仓巷王宅等。

（a）人字山（富安镇某宅）　（b）太平山（黄逸峰故居）　（c）五山屏风（薛氏宅）

图6.2.5　山面形制案例

2. 正立面、背立面形制

此次调研中发现，盐城地区传统建筑的檐口形式有木檐、砖檐、砖木混合檐三种（图6.2.6）。

（a）木檐

（b）砖檐

（c）砖木混合檐

图6.2.6　檐口案例

木檐多见于厅堂、堂屋、厢房和二层建筑的正立面，考究的做法是在封檐板中间及两端雕饰图案，如寿字、太阳花等。单层传统建筑木檐正立面做法有三种：一是明间、次间均为槅扇门；二是明间槅扇门，次间槛窗；三是明间正中用两扇对开板门，两侧用槛窗，次间也用槛窗。此次调研中发现，二层传统建筑木檐立面多数已得到修缮。调研案例中鲍氏大楼二层全部为木槛窗的形式，沈氏大楼二层走廊部分使用栏杆（图6.2.7）。

（a）安丰镇某宅

（b）富安镇某宅

（c）安丰镇周宅

（d）鲍氏大楼

（e）沈氏大楼

图6.2.7　木檐案例

砖檐及砖木混合檐多用于厅堂、穿堂、厢房和二层建筑的背立面，正立面使用案例较少（图6.2.8）。此次调研中发现，盐城地区传统建筑的砖檐正立面形式为檐墙明间开门，次间各开一窗，如楼王镇王家宅院正立面即为一门两窗，墙体以青砖砌筑，檐口用砖檐。砖檐背立面一般全为青砖砌筑，不开门窗；砖木混合檐多为明间木檐，次间砖檐，其立面形制通常为明间自檐柱退后一步，于金柱间设屏门。

虽然此次调研案例多数已被改造，但从檐口用材仍可推断出原正立面、背立面形制。

（a）砖檐（正立面）

（b）砖木混合檐（背立面）

图6.2.8　砖檐及砖木混合檐案例

（三）大木

1. 大木构架

盐城地区的传统建筑梁架样式以五檩、七檩最为常见，也有少数九檩的大木构架形式（图6.2.9）。五檩梁架通常用于门屋、厢房，一般山面梁架为中柱落地，前后接双步梁；明间梁架使用五

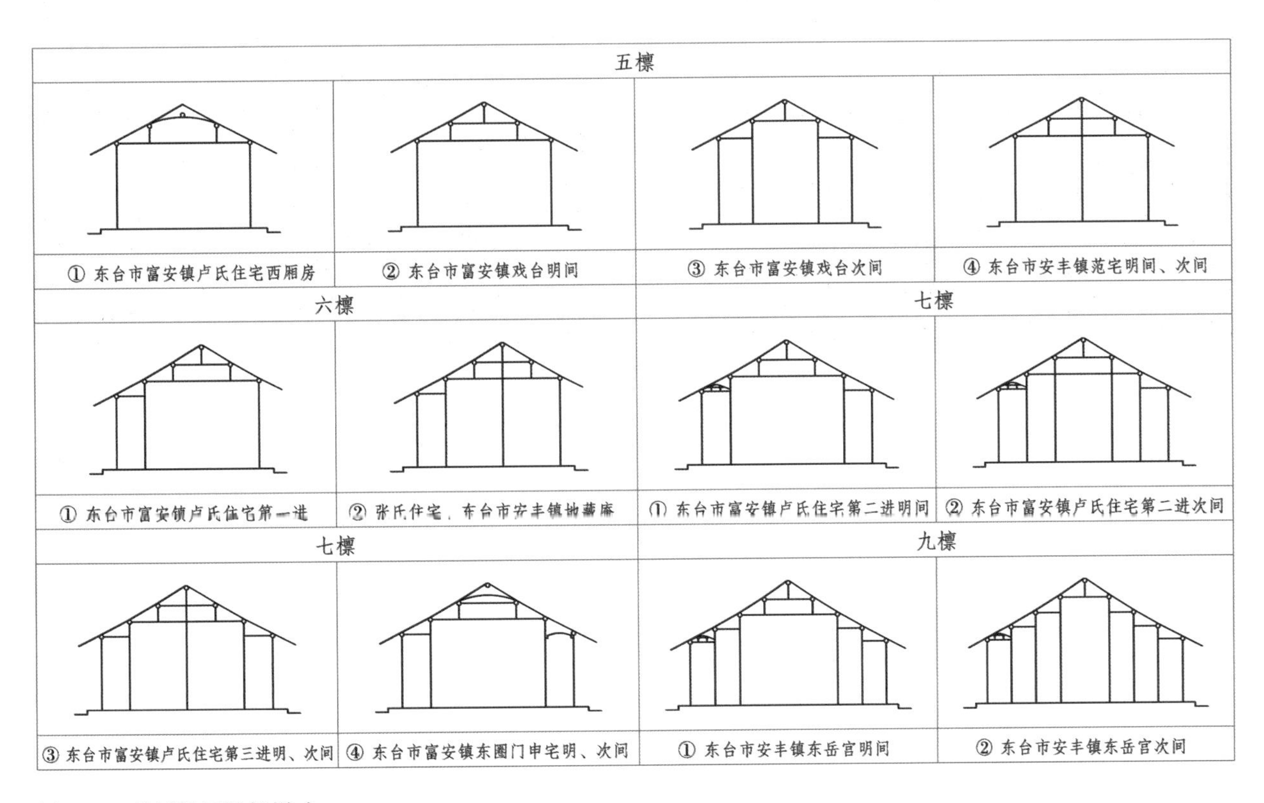

图6.2.9　盐城地区梁架样式

架抬梁，或与山面样式相同。另外还有一种特殊形式，即“回顶”做法[16]，如东台市富安镇丁家巷某宅门屋。六檩梁架则是在五檩梁架前檐或后檐增加一步架形成长短坡屋面，如东台市富安镇土地庙、安丰镇地藏庵等。七檩梁架是在五檩梁架的基础上，前后各增加一步，常见形式有四柱落地的五架抬梁样式、六柱落地的三架抬梁样式以及五柱落地的穿斗样式。抬梁样式通常用于厅堂，前后檐步做廊；穿斗样式多用于山面梁架，也有用于明间梁架，如东台市富安镇崔氏住宅及董氏住宅等明代传统建筑，明间即为中柱落地的穿斗样式。此次调研案例中仅有东台市安丰镇东岳宫为九檩梁架，即在七檩基础上前后各加一步，形成前后廊，前廊为船篷轩，明间六柱落地，五架抬梁结构；次间八柱落地，三架抬梁结构（图6.2.10）。

（a）四檩回顶门屋（富安镇丁家巷某宅）

（b）六檩长短坡（安丰镇地藏庵）

（c）明间梁架（安丰镇东岳宫）

（d）次间梁架（安丰镇东岳宫）

图6.2.10　梁架案例

明代传统建筑的抬梁通常用圆作，穿斗则用扁作，两者用料极大，且使用柁墩、坐斗、替木、丁头栱、山雾云、抱梁云等雕花构件。此次调研中发现，楼王镇王氏宅明间使用扁作、圆作结合的做法。以上梁架样式中，中柱落地的穿斗样式梁架使用时间较久，一直沿袭至清代，多出现在明间及山面梁架，其雕花构件则逐渐由繁到简过渡。

2. 大木构件

（1）柱

盐城地区传统建筑的柱均为直柱，未见梭柱。柱断面多呈圆形，仅有富安镇王氏（甲）住宅两前檐柱

（a）富安镇王氏（甲）住宅

（b）鲍氏大楼

（c）富安镇王氏（甲）住宅

图6.2.11　柱断面形状案例

断面为八角形，安丰镇鲍氏大楼为方柱（图6.2.11）。圆柱呈下粗上细，柱径多为16～32厘米。柱头一般有卷杀，如富安镇王氏（甲）住宅。

盐城地区传统建筑的瓜柱按形式大致分为四种类型：①断面呈圆形的瓜柱，此种最为常见；②两种构件组合而成的瓜柱，即坐斗和短柱，短柱上承瓜楼斗，短柱底部雕刻成鹰嘴，叉于三架梁上，此次调研仅见于富安镇卢氏住宅第一进；③瓜柱外部覆盖一块寓意吉祥的雕花木板，装饰和遮挡瓜柱与梁的交接处，用于扁作，如卢氏住宅第三进（图6.2.12）；④方形瓜柱，分为雕饰瓜柱和素面瓜柱两种，雕饰瓜柱底部通常雕刻石榴、如意纹等寓意多子多孙、吉祥如意的纹样，用于扁作，如富安镇崔氏住宅、楼王镇顾氏宅等（图6.2.13）。

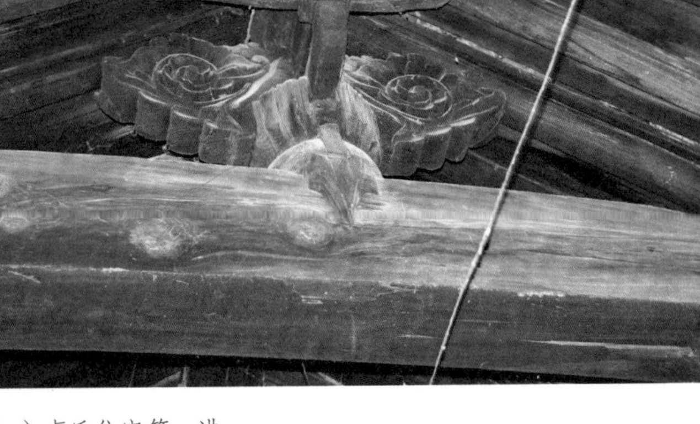

（a）卢氏住宅第一进

（b）卢氏住宅第三进

图6.2.12　卢氏住宅瓜柱案例

（a）雕饰瓜柱（富安镇崔氏住宅）

（b）雕饰瓜柱（楼王镇顾氏宅）

（c）素面瓜柱（安丰镇将军宅）

图6.2.13　方形瓜柱案例

（2）柁墩、坐斗组合

柁墩、坐斗组合多用于五架梁与三架梁之上，作用与瓜柱相同，常见的有五架梁上置柁墩托坐斗承三架梁（图6.2.14）。柁墩不论繁简均饰雕刻，多与荷叶有关，如鱼和荷叶寓意年年有余，富安镇贲氏住宅和张氏住宅中都曾发现这类题材。富安镇王氏（乙）住宅中的柁墩雕刻题材更为丰富，有鱼、鹿、鹤、蝙蝠等，有飞黄腾达、鹿鹤同春、福禄寿等寓意。明代传统建筑的柱头常置坐斗（图6.2.15），有圆形素面坐斗、圆形瓜

（a）富安镇贲氏住宅

（b）富安镇王氏（乙）住宅

图6.2.14　柁墩、坐斗组合案例

（a）圆形素面坐斗［富安镇王氏（甲）住宅］

（b）元宝形坐斗（富安镇唐氏宅）

（c）仰莲形坐斗［富安镇王氏（乙）住宅］

图6.2.15　坐斗案例

棱坐斗、元宝形坐斗、仰莲形坐斗等多种，如富安镇王氏（甲）住宅山面五架梁上置瓜棱形坐斗承上金檩，山柱柱头置圆形素面坐斗，唐氏宅五架梁上置柁墩托元宝形坐斗，王氏（乙）住宅用仰莲形坐斗。

（3）梁、梁垫

盐城地区传统建筑梁有圆作、扁作和直梁、月梁之分（图6.2.16）。从此次调研案例来看，圆作直梁在盐城地区比较常见，如卢氏住宅第二进、富安镇薛家巷王宅等。圆作月梁仅见于安丰镇周法高故居。扁作月梁多见于明代或明式住宅，如卢氏住宅第一进明间和第三进明间均用扁作月梁。清代建筑楼王镇顾氏宅为扁作三架梁、五架梁，似月梁。盐城南部的东台地区扁作月梁较为多见，其他地区圆作直梁较多。

（a）薛家巷王宅

（b）周法高故居

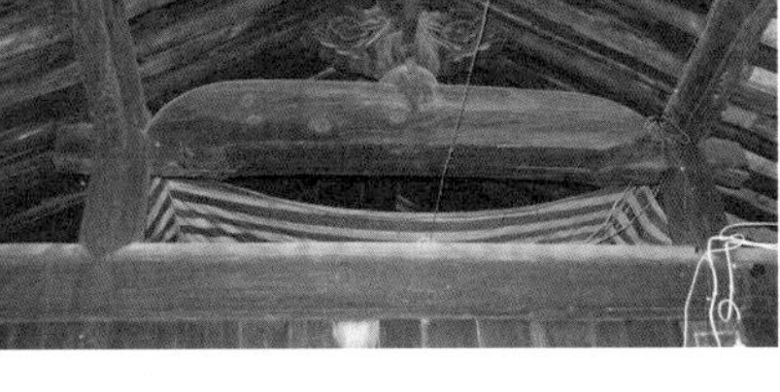

（c）卢氏住宅第一进明间

（d）楼王镇顾氏宅

图6.2.16　梁案例

月梁与柱交接处的梁头上端常做弧形卷杀，下端则做斜项，呈三角状。三架梁梁头多做云纹雕饰（图6.2.17），五架梁梁头处理形式相对简洁，仅在梁头上端做砍杀。在安丰镇万维国宅发现梁底部雕刻琴线与两端雕刻卷草纹衔接的做法（图6.2.18）。

（a）富安镇王氏（甲）住宅

（b）薛家巷王宅

图6.2.17　三架梁梁头案例

图6.2.18　安丰镇万维国宅

根据《营造法原》的说法，三架梁、五架梁两端与柱交接处多用梁垫，常以雕刻构件形式存在，多为花卉题材，如卢氏住宅第二进和富安镇贲氏住宅（图6.2.19）。梁垫下通常置丁头栱，《营造法原》中称“蒲鞋头”或“梁托”，用来增强梁端搁置的稳固性。

（4）檩

檩在盐城地区又称“桁条”，断面一般呈圆形，东台地区的挑檐檩断面多呈方形（图6.2.20）。明代传统建筑的檩径较大，通常为16～34厘米，如富安镇董氏住宅明间脊檩直径就达34厘米，是本次调研案例中最大的檩径。

（a）卢氏住宅第二进

（b）富安镇贲氏住宅

图6.2.19　梁垫案例

（a）富安镇王氏（甲）住宅

（b）安丰镇将军宅

图6.2.20　檩案例

（5）枋

檩下多用替木，有通长替木与短替木两种，《营造法原》里称“机”。《营造法原》中称通长替木为“连机”，东台地区又称“替梁枋”；另一种用于檩下两端的短替木，在《营造法原》中称“短机”，而东台地区则称“梁托”。[17]

替梁枋多见于用料较小的檩下，可以辅助受力，如王家宅院的脊檩、下金檩及檐檩下皮均有使用。梁托在盐城地区传统民居建筑中较多见，一般用于脊檩、上金檩下皮，是雕饰的重点部位。通过此次调研发现，厅堂、堂屋和厢房的明间梁托多装饰雕花，次间梁托一般做素面（图6.2.21）。梁托

（a）楼王镇顾氏宅

（b）安丰镇杨宅

下也可用丁头栱承托。

（6）撑栱（图6.2.22）

撑栱用于檐柱外承托抱头梁，呈倒三角状。盐城地区撑栱大致分横向构件与竖向构件两类。外形多为折线或曲线，雕刻卷草纹、香草龙、缠枝花等植物图案。

（c）薛氏宅

（d）富安镇崔氏住宅

图6.2.21　枋案例

（a）安丰镇陈氏住宅

（b）安丰镇万维国宅

（c）安丰镇某宅

（d）鲍氏大楼

图6.2.22　撑栱案例

（7）山雾云、抱梁云（图6.2.23）

山雾云和抱梁云通常位于脊檩下中柱或脊瓜柱两侧，抱梁云小于山雾云，两者呈前后关系。明代和明式传统建筑中多见山雾云和抱梁云的组合，常装饰有花纹、云纹等，用于厅堂明间、次间及堂屋明间。明晚期之后抱梁云逐渐被简化，或只用山雾云，如楼王镇王氏宅、安丰镇东岳宫。

（a）富安镇王氏（甲）住宅

（b）富安镇董氏住宅

（c）楼王镇王氏宅

（d）安丰镇东岳宫

图6.2.23　山雾云、抱梁云案例

（8）椽

盐城地区的椽按断面形状分为荷包椽、半圆椽和方椽三种，其中荷包椽和半圆椽多用于室内，方椽则多见于厅堂室外，且多用作飞椽，端部有砍杀（图6.2.24）。

为防止木椽错位，常在木椽与檩条间设椽花板填补空隙。椽花板即《营造法原》中所说的“椽稳板”和“闸椽”。盐城南部地区檐椽椽头多设有椽闸板，室内脊檩、金檩、檐檩的椽檩交接处设斜向的椽花板。

另外，此次调研中发现富安镇贲氏住宅和安丰镇范宅明间后檐步正中的两根木椽上均有一对雕花构件，通过实地走访了解，应为悬挂画像的构件。

（a）双面椽花板（安丰镇周宅）

（b）飞椽端部砍杀（丁家巷王氏宅）

（c）椽头砍杀（楼王镇顾氏宅）

（d）雕花构件（富安镇贲氏住宅）

图6.2.24　椽案例

（9）博风（图6.2.25）

盐城地区现存的传统建筑多为硬山。此次调研中发现黄逸峰故居门屋采用了木博风的做法，在富安镇虎阜路街边某宅还曾发现悬山加批的做法。另外，在李新建《苏北传统建筑技艺》一书中还提到大丰区刘庄某宅山墙使用砖博风的做法。

（a）木博风（黄逸峰故居）

（b）悬山加批（富安镇某宅）

（c）盐城市大丰区刘庄某宅砖博风（图片引自李新建：《苏北传统建筑技艺》，东南大学出版社2014年版）

图6.2.25　博风案例

（四）小木

1. 板门（图6.2.26）

盐城地区传统建筑的板门因其构造不同，有实木板门、框档板门之分。实木板门主要用于大门，而框档板门通常用于二门、房门或屏门，如东台市安丰镇范宅大门用实木对开板门，二门及房门用框档板门。屏门一般用于门屋、厅堂明间后檐凹廊处，此次调研中发现的屏门实例不多，仅有卢氏住宅及戈公振故居的屏门尚存，属框档板门形式，但有多处传统建筑可通过后檐金柱间上门楹残留的痕迹推测该处曾使用屏门。

（a）实木对开板门（安丰镇范宅）

（b）框档板门（安丰镇范宅）

（c）屏门（戈公振故居）

图6.2.26　板门案例

2. 门楹（图6.2.27）

盐城地区传统建筑的门楹通常为一块整木，也称连楹。一般用于传统建筑的大门和屋门之上。门轴下端安装于门臼内，上端插入连楹。大门门楹多为素面，也有在外侧刻海棠线的形式。屋门门楹则较为讲究，通常做木雕图案。

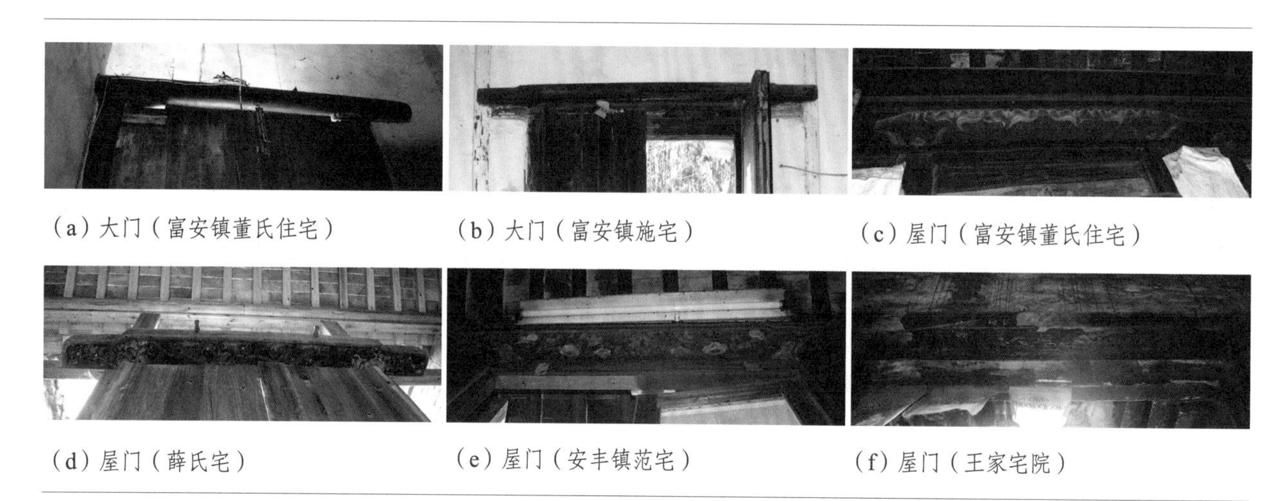

（a）大门（富安镇董氏住宅）（b）大门（富安镇施宅）（c）屋门（富安镇董氏住宅）

（d）屋门（薛氏宅）（e）屋门（安丰镇范宅）（f）屋门（王家宅院）

图6.2.27　门楹案例

3. 槅扇（图6.2.28）

此次调研中所见槅扇均用于厅屋、堂屋、厢房木檐下，用以分隔室内、室外，除此之外也有用于堂屋及厢房的双步梁下的案例，以分隔明间、次间。东台地区的槅扇内心仔多用十字海棠花样式，另有金线如意式等。讲究的槅扇还会在夹堂板与裙板上装饰花形雕刻。

（a）安丰镇某宅（b）楼王镇王氏宅（c）周法高故居（d）鲍氏大楼（e）卢氏住宅

图6.2.28　槅扇案例

4. 窗

（1）横风窗（图6.2.29）

单层较高的传统建筑立面，会在槅扇门上方安装横风窗，其内心仔纹式同槅扇门题材一致。

（a）戈公振故居

（b）沈氏大楼

图6.2.29　横风窗案例

（2）槛窗、支摘窗、地坪窗（图6.2.30）

盐城地区的窗主要有槛窗、支摘窗、地坪窗等。

槛窗在《营造法原》中又称半窗。此次调研中发现盐城地区的槛窗通常为六扇，两边窗扇固定，中间四扇对开，下半部分用木槛墙或砖槛墙，多用于次间。

支摘窗在《营造法原》中称和合窗，主要用于次间，有两种形式：一种是窗扇排满整个开间，通常窗扇为方形，上下两排，每排三扇，上排窗可向外开启，下排窗固定，窗下用木槛墙或砖槛墙；另一种是窗

（a）戈公振故居

（b）富安镇张宅

（c）富安镇东圈门申宅

（d）富安镇董氏住宅

（e）安丰镇范宅

（f）安丰镇某宅

（g）安丰镇将军宅

（h）富安镇东圈门申宅

（i）安丰镇周宅

（j）王家宅院

图6.2.30　槛窗、支摘窗、地坪窗案例

扇居中设置，两侧用木板，如东台市富安镇东圈门申宅次间，上下排列两扇支摘窗，居中设置，左右木板固定，又如东台市安丰镇范宅次间，上下排列六扇支摘窗，居中设置，左右木板固定。

此次调研中发现有支摘窗与槛窗的组合形式，左右两侧用槛窗，中间用支摘窗，如富安镇董氏住宅次间木槛墙上部，两侧用对开槛窗，中间上下排列三扇支摘窗；安丰镇某宅次间上部里外做两层窗，里层对开槛窗，外层纱窗中间两扇似支摘窗形式，这种做法在此次调研中仅此一处，尚不知是否为原始做法。东台地区常在槛窗、支摘窗下的槛墙内侧或外侧设置栏杆，此种形式在《营造法原》中称地坪窗。

另外，在安丰镇周宅、富安镇董氏住宅中发现，明间对开板门两侧采用的是木槛墙与槛窗相结合的形式，而王家宅院次间窗外立面为石制仿木破子棂窗形式，内层使用推拉板。

值得一提的是，据安丰镇万姓老人讲述，自家老宅原窗内心仔不是玻璃，而是用蚌壳制作，此种做法即《营造法原》中所说的“明瓦”[18]。

5. 轩（图6.2.31）

盐城地区的轩一般用于厅堂檐柱、外金柱之间，《营造法原》中称廊轩。廊轩形式多样，有船篷轩、鹤颈轩、弓形轩、一枝香轩等。其中船篷轩做法较为考究，一般是在轩梁两端做剥腮，并做弧形凹面，梁背立荷叶

（a）船篷轩（卢氏住宅第二进）

（b）船篷轩（安丰镇东岳宫）

（c）船篷轩（鲍氏大楼）

(d) 鹤颈轩(薛氏宅)

(e) 弓形轩(楼王镇顾氏宅)

(f) 一枝香轩(鲍氏大楼)

图6.2.31　轩案例

墩，上置坐斗架荷包梁承轩檩，梁头做雕刻，轩檩下装饰轩机，轩机多做雕刻，如卢氏住宅第二进、安丰镇东岳宫等。鹤颈轩、弓形轩、一枝香轩等做法则比较简洁，轩椽断面均呈方形。

6. 天花、隔层、地板

此次调研案例中，天花在明式住宅中较少出现，多见于清代传统民居建筑，通常用于堂屋的次间，主要有两种形式：一是中间平直，断面呈覆斗形，如安丰镇周宅等；二是天花自前檐外金柱起至后墙，在最后一步梁架处向地面倾斜，如安丰镇四仓巷王宅、富安镇崔氏住宅等。调研中发现使用隔层的案例较少，如楼王镇王氏宅次间建有隔层，用来储物。地板案例有卢氏住宅第三进，次间木地板架空，以砖砌筑砖墩，上架木龙骨铺设地板（图6.2.32）。

(a) 覆斗形天花(安丰镇周宅)

(b) 天花(安丰镇四仓巷王宅)

(c) 隔层(楼王镇王氏宅)

(d) 地板(卢氏住宅第三进)

图6.2.32　天花、隔层、地板案例

(五)瓦石

1. 基础及地面

(1) 基础

2012年调研富安镇贲氏住宅时正值该建筑修缮，故有条件对其照厅地基进行勘查，发现照厅底部用碎石夯实，再砌筑砖墩至地坪，檐柱置于砖墩之上（图6.2.33）。

(2) 台基

盐城地区多用砖砌台基，砌法为立砌或平砌。仅在上沿正中置阶沿石一块，踏步用石材，如鲍氏大楼、安丰镇西小坝巷张宅等（图6.2.34）。

图6.2.33　富安镇贲氏住宅照厅基础

（a）鲍氏大楼

（b）安丰镇西小坝巷张宅

图6.2.34 台基案例

（3）铺地（图6.2.35）

盐城地区铺地有方砖和条砖两种形式。方砖多用于室内，如厅堂、堂屋，铺设方式分正铺和45度斜铺。条砖可用于室内外铺地，室内常用于门屋、厢房，如戈公振故居门屋铺人字缝条砖，楼王镇某宅铺套八方（八锦方）条砖。室外院落多用小条砖铺地，有柳叶人字纹、柳叶十字缝等形式。一般室内条砖规格大于室外院落条砖（图6.2.36）。盐城地区还有架空铺地的做法，俗称“响堂”，即在夯实的地面上倒扣陶缸，方砖四角搁置在陶缸上，如鲍氏大楼（图6.2.37）。

（a）戈公振故居

（b）楼王镇某宅

（c）戈公振故居

（d）王家宅院

图6.2.35 铺地案例

图6.2.36 卢氏住宅第二进

图6.2.37 响堂（鲍氏大楼）

（4）柱础

柱础有木柱础和石柱础两种。木柱础在富安镇明代住宅中较常见，多用于传统建筑单体的明间或檐廊，其他位置则为没有雕饰的石柱础。木柱础分木櫍和木鼓墩两种（图6.2.38），卢氏住宅第二进及周法高故居均使用木櫍，富安镇王氏宅则用了木鼓墩。石柱础有多种形式，仅安丰镇东岳宫内的柱础形式就有三种：①檐柱柱础样式繁复，正立面、背立面做不同雕刻，侧面交接处上部有凹槽，正立面上下共三组模数，上部倒三角形，下部多边形，均有雕刻，背立面上部呈瓜棱形，下部为素面多边形；②角柱上无柱础；③金柱用组合式柱础，古镜上置石鼓墩，有雕刻（图6.2.39）。除东岳宫外，卢氏住宅第二进明间也有这种组合式柱础（图6.2.40），檐柱位置在古镜上置木櫍，金柱位置在石鼓墩上置木櫍。

（a）木櫍（卢氏住宅第二进）

（b）木鼓墩（富安镇丁家巷王氏宅）

图6.2.38　木柱础案例

（a）檐柱正立面

（b）檐柱背立面

（c）檐柱侧面

（d）石鼓墩

图6.2.39　石柱础案例（安丰镇东岳宫）

图6.2.40　组合式柱础（卢氏住宅第二进明间）

2. 屋身部分

（1）勒脚

盐城地区勒脚比墙体略凸出1～2厘米。勒脚部分最上层为砖立砌，下面几层用平立结合的砌法。勒脚部分一般做五层或五层以上，在安丰镇某宅还发现有多达十一层勒脚的案例（图6.2.41）。

（2）砖墙

盐城地区的整砖墙均为清水做法，墙体厚度为32～42厘米。从被破坏的两处传统建筑墙体断面可观察到，墙体内外两层通过丁砖拉结，中间填充碎砖和土，墙体内还埋有顺墙木。二顺一丁、三顺一丁的规则砌筑方式较为少见，多为无规律可循的乱砖墙平砌到顶。此次调研中还发现两处土坯草屋，墙体门洞两边、转角及下部使用青砖砌筑，剩余部分为土坯墙，表面用一层茅草、一层黄泥交替抹面，土坯砖表层掺杂碎茅草（图6.2.42）。

（a）十一层勒脚（安丰镇某宅）

（b）五层勒脚（王家宅院）

图6.2.41　勒脚案例

（a）富安镇施宅

（b）安丰镇某宅

（c）大丰区某宅

（d）土坯草屋

（e）土坯草屋正立面

（f）土坯墙

图6.2.42　砖墙案例

（3）砖檐（图6.2.43）

考究的砖檐檐口做法是用半混或圆混、斜角等各种线脚进行组合，如富安镇王氏（甲）住宅最下层做半混，其上层依次为挂砖（磨制后的大方砖陡砌）、直檐、半混、枭、盖板，并以这几种形式组合成最简单的冰盘檐。另一种做法则是在盖板以下加砖椽或菱角，此种做法前后檐均有，通常是直檐叠涩二至三层，砖椽或菱角、盖板，自下至上依次出挑，如楼王镇某宅。

（a）富安镇王氏（甲）住宅

（b）楼王镇某宅

图6.2.43　砖檐案例

3. 屋顶部分

（1）屋面形式

盐城地区调研案例中仅见硬山双坡的屋面形式。

（2）屋面构造

根据测绘数据，东台地区明代及明式住宅屋面举高为通进深的1/3 ～ 1/4，符合举折之制，各架椽相接处折线明显。根据测绘数据计算得出，富安镇董氏住宅、唐氏宅等自脊檩上皮至檐檩上皮连一条直线，与上金檩轴线相交，跌1/10举高，自上金檩至檐檩上皮连一条线，与下金檩轴线相交，跌1/20举高，均符合举折之制（图6.2.44）。清代民居建筑的屋面线条多呈一条直线，如王家宅院等。屋面木椽之上通常铺望板或望砖。明代及明式住宅案例中的屋面多用望板，望板沿木椽方向铺设。出檐部位的檐椽之上用望砖或望板，若做飞椽，则飞椽之上用望板。

（a）富安镇董氏住宅

（b）富安镇唐氏宅

图6.2.44　屋面构造案例

（3）屋脊（图6.2.45）

盐城地区屋脊的脊身呈直线，较平直。两端脊头微微起翘，但程度不一。脊身中部可做灰塑，雕刻题材较多，如福禄寿、四季花卉等。此次调研案例中脊头处理样式有较平直的回字形样，也有起翘较高、以望砖拼砌的镂空图案，常见的有双喜、寿字等，或雕刻成花篮，此类做法在《苏北传统建筑技艺》中被称为“撑脚”。[19]

（a）安丰镇陈氏住宅　（b）富安镇董氏住宅　（c）鲍氏大楼

（d）安丰镇某宅

（e）安丰镇某宅

（f）安丰镇某宅

（g）戈公振故居

图6.2.45　屋脊案例

第三节　案例

一、楼王镇王氏宅

（一）建筑背景

王氏宅（图6.3.1）位于盐都区楼王镇姚家巷，2009年被公布为盐城市文物保护单位，建于清代，原有门屋、厢房、厅堂等若干间，现仅存堂屋三开间。

图6.3.1　正立面（图片引自http://blog.sina.com.cn/s/blog_650ad2e70102x2m6.html，2016年8月4日访问）

（二）现状概述

王氏宅属于私产，归两户人家所有，均为王氏后人。明间和西次间为一户，东次间为另一户。东次间的户主为扩大使用面积，在南侧搭建了另一间房屋。两户使用不同的出入口，东次间的出入口在原东山墙南端开门洞，为后期改造，另一户则在搭建房屋的南面另建院门（图6.3.2）。西次间现无人居住，房内杂物堆积，院内杂乱无章。调研时仅东次间可以入内，西次间未能进入。东山墙部分破损，墙面外侧水泥抹面。檐部经过改造，从出檐现状来看，檐椽过短，应是人为截断或拆除飞椽所致（图6.3.3）。东次间加建建筑门前置方形抱鼓石两块，雕刻万字、梅花纹样，推测为原门屋遗存构件（图6.3.4）。王氏宅整体建筑保护情况欠佳，外墙及外檐改动较大，但根据其残留状况，原形制尚能辨识。

图6.3.2　东立面搭建物

图6.3.3　檐部

图6.3.4　方形抱鼓石

（三）建筑本体

王氏宅坐北朝南，硬山，面阔三间，进深七檩，前檐明间凹进一步成廊，东西各开有小门，现东侧小门被砖封堵（图6.3.5）。明间槅扇自檐檩退后一步，安装于金柱间，东次间南立面砖为后砌，原貌或为木构，明间与次间以板壁分隔。明间条砖铺地，图案为套八方（图6.3.6）。前檐金柱北侧板壁设对开板门（图6.3.7）。东次间现为水泥板铺地，原铺地不详。凹廊阶沿石下正中置方石一块（图6.3.8）。院落铺地为青砖立砌，酥碱、碎裂较为严重。仅见檐柱柱脚直接落于磉石之上，其余柱础被遮挡（图6.3.9）。

图6.3.5　凹廊东侧小门

图6.3.6　套八方

图6.3.7　对开板门

图6.3.8　阶沿石与方石

王氏宅建筑梁架不对称，为七檩长短坡。明间四柱落地，扁作、圆作相结合，抬梁结构（图6.3.10）。五架梁以上扁作，前后檐步圆作。五架梁用直梁，上立金瓜柱，为扁方柱，上承三架梁，柱顶端开弧形凹槽，搁置金檩，三架梁做月梁。脊瓜柱下置柁墩，雕刻荷叶纹样，脊瓜柱顶部同金瓜柱做弧形凹槽。脊檩上两端用椽挡板，下用通长替木，上金檩以雕花短替承托。脊檩下脊瓜柱两侧用卷草纹山雾云，明间一侧石灰抹面。檐柱外使用雕花斜撑承挑檐檩。

图6.3.9　檐柱柱脚

图6.3.10　明间梁架

东次间山面中柱落地，前后双步梁接单步梁，扁作（图6.3.11）。五架梁与随梁枋之间设有隔层，为储藏空间（图6.3.12）。隔层从后檐墙伸至前檐上金檩下方位置，跨四步架，围栏以三块卷草纹雕花板装饰。东次间脊檩底部有长条形痕迹，山面中柱上端有卯口，推测脊檩下原有通长替木。下金檩下使用短替，现有一侧残损。

图6.3.11　东次间梁架

图6.3.12　东次间隔层

图6.3.13　斜撑

屋面除挑檐处使用木望板，其余均为望砖。挑檐檩与斜撑两构件用料较小，与建筑整体用材不符，推测为后期增设或更换所致。斜撑现仅存明间檐檩东侧一组，西侧已缺失（图6.3.13）。西次间目前为砖檐，东次间立面被搭建物遮挡，无法辨识。

南立面明间设八扇平开门（图6.3.14），正中两扇为板门或为后人改造，其余六扇均为槅扇门，且位于两端的槅扇门宽于其余四扇。

图6.3.14　南立面平开门

二、楼王镇王家宅院

（一）建筑背景

王家宅院位于盐城市盐都区楼王镇新生路60号，2009年被公布为盐城市文物保护单位。据地方史料记载，王家宅院在公私合营前为老字号“同泰酱园”，其创始人王和元，字湛东（1869～1952）。此宅原由王和元从王少云处购得，后因经营所需，将后进拆除改为作坊，现存最后一进堂屋也是拆除原建筑后重建。可见该传统建筑建造年代跨度较大，前面的二层楼建造年代较早，梁构件用料颇大，据称始建于明朝，但因后期改造，遮挡严重，难以辨识。堂屋建造时间应在王和元生前，推测应建于清末至民国。整座宅院融店、坊、居三种功能于一体，沿街为酱园铺面，后一进为南北向二层楼，一层为前厅和银房，二层及堂屋为居住部分，最后为酱园作坊。

（二）现状概述

王家宅院现仅存两进。第一进二层楼正立面改动较大，增建了现代结构的檐廊，内部木结构尚存，二层未能入内观察。前楼后为院落，由后进堂屋、东厢二层小楼及西侧厨房围合而成。东厢二层小楼一层有改动，但大木构架仍原状保留。堂屋屋脊西段及中部灰塑装饰有残损，东端脊头尚存，但其灰塑装饰也不完整。

（三）建筑本体

王家宅院的堂屋坐北朝南，硬山，面阔三开间，约9.6米，进深七檩，约4.4米（图6.3.15）。明间和次

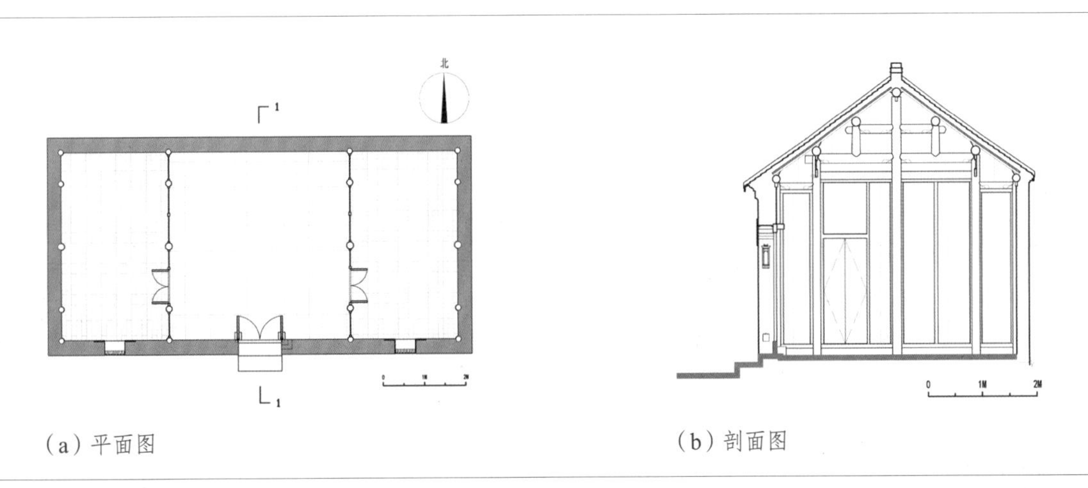

（a）平面图　（b）剖面图

图6.3.15　楼王镇新生路王家宅院堂屋测绘图

间以板壁相隔，前檐金柱北侧在板壁处设对开小门。明间以30厘米见方的方砖铺地，次间铺设条砖。室内地坪较高，入口设两级石质踏步。室外天井青砖立砌，柳叶人字纹铺地，有部分地面被遮挡或被水泥覆盖（图6.3.16）。

明间、次间五柱落地，梁架为六架对称，圆作直梁（图6.3.17）。明间梁两端做剥腮，单步梁梁头装饰雕刻（图6.3.18）。脊檩下皮用通长替木，下金檩下用通长替木、垫板及串枋。门框上帘架仅存一对（图6.3.19），柱础用古镜样式。次

图6.3.16　天井铺地

图6.3.17　明间梁架

图6.3.18　单步梁梁头

图6.3.19　门框帘架

间山面梁架形式与明间相同，但无雕饰，屋面用荷包椽，上铺望砖。

堂屋墙体均以青砖砌筑，南立面设一门两窗。门洞上部为仿木构砖雕门罩，由枋、垂花柱、雀替构成。横枋分为三段与两个雀替，共计五幅砖雕。据屋主介绍，这些砖雕是当时从苏州购买专供雕刻所用的方砖，并请苏州上等工匠前来雕刻数月才完成的。横枋正中为双狮滚球，其余四幅为渔樵耕读（图6.3.20）。门洞顶部正中有一整块方砖砖雕（淮安地区称“过当”），局部被石灰覆盖（图6.3.21）。门洞东侧外墙上半部分设有砖龛，雕砌成房屋式样，类似连云港地区的“天香阁”（图6.3.22）。砖龛雕刻精细，屋脊、出挑屋面、挂落及垂花柱等细节均清晰可见。门洞东侧墙下半部分有猫洞。次间开一窗，分内外层，外侧窗用砖砌出窗框，仿木破子棂窗样式，窗上部用望砖叠涩出屋檐，脊两端有卷草纹砖雕，脊中做灰塑；内侧窗则为两块木板，插在槽内可左右推拉（图6.3.23）。门为对开板门，门下用石臼，门内连楹正中雕刻“寿”字，两边为香草龙纹（图6.3.24）。

图6.3.20　横枋

图6.3.21　方砖砖雕

图6.3.22　砖龛

（a）室外

（b）室内

图6.3.23　次间窗

正立面檐下用砖檐，出六层，最下层半混，其上依次为挂砖、直檐、鸡子混、半混、盖板。墙脚做勒脚，五顺一丁砌法。山墙为五山屏风墙（图6.3.25）。

东厢二层小楼坐东朝西，面阔两间，五界回顶（图6.3.26）。一层因改造，原状不明；二层大木结构保持原样，圆作直梁，抬梁结构，梁柱表面均被红漆覆盖（图6.3.27）。屋面用方椽，上铺望砖。

图6.3.24　门楹

图6.3.25　五山屏风墙

图6.3.26　东厢二层小楼

图6.3.27　二层梁架

三、富安镇卢氏住宅

（一）建筑背景

富安明代住宅是东台市富安镇一批明代住宅的总称，1995年被公布为第四批江苏省级文物保护单位。这几处明代住宅均分布于东台市富安镇米市北路两侧（图6.3.28）。其中，卢氏住宅（以下简称卢宅）位于东台市富安镇虎阜路北侧卢家巷，是富安镇内现存规模较为完整的传统建筑院落之一，因卢氏盐商居此而得名，卢宅现任屋主卢基成为第十七代传人。据文物档案记载，卢宅在20世纪曾经历过多次较大的变动。抗战期间，因挖防空洞，第三进东次间倒塌。1949年以后，

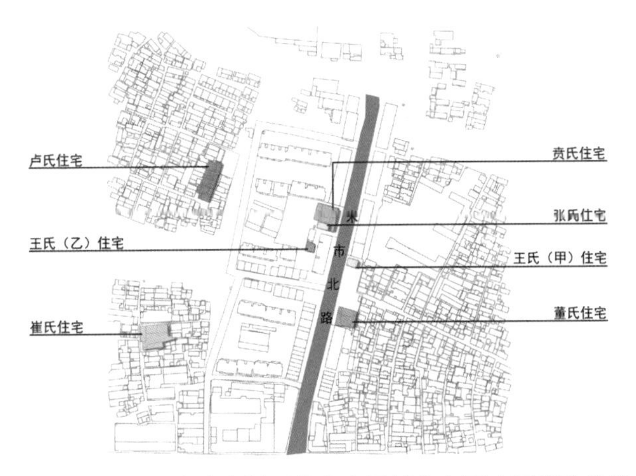

图6.3.28　东台市富安镇明代住宅区域分布图（图片改绘自《东台市富安镇明代住宅整治规划文本》）

拆除了第一进两间房屋，改正立面朝南，修缮第二进东山墙。20世纪80年代，修缮了东厢房西墙。20世纪90年代，洪灾导致第三进后墙的内侧半座墙倒塌，后又重建。

（二）现状概述

卢宅产权归个人所有。据文物档案记载，卢宅原有四进，现存三进，且有较大的变动。第一进南北檐墙后开窗洞，安装有现代塑钢窗。原西次间拆除后，乱砖搭建，杂物堆积。传统建筑保存状况较差，墙砖普遍酥碱、松动。第二进外墙有破洞且已空鼓、变形。第二、第三进木构件缺失、糟朽，其中第三进木构架整体倾斜，存在安全隐患。西厢房曾为厨房，现已闲置，用于堆放杂物。

（三）建筑本体

卢宅现存一路三进建筑，均为硬山，自南至北串联相接，第一进为沿街建筑，东侧后建门屋，由此进入后进院落，第二进院落东西各存有一厢房。

卢宅第一进坐北朝南（图6.3.29）。据文物档案记载，“照厅原面阔四开间，廊檐面北，地面为斗纹式条砖铺地”。但现在第一进面阔仅存两开间，即西间与东间（图6.3.30），以木板壁相隔，前檐檐柱北侧开门。因室内地坪做水泥抹面后被抬高，柱础不可见。

图6.3.29　卢宅第一进南立面

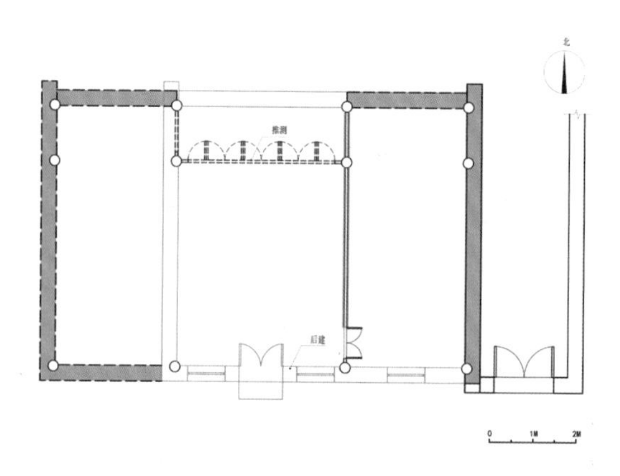
图6.3.30　卢宅第一进测绘图

卢宅第一进西间进深六檩，西间五架梁北接单步梁，抬梁结构（图6.3.31）。三架梁为扁作月梁，上承脊瓜柱与瓜棱斗。瓜棱斗出山雾云合抱脊檩，横向出栱一跳，承托雕花短替与抱梁云。五架梁为圆作直梁。脊瓜柱与三架梁交接处做鹰嘴。脊檩、金檩下均设雕花短替。根据后檐金柱上遗存的门框与随檩枋下残留的榫卯痕迹，推测后檐金檩下原设有槅扇。

图6.3.31　卢宅第一进西间梁架

卢宅第一进东间现被作为卧室使用，室内五架梁以上用塑料布遮挡，故无法判断其梁架形式。屋面用荷包椽，上铺木望板，前檐金柱外侧铺设望砖，推测为后期更换。南北立面改动较大，墙体为后砌，此次调研中观察到的前檐为木檐，后檐为砖檐，推测南立面原先有廊。

卢宅第二进坐北朝南，面阔三开间，共12.35米，进深七檩，共7.6米（图6.3.32）。第二进七檩长短坡，

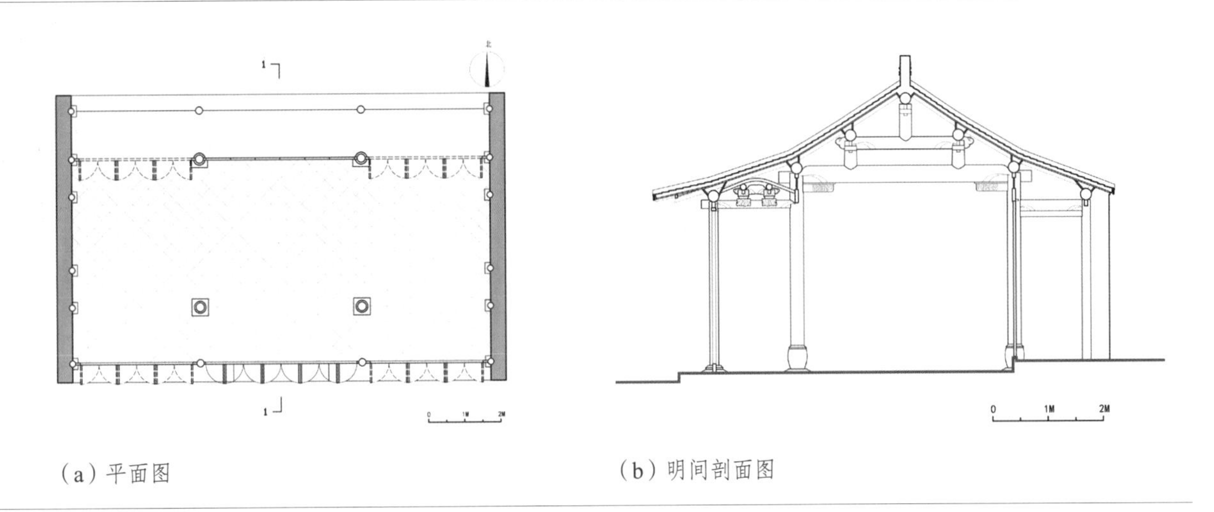

（a）平面图　　（b）明间剖面图

图6.3.32　卢宅第二进测绘图

圆作直梁。明间五架梁抬梁，四柱落地，抬梁结构（图6.3.33）。山面三架梁抬梁，六柱落地。明间前檐柱间设槅扇门，后檐金柱间设六扇屏门（图6.3.34）。明间、次间现以木板及槅扇分隔，但均为后期增加。因前檐用轩横跨明间、次间，故推测原明间、次间并未做分隔。明间五架梁下仍可见三只挂灯笼用的“亮牵”（为淮安地区说法）遗留下的圆形痕迹。根据次间后檐下金枋下遗留的卡槽，可推测原先此处应安装有六扇槅

图6.3.33　卢宅第二进明间梁架

图6.3.34　屏门

扇。明间前檐、后檐金柱均用组合式柱础，上部为7厘米高的木櫍，下部为35厘米高的石鼓墩；檐柱用木櫍与石古镜的组合式柱础（图6.3.35）。室内以32厘米见方的方砖斜铺，后檐步地坪被抬高约20厘米，原因不详。

明间、次间前檐步做船篷轩（图6.3.36），步深1.5米，较后檐步1.3米稍长。轩梁两端做剥腮，做弧形装饰面，梁背立荷叶墩，上置瓜棱坐斗，架荷包梁承轩檩，梁头装饰雕刻，轩檩下饰有雕花短替。西侧一缝梁架，五架梁，梁背置瓜柱承三架梁，三架梁上立脊瓜柱承脊檩，梁头装饰雕刻。三架梁及五架梁两

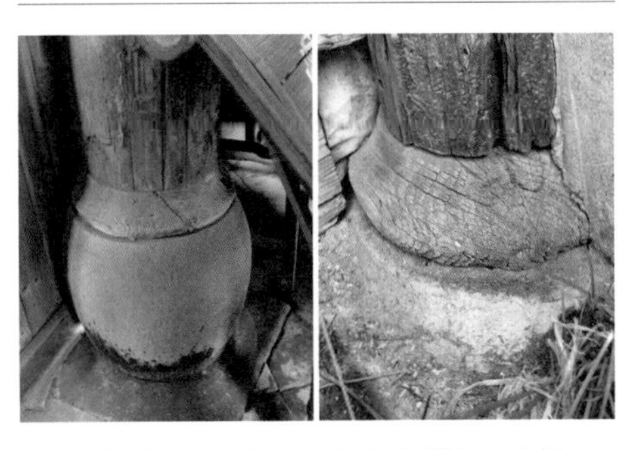

（a）木櫍与石鼓墩　　（b）木櫍与石古镜

图6.3.35　组合式柱础

端与柱交接处做剥腮。瓜柱柱头出丁头栱，承托雕花短替，金瓜柱出挑栱构件已缺失，现仅余雕花短替。五架梁与前后金柱交接处置四个镂空的雕花梁垫，目前仅剩一个。下金檩下设通长替木、垫板和串枋。

图6.3.36 船篷轩

屋面用荷包椽，上铺设木望板，椽间做椽挡板。前檐为木檐，檐椽为半圆椽，飞椽为方椽，且椽头做砍杀，间以里口木。现存西侧盘头（图6.3.37），做法考究，立砖雕刻以菊花为题材，寓意杞菊延年，上下均用砖叠涩出挑，自下而上依次为：小圆混、半混、花砖直檐、半混、长混、枭、炉口、直檐。[20]后檐为砖檐，疑为后人重修。屋脊以望砖砌筑多层，上覆盖瓦。屋脊中部灰塑残损。

南立面明间及西次间上槛门楹均安装于室外（图6.3.38），现次间上部做槛窗，下砌槛墙，推测为后期改造。明间、次间的原形制应为槅扇门，明间八扇，次间六扇。明间外檐檐柱间槅扇与室内槅扇做工精美，推测为原建筑本体所用。

图6.3.37 西侧盘头

图6.3.38 南立面明间

卢宅第三进原面阔三间（图6.3.39），现东次间不存，仅剩两开间。明间面阔5米，西次间面阔3.5米，推算通面阔尺寸约为12米，进深七檩共7.5米，前檐步做廊。明间中柱落地，前后双步梁接单步梁，穿斗结

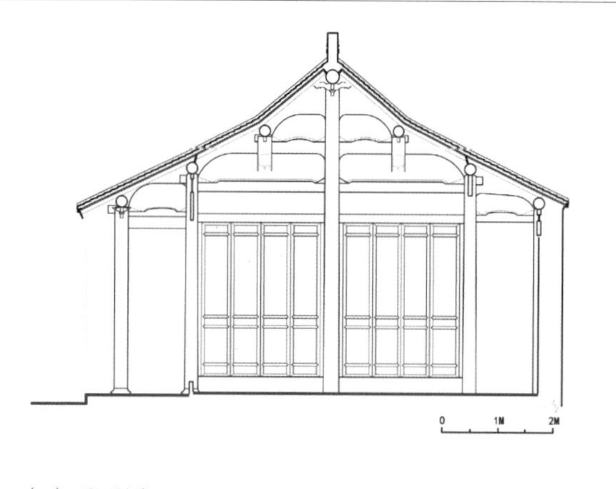

（a）平面图

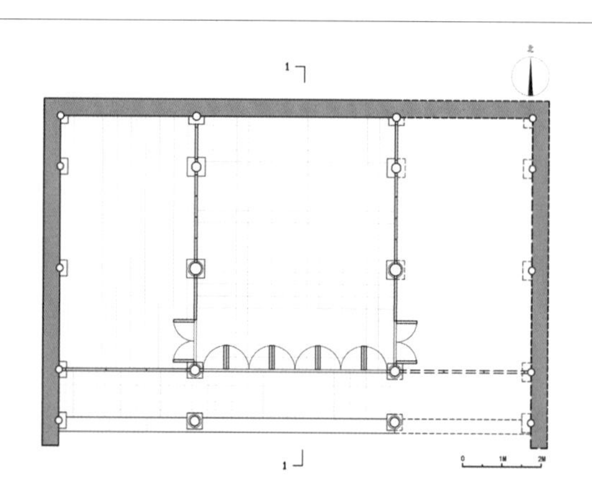

（b）剖面图

图6.3.39 卢宅第三进测绘图

构，扁作月梁（图6.3.40）。金柱与中柱以串枋、双步梁相连。月梁上瓜柱承上金檩，中柱承脊檩，中柱与瓜柱之间以单步月梁相联系。扁作瓜柱，与月梁交接处柱脚为透雕花篮纹饰。中柱与瓜柱柱头出丁头栱承托雕花短替与山雾云。檐柱出丁头栱，承雕花短替与翼形栱（图6.3.41）。次间山面梁架形式与明间相同，前后单步梁为扁作月梁，其余为圆作草架（图6.3.42）。檩下两端均设素面短替，山墙内侧残留部分护墙板。

图6.3.40　明间梁架

图6.3.41　檐柱

图6.3.42　次间梁架

前檐明间金柱间装有八扇槅扇门，次间用木槛墙与支摘窗。明间、次间以槅扇相隔，中柱两旁原各有四扇槅扇，现仅剩六扇。明间以30厘米见方的方砖铺地，次间铺设木地板。檐廊地面以20厘米见方的方砖铺地，阶沿石宽35厘米，方砖尽数碎裂。次间条砖横铺，上置砖墩，铺设龙骨和木地板（图6.3.43）。次间地坪高出明间约19厘米。前檐柱及金柱下做木櫍，其余柱直接落于磉石之上。此外，西次间木槛墙外侧还有地漏一个（图6.3.44）。

南立面明间中间开四扇槅扇门，两侧用木板（图6.3.45）。次间上部用支摘窗，两排各三扇，内心仔为龟纹八角式，下部为实木槛墙。檐部不用飞椽，檐椽出挑距离较大，断面呈方形，上覆木望板，檐口用封檐板，一端及明间正中位置装饰雕刻。

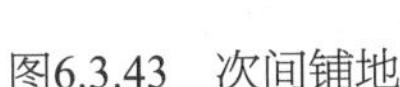

图6.3.43　次间铺地

图6.3.44　地漏

图6.3.45　南立面明间

四、富安镇贲氏住宅和张氏住宅

（一）建筑背景

贲氏住宅和张氏住宅位于东台市富安镇米市中路5-97号（该案例沿用《东台市富安镇贲氏住宅维修保护和环境整治规划》中名称），两宅均建于明代。根据《东台市富安镇贲氏住宅维修保护和环境整治规划》，贲氏住宅原房主姓汪，祖籍安徽歙县，后定居此处做盐商，汪伪政权统治时期，转卖给贲氏开药房。张氏住宅原为张氏居住，位于贲氏住宅南侧，建筑北墙与贲氏住宅倒座紧邻，相距仅1米。

贲氏住宅与张氏住宅原为两组独立的院落，后被围合在一起，为富安镇环境卫生管理所办公使用（图6.3.46）。因张氏住宅的院落大多已不存，目前仅剩一栋传统建筑，故将两宅合并描述（图

6.3.47）。

《东台市富安镇贲氏住宅维修保护和环境整治规划》中提到，2011年修缮前，贲氏住宅仅存一进院落，内有南、北两栋传统建筑，南为倒座，北为厅堂。厅堂后原有两进堂屋，东厢有大门、二门，但均已毁。2012年调研时，正值贲氏住宅和张氏住宅修缮，贲氏住宅倒座与东厢房已全部落架，并于原地基重建（图6.3.48）。2014年再次调研时，整体院落已修缮完毕，原贲氏住宅东厢房拆除改建，倒座重建；张氏住宅原朝南，修缮后改朝北，与贲氏住宅合为一组院落。贲氏住宅厅堂除大木尚存，其余部分改动较大，与原状不符，大部分构件在修缮中消失，如木椽上附着的雕花构件、原支摘窗等，很多建筑形制也发生了变化，如望板被换成望砖、槛窗下部木槛墙被换成砖墙、大木也已上漆等。贲氏住宅和张氏住宅虽已修缮一新，但此次修缮也使两宅的文物价值受到损失。未按原貌修复、修缮不当及工艺缺失，致使两座传统建筑原貌受损，属修缮性破坏（图6.3.49）。

图6.3.46　贲氏住宅和张氏住宅（图片引自雍振华著：《江苏民居》，中国建筑工业出版社2009年版）

图6.3.47　张氏住宅（修缮前）

图6.3.48　贲氏住宅倒座被拆（2012年）

（a）贲氏住宅（2014年）

（b）贲氏住宅厅堂明间梁架

（c）倒座壁龛

（d）张氏住宅

图6.3.49　贲氏住宅和张氏住宅修缮后

（二）现状概述

贲氏住宅和张氏住宅的产权属富安镇建设管理所，修缮后的具体使用功能不详。贲氏住宅为四合院布局，仅厅堂为明代木构，其他传统建筑建造时间较厅堂晚。张氏住宅现仅存一座堂屋，其木构也为明代遗构。

贲氏住宅和张氏住宅的整体院落现状为两进两厢式院落格局，外部砌筑院墙将两宅围合在一个院落内，主入口设于贲氏住宅东厢房，自北至南依次为贲氏住宅的厅堂、西厢房、东厢房和倒座，以及张氏住宅（图6.3.50）。下文仅以修缮前的传统建筑本体为基础研究贲氏住宅和张氏住宅的营造情况。

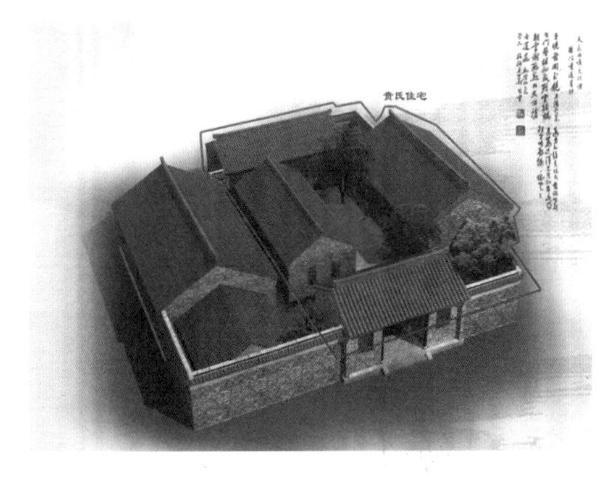

图6.3.50　贲氏住宅和张氏住宅平面方案效果图（图片引自《贲氏住宅维修保护和环境整治规划文本》）

（三）建筑本体

1. 贲氏住宅

贲氏住宅原格局自南至北依次为倒座、厅堂、两进堂屋，厅堂前东厢房设大门、二门进入院内（图6.3.51）。东厢房与倒座东山墙壁龛对位（图6.3.52）。

贲氏住宅厅堂坐北朝南，进深七檩，硬山，面阔三开间。明间、次间无分隔，与卢氏住宅厅堂相似。室内可见柱础为木櫍。铺地为方砖呈45度斜铺。

明间梁架为圆作直梁，四柱落地，五架梁抬梁

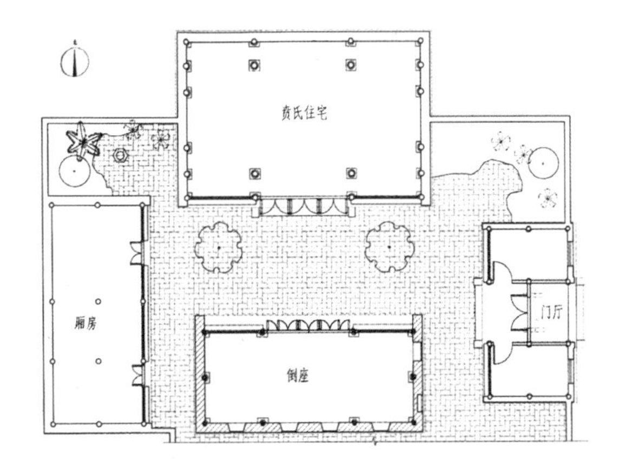

图6.3.51　贲氏住宅平面方案图（图片引自《贲氏住宅维修保护和环境整治规划文本》）

（a）东厢房

（b）倒座壁龛

图6.3.52　贲氏住宅东厢房和倒座（东台市富安镇文化站供图）

结构，前后接单步梁（图6.3.53）。梁背两端做弧形卷杀，与柱交接处的梁端做剥腮。五架梁下以丁头栱与梁垫支撑（图6.3.54）。梁上均设柁墩，上置瓜棱斗，出一跳栱，上置翼形栱、短替承托檩条。其中，脊檩下坐斗呈叠斗式，形似莲花望柱头，以仰覆莲莲座承托瓜棱斗，两侧出云板合抱脊檩（图6.3.55）。下金檩下设通长替木、垫板、串枋。后檐步木椽上有一对雕花木构件，用以悬挂画像（图6.3.56）。云板、翼形栱、短替、柁墩、梁垫处均装饰木雕。屋面木椽用荷包椽，上覆望砖。

图6.3.53 明间梁架

图6.3.54 梁垫

图6.3.55 屋脊雕饰木构

图6.3.56 雕花木构件

次间山面梁架同为圆作直梁，六柱落地，用料较明间梁架稍小，雕饰也较明间少（图6.3.57）。脊部构造及雕饰同明间，里金柱顶部出雕花短替承上金檩。里金柱之间以串枋相连，串枋以上设护墙板。

屋脊两皮砖出五线，上盖脊筒瓦（图6.3.58）。前檐木檐，檐椽为荷包椽上用飞椽，飞椽为扁方椽（图

图6.3.57 次间梁架

图6.3.58 屋脊

6.3.59）。山墙盘头出砖叠涩三层。根据现场调研推测，南立面明间檐柱间原装有八扇槅扇门。南立面次间下部用木槛墙，上部两排共六扇支摘窗（图6.3.60）。外墙为清水做法。

图6.3.59　前檐木檐

图6.3.60　南立面次间

2. 张氏住宅

张氏住宅坐北朝南，面阔三开间，进深六檩，长短坡，硬山。明间木构架为六檩穿斗结构（图6.3.61），扁作月梁。中柱落地，前后双步梁，前接单步梁。双步梁上置柁墩立坐斗（图6.3.62），出一跳栱承替木、上金檩。由于坐斗有雕饰，肉眼观察其比例较为瘦长，但经实测，径高比约1∶1。中柱上端旁出山雾云，正面出丁头栱，上托替木与抱梁云。山雾云、抱梁云、替木、坐斗、柁墩等均装饰精美雕刻，其中，柁墩以鱼和莲花为题材。坐斗雕饰分上下两部分，下半部分为仰莲，上半部分为瓜棱（或为莲蓬）。

图6.3.61　明间梁架

图6.3.62　柁墩及坐斗

次间山面梁架形式与明间相同，水平式天花吊顶（图6.3.63），自前檐下金檩穿枋上皮延伸至后墙，覆盖后四步梁架。

根据明间前檐下金檩枋下遗留门楹推测，下部曾装有六扇槅扇门形成前廊（图6.3.64）。门窗安装于外金柱间，门均为内开。明间与次间以板壁相隔，中柱与两金柱间各有三扇（图6.3.65）。根据文物档案记载，原铺地为斗纹式条砖，现已不存。

屋面见两种木椽断面，即荷包椽与扁方椽，推测其中一种形式可能为后人更换。木椽上铺望板。前檐檐口不出飞椽，做封檐板；后檐檐口为砖檐。南立面原貌不存。屋脊残损严重，中部残存部分灰塑。

图6.3.63　次间吊顶

图6.3.64　明间槅扇门位置

图6.3.65　板壁

五、富安镇王氏（乙）住宅

（一）建筑背景

王氏（乙）住宅（以下简称王乙宅）位于东台市富安镇板桥北巷，建于明代。据文物档案记载，此处原为张氏住宅的西厢房，是安徽歙县茶商洪氏私宅，后转售他人。

（二）现状概述

王乙宅仅剩西厢房一座，周边均被拆除，现周围是多层住宅楼（图6.3.66）。住户为解决生活困难，在建筑本体上做了加建，于北次间东立面檐下加筑墙体，南立面次间被加建建筑所遮挡，仅明间立面可见。目前，王乙宅无人居住，院落内杂草丛生，地面已被抬高，基本与室内地面齐平。室内青砖地面因返潮，长有青苔。屋面变形，檐口瓦件缺失。五架梁及三架梁不同程度开裂，柁墩上木构件也已缺失。

图6.3.66　王乙宅现状

（三）建筑本体

王乙宅原院落格局已不存，现仅存西厢房。建筑本体坐西朝东，面阔三开间，约9.3米，进深五檩，约3.9米。明间圆作直梁，五架梁抬梁（图6.3.67），前后檐柱落地，檐柱柱脚直接搁置于磉石之上。山面梁架样式不可见，据载为“两山穿斗式”，现状为硬山搁檩，推测后期山墙被砌筑进墙体。梁架整体用材粗壮，三架梁与五架梁直径分别为23厘米和25厘米，檩径为15～20厘米。梁背以柁墩承坐斗，为叠斗状，上部瓜棱斗，下部仰莲坐斗（同张氏住宅）。坐斗自仰莲处出一跳单栱，托花斗，现仅南次间存一花斗（图

图6.3.67　明间梁架

图6.3.68　花斗

6.3.68），其余位置已缺失。花斗上置雕花短替，承托檩条。柁墩均以荷叶做底，雕饰内容丰富。明间北缝看面柁墩雕饰内容主题有两种，一种是三架梁上柁墩雕饰跃出水面的鱼及高处的建筑，寓意鱼跃龙门；另一种是五架梁上柁墩分别雕饰鹿、鹤，寓意鹿鹤同春（图6.3.69）。明间南缝看面三组柁墩雕饰内容主题为福禄寿，三架梁上柁墩雕饰一兽，五架梁上柁墩分别雕饰一鹿、一兽（图6.3.70）。次间看面雕刻题材较为统一，均为荷叶。

图6.3.69　明间北缝柁墩

图6.3.70　明间南缝柁墩

明间、次间于五架梁下以砖墙与木槅扇分隔，推测为后期加建，原室内三间应无分隔。据文物档案记载，“地面铺斗纹式条砖”，但明间、次间铺地现均为条砖十字平铺，应为后期改造。

现明间前檐开八扇槅扇门，后期更换为玻璃内心仔。根据次间檐柱上木构被截断的痕迹及檐檩下门楹，推测次间原有槅扇。

屋面用半圆椽，上铺望砖。建筑前檐做木檐，不出飞椽，后檐砖檐。后檐墙正中位置有砖框残留，上部两端抹角，因整体建筑格局不存，难以判断原貌，墙体后期改动可能性较大（图6.3.71）。

图6.3.71　后檐墙

六、富安镇崔氏住宅

（一）建筑背景

崔氏住宅（以下简称崔宅）位于东台市富安镇丁家巷内，建于明代。根据文物档案记载，崔氏乃明清时期盐商巨贾。

（二）现状概述

崔宅建筑位于一院落内，现仅存堂屋和西厢房。堂屋立面门窗有改动，但木构尚存。西次间已装修翻新，原貌不可见（图6.3.72）。因年代久远，木柱、檩条均有不同程度的开裂、损坏，门帘等小木构件缺失。西厢房有檐廊，屋檐挑檐较大，室内因后加吊顶，其梁架样式已无法勘查。堂屋南面一房屋为1949年后建造，红砖砌筑，硬山搁檩，椽上铺草望。

图6.3.72　崔宅南立面（2012年）

崔宅曾作为东台市富安镇房产管理所的办公用房，

根据使用需要，房管所曾对其进行过装修。崔宅产权现属东台市房产管理局，目前处于出租状态。

（三）建筑本体

崔宅堂屋坐北朝南，硬山，面阔三开间，11.35米，进深七檩，6.9米（图6.3.73）。木构架七檩对称，明

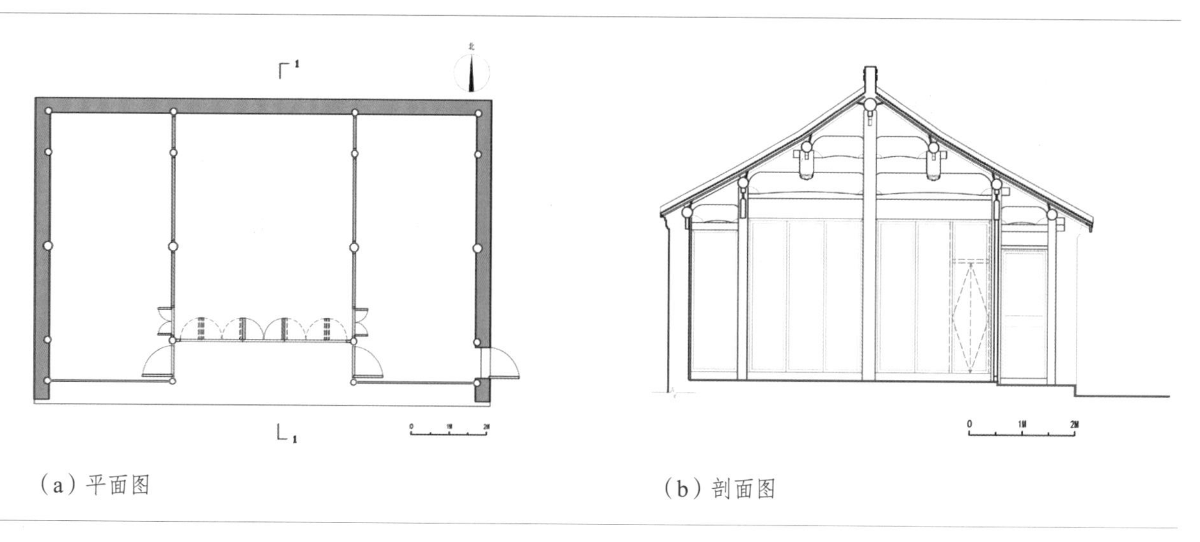

（a）平面图　　（b）剖面图

图6.3.73　崔宅堂屋测绘图

间、次间均中柱落地（图6.3.74）。明间扁作月梁，底部刻有线条两道。构架形式更接近穿斗，檩下用雕花短替，于中柱、金瓜柱柱头做丁头栱承接。短替、斗及金瓜柱均装饰木雕。斗做成花斗样式，金瓜柱底部装饰石榴花纹。脊檩下设通长替木，东侧花替及丁头栱缺失。另外，前檐金檩下皮有四个亮牵。次间做木板吊顶，故山面梁架样式不可见。从落地柱推测，山面梁架样式应与明间一致，但可能更为简化。

图6.3.74　明间梁架

目前，明间槅扇门自檐柱退后一步安装于前檐金柱间。次间所装门窗样式较晚，根据残留的门楹和卯口痕迹，推测次间门窗可能也安装于前檐金柱间，可能有前廊。明间、次间门窗均已缺失，根据门楹痕迹，明间原应有八扇槅扇。由于铺地改动，原铺地情况不可见，但根据盐城地区传统做法，推测明间铺砖，两次间铺木地板。地坪提高导致柱础也不可见。明间与次间之间以板壁相隔，板壁靠前檐金柱北侧开对开小门，门上方仍保存一帘架，东侧一缝近门下部板壁则开有火焰形小猫洞。

图6.3.75　东次间

东次间有木质水平式天花，至后檐金柱向下倾斜，剖面呈梯形（图6.3.75）。山墙内侧用护墙板。西次间顶部为现代吊顶。

木椽样式为荷包椽，檐部不用飞椽，但出挑

距离较大，檐椽竖直（垂直地面）被截断，用封檐板（图6.3.76）。木椽上现为新做望砖，疑为木望板改建。

前檐山墙伸出与檐口齐平，盘头上部砖叠涩出挑，无砖雕。屋面瓦重新翻修过，现檐口瓦件使用瓦当滴水。屋脊以望砖叠砌，上端盖瓦。东脊头残损，但西脊头尚存，属大脊做法，脊头起翘角度较大，脊端弧线下部装饰卷草纹灰塑，外侧以望砖砌筑成镂空图案（图6.3.77）。

图6.3.76　屋檐

（a）西脊头

（b）东脊头

图6.3.77　屋脊

七、富安镇王氏（甲）住宅

（一）建筑背景

王氏（甲）住宅（以下简称王甲宅）位于东台市富安镇米市北路与虎阜路交会处东北，与董氏住宅隔街相望。据文物档案记载，王甲宅建于明代，原为当地名医王子政故宅。

（二）现状概述

王甲宅产权现归富安镇房产管理所所有。2012年调研时，王甲宅仅存一座建筑单体，正在进行揭顶大修（图6.3.78）。2014年再次调研时，王甲宅已修缮完毕，建筑本体

图6.3.78　修缮中（2012年）

东侧新建耳房，南侧加建门屋，以曲廊、围墙联系围合形成独立院落（图6.3.79）。修缮后的王甲宅建筑本体除大木保持原状外，门窗、油饰都有较大变化。因未对王甲宅原状做详细研究，故难以判断此次修缮依据是否充足。修缮后的王甲宅一直被空置。

图6.3.79 修缮后（2014年）

（三）建筑本体

王甲宅原院落格局不存，现存建筑本体坐北朝南，硬山，面阔三开间，进深七檩。明间五架梁，抬梁结构，四柱落地，扁作（图6.3.80）。王甲宅整个建筑用料较大，据文物档案记载，明间柱径为30～37厘米，檩径为23～37厘米（图6.3.81）。明间、次间于前檐柱与外金柱间做弓形轩（图6.3.82）。明间五架梁与三架梁之间距离较狭小，不用瓜柱，以坐斗承上金檩。脊檩下用短替。三架梁背用坐斗承脊檩，坐斗旁出山雾云，前出一跳栱承短替及抱梁云。月梁梁背两端做弧形卷杀，梁下两端做剥腮，梁底挖底微凹。明间两缝三架梁正中都有木构件断面痕迹，推测原有脊枋。坐斗、短替、三架梁头、山雾云及抱梁云均装饰木雕，仅脊檩下用圆形素面坐斗，其他坐斗雕刻成瓜棱形。

图6.3.80 明间梁架

图6.3.81 檩条

图6.3.82 弓形轩

王甲宅次间山面增加中柱落地，与明间一样为扁作，穿斗结构（图6.3.83）。山面金柱与中柱之间用双步梁及串枋联系，串枋以上用护墙板。双步梁上置瓜棱斗托短替承下金檩。山柱柱头用圆形素面坐斗。脊部做法及雕饰部位也与明间相同。

前檐柱间设槅扇门，明间八扇，次间六扇。据后檐墙（图6.3.84）明间木檐及明间后檐金柱（图6.3.85）表面木构残留痕迹推测，原明间后檐退后一步于金柱间设屏门，形成凹廊。明间、次间开敞，不做分隔。东山墙靠北檐柱位置的门洞被砖封堵，推测东山墙外部原有长廊。地面铺设方砖，呈45度角斜铺。木柱柱头均做卷杀，柱身断面有两种形

图6.3.83 次间梁架

图6.3.84 修缮前的后檐墙（东台市富安镇文化站供图）

式，明间前檐柱断面呈八角形（图6.3.86），柱下也为八角形木櫍（图6.3.87），该地区调研案例中仅见此一例；其他木柱断面均为圆形，柱础为圆形木櫍（图6.3.88）加方形磉石。

图6.3.85　明间后檐金柱

图6.3.86　八角形檐柱

图6.3.87　八角形木櫍

图6.3.88　圆形木櫍

2012年调研时，王甲宅屋面椽望已被拆除。东台市富安镇文化站提供的照片显示，原建筑屋面木椽样式为方椽，上铺木望板。南立面檐部用飞椽，檐椽及飞椽均用扁方椽，飞椽椽头做砍杀内收，其上横铺木望板（图6.3.89）。飞椽与檐椽间用里口木，飞椽椽头做连檐。明间开槅扇门八扇，次间六扇，非明代遗存。北立面檐口，明间为木檐，遮以封檐板，两端雕刻卷草纹（图6.3.90）。次间砖檐，做冰盘檐，出砖线六层，自下而上依次为半混、挂斗、直檐、半混、炉口、盖板（图6.3.91）。

图6.3.89　南立面檐口

图6.3.90　北立面檐口

图6.3.91　次间砖檐

八、富安镇董氏住宅

（一）建筑背景

董氏住宅（以下简称董宅）位于东台市富安镇霞外阁巷内，是董金林祖宅，建于明代。董宅产权现属董氏后人所有。

（二）现状概述

董宅西临商业街米市北路，沿街的西厢房开设店铺，主入口也设在此。董宅原建筑格局已不存，现仅存堂屋一座，与东厢房、西厢房及南侧围墙围合成三合院。现西厢房为拆除后重建，东厢房疑为后期重新改建，使用了一些旧建筑的构件，如台阶石、墙砖、大门等。东厢房东墙南侧临霞外阁巷开有一门，推测为董宅原主入口（图6.3.92）。董宅堂屋总体保存较好（图6.3.93）。南檐廊被毁，现搭建雨棚。

（a）东墙

（b）门头

图6.3.92　董宅东厢房

西次间已装修翻新，原貌不可见。南立面门窗改动较少。东山墙外鼓，墙砖酥碱。梁架现稍有倾斜，但结构形式仍保持原貌，明间、次间门上帘架等木构件缺失。东次间无人居住，地板松动，局部腐烂，木构件也有不同程度的损坏、糟朽。

图6.3.93　董宅堂屋现状

（三）建筑本体

董宅为三合院格局，堂屋坐北朝南，硬山，面阔三开间，约13.6米（图6.3.94）。由堂屋的梁架样式和柱

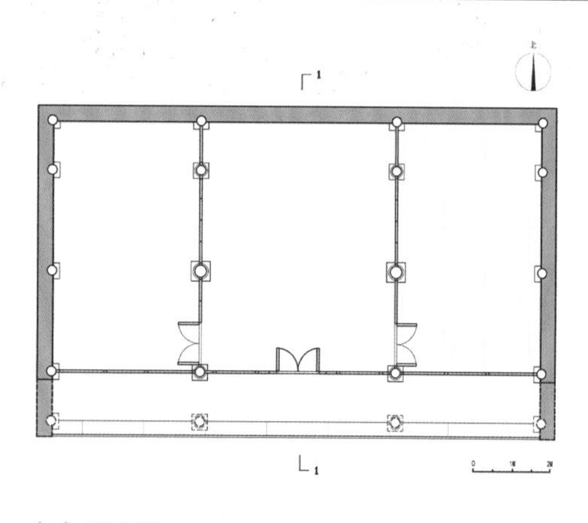

（a）平面图

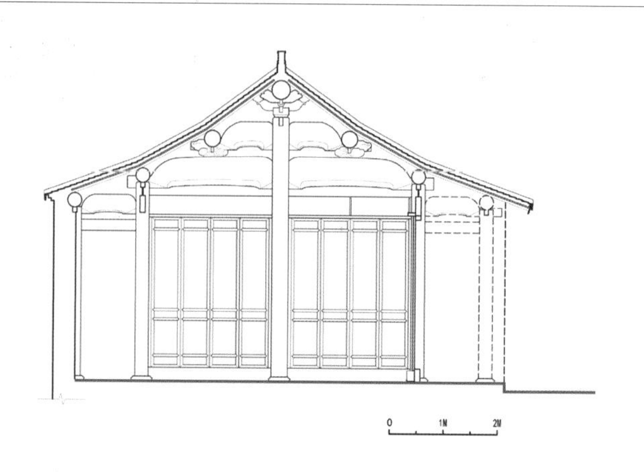

（b）剖面图

图6.3.94　董宅堂屋测绘图

枋卯口可知，进深方向的前檐步已损毁，仅剩六檩；根据剖面复原推测，原进深应有七檩，约7.6米。室外阶沿石宽35厘米，距门槛外皮1.2米，可推测原檐廊进深约1.25米。明间梁架、山面梁架均为中柱落地，穿斗结构，木构架七檩对称，扁作，柱头做卷杀（图6.3.95）。董宅建筑整体用料粗壮，明间中柱直径达30厘米，脊檩、上金檩直径分别为34厘米和30厘米。单步梁、双步梁均做月梁，明间梁架的看面装饰木雕，其余均为素面。金柱与中柱以串枋和双步梁相连。双步梁与单步梁之间距离不足20厘米，以柁墩代替瓜柱。双步梁上置柁墩，架单步梁承金檩、短替，柁墩雕饰荷叶纹。中柱上端用圆形瓜棱斗，旁出山雾云，上承脊檩。瓜棱斗正面出一跳拱，上托短替，旁出抱梁云合抱脊檩。月梁挖底微凹，侧面雕刻线脚及卷草纹。屋面木椽样式为方椽，上铺木望板，前檐金柱里侧铺设望砖，疑为后期更换。

图6.3.95　明间梁架

山面梁架与明间梁架相似，但用料较小，无雕饰。双步梁上置瓜柱，架单步梁以承金檩、短替。山柱不用坐斗，柱顶置短替承脊檩，无山雾云、抱梁云等构件。串枋以下山墙内侧现为白灰抹面，上部梁、枋均开槽装有护墙板。东次间屋面用木椽，现上置望砖（图6.3.96）。

图6.3.96　东次间梁架

明间与次间以八扇六抹无纹饰槅扇门隔开。明间两缝前檐金柱北侧设对开小门，两缝门上方帘架各剩一只。室内外柱础均为木櫍（图6.3.97）。明间现为方砖铺地，据文物档案记载，原铺地为斗纹式条砖。东次间保留原木地板铺地，西次间已被改建。室外地坪整体被提升，与阶沿石齐平，使用方砖铺地。院内西侧存一古井（图6.3.98），经鉴定为明代遗存。

图6.3.97　木櫍柱础

因檐廊不存，现存南立面金柱间安装门窗，外墙清水做法。明间一门两槛窗，现对开板门非原件，根据遗存的雕花连楹，推测原对开板门较高。门两侧用槛窗，上部为平开窗，下部使用木槛墙，东侧金柱左下角于木板上开一火焰形猫洞。次间为组合式槛窗，中间为一列三扇支摘窗，两边为四抹无纹对开木板窗（图6.3.99）。

图6.3.98　古井

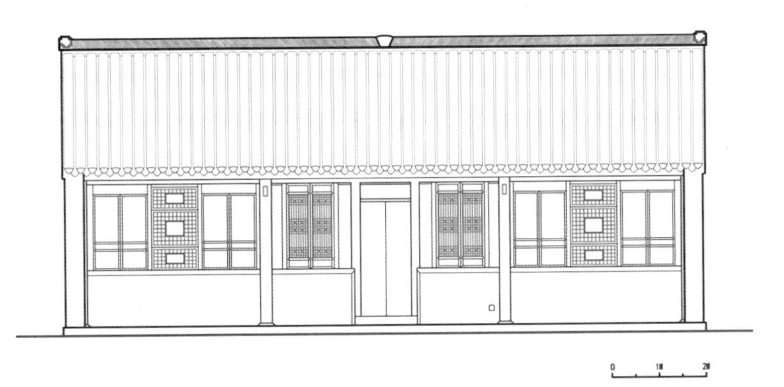

图6.3.99　南立面测绘图

九、周法高故居

（一）建筑背景

周法高（1915～1994），字子范，号汉堂，取名“法高”，冀其“法高祖礼门公”之意，东台市安丰镇人，当代中国语言文字学家。

周法高故居位于东台市安丰镇七里长街北段的江宁馆巷，建于明代，2009年被公布为盐城市文物保护单位（图6.3.100）。

图6.3.100　周法高故居南立面

（二）现状概述

周法高故居原院落格局已不存，现仅存一栋建筑，面阔四开间，于三开间东侧增加一开间（以下简称套间）。周法高故居的房屋产权现归当地房产管理所所有。现东次间及套间为居住空间，明间摆放台球桌，西次间堆放杂物，包括被拆卸的槅扇门。因缺少专业维护，建筑墙砖松动、酥碱，屋脊及屋面残损，木椽、望板糟朽，梁架倾斜、变形，垫板、串枋等木构件缺损。木构架因构件缺失导致受力出现问题，现三架梁与五架梁之间以木柱支撑。檩条、柱子出现不同程度的糟朽、开裂，部分柱子被白蚁蛀蚀，情况较严重。

（三）建筑本体

周法高故居整体建筑坐北朝南，硬山，面阔四开间，约12.3米，进深七檩，约6.5米（图6.3.101）。明间五架梁抬梁，檐柱、金柱落地，七檩前后廊式（图6.3.102）。圆作，三架梁、五架梁做月梁。木构件用料较大，明间前檐金柱直径达31厘米，脊檩直径达26厘米。金柱出丁头栱上置梁垫，承托五架梁，栱件用足材。五架梁两端出头无雕饰，与金柱交接处斜项做剥腮。五架梁上置荷叶墩，以单斗只替承接上金檩，

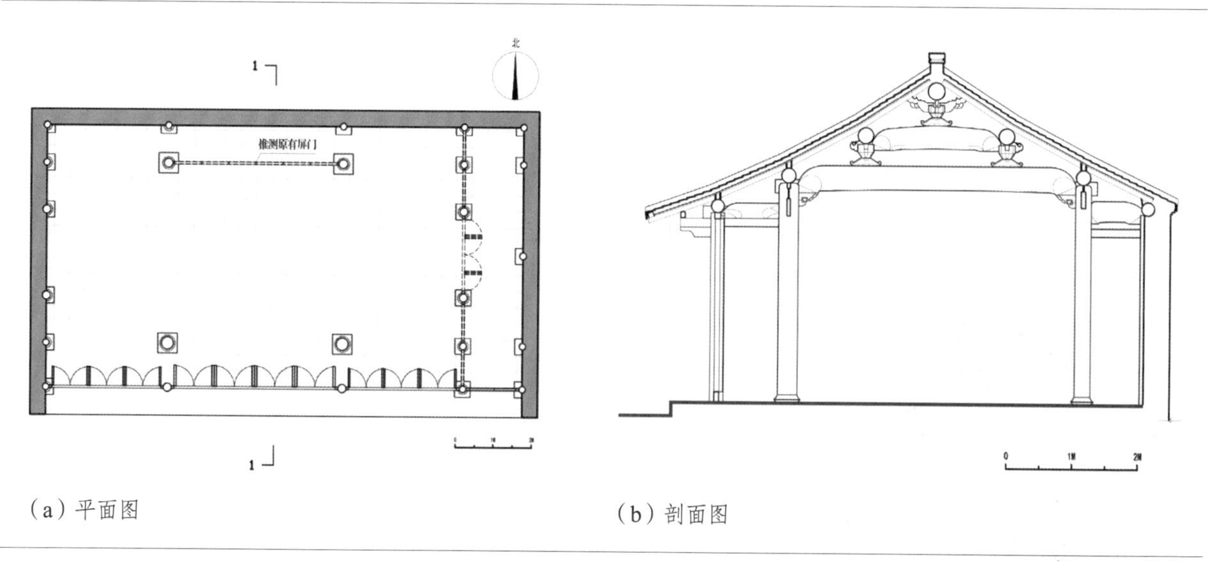

图6.3.101　周法高故居测绘图

坐斗使用瓜棱斗。三架月梁与坐斗交接处斜项做剥腮，梁头有雕饰。三架梁上置荷叶墩，瓜棱斗出一跳栱件，上置短替承脊檩，旁出抱梁云。脊部瓜棱斗旁出山雾云。山雾云、抱梁云、三架梁头、短替、坐斗等均装饰木雕。由前檐金柱及与之承接的上金檩所遗留的痕迹判断，原设通长替木、垫板及串枋（做法与明间相同）。五架梁下三个圆形印记清晰可见，推测原表面镶嵌铜钩，用于挂灯笼。

西次间山面除中柱外，六柱落地（图6.3.103）。各柱之间的单步梁、双步梁、抱头梁均为扁作月梁，穿斗结构，下部以串枋相联系，串枋以上用护墙板。山面梁枋无装饰，梁与柱交接处斜项做剥腮。双步梁与明间三架梁上做法相同，仅山雾云、抱梁云雕刻图案，但不如明间木构件复杂。前檐金柱及与之承接的上金檩下原设通长替木、垫板及串枋（做法与明间相同），现仅遗留残痕。后檐金柱及后檐柱上部可见卯口及构件被截断后遗留的痕迹（图6.3.104），推测原有通长替木等木构件。

东次间东缝梁架样式与西次间山面梁架相同。东次间及套间串枋以上被住户用塑料布遮挡，无法看清全貌。套间山面梁架中柱落地，穿斗结构，扁作月梁，串枋以上用护墙板（图6.3.105）。

明间、次间前檐柱间设槅扇门，根据明间后檐金柱（图6.3.106）内侧遗存的门框及后檐下金檩串枋下的铲口[21]痕迹推测，后檐金柱间原有屏门。该建筑原空间开敞，明间、次间无分隔，但现以砖墙及槅扇门分隔。由东次间东缝（图6.3.107）上槛残留的铲口和上门楹以及木柱内侧残留的痕迹推测，该处原有木框，东次间与套间之间原以槅扇门分隔。室内地面以40厘米见方的方砖铺地。柱础为木櫍（图6.3.108）。

屋面木椽样式为荷包椽，上铺木望板。前檐木檐，

图6.3.102　明间梁架

图6.3.103　西次间梁架

图6.3.104　西次间后檐步

图6.3.105　套间山面梁架

图6.3.106　明间后檐金柱

图6.3.107　东次间东缝

虽未做飞椽，但出檐约1.1米。抱头梁下木枋由檐柱穿出，上承挑檐檩，下以雀替承托。雀替为横向L形构件，长47厘米，宽15厘米，出檐较远，雕有花卉题材纹饰。檐椽样式为半圆椽，上铺木望板（图6.3.109）。

图6.3.108 木櫍柱础

图6.3.109 檐椽

图6.3.110 槅扇门

南立面设槅扇门，明间八扇，次间六扇，题材形制较统一（图6.3.110）。套间两扇槅扇门，形式较明间、次间简单。明间、次间槅扇门上夹堂板均以宝相花为题材；中夹堂板裙板有香炉、花篮、琴、书卷等博古纹样；裙板则均以十二月花卉为题材，下夹堂板花形一致。

屋脊分段处理，3 + 1形式，西侧三开间通长，套间做独立屋脊（图6.3.111）。西侧三开间屋脊脊头已毁，东套间脊头起翘角度较高，两端做灰塑，东侧脊头下以望砖拼砌成镂空的图案，但损坏较严重，原状已不清。

图6.3.111 屋脊

第四节 总结

盐城地区传统建筑保存较少，且建筑群格局均不完整，保存现状令人担忧。尚存的传统建筑中，有相当数量的明代建筑及明式建筑，在苏北地区较为罕见。这些传统建筑单体的历史价值较高，但与其相关的著作、论文、调研报告数量较少，因此本次调研将重点放在了这些明代建筑上。因时间及人力有限，本次调研未对重点区域以外的传统建筑做深入研究，仅对部分信息相对完整、历史价值较高的传统建筑进行了三维数据采集。虽有初步成果，但调查对象还不够全面，希望今后可以取得更加完整、深入的调研成果。

注释

1. “盐城史志”网站，http://szw.yancheng.gov.cn。
2. “盐城史志”网站，http://szw.yancheng.gov.cn。
3. 数据引自盐城市亭湖区政府网站，http://www.tinghu.gov.cn。
4. 数据引自盐城市盐都区政府网站，http://www.yandu.gov.cn。

5. 数据引自东台市政府网站，http://www.dongtai.gov.cn。
6. “盐城史志”网站，http://szw.yancheng.gov.cn。
7. “盐城史志”网站，http://szw.yancheng.gov.cn。
8. “史料多称古射阳是山阳的前身，暨今之淮安县的前身。……”见于利娟：《古射阳考》，《内蒙古农业大学学报（社会科学版）》2010年第2期，第351页。
9. 盐城市盐都区政协文史委员会编：《盐城县名史话》，《盐城地名典故》，2009年内部资料，第4页。
10. 吴必虎：《明初苏州向苏北的移民及其影响》，《东南文化》1987年第2期，第47～52页。
11. 于海根：《民国期间苏北淮南盐区废灶兴垦史研究》，《东南文化》1994年第1期，第66～77页。
12. 安丰镇，“初名小淘浦，一名东淘。汉代已立灶煮盐。唐为海陵监小淘盐场。宋季以‘民安业丰’，改名安丰，一称安丰场。明、清为泰州分司诸盐场之巨，设盐场大使。1912年富安、梁垛两场并入，改名安梁场。1938年场废，改名安丰镇”。富安镇，“五代南唐为海陵监虎墩盐场，一名虎墩。宋范仲淹倡筑捍海堰起此，后改名富安，一名虎阜。历为富安场盐课司署驻地”。见单树模主编：“盐城市”，《中华人民共和国地名词典·江苏省》，商务印书馆1987年版，第287页。
13. “同意安丰历史镇区保护范围为：北至成长路，西至串场河，南至三仓河，东至海河，面积约39公顷。同意古南街历史文化街区保护范围为：北至安时路，南至安时河，以北玉街和南石桥大街为中轴，包含王家巷、乌龙巷、袁家巷、抬盐巷等主要街巷和传统院落空间，面积约3.8公顷，具体范围和面积在历史文化街区保护规划中确定。”见《省政府关于东台市安丰历史文化名镇保护规划的批复》（苏政复〔2015〕112号）。
14. “富安历史镇区保护范围，同意为北至方塘河，西至串场河，南至五沟河，东至富盐河，面积约51.79公顷。富安历史文化街区保护范围，同意划定为以虎阜路为轴，北至湾儿头巷，东至庙门口巷，南至九龙港东路，西至米市街，面积约2.38公顷。”见《省政府关于东台市富安历史文化名镇保护规划的批复》（苏政复〔2017〕1号）。
15. 见盐城市政府网站，http://www.yancheng.gov.cn。
16. 回顶（卷棚）指的是“厅堂两步柱间之界数成单数，轩顶中心界架置弯椽，有三界回顶及五界回顶”。见祝纪楠编著，徐善铿校阅：《〈营造法原〉诠释》，中国建筑工业出版社2012年版，第351页。
17. 李新建：《苏北传统建筑技艺》，东南大学出版社2014年版，第28页。
18. “明瓦是半透明薄片的蚌壳称蛤蜊壳，做成方形，或其他异形。”见祝纪楠编著，徐善铿校阅：《〈营造法原〉诠释》，中国建筑工业出版社2012年版，第148页。
19. 李新建：《苏北传统建筑技艺》，东南大学出版社2014年版，第62～63页。
20. 刘大可：《中国古建筑瓦石营法》，中国建筑工业出版社1993年版，第84～86页。
21. “门窗框上装门窗扇的位置，须刨低板寸（14毫米），称为‘铲口’留肩，作为挡窗用，樘子料边角处都应起（木角）线脚装饰。”见祝纪楠编著，徐善铿校阅：《〈营造法原〉诠释》，中国建筑工业出版社2012年版，第138～140页。

第七章　宿迁市

第一节　概况

一、基本情况

（一）地理位置和气候特点

宿迁市位于江苏省北部，北纬33° 57′，东经118° 17′，北倚骆马湖，南临洪泽湖，与徐州市、连云港市、淮安市及安徽省宿州市接壤，京杭大运河穿境而过（图7.1.1）。宿迁市属徐淮黄泛平原区，地势总体格局呈西北高、东南低，最高点海拔71.2米，最低点海拔2.8米。

宿迁市属南温带湿润气候，光热资源比较优越，四季分明，气候温和，年平均气温14.1℃，1月平均气温-0.3℃，7月平均气温27.1℃，年降水量940毫米，年均日照总时数2291小时。[1]

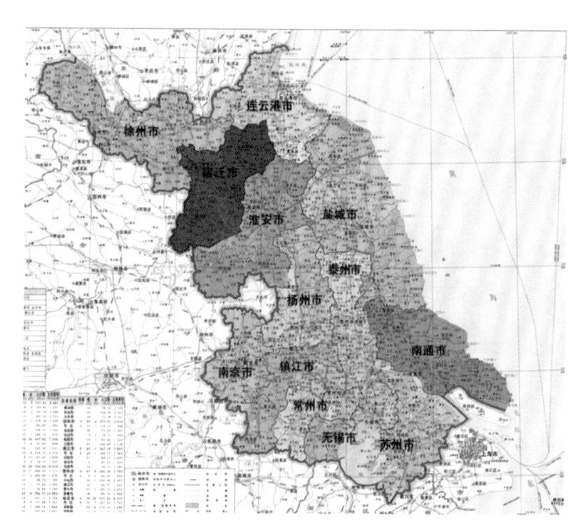

图7.1.1　江苏省宿迁市区位图

（二）市县建置、规模[2]

1996年7月经国务院批准，宿迁市由县级市改为地级市，经过多次区划调整后，宿迁市现下辖宿豫区、宿城区和沭阳县、泗阳县、泗洪县两区三县（图7.1.2）。截至2016年底，全市户籍总人口591.6万人。

宿豫区：2004年3月，改宿豫县为宿豫区。全区行政区域总面积686平方千米，全区户籍总人口约48万人。

宿城区：1996年设宿城区，为宿迁市主城区。全区行政区域总面积854平方千米，全区户籍总人口约72万人。

沭阳县：地处徐州市、连云港市、淮安市和宿迁市四市接合部。北周建德七年（578）置沭阳县，因县治位于沭水（沭河）之阳而得名，后建置历经更迭，明清曾属淮安府、海州，民国属东海专员公署、徐海行政公署。1983年初实行市管县（区）体制，沭阳县属淮阴市（今淮安市）。

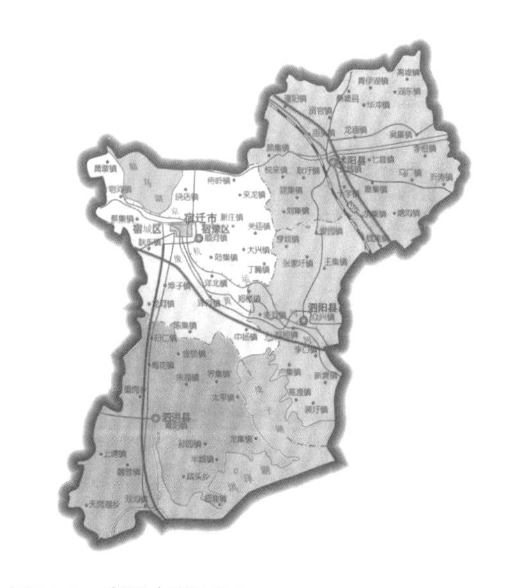

图7.1.2　宿迁市政区图

1996年8月，沭阳县隶属新成立的地级宿迁市。2011年，沭阳县被列为江苏省直管县三个试点县之一。全县行政区域总面积2298平方千米，全县户籍总人口约197万人。

泗阳县：东临淮安市，西接宿迁市城区，北依沭阳县，南傍洪泽湖。汉元鼎元年（前116）置泗阳县，因在古泗水北岸。自晋始至唐宋更名为宿豫县，金改为淮滨县，元、明、清三代称桃源县，直至1914年复称为泗阳县。全县行政区域总面积1418平方千米，全县户籍总人口约105万人。

泗洪县：位于宿迁市城区以南，洪泽湖西岸。1947年6月，泗南县与洪泽县湖西部分地区合并建立泗洪县，县名取两县首字而得名。1955年3月，泗洪县划归江苏省淮阴专区管辖。1996年8月，泗洪县由淮阴市划归宿迁市至今。全县行政区域总面积2731平方千米，全县户籍总人口约107万人。

二、历史沿革

（一）建置更迭

宿迁市历史悠久。在泗洪县境内发现的距今8000年左右的顺山集遗址，是目前江苏省境内最早的新石器时代遗址。春秋时为钟吾国，后宿国迁都于此，公元前113年，泗水国在此建都。秦时置下相县，东晋时改下相县为宿豫县，至隋朝仍为宿豫县，属泗州。唐代宗宝应元年（762），为避代宗李豫之讳，改宿豫县为宿迁县，属徐州。宋、元、明、清均为宿迁县，宿迁之名也沿用至今。宋、元时属邳州，明属淮安府。北宋建隆元年（960），黄河夺泗入淮，宿迁城被毁，北迁至今城南二里处。明万历四年（1576）为避黄河水患，将城迁至今天的马陵山麓（图7.1.3）。清属徐州府，1914～1927年属徐海道，1934～1938年属淮阴行政督查区，抗日战争和解放战争时期分属宿豫县和泗苏县，1949年属苏北行署区淮阴专区，1952年属江苏省淮阴专区，1970年属淮阴地区，1983年3月划归淮阴市。1987年经国务院批准，撤销宿迁县，设立县级宿迁市；1996撤销县级宿迁市，设立地级宿迁市，辖宿城区和沭阳县、泗阳县、泗洪县、宿豫县；2004年经国务院批准，撤销宿豫县改宿豫区，从而形成目前宿迁市三县两区的建置。

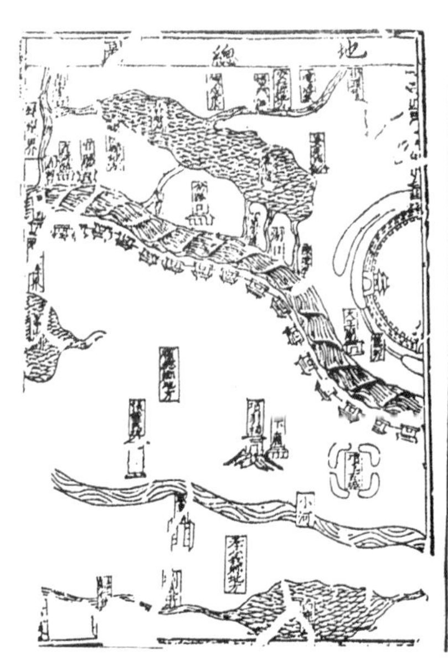

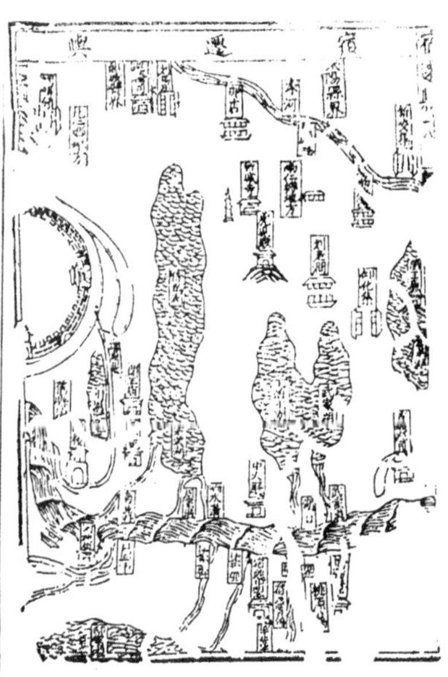

图7.1.3　宿迁舆地总图（图片引自《天一阁藏明代方志选刊·万历宿迁县志（江苏）》续编八，上海书店1990年版）

（二）城镇兴衰

京杭大运河开凿以来，河道在宿迁境内自南向北迁移。元代起，宿迁境内的黄河河道就被用作运河河道。明、清以来，宿迁作为运河重镇，前后延续五百余年。明清时期，运河流经宿迁境内，对当地社会经济的发展产生了重要影响，极大地提升了宿迁的城市地位。清康熙《宿迁县志》描述宿迁“西望彭城，东连海澨，南引清口，北接沭沂，盖淮扬之上游，诚全齐之门户，七省漕渠咽喉命脉所系，尤匪细也”。漕运的便利促进了运河沿岸城镇的经济发展，使得城市内道路增加、会馆建筑增多、民间庙会活动盛行，皂河镇、洋河镇等宿迁运河重镇都发展成为繁荣的商业市镇。清咸丰五年（1855），黄河改道山东，苏北黄河、运河河道逐渐淤废，宿迁的城市地位也随之动摇，社会经济逐渐走向衰落。

三、保护概况

（一）历史文化名城、名镇

宿迁市目前虽不是历史文化名城，但因中国大运河项目成功入选世界文化遗产名录，作为大运河沿线27个申遗城市之一，也有皂河镇龙王庙行宫和中运河段两处入选。大运河宿迁段两岸分布着丰富的文化遗产，尤以历史文化名镇宿豫区皂河镇分布的遗产点最多。皂河镇北临骆马湖，南接黄河故道，京杭大运河穿境而过，镇内分布大量历史文化古迹，如龙王庙行宫、陈家大院、合善堂、财神庙等明清建筑，彰显了皂河镇丰富的历史文化底蕴。

（二）文物保护单位

截至2013年8月，宿迁市有全国重点文物保护单位4处，分别为龙王庙行宫（含御码头遗址和御马路遗址）、晓店青墩遗址、三庄墓群、大运河宿迁段，省级文物保护单位13处，市级、县级文物保护单位75处，涵盖了线性文化遗产、古建筑、古墓葬、古遗址及近代革命纪念地等多个类型。在宿迁市第三次文物普查中，全市共调查和登记不可移动文物419处，其中新发现158处有文化价值的历史文化遗存。[3]

四、调研概况

宿迁地区的传统建筑调研工作始于2013年4月，2014年9月再次进行了详细调查，并在前期调查的基础上，选择研究案例。2016年1月完成了第三次调研，进行了重点调查和测绘。宿迁地区的三次调研主要选择了传统建筑分布相对集中的宿豫区、宿城区、湖滨新区的皂河镇、洋河新区的洋河镇，以及泗阳县的花井村等。此次调研涵盖宿迁市内的孔庙大成殿、极乐律院、道生碱店等传统建筑单体，以及东大街传统民居建筑群、皂河镇公共建筑群、洋河镇清代古建筑群等传统建筑集中分布的区域，主要记录了这些传统建筑的原始信息和现状。宿迁地区的调研范围主要包括明清至民国的传统民居建筑与公共建筑群，调查点共计18处（表7.1.1）。调查对象以各级文物保护单位为主，其中有的已经得到修缮，有的仍处于被破坏甚至濒临拆除的状态。

表7.1.1　宿迁市传统建筑调查点

序号	所在区	名称	年代	不可移动文物分级	调查深度
1	宿城区	极乐律院	明清	第五批省级文物保护单位	详细调查
2		道生碱店	民国	第七批省级文物保护单位	详细调查
3		耶稣堂	民国	第六批省级文物保护单位	详细调查
4		孔庙大成殿	明清	第六批省级文物保护单位	基础调查
5		显伯佑行宫	清	第二批市级文物保护单位（2005）	基础调查
6		东大街	清	第二批市级文物保护单位（2005）	详细调查

续表

序号	所在区	名称	年代	不可移动文物分级	调查深度
7	宿城区	大王庙	明	第一批市级文物保护单位（2001）	基础调查
8		仁济医院	民国	第一批市级文物保护单位（2001）	基础调查
9		洋河古建筑群（戴家古民居）	清	第三批市级文物保护单位（2009）	基础调查
10		洋河古建筑群（胡家古民居）	清	第三批市级文物保护单位（2009）	基础调查
11		洋河古建筑群（吴家大院）	清	第三批市级文物保护单位（2009）	基础调查
12		洋河古建筑群（熊家古民居）	清	第三批市级文物保护单位（2009）	基础调查
13		洋河古建筑群（张家古民居）	清	第三批市级文物保护单位（2009）	基础调查
14	宿豫区	龙王庙行宫	清	第五批国家级文物保护单位	重点调查
15		财神庙	清	第二批市级文物保护单位（2005）	详细调查
16		陈家大院	清	第二批市级文物保护单位（2005）	详细调查
17		合善堂	清	第二批市级文物保护单位（2005）	详细调查
18	泗阳县	花井村朱王组茅屋	民国	—	基础调查

五、保存概况

（一）建筑分布

宿迁市的传统建筑呈集中分布的只有市区的东大街、皂河镇和洋河镇三处。东大街的传统建筑为清代至民国的传统民居建筑群，因缺乏有效保护已遭到一定程度的破坏，目前保存下来的道生碱店、沈家大院等省级、市级文物保护单位内部均已空置。皂河镇的传统建筑沿京杭大运河串联式分布，既有行宫、庙宇等公共建筑，也有民居大院等私人住宅。洋河镇的传统建筑则沿镇、村、街、巷排列，多为清代传统民居建筑群，各民居大院均有人居住，但部分院落和房屋内部经改造后，格局已发生较大改变。此外，宿迁市区内还零星分布着一些传统建筑，多位于城市道路两侧和商业广场、学校、医院之中，但历史环境大多已不完整。泗洪、沭阳等县也有少数传统建筑分布，多为民居。

（二）建筑年代和类型

明万历年间，形成了位于今址的宿迁新城，故现存的地面传统建筑均为明代以后所建造。宿迁地区现存年代最早的传统建筑为坐落于宿城区的极乐律院和位于宿迁市钟吾初级中学内的孔庙大成殿，均为明末清初始建，后历经多次修缮。其他公共建筑和传统民居建筑则为清代至民国时期所建（图7.1.4）。宿迁地区的中国传统建筑包括大型建筑群，如行宫、寺院、孔庙等，以及传统民居建筑（大型的院落、小型的住宅）。此外，还有中西合璧的传统建筑，如近代教堂、商业建筑、医院等，均为清末民初西方建筑文化传入后所形成的。

（三）修缮情况

宿迁市已修缮的传统建筑主要是属于各级文物保护单位的公共建筑，如龙王庙行宫、合善堂、财神庙

(a) 极乐律院

(b) 清代传统民居建筑群

(c) 耶稣堂

图7.1.4 不同年代和类型的传统建筑

等，修缮后均对公众开放。孔庙大成殿、极乐律院、显伯佑行宫，以及道生碱店、耶稣堂等近代建筑虽已得到修缮，但尚未完全对外开放。此类修缮除采用传统工艺外，还使用了大量的现代保护技术和手段，如道生碱店采取了同步平移抬升技术。修缮工作基本达到了尊重传统建筑历史原貌的要求，但极乐律院大雄宝殿等少数破坏程度严重的传统建筑只能以复建的方法加以恢复。相对于公共建筑，宿迁市区和各县、镇传统民居建筑的修缮力度则明显不足，除陈家大院外，市区东大街和洋河镇的传统民居建筑群基本已被居民随意改造或废置（图7.1.5）。

(a) 孔庙大成殿（修缮中）

(b) 道生碱店（修缮后）

(c) 极乐律院玉佛楼（修缮前）

(d) 东大街传统民居建筑群（未修缮）

图7.1.5 传统建筑的修缮情况

第二节 传统建筑研究概述

一、街巷格局

明万历四年，黄河水患威胁宿迁县城，知县喻文伟迁城于马陵山，新城（即今宿迁市老城区）以马陵山为中心展开，并沿城周筑造一圈圆形城墙。明万历《宿迁县志·山川志》记载："马陵山去旧治北二里，高十五丈，周围二里。……上有玉虚观，今在新迁城北。"根据史料可知，宿迁城墙北面不开城门，正南、正东、正西各开一门，县城西北方为骆马湖，西南方有黄河流过（图7.2.1）。

清咸丰年间，知县王献琛重修宿迁城，并在城外增建土圩，长一千六百余丈。清光绪十九年（1893），知县萧仁晖续修，又在城外建哨门（又作稍门）、吊桥、炮楼、涵洞等。清晚期，黄河废弃，

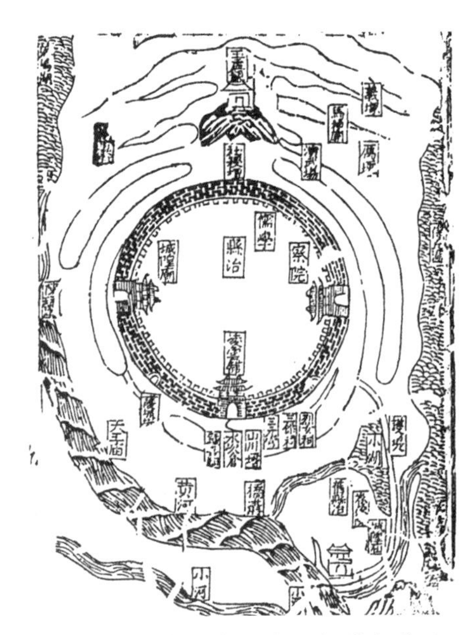

图7.2.1　新城形胜图（图片引自《天一阁藏明代方志选刊·万历宿迁县志（江苏）》续编八，上海书店1990年版）

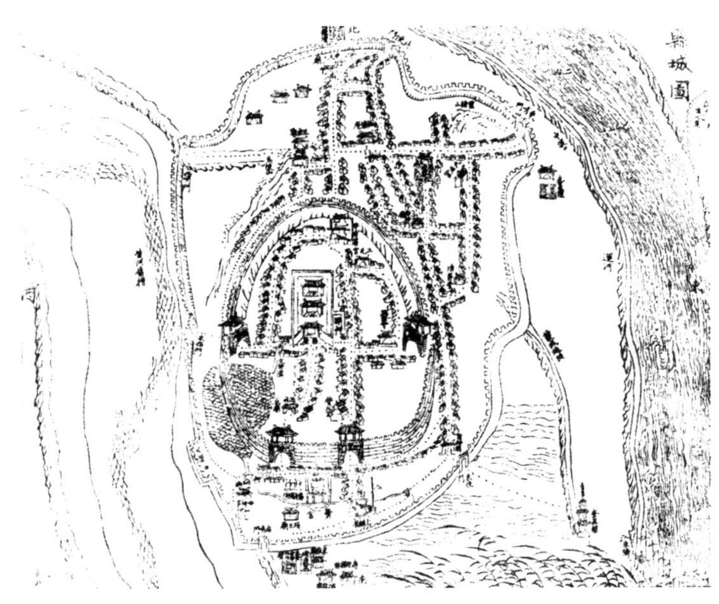

图7.2.2　县城图（图片引自〔清〕严型等修，冯煦等纂：《江苏省宿迁县志》，台北成文出版社1935年版）

运河兴起，从县城东北往南流过的运河水路成为宿迁对外往来的主要交通方式之一，道路和传统建筑也随之逐渐向城东北扩展。民国时期，宿迁已有内、外两重城墙，内城轮廓呈椭圆形，城墙南面开有两门，其他格局与明代相同（图7.2.2）。内城两南门向北有并行的南北向主干道两条，东西城门间有东西向主干道一条，城内西北方有曲线形道路一条。县署位于西侧南北向道路的北端，其他传统建筑都是沿各道路两侧规则分布。外城形状不规则，城墙四面开有便门、哨门多个，但各门之间并不呈直线对称。

宿迁外城与内城间的道路布置比较自由，各便门间相互连通。内城以南区域的公共建筑分布较集中，有学宫、项王庙等，北面和东面的传统建筑则以传统民居建筑群为主，道路呈直线和曲线交错，传统建筑数量较多，这与靠近京杭大运河，交通和生产、生活取水便利有关。

1949年后，宿迁各城门、城墙均被拆除，城内的马陵山也已没有明代高十五丈（约500米）的海拔。目前，宿迁地区散点式分布的传统建筑形态都比较孤立，传统建筑本身与周边街巷的空间组织联系已缺失，只有市区东大街和洋河镇两片较集中的传统民居建筑群和皂河镇的公共建筑与所在环境和周边街巷组织尚有关联。

清代，东大街位于宿迁砖城东门和土圩东门之间，北起财神庙，南至财神阁，长五百余米，主路两边小路密集（图7.2.3）。由于京杭大运河与黄河故道（即古淮河）在城东交汇，故东大街成为漕运必经之地。随着宿迁

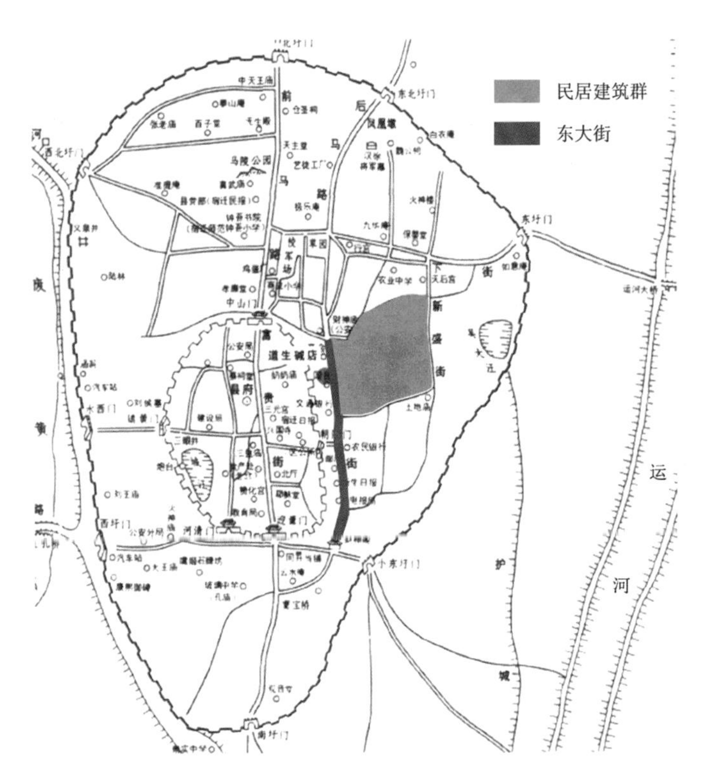

图7.2.3　东大街和周边传统民居建筑群（图片改绘自〔清〕严型等修，冯煦等纂：《江苏省宿迁县志》，台北成文出版社1935年版）

的商业发展，东大街在城中的地位也愈发重要，并成为宿迁旧城的商业和文化中心，官宦商贾集中在东大街东面建造住宅，形成了一片传统民居建筑群。现在，分布于东大街的传统民居建筑大多已被拆除，但通过残留痕迹仍能观察到外部边缘规则、内部组织自由的街巷格局：在被现代道路围合的一个规则的矩形平面中，以每户大院为单位组成传统建筑群，四周道路均有入口，各大院落间又有曲直多变、宽窄不一的小街巷进行道路组织。洋河镇传统民居建筑群的街巷格局与东大街不同，传统建筑沿小街巷穿插分布，建筑群外部的街巷格局自由不规整，一般不沿外部主要街道的一面开门，而是把入口藏于次级的小巷中。皂河镇的传统建筑以公共建筑为主，也有民居院落，各传统建筑均临运河西岸，沿一条南北向道路依次串联分布，呈直线纵深排列并向两翼展开，传统建筑周边的街巷组织简洁流畅。

二、建筑群格局（图7.2.4）

宿迁市境内无高山，传统建筑群多建于市镇中的平缓地带，建筑无水平落差，仅少数沿运河、坡地建造的传统建筑群有小幅的高差变化，与徐州市沿山势营造的传统建筑群出现的大幅落差不同。宿迁地区传统民居建筑群的格局按规模和形制可分为大、中、小三类：①有院落的封闭式大型传统民居建筑群，外部围墙围合，院落不止一路，每路院落的建筑沿纵向轴线分布，但与传统四合院规整的院落形态不同，院内建筑布局较为自由，并不严格按照中轴线对称布置，如陈家大院，为三路两进院落，坐北朝南，入口沿街朝西开，院内建筑没有严格的围合关系，正房位于中轴线最末端，中轴线两侧无厢房，三路院落在横向上贯通；②无院落的封闭式中型传统民居建筑群，以房屋围合成封闭的院落，房屋外墙即为建筑群的外立面，如宿城区东大街的沈家大院，院落平面均由沿中轴线排列的两进院落组成，坐北朝南，每进院落由主房和厢房围合，院内有楼梯通向二层，入口设在沿街一面，各大院开设入口的倒座常沿街呈直线排列；③半封闭式小型传统民居建筑群，多为一主房、两偏房构成的简单三合院，院落无密闭的围合关系，这类传统民居建筑群建造年代普遍较晚，一般在清末民初，布局不规范，多见于洋河镇传统民居建筑中。除以上三种类型外，泗阳县花井村曾发现几座夯土草顶的茅草房，均为坐北朝南的一进院落，由主屋、堂屋、两厢房和院墙组成，这是一种因地制宜的传统乡土建筑。[4]

（a）大型传统民居建筑群（陈家大院）

（b）中型传统民居建筑群（沈家大院）

（c）小型传统民居建筑群（张家古民居）

（d）茅草房（泗阳县花井村）

图7.2.4　宿迁地区传统民居建筑群格局（图片引自汪永平、王盈：《苏北泗阳花井村茅屋调研》，《艺术百家》2012年第S2期）

宿迁地区的公共建筑主要分为大型和小型两类，都为一路一进或一路多进（图7.2.5）。简单的普通公共建筑为一进或两进，复杂的官式建筑通常为一路多进。这两类公共建筑都比较封闭，有完整的院墙围合，院墙依地形而建，沿建筑群四边分布并不严格对称。公共建筑大门前均有影壁，院落和各进建筑单体沿中轴线对称分布。

（a）一进院（大王庙）

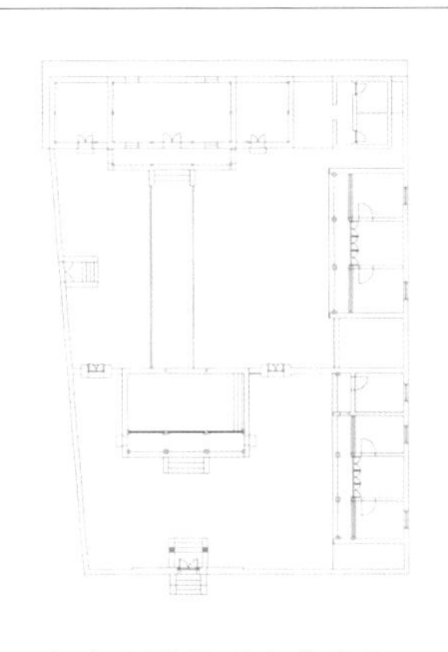

（b）两进院（合善堂）

（c）影壁（合善堂）

图7.2.5　宿迁地区公共建筑格局

三、建筑单体

（一）建筑平面（图7.2.6）

宿迁地区的传统民居建筑普遍为三开间，院落中重要的主房有五开间，而七开间案例通常仅见于大型公共建筑的大殿。三开间的传统建筑简单、规整，多为两坡对称的矩形平面；五开间的传统建筑空间布置灵活多变，有“明三暗五”形式和在三开间两侧各加一间耳房的五开间形式。公共建筑有的为长短坡，在加耳房做法时，总平面呈凸字形。个字梁（宿迁地区说法，结构基本与金字梁相同）的小型传统民居建筑多为一间进深；大型的抬梁式传统民居建筑厅堂进深为三间七檩。公共建筑中有增加檐步和带回廊的建筑，进深一般为两间到四间，大型抬梁式公共建筑的进深为九檩到十一檩。在抬梁式构架的传统建筑中，明间、次间和山面均有梁架，而个字梁构架的传统建筑在山面多无梁架。

（a）明三暗五（陈家大院）

（b）三间加两耳房（合善堂）

（c）三间七檩（东大街某宅厅堂）

（d）九檩（极乐律院藏经楼）

图7.2.6　建筑平面案例

（二）建筑立面（图7.2.7）

宿迁地区传统民居建筑为一层到两层，在东大街和洋河镇有一些两层楼的民居，其建造年代较晚，通常为清末至民国时期，门房和过邸在正立面，正立面、背立面均开设门窗。普通传统民居建筑的门窗，一般开设在沿街或面对院落的正立面。单层的传统民居建筑为明间开门、两次间对称开窗，门洞上方常做砖细装饰，窗多为直棂窗，开间较多者在正房正立面的每个开间均开设门窗，变化也较多，有一门多窗和多门多窗两种形式。两层的传统民居建筑通常在一层开一门两窗，二层开三窗，上下两层的门窗洞对齐开设。部分公共建筑会在檐墙和山尖以下位置开设圆洞窗。

（a）一门两窗（单层传统民居建筑）

（b）一门多窗，直棂窗（单层传统民居建筑）

（c）门窗洞（两层传统民居建筑）

（d）圆洞窗

图7.2.7　建筑立面案例

两层传统民居建筑的正立面除门窗位置外，均为砖墙实砌。两层公共建筑的正立面多使用木结构，一层明间多用槅扇门，次间使用槛墙、槛窗，二层也由木门、木窗构成，多做廊和木栏杆。有的公共建筑会在一层之上做披檐，用以分隔立面（图7.2.8）。

（a）极乐律院玉佛楼

（b）极乐律院藏经楼

图7.2.8　两层公共建筑正立面案例

宿迁地区传统民居建筑多为硬山顶，在前檐、后檐做叠涩砖封檐，檐口线条平直，屋脊曲线也比较平缓，只在两端稍稍起翘。山面形式有人字山和云山两种：人字山山墙顶部为砖线叠涩，有的做砖博风；云山山墙高于屋面屋脊，呈波浪形起伏，顶部由逐层出挑的三层砖线叠涩压顶。带前廊的公共建筑通常在前廊两侧山墙上开设券门，贯通廊与两头的空间（图7.2.9）。

（a）人字山山墙，砖博风

（b）云山山墙，砖线叠涩压顶

（c）三屏山墙（陈家大院）

（d）山墙券门（合善堂）

图7.2.9　檐部和山面形式案例

除大型公共建筑有条石台基外，宿迁地区传统民居建筑的墙身下部基本不用石材，通体以砖砌筑，多用立砌和顺丁砌法结合砌筑。墙面比较朴素，并无特别装饰，在结构加固处局部使用印子石和石过梁。总的来说，宿迁地区传统民居建筑的墙体上部以立砌为主，下部以平砌为主，且多为丁砖，但顺砌转立砌常占墙身面积的一半以上（图7.2.10）。

（a）上部立砌，下部平砌（东大街某宅）

（b）上部顺砖，下部丁砖（洋河镇某宅）

图7.2.10　墙面砖砌案例

（三）大木

1. 大木构架（图7.2.11）

宿迁地区的传统民居建筑规模普遍较小，一间房屋通常为三开间，室内共使用四缝梁架，八根柱落

（a）四腿八柱

（b）个字梁

（c）木楼梯、木楼板

（d）木楼梯盖板

图7.2.11　大木构架案例

地，每缝梁架和前檐柱、后檐柱构成房屋的木框架结构，当地俗称“四腿八柱”，柱体半埋入檐墙。清末民国时期常见的两层传统民居建筑，室内使用木梁架、木楼板和木楼梯，木楼梯设在房屋沿内墙的一侧，木楼梯顶端有盖板，盖合时二层楼板即全部封闭。

宿迁地区传统建筑主要的梁架样式有抬梁式和个字梁两种，此次调研中未发现穿斗式梁架的案例。有的抬梁式和个字梁传统建筑会带前廊，并因增加前廊步架而出现不对称的梁架和屋面。

抬梁式传统建筑的梁均落于柱上，梁上再承檩，这种结构主要见于公共建筑，但在东大街和洋河镇传统民居建筑中，规模较大的院落厅堂和正房也用抬梁式梁架。在明间使用抬梁式的房屋，山面也多使用抬梁式（图7.2.12）。

（a）极乐律院大方丈室

（b）东大街某宅

（c）洋河镇吴家大院

图7.2.12　抬梁式梁架样式案例

个字梁为宿迁地区的叫法，与徐州地区的金字梁结构相近，都是以两根斜梁支撑檩条，再在斜梁下置横梁，并以瓜柱连接梁间的三角梁架（图7.2.13）。但与徐州地区不同的是，宿迁地区的传统民居建筑在两根斜梁的交叉处下方常用一根脊瓜柱连接第一层横梁，使得两根斜梁和脊瓜柱的组合形式更像汉字“个”，因此被称为个字梁。宿迁地区的个字梁上端两根斜梁多交叉出头，脊檩落在交叉处。脊檩下常有一根圆形随梁枋，随梁枋与脊檩有一定间距，一般穿于脊瓜柱的中上端。宿迁地区传统民居建筑的个字梁梁架下常设置板壁，以分隔室内开间。普通传统民居建筑基本都使用个字梁，少数公共建筑的厢房和配殿也使用个字梁梁架样式。此类传统建筑有两种山面做法：一种是中柱落地的个字梁；另一种是硬山搁檩，不做梁架。

（a）个字梁下脊枋、脊瓜柱（戴家古民居）

（b）个字梁、板壁（东大街某宅）

（c）中柱落地（张家古民居）

（d）硬山搁檩（戴家古民居）

图7.2.13　个字梁梁架样式案例

宿迁地区的抬梁式传统民居建筑一般进深五檩到七檩（图7.2.14），普通房间的明间前檐柱、后檐柱落地，室内无金柱、中柱，但在山面常见中柱落地的案例。抬梁式厅堂使用金柱，在厅堂的明间和山面金柱及檐柱同时落地（图7.2.15）。中小型公共建筑正殿的进深为七檩，在带前廊或增加一个檐步进深时会增加一檩，如进深八檩的大王庙。大型公共建筑的正殿梁架结构均为抬梁式，进深为九檩或十一檩，如龙王庙行宫的龙王殿，殿内加连廊，进深共九檩，极乐律院的大雄宝殿则为进深十一檩（图7.2.16）。公共建筑的山面落地柱多于明间、次间，山面的前檐柱、后檐柱、内金柱、外金柱、中柱均落地以加固建筑整体结构。宿迁地区抬梁式传统建筑的明间、次间均无中柱落地的做法。

传统民居建筑和公共建筑的普通房间以及小型公共建筑的正殿均使用个字梁。个字梁的檩数一般为七檩到九檩，斜梁下通常做一层到两层横梁。传统民居建筑的个字梁梁架样式简单，明间、次间均为檐柱落地，只在山面有中柱落地。带廊的个字梁公共建筑室内为个字梁，室外廊部使用抬梁式，明间、次间的檐柱和金柱落地，有的山面也用中柱落地（图7.2.17）。

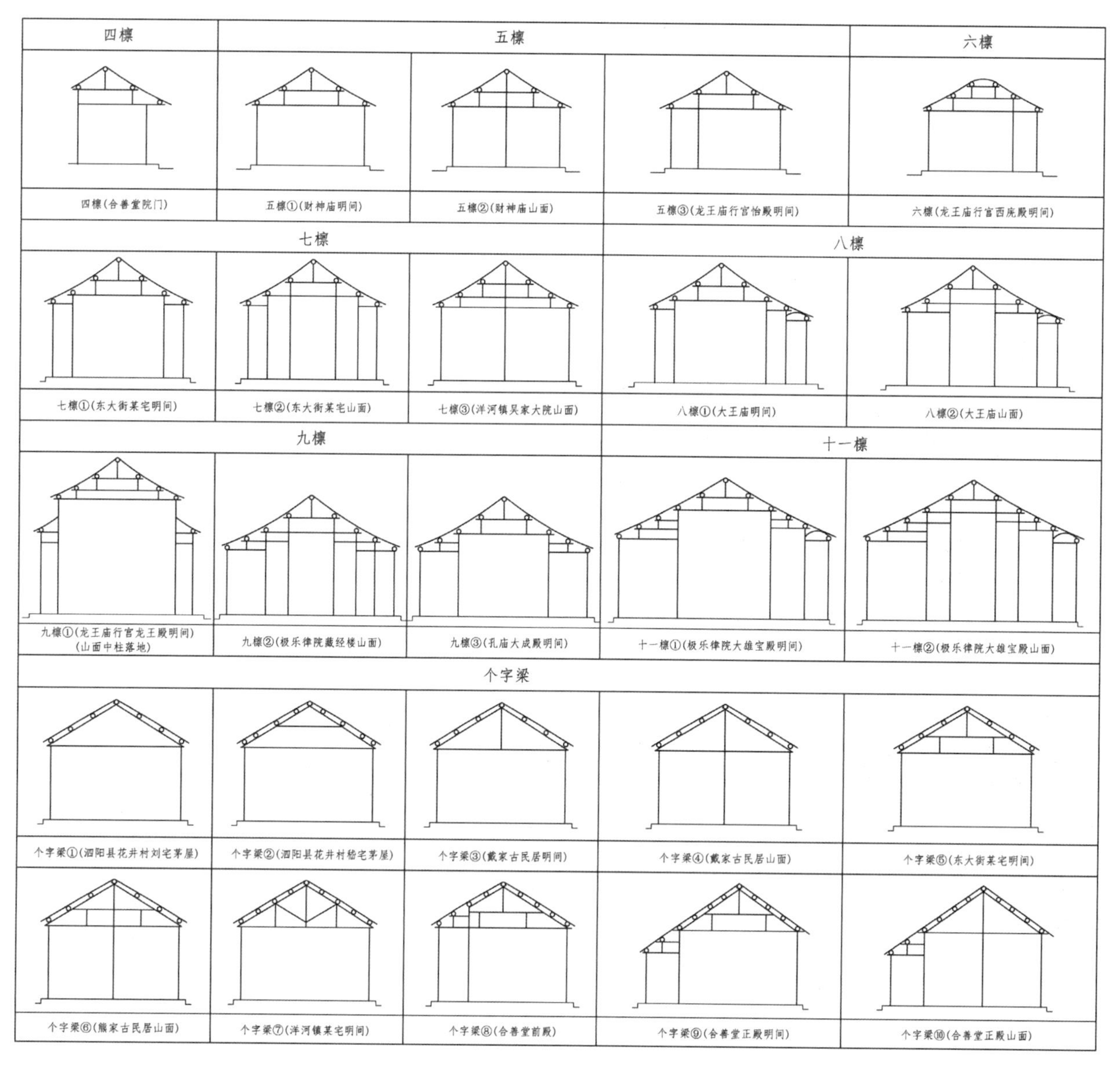

图7.2.14　宿迁地区梁架样式

(a) 明间五架梁，金柱落地（东大街某宅）

(b) 七架梁下做天花，檐柱落地（龙王庙行宫龙王殿）

（c）七架梁，明间檐柱山面中柱落地（洋河镇吴家大院）

（d）个字梁接双步梁（合善堂正殿）

图7.2.15　梁架案例

图7.2.16　进深十一檩（极乐律院大雄宝殿）

图7.2.17　梁架（合善堂正殿）

2. 大木构件

（1）柱（图7.2.18）

宿迁地区传统建筑的落地柱均为圆柱，目前未发现使用方柱的案例，柱头平断、无卷杀。普通传统建筑柱身通体素面，仅抹麻灰上漆，不做其他装饰，只在孔庙大成殿的柱上发现彩绘（柱头和梁间有斗拱）。墙内檐柱和山面柱的柱径比室内柱要小，且柱身大半包砌于墙体内。抬梁式传统建筑中的瓜柱以圆柱为主，也有方柱（如财神庙），瓜柱的上下两端均为平断，且不做鹰嘴，但在轩上的瓜柱常有装饰性的墩（如极乐律院、大王庙）。个字梁梁架中的瓜柱常做成上下细、中间粗的梭柱，脊瓜柱有时做得很细。个字梁传统民居建筑的柱直接落于地面，其他重要传统建筑均有石柱础。

（a）彩绘（孔庙大成殿）

（b）柱身部分包砌于墙体内（东大街某宅）

（c）方柱（财神庙）

（d）墩（大王庙）

（e）墩（极乐律院）

（f）梭柱（陈家大院）

图7.2.18　柱案例

（2）梁（图7.2.19）

宿迁地区传统建筑的梁分为圆作直梁、扁作直梁和月梁。普通传统民居建筑的梁架均为圆作直梁，扁作直梁通常用于孔庙、龙王庙行宫等大型公共建筑的室内梁架和檐廊的挑尖梁，月梁则只用于轩梁。在装饰方面，个字梁传统民居建筑的梁并无特别的装饰，斜梁和直梁的梁头通常直接插于檐墙内。抬梁式传统民居建筑的梁有简单的装饰，有的在梁柱交接处做剥腮，梁头雕刻卷草纹等图案。公共建筑的扁作直梁常饰有丰富的彩绘，并不做雕刻。轩下月梁与室内各缝梁架齐平，山面也有使用，梁身扁作，梁上雕刻花鸟、植物等纹饰。

（a）扁作直梁（龙王庙行宫）

（b）挑尖梁（龙王庙行宫）

（c）雕花月梁（极乐律院）

（d）梁头插于檐墙内（东大街某宅）

（e）梁头雕刻和剥腮（东大街某宅）

（f）梁身彩绘（龙王庙行宫）

图7.2.19　梁案例

（3）枋（图7.2.20）

宿迁地区的抬梁式和个字梁传统建筑均使用枋。抬梁式传统建筑的枋有紧贴梁、檩下部的随梁枋，也有随梁枋以及在梁、檩下间隔一段距离出现的串枋。公共建筑和传统民居建筑厅堂的檩下常使用方形断面的通长替木，替木用于室内各开间，并不只出现于明间。公共建筑的梁架中，通常最下方一根梁的随梁枋较宽，甚至超过梁宽。抬梁式传统建筑的枋多为通粗、扁长的方形枋。传统民居建筑中枋的装饰并不复杂，雕刻只见于枋头和挑檐檩随梁枋，如东大街某宅在枋两头做剥腮处理；而公共建筑中的枋身装饰则较为丰富，如孔庙大成殿的青绿旋子彩画，以及随梁枋下的回纹雕花替木。

个字梁传统建筑的脊檩下常有一根连于脊瓜柱的圆形脊枋，其他檩下均无枋。最下层的大横梁下有时带随梁枋，而上层横梁下带枋的案例目前仅见于东大街某宅。

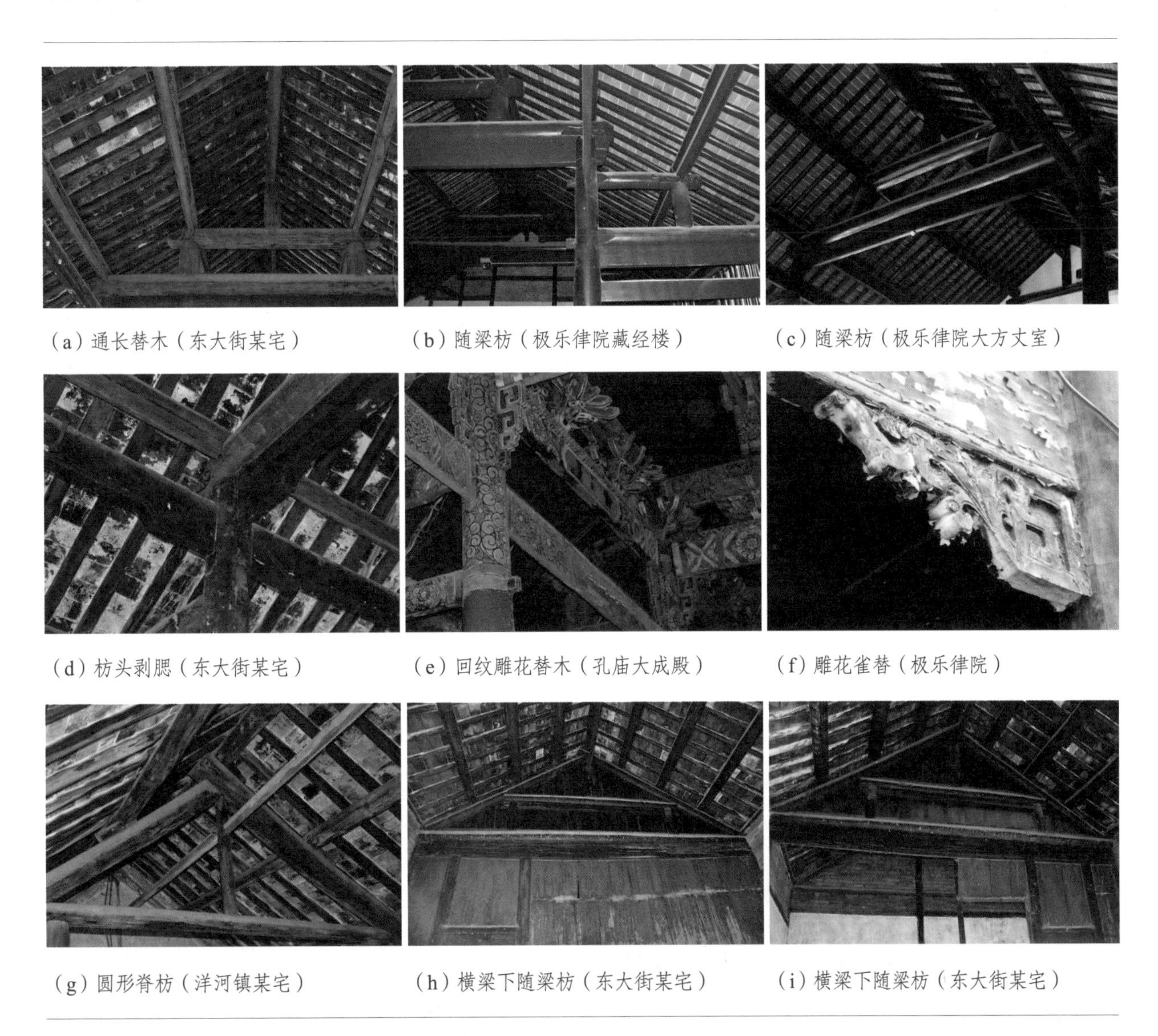

（a）通长替木（东大街某宅）（b）随梁枋（极乐律院藏经楼）（c）随梁枋（极乐律院大方丈室）

（d）枋头剥腮（东大街某宅）（e）回纹雕花替木（孔庙大成殿）（f）雕花雀替（极乐律院）

（g）圆形脊枋（洋河镇某宅）（h）横梁下随梁枋（东大街某宅）（i）横梁下随梁枋（东大街某宅）

图7.2.20　枋案例

（4）檩（图7.2.21）

宿迁地区抬梁式传统建筑的檩通常为通粗、素面圆檩，脊檩最粗。金檩和檐檩粗细相当，但用料小于脊檩。轩檩较细，且檩身均无装饰。高规格的厅堂在檐檩下会使用雕花垫板。个字梁传统建筑的檩条式样也较为简单，各檩粗细相同，檩间距相当，但组合及做法比较灵活。个字梁传统建筑的进深从五檩到十三檩不等，普通民居以七檩最为常见，公共建筑最多用到十三檩（如合善堂）。除了脊檩落在两斜梁顶部交叉处、各檩搁于斜梁之上的做法，为加固结构，常在檩和斜梁间使用木垫块或在檩上开凹槽做榫卯固定。在山面中檩条则直接插入山墙，做硬山搁檩。

（a）檩径变化（极乐律院）

（b）轩檩（极乐律院）

（c）檐檩下雕花垫板（东大街某宅）

（d）五檩，硬山搁檩做法（洋河镇某宅）

（e）十三檩（合善堂）

（f）个字梁檩下开凹槽，用木垫块（洋河镇某宅）

图7.2.21　檩案例

（5）椽（图7.2.22）

宿迁地区的普通传统民居建筑只使用室内的正身椽，前檐、后檐均为砖封檐，不使用檐椽。大型传统民居建筑院落的一些重要房屋中，明间檐部和门罩等位置用椽。公共建筑多用檐椽、飞椽、轩椽。大型公共建筑的檐椽多用元宝椽（荷包椽），飞椽均为方椽或扁方椽，在翼角处做元宝椽或圆椽。小型公共建筑和传统民居建筑由檐部伸出的门罩檐椽为半圆椽，飞椽为方椽（如陈家大院）。普通传统民居建筑的室内用方椽或

（a）明间檐椽（陈家大院）

（b）门罩檐椽（陈家大院）

（c）檐椽、飞椽（龙王庙行宫西配殿）

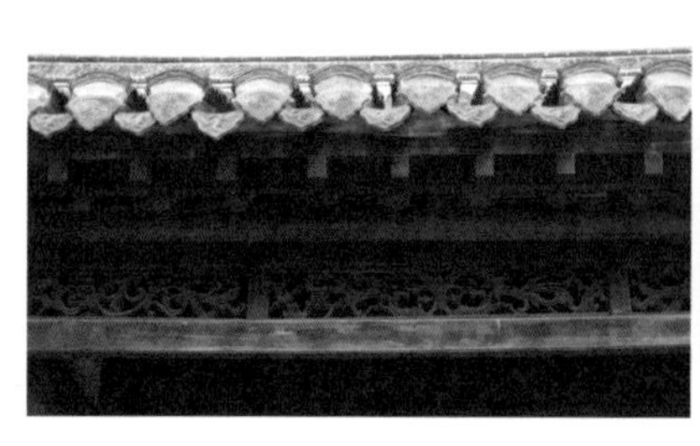

（d）元宝椽、方椽（合善堂）

（e）翼角圆椽（龙王庙行宫钟楼）

（f）元宝椽（洋河镇某宅）

（g）圆椽（龙王庙行宫禅殿）

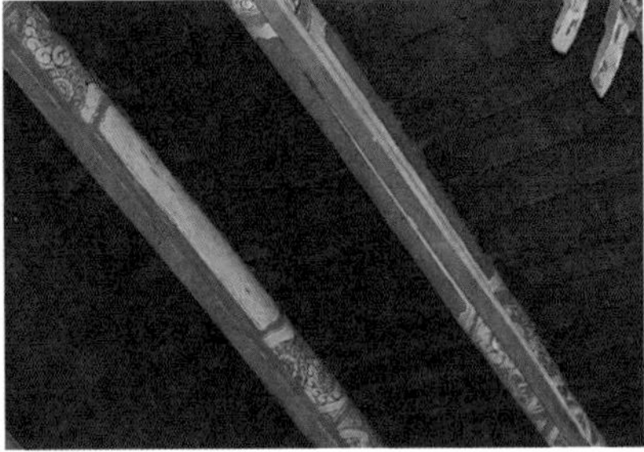

（h）扁方椽（孔庙大成殿）

（i）扁方椽（极乐律院）

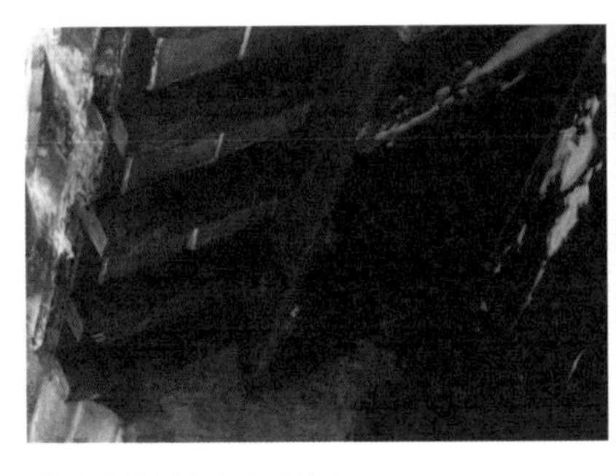

（j）闸挡板（大王庙）

（k）闸挡板（极乐律院）

（l）闸挡板、椽头砍杀（极乐律院）

图7.2.22　椽案例

半圆椽，规格较高的传统民居建筑厅堂和公共建筑室内则用元宝椽（孔庙大成殿使用扁方椽）。宿迁地区的轩椽为扁方椽，一般不做封檐板，公共建筑的檐椽椽头常有一根通长闸挡板，飞椽露出，椽头有砍杀，椽身除上漆外并无装饰。

（6）斗拱

宿迁地区的孔庙大成殿斗拱做法比较有特色，檐部做五踩溜金斗拱，室内檐部斗拱的瓜栱和厢栱上出两层雕花麻叶云，五架梁和串枋间、金檩和串枋间使用隔架科如意斗拱，栱和斗身均抹成斜面，栱身均施青绿旋子彩画（图7.2.23）。

（a）两层雕花麻叶云

（b）隔架科如意斗拱

图7.2.23　孔庙大成殿斗拱

本次调研中，仅在合善堂门屋、陈家大院正房檐下门罩发现使用插栱的做法（图7.2.24）。插栱层数从两层到四层不等，最下层都穿于前檐墙内，往上层层出挑，下层以坐斗承接上层，最上层承接檐檩。整体结构简洁，不做装饰。

（a）门屋插栱（合善堂）

（b）四层插栱（陈家大院）

图7.2.24　插栱案例

（7）云板、角背

宿迁地区传统建筑的梁架还会使用云板和角背（图7.2.25）。云板只用于抬梁式传统建筑，公共建筑的明间和次间梁架（如孔庙大成殿、龙王庙行宫禹王殿）、山面梁架（如极乐律院大雄宝殿）的脊瓜柱两侧均设有云板，而东大街传统民居建筑（如陆宅）的正房两山面梁架也有使用。宿迁地区的云板形式有两种，边缘为简洁的三角形或花边形，板面装饰细密雕花或施彩绘。

角背通常只用在抬梁式公共建筑的三架梁上，如龙王庙行宫、财神庙均有使用。角背均为方形，不施雕刻，与梁的彩绘装饰一致。

（a）云板（孔庙大成殿）

（b）明间和山面梁架云板（极乐律院大雄宝殿）

（c）山面雕花云板（陆宅）

（d）角背（龙王庙行宫怡殿）

图7.2.25　云板、角背案例

（四）小木

1.门窗

（1）板门（图7.2.26）

宿迁地区传统民居建筑的院门、房门均为板门，通常设置在砖墙的门洞中。板门由门框、门槛和两扇向内对开的板门组成，门槛两侧装有门枕石。重要房屋的板门上方使用门簪、门楹等装饰附件。此外，公共建筑券门内也使用对开的板门。

（a）板门（皂河镇某宅）

（b）门框、门槛、板门、门枕石（陈家大院）

（c）券门内板门（龙王庙行宫鼓楼）

（d）门簪（合善堂）

（e）门楹（陈家大院）

图7.2.26　板门案例

（2）槅扇门（图7.2.27）

宿迁地区传统民居建筑中较少出现槅扇门，此次调研仅在陈家大院中有发现。公共建筑的一层正立面多为槅扇门、槛窗或圆洞花格窗的组合，少数案例在正立面各开间全部做槅扇门，如极乐律院大雄宝殿。三开间的公共建筑在明间做槅扇门，每间用四扇到六扇；五开间的公共建筑在明间、次间均做槅扇门。槅扇门的装饰丰富，裙板上常雕刻如意题材的浅浮雕图案。

（a）四扇槅扇门（陈家大院）

（b）槅扇门（极乐律院大雄宝殿）

（c）四扇槅扇门（财神庙）

（d）明间、次间槅扇门（财神庙）

图7.2.27 槅扇门案例

（3）窗（图7.2.28）

槛窗一般用于公共建筑正立面两次间的槛墙上，多为四扇到六扇。宿迁地区两层传统建筑的正立面也多用槛窗，如极乐律院藏经楼在二层各开间全做半窗，独具特色。一层的槛窗上有时会使用横风窗，如极乐律院玉佛楼。槛窗和横风窗装饰比较简单，通常只做木格棂花。此次调研中发现，龙王庙行宫和极乐律院大雄宝殿等大型公共建筑的尽间墙面有圆洞花格窗，内部嵌有木花格和玻璃，兼具装饰和加强采光的作用。传统建筑山面山尖以下位置也使用圆洞窗，但窗洞内一般不用木格，只装玻璃，且建筑年代较晚。

直棂窗由窗框内横向的穿条和竖向的棂条组成，用于传统民居建筑大院的房屋中，不能打开。宿迁地区的直棂窗基本都是内、外两层的组合样式，外层直棂窗内加装槅扇窗，仅能从内部打开。此外，传统民居建筑也有不使用直棂窗，仅做普通对开槅扇窗的案例。

（a）槛窗（极乐律院玉佛楼）

（b）半窗（极乐律院藏经楼）

（c）横风窗（极乐律院玉佛楼）

（d）圆洞花格窗（龙王庙行宫）

（e）圆洞花格窗（财神庙）

（f）圆洞玻璃窗（合善堂）

（g）直棂窗（陈家大院）

（h）双层直棂窗（陈家大院）

（i）双层直棂窗内部（合善堂）

图7.2.28　窗案例

2. 轩（图7.2.29）

宿迁地区传统建筑用轩的不多，此次调研并未在民居中有发现，只见于抬梁式公共建筑的前廊，形成轩廊。轩的形式有船篷轩和鹤颈轩。轩内有两层抬梁，下梁上置柁墩承接上梁，上梁直接承轩檩。下梁均为直梁，只在外端做剥腮，梁下有随梁枋，上梁有弧形月梁，且装饰较多，梁头雕有卷云纹。轩内檩下随方形通

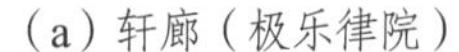

（a）轩廊（极乐律院）

（b）船篷轩（极乐律院）

（c）鹤颈轩（大王庙）

(d)轩内柁墩、剥腮(极乐律院)

(e)弧形月梁(极乐律院)

(f)山面轩(大王庙)

图7.2.29 轩案例

长替木，轩椽为扁方椽。轩梁与房屋梁架位置一致，是室内梁架向外廊的延伸，在各开间和山面均有。

3. 楼面板、隔板

楼面板在宿迁地区传统民居建筑中较为常见，两层房屋有木楼板隔层，隔层下方安装木搁栅和楞木以承托楼面板，木搁栅直接穿入山墙内，楞木连接落地柱。上下楼层由房屋内墙一侧的木楼梯连接，楼梯上端有盖板（图7.2.30）。

宿迁地区个字梁民居的明间、次间梁架上部和下部由竖向木板拼装，形成全封闭的一面隔板。这种隔板不能拆卸，只设置一扇门连接内、外开间。隔板为普通素面长条木板，无雕刻。此次调研中发现，陈家

(a)楼面板(洋河镇某宅)

(b)木搁栅穿入山墙(洋河镇某宅)

(c)木楼梯(洋河镇某宅)

(d)楼梯上端盖板(东大街某宅)

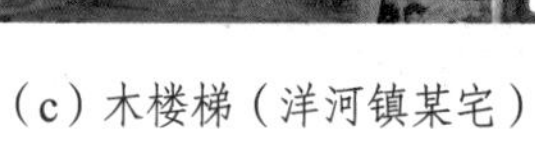

图7.2.30 楼面板案例

大院主房所用隔板有镂空花格装饰，但应为后期新做（图7.2.31）。

（a）隔板（东大街某宅）

（b）隔板及门（洋河镇某宅）

图7.2.31　隔板案例

4. 博风（图7.2.32）

宿迁地区的悬山建筑较少，普通民居山面多使用砖博风，此次调研中未见悬山木博风，但在门屋和门罩的侧面常见木博风。公共建筑中有歇山博风，如龙王庙行宫，在博风下方还设有木山花板。博风均为素面木板，但较高规格传统建筑的木山花板有雕刻装饰。

（a）门罩木博风（陈家大院）

（b）歇山博风（龙王庙行宫）

（c）门屋木博风（合善堂）

（d）木博风、木山花板（龙王庙行宫龙王殿）

图7.2.32　博风案例

（五）瓦石

1. 基础及地面

（1）基础（图7.2.33）

此次调研中未发现宿迁地区传统建筑有基础外露的情形，普通民居基本为砖墙砌筑且不使用条石墙基。仅在显伯佑行宫发现墙体以下使用碎石块做墙基。据此推测，宿迁地区的传统民居建筑基础层不深，主要是浅层夯土处理。在承重柱柱底和墙基以下挖有基坑，坑中以碎砖石填充，通常是采用苏北徐宿地区传统民居建筑较普遍的基础做法。大型、中型公共建筑则常使用台基，由打磨平整的石板砌筑而成，多分为三层，上层、下层石板平砌阶条和土衬，中层石板立砌陡板。小型公共建筑有时采用砖石结合或砖砌的台基。

（2）铺地（图7.2.34）

此次调研中发现，东大街和洋河镇传统民居建筑群的院落现已被改为水泥铺地，只有部分房屋室内还保持原有铺地，而陈家大院和各公共建筑的室外铺地也大多进行过修缮，原有铺地已无法看到。根据现状推测，宿迁地区的院落铺地为多种材料、样式的结合，铺地材料包括方石板、条石、条砖，所使用的铺地样式有方石平铺、条石平铺、条砖平铺、条砖斜铺、条砖立铺和条砖八锦方等。室外铺地的砖石通常仅略打磨平整，并不会打磨得过于光滑。连接每进院落的纵向轴线和院内连接两侧房屋房门的横向线路常铺设石材，在院落中形成十字形的石材甬路，而院落中其他位置（海墁）常用砖块铺八锦方样

（a）全砖墙（东大街某宅）

（b）碎石块墙基（显伯佑行宫）

（c）三层石板砌筑（龙王庙行宫）

（d）砖石结合台基（合善堂）

图7.2.33　基础案例

式，或以条石与立铺砖块组合形成甬路，以区别于院落中的铺地形式。公共建筑廊下和室内都用经过打磨的30厘米见方的青方砖（罗底砖）铺设，有斜铺和十字缝正铺等铺设方式，传统民居建筑则多为条砖正铺。

（a）三种形式铺地结合（陈家大院）（b）条砖平铺和条砖立铺（陈家大院）（c）方石平铺（龙王庙行宫龙王殿月台）

（d）条石平铺（合善堂）（e）石材甬路，条砖斜铺（龙王庙行宫）（f）石材甬路，条砖八锦方铺地（陈家大院）

（g）青方砖斜铺（合善堂檐廊）（h）青方砖十字缝正铺（极乐律院）（i）条砖正铺（洋河镇某宅）

图7.2.34 铺地案例

（3）柱础（图7.2.35）

宿迁地区的柱础样式不多，主要有古镜式、覆盆式、鼓式、方形素面等。个字梁民居的柱身大部分砌于墙体之中，柱础多埋于室内地坪之下不可见，从个别裸露的柱础案例可见其形式为方形素面石柱础。抬

（a）古镜式柱础（大王庙）（b）方形素面柱础（东大街某宅）（c）鼓式柱础（东大街某宅）

（d）檐柱木櫍（极乐律院）

（e）覆盆式柱础（孔庙大成殿）

（f）古镜式柱础（龙王庙行宫）

图7.2.35 柱础案例

梁式民居为金柱落地，柱下用石鼓。大型公共建筑的柱础以古镜式居多，兼有覆盆式，并与方形磉石连为一体，磉石表面与室内铺地砖同高，础身不高，离地约8厘米，磉石尺寸多为60厘米见方。檐柱的柱础也会使用石鼓，有时在木柱和磉石间使用木櫍。宿迁地区的柱础装饰较为简洁，大多为素面，少数案例则会在石柱础上部装饰一圈收边或连珠纹。

2. 屋身部分

（1）砖墙（图7.2.36）

宿迁地区的传统建筑以砖木结构为主，除公共建筑的台基使用石材，民居建筑的墙面均通体砖砌，不用石材，墙体较厚，约40厘米，木柱大部分砌于墙内，只在室内露出约三分之一。民居建筑外墙上开门洞、窗洞，门洞上方为一排立砌的砖过梁，两侧做三至四层砖细象鼻枭线脚。砖过梁底部的雕刻大多已被破坏，但从此次调研案例来看，考究的做法会在象鼻枭和过梁底部装饰雕刻，如戴家古民居砖过梁雕饰花卉植物纹，皂河镇某宅在砖过梁正中使用寿字纹砖。窗洞上也立砌一排砖过梁或砖券，砖券发券不多，常为木梳背式。公共建筑则有券门、券窗，均为石券，券窗只是装饰，无实用功能，如财神庙。传统建筑内墙常做抹角，通常用于室内柱两侧、门洞两侧内墙和窗洞两侧内墙处。此外，室内墙上还设有壁龛，且壁龛侧面也做抹角。

（a）木柱露出墙面三分之一（洋河镇某宅）

（b）象鼻枭和砖过梁（戴家古民居）

（c）象鼻枭和砖过梁（东大街某宅）

（d）木梳背式砖券发券（东大街某宅）

（e）券门、券窗（财神庙）

（f）室内柱两侧抹角（陈家大院）

（g）砖过梁寿字纹砖（皂河镇某宅）

（h）门洞抹角（陈家大院）

（i）窗洞抹角（东大街某宅）

（j）壁龛抹角（东大街某传统民居建筑）

图7.2.36　砖墙案例

（2）砌法（图7.2.37）

宿迁地区传统建筑的砖砌方式有平砌和立砌，并采用顺丁结合方式砌筑。民居建筑外墙立砌面积较大，普通民居的院墙和前檐墙、后檐墙下方0.5～1米处使用平砌，往上至檐部均为立砌。两层民居建筑多在一层外墙平砌，二层外墙立砌。在纵向上，洋河镇传统民居多为每五皮立砖间隔两皮平砖或每三皮立砖间隔两皮平砖，皂河镇和东大街的传统民居则多为每三皮立砖间隔一皮平砖；在横向上，立砌砖多是一顺一丁，而平砌砖的顺丁组合则比较自由。此外，过道墙面的套方砌法比较少见，如熊家古民居。山面砖的砌法与前檐墙、后檐墙相同，均以立砌为主，但在山尖以下一段（五皮砖到十五皮砖）均为平砌。山面还有一种比较独特的人字纹砌法，是用砖块窄面做水平方向和垂直方向的组合，这一砌法主要用于屋檐到山檐以下的山墙面，也有用于室内山墙面的案例，但在两内金柱间和内金柱、外金柱之间的墙面多用平砌，如东大街传统民居建筑和极乐律院等公共建筑。

（a）院墙墙面（陈家大院）

（b）东大街某宅

（c）东大街两层传统民居建筑

（d）三层立砌，两层平砌（洋河镇某宅）

（e）五层立砌，两层平砌（洋河镇某宅）

（f）三层立砌，一层平砌（东大街某宅）

（g）三层立砌，一层平砌（皂河镇某宅）

（h）套方砌法（洋河镇熊宅）

（i）山面立砌，山尖以下一段平砌（洋河镇某宅）

（j）山面人字纹砌法（东大街某宅）

（k）室内山面人字纹砌法（东大街某宅）

（l）室内山面人字纹砌法（极乐律院）

图7.2.37　砌法案例

宿迁地区的墙体（图7.2.38）为外部砖块，内部填碎砖石、夯土和灰泥的“里生外熟”构造，以丁砖加固墙体内外结构，石灰浆勾缝，这也是苏北徐宿地区的常见做法。墙内柱的外部檐墙及山墙面常使用铁扒锔，墙体的转角处使用印子石，以加固传统建筑结构。

（a）墙体内部填碎砖石（东大街某宅）

（b）墙体构造（极乐律院）

（c）墙体内部填夯土（陈家大院）

（d）印子石（极乐律院玉佛楼）

图7.2.38　墙体案例

（3）勒脚（图7.2.39）

宿迁地区的很多传统民居建筑勒脚位置已被水泥抹面，或因外围地面抬高被遮挡无法观察，从部分裸露的勒脚案例来看，传统民居建筑大多使用砖勒脚，做法较简单，为平砌三层砖到五层砖，且多数民居的勒脚与墙面砖砌方式相同，只在垂直方向比墙面外扩1 ～ 2厘米，如洋河镇某宅的勒脚最上层砖全为丁砖，以区分上部墙身。一般来说，勒脚最上层与房屋室内地坪高度一致。有的使用石台基的公共建筑也做外扩有雕饰的土衬线脚。

（a）两层勒脚（陈家大院）

（b）四层勒脚（皂河镇某宅）

（c）勒脚最上层丁砖（洋河镇某宅）

（d）土衬线脚（龙王庙行宫）

图7.2.39　勒脚案例

（4）封檐（图7.2.40）

宿迁地区一些不出檐的传统民居建筑的前檐墙、后檐墙和公共建筑的后檐墙使用砖封檐。檐墙上部用砖砌叠涩层层出挑，并与屋面相交，一般为三层、五层、七层，最简易的只有一层，均为单数。简单的做法为三层厚度和出挑距离均相同的半混；复杂的做法为增加层数，并装饰圆珠混、砖椽（方椽、菱角檐）等。宿迁地区最常使用的砖封檐是挂斗，即在圆混的头层檐之上使用立砖（挂斗），立砖上为一层檐，其上再出檐若干层，直至檐下盖板。传统民居建筑檐下挂斗一般不装饰雕刻，公共建筑的挂斗有砖雕纹饰，如合善堂的万字纹挂斗。除挂斗砖立砌外，封檐处各层砖线均为平砌全顺。

（a）平砌一层砖封檐（洋河镇某宅）

（b）五层砖封檐（陈家大院）

（c）三层半混封檐（东大街某宅）

（d）菱角檐（洋河镇某宅）

（e）多层、多种砖椽（洋河镇某宅）

（f）挂斗（东大街某宅）

（g）砖封檐和挂斗（东大街某宅）

（h）挂斗和菱角檐（洋河镇某宅）

（i）万字纹挂斗（合善堂）

图7.2.40　封檐案例

（5）山墙（图7.2.41）

宿迁地区传统民居建筑的人字山和卷棚山山墙通常砌至屋面高度为止，云山和马头山山墙则超出屋面。山墙的上端一般用砖线做数层出挑，马头山山墙上还做小批檐和屋脊。人字山山墙屋面和山墙交界处有三种做法：①无砖线做法，即山面砖砌至山檐下直接连接望砖层；②有砖线做法，即三层砖线拔檐层层出挑，第一层直檐，第二层半圆形半混，第三层望砖，如洋河镇某宅山面常用的折子檐；③砖博风做法，即望砖层下用立砌的砖博风，砖博风下为三层砖线拔檐。传统民居建筑的砖博风一般不装饰雕刻，但此次调研中发现，洋河镇传统民居建筑博风头的砖面上常有修边或花纹雕饰，极乐律院、合善堂等公共建筑的博风则装饰万字纹、植物图案等砖雕纹饰。

（a）卷棚山山墙（龙王庙行宫）

（b）云山山墙（东大街某宅）

（c）马头山山墙（陈家大院）

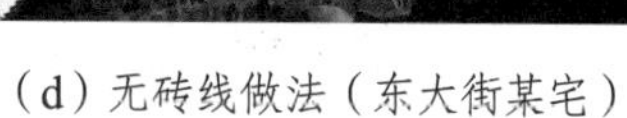
（d）无砖线做法（东大街某宅）

（e）砖博风做法（合善堂）

（f）三层砖线拔檐（东大街某宅）

（g）折子檐（洋河镇某宅）

（h）砖博风及三层砖线拔檐（极乐律院）

（i）博风头雕刻（洋河镇某宅）

图7.2.41　山墙案例

（6）悬鱼、盘头（图7.2.42）

宿迁地区的传统民居建筑一般不使用悬鱼，只有少数公共建筑的山墙使用砖悬鱼，通常为菱形雕花方砖式样，一般位于拔檐最上层、山尖砖博风以下，悬鱼不贴山墙面。盘头同样多用于公共建筑，为一面与山墙同宽的方砖，简单的做法为一块立砖挂斗，复杂的做法则是雕刻动物、花卉、文字等纹饰，盘头上出数层砖线，层层出挑承接屋檐。

（a）方砖悬鱼（极乐律院）

（b）万字纹盘头（合善堂）

（c）动物纹盘头（极乐律院大雄宝殿）

（d）寿字纹盘头（大王庙）

图7.2.42　悬鱼、盘头案例

3. 屋顶部分

（1）屋面（图7.2.43）

宿迁地区传统建筑以硬山双坡屋面为主，民居建筑均无举折，起架为35°～40°，公共建筑的起架角度稍小。宿迁地区传统建筑屋面构造多在椽子之上铺望砖，此次调研中未发现使用木望板的案例。简易的土墙草顶茅屋会用捆绑成小束的芦苇秆做望层，望砖均为素面青砖；公共建筑的望砖会上漆，如孔庙大成殿。望层上使用黄泥苫背，苫背上为瓦层。各类传统建筑屋面均覆蝴蝶瓦，有的民居建筑仅用滴水，不用勾头，有的瓦当和滴水装饰动物、植物、文字等图案。

传统民居建筑和小型公共建筑的檐口线条均为水平直线，屋脊线条在脊端稍稍起翘（如洋河镇民居

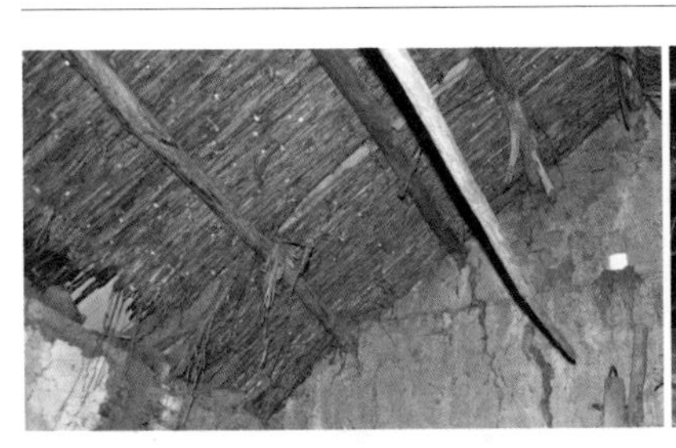

（a）芦苇秆望层（泗阳县花井村某茅屋）

（b）望砖（洋河镇某宅）

（c）望砖（东大街某宅）

（d）望砖上漆（孔庙大成殿）

（e）滴水（洋河镇某宅）

（f）动物纹瓦当、滴水（合善堂）

（g）动物纹勾头（东大街某宅）

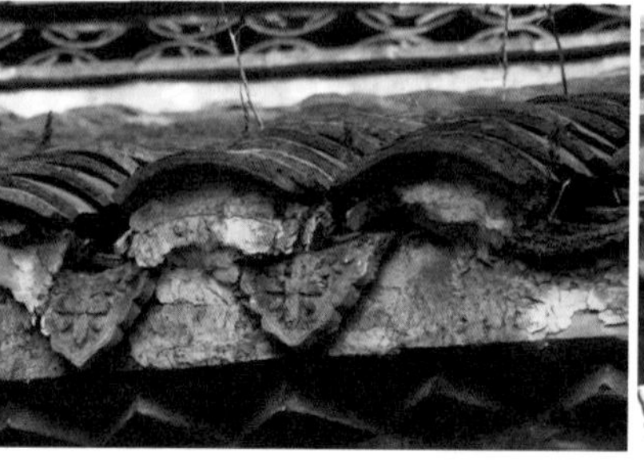

（h）植物纹滴水（洋河镇某宅）

（i）寿字纹滴水（大王庙）

图7.2.43　屋面案例

群、合善堂）；大型公共建筑的屋脊为水平直线，檐口在两端起翘（如龙王庙行宫），屋檐和屋脊的起翘幅度均不大，较为平缓。

（2）屋脊（图7.2.44）

屋脊的种类以实砌的清水脊为主，从上到下依次为盖瓦、线砖、立砌的陡板或笆砖、线砖、灰作。简单的做法只有盖瓦、线砖、灰作三层。等级较高的厅堂和公共建筑的陡板均有纹饰（如陈家大院、合善堂）。洋河镇传统民居建筑在陡板位置多使用两层或三层瓦片仰合叠放的透风花脊，在两端的脊头还保留一两块陡板。民居建筑正脊一般不使用脊兽，公共建筑则使用泥塑的鱼龙吻兽，兽头朝里。公共建筑的垂脊脊头有的做折角式，外撇起翘幅度较大。

（a）檐口平直，脊端微翘（陈家大院）

（b）脊端微翘，垂脊折角（合善堂）

（c）檐口水平，脊端微翘（洋河镇某宅）

（d）檐口起翘（龙王庙行宫）

（e）实砌清水脊（陈家大院）

（f）实砌屋脊（东大街某宅）

（g）卷草纹陡板（陈家大院）

（h）万字纹陡板、脊兽兽头（合善堂）

（i）瓦片叠放透风花脊（洋河镇某宅）

(j) 瓦片叠放透风花脊（洋河镇某宅）

(k) 泥塑鱼龙吻兽（大王庙）

图7.2.44　屋脊案例

第三节　案例

一、极乐律院

（一）建筑背景

极乐律院始建于明朝末年，原名马神庙，因当家和尚以“极乐世界”为佛教显词，故改名极乐庵，后又因住持僧人宗承佛教“律”派，又将极乐庵改为极乐律院。清光绪年间，该院获得皇帝加封，赐《藏经》，并赐封号“敕赐极乐律院”。极乐律院从清康熙年间开始大规模扩建，历经嘉庆、道光，直至清朝末年，鼎盛时期占地数十亩，有五进院落，房屋近千间，常住僧众达六七百人，时为苏北地区最大的佛教律院。[5]

1929年，极乐律院因牵涉宿迁刀会暴动，庙产被查抄，从此渐趋衰败，后历经战乱、破坏，建筑损毁大半。1949年后，地方政府将极乐律院划拨粮食部门使用，多座建筑因建办公楼、职工宿舍和城市道路改造而被拆除，部分建筑构件被用于建造宿北大战纪念塔。极乐律院现存建筑有大雄宝殿、藏经楼、大方丈室、玉佛楼、僧舍等。2004年以来，宿迁市人民政府对上述建筑进行了全面修缮。

（二）现状概述

极乐律院位于宿城区幸福路东侧，西与宿北大战纪念馆毗邻（图7.3.1）。新建的极乐律院大门正对道路，门上方悬挂有“敕赐极乐律院”牌匾一块，门前有现代石狮子一对。极乐律院大门比较狭小，两侧均被两层现代商业建筑包围，进入大门为内院，大雄宝殿、藏经楼等建筑呈南北

(a) 大门

(b) 内院

图7.3.1　极乐律院现状

向分布。其中大雄宝殿在2004年重修，新换了外墙砖、地面砖、屋面望砖、槅扇门、雕花垫板等。大雄宝殿南面的正门现已关闭，以北面后檐墙上的后门为入口，后檐墙两侧各有一座新造的铁质经幢。藏经楼、大方丈室在2005年修缮，玉佛楼在2015年修缮。院内地面低于外部城市道路，从入口到院内的地坪呈下降趋势。各建筑内部和院落的铺地都非历史原状，室内为新的青方砖铺地，室外为水泥抹面，地坪整体被抬高，基本与建筑的阶沿石齐平。目前，极乐律院有僧人居住，寺院内开展宗教活动，对外正常开放。

（三）建筑本体

极乐律院现存的建筑格局已不完整，大雄宝殿和藏经楼是位于建筑群中轴线上的正殿，玉佛楼和大方丈室分别位于藏经楼的东西两侧，各建筑均坐北朝南。大雄宝殿以南的多进院落和传统建筑已不存。现存的几座传统建筑均为砖木混合结构，硬山顶，抬梁式构架（有资料介绍大雄宝殿为个字梁，但现存实物并未发现个字梁结构），室内金柱落地，山面柱大多落地，石柱础为覆盆式或鼓式。前檐墙使用槅扇门和槛墙、槛窗，后檐墙和山墙为全砖墙，檐部做砖封檐，墙面砖的砌法均为平砌、全顺。大雄宝殿、大方丈室、藏经楼均带前廊，藏经楼和玉佛楼为两层建筑，室内由木楼板分隔，上下层有木楼梯相连。屋脊和檐口曲线平直，檐下有飞椽，脊的做法简洁，装饰较少，屋面覆小青瓦。

大雄宝殿（图7.3.2）面阔五开间共25.2米，其中明间5.02米，次间4.94米，梢间4.57米，墙厚0.57米。进深十一檩共13.5米，前檐柱到金柱为3.61米，两金柱间距5.3米，金柱到后檐柱间距3.42米。檐高4.85米，脊高10.65米，前檐带轩廊，轩廊明间檐下悬挂“大雄宝殿”牌匾。抬梁式构架，金柱、檐柱落地，柱础为覆盆式加方磉的样式，六缝梁架，山面两缝，室内四缝，梁与檩下均设通长替木。南立面全为木槅扇窗，每间三扇共十五扇，轩廊顶部飞椽出檐。后檐砖墙开一门和两圆窗，后檐四层砖线叠涩封檐，山面砖博风封檐。墙面水泥勒脚，脊中部有葫芦宝顶，两端有脊兽，略起翘。屋面筒瓦、合瓦结合铺设。屋面瓦件和地面、砖墙均为新做。

（a）轩廊

（b）牌匾

（c）覆盆式柱础

（d）室内梁架

（e）南立面木结构

（f）后檐墙

图7.3.2　大雄宝殿

藏经楼（图7.3.3）为两层建筑，一层比二层多伸出一廊步，面阔五开间共25.3米，进深九檩共13.3米，脊高11米，二层檐高6米。一层明间、次间为祖师殿，面阔共14.5米，两梢间分别为弥陀殿和药师殿，面阔均为4.4米，次间和梢间有砖墙分隔，墙厚0.5米。一层上封有木楼板，二层可见抬梁式构架，祖师殿内有四缝梁架，室内四根金柱落地，弥陀殿和药师殿各两缝梁架，柱础已没于新铺地砖之下，不可见。正面带轩廊，廊深2米，廊顶有披檐。廊中有两面隔墙，檐柱包于墙内，墙上开券门相通，廊两端被山墙封住，廊墙为平顶，高5.3米，与房屋山墙相连。祖师殿南立面一层明间开八扇槅扇门，次间设槛墙开六扇槛窗，弥陀殿和药师殿南立面同开六扇槅扇门，无槛墙。藏经楼南立面二层每间均开八扇半窗，共四十扇。上檐口、下檐口均为直线，檐檩下夹堂板较宽，其上安放殿名牌匾，额枋和檐柱交界处做雕花雀替。屋脊为清水脊，无装饰，山檐比山墙面突出一段，通过砖博风和三条砖线收分连接，山尖位置装饰菱形砖雕一块。

（a）门窗

（b）祖师殿

（c）二层梁架

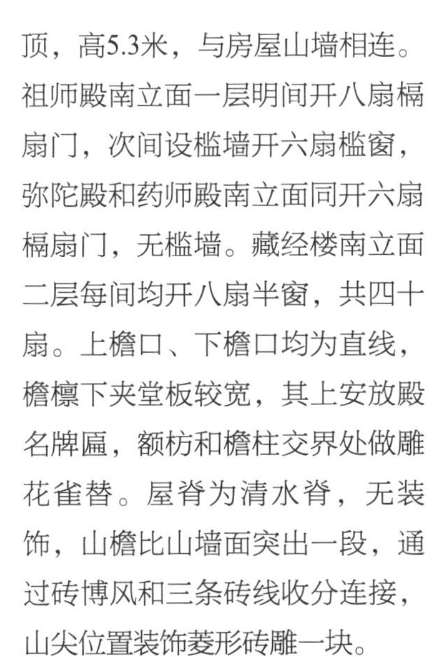

（d）轩廊券门

（e）山面

（f）山檐

图7.3.3　藏经楼

大方丈室（图7.3.4）与藏经楼相连，为单层建筑，面阔三间共14.1米，进深13.2米，脊高6.4米，室内四缝梁架，南立面带前

（a）南立面

（b）室内梁架

（c）屋脊

图7.3.4　大方丈室

廊。大方丈室为南、北两座房屋相连，屋面为勾连搭形式，内部为两种梁架组合形式，前一座为进深九檩的抬梁式，后一座为个字梁。明间开八扇槅扇门，两次间设槛墙，装有六扇槛窗，檐部枋下做雕花雀替。明间门前有条石踏步，现只见一级，其余已没于水泥地面之下。屋脊两端有一对凤首，盘头装饰花卉纹砖雕。其他做法与藏经楼相同。

玉佛楼（图7.3.5）为近年修缮，面阔三间，进深九檩，通面阔8.9米，通进深7.7米，脊高8.6米，南檐高5.3米，北檐高4.8米，屋面不对称。玉佛楼为两层建筑，一层明间从檐柱向内收一步作为入口，平面呈凹字形，二层的门设在下金檩以下，与一层入口对齐，向外一步是外廊，外廊带木栏杆。玉佛楼一层顶部封有天花楼板，从东北角木楼梯可登上二层，二层为抬梁式构架。一层入口处地坪低于院落，檐柱下有鼓式石柱础。两层的明间均设槅扇门，一层次间为槛墙上用槛窗和横风窗，二层次间为封闭的隔板。屋脊为瓦片脊，屋脊中部有花形装饰，与另几座建筑不同。

（a）一层入口

（b）二层外廊

（c）鼓式石柱础

图7.3.5　玉佛楼

二、龙王庙行宫

（一）建筑背景

龙王庙行宫坐落于皂河镇南，东靠大运河，西连黄墩湖，北临骆马湖，南为黄河故道，西北和东南约20千米处有巨山和马陵山，南约10千米处有徐淮公路。龙王庙行宫原名“敕建安澜龙王庙”，最初是皇帝为祈求龙王安澜息波、消除水患而建造的祭祀建筑。乾隆皇帝六次南巡，五次到此祭祀停留，每次均题诗立碑，故又称“乾隆行宫”。龙王庙始建于清顺治年间，改建于清康熙二十三年（1684），后经雍正、乾隆、嘉庆年间多次扩建，形成了三进院落的清代官式建筑群。1949年后，龙王庙行宫被当地粮食部门接收，作为粮库使用。“文革”期间，龙王庙行宫部分建筑受损被毁。1989年，宿迁市人民政府将龙王庙行宫划拨给文化部门管理和使用。1998年，龙王庙行宫又被移交给宿豫县文化局管理。[6]

1982年，龙王庙行宫被公布为江苏省第三批省级文物保护单位，同年维修御碑亭、钟鼓楼、怡殿；1988年维修东西配殿十间及甬道等；1989年维修主体建筑龙王殿；1992年整治东围墙外护坡并维修五朝门围墙；1993年修复“河清”“海晏”两座牌楼门；2003年又对禹王殿等进行了修缮。2001年6月，龙王庙行宫被国务院公布为第五批全国重点文物保护单位。2014年6月，联合国教科文组织第38届世界遗产委员会会议宣布，中国大运河项目成功入选世界文化遗产名录，宿迁段的龙王庙行宫成为遗产点之一。

（二）现状概述

龙王庙行宫南面的宿皂线和西面的通圣街交叉口有乾隆皇帝御笔“皂河”石牌坊一座，石牌坊往北约80米的通胜街东侧为龙王庙行宫的入口广场。经过修缮的龙王庙行宫已恢复完整的院落建筑群格局（图7.3.6），现在的照壁、大门、戏台等均为新建，禹王殿第二层按原貌修复，山门（禅殿）、钟鼓楼、辅殿（滚龙殿）等建筑也更换了部分门窗、檩条和屋面瓦件，地面更换为青石板铺地。龙王庙行宫修缮完成后，周边新建了石牌坊、雕塑群、安澜湖、福禄坊、龙潭、御览阁、飞瀑亭、八音涧、行宫宾馆等附属景观建筑物（图7.3.7）。目前龙王庙行宫是国家4A级旅游景区，对外开放。

（三）建筑本体

龙王庙行宫占地三十六亩，坐北朝南，平面近长方形，四周内外有双重院墙，墙外河道通向大运河。整个建筑群轴线主次分明，中轴线上主要建筑有戏台、山门、御碑亭、怡殿、龙王殿、灵官殿和禹王殿，中轴线两侧分列牌楼门、钟鼓楼、东西配殿和东西辅殿。龙王庙行宫主入口不在中轴线上，而是位于建筑群西南角，“海晏”牌坊以西。中轴线上的主要建筑均为歇山顶，配殿

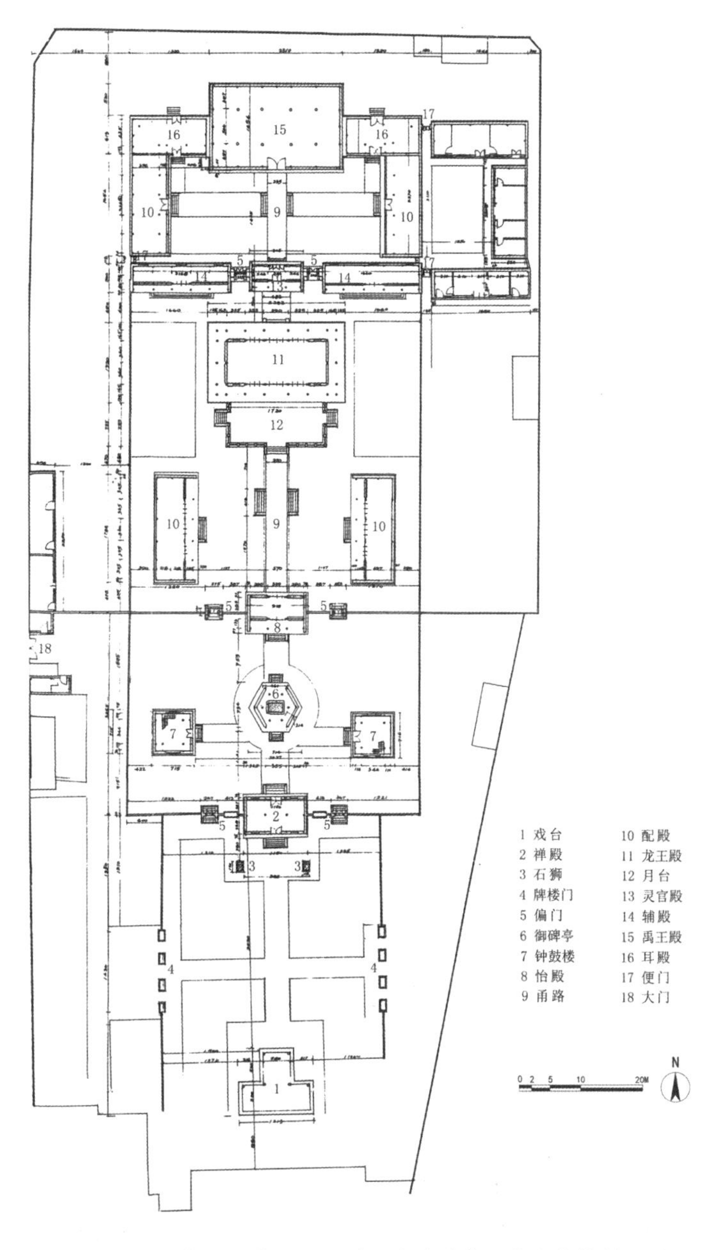

图7.3.6　龙王庙行宫现状总平面图（图片改绘自江苏省文物管理委员会办公室：《宿迁市安澜龙王庙行宫保护修复方案》，1999年）

（a）石牌坊

（b）周边景观 1

（c）周边景观 2

图7.3.7　龙王庙行宫附属景观建筑物

为卷棚顶，主要大殿为重檐歇山（图7.3.8）。各座建筑均用青石须弥座或普通台基承底，主要建筑檐下使用斗拱，室内均为抬梁式构架，梁多为扁作，梁架上多有彩绘，屋面有三色琉璃瓦和吻兽，大殿屋顶有举折。各殿正立面明间、次间多用木槅扇门，梢间用槛墙、槛窗，钟鼓楼等建筑开的门窗洞边框均为花形石券。墙面为青砖砌筑，砖块扁砌，墙面下部用寿字纹砖通风孔。院落中的甬路为40厘米见方的青白石板铺地，周边区域铺设青砖。除龙王殿室内用30厘米见方的方砖墁铺，其余殿堂室内均以40厘米见方的方砖铺地（图7.3.9）。

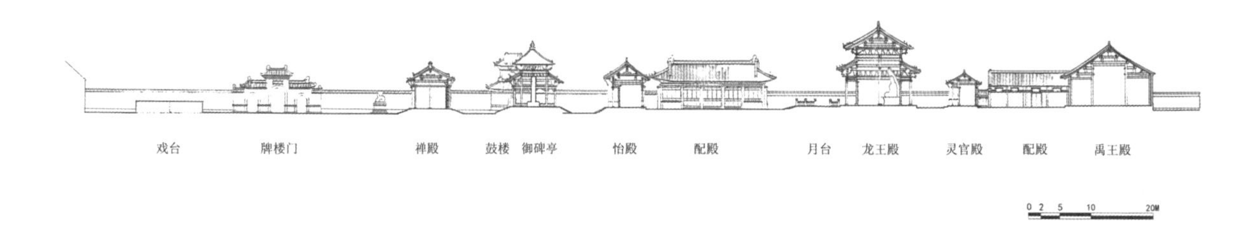

图7.3.8　龙王庙行宫现状纵剖图（图片改绘自江苏省文物管理委员会办公室：《宿迁市安澜龙王庙行宫保护修复方案》，1999年）

（a）主入口、海晏牌坊　（b）石台基，院落青白石板铺地　（c）梁架彩绘

（d）明间、次间槅扇门，稍间槛窗　（e）石券窗　（f）寿字纹砖通风孔

图7.3.9　龙王庙行宫做法

山门为龙王庙行宫第一座殿宇，歇山顶，面阔三间共10.33米，进深五檩共6.93米，建筑面积61.5平方米，抬梁式构架（图7.3.10）。山门建于条石台基上，下碱平砌，墙体上部被漆成红色，明间正面设券门，次间窗券为石雕棂花。券门上方镶嵌乾隆皇帝御笔“敕建安澜龙王庙”金匾，山门两侧各有偏门，殿前所立石狮为清早中期遗物。屋面覆灰色筒瓦，脊安正吻、垂兽及戗兽。山门对面是在遗址基础上复建的歇山顶戏台，戏台悬有“奏平成”匾额（图7.3.11）。

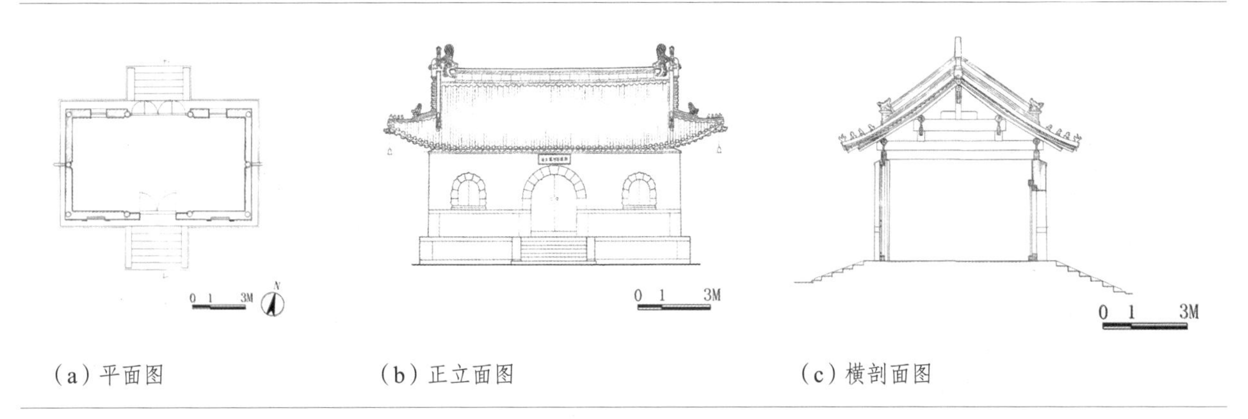

（a）平面图　（b）正立面图　（c）横剖面图

图7.3.10　龙王庙行宫山门测绘图（图片改绘自江苏省文物管理委员会办公室：《宿迁市安澜龙王庙行宫保护修复方案》，1999年）

（a）南立面　（b）室内木构架

（c）脊兽

（d）戏台

图7.3.11　龙王庙行宫山门

山门后的院落正中是御碑亭，建筑面积42平方米，通高11米，平面呈六角形，重檐攒尖顶，黄色琉璃瓦屋面，室内外两列柱，共计12根，檐柱高3.1米，上檐斗拱五踩出双昂，下檐三踩出单昂，梁枋施青绿旋子彩画，均为乾隆时期原物。亭内有高5米的御碑，碑文内容为建庙经过与乾隆皇帝的五次题诗。碑亭东西为钟、鼓二楼，形制、尺度相同，重檐歇山卷棚顶覆筒瓦，面阔7.31米，进深7.15米，建筑面积31.8平方米，楼内各置钟、鼓一座（图7.3.12）。

（a）御碑亭　（b）钟楼　（c）鼓楼

图7.3.12　龙王庙行宫第一进院建筑

碑亭正北是怡殿，面阔三间共10.6米，进深五檩共8.5米，建筑面积58.7平方米，歇山顶，带前檐廊，顶覆灰色筒瓦，脊有正吻、垂兽、戗兽。

怡殿北面一进院内有龙王殿和东西对称的两座配殿（图7.3.13）。龙王殿是龙王庙行宫的主体建筑，面阔七间，进深四间，九檩，建于1.7米高的石台基之上，共用柱三十六根，周匝做一圈回廊，殿前有带

（a）怡殿南立面　（b）东配殿　（c）龙王殿

（d）平棊天花、梁枋彩画　（e）木博风、雕花山花板　（f）脊兽

图7.3.13　龙王庙行宫第二进院建筑

栏杆的白石月台，月台正前和两侧做石台阶与院落相通。大殿通面阔22.5米，其中明间3.83米，次间3.25米，梢间3.2米，廊深2.9米；通进深10.9米，其中前后两间各3.55米，廊深2.9米，建筑面积245平方米（图7.3.14）。龙王殿为重檐歇山顶，上檐高8.7米，下檐高5.15米，屋脊高14米，上檐斗拱七踩出三昂，下檐斗拱五踩出两昂，下檐斗拱下为游额、额枋，枋下再承柱落地，柱枋交接处有雕花雀替。室内平棊天花封

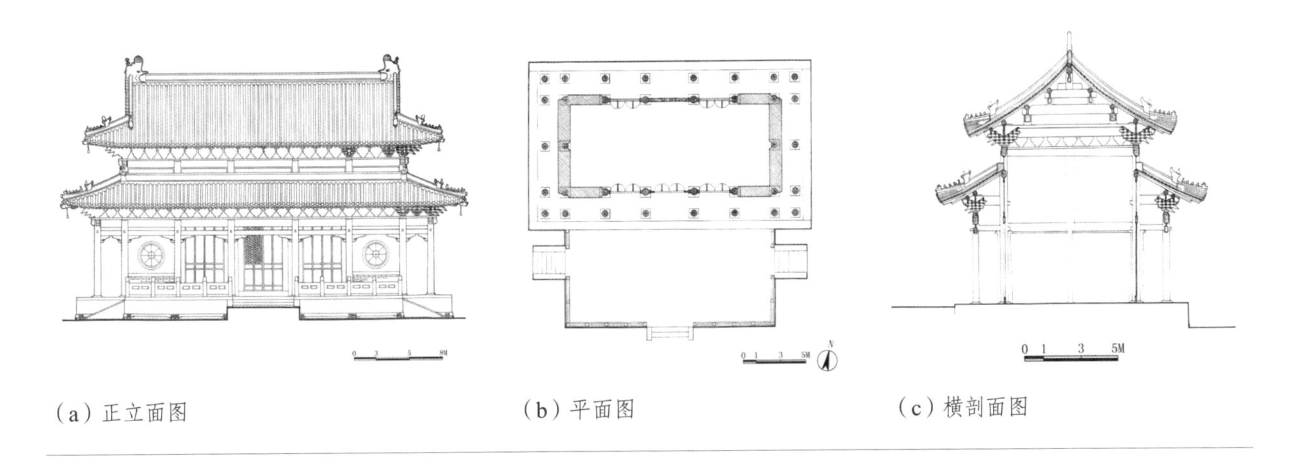

（a）正立面图　（b）平面图　（c）横剖面图

图7.3.14　龙王殿测绘图（图片改绘自江苏省文物管理委员会办公室：《宿迁市安澜龙王庙行宫保护修复方案》，1999年）

顶，梁枋均为扁作，上饰彩画，殿内供有龙王塑像。明间和两次间开九扇槅扇门，两梢间为砖墙，墙上开内镶玻璃的圆形花格窗。歇山山面有木博风和雕花山花板，屋面用黄、绿、蓝等六色琉璃瓦覆面，脊饰清式龙吻并有七只戗兽。额枋悬挂“福佑荣河”金匾一块。

龙王殿后为灵官殿，灵官殿向北是最后一进院落，内植有槐树、柿树、梧桐、君迁子四株古树，树龄都在三百年左右。院落正北为禹王殿，即乾隆寝宫，原是龙王庙行宫中规模最大、规格最高的建筑。原大殿上层被拆除，现大殿为2003年复建。该殿面阔五间共23米，进深11.8米，殿高约23米，建筑面积308平方米，分上下两层，由木楼梯相连（图7.3.15）。

（a）院内古树　（b）禹王殿

图7.3.15　龙王庙行宫第三进院建筑

三、陈家大院

（一）建筑背景

陈家大院位于皂河镇东北隅，通圣街以东，紧邻京杭大运河，是宿迁市现存规模最大的清代民居建筑。

陈家大院始建于清嘉庆年间，原为宿迁骆马湖马老太爷的私人住宅，后转卖给在皂河镇经商的山东武城县商人陈永茂，故名陈家大院。抗日战争时期，陈家大院曾沦为驻皂日军总部。1949年后，陈家大院收归国有，成为地方粮食仓库，后又陆续被用作皂河轮船站、杂品站、针织厂、福利厂等。20世纪80年代，陈家大院部分房屋被卖给个人。[7]2005年，陈家大院入选宿迁市第二批市级文物保护单位。2011年，陈家大院被纳入江苏省大运河沿线重点文物抢救保护工程，政府拨专款进行修缮，基本恢复了六进院落的历史原貌。2013年5月，陈家大院正式对外开放。

（二）现状概述

陈家大院三面沿街巷，一面邻京杭大运河河堤。陈家大院东面为与京杭大运河河堤相连的南北向道路，地势最高；西面为通圣街，街对面有宿迁市市级文物保护单位财神庙；南、北两面是窄巷，巷外均为新建民房建筑和商用建筑（图7.3.16）。

（a）东面京杭大运河河堤

（b）南面窄巷

图7.3.16　周边环境

陈家大院现占地约六亩，建筑面积约1500平方米，仅中路第一进院堂屋、东路第一进院堂屋与西厢房、西路第一进院西厢房及三路院子的倒座为原建筑，其余建筑均为依照原院落布局重建而成。院落的西侧为一排坐西朝东的厢房，其中第一进院西厢房为原建筑，从西立面上看，修缮中新旧墙体交界处界线明显。修缮时还特意保留了一些原建筑构件，如门头的象鼻枭构件被砌入墙体，又如中路第一进院照壁旁摆放有弧形石槽两段（图7.3.17）。

目前，陈家大院已复原会客厅、主人房、祠堂、账房、粮仓

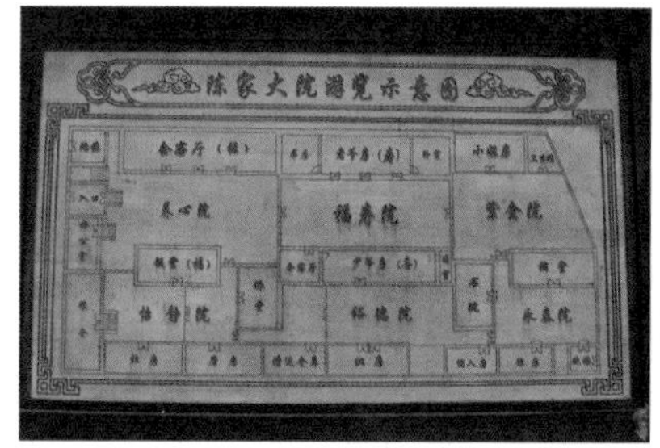

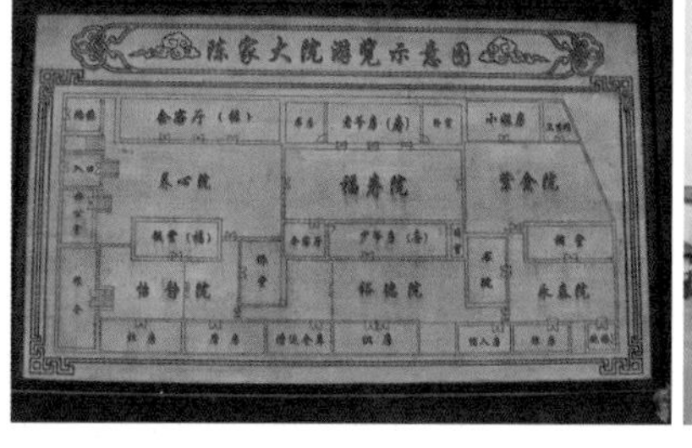

（a）示意图

（b）西立面墙体新旧交界

（c）砌入墙体的象鼻枭构件

（d）弧形石槽两段

图7.3.17　修缮后状态

等历史场景，院落整体作为展示空间对外开放。

（三）建筑本体

陈家大院平面近长方形，东北角向内收一斜角，共有东西向的三路院落，每路两进。各院间做院墙和屏门，通过屏门进出，院落地坪自西向东逐渐降低，用石台阶连接高差。南面一排为倒座，西面一排为厢房，北面一排为厅堂和主房，中间一排为堂屋和祠堂。院落主入口位于西北角的炮楼南面，东南角的炮楼一层开有次入口。陈家大院建筑风格基本一致，硬山顶，全部使用个字梁，圆作，瓜柱做梭柱。墙体与檐柱交接处抹斜面，使柱身部分外露，山面硬山搁檩。正房与厢房均为青砖实砌，每六皮到九皮顺砖间隔以一皮丁砖。

（a）主入口

（b）院墙、屏门

（c）室内个字梁、硬山搁檩

（d）墙体与檐柱交接处抹斜面

（e）青砖实砌

（f）印子石

（g）万字纹陡板

（h）墙面铁扒锔

图7.3.18　建筑构架

倒座一般在墙体下碱使用约十层青砖平砌，其上用空斗立砌，每三皮立砖间隔一皮平砖，立砖的砌筑为一顺一丁。墙角转角处一般均砌有印子石。门窗洞顶部用立砖砌成砖过梁形式，门洞顶部两侧做弧形象鼻枭，门下有一对门枕石和石台阶，窗洞均为方形。门一般为两扇平开板门，也有个别房屋使用槅扇门，窗均为直棂窗。屋脊均做实砌，陡板雕万字纹，脊头略做起翘。屋面瓦件使用蝴蝶青瓦，瓦头用勾头与滴水两种，滴水坐中。室内均为砖铺地，一般为条砖平铺，室外院中十字形甬路用石材铺设，其他位置有八锦方等砖铺地形式。陈家大院建筑外墙与室内梁架相对应的位置均钉有铁扒锔以拉接檐柱与山柱（图7.3.18）。

西北角的炮楼为两层建筑，顶部为垛墙，南面为院落主入口；东南角炮楼为三层建筑，硬山双坡屋面，又名“太平楼”，在一层东面开有一门作为大院的后门（图7.3.19）。两炮楼均为新建，后门开设位置不合理，削弱了炮楼的防御功能。

因陈家大院原建筑本体中的西路第一进院西厢房未能进入，故此次调研只能就原建筑本体的中路第一进院堂屋、东路第一进院堂屋与西厢房及三路院子的倒座（选取中路第一进院倒座为代表）进行分析。

（a）西北角炮楼　（b）东南角炮楼　（c）东南角

图7.3.19　炮楼

中路第一进院堂屋（图7.3.20）为少爷房与会客厅，少爷房内主要展示当地嫁娶场景。从南立面看，入口两扇平开门，位于建筑正中，两侧各有直棂窗三扇，每缝梁架的相应位置都有铁扒锔。此堂屋通面阔约23米，似有七开间，其中西侧两开间为后期扩建。建筑最东侧一间的室内山面开设有暗门（平时隐藏于室内摆放的橱柜之后，无法看见）通向一间宽度仅0.9米的暗室，推测是主人特意留砌的藏宝空间。堂屋进深约5.2米，个字梁，十一檩，脊檩较为粗壮，直径约为其他檩条直径的两倍。脊檩下约30厘米处做一根串枋，连接各缝梁架。檐檩下约80厘米处设置串枋连接檐柱。室内空间以木板壁与镂空槅扇分隔，室内地面以青砖十字平铺。

（a）南立面

（b）暗室

（c）室内梁架、木板壁

（d）室内铺地

图7.3.20　中路第一进院堂屋

东路第一进院堂屋与西厢房现分别作为佛堂与书院（图7.3.21）。佛堂坐北朝南，面阔三间共10米，进深九路共5.5米。明间前檐、后檐均做双开门，次间仅前檐南立面开窗。南立面门洞两侧做青石门枕石，安装木门框，门槛下做青石台阶两级。由于室外地坪升高，第一级已与地坪齐平。室内地面以青砖十字平铺。书院坐西朝东，面阔三间共9.6米，进深九檩共6米。前檐明间开门，两次间各开一扇直棂窗。建筑北山墙砌筑做法在此院落中较为独特，墙体高约1.5米的下碱使用两层顺砖加一层丁砖立砌的做法，其上用青砖平砌，其他做法均与佛堂相同。

（a）堂屋南立面

（b）西厢房东立面

（c）堂屋门洞

（d）西厢房山面

图7.3.21　东路第一进院堂屋与西厢房

倒座（图7.3.22）与其他建筑构造基本相同，一排共十五间，其中西路六间，中路五间，东路四间。以中路第一进院倒座为例，建筑坐南朝北，面阔三间共9.6米，进深七路共4.3米，北立面明间开四扇槅扇门，朝向院内，次间开窗，南侧临街无窗洞。北立面明间为木檐，出方椽，次间与建筑南侧为砖檐，出三层砖线，第二层做菱角砖。该建筑的东侧山墙做成三屏的照壁，推测中路建筑的东南角原开有入口，后因为东路建筑的建设而取消，但照壁仍然被保留下来。

（a）中路第一进院倒座北立面　（b）三屏照壁

图7.3.22　倒座

第四节　总结

此次调研中发现，宿迁地区传统建筑的保存数量少于苏北其他几个城市，且保存的完整程度不高。全市范围内虽尚存有一些重要的公共建筑群落和建筑单体，但市区内的传统民居建筑群并未得到有效保护。除洋河镇外，未发现原状保存的完整传统民居建筑群，故而仅能通过这些建筑的残损现状对其进行还原分析。此次调研还跟踪了部分传统建筑的修缮进程，发现承担修缮任务的多为徐州及其周边地区的建设队伍，并无精通传统建筑营建的当地工匠加入，所以仅能通过现场观察并结合历史资料分析宿迁当地的特色做法，难免存在疏漏。

一直以来，宿迁地区传统建筑研究都存在缺少资料的问题，这既有传统建筑保存数量少、研究案例不多的原因，也有重视程度不够、原有研究成果不足的缘故。宿迁市与徐州市、连云港市的传统建筑都使用三角梁架，往往因三者做法存在相似之处而忽略了宿迁当地的具体特征，包括传统建筑的院落组合、两层楼房、个字梁、砖墙砌筑样式、建筑用材等方面的区别。从此次调研的结果看，应当加强对宿迁地区传统建筑的保护意识，并在此基础上深入研究地方传统建筑特色，将促进城市发展和挖掘传统建筑的文化内涵结合起来。

注释

1. 单树模主编："宿迁市"，《中华人民共和国地名词典·江苏省》，商务印书馆1987年版，第222页。
2. 数据引自宿迁市政府网站，http://www.suqian.gov.cn/cn。
3. 《宿迁市第三次全国文物普查不可移动文物名录》，参见宿城区政府网站，http://www.sqsc.gov.cn。
4. 泗阳县花井村这几座夯土草顶的茅草屋已于2013年拆除，此次调研只在花井村朱王组发现一座保留土墙、房顶已加盖瓦顶的茅屋。
5. 极乐律院的建筑背景资料引自淮安文物古建筑保护设计院有限公司：《宿迁市宿城区极乐律院维修方案》，第1页。
6. 龙王庙行宫的历史沿革资料引自江苏省文物管理委员会办公室：《宿迁市安澜龙王庙行宫保护修复方案》，1999年，第1页。
7. 陈家大院的建筑背景资料引自大院内简介牌。

第八章　徐州市

第一节　概况

一、基本情况

（一）地理位置和气候特点

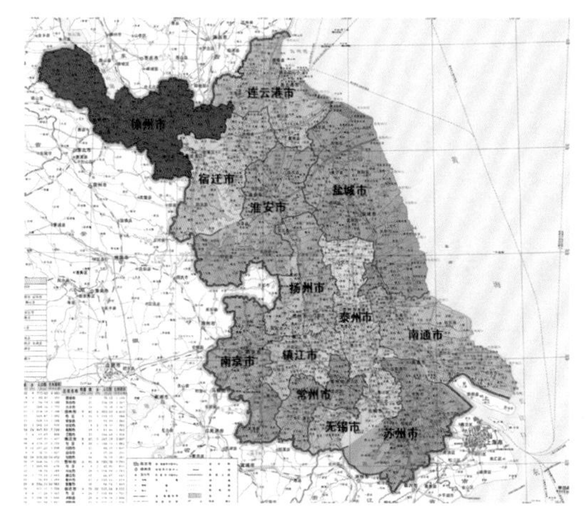

图8.1.1　江苏省徐州市区位图

徐州市地处华北平原东南部，江苏省西北部，北纬33° 43′～34° 58′，东经116° 22′～118° 40′，北倚微山湖，西连萧县，东临连云港市，南接宿迁市（图8.1.1）。[1]徐州市东西长约210千米，南北宽约140千米，四周环山，平原、丘陵相间，地形以平原为主，平原面积约占全市面积的90%，海拔30～50米；丘陵山地面积约占全市面积的9.4%，主要分布在徐州市的中部和东部，海拔一般为100～200米，其中贾汪区中部的大洞山为全市最高峰，海拔361米。徐州地区水系分布密集，废黄河自西向东穿境而过，京杭大运河横贯南北，北部有沂、沭、泗水系，南部有濉河、安河水系。

徐州地区年平均气温14℃；年平均降水量800～900毫米，集中分布于夏季，约占全年降水量的60%；年总日照时数2284～2495小时，日照率52%～57%；年均无霜期200～220天。[2]

（二）市县建置、规模[3]

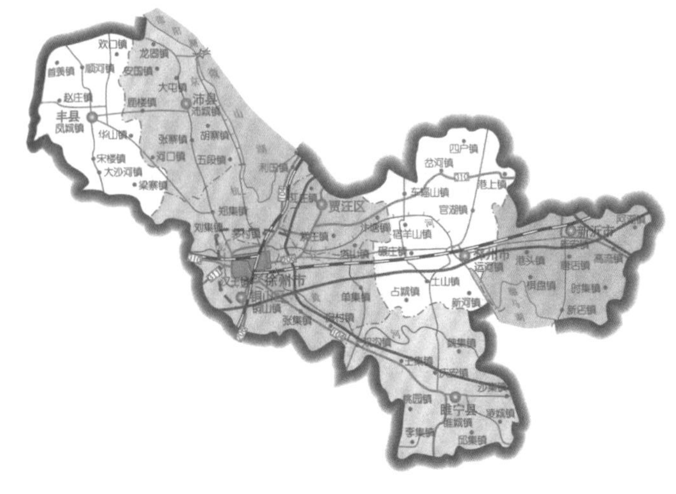

图8.1.2　徐州市政区图

徐州市现辖鼓楼区、云龙区（含徐州新城区）、贾汪区、泉山区、铜山区五区，新沂市、邳州市两县级市，以及丰县、沛县、睢宁县三县（图8.1.2）。截至2017年末，全市行政区域总面积11 258平方千米，全市户籍总人口1039.42万人。

鼓楼区：始建于1938年，原名“徐州市第一区”。1955年，因境内有鼓楼（明代建筑）而更名为鼓楼区，1966年曾名延安区，1980年复名鼓楼区。全区行政区域总面积64.6平方千米，全区户籍总人口约38万人。

云龙区：位于徐州市南部，因云龙山而得名。云龙区始建于1938年，时称“徐州市第三区”。1952年更名为云龙区，1968年改称红卫区，1975年复称云龙区。全区行政区域总面积118平方千米，全区户籍总人口约42万人。

贾汪区：位于苏、鲁两省交界处。贾汪素有“百年煤城”之称，因矿设区，因煤而兴。清光绪六年（1880），洪水剥蚀地面，贾汪境内初现煤苗；清光绪八年（1882），胡恩燮始在贾汪掘井建矿。1928年贾汪建镇；1948年建铜山县第一区，即贾汪区；1952年成立徐州市贾汪矿区。此后又经历徐州市郊区贾汪镇、徐州市贾汪镇、徐州市贾汪矿区几次改制，直至1965年定名为徐州市贾汪区，沿称至今。截至2015年末，全区行政区域总面积671.95平方千米，全区户籍总人口52.07万人。

泉山区：所辖区域原分属徐州市郊区、云龙区、鼓楼区，1993年徐州市行政区划调整，设立泉山区，因境内泉山国家森林公园而得名。截至2016年末，全区行政区域总面积100平方千米，全区户籍总人口56.96万人。

铜山区：清雍正十一年（1733），升徐州为府，增置铜山县，铜山县为徐州府附郭，因境内微山湖中铜山岛而得名。1948年，铜山区属山东省；1953年复属江苏省；2010年，铜山撤县设区。截至2016年末，全区行政区域总面积1877平方千米，全区户籍总人口132.26万人。

新沂市：位于苏、鲁两省交界处。1952年以境内新开辟的新沂河得名新沂县，1990年撤县建市。截至2017年末，全市行政区域总面积1616平方千米，全市户籍总人口112.93万人。

邳州市：位于江苏省最北部。邳州历史悠久，境内的大墩子文化遗址距今已有6000年的历史。夏朝奚仲建邳国，秦朝置下邳县，北周始建邳州。1912年废州改置邳县，1992年撤县设市（县级），由徐州市代管。截至2016年末，全市行政区域总面积2088平方千米，全市户籍总人口193万人。

丰县：位于苏、鲁、豫、皖四省交界处。秦统一六国，分封郡县，丰始为县，隶楚郡；西汉、东汉时期，丰县隶属豫州沛郡、沛国；隋大业三年（607），丰县隶属彭城郡；唐、宋、元、明、清均为丰县。1949年，丰县隶属于山东省；1953年划归江苏省徐州市。截至2017年末，全县行政区域总面积1450.2平方千米，全县户籍总人口约120万人。

沛县：位于苏、鲁、豫、皖四省交界处，因古有“沛泽”而得名。秦统一六国，设沛县；西汉时，沛县属楚国；隋唐时隶属徐州；元初并入丰县，元至元三年（1266）复置沛县；明清时隶属徐州直隶州、徐州府；1949年属山东省，1953年划归江苏省。截至2016年末，全县行政区域总面积1576平方千米，全县户籍总人口约130万人。

睢宁县：金兴定二年（1218）始置睢宁县。睢宁古有泗、睢两水横贯全境，故置县时取“睢水安宁”之意。睢宁建县距今约800年，隶属迭有变更，但县名始终未变；1949年后，先后隶属淮阴专区、徐州专区；1983年划归徐州市至今。截至2015年末，全县行政区域总面积1769平方千米，全县户籍总人口144.15万人。

二、历史沿革

（一）建置更迭

据《尚书·禹贡》记载，大禹治水时，分天下为九州，徐州位列其一，徐州市由此得名。商周时期在此建有大彭国，始称彭城。春秋战国时期，彭城属宋，后归楚。秦统一后，设彭城县。西汉时属楚国，东汉属彭城国，建安三年（198）正式更名为徐州，延续至今。隋唐时期，徐州先后设置徐州总管府、感化军、武宁军节度使。北宋徐州属京东路，元代徐州属归德府，明代徐州直隶京师。清代徐州属江苏布政使司，清雍正十一年徐州升为府，辖领一州七县（图8.1.3）。[4]民国初年，徐州为徐海道。1927年废道，设徐州专区。汪伪时期，设伪淮海省辖22个县区，徐州市为其省会。1945年抗日战争胜利后，复置徐州专区，徐州市为江苏省辖市。1948年，徐州曾划归山东省，1952年复划归江苏省管辖并为徐州专署驻地，下辖八个区县。1955年，原属徐州市的萧县、砀山被划归安徽省。1983年，徐州地区与地级徐州市合并，下辖六个区县，实行市管县体制延续至今。1993年，徐州市调整市、县行政区划，增设泉山区；2010年，撤销徐州市九里区、铜山县，设徐州市铜山区，并形成现在徐州市五县（市）五区的行政区划。

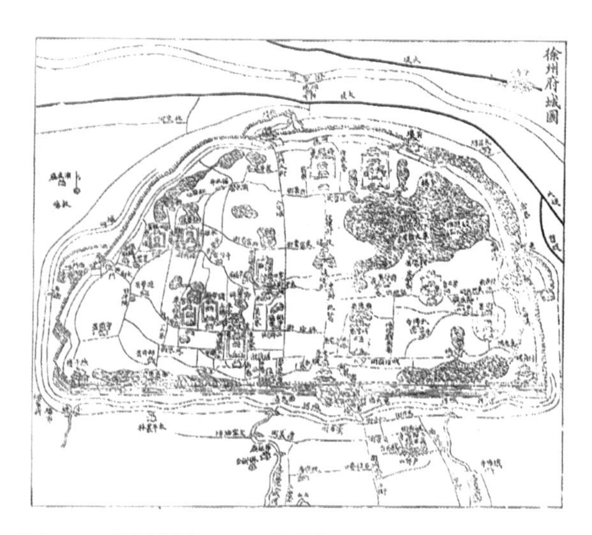

图8.1.3　徐州府城图（图片引自〔清〕王有庆等纂：《中国地方志集成·江苏府县志辑61·同治徐州府志》，江苏古籍出版社1991年版）

（二）枢纽要地

历史上，徐州市因其自然地理位置的优越性、军事战略地位的重要性、水路交通的便捷性等原因，成为沟通南北的重要枢纽。徐州地区周边水系发达，不仅有泗水、汴水、沂水、沭水等多条自然河道环绕，还有人工河道的不断开凿，发达的水路交通对徐州城市发展的作用显著。尤其是京杭大运河开通后，借用泗水河道而流经徐州城下，极大地推动了徐州漕运的发展，也使得徐州与南北各地的联系更加紧密。明代北京的供给依赖南方输送，运河漕运是唯一的官方运输方式，扼南北水陆交通咽喉的徐州更成为漕运的重要枢纽。清咸丰五年（1855）黄河改道后，徐州的漕运全部废弃，城市也逐渐衰落。直到近代铁路交通兴起后，徐州市才奠定了近现代交通枢纽的地位。

（三）城镇兴废

战争和自然灾害的破坏使得徐州地区的传统建筑屡遭损毁。

徐州市地处苏、鲁、皖、豫四省交界处，自古便为兵家必争之地。自古以来，发生在徐州地区的战争，仅有记载的就多达四百余次。

自明朝开国至1949年，黄河在徐州境内的决口多达五十余次，漫溢近20次。由黄河决口和泛滥而引发的洪涝灾害多达115次。明天启四年（1624）黄河决堤，水深一丈三，城市全被淹没，于是迁至城南二十里铺重建。明崇祯元年（1628）水退，城内淤积泥沙厚达1～5米，时兵备道唐焕于原址重建，谓“崇祯城”，规模及形制与地下洪武城雷同且位置重合，从而形成了我国城市建设史上“城叠城”的奇观。1949年后曾多次发掘到地下城的遗迹。[5]

此外，三面环山、一面傍海的自然地理位置也限制了徐州城市空间的拓展。明清后，徐州整个城市空间基本没有发生大的变化，始终保持着不规则的平面形态，老城墙直到民国初年仍保存完整。但到了1928年，因城区狭窄，政府下令拆除老城墙，并对其重新规划、改造。此后，徐州城市面积开始增加，市政建设也得到提升。

三、保护概况

（一）历史文化名城、名镇

1986年12月，经国务院公布，徐州市被列为第二批国家历史文化名城。2015年12月，徐州市人民政府公布《徐州市历史文化名城保护规划（2012～2020年）》，规划中提出徐州市历史文化名城的价值特色包括“南北交融”的建筑风格与特色“金字梁架”结构形式[6]，划定户部山和状元府两处历史文化街区，并分别提出相应的保护措施，还划定回龙窝、牌楼街、云龙山、老东门、快哉亭开明步行街、西楚故宫—文庙、大同街、徐海道署、李可染故居、天主教堂、花园饭店、黄楼公园等12处历史地段，并分别提出针对性保护要求（图8.1.4）。[7]2015年，按照“国家生态园林城市”创建重点工作要求，徐州市划定了城市绿、蓝、紫线保护规划，其中城市紫线是指国家历史文化名城内的历史文化街区、历史建筑保护范围界线。本次紫线规划了4个保护层面，分别为市域层面、市区层面、主城区（包括徐州市历史城区）层面和名城保护范围层面。其中，名城保护范围约1.4平方千米，以彭城广场为中心，包括东至解放路，南到青年路，西到西安路，北到黄河南路的区域。

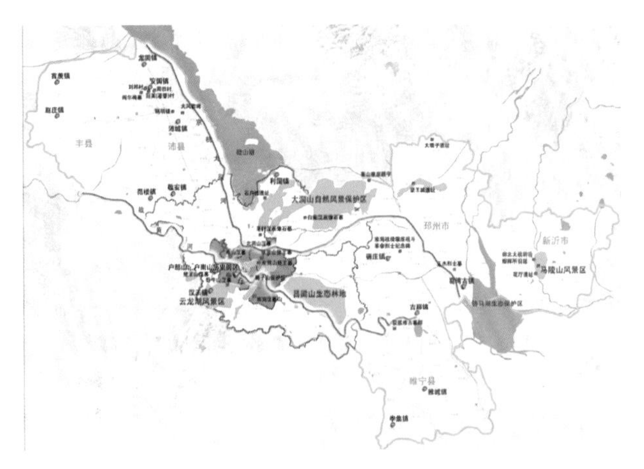

图8.1.4　徐州市域历史文化保护规划图（图片引自徐州市规划局政务网，http://gh.xz.gov.cn）

2016年，徐州市人民政府又公布了户部山和状元府两处历史文化街区的保护规划。户部山历史文化街区保护规划范围北至状元街，南至项王路，东至状元街，西至彭城路，面积为25 800平方米，并沿翰林街、项王路和彭城路划定36 400平方米的建设控制地带，环境协调区范围北起马市街，南抵项王路，西邻彭城路步行街，东至解放路，面积为54 700平方米（图8.1.5）。[8]户部山历史文化街区内的文物保护单位共8处。状元府历史文化街区保护规划范围北起崔家巷，南至劳动巷，西至状元府西围墙，东至老盐店，面积为24 900平方米，并沿劳动巷和彭城路划定了19 800平方米的建设控制地带，环境协调区范围北至劳动巷，南抵和平路，西邻彭城路步行街，东至解放路，面积为198 400平方米（图8.1.6）。[9]状元府历史文化街区内的文物保护单位共3处，历史建筑共7处。

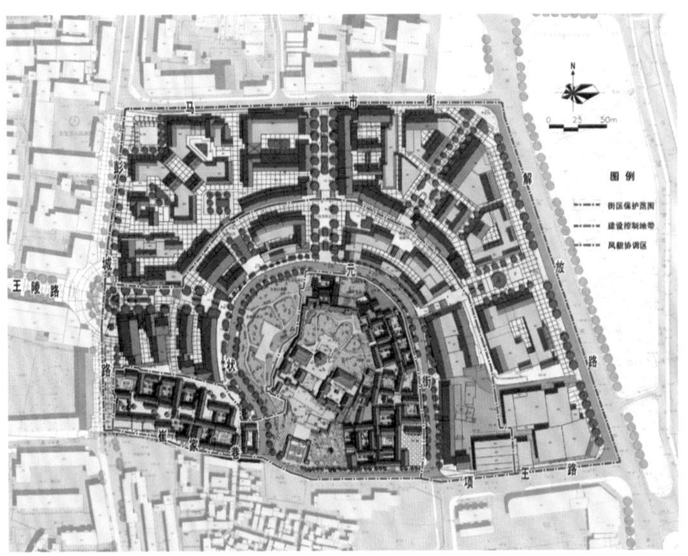

图8.1.5　户部山历史文化街区保护规划总平面图（图片引自徐州市规划局政务网，http://gh.xz.gov.cn）

2009年10月，新沂市窑湾镇被公布为第六批江苏省历史文化名镇（苏政办发〔2009〕117号），2011年又入选了第二批全国特色景观旅游名镇（村）示范名单。窑湾镇位于江苏省徐州市下辖新沂市的西南边缘，京杭大运河及骆马湖交汇处，三面环水，与宿迁、睢宁、邳州三市县一水相连。

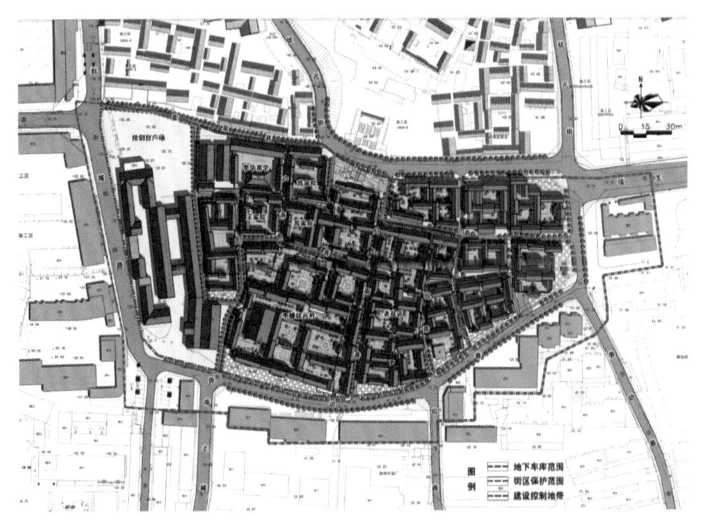

图8.1.6　状元府历史文化街区保护规划总平面图（图片引自徐州市规划局政务网，http://gh.xz.gov.cn）

全镇行政区域面积116平方千米，镇区面积3.6平方千米。窑湾镇的历史可追溯至春秋时期，自公元618年建置，至今已有一千三百余年的历史，曾为京杭大运河上的重要码头之一。镇内仍保存有完整的街巷格局，以及古渡口、民居、商铺、会馆、当铺等众多明清至近代的传统建筑。随着中国大运河项目申遗成功，窑湾镇成为大运河遗产中运河段的重要文物点之一。

2011年7月，江苏省人民政府批复并通过了《窑湾历史文化名镇保护规划》的请示（苏政复〔2011〕49号），同意划定窑湾历史镇区保护范围为东至镇东圩沟东岸，南至运河，西至沂河西岸，北至劳武路，面积约860 000平方米；西大街历史文化街区保护范围为东至吴家大院东院墙，南至沿河路，西至山西会馆西院墙，北至玫瑰酒厂北院墙，面积约28 000平方米；中宁街历史文化街区保护范围为东至东当典东院墙，南至供销社油库大门北侧，西至环湖路，北至东当典巷，面积约28 000平方米。[10]

（二）文物保护单位、不可移动文物

徐州市作为国家历史文化名城，传统建筑遗存丰富。截至2013年，全市共有8处全国重点文物保护单位，分别为汉楚王墓群、户部山古建筑群、徐州墓群、京杭大运河徐州段（210千米）、花厅遗址、大墩子遗址、梁王城古遗址和刘林遗址。截至2012年，徐州市共有省级文物保护单位30处，市级、县级文物保护单位260处。[11]2013年，徐州市文物局和徐州市规划局共同对市级文物保护单位的保护范围和建设控制地带进行了划定，最终确定35处市级文物保护单位，其中包括古遗址1处、古建筑10处、古墓葬9处、石窟寺及石刻9处、近现代重要史迹及代表性建筑6处。2014年，徐州市人民政府审核并通过了徐州市第七批省级以上文物保护单位保护范围及建设控制地带划定方案。

徐州市第三次全国文物普查工作自2007年开始，历时5年。根据《徐州市第三次全国文物普查名录》，全市共登记不可移动文物1484处，其中徐州市区不可移动文物583处，包括古遗址108处、古墓葬201处、古建筑91处、石窟寺及石刻34处、近现代重要史迹及代表性建筑145处、其他4处。

四、调研概况

徐州地区的传统建筑调研始于2013年3月；2014年10月进行了第二次调研并选择部分传统建筑进行测绘；2016年1月进行第三次调研，以重点调查为主，对前两次调研进行补充测绘。三次的调研区域均选择了徐州市区及下辖市、县，包括邳州市土山镇、邳城镇，丰县，沛县，新沂市窑湾镇等地（图8.1.7）。调研对象着重选择徐州地区公共建筑和传统民居建筑中格局保持较完整、建筑单体历史原貌保存较好、建筑结构做法有地方特色的案例进行研究，如户部山民居郑家大院、邳城天主教堂、窑湾镇玄庙等具有代表性及重要保护价值的传统建筑，并在未经修缮前对其进行测

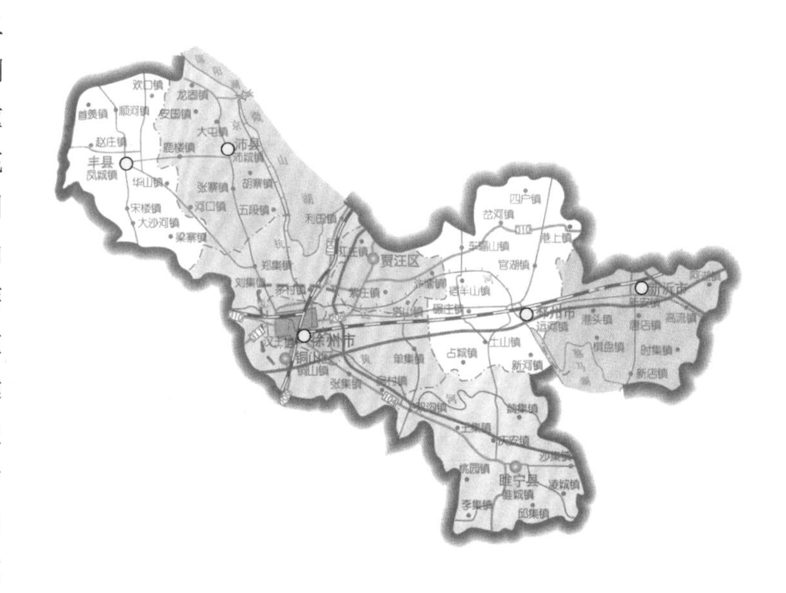

图8.1.7　徐州市传统建筑调查区域

绘和三维数据扫描，记录其原始资料。

本次徐州市传统建筑调研范围为徐州地区从明清至民国时期各类型的历史文化街区、文物保护单位、历史建筑等，主要调查点共计35处（表8.1.1）。

表8.1.1　徐州市传统建筑调查点

序号	所在区	名称	年代	不可移动文物分级	调查深度
1	徐州市区	山西会馆	清	第六批省级文物保护单位	详细调查
2		户部山古建筑群	明—民国	第六批全国重点文物保护单位	重点调查
3		徐州耶稣圣心堂	1906年	第四批省级文物保护单位	重点调查
4		徐海道署	清	第六批省级文物保护单位	详细调查
5		乾隆行宫	清	第七批省级文物保护单位	详细调查
6		钟鼓楼	1930年	市级文物保护单位（1987）	详细调查
7		快哉亭	清	市级文物保护单位（1982）	基础调查
8		李可染故居	1907年	第五批省级文物保护单位	详细调查
9		兴化寺	明清	市级文物保护单位（1982）	详细调查
10		文庙大成殿	明	市级文物保护单位（1987）	详细调查
11		拾家大院	清—民国	市级文物保护单位（2011）	基础调查
12		子房山火神庙	清	市级文物保护单位（2011）	基础调查
13		子房山民居建筑群	明	—	基础调查
14		培正中学旧址	1932年	市级文物保护单位（2011）	基础调查
15		远东旅社及日本国银行旧址	1942年	市级文物保护单位（2011）	基础调查
16	丰县	丰县文庙大成殿	清	第六批省级文物保护单位	详细调查
17		凤城天主教堂	清	市级文物保护单位（2010）	基础调查
18		城隍庙街民居	清	—	基础调查
19		卜子祠	清	市级文物保护单位（2001）	重点调查
20		晓明楼	1923年	第五批省级文物保护单位	详细调查
21	沛县	泗水亭	清	市级文物保护单位（1984）	基础调查
22		邳城红庙	清	市级文物保护单位（1991）	详细调查
23	邳州市	邳城天主教堂	清	市级文物保护单位（1991）	重点调查
24		土山关帝庙	明清	第六批省级文物保护单位	详细调查
25		土山天主教堂	清	市级文物保护单位（1991）	重点调查
26		沈家澡堂（浴德池）	民国	市级文物保护单位（2005）	基础调查
27		王家大院	不详	市级文物保护单位（2005）	基础调查
28		沈家大院	不详	市级文物保护单位（2005）	基础调查
29	新沂市	赵信隆酱园店	明清	第六批省级文物保护单位	详细调查

续表

序号	所在区	名称	年代	不可移动文物分级	调查深度
30	新沂市	东当典（东典当）、西当典（西典当）	清	市级文物保护单位（2008）	基础调查
31		蒋家大院	民国	市级文物保护单位（2011）	基础调查
32		吴家大院	清	市级文物保护单位（2011）	基础调查
33		苏镇扬会馆	清	市级文物保护单位（2011）	基础调查
34		邳宿窑湾商会	1908年	—	基础调查
35		窑湾镇玄庙	清	—	重点调查

五、保存概况

（一）建筑分布

因徐州地区多山地，历史上又频发水患，故徐州市区的传统建筑主要集中在地理位置较高的沿山地带。如户部山古建筑群、子房山民居建筑群等，沿地势营建，呈片状分布于城市的制高点上，形成了特有的建筑空间组合形态，也组成了徐州地区以宗教和传统民居建筑两种不同属性为主体存在的几处特色建筑群落。市区的状元府历史文化街区、回龙窝历史文化街区虽保存有一定数量的传统民居建筑，但很多已被修缮或改造。诸如文庙大成殿、徐海道署等这些尚存的孤立的传统建筑，也因周边环境受到破坏而呈散点状分布。除市区外，丰县、沛县、邳州市、新沂市等地也分布着多种公共建筑和传统民居建筑；窑湾镇和土山镇沿水而建，至今还保留着原先的古镇格局，镇内传统建筑数量较多，沿镇中主要街道两侧呈线性和放射状分布；而其他县、镇的传统建筑分布状态则较为零散。

（二）建筑年代

两汉时期，徐州地区的建筑营造技术就已十分发达，从徐州出土的画像砖、画像石和陶质明器上的建筑图像可以看出，当时的院落格局和亭台、楼阁等建筑形态和格局已基本奠定。由于黄河泛滥及战争的破坏，历史上徐州地区几度兴废，地面上几乎没有明代之前的传统建筑，目前保存较好的是以明清、民国时期为主的历史建筑群和建筑单体。

（三）建筑类型

徐州地区现存的传统建筑种类繁多，包括衙署、行宫、文庙、寺庙、会馆、民居、祠堂、商铺、典当行等，以及见证近代徐州城市发展变迁的教堂、钟楼、学校、旅社等（图8.1.8）。这些传统建筑在融合南北方建筑特点的基础上形成了自己独特的建筑风格。

在徐州地区的各种建筑类型中，传统民居建筑最为多见。此外，文庙、会馆等公共建筑在多个市、县均有分布，如文庙大成殿、山西会馆、土山关帝庙等，反映了明清时期徐州地区公共建筑的地域特征。

徐州耶稣圣心堂、天主教堂等中西合璧风格的教堂建筑在徐州多个市县也有分布，反映了清代至民国时期西方传教士在徐州地区开展宗教传播活动的情况。

（a）户部山某民居

（b）文庙大成殿

（c）土山关帝庙

（d）山西会馆

（e）窑湾镇沿街商铺

（f）徐州耶稣圣心堂

图8.1.8　徐州地区传统建筑案例

（四）修缮情况

徐州地区的全国重点文物保护单位普遍得到了妥善保护，基本都在完成修缮后对社会开放，如户部山古建筑群，已基本恢复原有的建筑群格局和建筑形态，包括建筑构件的做法也都符合原始特征。省级文物保护单位则存在不同的修缮情况，从此次调研案例来看，约70%的省级文保单位在近年得到了修缮，17%仅在多年前进行过修缮，13%从未经过修缮。已修缮的传统建筑质量参差不齐，有一些在做法和细节处理上不够严谨，不能完全符合徐州地区的传统建筑特征，如李可染故居的复建部分。造成这些问题的主要原因包括修缮时间较早、系统研究不足，以及对传统建筑历史原状的了解不充分等。

此外，还有一些破损较严重的传统建筑群，其重建部分大于保存下来的传统建筑本体，如土山关帝庙。市、县级文物保护单位和一般历史建筑则很少有完整的修缮案例，其保存现状主要分为三种类型：一、传统建筑的原始功能未改变，但建筑已破损且从未经过修缮，如一些传统民居建筑等；二、传统建筑已废弃不再使用，如子房山火神庙；三、传统建筑已损毁无存，在原址重建并改变了原有功能，如泗水亭。

第二节　传统建筑研究概述

一、街巷格局

徐州古城在三面临水、山脉贯穿的自然环境下组织城市街巷及布置建筑物。受到周边自然山川走势的制约，徐州城南面略平直，东、西、北三面呈不规则半圆形的形态（图8.2.1）。从明嘉靖《徐州州治图》上可以发现，当时城开四门，各门均设有瓮城，但城门位置并不对称，南门较北门偏东，东门较西门偏北

（图8.2.2）。清代仍然保持这一格局，城内以府署衙门和鼓楼为中心，以南门通向鼓楼的南门大街（现彭城路）为全城中轴线，中轴线西侧并行一条通向北门的大街（现统一街），并在大街和城门、官府间逐渐增加

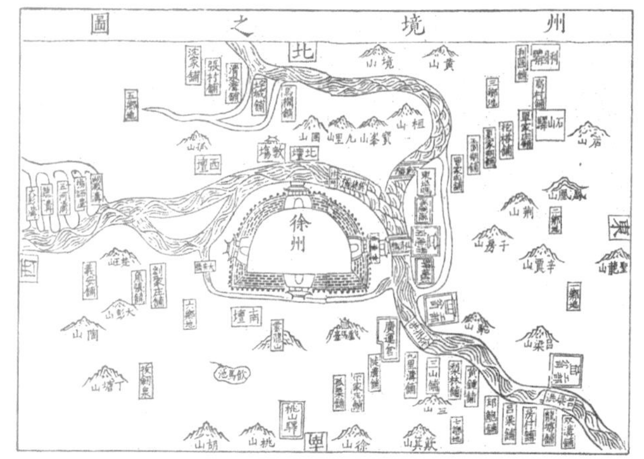

图8.2.1　明嘉靖《徐州州境图》（图片引自赵明奇主编：《全本徐州府志》，中华书局2001年版）

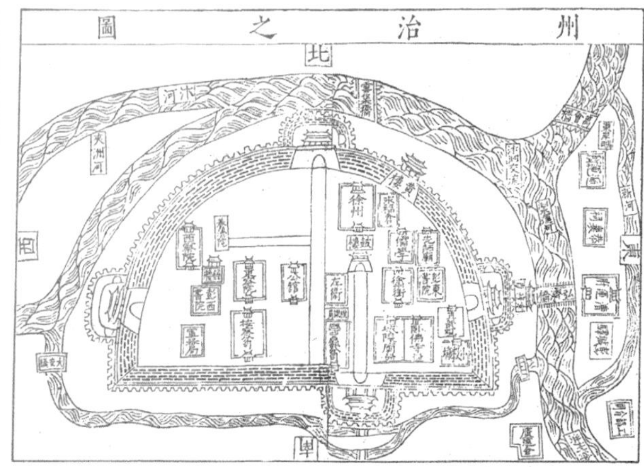

图8.2.2　明嘉靖《徐州州治图》（图片引自赵明奇主编：《全本徐州府志》，中华书局2001年版）

多条东西向的短街巷，但城门间均无贯通的笔直主干道（图8.2.3）。民国时期，徐州市拆除城墙增加道路，到20世纪50年代又新规划了数条东西向和南北向的道路，如淮海路、中山路等，使得城市道路格局趋向规整。总的来说，在徐州地势平坦的区域内，各街巷多是宽敞、平直的规整构造；而在分布有山地、水域等的区域内，则多根据自然条件因地制宜地布置街巷格局，有环形、曲线、斜向连接等街道形态。

徐州市区成片分布的传统建筑群和周边街巷在整体环境中具有空间组织上的关联，如户部山古建筑群，以位于山顶的戏马台为中心，其他建筑院落环山呈向心状分布，以环状的道路和放射状的街巷作为交通轴线，环状主干道宽约2.5米，放射状小巷仅宽约1.5米。[12]这些道路街巷在平面布局上蜿蜒曲折，并随地势起伏（图8.2.4）。而徐海道署等孤立分布的传统建筑则被周边现代建筑所包围，丧失了原有的空间关系。

图8.2.3　民国初年《徐州内外城图》（图片引自赵明奇主编：《全本徐州府志》，中华书局2001年版）

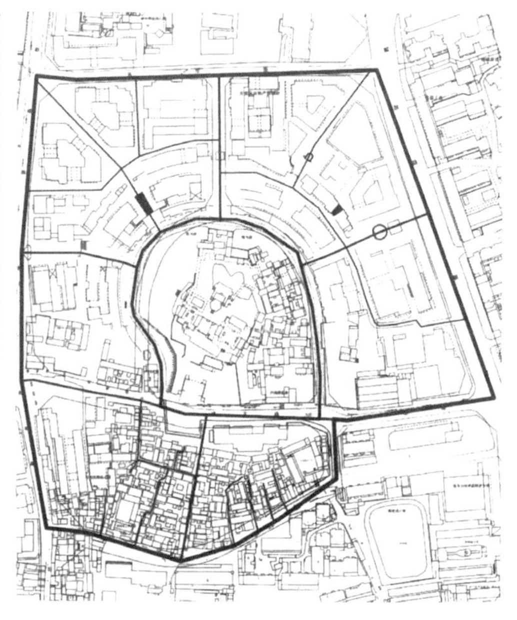

图8.2.4　户部山道路系统图（图片引自孙统义、常江、林涛：《户部山民居》，中国矿业大学出版社2010年版）

徐州下辖市、县的几个古镇较好地保留了历史上的街巷格局，总体布局顺应自然环境，传统建筑和街巷的分布形态也有一定的联系。如在京杭大运河和骆马湖交汇处的窑湾镇，南北向的中宁街和东西向的西大街呈L形分布，构成了古镇的街市中心，再由街边的多条小巷通往古镇内部，街巷结构错综复杂，商铺、民宅、当铺等传统建筑沿街两侧集中分布（图8.2.5）。[13]又如邳州市土山镇，周边有古圩河环绕，镇内南北、东西各分布一条贯通全镇的街巷，并以此为主要交通路线，道路与古圩河连接处为全镇四处主入口，镇西北可通向土山关帝庙，镇东面延伸出的小路（现明清小街）可通向沈家澡堂、沈家大院、魏家布庄、王家大院等多处明清传统建筑。土山镇的传统建筑主要集中在古镇东面，相对位于西北面的土山关帝庙呈放射式展开，周边的街道组织也比较灵活（图8.2.6）。

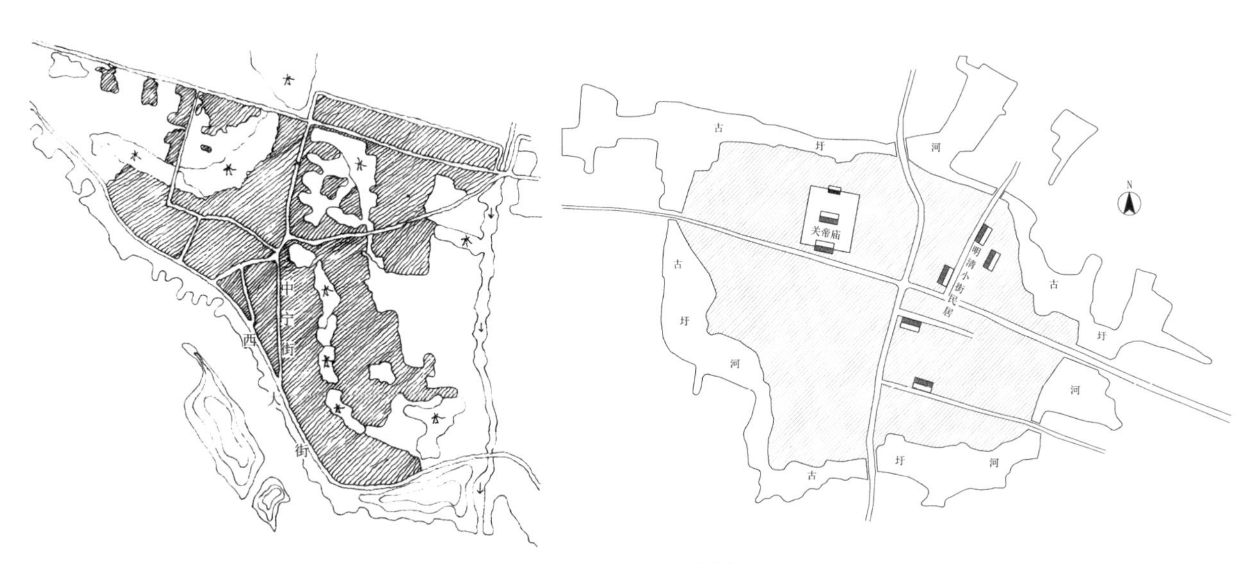

图8.2.5　窑湾镇平面图（图片改绘自雍振华：《江苏民居》，中国建筑工业出版社2009年版）

图8.2.6　土山镇平面图

二、建筑群格局

徐州地区传统建筑遵循中轴对称的规则，建筑空间封闭性较强。一些规模较大的公共建筑，如文庙、会馆等，均沿中轴线由南向北依次排列，大门多设在南面，每进之间均有厢房，可围合成院落（图8.2.7）。沿山势分布的传统民居建筑和公共建筑，一般随地形起伏布局，通过石台阶不断登高，从大门到最后一进传统建筑逐渐抬升（图8.2.8）。一般传统民居建筑的院落组合比公共建筑更为灵活，有些民宅不止一条主轴线，宅院纵向、横向均有延伸，有的甚至出现转折，形成局部对称、整体灵活分布的格局。

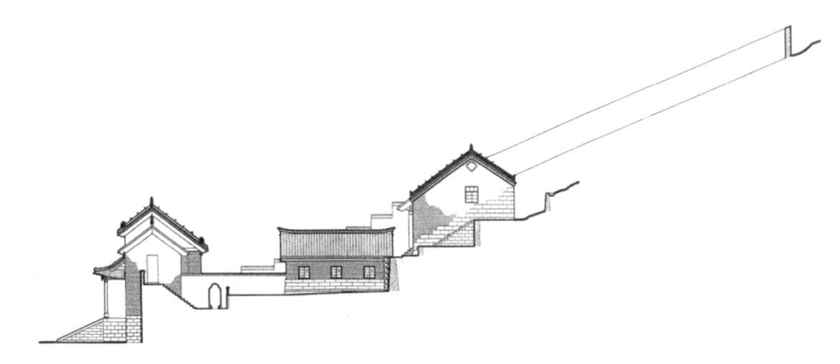

图8.2.7　山西会馆北立面图（图片改绘自湖北省文化厅古建保护中心等编：《徐州市山西会馆修缮工程设计方案》，2007年）

图8.2.8　户部山古建筑群

徐州地区的传统民居建筑与北方四合院民居建筑的布局方式类似，其中小规模的布局较为规整，大规模的则富于变化，反映了一定的等级观念。徐州地区传统民居建筑的形式主要分为独院式、跨院式、一路多进式和多路多进式四种。

独院式传统民居建筑是由门房、正房及两侧厢房加围墙围合而成的单个院落，多为三合院或四合院。从大门经门房通向院内，正房为整个院落的核心建筑，多为一两层，院子两侧有厢房。这类建筑占地面积不大，结构比较简单，如蒋家大院（图8.2.9）。

图8.2.9　蒋家大院

跨院式传统民居建筑大门后的入口空间为天井，前方为影壁，两侧分别设一月洞门通往两侧院落。院落为一进或多进，每进由三四座建筑围合成院子，如一门两院式的李可染故居、一门三院式的户部山郑家大院等（图8.2.10）。

图8.2.10　户部山郑家大院平面图

一路多进式传统民居建筑一般是由多个建筑围合成单个院落，以四合院或三合院的形态最为常见。纵深方向串联组成的较大型建筑群具有一条比较明显的连续纵轴线，总体建筑格局为前堂后寝式，如新沂市吴家大院（图8.2.11）。

多路多进式传统民居建筑是徐州地区传统民居建筑中规模最大的一类，占地面积较大，中路沿中轴线分布二进至三进的院落，中轴线两侧设置一路或多路的院落，形成平行于中轴线的次轴线（图8.2.12）。院落间以过邸或门楼等相连，增加整个传统民居建筑的连通性。较大的院落通常会建造花园，造景丰富，如现作为徐州市民俗博物馆的余家

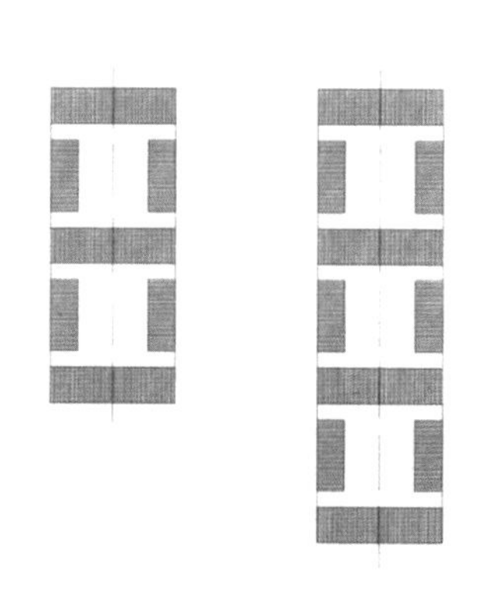

（a）一路多进式传统民居建筑的串联式扩展

（b）吴家大院

图8.2.11　一路多进式传统民居建筑

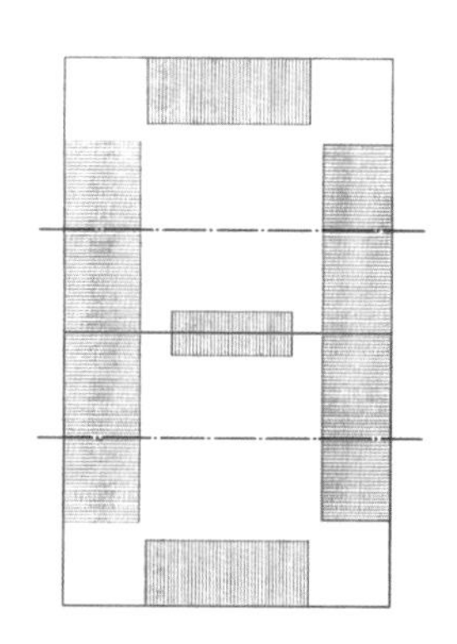

图8.2.12　多路多进式传统民居建筑的并联式扩展

大院（图8.2.13）。

在一路多进式和多路多进式的传统民居建筑中，房屋的布局可根据地势、环境等变化灵活安排，形成不对称的格局，如户部山翟家大院（图8.2.14）。[14]

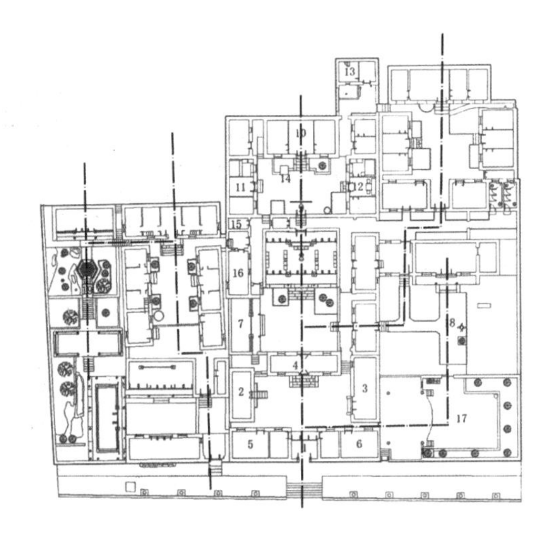

图8.2.13　余家大院平面图（图片改绘自孙统义、常江、林涛：《户部山民居》，中国矿业大学出版社2010年版）

图8.2.14　户部山翟家大院平面图（图片改绘自孙统义、常江、林涛：《户部山民居》，中国矿业大学出版社2010年版）

三、建筑单体

（一）建筑平面

徐州地区的传统民居建筑单体简洁、规整，平面大多为对称的矩形，也有少数屋面因长短坡而产生不对称的矩形平面。建筑开间为三到五间，以三开间最为常见，即“一明两次”“明一暗二”的形式，一些规格较高的建筑如院落中的正房、厅堂等也可用五开间，即“明三暗五”的形式（图8.2.15）。在进深上，徐州地区金字梁结构的传统建筑进深一般为一间，少数前后开门的五开间房屋会带前廊和后梁步，形成两间到三间进深；在抬梁式结构的传统建筑中，通常为三开间，进深五檩；较为重要的房屋通常为五开间，进深七檩，甚至九檩。此外，一些公共建筑的正殿通常为官式建筑做法，常见五开间及九檩以上的进深，如兴化寺大佛殿（图8.2.16）。

图8.2.15　明三暗五（户部山余家大院）

图8.2.16　兴化寺大佛殿

（二）建筑立面

1. 山面形制

徐州地区传统建筑的山面形式较简单，民居建筑均为硬山人字山墙，公共建筑的山面有歇山山墙和悬山山墙两种做法，但均未见封火山墙，只有单座影壁做成屏风墙的案例。[15]传统建筑屋面形式主要有双坡对称和长短坡两种，后者多因山势高低不同所致。山面一般不开门，带前廊的传统建筑会在廊部两侧开长券门；层高较高的传统建筑则多在山面开窗。硬山建筑多为叠涩砖砌封檐，悬山、歇山为木博风板封檐，山尖处常饰有悬鱼（图8.2.17）。

（a）砖封檐和山面窗（赵信隆酱园店）

（b）长短坡屋面和脊兽（山西会馆）

（c）长券门（户部山余家大院）

（d）屏风墙

图8.2.17　山面形制案例

2. 正立面、背立面形制

徐州地区传统建筑的外墙材料以砖石为主体（图8.2.18），立面上砌筑用材不一，多为上部砖墙，下部碱条石，这也是徐州地区传统建筑立面的一个普遍特征，体现了北方传统建筑的古拙和粗犷。

徐州地区的传统民居建筑多为一层，正房和门楼有两层（图8.2.19）。院内房屋开门窗的位置多位于正立面，背立面和山面通体砖石砌筑，极少开门窗，只在一些连接院落的通道类房屋的正立面、背立面开有门窗，其中两层建筑的门窗开设位置保持一致（除鸳鸯楼）。正立面上一般不开偏门（只有通道类房屋的开门位置不在立面正中），基本都于明间开门，次间对称开窗，明间两侧每一开间都开窗，若开间增加，则开窗数也相应增加，如三开间为一门两窗，五开间为一门四窗，明三暗五房屋在梢间一二层对应各开一门窗（图8.2.20）。门洞顶部设有弧形砖细门头和砖过梁。因室内地坪常高于院落，通常门下会设有条石台阶。传统民居建筑立面封檐主要使用砖封檐，在一些特殊的房间则使用木檐，如大殿和厅堂的前廊、传统民居

（a）厢房外墙（山西会馆）　　（b）院墙（户部山某民居）

图8.2.18　正立面、背立面形制案例

（a）二层门楼（沈家澡堂）　　（b）二层绣楼（户部山翟家大院）

图8.2.19　二层建筑立面案例

（a）过邸偏门（户部山余家大院）　　（b）一门四窗，上下两层（吴家大院）　　（c）梢间门窗（户部山余家大院）

图8.2.20　正立面门窗案例

建筑院落中的门屋及沿街店铺等（图8.2.21）。有些传统建筑的正立面全部不用砖墙，而为木槅扇门窗或槛墙、槛窗，带前廊的则会在盘头部位装饰砖雕。传统民居和公共建筑的屋脊曲线一般较平缓，仅在脊的两端稍稍起翘，檐口大多平直，在正房或大殿等建筑的正脊和垂脊上做脊兽。

（a）背立面全砖墙、砖封檐（户部山翟家大院）

（b）厅堂木檐（户部山余家大院）

图8.2.21　正立面、背立面封檐案例

（三）大木

1. 大木构架

徐州地区的大木构架主要有三种，即三角梁架体系的金字梁架和正交梁架体系的抬梁式、穿斗式，除此以外，还会出现一些互相组合使用的扩展形式。

（1）金字梁架（图8.2.22）

徐州地区老匠人称金字梁架为“双梁抬架”，它是现存明清至民国时期徐州地区传统民居建筑和公共建筑中广泛存在并最具地区特征的梁架结构。金字梁架结构的典型特征是使用平行于两坡屋面的两条大斜梁形成人字形交叉（当地俗称“人字叉手”），檩条均落于斜梁之上，在斜梁下放置直接插入前后墙的横梁，横梁和斜梁间以瓜柱（当地俗称“站人”）连接。[16]为防止置于斜梁上的檩条松动滑落，通常在檩条下的斜梁上使用木垫块（当地俗称“杩子”），同时通过调节垫高以适应粗细不同的檩条。[17]这样构成的三角形梁

（a）金字梁架（户部山余家大院）

（b）简易金字梁架（丰县某民居）

（c）三层横梁（土山镇某民居）

（d）桁架式金字梁架（山西会馆）

图8.2.22　金字梁架案例

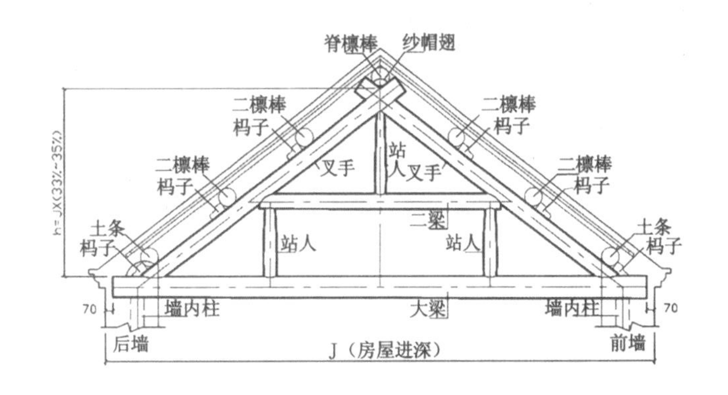

图8.2.23　金字梁架结构示意图（图片改绘自孙统义、常江、林涛：《户部山民居》，中国矿业大学出版社2010年版，第56页）

架结构稳固，承重力强，因这一木构架的轮廓和形式类似于“金”字而得名（图8.2.23）。我国传统木构建筑有“局部利用斜杆组成三角形稳定构架的做法”[18]，早在唐代，屋面下就已开始使用斜向木构件，可将屋面重量有效分散到两边，有利于提高结构的整体刚度。有研究观点认为，金字梁架源于中国古建筑早期的结构形式——“大叉手”结构，这种古老的大木构架形式也是苏北地区传统建筑发展演化的一种表现。徐州地区传统建筑中的标准金字梁架由上下两层横梁及上下两层瓜柱组成；简单金字梁架则为一根横梁和两根斜梁相交；还有一种较为复杂的金字梁架，由三层横梁和三层瓜柱组成。本次调研中发现，部分金字梁架的斜梁和横梁间有近似桁架的形式，据推测应为后期修缮重做的样式。

（2）金字梁架的扩展形式（图8.2.24）

金字梁架的扩展形式通常是指以传统民居建筑的进深方向中间一间为标准金字梁架，在其后增加梁

（a）穿斗式双步梁（窑湾镇玄庙）

（b）金字梁架民居檐廊（窑湾镇某民居）

图8.2.24　金字梁架的扩展形式案例

步，或在前方增加檐廊时使用双步梁连接金字梁，以延伸建筑空间。本次调研时在窑湾镇和土山镇的沿街建筑中多有发现。

（3）抬梁式

抬梁式通常是指在立柱上架梁、梁上又用瓜柱抬梁的传统大木构架形式。这种较正统、规格较高的大木构架形式在徐州地区公共建筑的正殿和传统民居建筑厅堂的明间中较为常见（图8.2.25）。徐州地区有些抬梁式梁架中的瓜柱顶部开榫较深，梁身可完全插入柱内，梁上皮与柱头平齐，梁顶与柱头共同承檩，兼具抬梁与穿斗两种做法特征（图8.2.26）。

图8.2.25　户部山余家大院积善堂

图8.2.26　兴化寺

（4）抬梁式的扩展形式

传统建筑室内的抬梁式木构架有时在门外增加前廊，或为檐廊，或为轩廊，廊下的双步梁也都为抬梁式的做法（图8.2.27）。

（a）檐廊（户部山余家大院）

（b）轩廊及轩内抬梁（户部山余家大院）

图8.2.27　抬梁式的扩展形式案例

（5）穿斗式

穿斗式通常是指将檩条搁置在柱头之上，柱间由穿枋串联起来的木构架形式。穿斗式在徐州地区传统建筑中较为少见，主要在抬梁式或金字梁架结构传统建筑的山面梁架出现，如徐海道署二堂的山面（图8.2.28）和窑湾镇东当典的明间（图8.2.29）。

图8.2.28　穿斗式梁架（徐海道署二堂）

图8.2.29　穿斗式梁架（窑湾镇东当典）

分析徐州地区的调研案例，从平面看，正交梁架结构的传统建筑明间、次间和室内山面大多有梁架，三开间建筑室内一般有四缝梁架，五开间有六缝梁架等，梁架数多于开间数；金字梁架结构的建筑山面一般不做梁架，而是采用将檩条直接插于两山墙内的硬山搁檩做法，故三开间用两缝梁架，五开间用四缝梁架，梁架数也少于开间数。从剖面看，在三种大木构架的基础上，根据传统建筑落地柱位置和进深檩数的不同又细分为多种梁架样式（图8.2.30）。正交梁架多用金柱落地、檐柱落地，少用中柱落地。五架梁和七架梁广泛应用于大型传统建筑的明间和山面梁架，在增加前廊、前后檐步，或因地势高低不同出现长短坡不对称屋面时，会在明间五架梁、七架梁两侧增加单步梁、双步梁。从此次调研案例来看，徐州地区传统建筑以金柱落

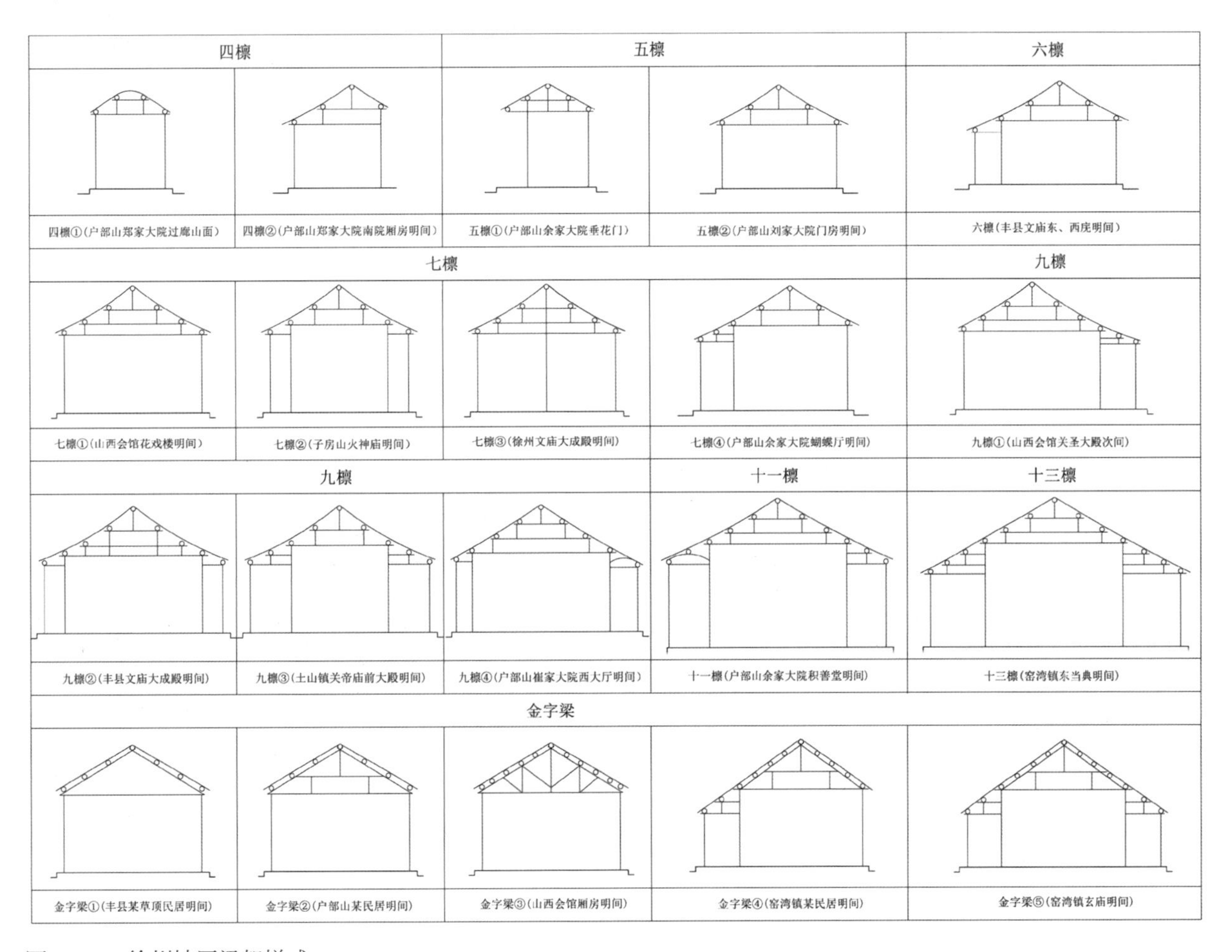

图8.2.30　徐州地区梁架样式

地居多，进深普遍较大，檩数随传统建筑等级提升而增加，山面的梁架样式基本与明间梁架一致，有的大型传统建筑山面梁架的落地柱多于明间梁架。金字梁架结构的传统建筑多是前后檐柱落地，有檐廊和增加檐步时金柱落地，无中柱落地。

正交梁架多用于公共建筑和民居的厅堂，金字梁架则广泛应用于公共建筑和民居的次要房间（图8.2.31）。正交梁架结构的民居建筑一般为三开间，进深五至七檩；公共建筑多为五开间，进深九至十一檩

（a）五架梁，金柱落地（子房山火神庙明间）

（b）七架梁，檐柱落地（户部山余家大院蝴蝶厅）

（c）中柱落地（文庙大成殿明间）

（d）七架梁接双步梁（户部山余家大院积善堂）

（e）步柱金字梁架接双步梁（窑湾镇玄庙）

（f）山面梁架落地柱多于明间梁架（兴化寺）

图8.2.31　梁架案例

（图8.2.32）。有前后廊的民居建筑和公共建筑的大殿进深可达十一檩（图8.2.33），最大的甚至可达十三檩，如窑湾镇东当典。[19]徐州地区传统建筑较苏北其他地区的规模更大、步架数更多，这是由于徐州地区的公共建筑分布较多，且金字梁架的应用较广泛。

图8.2.32　五架梁，九檩（丰县文庙大成殿）

图8.2.33　七架梁，十一檩（户部山余家大院积善堂）

金字梁架结构的檩条和柱并无一一对应关系，檩条的设置比较自由，小规模的传统建筑有时也会出现多达十余檩的情况，因此一般不以檩数作为房屋进深的参照。徐州地区绝大多数普通传统民居建筑采用金字梁架结构，所以五檩以下正交梁架结构的传统建筑较为罕见，这也与苏北其他地区的传统民居有所区别。

2. 大木构件

（1）柱

徐州地区传统建筑的柱分为木柱和石柱两种。其中，木柱以圆柱为主，室内明间、次间为圆柱，少数在外廊山面墙内的为方柱；石柱则以方柱为主，多用于公共建筑的门亭、前廊的檐柱，且柱下均设石柱础（图8.2.34）。此外，徐州地区很多传统建筑还会使用墙内木柱，通常柱身全部埋入檐墙内，且柱身一般较

（a）墙内方柱（户部山翟家大院）

（b）方柱（山西会馆门亭）

图8.2.34　方柱案例

细（图8.2.35）。多数柱身不施雕饰，柱头通常也不做卷杀，部分抬梁式传统建筑的瓜柱柱头开深榫承梁（图8.2.36）。大型公共建筑的瓜柱上通常装饰有简单的雕刻，或使用坐斗、荷叶墩等构件承接（图8.2.37）。但在金字梁架结构的传统建筑中，瓜柱上下端均无雕饰，只做成中间粗、上下细的梭柱。柱表面可分为素面和大漆两种，一般高规格的公共建筑柱面均做漆（图8.2.38），普通传统民居建筑的柱则多用素面。

图8.2.35　柱埋于檐墙内（户部山翟家大院）

8.2.36　柱头开深榫（户部山余家大院）

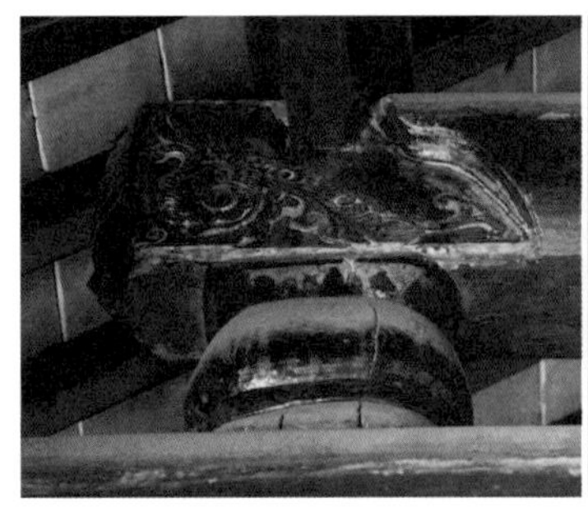

(a) 柱上圆斗（土山关帝庙）

(b) 柱上坐斗（文庙大成殿）

图8.2.37　瓜柱做法

图8.2.38　柱面做漆（邳城红庙）

（2）梁

徐州地区传统建筑的梁多为通粗直梁，大多为圆作，有些公共建筑大殿和传统民居建筑厅堂的梁下皮刨平；扁作案例多见于山面梁架（图8.2.39）；此外还有方梁，主要用于轩梁（图8.2.40）。徐州地区梁的装饰比较朴素，传统民居建筑只有比较重要的房屋，如厅堂的梁会加以雕饰，或在梁头雕饰卷草纹

(a) 山面扁作（兴化寺）

(b) 山面扁作（户部山余家大院）

图8.2.39　扁作案例

图8.2.40　方梁、梁下皮雕刻（户部山崔家大院）

等纹样，或在梁与瓜柱交接处的梁端做三角状剥腮和梁垫等（图8.2.41）。部分公共建筑的梁身绘有彩画，梁下皮有雕刻。梁上的雕刻和装饰只用于抬梁式构架，而金字梁架的斜梁、直梁均为通粗圆作且不做任何装饰。

(a) 梁头卷草纹雕刻、剥腮（户部山余家大院）

(b) 梁上彩画（土山关帝庙）

(c) 梁下皮雕刻、梁垫（兴化寺）

图8.2.41　梁装饰案例

（3）枋（图8.2.42）

枋在徐州地区金字梁架传统建筑中较为罕见，主要见于正交梁架体系，常用于室内比较重要的开间，如明间檩下有枋，但两次间无枋。室外檐檩下、轩内和抱头梁下常用随檩枋或随梁枋（一般尺寸较宽，甚至与梁相当），檐柱和步柱间常使用穿枋。徐州地区枋的做法较为简单，一般都是通长素面的方形木条或木板，有的在檩下两端或梁下两端和柱的连接处使用替木，以加强梁和檩的承接。枋的装饰往往与梁和檩对应，有雕刻和彩绘的梁或檩等木构件正下方的枋也会有相应的装饰（图8.2.43）。

（a）随檩枋（山西会馆关圣殿）

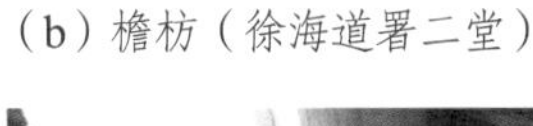

（b）檐枋（徐海道署二堂）

（c）轩梁随梁枋（窑湾镇东当典）

（d）双步梁随梁枋（窑湾镇玄庙）

图8.2.42　枋案例

（a）枋（子房山火神庙）

（b）枋上雕刻（兴化寺）

（c）雕花穿枋和随檩枋（丰县文庙大成殿）

（d）枋下雕花雀替（丰县某民居）

图8.2.43　枋的做法和装饰案例

（4）檩（图8.2.44）

徐州地区金字梁架传统建筑的檩做法比较特殊，檩距较小但檩数较多，从五檩至十一檩都有，均匀分布；此外，根据木料的尺寸不同，檩的组合方式也是自由多变的，如缺乏大料时使用的双檩。在金字梁架的斜梁上常用木垫块卡在檩条下方，以起到加固檩条、防止下滑的作用。传统民居建筑中常将檩条两头直接插入山墙内，即“硬山搁檩”。在形式方面，正交梁架和金字梁架传统建筑的檩都经过抛光、上漆，做成通粗直檩，檩径15～25厘米，断面呈圆形，檩身无装饰。

（a）十一檩（拾家大院）

（b）双檩（沈家澡堂）

（c）檩下木垫块（户部山余家大院）

（d）硬山搁檩（土山镇某民居）

图8.2.44　檩案例

（5）斗拱（图8.2.45）

徐州地区的斗拱一般用于官式公共建筑，如文庙、行宫等，形制、尺寸均为清代官式做法。斗拱的位置一般位于室内外的檐部，或柱头、柱间、转角处，少数传统建筑的轩梁上也有斗拱。市区内的文庙和徐海道署[20]的斗拱与徐州地区其他清代官式建筑的斗拱做法有所区别，类似丁头栱。

（a）斗拱（丰县文庙大成殿）

（b）柱头斗拱（山西会馆关圣殿）

（c）轩梁丁头栱（户部山郑家大院）

图8.2.45 斗拱案例

作为斗拱的一种独特类型，插栱在徐州地区传统民居建筑和公共建筑中被广泛使用。它是一种插入墙中并纵向挑出的栱（图8.2.46）。插栱一般用于门罩、屋檐之下，下部插于墙内或檐柱内，上部承接出檐。插栱既可单层也可多层，一般上层栱臂长于下层。插栱通常不做雕刻装饰，结构简单、实用，具有鲜明的徐州地方特色。

（a）半栱状插栱（文庙大成殿）

（b）半栱状插栱（徐海道署）

（c）檐下插栱（兴化寺大佛殿）

（d）插栱（文庙大成殿）

（e）双层插栱（户部山余家大院）

（f）三层插栱（户部山翟家大院绣楼）

图8.2.46 插栱案例

（6）撑栱（图8.2.47）

撑栱比插栱更为简单，仅用一根木条在墙面或柱上以斜向支撑的形式承接穿出墙面的檐下梁头，传统民居建筑和公共建筑均有使用，但不用于官式建筑。徐州地区的撑栱造型简洁，没有过多雕饰，多为素面或在顶部加以雕刻点缀，轮廓呈弧线。

（a）龙头形斜撑栱（徐海道署）

（b）撑栱（土山镇某民居）

（c）撑栱（窑湾镇某民居）

（d）弧形撑栱（窑湾镇某民居）

图8.2.47　撑栱案例

（7）云板（图8.2.48）

云板通常只用于正交梁架体系中，一般位于明间梁架脊瓜柱两侧，山面梁架上也有出现。徐州地区云板多用于步架较多、规模较大、等级较高的传统建筑，装有云板的梁架常在七檩以上。云板的形状近似三角形，有的会将上端做成弧线，有的上下两端都做成弧线。本次调研中发现，丰县文庙大成殿和户部山余家大院某房间内的云板下有丁头栱承接，较为特殊。云板上可做雕刻，题材一般为云纹、花卉、植物纹等，也有素面无纹饰的。

（a）山面梁架云板（土山关帝庙）

（b）上端弧线下端直线（土山关帝庙）

（c）云板下做丁头栱（文庙大成殿）

（d）雕花云板（户部山余家大院蝴蝶厅）

（e）雕花云板（户部山余家大院）

（f）素面云板（子房山火神庙）

图8.2.48 云板案例

（8）椽

徐州地区传统建筑的椽按使用位置可分为用于室内的直椽，用于室外的檐椽、飞椽，以及用于特殊结构的轩椽、撒网椽等；按断面形状分则有圆椽、半圆椽、方椽、扁方椽、元宝椽等（图8.2.49）。其中，圆椽用料较多，级别较高，多用于公共建筑和传统民居建筑厅堂。室内的直椽、半圆椽、元宝椽多为檐椽，方椽和扁方椽则多为飞椽。传统民居建筑中，椽头大多外露，没有封檐板遮挡，有的则在飞椽椽头做收分和砍杀，或在开窗位置的檐部上方做封檐板；公共建筑中使用的封檐板相对更宽，且椽头多装饰有万字纹等纹样（图8.2.50）。

（a）方椽、扁方椽（文庙大成殿）

（b）撒网椽（邳城红庙）

（c）方椽、半圆椽（户部山崔家大院）

（d）扁方椽（子房山火神庙）

（e）元宝椽（户部山余家大院）

图8.2.49 椽案例

(a) 椽头砍杀（土山镇某民居）

(b) 木封檐板（山西会馆）

(c) 椽头彩绘（丰县文庙大成殿）

图8.2.50　椽的做法和装饰案例

(四) 小木

1. 门窗

(1) 板门

板门主要用于传统民居建筑的大门和房门，少数公共建筑的次要房间也用板门（图8.2.51）。板门为对开的

(a) 户部山郑家大院

(b) 户部山魏家园

(c) 沈家濠堂

图8.2.51　板门案例

双开实木门，门板厚实，由上槛、抱框、门扇和下槛组成，门内有木压条、穿带、门插，两侧设腰杠石，上放木腰闩以加固门扇。除此以外，板门还附带如门楹、门簪等连接构件，这些附件均有雕饰（图8.2.52）。

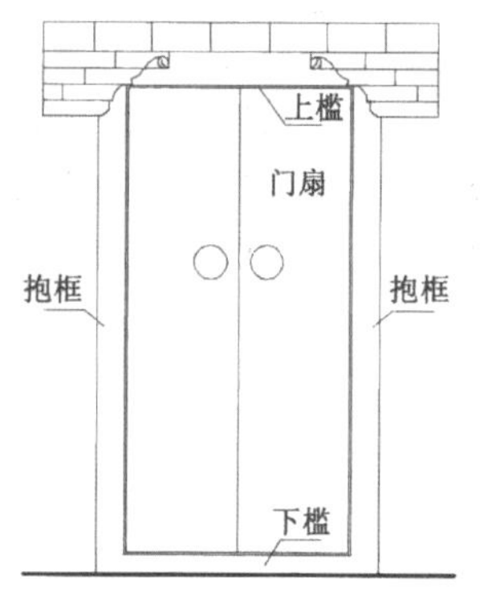

(a) 板门结构示意图

(b) 内侧（户部山刘家大院）

（c）雕花门楹（土山镇沈家大院）

（d）门簪（户部山崔家大院）

图8.2.52　板门结构

（2）槅扇门（图8.2.53）

槅扇门多用于传统建筑的明间。传统民居建筑的明间一般使用六扇槅扇门，次间为砖墙，也有整个正立面不用砖砌，各开间全做槅扇门的形式。官式建筑的明间有四到六扇槅扇门，门扇的尺寸大于传统民居

（a）户部山余家大院

（b）拾家大院祠堂

（c）窑湾镇玄庙

（d）窑湾镇东当典

（e）户部山郑家大院

（f）山西会馆　　（g）丰县文庙大成殿

图8.2.53　槅扇门案例

建筑。后门的厅堂中，后步架两金柱间的明间做太师壁，外金柱两侧的次间安装槅扇门，作为通道。槅扇门的结构包括木框架、槅心（内心仔）、裙板、绦环板及若干抹头等。其中，槅心或镂空，或做夹层，镂空中多镶嵌棂花，有步步锦、万字纹等图案；裙板上雕饰浅浮雕，多为寓意吉祥的题材，如人物故事、花卉图案、回纹等（图8.2.54）。传统建筑的等级越高，槅扇门的雕饰越精致。

（a）裙板回纹浅浮雕（户部山余家大院）　　（b）步步锦纹饰（户部山翟家大院）

图8.2.54　槅扇门装饰案例

（3）窗（图8.2.55）

徐州地区传统建筑的窗主要有槛窗、穿棂窗、支摘窗、圆窗等。槛窗装于槛墙上，上部结构与槅扇门相同，下部无裙板。槛窗常用于次间，与明间的槅扇门组合出现。传统民居建筑大量使用不能开启的穿棂窗，此类窗结构牢固，窗框内有多根竖向的棂条和两根横向的穿条。徐州地区的支摘窗由内部的木棂窗心和外部的木板组成，木板多为上下两扇，可由下往上打开，上下均由一根支棍支起，有时会做窗罩。圆窗是在墙上开一圆形窗洞，窗洞外部常做花形的窗框，窗洞内装玻璃或木棂，一般用于宅门两侧或山墙顶部，可增加采光，或作为装饰。圆窗是具有徐州地方特色的窗类型之一。

(a) 槛窗（山西会馆）

(b) 槅扇门、槛窗（户部山翟家大院）

(c) 穿棂窗（户部山余家大院）

(d) 支摘窗（户部山翟家大院）

(e) 支摘窗（户部山郑家大院）

(f) 圆窗、花形窗框（窑湾镇东当典）

(g) 玻璃圆窗（赵信隆酱园店）

(h) 木棂圆窗（土山镇某民居）

图8.2.55　窗案例

2. 轩（图8.2.56）

徐州地区只有正交梁架结构的传统建筑做轩，一般位于檐柱和外金柱间。传统民居建筑一般在厅堂的室外前廊做轩，形成轩廊；公共建筑或在室外前廊做轩，或在檐柱与外金柱间做轩。徐州地区传统建筑中轩的种类不多，以船篷轩和鹤颈轩为主。轩梁与室内梁架齐平，廊两侧的轩梁都做进山墙中。轩的上梁多是扁作的弧形月梁，下梁为扁作或圆作的直梁，两端常做替木梁垫，上下轩梁间以坐斗、柁墩、短柱构件等承接。轩梁的梁头、梁底、替木常装饰雕花，轩檩和梁间的连接构件变化多样，上梁和轩檩有时还会用丁头栱连接。

（a）兴化寺

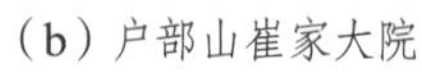

（b）户部山崔家大院

（c）鹤颈轩（户部山郑家大院）

（d）室内轩（窑湾镇东当典）

图8.2.56　轩案例

3. 隔板、楼板

隔板多用于三开间的传统建筑，以分隔房屋的明间和次间（图8.2.57）。隔板安装于梁架下方，金字梁架和正交梁架结构的传统建筑均有使用，做法为在内墙间以五扇门板拼成一板壁。隔板整体一般不能拆

（a）户部山余家大院

（b）明次间隔板（李可染故居）

图8.2.57　隔板案例

卸，只有一门可打开，用于连通两个相邻的开间。安装隔板的房间一般具有一定的私密性，如卧室、书房等。

两层的传统民居建筑多使用木楼板，在二层楼面靠墙处开一口与一层木楼梯连通上下（图8.2.58）。楼板由木楼面板、楼栅、楼棱组成，楼栅有圆形或长方形。戏楼一类的公共建筑往往一层架空，上方为戏台，戏台楼面的结构与传统民居建筑相同。

（a）户部山余家大院

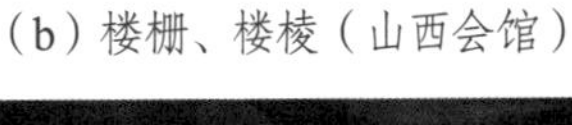

（b）楼栅、楼棱（山西会馆）

（c）沈家澡堂

（d）木楼梯（户部山郑家大院）

图8.2.58　楼板案例

4. 罩（图8.2.59）

罩分为门罩、窗罩，加装在门窗之上，用以遮阳、避雨，通常只用于传统民居建筑，公共建筑一般不用。简易的门罩或窗罩是由固定于墙面的垂直木条和斜撑木条共同支起顶部平板；复杂的门罩或窗罩可与插栱结合，安装在屋檐下，主要用于门屋或传统建筑的二楼窗户。

（a）窗罩（户部山翟家大院）

（b）门罩（户部山崔家大院）

（c）门罩（户部山翟家大院）

（d）窗罩与插栱组合（赵信隆酱园店）

图8.2.59　罩案例

5. 博风（图8.2.60）

徐州地区的博风主要分木博风和砖博风两种。木博风多用于公共建筑的悬山和歇山；砖博风主要用于传统民居建筑。卷棚等特殊屋顶形式的传统建筑也有木博风。此外，在一些传统建筑的特殊位置，如门屋、门罩的侧面设有木博风。博风板通常为素面通宽的木板，不做装饰，斜度往往与屋面坡度一致。

（a）山西会馆　（b）文庙大成殿　（c）山西会馆

（d）户部山崔家大院　（e）兴化寺　（f）户部山余家大院

图8.2.60　博风案例

（五）瓦石

1. 基础及地面

（1）基础（图8.2.61）

徐州地区传统建筑的基础通常是以碎砖石加夯土做基层，在夯筑基层时留下砌墙基的槽，并在槽中砌筑砖石墙基。墙基主要由粗条石垒筑，在此基础上再用砖砌。李可染故居西跨院曾出土过体积较大的宅基石。另外，徐州地区传统建筑室内外的地坪下均为夯实的基础，没有架空的处理。

(a) 宅基石（李可染故居）

(b) 夯土地基（土山镇某民居）

(c) 墙基槽（土山镇某民居）

(d) 粗条石墙基（拾家大院）

图8.2.61　基础案例

（2）铺地

徐州地区传统建筑的地面做法一般有石材铺地（图8.2.62）和砖铺地（图8.2.63）两种。其中，室外铺地以石材为主，有方石地面、毛石地面、条石地面。石材表面通常只稍加打磨，并以十字缝方式平铺，较

(a) 方石地面（户部山翟家大院）

(b) 毛石地面（户部山余家大院）

（c）条石地面（户部山郑家大院）

（d）方石十字缝平铺（窑湾镇西当典）

图8.2.62　石材铺地案例

（a）罗底方砖十字缝正铺（户部山余家大院）

（b）罗底方砖45度斜铺（户部山郑家大院）

（c）条砖十字缝正铺（户部山郑家大院）

（d）室外人字纹砖墁平铺（户部山余家大院）

（e）庭院人字纹砖墁平铺（户部山郑家大院）

（f）室外人字纹砖墁立铺（户部山刘家大院）

图8.2.63　砖铺地案例

为规整，主要用于院落。此外，也有用整块石材和零碎石材组合铺设的做法，较为自由、灵活，主要用于过道等处。本次调研中也发现了石材铺地用于室内的案例，如窑湾镇的一处公共建筑。

室内铺地通常以砖为主，主要分为细墁和糙墁。细墁的砖料经过砍磨加工，比较平整光洁，铺设方式有罗底方砖十字缝正铺、45度斜铺和条砖十字缝正铺三种。使用罗底方砖铺地的房屋规格比条砖铺地的要高，如厅堂、正房的明间等。普通房屋室内铺地以糙墁条砖为主。但是，室外有时也采用砖铺地，一般庭院比较常见，多以人字纹砖墁为主，有平铺和立铺两种样式。

（3）柱础（图8.2.64）

徐州地区传统建筑的柱础形式多种多样，有方形、八角形、鼓式、覆莲式、多段组合式等。传统民居建筑的柱础体量较小、简洁无雕饰，而官式建筑较高等级房屋的柱础尺寸较大，常见多边形或多段式，且多有复杂纹饰。

传统民居建筑中柱础多为简易的鼓式或覆莲式，圆形柱础常与方形磉石组合使用。室内的磉石通常与地坪在同一水平面，而室外的磉石均在地坪之上。檐柱下的柱础和柱间有的还会增加木櫍。根据此次调研情况可知，使用木櫍的传统建筑年代较晚，多在民国以后。而大型公共建筑中，方磉石较为少见，多为高大圆形柱础直接落地，并在大门两侧的金柱柱础上开槽安装门槛。一般大型柱础常雕饰莲瓣纹，单体为覆莲式柱础；多段组合式柱础则是将鼓式石础落于覆莲式或方形柱础之上。

（a）方形柱础（山西会馆）

（b）八角形柱础（山西会馆）

（c）鼓式柱础（兴化寺）

（d）上鼓式，下方形柱础（兴化寺）

（e）多段组合式柱础（兴化寺）

（f）圆形柱础下接方磉（子房山火神庙）

（g）鼓式、覆莲式多段组合柱础下接方磉（文庙大成殿）

（h）柱础开槽安装门槛（文庙大成殿）

（i）圆形柱础下接方磉（窑湾镇玄庙）

（j）木櫍（土山镇某民居）

（k）覆莲式柱础（兴化寺）

（l）三段式柱础（丰县文庙大成殿）

图8.2.64　柱础案例

2. 屋身部分

（1）砖墙（图8.2.65）

徐州地区的传统建筑墙体一般采用砖石砌筑形式，清水做法，墙体较厚，厚度多在50厘米以上，外墙内常包砌木柱。通体用石材（山尖以下一小段仍为砖砌）、青砖、土坯砖砌筑墙体的传统建筑较少。徐州地区砖石砌筑的墙体可分为砖石混用墙、石墙、糙砖墙、碎砖墙、土坯墙、砖与夯土混用墙等，后三种主要用于规格较小、等级较低的传统民居建筑。因就地取材便利，位于山地上的传统建筑墙体用石最多。

（a）碎石墙（拾东村某民居）（b）石墙（兴化寺）（c）石墙（子房山火神庙）

（d）糙砖墙（山西会馆）

（e）砖石混用墙（户部山翟家大院）（f）砖石混用墙（户部山余家大院）（g）印子石（窑湾镇玄庙）

图8.2.65　砖墙案例

传统民居建筑的墙体结构通常为“里生外熟”[21]，即墙表面砌砖，墙体内则以土坯、碎砖石等填充，有利于房屋保温隔热、节约用材（图8.2.66）。砖墙砌筑以平砌为主，户部山传统民居建筑中墙体上半部分青砖多为五顺一丁或七顺一丁，用砖尺寸通常为28厘米×13厘米×6厘米；下半部分条石采用一顺一丁或二顺一丁，以石灰浆勾缝，灰缝厚5～8毫米。在拾东村传统民居建筑中，墙面砌法多为一顺一丁或三顺一丁。斗砌一般出现于墙体的顶部，有些传统建筑的墙面分为三个部分，底部为石墙，中部为砖墙平砌，顶部为砖墙斗砌，斗砌时通常采用三斗一平或全斗砌。此外，房门的上方石过梁常采用三层斗砌。此次调研中还发现，为了加固结构，墙体的转角处和梁下常砌筑与墙体同宽的石板以增加局部强度，起到拉结内外墙皮的作用，徐州地区俗称“印子石”，或在柱子外部的墙面加入虎头钉。

(a) 里生外熟（户部山翟家大院）

(b) 里生外熟（拾家大院）

(c) 三斗一平（土山镇某民居）

(d) 土坯砖墙（拾家大院）

(e) 全斗砌（户部山余家大院）

(f) 印子石、全砖墙（土山镇某民居）

(g) 砖与夯土混合墙（丰县某民居）

(h) 碎砖石填充（子房山某民居）

图8.2.66　砖墙砌筑做法

（2）勒脚（图8.2.67）

勒脚分为石勒脚、砖勒脚和砖石混用三种。石勒脚为一到两层条石垒砌；砖勒脚的层数从两层到多层不等；砖石混用勒脚是在条石基础上再砌砖，勒脚最上一层砖高于或等于室内地坪高度。勒脚均为平砌，但会比墙面凸出约2厘米。在墙体有收分的传统建筑中，勒脚也做收分。

(a) 砖石混用勒脚（丰县某民居）

(b) 石勒脚（文庙大成殿）

(c) 砖勒脚带收分（窑湾镇玄庙）

图8.2.67　勒脚案例

（3）封檐（图8.2.68）

徐州地区传统建筑的封檐分为砖封檐和木封檐。砖封檐只用于硬山建筑，传统民居建筑前后檐均用砖封檐。通常是在檐墙与屋面交界处做砖砌叠涩，从墙面到瓦当以下一般出三到五层砖线，由上而下逐层挑出，砖线由上下两层直檐（盖板）、头层檐、中间弧形的半混、枭砖、圆混或连珠混以及砖椽子等组成。砖线的形式有冰盘檐、抽屉檐和菱角檐等，其中采用菱角檐的传统建筑年代较晚，多为民国之后所建。

（a）冰盘檐（沈家大院）

（b）菱角檐（窑湾镇东当典）

（c）抽屉檐、菱角檐（丰县天主教堂）

图8.2.68　封檐案例

（4）山墙（图8.2.69）

徐州地区山墙的做法简洁、实用，下半部分多用石砌以加固基础，墙身用砖，至山尖用材逐渐变细。在山檐部分，则采用数层砖线脚层叠出挑做拔檐，与砖封檐做法相同，拔檐下部是立砌的砖雕博风板。精致的做法会在砖雕博风板上雕刻卷草纹、万字纹等纹饰，博风头也常装饰万字、铜钱等纹样。山尖下方的悬鱼处常镶有一块菱形或圆形砖，砖上有浮雕或文字装饰，周围有白色的灰塑装饰。

（a）万字纹博风头（户部山翟家大院）

（b）圆形砖雕、山云（子房山火神庙）

（c）砖雕博风板、悬鱼（户部山翟家大院）

（d）菱形砖雕、山云（户部山崔家大院）

图8.2.69　山墙案例

（5）盘头（图8.2.70）

盘头仅在大型公共建筑和传统民居建筑的厅堂等处使用。盘头上方是五层左右砖砌叠涩，下方是一面雕花砖。徐州地区悬鱼和盘头的砖面雕刻均只做点缀装饰。

（a）雕花盘头（兴化寺）

（b）文字盘头（窑湾镇玄庙）

（c）雕花盘头（户部山郑家大院）

（d）雕花盘头（户部山余家大院）

图8.2.70 盘头案例

（6）门头、门框（图8.2.71）

徐州地区较为讲究的传统建筑会在门的上方做砖细装饰，做石过梁或砖过梁以及象鼻枭；门框外侧墙中有壁龛，可用作灯台；大门内侧墙面做抹角。过道门洞上方的墙面常做砖砌十字、圆形镂空等装饰。

（a）石过梁（苏镇扬会馆）

（b）象鼻枭（户部山郑家大院）

（c）壁龛（户部山郑家大院）

（d）过道门洞镂空装饰（户部山郑家大院）

图8.2.71　门头、门框案例

3. 屋顶部分

（1）屋顶、屋脊（图8.2.72）

徐州地区传统建筑多是硬山直坡，包括双坡、长短坡，屋面无举折，为一条直线，起架约35度。屋檐檐口平直，正脊也无大幅度起翘，一般仅在两脊头微翘，曲线柔和，当地俗称“扁担脊”。部分房屋垂脊起翘角度较大，脊端高高折翘约45度。脊砖基本不用望砖（只在丰县发现一例，望砖与瓦片组合砌成屋脊），而用普通的青砖现场砍制砌成，从上到下依次为盖脊筒瓦、笆砖、太平砖。房屋正脊脊身以实砌的清水脊居多，门屋和正房屋顶用瓦片砌出花式的透风瓦片花脊，有的还会在重要建筑的正脊和垂脊使用泥塑的花板脊以增加装饰性。公共建筑和传统民居建筑中的重要房屋使用脊兽，形象多为鱼龙，传统民居建筑的兽首均朝外，公共建筑的兽首则朝内。简单的兽首做法是在正脊两端各安装一个兽首，规格较高的传统建筑正脊、垂脊均使用脊兽，并与铁制构件组合。

（a）扁担脊（户部山刘家大院）

（b）垂脊起翘（窑湾镇玄庙）

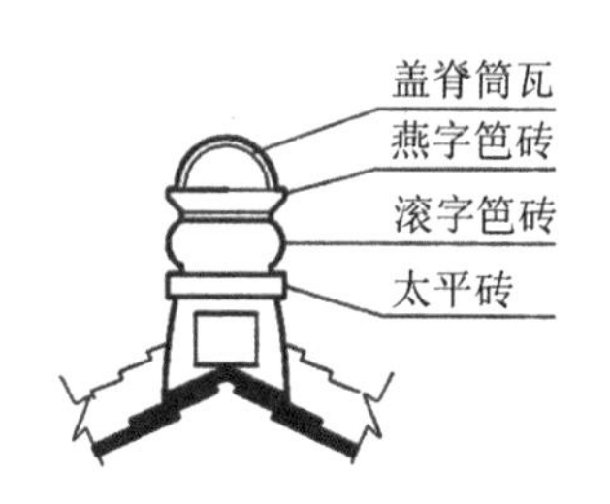

（c）屋脊构造示意图

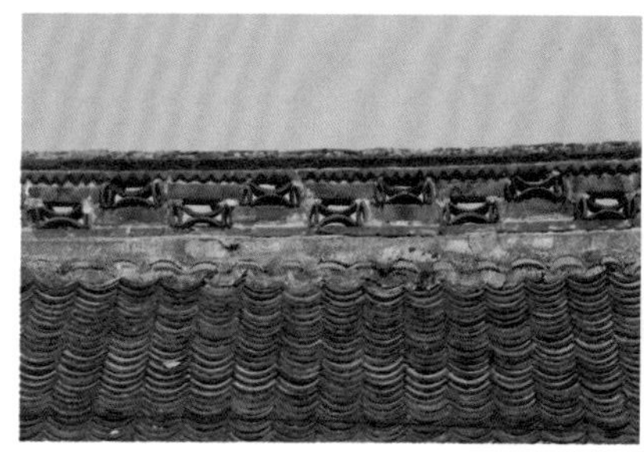

（d）望砖、瓦片组合（丰县某民居）

（e）清水脊（赵信隆酱园店）

（f）透风瓦片花脊（李可染故居）

（g）片瓦脊（窑湾镇东当典）

（h）花板脊（文庙大成殿）

（i）花板脊、脊兽（山西会馆）

（j）垂脊起翘，兽头朝外（户部山余家大院）

（k）插花脊兽（户部山崔家大院）

（l）花板脊、插花脊兽（户部山崔家大院）

图8.2.72　屋顶、屋脊案例

（2）屋面构造（图8.2.73）

徐州地区传统建筑大多使用望砖，有些简陋的房屋使用芦苇秆作为望层，公共建筑则会采用木望板。通常望层之上会用黄泥苫背，以取得良好的保温隔热效果。望砖多为素面，少数刻有铜钱纹、寿字纹等吉祥寓意的纹饰。屋面覆盖由底瓦和上瓦组成的小合瓦，瓦件种类有板瓦、滴水瓦、勾头瓦（瓦当）等，以“滴水坐中”[22]为主要摆放形式，瓦当和滴水上常刻有花卉纹或动植物纹等纹饰。

（a）望砖（户部山崔家大院）

（b）芦苇秆望层（拾家大院）

（c）木望板（窑湾镇玄庙）

（d）黄泥苫背（子房山火神庙）

（e）铜钱纹望砖（丰县某民居）

（f）刻有动物纹、植物纹的勾头瓦、滴水瓦（户部山翟家大院）

图8.2.73　屋面构造案例

第三节　案例

一、徐海道署

（一）建筑背景

徐海道署又称“道台衙门”，是明清两代徐州地区及民国时期徐海道的最高行政机关，位于徐州市泉山区文亭街，2006年被江苏省人民政府公布为第六批江苏省文物保护单位。徐海道署始建于明洪武十一年（1378），原为巡按御史莅事之所，明正德六年（1511）改为道署，万历末年毁于洪水，明崇祯三年（1630），徐州兵备道唐焕在今址上重建，清代仍为道署。至雍正年间，徐海道署建筑逐渐破败，仅存大门与照壁。清乾隆六年（1741），徐海道署重新修整、扩建。清光绪年间和民国初年都对徐海道署进行过修缮，且整体格局未变。据民国初期的《徐州城测绘图》可知，当时徐海道署建筑规模较大，整个建筑群北临中枢街，南为大照壁，东接成功巷，西为立业巷。据清同治《徐州府志》记载，徐海道署分中路、东路和西路三路纵向轴线，中路五进院落，沿轴线依次分布照壁、大门、二门、大堂、二堂、三堂、后楼和左右配房等，东路主要为办公的禀事厅、巡务科房、河务科房及茶房、厨房，西路为花园、喜雨轩等（图8.3.1）。

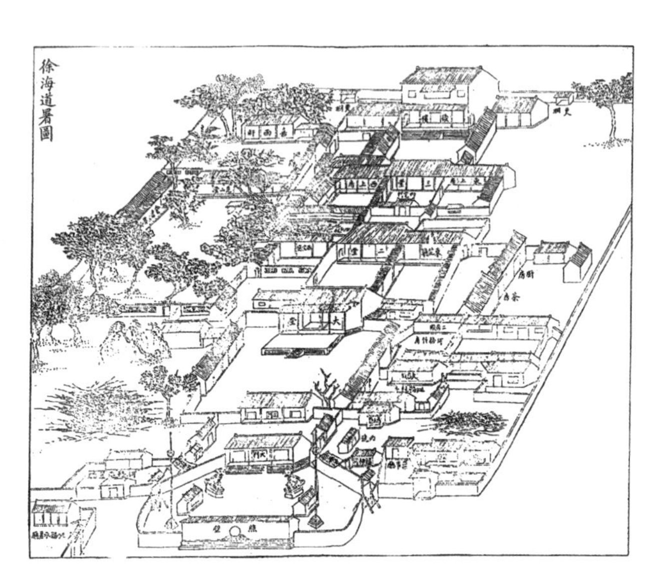

图8.3.1　徐海道署图（图片引自赵明奇主编：《全本徐州府志》，中华书局2001年版）

民国以后，徐海道署先后作为张勋的“大帅府”、北伐军驻地等；抗日战争期间为国民政府第五战区司令部，曾为徐州大会战指挥部、苏北绥靖公署；汪伪时期在二堂东侧增建民国楼（伪淮海省省长郝鹏举办公楼），并加建了一座炮楼；1945年后，大堂、二门等传统建筑被拆除，二堂、东耳房则在原址重建。[23]

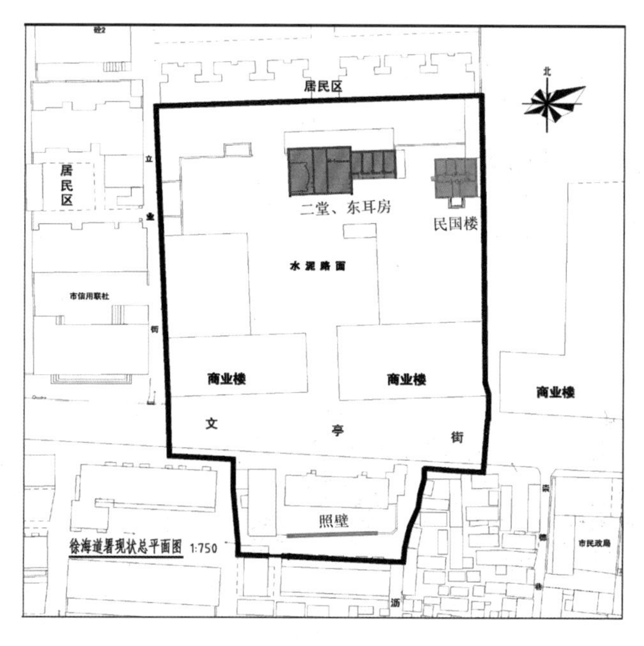

图8.3.2　徐海道署平面图（图片改绘自北京古代建筑设计研究所、徐州正源古建园林研究所：《徐海道署保护修缮工程设计方案》，2014年）

（二）现状概述

徐海道署除民国时期重建的照壁、二堂、东耳房和民国楼外，其余传统建筑均已拆除，整体格局不存（图8.3.2）。照壁和二堂被文亭街分隔，照壁呈孤立状态，二堂和民国楼位于沿街大院中，但院内情况较为杂乱。除照壁曾在2010年进行维修，二堂和耳房都未经修缮。二堂目前处于关闭、不开放状态，南侧被用作公共停车场，北侧为一排六层住宅楼，东侧和南侧被商业建筑围绕，西侧为进入居民区的道路。目前，二堂外围被铁栅栏围挡，墙面和屋面均被改动，北立面因加建停车棚已被遮挡，面目不全。水泥墙面和屋面红瓦因不断改建，已非历史原状，山面砖墙破损露出木梁架，建筑内部已完全废置。屋檐下尚存绿漆插栱和撑栱，但残损情况比较严重。东耳房的墙面和屋面同样为后期改造，目前是一家洗车店。民国楼现为居民楼，也未经过大修，南侧原有的抱厦式门厅入口已被封堵，目前从建筑西立面开门进出。总体来说，徐海道署整体保存状况较差（图8.3.3）。

（a）照壁　（b）二堂　（c）民国楼（原抱厦门厅入口）

图8.3.3　徐海道署保存状况

（三）建筑本体

1. 二堂

二堂为一层砖木结构建筑（图8.3.4），硬山式屋顶，面南，墙面、屋面有改动（图8.3.5）。二堂面阔五间，通面阔20.4米，其中明间4.4米，次间和梢间都是3.9米。进深四间十四檩，进深15.7米。南立面檐高5.4米，木封檐；北立面檐高3.4米，砖檐。屋脊高度9.1米，屋面为长短坡，其中北屋面较长。两山面也做部分木檐，自南向北一直做到屋脊线下方为止。

二堂共有六缝梁架，室内用柱共34根，金柱、檐柱落地，木柱下为方形石柱础。梁架样式有两种，山

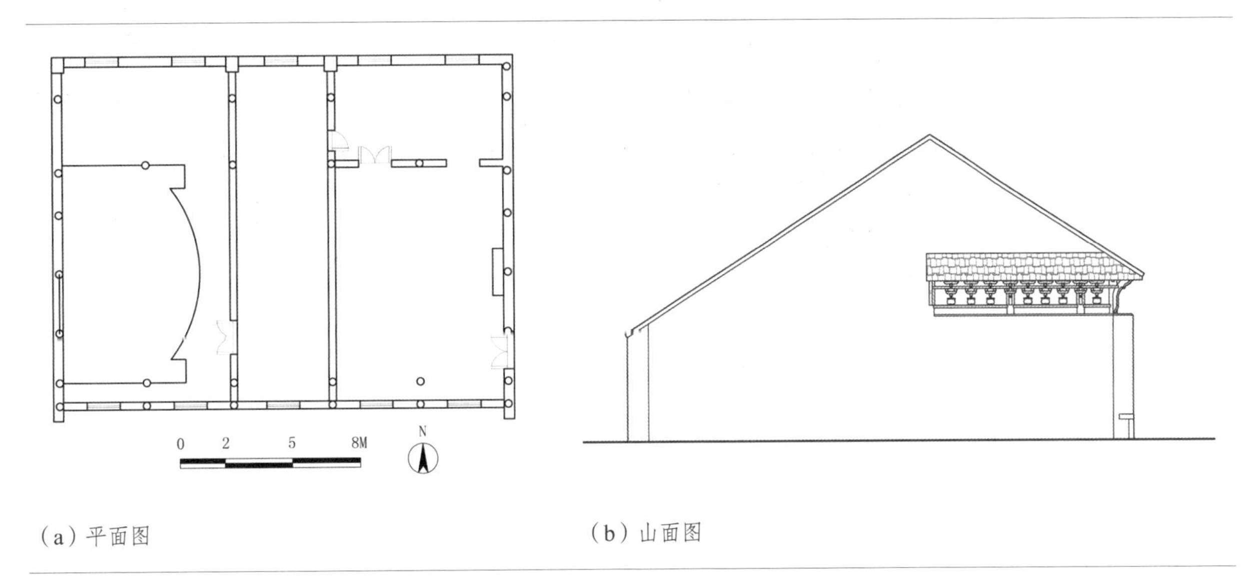

（a）平面图　（b）山面图

图8.3.4　二堂测绘图（图片改绘自北京古代建筑设计研究所、徐州正源古建园林研究所：《徐海道署保护修缮工程设计方案》，2014年）

（a）南立面

（b）西立面

图8.3.5　二堂外观

面梁架为穿斗式，明间和次间梁架为金字梁架与穿斗式相结合，前、后间在金字梁架的落地柱上做穿斗式梁步。室内吊平顶，第二间的金字梁架被吊顶板条遮挡。

木檐下用插栱，明间六攒，次间、梢间五攒，柱身出一攒，柱头的插栱上方穿出梁头以承接枋和檩条。山面的插栱形式与前檐相同，但柱身上方有弧形斜撑承接枋和檩。房屋转角出檐处不使用插栱，仅用一龙形撑栱，栱头直接承接两侧的随檩枋和挑檐檩。二堂插栱饰绿漆，檩、枋、撑栱等其他构件均饰红漆。

从破损的山面可见，二堂墙体的砌筑并不规整，用砖杂乱零碎。屋面红瓦为后期更换，室内还加砌了隔墙，地坪为加高的现代水泥地面（图8.3.6）。

（a）山面穿斗梁架

（b）前檐柱间二层插栱

（c）山面柱头斜撑

（d）转角龙形撑栱

图8.3.6　二堂木构状况

2. 东耳房

东耳房与二堂相连，为砖木结构硬山建筑，坐北面南，带两步前廊，面阔四间，通面阔14.1米，进深两间十一檩，进深9.2米，屋脊高6.2米。东耳房也为长短坡屋面，室内吊平顶，板条抹灰，梁架被遮挡不可见，但推断其结构、做法应与二堂相似（图8.3.7）。

（a）南立面

（b）前檐廊

图8.3.7　东耳房外观

3. 民国楼（图8.3.8）

民国楼又称“郝鹏举办公楼”，建于汪伪时期。该建筑为四坡尖顶，二层砖木结构，南立面带抱厦。民国楼东西长13.4米，南北长12.8米，屋脊高9.9米，檐高6.7米。南立面抱厦门厅为双坡屋面，脊高4.1米，檐高2.5米。

民国楼外墙为青砖加水泥砂浆砌筑，用砖规格统一，长24厘米，宽11厘米，厚5厘米。民国楼屋面使用灰色平板瓦。室内设公共走廊，两侧布置大小不同的套间，立面上开窗较多。室内每层均吊平顶，楼层间有木楼梯相通，二楼地面为木地板。民国楼建造时间较晚，外形简洁、实用。

（a）西立面出入口

（b）四坡尖顶

（c）室内木楼梯

（d）室内木地板

图8.3.8　民国楼外观及室内状况

二、山西会馆

（一）建筑背景

山西会馆位于徐州市云龙山东麓，依山而建，海拔60～72米，东对云东路，北连和平路，南临兴化禅寺，西接云龙山唐宋摩崖石刻造像。1987年，山西会馆被徐州市人民政府批准为重点文物保护单位，2005年划定了保护范围和建设控制地带，2006年被江苏省人民政府批准为第六批省级文物保护单位。据会馆内现存的十方清代碑刻记载，此处最早为供奉关羽的关圣殿，清顺治年间改为相山祠。清乾隆七年（1742），在徐州经商的山西商人出资将相山祠扩建为山西会馆。山西会馆由芙蓉亭、关圣殿、相山祠、昭敬院等传统建筑扩建而成，1949年后一度闲置，“文革”期间遭到严重破坏，关帝像被毁。1978年，徐州市园林局组织了一次大规模修缮；1995年，云龙山管理处依据史料再次进行修缮，重塑关帝像，并对公众开放；2003年又重修了驿楼和膳堂等传统建筑。[24]山西会馆是徐州地区现存规模最大、保存最为完好的清代会馆建筑。

（二）现状概述

山西会馆处于山地丘陵区域，建筑沿云龙山山势而建，自东向西抬升。东面门亭正对云龙山的环山道路，是建筑的主入口；另三面均有围墙环绕。紧临山西会馆西侧的山坡上有后期建造的石台阶和铁轨通向山顶建筑，目的是为了运送物资（图8.3.9）。山西会馆外围树木茂盛，山体陡峭。

山西会馆第一进花戏楼的一楼正中两间售卖香火，南面一间作为徐州山西商会，花戏楼二楼平时关闭。会馆内的关圣殿和厢房为开放区域，关圣殿主体建筑保存尚好，大殿外新建月台和栏杆，殿内常有香客往来（图8.3.10）。北院新建两座办公建筑。后院存有遗址，但尚未发掘、清理。

（a）山西会馆入口

（b）南侧山坡石台阶、铁轨

图8.3.9　山西会馆外部环境

因地处云龙山山坡，降水、风沙侵蚀等自然因素使山西会馆的保护面临一定困难，且建筑北侧比南侧损毁更明显，出现屋面和墙体渗水、木构糟朽等问题，亟须进一步修缮和保护。

（a）山西会馆第一进

（b）关圣殿、厢房和月台

图8.3.10　山西会馆内部状况

（三）建筑本体

1. 建筑布局

山西会馆坐西朝东，占地面积约3600平方米，建筑面积约1259平方米，整组建筑的平面布局按照传统的中轴线布置。由于地势西高东低，且地块呈南北延伸，山西会馆分南、北两个院落，四面有围墙围合，东南侧的门亭为主入口。山西会馆整组建筑依山势构筑，由东向西、由低至高依次为门亭、花戏楼、戏台、戏台院、花台、露台、南北两厢房[25]、关圣殿。山西会馆建筑物前后空间高差达29.78米，建筑高差18.66米（图8.3.11）。

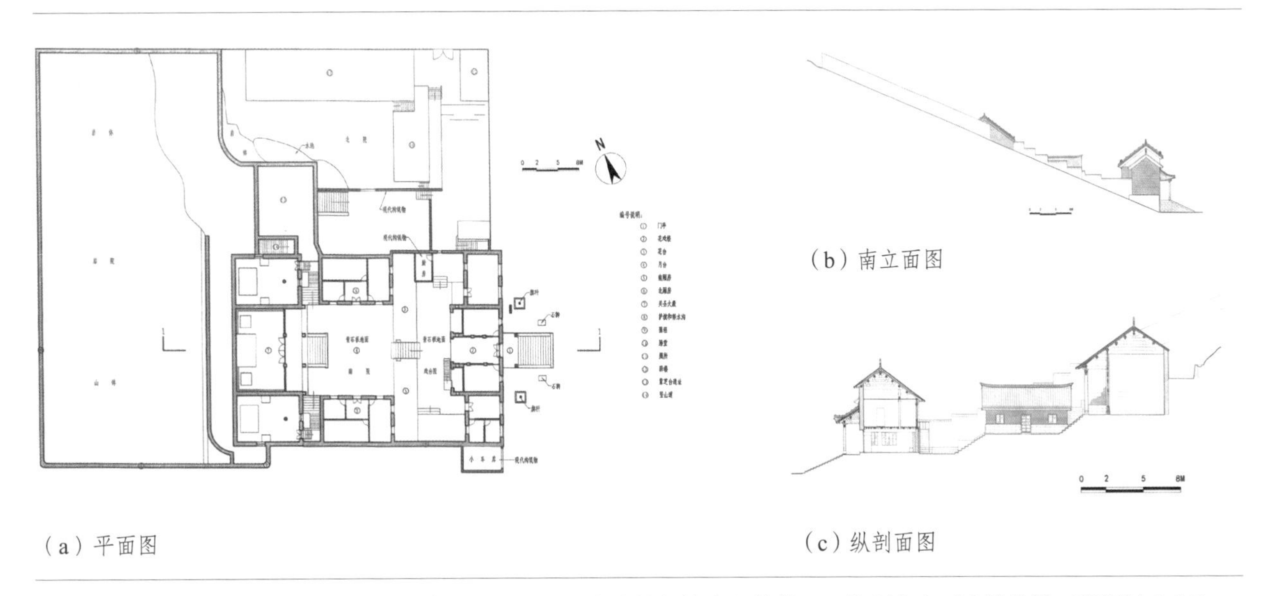

（a）平面图

（b）南立面图

（c）纵剖面图

图8.3.11　山西会馆测绘图（图片改绘自湖北省文化厅古建筑保护中心等编：《徐州市山西会馆修缮工程设计方案》，2007年）

2. 总体做法

山西会馆建筑为砖木结构，除南北两厢房为金字梁架结构外，其余传统建筑均为抬梁式木构架，梁架大多圆作，用料粗大。墙体以粗砖石砌筑，清水墙面，墙体底部为体积较大的条石，厚度可达30～50厘米；墙体上半部分使用未经打磨的糙面砖，砖长30厘米，宽8厘米，采用五顺一丁砌法，白灰砌成。中轴线上的传统建筑明间、次间前檐均为木出檐，梢间和尽间均为砖封檐，后檐也多是砖封檐，山檐有硬山砖封檐和悬山木博风两种。山西会馆地面以青石十字缝铺地为主，其中一层室内都是40厘米见方的青石铺地，二层用木地板；院落铺地有条石和冰裂纹两种；南北两厢房室内水泥地面是后期铺设，原状未知。山西会馆传统建筑屋面有歇山、悬山、硬山三种，屋脊中正脊、垂脊、戗脊的泥塑和砖雕脊饰种类丰富，有龙吻、仙人、走兽、鱼等；屋面使用望砖铺黄泥苫背再覆瓦的做法，采用筒瓦、合瓦两种瓦铺设。

3. 门亭（图8.3.12）

门亭面阔一间，面阔4.8米，进深三檩，进深1.9米，为半坡歇山，屋面覆筒瓦，屋面曲线流畅，正脊和檐口两

（a）门亭外观

（b）斗拱和脊兽

（c）门亭接花戏楼前檐墙

图8.3.12　门亭

端翘起，屋面连接花戏楼前檐墙。檐下两根方形石柱落地，柱顶有枋，枋上为一斗二升式斗拱，斗拱承托檐檩，共有四攒斗拱，两柱头各一攒，柱间两攒。门亭双步梁前端落于檐下斗拱的坐斗上，梁尾端插入砖墙。正脊两端有龙吻，脊中砌筑一块刻有“风调雨顺”的字碑，左右对称放置两座走兽，垂脊和戗脊各置仙人、走兽。门亭地面为青方石铺地。

4. 花戏楼

花戏楼为悬山建筑，坐西朝东，面阔七间共27米，其中明间4.1米，次间3.9米，梢间3.6米，尽间3.4米；进深两间共7米，其中室内进深4.7米，戏台进深2.3米。花戏楼分为两层（图8.3.13），一层明间由十根方石柱架空，作为入口与院落间的通道，北面伸出歇山式戏台。二层为四缝抬梁式梁架，明间两缝，梢间各一缝，共有六根柱落于楼面。明间为七架梁加双步梁形式，进深九檩，七架梁东端落于前檐墙上，西端落于方形金柱上；梢间为七架八檩，梁两端均直接穿入前后檐墙（图8.3.14）。花戏楼梁柱都为素面无装饰，梁底面大多刨平，脊檩下有通长替木，明间脊檩与脊瓜柱交接处做云板。花戏楼一层为青方石铺地，二层铺设木地板。

图8.3.13　花戏楼西立面

（a）室内七架梁

（b）室外双步梁

图8.3.14　花戏楼二层梁架

花戏楼中间三间伸出戏台，戏台的屋脊和檐口均高于两侧，形成中间高、两边低的立面样式（图8.3.15）。明间、次间的东立面为砖墙，一层开门，次间开两排共四个圆形窗洞，梢间和尽间分别开两排共四个方形窗，门窗洞上均有石过梁。西立面两次间一层底部为砖砌槛墙，槛墙上为木槛窗，梢间和尽间外墙为砖墙，墙面开两层共四个门窗，其中梢间一层开门。二层戏台两次间为木槛墙、槛窗，明间两方形金柱间的板门为戏台背景，里外金柱间对开有侧门，在戏台楼栿下设落地石柱，支撑二层伸出的戏台。戏台檐檩下设垫板，两端头做斗拱，雕饰云纹。花戏楼山面均为悬山，正中三间为长短坡，西面长于东面。山墙为青砖砌筑，其中北立面二层开有一门，可从室外石台阶经此门直接进入二楼。

花戏楼东立面和两山面上半部分为糙砖砖砌，白灰勾缝，下半部分用高约2.5米的八层条石砌筑（图8.3.16）。前檐为木出檐，飞椽出挑，后檐中间三间也为木檐，梢间和尽间的后檐墙为砖封檐。山面悬山

（b）戏台檐下斗拱、垫板

（a）西立面槛墙、槛窗

（c）二层入口石台阶

图8.3.15 花戏楼戏台做法

图8.3.16 花戏楼砖墙

出檐处有木博风板。花戏楼屋面为合瓦屋面，滴水坐中，正脊平直，只有戏台檐口的两端翘起。正脊上为砖雕龙纹陡板，垂脊上为砖雕卷草纹陡板，脊两端均装饰有龙吻，正脊、垂脊、戗脊上有仙人、走兽（图8.3.17）。

（a）二层屋脊、屋檐

（b）博风板、脊兽

图8.3.17 花戏楼屋面

5. 关圣殿

关圣殿是山西会馆的核心建筑，硬山，带前廊和月台（南院），从月台到大殿有2.3米的高差，由九级石台阶相连（图8.3.18）。关圣殿坐西朝东，面阔七间共26.4米，进深九檩，达9.8米，建筑面积288.8平方米。大殿正中三间为主殿，两梢间和两尽间为配殿。大殿内共有四缝梁架，明次间（主殿）两缝，两梢间和两尽间（配殿）各一缝。殿内梁架为抬梁式，室内七架梁加前廊两步架，檐柱和金柱共八根柱落地。大

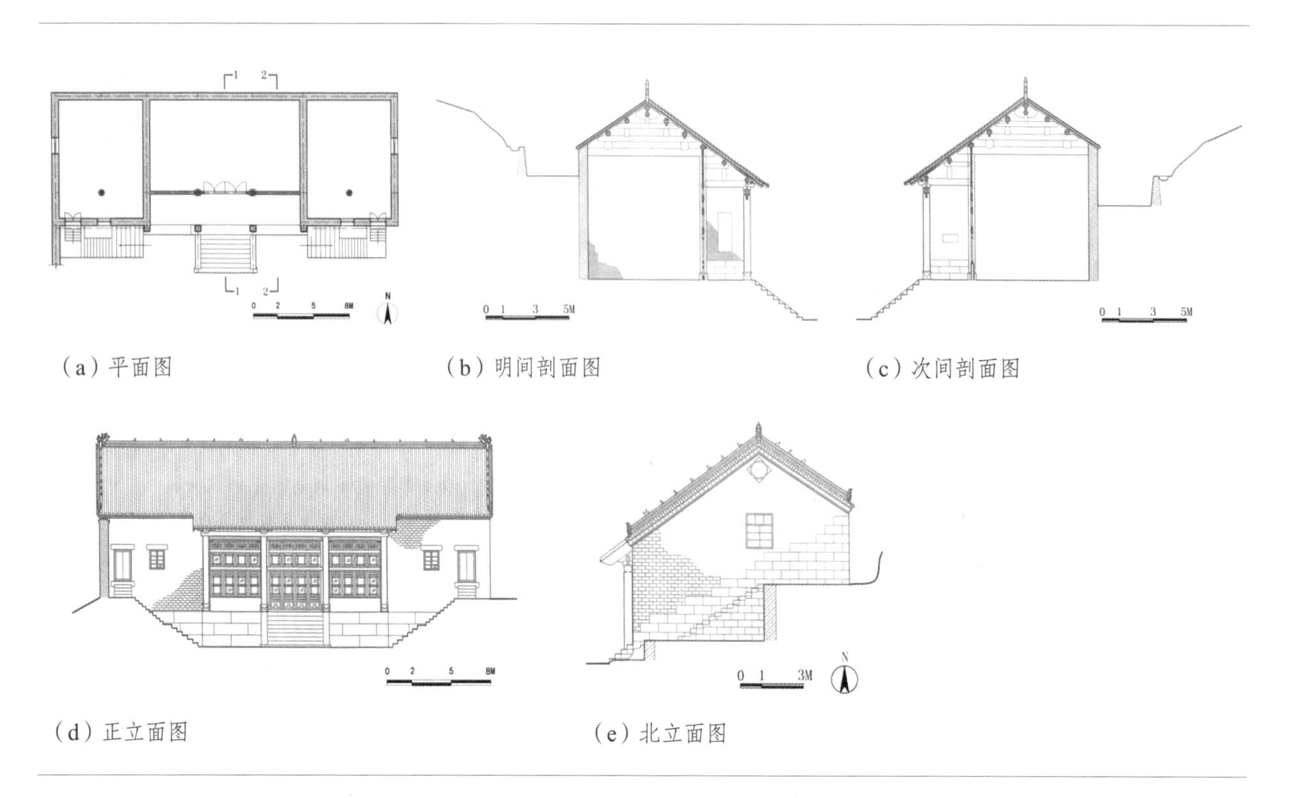

（a）平面图 （b）明间剖面图 （c）次间剖面图

（d）正立面图 （e）北立面图

图8.3.18 关圣殿测绘图（图片改绘自湖北省文化厅古建筑保护中心等编：《徐州市山西会馆修缮工程设计方案》，2007年）

殿七架梁前端落在金柱上，后端穿入后檐墙内。殿内梁柱均为素面，梁底大多刨平承接瓜柱，脊檩下做云板，其他各檩下设通长替木。前廊金柱与檐柱间置双步梁承接挑檐檩，双步梁梁头上承挑檐檩，下落于柱头斗拱之上，共四攒一斗二升斗拱。斗拱下为额枋，枋下有四根方形石质檐柱落地支撑屋檐，柱础为八边形，雕饰植物纹样。檐柱间置联枋，枋头雕象鼻纹。关圣殿的前廊和殿内均为青方石铺地（图8.3.19）。

（a）入口石台阶 （b）室内七架梁 （c）柱头斗拱

（d）前廊双步梁 （e）柱础 （f）40厘米见方的青石铺地

图8.3.19 关圣殿各部分做法

（a）山面长短坡

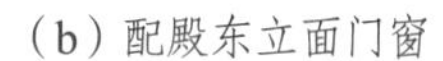

（b）配殿东立面门窗

（c）配殿入口石台阶

图8.3.20　关圣殿立面状况

（a）砖石砌筑

（b）屋檐

（c）清代石碑

图8.3.21　关圣殿墙体、屋面

图8.3.22　山西会馆厢房室内

图8.3.23　山西会馆厢房外观

从月台登石台阶经前廊进入殿内，主殿东立面大门为四扇向内开雕花槅扇门，门上为镂空雕花的垫板，明间放置“关圣殿”三字匾额。两次间正立面为槛墙和槛窗组合形式，槛窗上为三块雕花垫板连接檩条。配殿东立面均为砖墙，墙上开方形门洞、窗洞各一个，均设有石过梁。山面为长短坡，东坡较长，主殿屋面长于配殿，山墙下半部分也顺山势而砌，东高西低（图8.3.20）。两山面各开一方窗，北山墙悬鱼处嵌有一块鱼龙纹菱形砖，南山墙雕砖已被破坏。西立面因有围墙遮挡，面貌无法观察，推测应为全砖墙。

大殿的墙体为砖石砌筑，下为五层露明粗大条石，上为白灰砌筑的糙砖墙。大殿明次间为木出檐，前廊檐口为飞椽，梢间、尽间、山面均为砖叠涩封檐，前廊南北墙面各嵌有清代石碑一块，记载了清代山西会馆重修的情况。大殿屋面为硬山顶，屋檐滴水坐中，前坡为筒瓦屋面，后坡为合瓦屋面。正脊为清水脊，有一泥塑仙人坐于脊正中，两侧分立狮、羊等走兽，脊两端置龙吻，垂脊上也有多尊仙人、走兽（图8.3.21）。

6　南厢房、北厢房（图8.3.22、图8.3.23）

山西会馆的南、北两厢房形制一致，为悬山式屋顶，面阔三间共10.3米，进深一间，为6.8米，面积为70.6平方米。室内有两缝金字梁架，类似现代桁架，应为后做，非历史原貌。梁和檩都是直接穿入墙面，为硬山搁檩做法。室内无柱落地，铺地为现代水泥地面。

厢房前、后两檐墙和两山墙均为实砌砖石墙，南厢房后檐墙与会馆南围墙共用。厢房墙体下为三层条石砌筑，高1.12米，上为糙砖墙，前檐墙出檐做木封檐板，两山墙悬山处均做木博风板。厢房前檐墙开有一门两窗，后檐墙开三窗，门窗洞均为方形，门窗上砌砖券。厢房屋面为合瓦屋面，清水脊两端起翘。

三、户部山古建筑群

（一）建筑背景

户部山古建筑群位于徐州老城南门外戏马台。户部山原名南山，明天启四年（1624）黄河泛滥，户部分司署移至山上办公，故易名户部山。因户部山地势较高，可避水患，地理位置又离城不远，比较便利，所以自清代起，便成为官宦和商人建造住宅的理想之地。随着商贸和漕运的推动，这一带得到不断发展，至民国时形成了集居住与商业为一体的建筑群。户部山古建筑群以山顶的戏马台为中心，建筑类型为民居和商铺，二十多个民居宅院环山而建，沿街店铺、作坊分布广泛，营造出独具特色的街巷格局。

随着黄河改道，漕运中断，户部山开始衰落，传统民居建筑日渐破败，到了20世纪50年代各家族宅院多已成为危房，“文革”时期，又有大量传统建筑构件被损毁。20世纪80年代后，各宅院内的私搭乱建破坏了原有的古建筑群格局，城市建设进程中又拆除了部分建筑。

20世纪90年代开始，徐州市政府多次组织了对户部山古建筑群的修缮，先后修缮了余家大院、翟家大院、崔焘翰林府、郑家大院等，并对周边环境进行了整治，规划了街区的交通和景观流线。目前，多数经过修缮的院落已对社会开放，并被赋予了博物馆、展示馆等新的功能。

户部山古建筑群是徐州保存最完整、内涵最丰富的明清至民国民居建筑群落，2006年被国务院公布为第六批全国重点文物保护单位。

（二）现状概述

目前户部山古建筑群的总体布局为外方内圆（图8.3.24）：外环是由四条马路围合的不规则四方形外圈（东为解放路，西至彭城路，南为项王路，北至马市街）；内环则是在外环西南角方向，环绕山体而成（状元街）。所有传统建筑均分布在内环和西南角的坡地，内外环之间为新建的商业建筑群。[26]

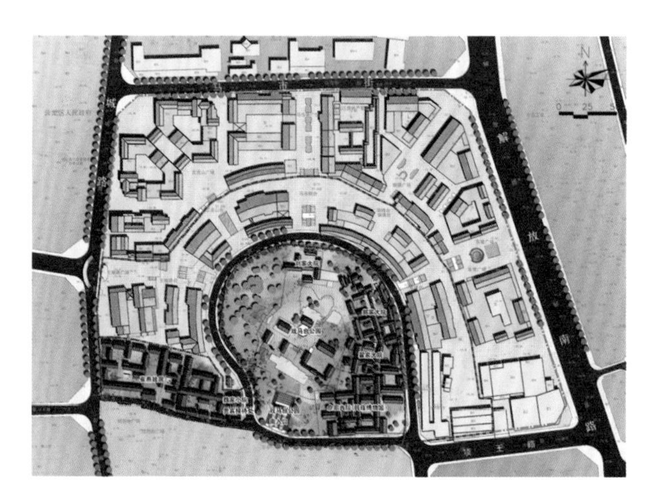

图8.3.24　户部山古建筑群平面图（图片引自《徐州市户部山历史文化街区保护规划》）

户部山古建筑群占地面积近三万平方米，现存建筑以清代民居为主，也有明代和民国时期的民居建筑。其中保存较完整的有翟家大院、余家大院、崔焘翰林府、李蟠状元府、李家大楼、郑家大院、刘家大院、王家大院和魏家园九个院落。此外，还有老盐店、酱园店等商业建筑六百余间。建筑均坐落于山坡地带，各宅院以戏马台为中心，呈环形阶梯状分布，其中崔家大院位于西坡，魏家园、余家大院位于南坡，翟家大院、郑家大院位于东坡，刘家大院、权谨牌坊位于北坡。建筑周边的街道结合山势和地形布置，由环形道路和与道路垂直的放射形街巷构成。经调研，户部山部分传统建筑已得到修缮，其中崔家大院上院修缮后对公众开放，下院仍为崔家后代居住；郑家大院、刘家大院修缮后均全部开放，完整地展示院落和建筑形态；余家大院、翟家大院经修整已合并，现作为徐州市民俗博物馆对外开放；魏家园作为景区接待处。李家大楼目前尚未经修缮，楼中仍为原居民居住，不对外开放；其余各院或为原主人的后人居住，或被闲置。

（三）建筑本体

户部山古建筑群的入口位于山南坡项王路的东西两端。项王路与西面彭城路相交处的西入口地势较低，从这里经过崔家大院南院墙外侧坡地，然后登台阶走上户部山南坡；项王路与状元街相交处的东入口地势较高，沿此可以进入北面环山道路。各大院均沿山势而建，都是在正对道路的方向开院门，故入口有多种朝向。

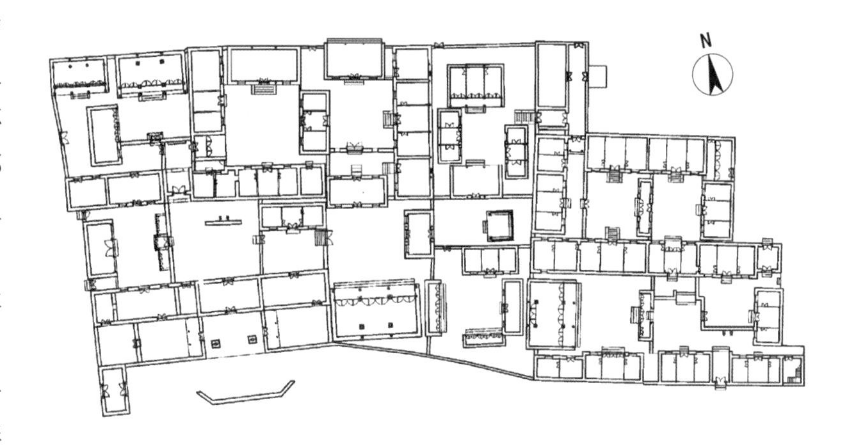

图8.3.25 崔家大院平面图（图片改绘自刘玉芝：《徐州户部山崔家大院建筑特色研究》，《东南文化》2009年第5期）

户部山各大院多以院落为基本单元，再组合出复杂的空间形态，院落间的组合形式有三种：纵深多进的串联形式、横向扩展的并联形式和自由不规则的转折形式。其中第一种组合形式在户部山各大院中最为常见，而三种形式也会同时出现在一家大院的院落组成格局中（图8.3.25）。级别较高的大院在门外设有影壁、旗杆和石兽，在院内有内宅院和外宅院的空间过渡，由垂花门作为院门连接内外（图8.3.26）。

（a）影壁（崔家大院）　（b）旗杆（崔家大院）　（c）垂花门（刘家大院）

图8.3.26 户部山民居院落组成

院落中单体建筑的类型可分为正房、厅堂、厢房、倒座、鸳鸯楼、过邸和其他用房（图8.3.27）。[27]正房是位于院落中轴线上的主要生活用房，可分为堂屋和穿堂屋两种。正房平面为矩形，三开间或五开间，明间开门，往往作为客厅或过道；次间对称开窗，为卧室或书房。厅堂用于接待客人和举行活动，根据其位置和功能可分为正厅、侧厅、花厅等。厅堂一般面阔三间，用抬梁式木构架，多带前廊，正立面做槅扇门，木雕、砖雕等建筑装饰较华丽；厅堂正面面对院落，空间开敞，背面多连院墙，相对封闭。倒座也称门房，是临街作为院落入口的建筑，位于院落中轴线上，多为一层，三开间或五开间，入口在明间或角落，民居倒座的窗朝内院开，商铺倒座则在沿街立面开窗。鸳鸯楼又称“阴阳楼”，是户部山传统建筑中独具特色的建筑形式。[28]鸳鸯楼借地势的落差而建，因地制宜。楼分两层，上下层各开一门，两门的朝向相反，通向两边不同高度的地面，以连接水平高度不同的院落空间。过邸属于门楼的一种，在徐州地区传统建筑中通常作为通道使用。户部山民居中多有应用过邸，均为一开间，一般为朝向下一进院落的一面开敞，另三面围合。过邸可与倒座结合，作为建筑的入口，或在院落中部，用以连接前后院落。

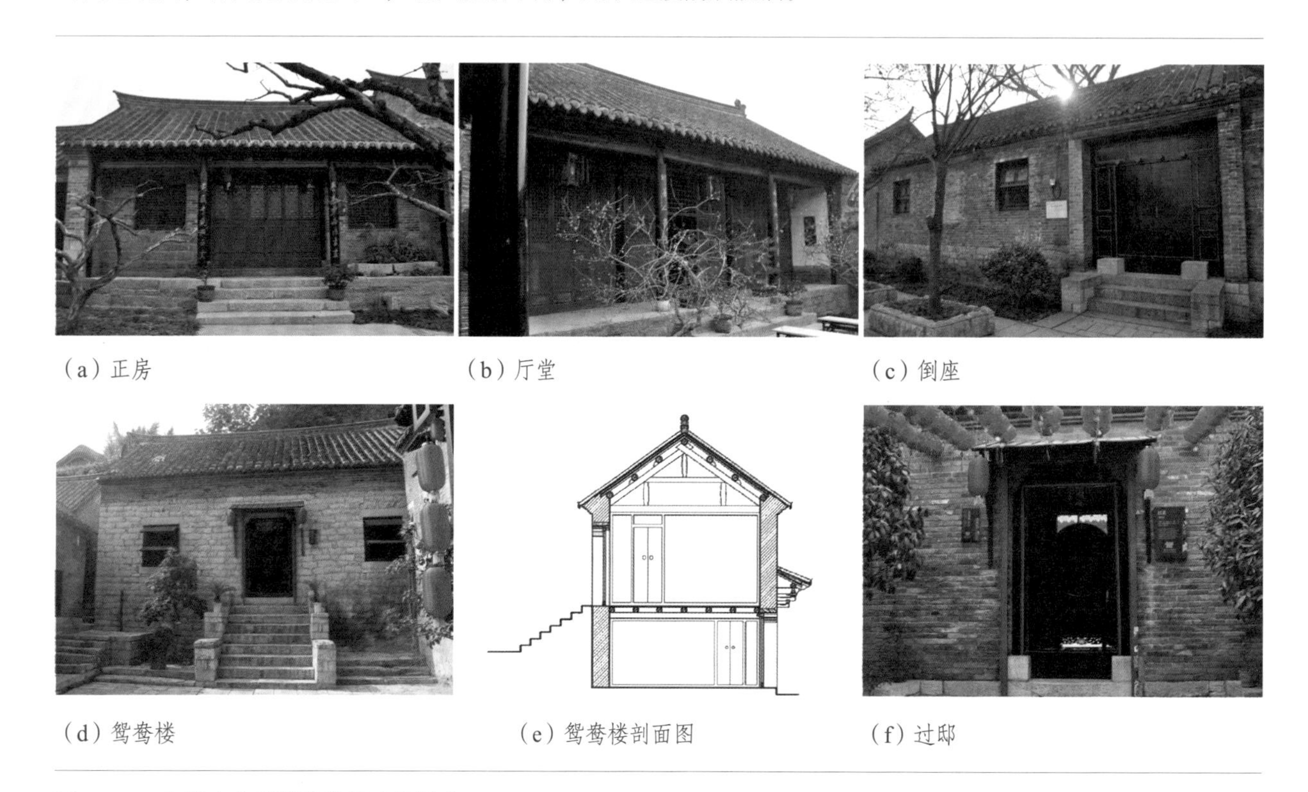
（a）正房　（b）厅堂　（c）倒座
（d）鸳鸯楼　（e）鸳鸯楼剖面图　（f）过邸

图8.3.27　户部山古建筑群单体建筑样式

户部山传统民居建筑既有北方四合院的规整划一，又有南方民居的曲折秀美，在选址定位、形制布局、空间组织等方面都具有鲜明特色，是明代至民国时期徐州地域文化的缩影。下文以郑家大院为例，详细介绍户部山传统民居特有的形态与内涵。

（四）郑家大院

1. 建筑背景

郑家大院位于户部山东侧坡地，状元街西侧，面朝户东巷。郑家是“户部山八大家”之一，原居河南，清朝初年郑家祖先郑茂芳迁往徐州，初居南关下街。郑茂芳到徐州后，经营商业，郑家后人也将勤俭持家、乐善好施的家风世代相传，到了同治年间第七代传人郑孝理时家中已颇为富庶。郑孝理先在户部山北买下了一座旧宅院，改建成现在的南院，后又购买了院北古庙旧址，建起北院，两院相连，形成了现在的院落格局。

2. 现状概述

郑家大院所处街巷两侧建筑的类型各不相同，在郑家大院一侧分布多座文物保护单位，大院南面与徐州市民俗博物馆（翟家大院）毗邻，北面为权谨牌坊（权氏祠堂），西面为戏马台，东面对街一侧都为新建的仿古商铺。郑家大院建筑旧貌保存状况良好，但北院第一进的建筑格局有所改变，原来的三合院格局已不存，仅保留了南面的房屋，南、北两厢房已拆除。郑家大院为更好地对社会展示，维修了地面、墙面、屋面，更换了部分受损木构件，2015年修缮完成后，已对公众全部开放。郑家大院有多处入口，现作为开放主入口的是位于状元街上的东北角入口。为保持参观流线的通畅，位于东北角入口以南的院落正大门暂时被关闭。

3. 建筑本体

郑家大院建筑坐西向东，院中建筑自东向西沿山势依次抬升。平面布局为跨院式，共有天井院（前院）、南院、北院、西院四个院落，房屋五十余间，建筑面积803平方米，总占地面积1670平方米（图8.3.28）。除前院为天井小院，郑家大院其他三个院落均为三合院或四合院的形式，房屋平面呈矩形，硬山式建筑。

郑家大院正大门朝东，院门为板门，门下有门枕石一对，门前为四级石台阶。门洞顶部做砖细门头，门上有雨搭，墙面出两插栱承接雨搭，两插栱间悬挂郑家大院的牌坊。进门后是天井院，院内正对大门为一影壁砖墙，壁心书有红色“福”字。天井院两侧月洞门分别通向南院、西院、北院（图8.3.29）。

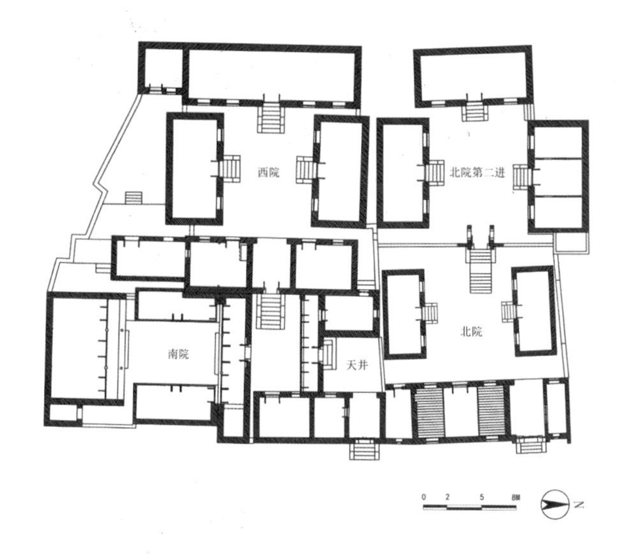

图8.3.28　郑家大院平面图

（a）正大门　（b）影壁　（c）月洞门

图8.3.29　郑家大院大门和天井

南院为客厅院，由客厅、东厢房、西厢房组成。这三座建筑及过廊四边相连，组成一座四合院（图8.3.30）。客厅坐南面北，面阔三间共9.3米，其中明间3.4米，两尽间各2.95米；进深两间八檩，带前廊，共6.7米，其中第一间4.3米，第二间1米，廊深1.4米；脊高6.6米，檐高3.6米。客厅为抬梁式木构架，有两缝梁架，西边一缝加木隔板做成板壁形式，共有六根柱落地（室内四金柱，前廊两檐柱），金柱下用圆础

（a）客厅、厢房　（b）客厅轩廊
（c）砖墙盘头　（d）山墙悬鱼砖雕

图8.3.30　郑家大院南院

方磉（图8.3.31）。客厅前廊为鹤颈轩轩廊，北立面每开间做四扇槅扇门，两端盘头上有方形植物纹砖雕，两山墙悬鱼镶嵌菱形动物纹砖雕，南立面为砖墙。檐檩下的随檩枋和槅扇门裙板雕刻精美，纹饰均为祥云和福寿题材。东西厢房形式相同，都为三开间、五架抬梁结构，正对院落的立面为全做槅扇门，每开间四扇。南院的建筑风格统一，正对院落一面为木槅扇，两山面和背面为砖墙，屋脊均为清水脊无装饰，前檐都有较大出檐。建筑室内铺设青方砖，客厅为方砖斜铺，两厢房为方砖十字缝正铺。院落地坪稍低于四面建筑，明间门前做一级石台阶，院中铺地方式为条石十字缝平铺。

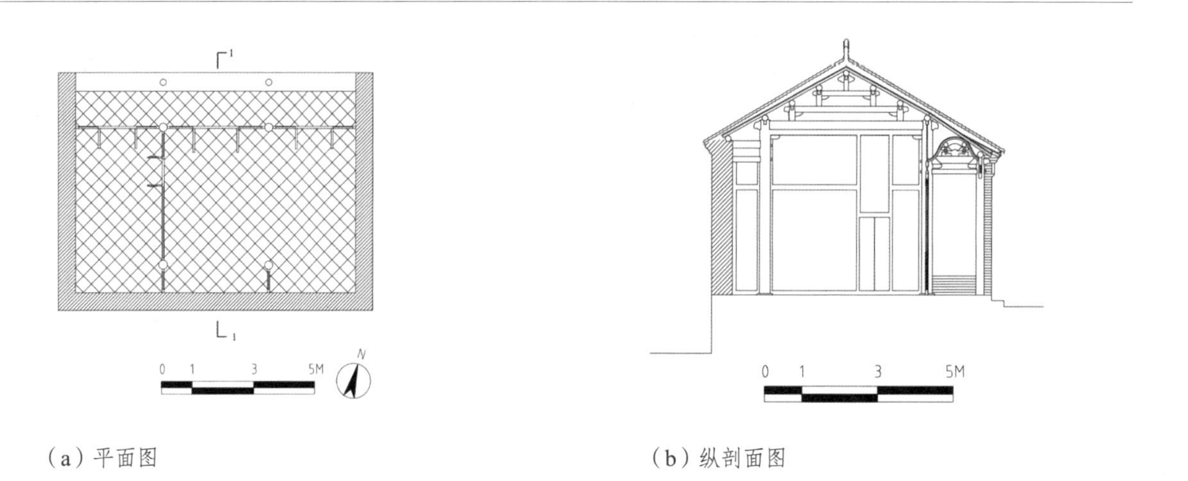

（a）平面图　（b）纵剖面图

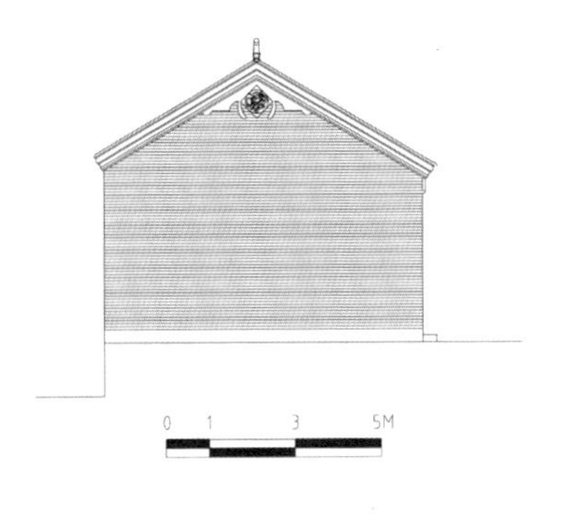

（c）东立面图

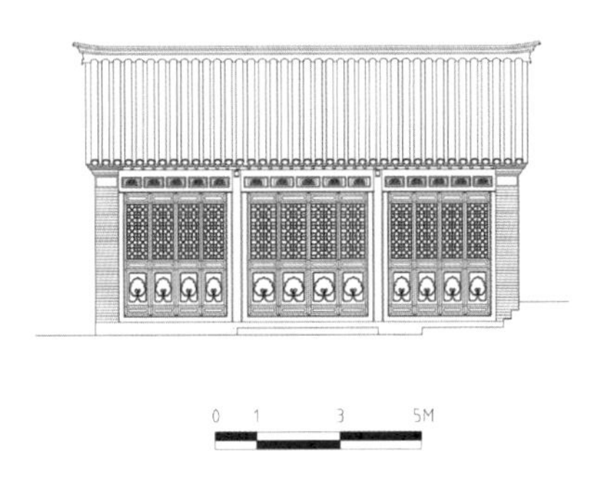

（d）北立面图

图8.3.31　郑家大院南院客厅测绘图

从天井院经过邸向西进入西院。西院是内宅院，院落房屋沿中轴线左右对称布局，由正房（堂屋）和南北厢房组成（图8.3.32）。其中，正房为居室，两侧厢房为客厅和书房，正房的屋面和室内地坪均高于两

（a）正房、厢房

（b）正房梁架

图8.3.32　郑家大院西院

厢房。正房依山而建，坐西面东，面阔五间，室内为金字梁架（图8.3.33）。墙面为下碱条石、上部砖墙的做法。东立面为明三暗五形式，开一门四窗，梢间被两厢房遮挡，明间开板门，门顶做砖砌过梁和砖细门头，门前设七级石台阶，次间尽间各开直棂窗一扇，其他三立面均为砖墙不开门窗。正房屋面为清水脊，两端稍稍起翘，檐口平直，五层砖叠涩封檐。南北厢房均面阔三间，金字梁架，墙面和屋面做法与正房相同。院中为长方形条石铺地，房屋室内为方砖铺地，院落地面低于房屋，均通过门前石台阶连接，院内四角设有花池，池中种植梅花、石榴等树木。

北院分为前后两进，原两进都为三合院，由南北两厢房和位于中轴线上的正房组成。现第一进建筑基本被拆，只存东面一排临街的倒座，院中有一棵五百年树龄的银杏树。第二进院比第一进高出2.5米，从第一进院登上台阶穿过垂花门进入第二进院，院中格局保持完整，由坐西面东的正房、南北两厢房组成，其布局与西院空间类似，都是以院落中轴线上最后一座房屋为正房，以厢房为客厅和书房。北院第二进院除正房三开间、东立面开一门两窗的规模小于西院正房外，厢房和正房组成的三合院布局、建筑各部分的做法均与西院相同（图8.3.34）。

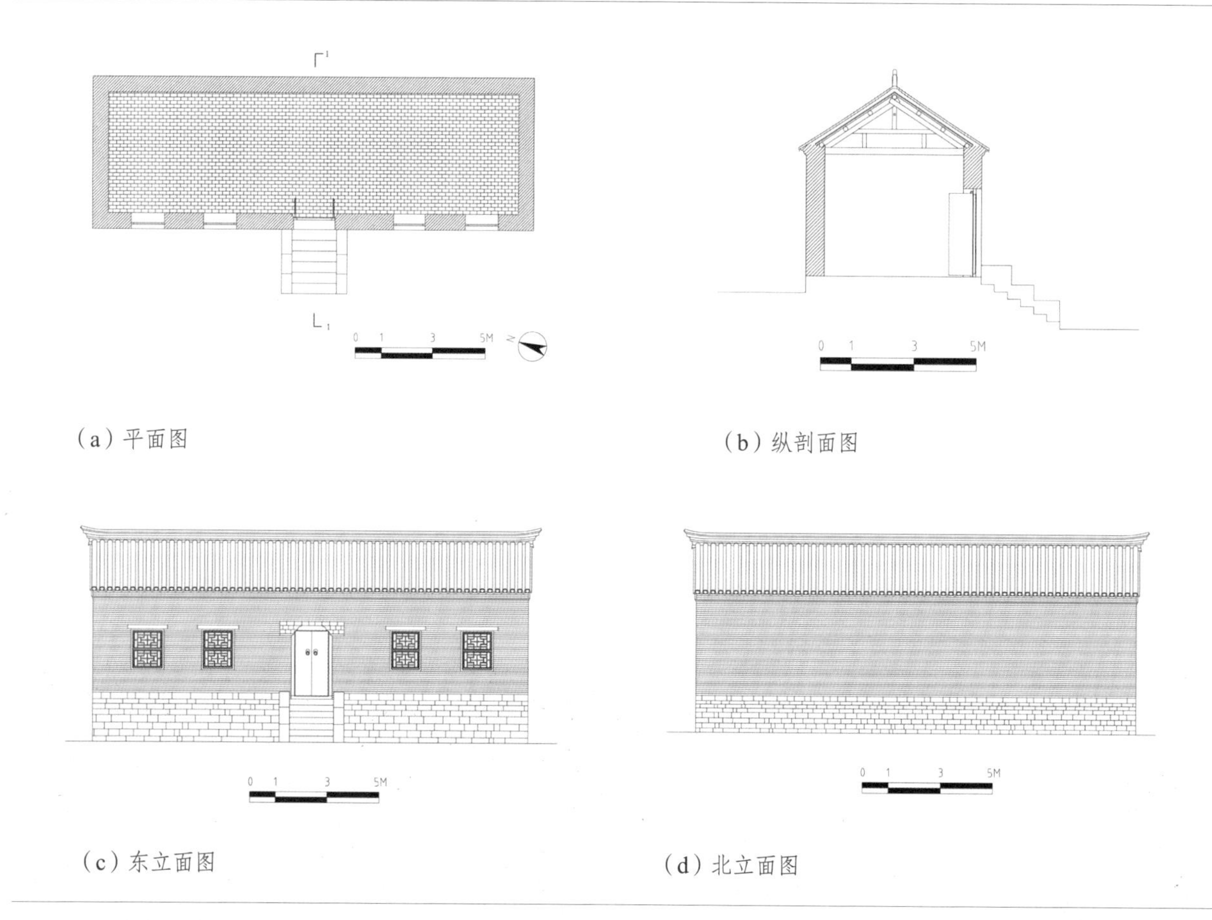

（a）平面图　（b）纵剖面图

（c）东立面图　（d）北立面图

图8.3.33　郑家大院西院正房测绘图

（a）北院第一进　（b）北院第二进

图8.3.34　郑家大院北院

四、李可染故居

（一）建筑背景

李可染故居位于徐州市云龙区建国东路，始建于清末，为国画大师李可染的先祖所建。李可染青少年时期一直在此生活居住。李可染故居原有东西两院，东院在20世纪50年代已被拆除，现仅存西院。1984

年，李可染与兄长李永平共同捐赠了这所宅院。此后，徐州市人民政府对其进行了修缮，并于1985年10月对外开放。这里也成为徐州地区最早进行修缮、展示的传统民居建筑之一。[29]1994年3月，李可染故居二期工程"李可染艺术作品陈列馆"建成并对社会开放（现已拆除）。2002年，李可染故居被江苏省人民政府公布为第五批省级文物保护单位，保护范围东到广大东巷，西到广大西巷，北到广大北巷，南到故居南厢房南墙，占地面积为700平方米。2007年，作为李可染故居三期工程的"李可染艺术馆"建成并对公众开放。经修缮的李可染故居与新建的展馆建筑融为一体，共同展示李可染生平事迹及其艺术作品等。

（二）现状概述

李可染故居周边环境已经过整治，许多相邻房屋已被拆除。目前整个故居院落完整，与紧邻的李可染艺术馆和师牛堂融为一体（图8.3.35）。李可染故居四面被街巷环绕，北面正对大门的是一座两层商业办公楼，西侧为居民小区，西面和南面为高层住宅小区，东面为现代商业建筑。

经过修缮和复建，李可染故居的整体格局基本得以恢复。故居现包括东院、西院、西跨院三座院落，其中西院建筑完整，其他两座院落建筑面貌不全（图8.3.36）。目前各院中的房屋用途不一：东院未做复原，为李可染艺术馆大门前院；西院中的西屋和南北厢房为建筑原貌展示，原客厅为李可染艺术馆工作人员的办公场所，另在院内西屋北侧加建了卫生间；西跨院经复原重建了两座房屋，西屋现为文房用品商铺，北厢房为画廊，内部被用作画室。

（a）大门

（b）师牛堂和李可染艺术馆

图8.3.35　李可染故居周边环境

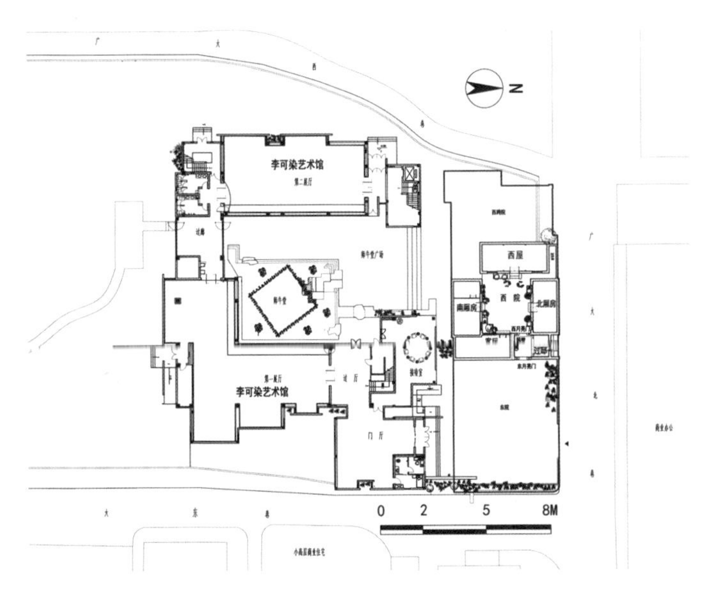

图8.3.36　李可染故居平面图（图片改绘自徐州市园林设计院等编：《李可染旧居环境整治及保护维修方案》，2007年）

（三）建筑本体

李可染故居是一座一门两院式传统民居建筑，占地面积约300平方米，建筑面积190平方米。院门位于西院的东北角，面北。入门正对影壁，影壁和左右两面墙围合成天井，经两侧月洞门分别进入东、西两内院。

西院为四合院，西屋为主房，南屋、北屋为厢房，东屋为客厅（图8.3.37、图8.3.38）；东院建筑现已不存，据推测格局应与西院类似，以东屋为主房，南屋和北屋为两厢房；西跨院中有西屋和北厢房两座建筑，均为在原建筑遗址上复建。

（a）西院　　（b）西院西屋

（c）西院

（d）影壁、月洞门

图8.3.37　李可染故居西院状况

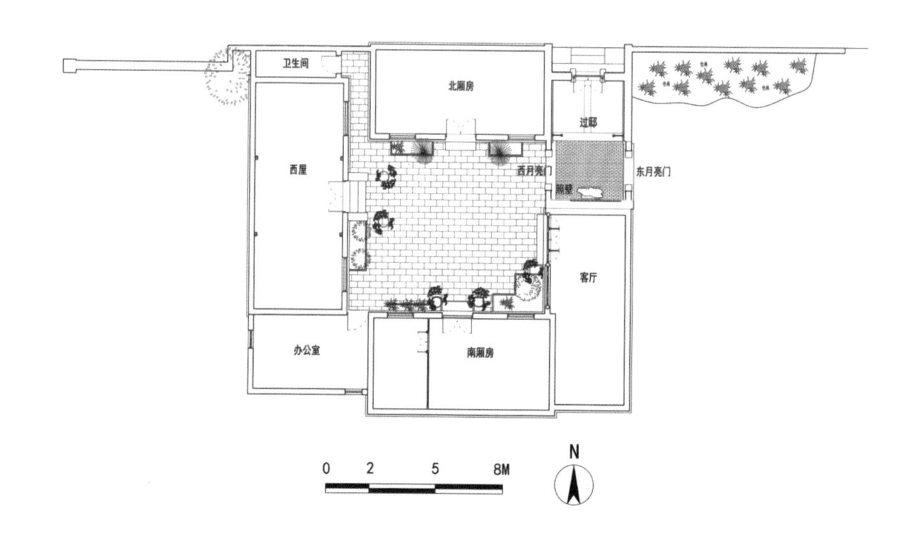

图8.3.38　西院平面图（图片改绘自徐州市园林设计院等编：《李可染旧居环境整治及保护维修方案》，2007年）

故居院门与门屋结合形成过邸，门上方为“李可染故居”五字牌匾。过邸面阔一间4米，进深4.4米，檐高3.4米，脊高4.8米，建筑面积17.6平方米（图8.3.39）。过邸南北两面檐下飞椽出檐，檐檩下做宽垫板，南面檐下做雕花落地木挂落，北面为砖雕盘头和木雀替；过邸屋面为对称双坡顶，屋脊为镂空花脊，两端稍稍翘起；影壁为一字影壁，壁顶为三层五屏式，心墙中间嵌菱形仙鹤雕花砖一面（图8.3.40）。西院正房为

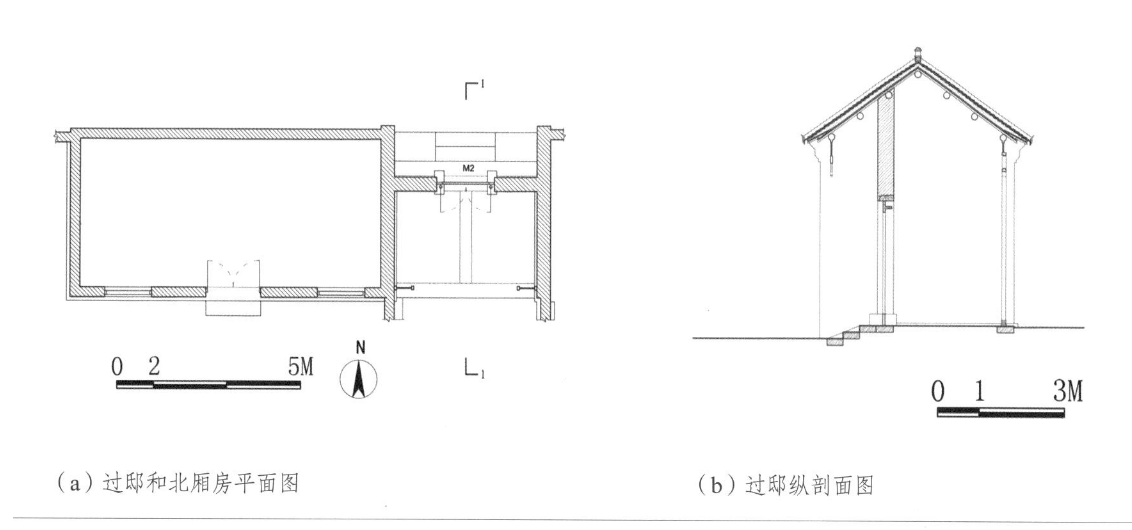

（a）过邸和北厢房平面图

（b）过邸纵剖面图

图8.3.39 过邸和北厢房测绘图（图片改绘自徐州市园林设计院等编：《李可染旧居环境整治及保护维修方案》，2007年）

（a）过邸全貌

（b）南面檐下垫板、挂落

（c）影壁

图8.3.40 李可染故居过邸、影壁

西屋，面阔三间10.9米，进深5.3米，檐高3.2米，脊高5.4米，建筑面积57.2平方米（图8.3.41）；南厢房面阔三间达8.9米，进深5.2米，檐高3米，脊高5.3米，建筑面积46.3平方米；北厢房面阔三间达8.2米，进深4.4米，檐高3米，脊高5.1米，建筑面积37平方米；东屋面阔两间达7.5米，进深4.2米，檐高2.8米，脊高5.1米，建筑面积32平方米。复原后的西跨院西屋面阔达8.9米，进深4.7米；北厢房面阔达7.95米，进深4.4米。

李可染故居各房屋的做法基本统一，室内梁架均使用金字梁架结构，梁两端插入前后檐墙内，室内无柱落地，有的梁下加装板壁以分隔明间、次间，增加私密性，板壁上开门连通相邻开间。墙体青砖砌筑，均为清水砖墙，无条石做底（西跨院修缮时发现清代遗留的宅基石，推测下部也为条石砌筑，现在的墙面形式或非原貌），除正对院落的一面，各屋山面和背面均为砖墙砌筑，不开门窗。面对庭院的立面均为一门两窗形式，门前有三层石台阶，房门为两扇对开槅扇门，砖细门头，门上立砌挂砖，两窗为支摘窗。山面为砖博风，雕饰卷草纹，悬鱼处镶有一块菱形砖雕。屋面为硬山对称双坡顶，屋顶覆小合瓦，檐口叠涩冰盘檐，砖封檐。屋脊有三种：一为不做装饰的清水脊，二为瓦片垂直摆放于瓦条之上的瓦片脊，三为瓦片组合摆放为花形镂空的花脊。其中清水脊屋脊比较平直，只在两端稍稍起翘，花脊的起翘则更明显。院落地

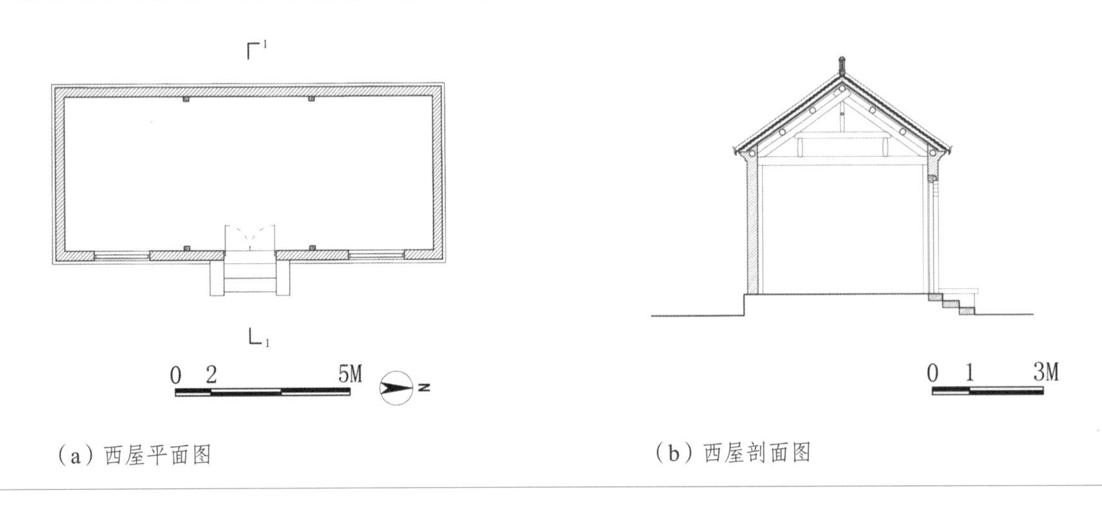

（a）西屋平面图　　（b）西屋剖面图

图8.3.41　西院西屋测绘图（图片改绘自徐州市园林设计院等编：《李可染旧居环境整治及保护维修方案》，2007年）

坪低于房屋地面，院落铺地为体积较大的青条石，室内铺地为青方砖或条砖（图8.3.42）。李可染故居院落整体布局严谨，主次分明，建筑风格偏厚重、实用，有较为明显的北方传统民居建筑特点。

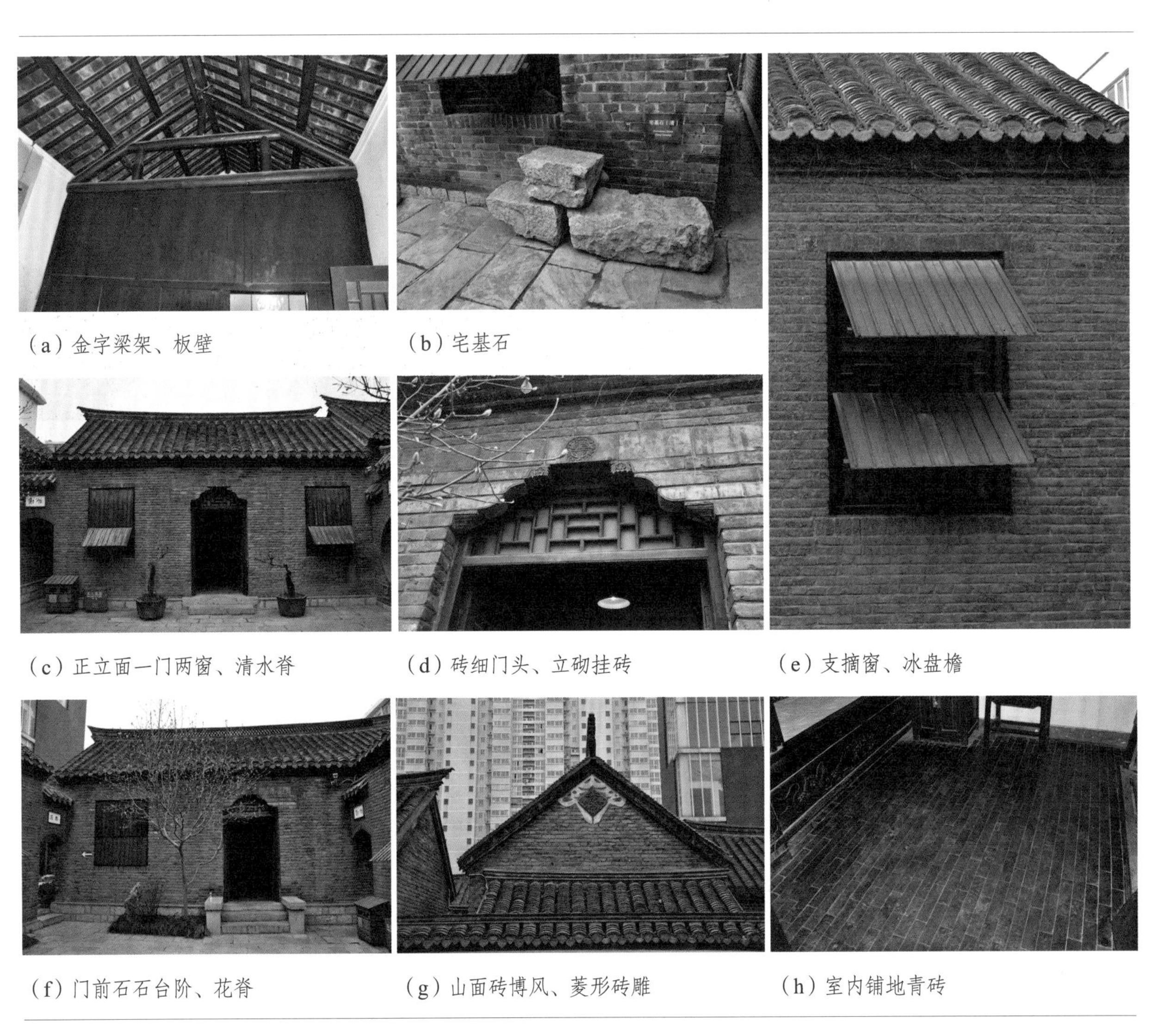

（a）金字梁架、板壁　（b）宅基石　（c）正立面一门两窗、清水脊　（d）砖细门头、立砌挂砖　（e）支摘窗、冰盘檐　（f）门前石石台阶、花脊　（g）山面砖博风、菱形砖雕　（h）室内铺地青砖

图8.3.42　李可染故居各建筑外观

五、丰县文庙大成殿

（一）建筑背景

丰县文庙大成殿位于徐州市丰县县城中心解放路西段。丰县文庙前身为县学，据明隆庆《丰县志》记载，丰县儒学旧址在县治东，始建年代不详，元至正五年（1345）重修，元末毁于战乱，明代洪武至嘉靖年间又历经多次损毁、重修，现存的丰县文庙大成殿建于明嘉靖三十九年（1560），至清代一直作为修儒祭孔之所，并不断被修缮。[30]

1923年，江苏省丰县中学的前身丰县县立初级师范学校在丰县文庙成立；1949年后，丰县文庙大成殿及部分附属建筑被作为学校礼堂及校舍使用。1962年，丰县文庙被作为丰县人民委员会驻地，后改为县政府招待所；1963年，丰县政府对丰县文庙大成殿进行了整体维修。1983年，大成殿划归丰县博物馆，并新建东厢房、西厢房和附属设施。1991～2008年，丰县文庙大成殿和文庙建筑经多次局部维修和整体修缮，在一定程度上恢复了原有格局。2006年，丰县文庙大成殿被江苏省人民政府公布为第六批省级文物保护单位。

（二）现状概述

丰县文庙现坐北朝南，北临县政府招待所，东面与新华书店一墙之隔，西面为文清阁广场，大门南面东西向的解放路是县城主干道。据清道光《丰县志》，当时的丰县文庙建筑沿中轴线由南向北分布照壁、棂星门、戟门、乡贤祠、名宦祠、碑廊、大成殿、东西两座明伦堂、尊经阁等传统建筑，占地十余亩（图8.3.43）。

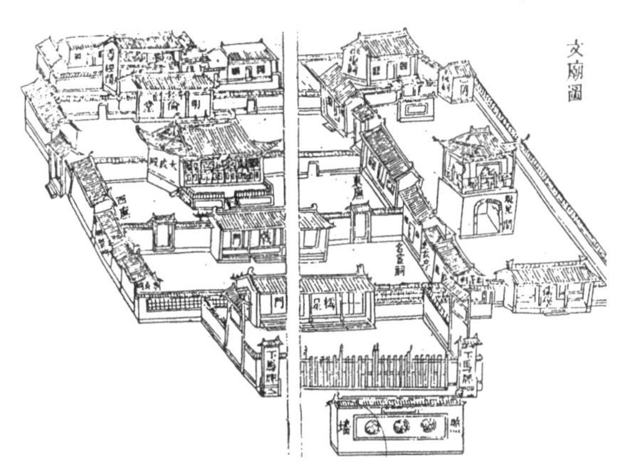

图8.3.43　文庙图（图片引自徐州市文化局编：《关于推荐文庙大成殿为第六批江苏省文物保护单位的报告》，2005年）

由于年代久远、几经破坏，2007年修缮前丰县文庙仅存大门及耳房、东西厢房、月台、大成殿等传统建筑，其中大门、耳房、厢房为20世纪八九十年代重建，只有大成殿为明清传统建筑遗存。2008年，丰县文庙在整体修缮后对外开放，正对解放路的大门为入口，门前有石狮子一对，大门两侧耳房现为商铺，院内东西两厢房作为丰县博物馆展厅使用，大成殿东西两外廊分别作为汉画像石展区和碑廊，大成殿内供奉孔子，大成殿后院为丰县博物馆办公场所。丰县文庙周边的现代建筑形态比较杂乱，缺乏统一规划，与文庙内的传统建筑不相协调（图8.3.44）。

（a）入口　（b）碑廊　（c）大成殿

图8.3.44　现状

（三）建筑本体

丰县文庙大成殿为单檐歇山式建筑，坐北朝南（图8.3.45）。殿前有一层月台，大殿平面呈矩形，总平面呈凸字形。大成殿面阔五间，达20.5米，明间4.65米，次间3.96米，梢间2.69米，明间的槅扇门为大殿入口。大成殿进深三间九檩，进深13.76米，第一间2.62米，第二间5.88米，第三间2.66米。大殿檐高5.5米，脊高11.5米，建筑面积282平方米。殿前月台面阔15.1米，进深9.2米，面积139平方米，月台高于院落地面0.65米，有四级石台阶（图8.3.46）。

图8.3.45　大成殿

丰县文庙大成殿内共有六缝梁架，用柱26根，其中金柱8根，柱高7米，直径50厘米，前后檐柱12根，两山面柱6根，高4.9米，直径36厘米。大殿为抬梁式木构架，两金柱间为五架梁，两侧各穿斗伸出两步架，梁檩装饰不多，圆作，檩下带通长替木，梁底多刨平处理再做随梁枋。五架梁枋下两端安装雕花雀替，双步梁上刻凹线纹饰，梁下设有雕花梁垫。脊瓜柱两端有三角形云板，柱上出

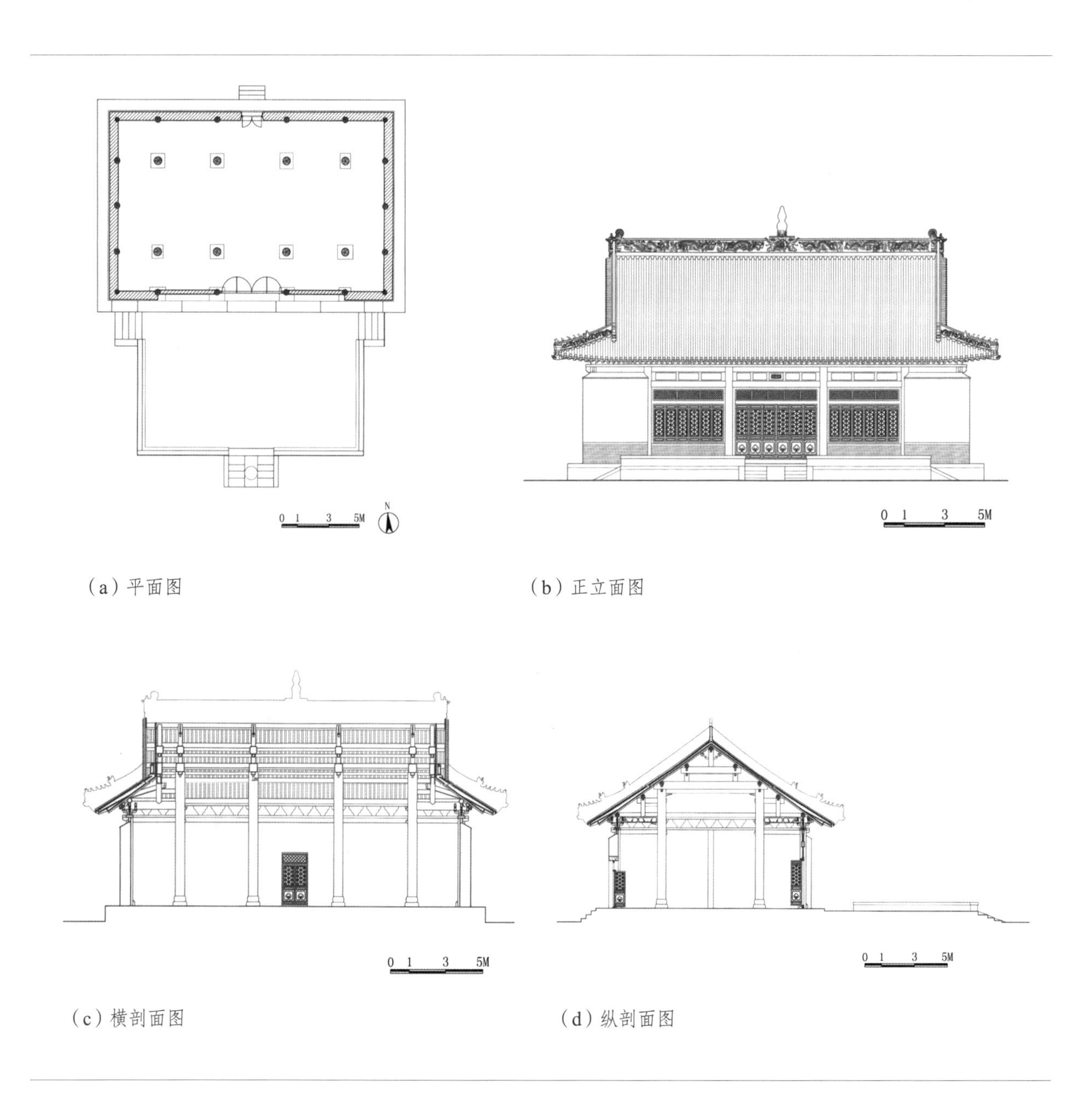

图8.3.46　大成殿测绘图（图片改绘自北京市古代建筑设计研究所等编：《丰县文庙修缮保护方案》，2016年）

两丁头栱承接云板底部。檐下斗拱有柱头、柱间和角科斗拱，均为单翘三踩斗拱，里外各一层，在室内外檐下都能见到斗拱，其中明间四攒、次间三攒、梢间两攒，山面中间四攒、前后间两攒，檐柱柱头各一攒（图8.3.47）。

（a）室内梁架　　（b）双步梁和室内斗拱

图8.3.47　大成殿内部梁架结构

丰县文庙大成殿内的金柱柱础为组合式，上石鼓，下覆盆（边缘多已磕损），总高55厘米，覆盆下为90厘米见方的磉石，埋于地坪之下。檐柱和山面柱的柱础均为覆盆式，其下也有磉石，尺寸与金柱柱础相同。丰县文庙大成殿室内铺地用材、尺寸不一，以40厘米见方的青方石铺地为主，月台为20厘米长、12.5厘米宽的条砖人字缝铺地（图8.3.48）。

（a）室内柱础和铺地　　（b）檐柱柱础

图8.3.48　大成殿柱础和铺地

丰县文庙大成殿建于高0.8米的台基之上，殿身墙体和台基均为青砖砌筑，墙体厚约60厘米，室外墙面为红灰抹面，室内墙面为白灰抹面。南立面明间开六扇槅扇门，两次间为槛墙上置槛窗形式，每间槛窗数量均为六扇，梢间为砖墙，两山面均为砖墙，不开门窗；北立面在明间开有两扇槅扇门，其他均为砖墙。明间和次间门窗上方依次为横风窗、彩绘檐枋、垫板、斗拱和挑檐檩。屋面檐下为圆形檐椽和方形飞椽，明间檐下挂有“大成殿”漆金牌匾；檐部做墨线点金彩画，挑檐檩、斗拱、檐枋均施青绿彩绘，枋上为旋子彩画，檐椽椽头彩绘虎眼，飞椽椽头绘金彩万字纹（图8.3.49）。屋面为黄色琉璃筒瓦，正脊中部有一葫芦形脊刹，两端有鱼龙吻兽，正脊陡板为龙纹，垂脊为花卉纹，戗脊为卷草纹，垂脊脊端有一脊兽，戗脊之上有仙人及走兽五座，山面做木博风板和悬鱼。

丰县文庙大成殿结构保持完整，是徐州地区现存年代最早的文庙建筑，无论形制还是做法，都较好地反映了明清官式建筑的特征，具有较高的历史价值和文化价值。

（a）台基、砖墙

（b）门窗、屋面

（c）山面

（d）彩画

图8.3.49　大成殿外部状况

六、窑湾镇玄庙

（一）建筑背景

窑湾镇玄庙又称老君庙、玄帝庙，后被改建为三清观，位于徐州市新沂市窑湾古镇沂河北岸口西，由当地知名人士董保成、道观庄住持等人筹资，木工余怀修组织民间工匠于1927年建成。[31]窑湾镇玄庙坐北朝南，沿中轴线布置大门、前殿、中殿、后殿和左厢房、右厢房等建筑，占地面积达800平方米。窑湾镇玄庙殿内供奉太上老君像，是当地重要的道教活动场所。历史上，因沂水暴涨，窑湾镇玄庙部分传统建筑被冲毁，并一度被“水龙会”占用。“文革”结束后，窑湾镇玄庙仅存后殿，保存状况欠佳，大门位置尚可辨认，其余传统建筑已无迹可寻（图8.3.50）。

图8.3.50　玄庙外观

（二）现状概述

窑湾镇玄庙位于窑湾镇海联地毯厂院内，目前工厂已处于停产状态。工厂入口位于东南角，此处设有门房，有人居住。院落东面为进入院落的南北向通道，南面原为窑湾镇财政所二层办公楼，周边还有原口西小学，现均已搬迁、空置。窑湾镇玄庙后殿建筑位于院落北侧，平时处于关闭状态，室内堆放工厂生产时留下的杂物。院内东西两侧建筑为后期扩建的地毯厂仓库。

窑湾镇玄庙周边地坪降低导致后殿地坪高出院落地坪1.8米，后用青砖砌筑了挡土墙，正面用水泥抹面以保护基础断面，并在入口处加设石台阶。室内在原砖铺地上用现代水泥抹面，原砖铺地与柱础均被水泥覆盖，仅檐柱柱础可见。出于生产、生活的需要，室内绑设了一些竹竿和木条，私拉乱接电线，空间凌乱、简陋。此外，墙面、窗洞和木望板也有不同程度的破损。出于安全考虑，窗外设有铁网进行防护。

（三）建筑本体

窑湾镇玄庙后殿平面呈长方形，硬山建筑，面阔三间，共9.94米（图8.3.51）。其中，明间面阔3.14米，两尽间各3.4米；进深三间，共6.95米，其中前廊进深1.25米，两金柱间进深4.23米，后梁步进深1.47米，建筑面积76.7平方米，高7.5米（不含房基）。进深方向的中间一间为十三檩金字梁架，除脊檩外均为双檩。前、后间为穿斗两步，前间被划分为前廊。后殿梁架共有两缝，共用柱六根，柱径16.5厘米，其中

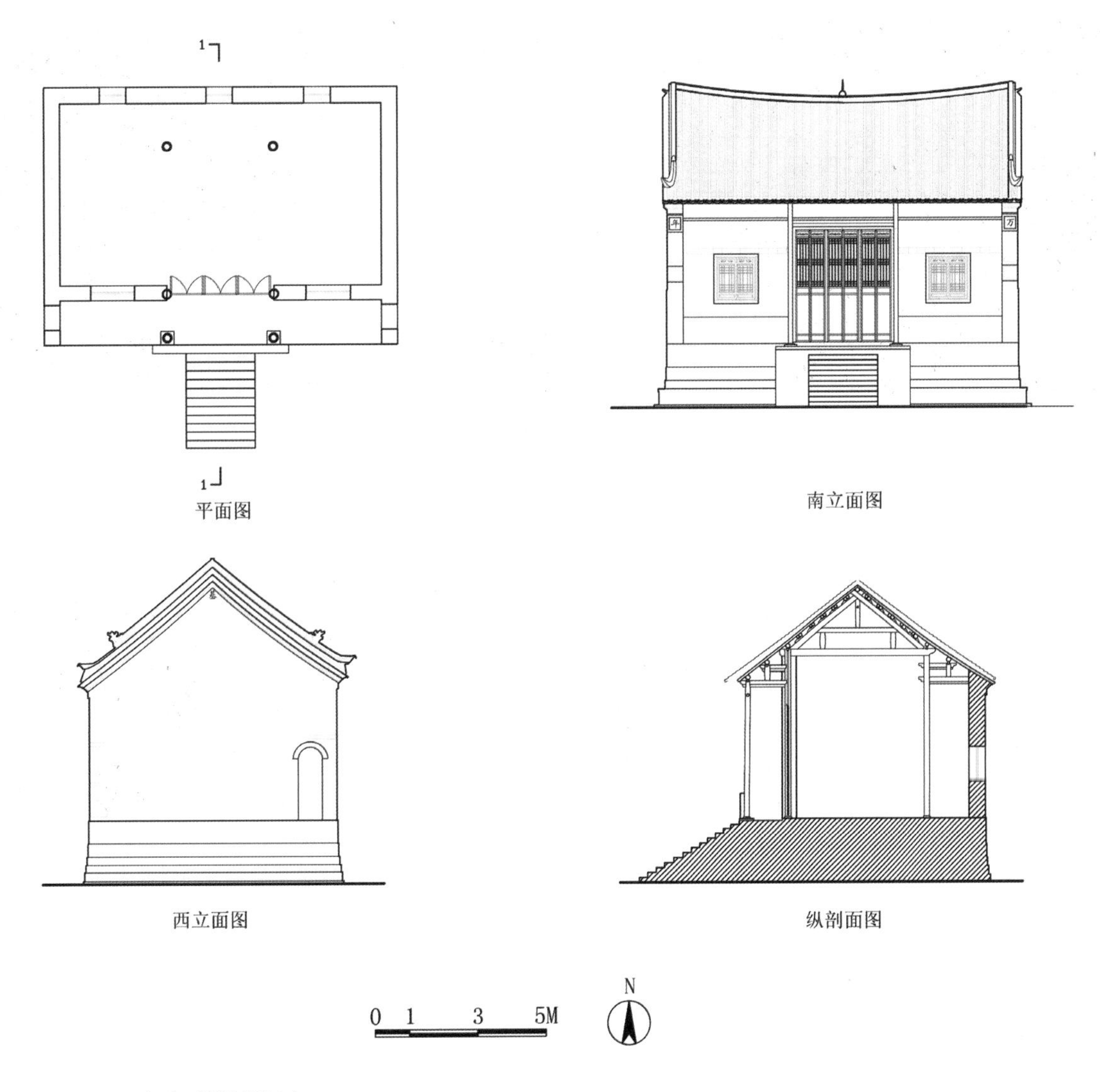

图8.3.51　玄庙后殿测绘图

檐柱两根，金柱四根。硬山搁檩，后墙按当地做法应有细柱埋入墙内，前廊两山墙间有一根拉枋穿过檐柱。梁柱素面无装饰，仅檐廊双步梁梁头有少许简单雕饰，斜梁上用木垫块卡住檩条，起到加固和防止下滑的作用。柱础为础连磉的石柱础，圆础上口径22厘米，下口径28厘米，高3.5厘米，下接方磉，39厘米见方，厚5厘米（图8.3.52）。

（a）室内金字梁架

（b）前廊双步梁

（c）斜梁木垫块

（d）柱础

图8.3.52 梁架、柱础

窑湾镇玄庙后殿为清水墙面，青砖砌筑，墙体厚46厘米，立面转角处砌有印子石。南面明间开门，门高约3.5米，六扇木板门向内开启。两梢间各开一窗，窗上用立砖包砌砖过梁。两侧山墙顶部有叠涩和砖雕，两山墙下靠南均开一砖券门，作为前廊两端的出入口（图8.3.53）。北立面各开间的墙面均开窗，窗洞宽度小于南面。勒脚由十层砖线砌成，从下往上有收分。南立面为木檐，檐口做飞椽，檐口线平直，北立面和两山面均为砖封檐。屋面为木望板加黄泥苫背，上覆小青瓦。屋脊为清水脊，脊两端稍稍起翘，吻兽和垂脊兽均已残损。正脊和垂脊上为砖雕万字纹陡板，山面砖博风雕卷草纹。南立面东西盘

（a）砖券门、窗

（b）印子石、券门顶部砖券

图8.3.53 墙体

头下书“万”“年”二字砖雕，东西山墙悬鱼部位有“宝”“基”二字砖雕，蕴含“万年宝基”之意（图8.3.54）。

（a）山面砖博风、悬鱼砖雕

（b）垂脊、檐口

图8.3.54 屋檐、屋面

窑湾镇玄庙后殿建筑实用、朴素，基本符合窑湾镇地区传统建筑的特征，但其结构、用料和做工都较为粗糙，如屋面两坡的高度和长度不完全对称、室内梁架所用木材不平直。斜梁上双檩的使用也体现出该传统建筑缺少大料，这些均与当时的建造条件和社会环境有关。

第四节 总结

通过开展徐州地区传统建筑的调研和测绘，可以更加直观地认识到徐州地区传统建筑的外观特征和整体风格。本章内容以实地获取的信息为基础，参考历史文献，并结合了现有的相关研究成果。文中对建筑外观的描述均源于现场所见，但因调研时缺少对建造过程、建造工艺的了解，故而存在对传统做法研究不够透彻的问题，特别是在分析部分内部被遮挡的构造时，只能进行主观推断。

徐州地区的传统建筑与周边宿迁市、连云港市有共同之处，但用材、构造具有自己的特点。金字梁架、插栱等独特的传统建筑形式或源于汉唐以来古老木构形式在汉文化集萃之地——徐州地区的延续发展。关于这一推断，目前学术界尚无定论，有待今后结合考古工作对该地区传统建筑的源流进行深入探索。

徐州地区传统建筑的产生及发展与地方文化密切相关，现存明清以来的地面传统建筑反映了徐州地区伴随运河贸易的发展、衰落而产生的聚居区变迁、近代商会兴衰、宗教传播等现象，丰富的传统建筑类型和厚重的建筑风格均体现出人气、朴实的徐州地域文化精神。

注释

1. 单树模主编：“徐州市”，《中华人民共和国地名词典·江苏省》，商务印书馆1987年版，第68页。
2. 徐州市地名委员会编：《江苏省徐州市地名录》，1982年内部资料，第2页。
3. 数据引自徐州市及下辖各区县政府网站。
4. 〔清〕王有庆等纂：《中国地方志集成·江苏府县志辑61·同治徐州府志》，江苏古籍出版社1991年版，第26页。

5. 江苏省地方志编纂委员会办公室编：《江苏市县概况》，江苏教育出版社1989年版，第213页。
6. 徐州市规划局政务网：《关于〈徐州市历史文化名城保护规划（2012～2020年）〉征求意见》，http://gh.xz.gov.cn。
7. 徐州市规划局政务网：《徐州市历史文化名城保护规划（2012～2020年）》，http://gh.xz.gov.cn。
8. 徐州市规划局政务网：《徐州市户部山历史文化街区保护规划》，http://gh.xz.gov.cn。
9. 徐州市规划局政务网：《徐州市状元府历史文化街区保护规划》，http://gh.xz.gov.cn。
10. 数据引自江苏省政府网站，http://www.jiangsu.gov.cn。
11. 徐州市文化广电新闻出版局：《徐州市文物保护单位名录》，http://wgx.xz.gov.cn。
12. 20世纪90年代以来，徐州市人民政府对户部山地区的建筑等进行了大规模的修复和改建，但户部山地区的道路只进行了拓宽工作，环状干道状元街拓宽至5米左右，崔家巷拓宽至3米左右，街巷格局仍维持环状与放射状。
13. 雍振华：《江苏民居》，中国建筑工业出版社2009年版，第185页。
14. 孙统义、常江、林涛：《户部山民居》，中国矿业大学出版社2010年版，第29～30页。
15. 此次调研中所见土山关帝庙庙门采用五花山墙做法，但该建筑为1996年复建，并非历史原貌。
16. 李新建：《苏北传统建筑技艺》，东南大学出版社2014年版，第34～37页。
17. 孙统义、常江、林涛：《户部山民居》，中国矿业大学出版社2010年版，第55～56页。
18. 潘谷西主编：《中国建筑史（第五版）》，中国建筑工业出版社2004年版，第2页。
19. 因窑湾镇东当典近年已经过修缮，故推测现有梁架样式不一定为历史原状。
20. 徐州市区内的文庙和徐州道署均为20世纪40年代重建。
21. “里生外熟”指的是一种墙体砌筑法，施工时将垒砌的墙体分为两层，外层为砖砌清水墙，内层用土坯做材料。
22. “滴水坐中”指的是屋檐正中滴水瓦尖位于明间中线上。
23. 徐海道署的相关背景资料均引自第三次全国文物普查文物点资料，第1714条。
24. 山西会馆的相关背景资料引自第三次全国文物普查文物点资料，第1664条；以及湖北省文化厅古建筑保护中心等编：《徐州市山西会馆修缮工程设计方案》，2007年，第1～2页。
25. 厢房为后做，多数做法较新。
26. 徐州市规划局政务网：《〈徐州市户部山历史文化街区保护规划〉征求意见》，http://gh.xz.gov.cn。
27. 孙统义、常江、林涛：《户部山民居》，中国矿业大学出版社2010年版，第32页。
28. 孙统义、孙继鼎：《徐州崔焘故居上院修缮工程报告》，科学出版社2012年版，第19页。
29. 徐州市园林设计院等编：《李可染旧居环境整治及保护维修方案》，2007年，第1页。
30. 徐州市文化局编：《关于推荐文庙大成殿为第六批江苏省文物保护单位的报告》，2005年，第10页。
31. 窑湾镇玄庙的相关历史资料由新沂骆马湖旅游发展有限公司钱宗华提供。

第九章　连云港市

第一节　概况

一、基本情况

（一）地理位置和气候特点

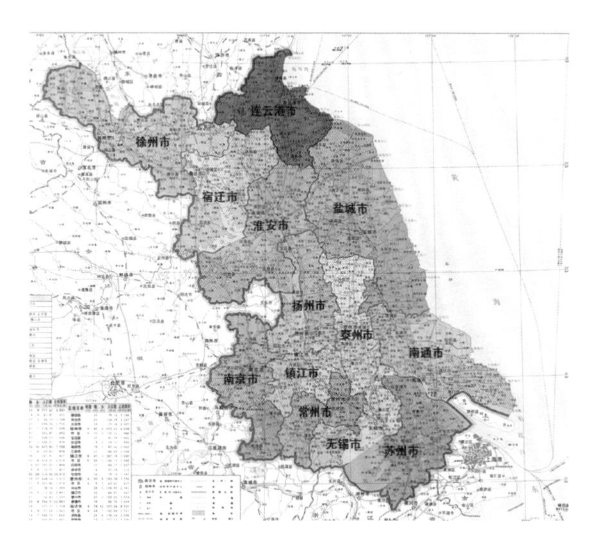

图9.1.1　江苏省连云港市区位图

连云港市地处江苏省东北端，北纬33° 58′～35° 08′，东经118° 24′～119° 54′，东濒黄海，与朝鲜、韩国、日本隔海相望；北与山东日照市接壤；西与山东临沂市和江苏徐州市毗邻；南连江苏宿迁市、淮安市和盐城市（图9.1.1）。连云港市东西最大横距约129千米，南北最大纵距约132千米，土地总面积7615平方千米，海域面积6677平方千米，市区建成区面积182平方千米。连云港市是新亚欧大陆桥东桥头堡、中国首批沿海对外开放城市和中西部最便捷出海口。

连云港市地势由西北向东南倾斜，地貌基本分布为西部岗岭区、中部平原区、东部沿海区和云台山区四大部分，全市山区面积近200平方千米。云台山脉属于沂蒙山的余脉，其中云台山主峰玉女峰海拔624.4米，为江苏省最高峰。江苏省境内大多数海岛分布在连云港市境内，包括东西连岛、平山岛等20个岛屿，总面积6.94平方千米，其中东西连岛为江苏省第一大岛，面积6.07平方千米。[1]

连云港市属暖温带南缘湿润性季风气候，处于暖温带南缘和北亚热带过渡地带，兼有暖温带和北亚热带气候特征，四季分明，气候温和，光照充足，雨量适中，雨热同季。据统计，连云港市年平均气温14.1℃，最冷月为1月，平均气温0.3℃，极端最低气温-13.3℃，最热月为7月，平均气温26.7℃，极端最高气温40.2℃；年平均降水量883.6毫米，年平均雨日89.6天，最多为120天，最少为68天；年均无霜期为212天；年总日照时数为2330.6小时。连云港市夏季盛行东南风，冬季盛行偏北风。

连云港市气候复杂多样，气象灾害频繁，既有时间较长的干旱、涝渍、连阴雨，也有时间稍短的强烈天气，如热带风暴（台风）、寒潮引起的低温冰冻、破坏性较大的强对流（冰雹、龙卷风、强风）、雷雨等剧烈天气。[2]

连云港地区因其沿海，由强烈大气扰动（如强风和气压骤变等）所引起的局部海平面非周期性异常升高的现象（即风暴潮）在历史上带来了一系列灾难。古海州地区（今连云港市海州区、东海县和灌云县中西部地区）自10世纪至19世纪，出现潮灾的年份多达两百多年。文献中的相关记载较为丰富，如清嘉庆《海州直隶州志》第三十一卷《拾遗录》中有关于“风暴潮”的描写。[3]

（二）市县建置、规模

连云港市，简称“连”，古称“海州”，下辖3个市辖区（海州区、连云区、赣榆区）和3个县级行政区（灌南县、东海县、灌云县）。截至2017年末，全市户籍人口532.53万人，市区222.61万人，全市常住人口451.84万人，其中城镇常住人口278.78万人（图9.1.2）。[4]

图9.1.2　连云港市政区图

海州区：春秋战国时期，先属鲁后属楚，再属秦郯郡，梁武帝天监十一年（512）建城，东魏武定七年（549）始置海州。海州区建置沿革复杂，最近一次区划调整为2014年5月，原新浦区和原海州区合并为新的海州区。截至2017年末，全区（包括景区和高新区）户籍总人口77.99万人，城镇户籍人口66.22万人，全区常住人口84.58万人。[5]全区行政区域总面积701平方千米，除去高新区范围，全区实际管理面积548.7平方千米，辖4个镇、11个街道、1个省级开发区、1个国营岗埠农场，共79个村、100个社区。[6]

连云区：秦时属薛郡，后属郯郡朐县。1945年成立连云市，1952年改为连云区。最近一次区划调整为2010年，将赣榆县管辖的青口盐场、灌云县管辖的江苏省东辛农场等划归连云区管辖。截至2016年末，全区（含徐圩新区）户籍总人口17.74万人，不含市开发区、徐圩新区，全区户籍人口13.41万人。[7]行政区划调整后，连云区行政区域总面积766.44平方千米。截至2015年末，连云区辖1个乡、12个街道、1个农场和1个盐场。[8]

赣榆区：秦时置赣榆县，治盐仓城，属琅琊郡。赣榆区建置沿革复杂，最近一次区划调整为2014年5月，撤销赣榆县，设立连云港市赣榆区。截至2016年末，全区户籍总人口120.3万人[9]，全区行政区域总面积1514平方千米，辖15个镇、427个行政村、42个社区和2个省级经济开发区。[10]

灌南县：西汉武帝年间建置海西县。灌南县建置沿革复杂，近代建县于1958年3月，1996年6月由原淮阴市（今淮安市）划归连云港市。截至2016年末，全县户籍总人口82.64万人，常住人口63.51万人。[11]灌南县行政区域总面积1030平方千米，辖11个乡镇、3个工业园区和2个农业园区。[12]

东海县：秦始皇二十六年（前221）秦置郡县，境属朐县，县先属薛郡，后属郯郡，郯郡后改为东海郡。东海县建置沿革复杂，1983年3月，江苏省实行市管县的体制改革，东海县由徐州地区划归连云港市。截至2016年末，全县户籍总人口123.45万人，常住人口96.84万人。[13]全县行政区域总面积2037平方千米，辖17个乡镇、2个街道、2个国营场、1个省级开发区、1个省级旅游度假区、346个行政村和15个社区。[14]

灌云县：1912年由孙中山先生命名建县，因南有百川灌河，北靠名山云台山而得名。截至2017年末，全县户籍总人口104.1万人，全县常住人口80.9万人，其中城镇常住人口40.6万人。[15]全县行政区域总面积1538平方千米，辖10个镇、2个乡和1个街道。

二、历史沿革[16]

（一）人文之始

连云港地区发现的大贤庄、爪墩、桃花涧3处旧石器时代晚期遗址，证明一万年前这里已经有人类活动。在6500年前的新石器时代遗址——大伊山遗址（青莲岗文化）中发现的石棺墓，是我国迄今发现的最早的石棺墓。

夏商时代的连云港地区属徐州，是我国东夷族的发祥地，被称为“人方东夷”“人方国”“隅夷”；西周时，连云港地区属青州（一说兖州），被称为“人方国东夷”；春秋战国时期，先属鲁后属楚，被称为“郯子国”。

（二）建制之初

连云港地区秦时设朐县，先属薛郡，后属郯郡。秦始皇三十五年（前212），于东海上立石为朐县界，称之为“秦东门”（今位于海州区）。汉代属东海郡，三国魏时改东海郡为东海国，晋至南朝前期属东海郡。

（三）城镇兴废

南朝宋泰始六年（470），于海上郁洲（今东云台山一带）侨置青、冀二州。南朝宋元徽年间，始筑东海县城，又名“凤凰城”。

东魏武定七年（549），罢青、冀二州，改称海州，治龙沮城（今灌云县龙苴镇）。

梁武帝天监十一年（512），南朝将领马仙琕在锦屏山北侧（今海州区钟鼓楼至东门隆起的台地上）筑土城和壕沟作为军事据点。隋开皇三年（583），海州治移于土城内；隋大业三年（607），海州改为东海郡。唐武德四年（621）复为海州，置总管府，唐代时海州一度繁荣，颇具规模。

南宋绍兴十一年（1141），大将张浚为抗金兵，下令烧毁海州城，迁百姓至南方。南宋绍兴三十二年（1162），义军首领魏胜收复海州，抗金守城，加筑海州城垣，修浚城壕，同时在西侧修筑土城。南宋宝祐三年（1255），李璮重新修筑了海州城。据明《隆庆海州志》记载，海州城“有东、西二城，东城高二丈七尺，周围三里，有东、西二门”。

元朝末年，海州城西城毁于兵火。

明朝建立后，对海州城进行了长时间、大规模的修建。明洪武二十三年（1390），千户魏玉循西城故址加修土城。明永乐十年（1412），千户殷轼就海州城加砌砖石，高二丈五尺，周长九里一百三十步。明嘉靖三十二年（1553），海州知州吴必学又在海州城原来的规模上增拓修建，并于四周修筑兵舍，城门外左右两翼修筑栅门。直至明隆庆六年（1572），知州郑复亨才将西门一带的修建工程完成。明万历二十年（1592），倭匪入侵，知州周燧为便于防御，于西南两城门外修筑月城，城周筑九座敌台，四角各建一座角楼。明天启二年（1622），为防白莲教，知州刘梦松将西城墙加高三尺。明代社会相对稳定，海州城内建筑增多，规模格局基本定型。

清康熙七年（1668），山东郯城大地震，波及海州城，城墙倾塌十分之二三。康熙二十四年（1685），海州城又遭大水，城墙坍塌十分之六七，城内外几乎没有屏障。清雍正二年（1724），海州升为直隶州，统州治及赣榆、沭阳二县（今连云港市区、东海县、灌云县、灌南县、响水县和沭阳县）。乾隆年间重修城墙，外侧砌以砖石，内侧只用夯土，未砌砖石，只在东门和南门保留了瓮城，并对城壕进行了疏浚。

1912年改海州直隶州为东海县，同年4月将东海县地域分为东海、灌云两县，东海县政府驻海州。1932～1937年，在古城朐阳门之西，正对白虎山东麓方向，增辟新南门；城西水关门原址增辟新西门。1933年在灌云县老窑筑港，取港前的连岛和港后的云台山首字命名为“连云港”。1935年，东海、灌云两县各划出一部分成立连云市。抗日战争期间，连云港的核心区域遭到了日军轰炸，城市损毁严重。

1949年初，析东海县之海州、新浦为新海市，与连云市合并成立新海连特区，后更名为新海连市。1956年始，海州城墙被拆除，大部分城墙砖被用来修建海州电影院和海州中学。1961年，新海连市更名为连云港市，1962年为江苏省直辖市。

（四）海岸变迁

海州的形成起源于老沭河的河口三角洲。自北宋开始，黄河多次决口夺淮，使海州的海岸线逐渐东移。清康熙七年（1668），郯城大地震加速了海岸线东移进程。18世纪初，大陆与海中郁洲（又称郁州）连为一片，后来沭河（古称涑河）河口逐渐北移，大浦成为新的港口。海岸线的东移还使蔷薇河口向海延伸。19世纪20年代，海州东北的新浦处于新的河口港地位，开始发展成为一个小商埠，商业贸易迅速发展，并成为新的经济中心。[17]随着海岸线的东移和港口的变迁，连云港城市空间由西向东逐渐形成一条“海洲—新浦—大浦—连云”的演化轨迹（图9.1.3）。

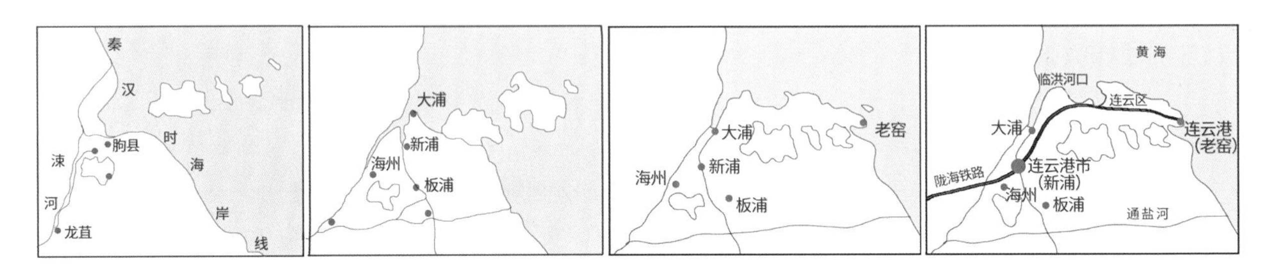

图9.1.3　连云港城市空间演化轨迹示意图（图片改绘自徐楷：《连云港市连云历史文化古城的保护与更新》，硕士学位论文，浙江工业大学，2014年）

（五）建港简史

孙中山在《建国方略》中将海州港列为中国急需建设的四个二等海港中的第二位，连云区在此期间由一个偏僻渔村发展成了港口城区。

1932年，陇海铁路修至连云港，次年，连云港港口部分码头启用，连云港由此逐渐兴起。[18]1938年，日军侵占连云港后扩建港口，又在二号码头西侧增建3000吨级泊位两个，并修筑西防波堤1600米。

1949年后，连云港港口进行了多次改扩建，特别是自1973年起，开始进行大规模的建设。

1990年，新亚欧大陆桥开通，连云港逐渐成为区域性国际商贸中心和区域性国际交通枢纽。

三、保护概况

连云港市虽然不是历史文化名城，其下辖也无历史文化名镇或名村，但仍保留了较多有价值的历史文化街区及传统建筑。

（一）文物保护单位

截至2017年8月，连云港市共统计有全国重点文物保护单位9处、省级文物保护单位28处、市级文物保护单位71处，以及县、区级文物保护单位62处，其中传统建筑（本次调研界定范围内）15处。[19]

根据《连云港市第三次全国文物普查重要新发现》一书统计，截至2009年12月底，连云港市共调查、登录不可移动文物点777处，其中新发现文物点426处，复查文物点351处，新发现不可移动文物点占总数的54.83%。在公布连云港市三普工作成果的同时，有关部门也对新发现的不可移动文物点进行了价值认定，最终57处具有较高文物价值的不可移动文物点被公布为市、县级文物保护单位。

（二）文物控制保护单位

2010年8月，《连云港市政府关于公布连云港市第一批文物控制保护单位的通知》（连政发〔2010〕107号）发布，该通知从全市三普新发现的不可移动文物点中，选取了11处近现代重要史迹及代表性建筑，并公布为连云港市第一批文物控制保护单位。

四、调研概况

连云港地区的传统建筑调研工作始于2012年11月，之后于2015年5月、2016年1月、2017年9月又先后进行了三次，其中调查点的选择以三普资料为基础。第一次调研为期1天，以基础调查为主，调研路线为海州古城、南城镇、朝阳镇碉楼民居、连云区民国时期建筑；第二次调研为期4天，在第一次调研的基础上选择重点对象进行了测绘，调研路线为海州区市区、南城镇、板浦镇、连云区；第三次调研为期3天，对前两次调研进行了补充，既有对已调研部分的查漏补缺，也补充了部分基础调查，调研路线为海州区市区、南城镇、板浦镇、伊山镇；第四次调研为期2天，主要对连云港地区传统建筑院落格局进行探究，并对之前的调研查漏补缺，调研路线为海州区市区、南城镇、板浦镇。

连云港市传统建筑调研的主要调查点前后共计70处（表9.1.1）。

表9.1.1　连云港市传统建筑调查点

序号	所在区	名称		年代	不可移动文物分级	调查深度
1	海州区	南城古民居	江家大院（东大街29号）	清	第四批市级文物保护单位	重点调查
2			东大街30号	清	第四批市级文物保护单位	重点调查
3			侯府大院（东大街106号）	清	第四批市级文物保护单位	详细调查
4			胡家民宅（东大街82号）	清	第四批市级文物保护单位	基础调查
5			两宅互通院（东大街44号）	清	第四批市级文物保护单位	基础调查
6			杨家大院（东大街46号）	清	第四批市级文物保护单位	基础调查
7			东大街32号	清	第四批市级文物保护单位	重点调查
8			东大街100号	清	—	详细调查
9			东门街5号	清	—	基础调查
10		南城城隍庙		清	第二批市级文物保护单位	详细调查
11		国清禅寺中大殿		清	第四批市级文物保护单位	基础调查
12		东亚旅社（含门前石板路）		民国	第三批市级文物保护单位	重点调查
13		凤凰城门		清	第二批市级文物保护单位	基础调查
14		板浦古民居	西顾巷汪家大院	清	第四批市级文物保护单位	重点调查
15			方家大院（大寺巷4号）	清	第四批市级文物保护单位	详细调查
16			大寺巷6号	清	第四批市级文物保护单位	基础调查
17			大寺巷15号	清	第四批市级文物保护单位	基础调查
18			西大街20号	清	第四批市级文物保护单位	基础调查

续表

<table>
<tr><th>序号</th><th>所在区</th><th colspan="2">名称</th><th>年代</th><th>不可移动文物分级</th><th>调查深度</th></tr>
<tr><td>19</td><td rowspan="19">海州区</td><td colspan="2">板浦镇猪市巷2号</td><td>清</td><td>—</td><td>基础调查</td></tr>
<tr><td>20</td><td colspan="2">板浦镇栅栏巷15号</td><td>清</td><td>—</td><td>基础调查</td></tr>
<tr><td>21</td><td colspan="2">板浦镇吴八巷2号</td><td>清</td><td>—</td><td>基础调查</td></tr>
<tr><td>22</td><td colspan="2">板浦镇栅栏巷7号</td><td>民国</td><td>—</td><td>基础调查</td></tr>
<tr><td>23</td><td colspan="2">海州钟鼓楼城门</td><td>明</td><td>第一批市级文物保护单位</td><td>基础调查</td></tr>
<tr><td>24</td><td colspan="2">鼓楼社区东大街21号</td><td>清</td><td>—</td><td>基础调查</td></tr>
<tr><td>25</td><td colspan="2">鼓楼社区东大街21-3号</td><td>清</td><td>—</td><td>基础调查</td></tr>
<tr><td>26</td><td colspan="2">鼓楼社区东大街44号</td><td>清</td><td>—</td><td>基础调查</td></tr>
<tr><td>27</td><td colspan="2">鼓楼社区东大街37号宅</td><td>清</td><td>—</td><td>基础调查</td></tr>
<tr><td>28</td><td colspan="2">鼓楼社区东大街19-3号宅</td><td>清</td><td>—</td><td>基础调查</td></tr>
<tr><td>29</td><td colspan="2">鼓楼社区牌坊巷2号宅</td><td>清</td><td>不可移动文物</td><td>基础调查</td></tr>
<tr><td>30</td><td colspan="2">鼓楼社区旗杆巷9-8号宅</td><td>清</td><td>不可移动文物</td><td>基础调查</td></tr>
<tr><td>31</td><td colspan="2">鼓楼社区旗杆巷东11-3号宅</td><td>清</td><td>不可移动文物</td><td>基础调查</td></tr>
<tr><td>32</td><td colspan="2">鼓楼社区磨盘巷15号宅</td><td>清</td><td>不可移动文物</td><td>基础调查</td></tr>
<tr><td>33</td><td colspan="2">鼓楼社区磨盘巷15-21号宅</td><td>清</td><td>不可移动文物</td><td>基础调查</td></tr>
<tr><td>34</td><td colspan="2">鼓楼社区磨盘巷15-5号宅</td><td>清</td><td>不可移动文物</td><td>基础调查</td></tr>
<tr><td>35</td><td colspan="2">鼓楼社区塘巷6-16号宅</td><td>清</td><td>不可移动文物</td><td>基础调查</td></tr>
<tr><td>36</td><td colspan="2">果城里民国建筑群</td><td>民国</td><td>第七批省级文物保护单位</td><td>重点调查</td></tr>
<tr><td>37</td><td colspan="2">上海大旅社</td><td>民国</td><td>第四批市级文物保护单位</td><td>详细调查</td></tr>
<tr><td>38</td><td rowspan="6">连云区</td><td rowspan="6">连云区碉楼民居</td><td>新县孙家炮楼</td><td>民国</td><td>第四批市级文物保护单位</td><td>重点调查</td></tr>
<tr><td>39</td><td>黄崖村张家大院</td><td>民国</td><td>第四批市级文物保护单位</td><td>重点调查</td></tr>
<tr><td>40</td><td>黄崖村何氏民居</td><td>民国</td><td>第四批市级文物保护单位</td><td>重点调查</td></tr>
<tr><td>41</td><td>黄岭村汪氏民居</td><td>民国</td><td>第四批市级文物保护单位</td><td>重点调查</td></tr>
<tr><td>42</td><td>黄岭村大巷30号金氏民居</td><td>清</td><td>第四批市级文物保护单位</td><td>重点调查</td></tr>
<tr><td>43</td><td>大金湾王氏民居</td><td>民国</td><td>第四批市级文物保护单位</td><td>重点调查</td></tr>
<tr><td>44</td><td rowspan="6">灌云县</td><td colspan="2">吴松寿药店</td><td>清</td><td>不可移动文物</td><td>基础调查</td></tr>
<tr><td>45</td><td colspan="2">正和烟店</td><td>清</td><td>不可移动文物</td><td>基础调查</td></tr>
<tr><td>46</td><td colspan="2">掌孝先宅</td><td>清</td><td>不可移动文物</td><td>基础调查</td></tr>
<tr><td>47</td><td colspan="2">魏万松宅</td><td>清</td><td>不可移动文物</td><td>基础调查</td></tr>
<tr><td>48</td><td colspan="2">曹玉军宅</td><td>清</td><td>不可移动文物</td><td>基础调查</td></tr>
<tr><td>49</td><td colspan="2">钱淑珍宅</td><td>清</td><td>不可移动文物</td><td>基础调查</td></tr>
</table>

续表

序号	所在区	名称	年代	不可移动文物分级	调查深度
50	灌云县	王公治宅	清	不可移动文物	基础调查
51		王红卫宅	清	不可移动文物	基础调查
52		廖佩华宅	清	不可移动文物	基础调查
53		王庆华宅	清	不可移动文物	基础调查
54		杨兴连宅	清	不可移动文物	详细调查
55		汪泉宅	清	不可移动文物	基础调查
56		周永生宅	清	不可移动文物	基础调查
57		赵奎鼎宅	清	不可移动文物	基础调查
58		裕康祥杂货店	清	不可移动文物	基础调查
59		王占同宅	清	不可移动文物	详细调查
60		魏万仁宅	清	不可移动文物	基础调查
61		侍其香宅	清	不可移动文物	基础调查
62		徐克芳宅	清	不可移动文物	基础调查
63		魏万进宅	清	不可移动文物	基础调查
64		陈桂兰宅	清	不可移动文物	基础调查
65		金宣莲宅	清	不可移动文物	基础调查
66		徐春强宅	清	不可移动文物	基础调查
67		赵学芳宅	清	不可移动文物	基础调查
68		王发明宅	清	不可移动文物	基础调查
69		王树人宅	清	不可移动文物	基础调查
70		谢广珍宅	清	不可移动文物	基础调查

五、保存概况

（一）建筑分布

连云港地区的传统建筑主要分布在因海岸线变迁，盐业发展，海防、铁路、港口建设而形成的城镇范围内。根据连云港市三普相关资料统计，传统建筑保存集中的区域主要有海州古城，南城镇古凤凰城，灌云县板浦镇、伊山镇，连云区朝阳镇、连云街道，其余零星分散于赣榆区、赣南县等处。

（二）建筑年代

连云港地区历史上战乱不断，导致大量的传统建筑被毁坏。本次调研中传统建筑以清代至民国时期为多。整体来看，连云港地区早期传统建筑遗存较少，现存传统建筑年代较晚。

（三）建筑类型

现存传统建筑中以传统木构建筑居多，按其功能划分，主要有城防建筑、教育建筑、宗教建筑、商业建筑、祭祀建筑、居住建筑等。

城防建筑，如海州钟鼓楼城门、凤凰城门（图9.1.4）等；教育建筑，如精勤书院等；宗教建筑主要包括寺院、道观等，如碧霞宫、南城城隍庙（图9.1.5）、延福观；商业建筑主要有商铺、作坊等，如吴松寿药店；祭祀建筑，如徐福祠；居住建筑保存数量较多，如板浦古民居、南城古民居等。民国时期，连云港地区因建港、商业发展等因素，受西方影响而建造了大量中西合璧式建筑，其中居住建筑有谢家洋房、刘少奇旧居等，商业建筑有东亚旅社、上海大旅社（图9.1.6）、新浦银行大楼旧址等，宗教建筑主要为教堂，如墟沟天主教堂等。

图9.1.4　凤凰城门

图9.1.5　南城城隍庙

图9.1.6　上海大旅社

（四）修缮情况

省级及以上级别的文物保护单位，由于保护级别较高，已完成部分保护规划编制、本体修缮、环境整治、安防工程等项目，如连云港市民俗博物馆、公大商行、悟道庵遗址等。对连云港地区历史文化街区（如连云老街、海州古城、南城古镇等）的保护与修复也在逐步进行。

2017年9月，《连云港市文物保护管理办法》出台，规定"市、县（区）人民政府应当将具有较高历史文化价值或者鲜明地域特色的传统村落、乡土建筑、工业遗产、商业老字号、历史文化街区等纳入保护名录，并明确保护范围，编制保护发展规划，制定保护措施，促进保护利用"。连云港市重点文物保护研究所及文保志愿者对传统建筑、历史文化街区的走访勘查频率较高，并多次邀请文物专家前往考察，对南城镇东大街等历史文化街区，拟定保护规划和环境整治方案。

（五）破坏因素

等级高、强度大的自然灾害对传统建筑形成较大的破坏，甚至可能导致传统建筑完全毁损。如清康熙七年（1668）发生的山东郯城大地震对连云港地区造成了巨大破坏，《江苏省通志稿·灾异志》记载："十七甲申日戌时，江南北同时地震，海州、赣榆城崩，官廨尽圮，民无全舍，惟文庙独完。"

此外，人为因素对传统建筑的破坏比重较大，主要有以下类型：

1. 历史原因

抗日战争期间，日军对港口、海州、青口、南城、新浦、云台山等地的轰炸造成古城内传统建筑的大量毁坏，海州城内无一完整大型传统建筑存留，板浦共七百余间房屋被炸毁。如灌云板浦的崇庆院、盐义仓、“二许”故居等古建筑被炸成一片废墟。[20]

2. 城市建设

城市建设是现今传统建筑面临的主要破坏因素之一。1956年始，海州城墙被拆除，至2005年末，残存四段夯土城墙。本次调研中发现，连云港市三普资料中登记的部分传统建筑已被拆除，并在原址建设现代房屋，如灌云县西长街64号、66号和68号民居。

3. 改造工程

为了改善居住条件，住户对传统建筑进行改建、加建，如使用现代门窗替换传统木门窗，增加室内吊顶，更换现代铺地，在院落天井内加建厨房、卫生间等。大部分改造工程都没有专业性的指导，甚至很多是私搭乱建，对传统建筑造成了较大的破坏。

4. 缺乏维护

图9.1.7　处于荒废状态的吴松寿药店

部分传统建筑年久失修，存在砖石酥碱、屋面缺损、构件缺损、木料糟朽风化等问题。甚至一些经过全国文物普查，被登记为不可移动文物的传统建筑也未能得到及时修缮和保护，破损情况严重。例如挂有“第三次全国文物普查新发现文物点”标志的吴松寿药店，在2016年调研时仍处于荒废状态（图9.1.7）。

5. 不合理利用

不合理利用造成的杂物堆积、管线混乱、油烟污染等现象，严重影响了传统建筑的保存状况，并且存在重大火灾隐患。如三普登记点灌云县正和烟店现被作为废品回收站使用（图9.1.8）。

图9.1.8　被用作废品回收站的正和烟店

第二节　传统建筑研究概述

一、街巷格局

连云港地区的城镇历史上兴衰更迭，有记录且保存至今的街巷格局案例较少，主要有以下三处。

（一）海州古城

海州古城历史悠久，属战略要冲，在战火中屡毁屡建。明朝建立后，对海州古城进行过修建（图9.2.1）。

海州古城平面接近方形，有东、西、南、北四个城门。东门因靠海称镇海；西门通河，称临淮；南门位于高坡之上，直对朐山，称朐阳；北门对着临洪口，称临洪。南、北二门不相对；东、北二门外设瓮城，城西设水关门。东、西、北门外设三座吊桥，城壕环绕，池深六尺。整座古城南北长约1千米，东西长约1.5千米。

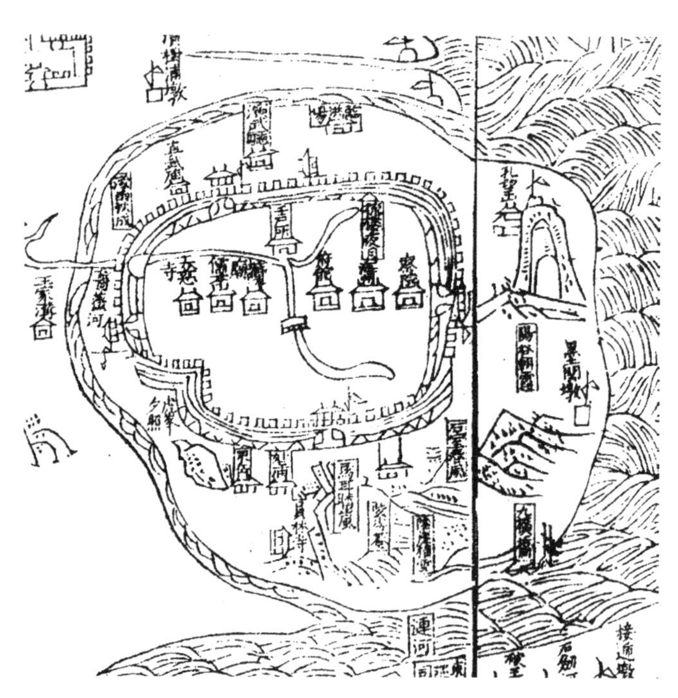

图9.2.1 《海州总图》局部（图片引自〔明〕张峰纂修，陈复亨补辑：《天一阁藏明代方志选刊14 · 隆庆海州志》，上海古籍书店1962年版）

清代海州古城规模基本与明代相同，街巷格局基本定型。根据清嘉庆《海州直隶州志 · 道光云台新志》中的《海州城图》（图9.2.2），至嘉庆年间，中大街（今钟鼓楼至十字街）成为古城中心，东大街（今东门至钟鼓楼）、中大街、西大街（今十字街以西段）为东西主轴；南大街（今十字街至西市桥）、北大街（今西市桥至北门）为南北主轴。

在古城内中心偏东处建有钟鼓楼，其东侧东大街之上建有吏目衙、州署、州判署等官署建筑；其北侧建有粮仓、盐仓等仓储建筑；其西侧建有关帝庙、马神庙、城隍庙、土地庙等宗教建筑；西大街上则建有游府署、守备署等军事衙门，并在城内西北侧设有小校场，驻扎守城士兵；古城内北部有书院、讲堂、考棚等教育建筑。海州古城内的主干道宽4.5～5米，中心路面多以条石铺筑，周边区域再分出若干街坊，形成棋盘式格局。[21]

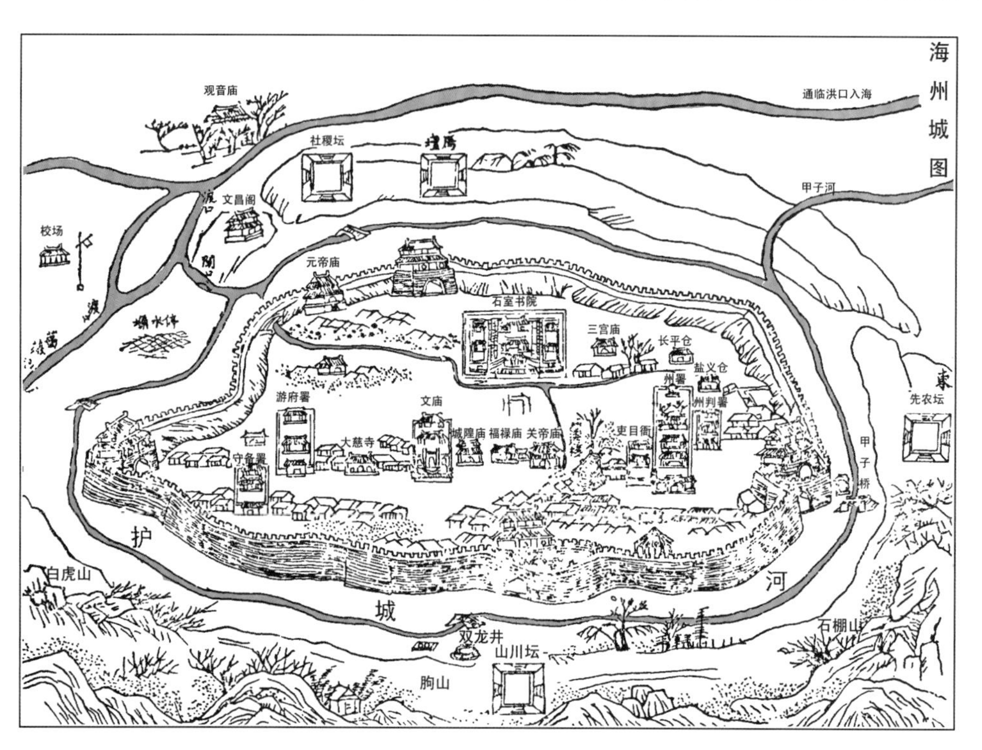

图9.2.2 《海州城图》（图片改绘自〔清〕王有庆等纂：《中国地方志集成》，江苏古籍出版社1991年版）

海州古城一些街巷的名字由古流传至今，如以四座城门命名的东门街、西门街、南门街、北门街，与城墙有关的城墙巷、城根巷，因靠近寺庙而得名的关（帝）庙巷、大（慈禅）寺巷、百子庵巷等，以衙署命名的三衙巷等，参军府衙旁的参府巷，儒学宫附近的儒学巷，还有因靠近常平仓和盐义仓而得名的大仓巷、小仓巷。

海州古城区域内现存建筑大多建于1949年后，但也保留了部分街巷格局和部分传统民居建筑，以及镇远楼、碧霞寺等建筑遗存（图9.2.3）。

图9.2.3　海州古城留存主要街巷格局示意图

（二）南城镇古凤凰城

云台山古时在大海之中，称郁洲岛。岛东西两侧的山为东海山，后改名凤凰山，与海州隔海相望。

南朝宋元徽年间，青、冀二州刺史刘善明以凤凰山形势险峻，“累石为之，高可八九尺”[22]，建起城郭，称石头城，后定名凤凰城。宋宝祐年间，淮西节度使贾似道重筑凤凰城，以防金人，城周长十三里，均用石头砌筑，共设东、南、北三门。

明初在云台山北筑墟沟城时，因隔山与凤凰城南北相对，于是墟沟被称为北城，而凤凰城被称为南城，此名流传至今。

明永乐十六年（1418），淮安卫指挥周得辛将城墙增高二尺五寸，并女墙高二丈二尺五寸，城铺二十五座，设东、南水关。东、西二门以南有池，深八尺，宽四丈，设吊桥三座于东、南、北三门外，东、西门以北的城外有山为屏障（图9.2.4）。

图9.2.4　明代修葺的城墙（孙明经摄）

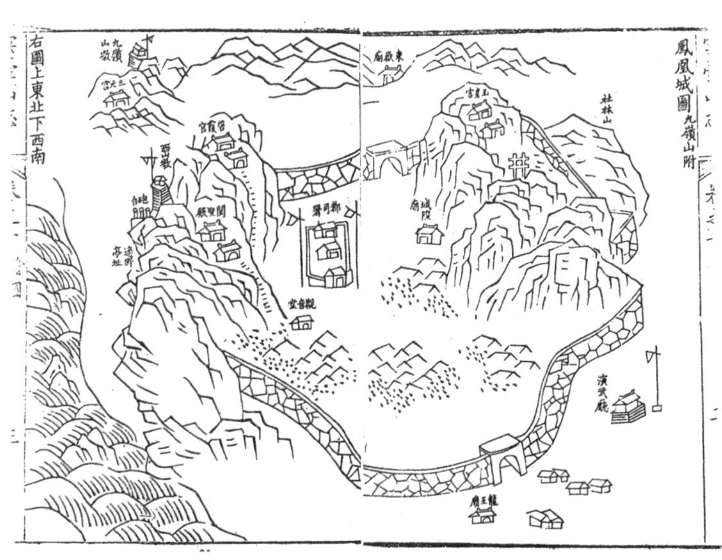

图9.2.5　《凤凰城图》（图片引自沈云龙主编：《中国名山胜迹志丛刊（第四辑）》，文海出版社1975年版）

图9.2.6　古凤凰城现存石板街道

清康熙五十一年（1712），海水逐渐东退，海峡淤塞，云台山与大陆连成一片。清咸丰十一年（1861），海州知州黄金龙修城时为三门题词，南门曰“古凤凰城”，东门曰“蓬瀛拱卫”，北门曰“秀邑云台”，凤凰城定型（图9.2.5）。

古凤凰城除南门基本无损外，其余城墙均于20世纪50年代被拆毁，现仅存部分残迹，城基尚依稀可辨。从南门进入古城，为一条石板铺筑的南北向古街，宽约3米，全长三华里又九十九步，当地有“南头到北头，三里出点头”的说法。现存石板街道长度约900米，今名东大街，清代时是一条繁华的商业街，沿街多为商铺店面，其后为住宅，即“前店后宅”的格局（图9.2.6）。

（三）灌云县伊山镇西长街

伊山镇原为海州的直隶镇，西长街长三百二十余米，从清初开始发展起来，是灌云县目前唯一遗存传统建筑的街道。清代时，西长街上有“十几家铁匠铺、木匠铺及一些小手工作坊，是一个典型的小农经济集市”[23]，至清中晚期，西长街发展最为繁荣，现存的传统建筑多为此时期修建而成，其中最早者可追溯至清乾隆四十七年（1782）。[24]抗日战争爆发后，灌云县城遭受日军轰炸，房屋建筑损失惨重，加上年久失修的因素，西长街上的传统建筑保存状况每况愈下，数量急剧下降。[25]

与南城镇古凤凰城东大街相似，西长街两侧也多为商铺店面，街巷格局较为灵活（图9.2.7）。

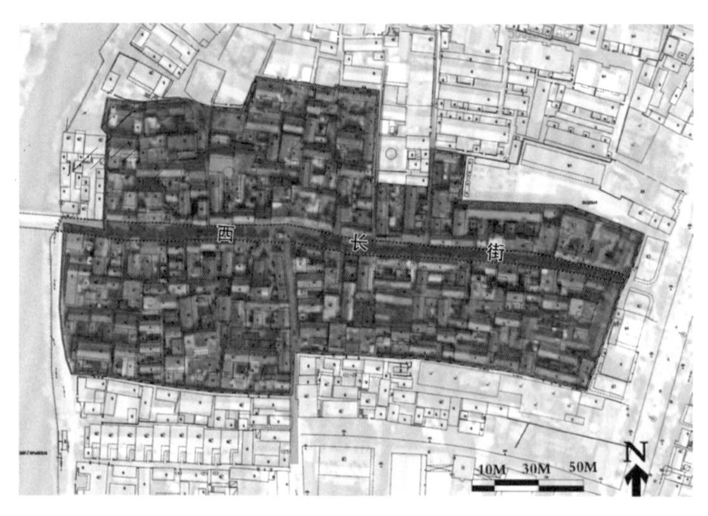

图9.2.7　西长街现存传统建筑街巷格局（图片改绘自黄海：《灌云西长街传统住宅现代化改造研究》，硕士学位论文，南京工业大学，2013年）

二、建筑群格局

连云港地区的建筑群格局属于院落式布局，拆改情况比较严重，本次调研中几乎未见保存完整的典型院落。就现存情况来看，传统建筑基本是围绕院落进行组织、布局。院落纵向排列为“进”，横向组合为“路”（图9.2.8）。

（a）现存院落格局（江家大院）

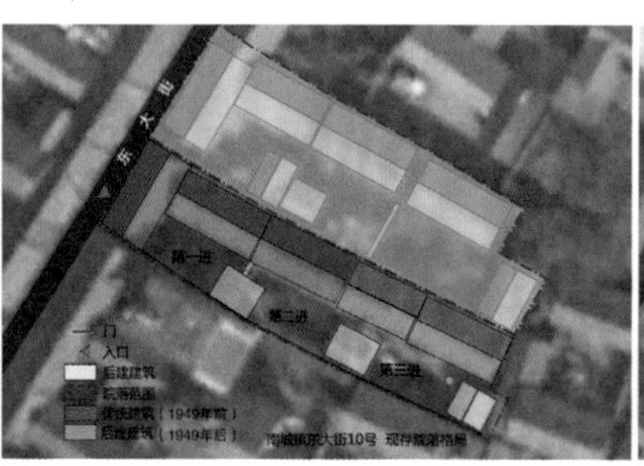

（b）现存院落格局（南城镇东大街10号）

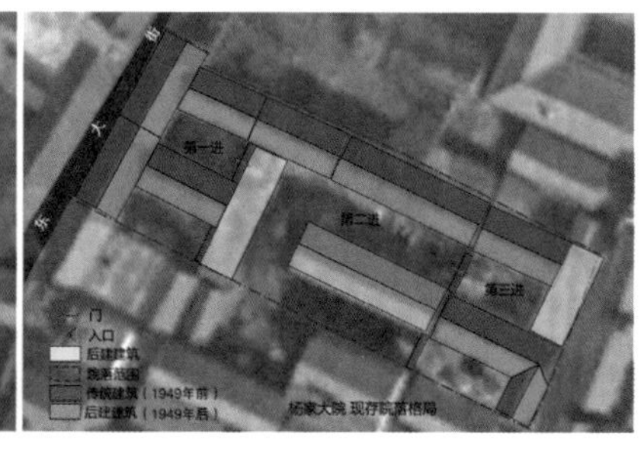

（c）现存院落格局（南城镇东大街杨家大院）

（d）现存院落格局（南城镇东大街侯府大院）

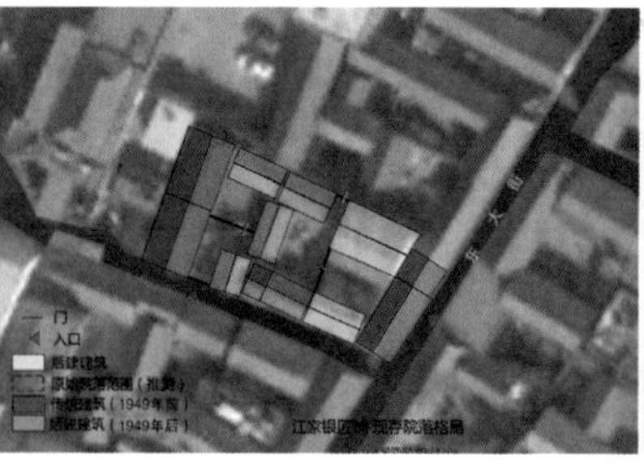

（e）现存院落格局（南城镇东大街江家银匠铺）

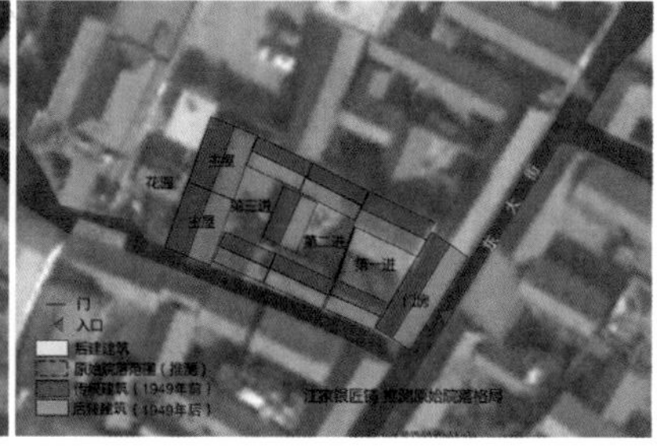

（f）推测原始院落格局（南城镇东大街江家银匠铺）

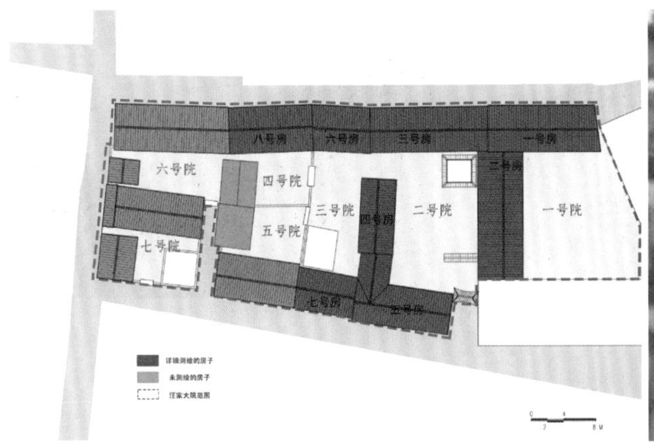

(g) 院落平面图（西顾巷汪家大院）

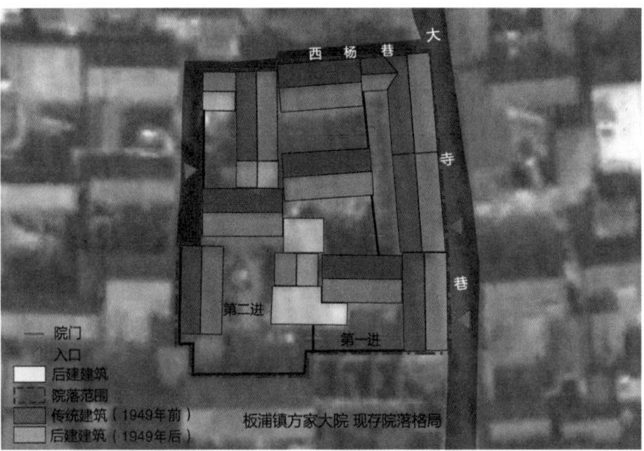

(h) 现存院落格局（板浦镇方家大院）

图9.2.8　建筑群格局案例

沿街传统民居建筑的格局多为一路，少数为两路，一般为三到五进院落。沿街建筑多为商铺店面，格局为“前店后宅”的形式。一般第一进用于经营，第二、第三进用于居住，再后为辅助建筑或花园。很多沿街商铺门洞现已被封闭、砌死，改做居住使用，如南城镇东大街沿街店铺。

院落主体轴线一般垂直于街道，主屋多坐北朝南，如南城镇东大街的江家大院、东大街10号、杨家大院。少数主屋为东西朝向，如南城镇东大街侯府大院、江家银匠铺。

也有院落轴线与街巷平行的案例，如西顾巷汪家大院，院落格局变动较大，难以准确判断其整体格局。从现存的情况来看，西顾巷汪家大院共四进院落，主屋建筑坐北朝南，整体院落轴线为东西向，大致与街道平行。又如板浦镇方家大院，现存两路院落，南北向轴线，与街道平行，主屋坐北朝南。

此外，连云港地区还有一种比较有特色的碉楼建筑，一般位于四合院的边角上，与民房相接，如黄岭村大巷30号金氏民居、大金湾王氏民居等。

连云港地区的传统建筑格局整体保存状况较差，得以完整保存的案例较少，尚存建筑群的规模较小，给系统、深入的研究带来了一定困难。

三、建筑单体

（一）建筑平面

连云港地区传统建筑单体平面一般为规则的矩形（图9.2.9），面阔以三开间为主，部分传统建筑会做多开间的平面形式。此次调研中所见四开间案例，如南城镇东大街37号宅、南城镇东大街某宅、板浦镇方

(a) 四开间（南城镇东大街 37 号宅）

(b) 四开间（南城镇东大街某宅）

(c) 四开间（板浦镇方家大院门房）

(d) 五开间(西顾巷汪家大院)

(e) 五开间(海州区塘巷某宅)

(f) 五间以上(南城镇东大街杨家大院)

图9.2.9　建筑平面案例

家大院门房等;五开间案例,如西顾巷汪家大院、海州区塘巷某宅等。此次调研中还见一种多开间连接成一长排的平面形式,比较少见,如南城镇东大街杨家大院。连云港地区传统建筑进深以五架、七架居多。

本次调研中所见连云港地区碉楼建筑平面均为矩形,一般与住宅山面直接相连,并共用山墙。

(二)建筑立面

1. 正立面、背立面形制

连云港地区传统建筑单体正立面、背立面形制多样,立面材料有砖、石、木和夯土,根据材质分类有全砖面、全石面、砖石面、全木面、砖木面、石木面、全土面、砖土面等(图9.2.10)。连云港地区多山,石材丰富,而砖主要靠外地输入,一般只有富裕人家或级别较高的传统建筑才会使用全砖面或砖木面,此次调研中发现实例较少;而普通民居最常见的立面为全石面、砖石面和全土面。

(1)全砖面

全砖面即檐口、墙体均使用青砖。一般前檐墙明间开门洞,两次间设窗,门洞内上角两侧一般装饰砖雕象鼻枭,门窗木过梁外采用砖细装饰,如鼓楼社区塘巷6-16号宅。还有在门窗洞上方使用砖细雨搭的做法,与淮安市传统建筑常见形式类似,当地俗称"一门三搭",本次调研中仅在西顾巷汪家大院有见。全砖面形制的传统建筑在板浦镇分布较多。

(2)全石面

全石面建筑的墙身至檐口下方均为石材砌筑,因石材种类不同,石块的砌筑方式有多种,在连云港各地均有所见。全石面立面檐口一般为砖檐。作为沿街店铺时,常常从墙内伸出插栱承托上方木挑檐屋顶,立面上在某一次间开正常大小门洞为入户门,穿过此间可通向后宅院,有时此入口墙面会在平面上向内凹进一部分,其上做木檐屋顶;立面上其余开间均开大门洞作为店铺铺面,并配有可拔插的木制大板门,如南城镇东大街沿街店铺。

碉楼建筑全部采用石墙,一般为三层高,通常一层不开窗,二层朝向院外的墙面会开小窗户和射击孔。三层有两种形式,一种为人字山硬山顶,在墙面开小窗和射击孔,如黄岭村汪氏民居;另一种为露天的瞭望平台,四周建有垛口,在墙面开射击孔,如大金湾王氏民居。

(3)砖石面

砖石面即墙身为青砖和石材混合砌筑的立面。在传统建筑的墙体下部勒脚、山墙面及墙体转角等结构薄弱部位一般使用石材砌筑,该做法在连云港各地均有所见。砖石立面檐口一般为砖檐,作为沿街店铺时,挑檐屋顶和立面开洞形式同全石面相同,如正和烟店。

(4)全木面

全木面一般为木槅扇门立面,连云港地区现存很少,此次调研中仅在吴松寿药店堂屋有见木槅扇门立面的残存现状。

（5）砖木面

砖木面在连云港地区较为少见，即明间立面为槅扇门、横风窗，檐口为木檐，次间立面由青砖砌筑开窗洞配木质槛窗，檐口用砖檐，如方家大院第一进主屋和厢房。

（a）全砖面（鼓楼社区塘巷 6–16 号宅）

（b）全石面（南城镇东大街某宅）

（c）全石面（南城镇东大街某宅）

（d）全砖面（西顾巷汪家大院）

（e）全石面（黄岭村汪氏民居）

（f）全石面（大金湾王氏民居）

（g）砖石面（鼓楼社区磨盘巷 15–21 号宅）

（h）砖石面（鼓楼社区磨盘巷 6–3 号宅）

（i）砖石面（正和烟店）

（j）全木面（吴松寿药店）

（k）砖木面（板浦镇方家大院）

（l）砖土面（刘少奇旧居）

图9.2.10　正立面、背立面形制案例

（a）人字山（鼓楼社区磨盘巷某宅）　（b）人字山（西顾巷汪家大院）

（c）封火墙（江家大院）　（d）封火墙（孙家炮楼）

图9.2.11　山墙立面形制案例

（6）全土面及砖土面

根据当地受访者回忆，全土面及砖土面配草屋顶样式的传统民居建筑在1949年前的连云港地区较为普遍，之后逐渐消失，现存案例较少，在赣榆北部地区仍可见，如刘少奇旧居。

2. 山墙立面形制（图9.2.11）

连云港地区传统建筑多用硬山，常见山墙立面形制大多为不出屋面的人字山，墙体一般为砖、石或砖石混合砌筑，墙体与屋面交界处一般做简易砖线脚或砖细博风。另外也有少量高出屋面的封火墙被做成屏风墙的样式，一般有三山屏风式和五山屏风式，如江家大院、孙家炮楼等。寺庙、城楼等公共建筑的山墙会使用歇山或悬山的做法，此次调研中未在传统民居建筑中发现。

（三）大木

1. 大木构架

根据《苏北传统建筑技艺》一书的分类，连云港地区的梁架体系属于“徐海三角梁架区”[26]。该片区以三角梁架体系为主，另有少量正交梁架建筑，主要见于板浦镇、南城镇，以及海州古城的寺庙、城楼等公共建筑和一些规模较大的传统民居建筑（图9.2.12）。

此次调研中所见正交梁架案例以五檩梁架和七檩梁架居多。五檩梁架一般用于门房等次要建筑，明间梁架普遍使用五架梁抬梁，檐柱落地，前后接单步梁的形式；山面梁架有时会使用硬山搁檩形式，檩条直接由山墙承重。明间梁架普遍使用五架梁抬梁，前后接单步梁的形式。七檩梁架一般用于住宅的厅堂，此次调研中所见七架梁抬梁，檐柱落地的案例如板浦镇猪市巷某宅；山面梁架有中柱落地，前后双步梁再接单步梁的形式，也有使用三架梁抬梁，前后分别单步梁接单步梁，六柱落地的形式，如吴松寿药店堂屋。

此次调研中所见八檩梁架案例有两例，一为吴松寿药店沿街建筑，明间梁架为五架梁抬梁，沿街一侧接单步梁，靠内庭院一侧为双步梁，四柱落地，其山面梁架被遮挡，故未能勘查；二为海州古城东大街某宅，现已塌倒，但根据残存部分的梁架可判断其明间为五架梁抬梁，前为单步梁接单步梁，后檐墙一侧接单步梁，五柱落地，其山面梁架形式同明间梁架。

三角梁架体系在连云港地区普遍使用，金字梁架[27]主要分布在伊山镇、南城镇和海州古城区，在传统建筑中主要使用在明间，山墙一般为硬山搁檩。《苏北传统建筑技艺》一书将金字梁架的五种构件分别命名为大斜梁、大横梁、小横梁、上瓜柱和下瓜柱。承托檩条的斜向构件为大斜梁；与大斜梁组成刚性三角构架的底边横向构件为大横梁；在大横梁上方与其平行、对大斜梁起加固作用的横向短构件为小横梁；在大横梁上承托小横梁的短柱为下瓜柱；大横梁上承托脊檩的短柱为上瓜柱。比较简易的做法会省去小横梁，直接在大横梁上立一根瓜柱承托脊檩。[28]此次调研中有见简易金字梁的瓜柱直接落地为中柱的案例。

（a）五檩梁架，五架梁抬梁，檐柱落地（吴松寿药店穿堂山面）

（b）七檩梁架，五架梁抬梁，前后接单步梁（江家大院某屋明间）

（c）七檩梁架，三架梁抬梁，前后分别单步梁接单步梁（吴松寿药店堂屋山面）

（d）七檩梁架，中柱落地，前后双步梁再接单步梁(西顾巷汪家大院某屋山面)

（e）八檩梁架，五架梁抬梁，前单步，后双步（吴松寿药店沿街建筑明间）

（f）五路，金字梁架（江家大院某屋明间）

（g）九路，金字梁架（南城镇东大街某宅明间）

（h）五路，简易金字梁（伊山镇西长街某宅明间）

（i）中柱落地，金字梁架（板浦镇方家大院门屋）

图9.2.12　梁架样式案例

金字梁架檩条因为直接搁置在大斜梁之上，所以除脊檩和檐檩外，没有与柱子的一一对应关系。檩条的数量在连云港地区被俗称为“路”，一般普通民居以五路、七路、九路居多（计算路数时，前后檐墙上方无论是否使用檩条，均不计算在内）。

连云港地区正交梁架和金字梁架的主要样式，分别总结如图9.2.13、图9.2.14。

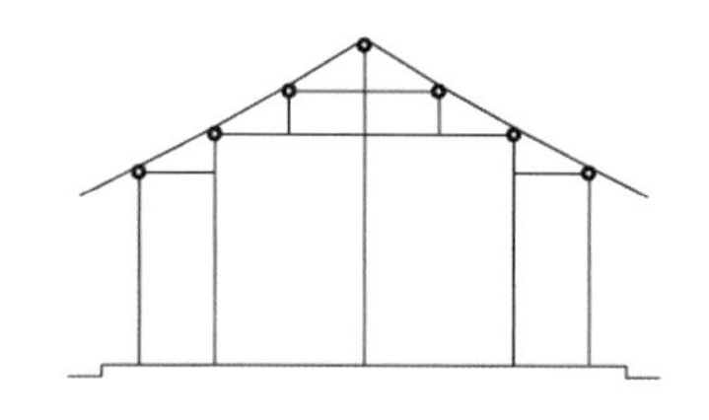

（a）七檩，中柱落地

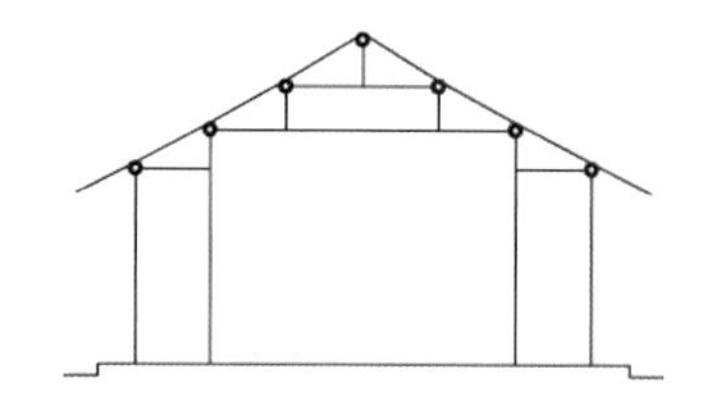

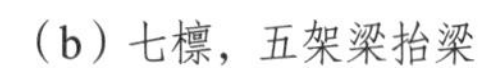

（b）七檩，五架梁抬梁

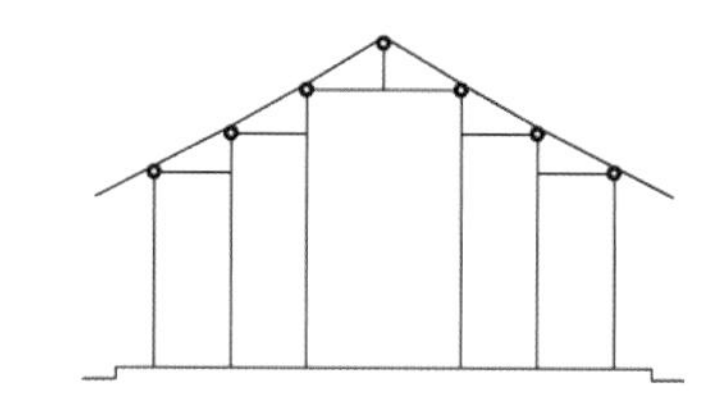

（c）七檩，三架梁抬梁

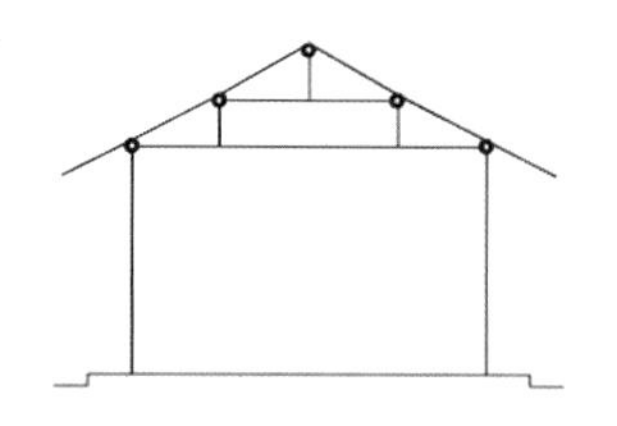

（d）五檩，五架梁抬梁

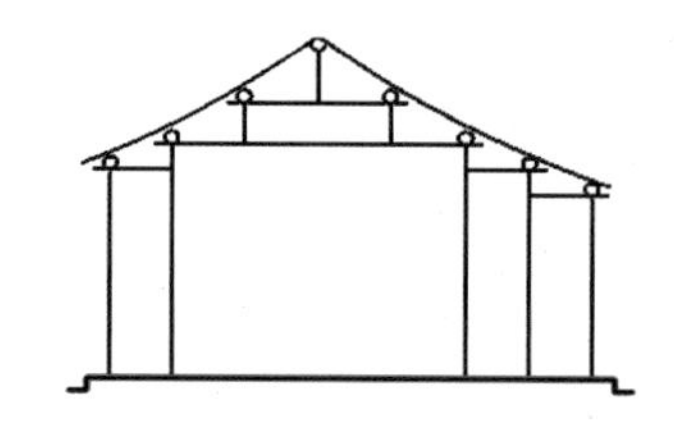

（e）八檩，五架梁抬梁，长短坡

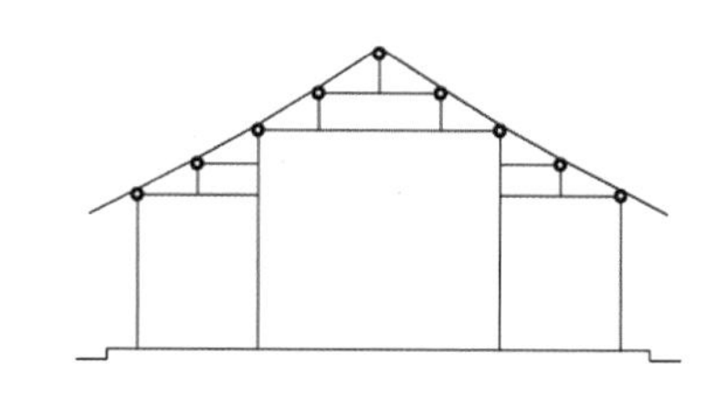

（f）九檩，五架梁抬梁，前后双步梁

图9.2.13　正交梁架样式

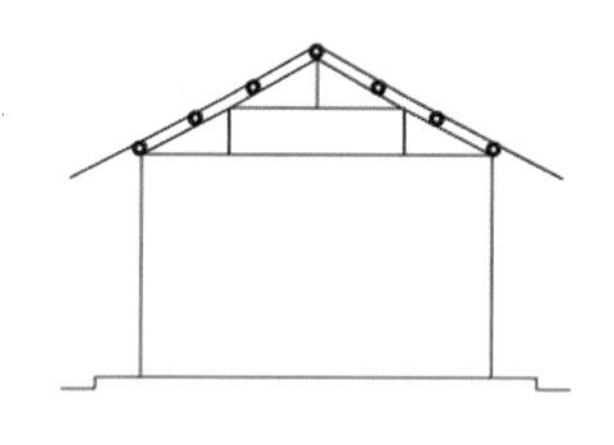

（a）五路，金字梁架

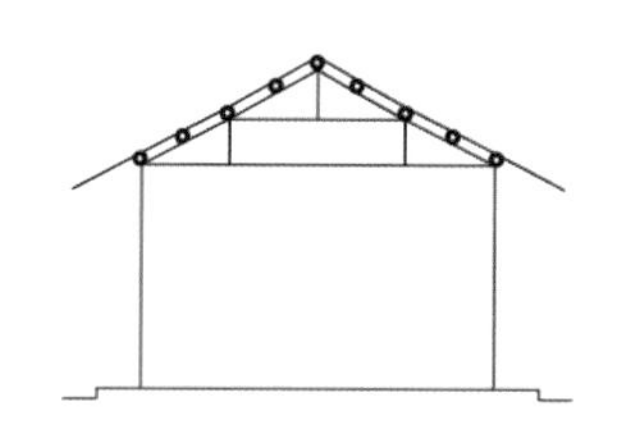

（b）七路，金字梁架

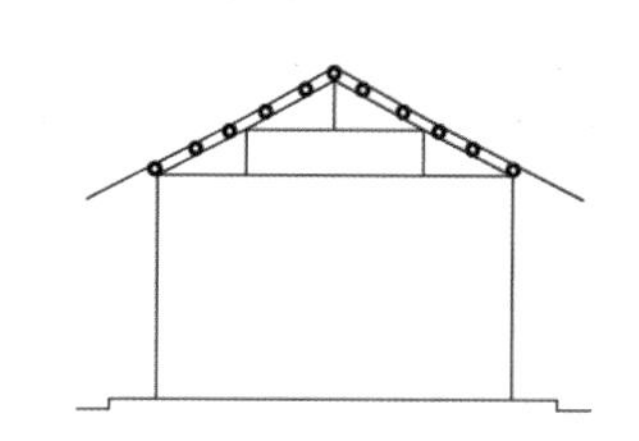

（c）九路，金字梁架

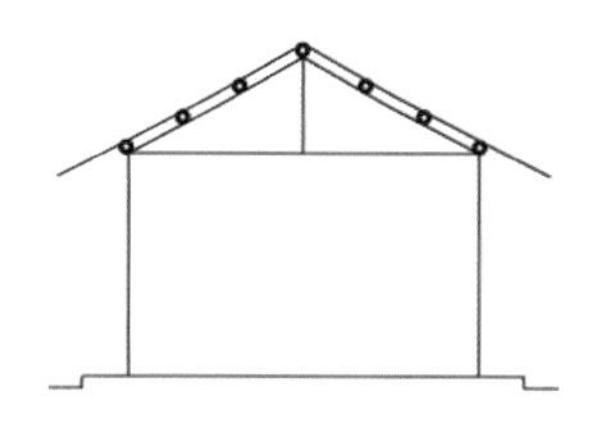

（d）五路，简易金字梁架

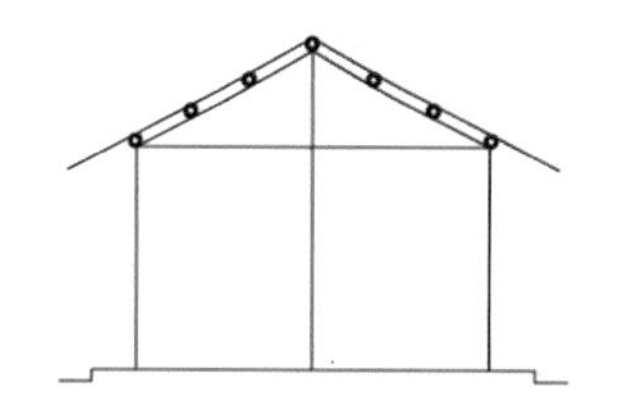

（e）中柱落地，金字梁架

图9.2.14　金字梁架样式

2. 大木构件

（1）柱

连云港地区的传统建筑普遍使用圆柱，此次调研中未见其他形状柱子。落地柱的柱身一般从下到上、由大到小直接收分，柱子直径以15～25厘米居多，瓜柱收分不明显。此次调研中有见梭形瓜柱（图9.2.15）。此外，吴松寿药店堂屋的梁架也较为特别，瓜柱柱脚与梁的交接处呈鹰嘴状，下方设有荷叶墩，与淮安地区传统建筑中的常见做法相似（图9.2.16）。

图9.2.15　梭形瓜柱（南城镇东大街某宅）

图9.2.16　瓜柱柱脚与梁的交接处，荷叶墩（吴松寿药店堂屋）

（2）梁（图9.2.17）

木梁通常做圆料直梁。金字梁架构件中的大斜梁，连云港地区俗称“梁把子”，两端一般做明显砍杀，上端插入脊瓜柱，下端插入大横梁。小横梁的梁头普遍使用剥腮做法，形状有三角形和弧形。

正交梁架的梁头也普遍使用剥腮，比较讲究的还会在梁头做雕饰，如吴松寿药店堂屋、南城镇东大街某宅。

（3）檩

檩断面均呈圆形，檩下有连机时会在檩下皮刨出一个平面。连云港地区金字梁架的脊檩一般由脊瓜柱直接承托，而金檩由大斜梁上的木垫块（当地俗称“蛤蟆”）来固定，一般通过调节木垫块的垫高，来适应不

（a）大斜梁砍杀（南城镇东大街某宅）

（b）小横梁梁头剥腮（南城镇东大街某宅）

（c）正交梁架，梁头剥腮（南城镇江家大院某屋）

（d）梁头雕饰（吴松寿药店堂屋）

图9.2.17　梁案例

图9.2.18　木垫块

同粗细的檩条（图9.2.18）。

（4）枋

1）随檩枋

檩下多用通长木枋，即《营造法原》中的“连机”；也可以不用连机，而在两端用短替木，即《营造法原》中的“短机”（图9.2.19）。正交梁架结构建筑中，调研中所见三开间建筑的明间，以及五开间建筑的明间、次间均使用“满梁满牵”的做法，即每根檩下均用连机；三开间建筑的次间和五开间建筑的梢间则多是在脊檩和檐檩下使用连机，金檩下使用短机，如西顾巷汪家大院、海州古城某五开间住宅；也有在五开间建筑的梢间脊檩和金檩下均使用短机的案例，如朝阳街道的张学翰故居。金字梁架结构建筑中，脊檩下方设连机或短机，当金檩下做夹堂板时会使用连机，檩与大斜梁交接处做竖向木框或垂花柱，向下延伸至大横梁之下，连机及夹堂板等一组构件端头均插入其内，如南城镇东大街多处传统民居建筑。

（a）满梁满牵（西顾巷汪家大院某三开间房屋明间）

（b）上金檩和下金檩下使用短机（西顾巷汪家大院某三开间房屋次间）

（c）满梁满牵（海州古城某五开间住宅）

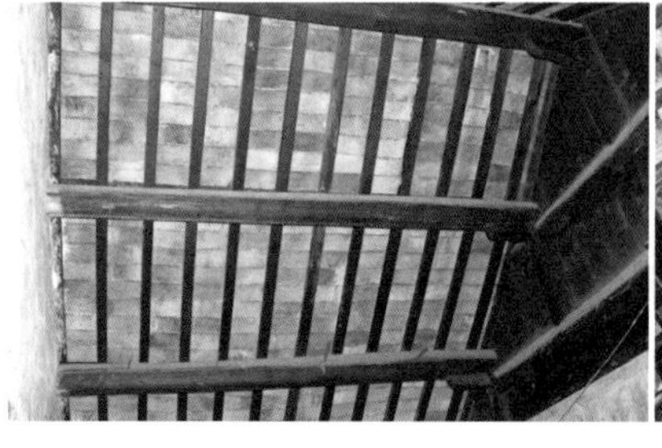

（d）脊檩和金檩下均使用短机（张学翰故居梢间）

（e）金字梁架，脊檩下设短机（江家大院某屋）

（f）金字梁架，脊檩下设连机（江家大院某屋）

（g）金字梁架，夹堂板（南城镇东大街30号）

（h）金字梁架，垂花柱（南城镇东大街某宅）

图9.2.19　连机、短机案例

图9.2.20　正交梁架随梁枋（江家大院某屋）

图9.2.21　金字梁架大横梁下使用随梁枋（南城镇东大街30号）

2）随梁枋、串枋

连云港地区正交梁架结构建筑中，随梁枋较为常见（图9.2.20），有时也会使用串枋。此次调研中金字梁架的小横梁下未见使用随梁枋或串枋的案例，一般大横梁下如果设置木板壁，则使用随梁枋（图9.2.21）。

3）挑檐枋

挑檐枋主要使用在木檐的挑檐檩下方，此次调研中除了在吴松寿药店堂屋及南城镇东大街某宅入口木檐下有见外，其余案例均为在沿街店铺的木挑檐下使用（图9.2.22）。

（a）吴松寿药店堂屋

（b）南城镇东大街某宅门房

（c）正和烟店

图9.2.22　挑檐枋案例

（5）插栱

此次调研中发现，连云港地区金字梁架结构建筑存在插栱，从埋在外墙内的檐柱伸出，有单层也有多层，上承梁头或挑檐枋。现存插栱的案例多为沿街商铺，即在建筑沿街一面增加挑檐，便于遮阳、避雨（图9.2.23）。

（a）正和烟店

（b）海州古城东大街某宅

（c）南城镇东大街 32 号

图9.2.23　插栱案例

(a）方椽抹角（南城镇东大街某宅）　（b）方椽（正和烟店）

（c）圆椽（伊山镇裕康祥杂货店）　（d）半圆椽（吴松寿药店门屋）

图9.2.24　椽案例

（6）椽

此次调研中所见传统建筑室内普遍使用扁方椽，比较讲究的会在方椽底面做抹角处理，使椽底看起来更有弧度。檐椽和飞椽使用方椽居多，椽头多做砍杀。此次调研中也发现檐椽使用圆椽、半圆椽的实例（图9.2.24）。除吴松寿药店沿街店铺的檐椽截面垂直于地面，其余案例所见檐椽及飞椽截面均垂直于椽身，推测吴松寿药店的檐口屋顶为后期改造或重做。

（四）小木

1. 门

按照所处位置，门可分为大门、院门和房门等；按照构造，门可分为实拼门、框档门、槅扇门和活动板门等（图9.2.25）。

（1）实拼门

用厚木板实拼而成，门框由上抹头、左右边框和下槛构成，门板较厚时可不做上抹头，主要用于院门、建筑大门等，一般为对开形式。

（2）框档门

根据《营造法原》的描述，“框档门两边直框，称边挺（梃）。上下两端之横料，称横头料。中间之横料凡二三道，称光子，外钉木板”，常被用于传统建筑的大门和房门。

（a）实拼门（南城镇东大街某宅）　（b）框档门（西顾巷汪家大院）　（c）槅扇门（板浦镇方家大院）　（d）活动板门（正和烟店）

图9.2.25　门案例

（3）槅扇门

《营造法原》将其称为长窗，主要用在木檐之下。连云港地区槅扇门现存实例较少，调研中仅在吴松寿药店堂屋和板浦镇方家大院有见，两处槅扇门均设置在下槛和中槛之间，其上方还设有横风窗。

（4）活动板门

由宽约12厘米的通长木条组成，插入上、下槛框的凹槽内，可拆卸，主要用于沿街商铺的档口。活动板门现存实例较少，多已被拆改。

（a）不可开启槛窗（南城镇东大街某宅）

（b）横风窗（吴松寿药店堂屋）

（c）可开启槛窗（板浦镇方家大院某屋）

图9.2.26　窗案例

（a）正交梁架，夹堂板不存（江家大院某屋）

（b）金字梁架，夹堂板（南城镇东大街30号）

图9.2.27　夹堂板案例

2. 窗

此次调研中所见窗按其形式，可分为槛窗、横风窗等（图9.2.26）。

连云港地区的槛窗一般设在次间的砖墙或石墙间，分可开启和不可开启两种。窗框上方均设木过梁。调研中大部分槛窗已被改为现代窗，仅存少量传统窗。现存样式为石墙上多使用直楞固定窗，砖墙上多使用木槅扇平开窗，即《营造法原》中的短窗，例如板浦镇方家大院所用槅扇窗，其槅心为葵式。

横风窗位于槅扇门上方，房屋过高时用于调节窗樘口分割比例，例如吴松寿药店堂屋。

3. 夹堂板

调研中所见正交梁架结构建筑案例较少，未见夹堂板。仅江家大院某屋存周边木框，夹堂板已缺失，其位置位于前、后两下金檩下方。金字梁架结构建筑中，夹堂板安装在檐墙内侧第一路檩条的下方，如南城镇东大街30号（图9.2.27）。

4. 板壁

连云港地区部分传统建筑的明间和次间常以板壁分隔，其构造是在柱梁间竖木框，在木框上拼装木板（图9.2.28）。板壁上一般设对开木门，如江家大院、西顾巷汪家大院等。

使用板壁分隔时一般上方梁架间会配合使用木垫板，调研中在南城镇东大街某宅还见到有用竹席封堵梁架的做法。

（c）竹席封堵梁架（南城镇东大街某宅）

（a）板壁（南城镇东大街30号）（b）板壁（西顾巷汪家大院）

图9.2.28 板壁案例

（五）瓦石

连云港境内多山，石材丰富。传统建筑普遍使用石材，除了常见的阶沿石、柱础、抱鼓石等石作外，还大量用于墙体砌筑材料。相反，连云港地区的青砖产量较少，多为外地供给，故纯砖砌建筑存量较少。

图9.2.29 石鼓样式柱础（张学翰故居）

1. 基础及地面

（1）基础

苏北地区常见基础有素土和三合土。基础部分位于地坪之下，不易被勘查，故在此次调研中并未见到实际案例。

（2）柱础

此次调研中所见金字梁架结构建筑，柱子均被埋入墙体内部，未见其柱础。正交梁架结构建筑案例中，由于地面被抬高、改造或被遮挡，仅在张学翰故居内见到石鼓样式柱础（图9.2.29）。

（3）地面

此次调研中所见室内铺砖多为条砖或方砖（图9.2.30）。条砖铺砌方式有十字缝、万字锦、套八方等；方砖铺砌方式则为正铺或斜铺。其中也有用木地板铺地的案

（a）条砖，十字缝（南城镇东大街某宅）（b）条砖，万字锦（西顾巷汪家大院）（c）条砖，套八方（板浦镇吴八巷某宅）

（d）方砖斜铺（南城镇东大街某宅）（e）方砖正铺（南城镇东大街某宅）（f）方石板正铺（室外地面）

图9.2.30 地面案例

例，主要使用在传统建筑的二层阁楼。

调研中发现，室外地面大多已被重新铺装，很少有原始做法。现存案例主要采用石板铺地，有方石板正铺或斜铺，也有不规则形状或碎石板组合铺砌的做法。

2. 屋身部分

（1）石墙

连云港地区多山地，因此形成了石材砌墙的传统并延续至今（图9.2.31）。

（a）石墙转角拉结（南城镇东大街某宅）（b）石墙不勾缝处理（江家大院）（c）石墙抹灰镶塑做法（江家大院）

（d）石墙勾缝处理（南城镇东大街某宅）（e）砖石混合墙（鼓楼社区牌坊巷8号宅）（f）砖石混合墙（鼓楼社区磨盘巷某宅）

图9.2.31 石墙及砖混合墙案例

石墙砌筑同砖墙类似，墙体分内外两层，中间填充碎石。一般毛石、整石多用于勒脚和基础部位，富裕人家也会用来砌筑墙体。毛石和整石的组砌方式也和砖墙类似，通常为一层立砌，一层平砌，类似砖墙的一斗一卧。更多的石墙墙体为片石砌筑，但需要使用与墙体厚度等宽的毛石进行拉结，以增强整体的稳固性，当地俗称“过石”。而在墙体转角等结构薄弱部位也会使用大块毛石或整石拉结、加固。[29]

连云港当地瓦工砌石墙主要采用一种岩石风化后的粉末状混合物，俗称“狗屎泥”，其成分类似石灰，但更加坚硬。勾缝材料一般以石灰、稻草灰、糯米汁拌和制成，不同石墙砌体的勾缝做法各不相同。而片石墙一般不勾缝，以展示其肌理美感。较为讲究的会在外墙抹灰面上，就着石材的轮廓，辅以简洁的线条，镶塑出莲藕、铜钱、鱼、葫芦等各种吉祥图案，错落有致，寓意五福齐备、福禄寿喜、福（喜）气盈门。

（2）砖石混合墙

砖石混合墙由石块和青砖组合砌筑而成。山墙或墙体转角等结构薄弱部位使用毛石或整石进行拉结、加固，扁砌的整石会伸进砖墙部分进行咬合，增加整体的稳固性。山墙上往往会随着人字山屋顶的坡度嵌入扁砌整石，同时布置出规则的图案，装饰效果明显。

（3）砖墙

连云港地区传统建筑的墙体较少使用青砖，砌筑方式主要为平砌。砖墙常见砌法为满顺满丁，即先砌数皮，全用顺砖，再砌一皮，全用丁砖，如鼓楼社区塘巷6-16号宅为七皮顺砖、一皮丁砖；全顺砌法，即全部使用顺砖，上皮、下皮之间错开二分之一砖长，如西顾巷汪家大院某屋；平、立结合砌筑的空斗墙使用较少，砌筑方式一般为三层立砌，一层平砌，立砌砖为一顺一丁砌筑，平砖为全顺砌筑，如板浦镇方家大院第一进主屋（图9.2.32）。

（a）满顺满丁（鼓楼社区塘巷 6-16 号宅）

（b）全顺砌法（西顾巷汪家大院某屋）

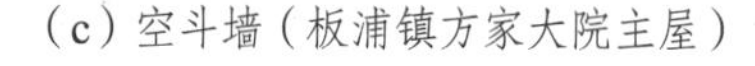

（c）空斗墙（板浦镇方家大院主屋）

（d）空斗墙内填碎砖（板浦镇方家大院某屋）

图9.2.32　砖墙案例

（4）砖檐

连云港地区传统建筑砖檐样式普遍比较简单，多使用几皮望砖或青砖做叠涩出挑，中间增加45度斜置的菱角椽砖，有时也会在其下方使用砖挂枋。少数传统建筑砖檐样式比较复杂，使用青砖磨制的线脚，层层出挑，如西顾巷汪家大院（图9.2.33）。

（a）海州古城东大街某宅

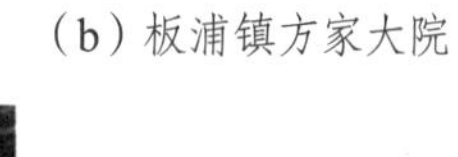

（b）板浦镇方家大院

（c）南城镇东大街某宅

（d）西顾巷汪家大院

图9.2.33　砖檐案例

（5）山墙封檐

连云港地区传统建筑主要为人字山硬山屋面，不高出屋面的山墙封檐简单做法为使用两层望砖做叠涩线脚收边。较为讲究的会做砖博风，下部端头雕刻花卉等吉祥纹样。高出屋面的山墙封檐做法为封火墙，这种情况在连云港地区案例较少（图9.2.34）。

（a）砖线脚（鼓楼社区牌坊巷8号宅）

（b）砖博风（正和烟店）

（c）砖博风端部雕刻（西顾巷汪家大院）（d）封火墙（南城镇东大街某宅）

图9.2.34　山墙封檐案例

（6）夯土墙、砖土混合墙

连云港地区传统建筑中的夯土墙和砖土混合墙在1949年前普遍存在，后逐渐消失，现仅存赣榆北部地区少数案例，如小伊赖刁庄民居和刘少奇旧居（图9.2.35）。

本次调研未前往赣榆北部地区，故未能见到实际案例。根据《苏北传统建筑技艺》的相关描述，夯土墙做法在连云港当地又被称为“干打垒”，一般以黄土为原料，填入木模，层层夯实成墙。由于夯土墙难以抵抗雨水冲刷和浸泡，一般在墙下勒脚部分以乱石块或砖砌筑，或加碎砖石夯筑，并在屋面做完后用黄泥拌碎稻草（麦秸）进行内外抹墙，以保护墙体。

（a）小伊赖刁庄民居　（b）刘少奇旧居

图9.2.35　夯土墙、砖土混合墙案例（连云港市重点文物保护研究所供图）

（7）天香阁

连云港地区传统建筑主屋的门洞右侧墙上通常设有小龛，当地俗称“天香阁”或“天香庙”，用于供奉神灵，以祈求保佑屋主一家平安。常见样式为上端装饰成屋檐，下方嵌有吉祥图案。现南城镇遗存的天香阁较多，部分在“文革”时期遭到破坏（图9.2.36）。

（a）天香阁（南城镇东大街某宅）

（b）天香阁（南城镇东大街某宅）

（c）天香阁（南城镇东大街某宅）

（d）天香阁（南城镇东大街某宅）

（e）天香阁（南城镇东大街某宅）

（f）天香阁（江家大院）

图9.2.36　天香阁案例

（8）砖雕象鼻枭

北京四合院如意门左右上方的内凹构件，被称为“象鼻枭”，连云港地区传统建筑中门洞的左右上方常饰以相似构件，此处沿用北京地区的称谓。象鼻枭的线脚造型有专门的称谓，由上而下分别为象鼻、圆线、锣壳和起线。[30]象鼻部分通常雕刻不同花卉造型，也有的在青砖线脚部分雕刻暗八仙或其他纹样（图9.2.37）。

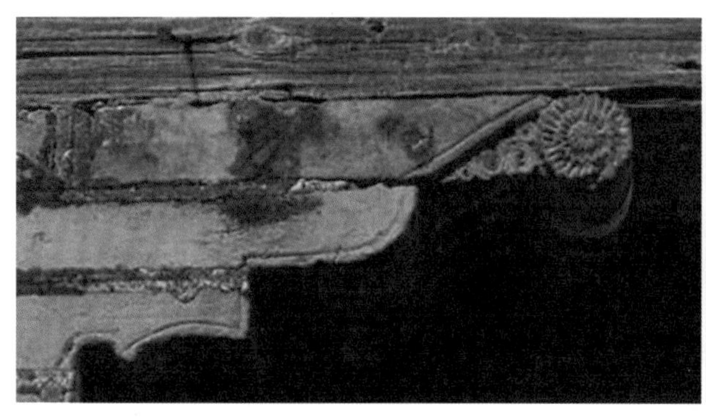

（a）南城镇东大街某宅

（b）海州古城某宅

（c）南城镇东大街某宅

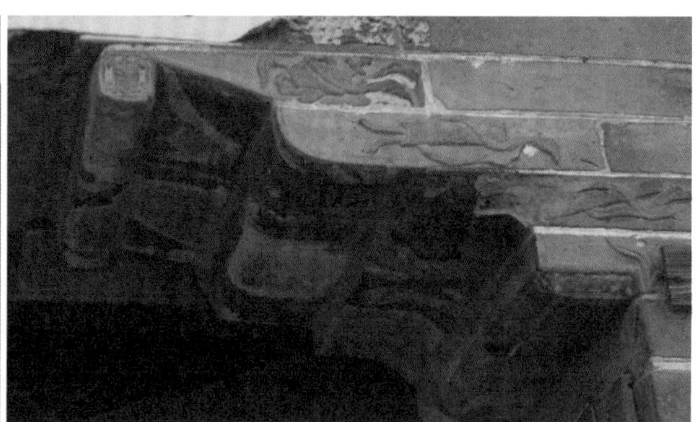

（d）板浦镇某宅

图9.2.37　砖雕象鼻枭案例

（a）南城镇东大街侯府大院

（b）西顾巷汪家大院

图9.2.38　砖雕过梁底案例

（9）砖雕过梁底

此次调研中发现少数房屋门洞上方的过梁底有使用砖雕装饰的情况，纹样有寿字纹、福字纹等，例如南城镇东大街侯府大院、西顾巷汪家大院（图9.2.38）。

（10）灯龛

此次调研中发现部分传统建筑的室内墙上设有放置灯烛的灯龛，如西顾巷汪家大院的灯龛设在前檐墙内侧，而伊山镇西长街魏万仁宅的灯龛则设在山墙上（图9.2.39）。

（a）灯龛（西顾巷汪家大院）　（b）灯龛（西顾巷汪家大院）　（c）灯龛（伊山镇西长街魏万仁宅）

图9.2.39　灯龛案例

3. 屋顶部分

（1）屋顶形式

连云港地区的调研案例以传统民居建筑为主，普遍为硬山人字坡屋顶。碉楼建筑中有一部分为平屋顶，四周砌有垛口。

（2）屋面

按照材料划分传统建筑，有望砖、木望板及其他当地植物编制的屋望层（图9.2.40）。其中望砖使用最

（a）望砖（南城镇东大街30号）　（b）木望板（正和烟店）

（c）植物编制的屋望层（南城镇东大街某宅）　（d）糜望（南城镇东大街某宅）

图9.2.40　屋望层案例

为普遍，主要用在建筑内部，而出檐部分则使用木望板。植物编制的屋望层，多使用稻草或竹篾编制成席子，置于椽子之上；也可使用海柴编制成席子或捆扎成束直接搁于檩条之上。讲究的还会在屋望层下部用灰泥抹面以使室内明亮、清洁、美观，该做法被称为“糜望”。

苫背层使用黄泥掺麦糠的“麦糠泥”，其上铺设小青瓦。除了常见的“一仰一盖瓦”组合形式，还有一种全部使用仰瓦，仅屋面两端做两垄盖瓦的组合形式，当地俗称为“鸡毛瓦”，在灌云县地区使用较多（图9.2.41）。檐口部分，使用滴水、勾头并将滴水瓦件颠倒扣于勾头之上，可以起到装饰的作用；勾头、滴水上均饰有吉祥图案。简单起来，则仅在盖瓦末端用石灰粉出扇面形，当地俗称为“扇面”或“鬼脸”。[31]赣榆北部地区还存有部分草顶房屋，本次调研未能前往调查。

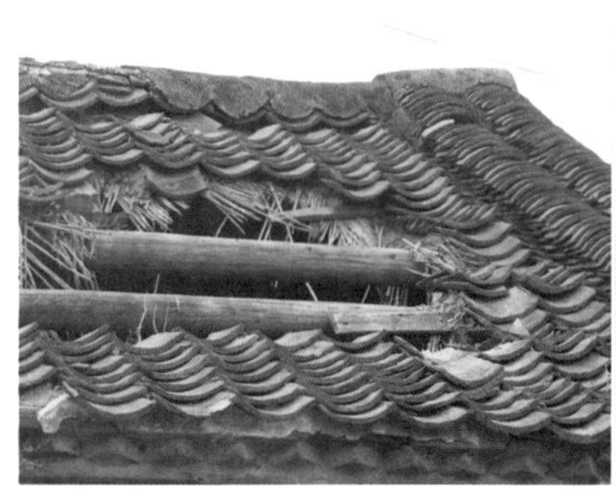

（a）“鸡毛瓦”（南城镇东大街某宅）

（b）檐口瓦件（海州古城东大街某宅）

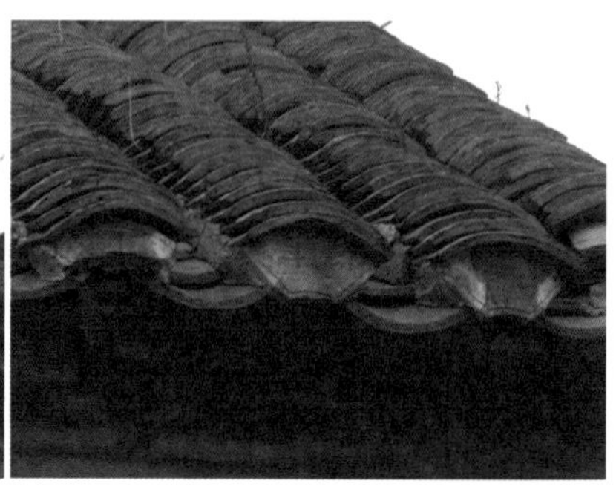

（c）“扇面”或“鬼脸”（板浦镇方家大院）

图9.2.41　屋面瓦案例

（3）屋脊（图9.2.42）

此次调研中所见传统建筑屋脊脊身曲线不明显，在脊头部分稍稍起翘。屋脊做法普遍比较简单，最常见的是灰座层上方使用望砖平砌一道形成线脚，其上斜立瓦。脊中和脊头多做灰塑装饰，纹样一般使用暗八仙、花卉等吉祥图案。比较讲究的会在最下一层线砖之上加入整砖磨制的弧面砖，其上再做一层线砖后斜立瓦。还有使用花脊的做法，最下一层线砖上使用小青瓦拼接成镂空花纹，上方再铺线砖压顶。

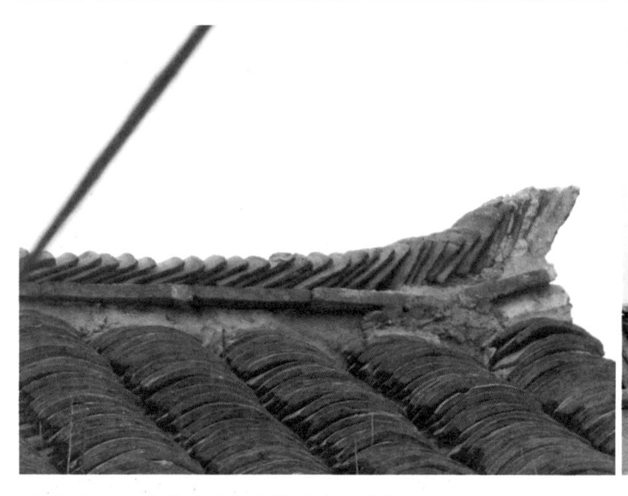

（a）常见屋脊做法（板浦镇方家大院）

（b）脊中灰塑装饰（南城镇东大街某宅）

（c）比较讲究的屋脊做法（西顾巷汪家大院）

（d）花脊（南城镇东大街某宅）

图9.2.42　屋脊案例

第三节　案例

一、江家大院

（一）建筑背景

江家大院位于连云港市海州区南城镇东大街，院落布局较为完整。因江家大院只是普通民宅，故未查到相关历史文献资料，但它代表了南城镇晚清传统民居的特色，具有一定研究价值。

（二）现状概述

江家大院位于古凤凰城内南北向古石板路的西侧，原有院落部分建筑已不存，故无法考证。现存院落整体为东西向，与古石板路垂直，最东端门房沿街，院落周边均为传统民居建筑。周边有众多历史古迹，包括门前的古石板路、凤凰城门、匡衡井、普照寺、玉皇宫、城隍庙等。2011年，江家大院与周边几处同时期宅院以“南城古民居”为名一起被列入连云港市第四批市级文物保护单位。江家大院现被分隔为多户人家杂居。为了改善居住环境，住户对房屋做了多处修整，如在沿街建筑的墙体上增开门洞，将传统木窗更换为铝合金推拉窗并增加纱窗扇，重做室内地面，房屋内部增设吊顶，等等。院落内部天井也有部分加建，如增加淋浴室等。

（三）建筑本体

江家大院现存前后共三进院落，东西向布局，较为规整。为方便描述，现将房屋由东向西依次命名为一号房、二号房、三号房、四号房和五号房（图9.3.1）。此次调研着重对一号房、三号房、四号房和五号房进行了测绘。其中，二号房、三号房室内加建了吊顶，未见屋顶梁架结构，在此不做赘述。

1. 一号房

一号房为沿街门房（图9.3.2），坐西朝东，面阔四间，金字梁架结构，进深九路。最南一间为穿堂，开大门，从此穿过可进入院落内部天井。

穿堂北侧梁架为常规的金字梁架，梁架间使用木垫板，现多已破损、缺失。大横梁之下现用砖砌实，水泥抹面，南山面梁架为硬山搁檩做法。檩条之上原屋望层做法不详，现被改造为胶合板。一号房其他房

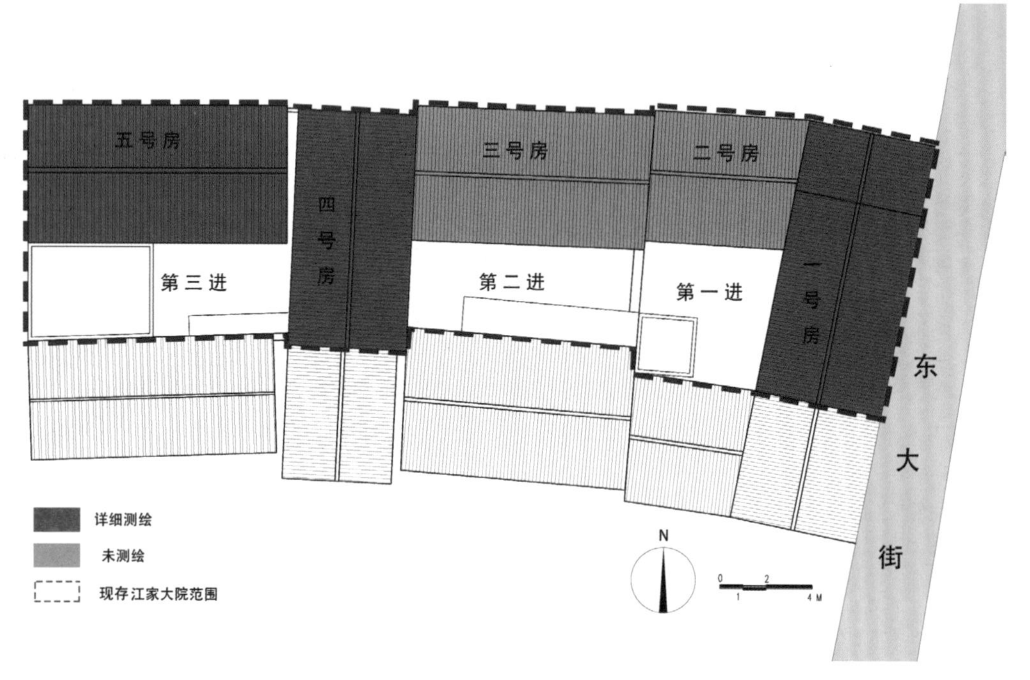

图9.3.1　江家大院现存总平面示意图

间未能进入勘查。

建筑墙体为全石砌筑，厚度约为45厘米，沿街立面上从檐柱做插栱伸出墙面承托屋顶出檐，三层插栱的高度约为48厘米。现屋顶部分已重做，出檐部分不存，改为砖檐，瓦被改为红色机制瓦。沿街大门使用

（a）穿堂北侧梁架　（b）南山面硬山搁檩做法　（c）石墙及砖雕象鼻枭

（d）沿街现存插栱　（e）沿街立面出檐不存　（f）第一进与第二进之间的石墙

图9.3.2　江家大院一号房

板门，门板厚约3.5厘米，高约2.1米。穿堂靠院落一侧同样使用板门，上方连楹保存而板门已缺失，门洞顶部使用石过梁，厚度约为10厘米，门洞内侧上方有砖雕象鼻枭。房屋后檐使用砖檐，做法为两层青砖叠涩出挑，中间增加两层45度斜置的菱角椽砖。

第一进院落地面为石板乱铺，第一进与第二进之间以石墙分隔开来，墙上开门，门下有门臼石高约20厘米，门板已缺失。门洞上有石过梁，做简易象鼻枭。门前有两级石台阶，第一级台阶高约10厘米，第二级台阶高约13厘米。墙体最上方平砌一层青砖做压顶。

2. 四号房

四号房为连接第二进与第三进之间的穿堂屋，坐西朝东，面阔三间，金字梁架结构，进深五路。明间、次间原以板壁分隔，现改为以砖墙分隔，设门洞、窗洞（图9.3.3、图9.3.4）。

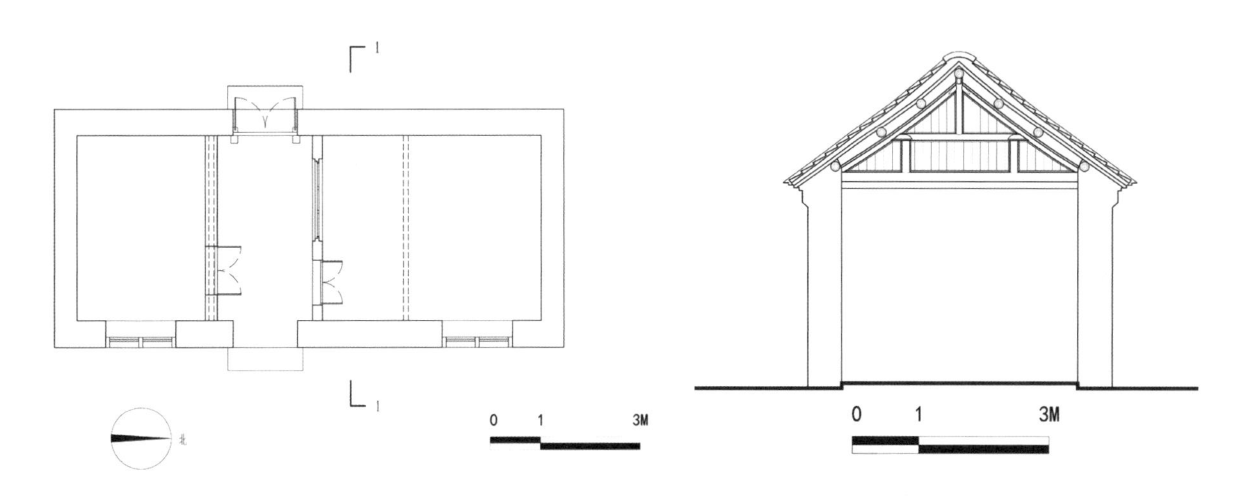

图9.3.3　江家大院四号房平面图

图9.3.4　江家大院四号房剖面图

四号房明间使用金字梁架结构，山面梁架为硬山搁檩做法，明间脊檩下有通长替木，次间脊檩下设短替木，其余檩下均不设替木。木椽为方椽抹角，其上铺望砖，望砖间勾抹白灰。

四号房檐口部位为砖檐，为后期重新修葺。墙体为全石墙砌筑，外墙面抹面，并镶塑出石块的形状，东、西立面门洞的内侧上方均设砖雕象鼻枭，门洞上方为石过梁。西立面的门被更换为对开铁门，原门槛、门臼、门楹均在位；东立面已被改动，现仅剩门洞（图9.3.5）。

四号房屋面为后修葺的红色机制瓦。

（a）明间金字梁架　（b）山面硬山搁檩做法　（c）西立面门洞

图9.3.5　江家大院四号房

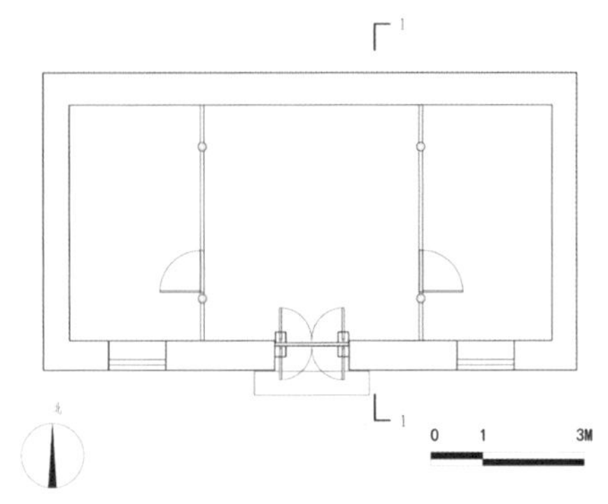
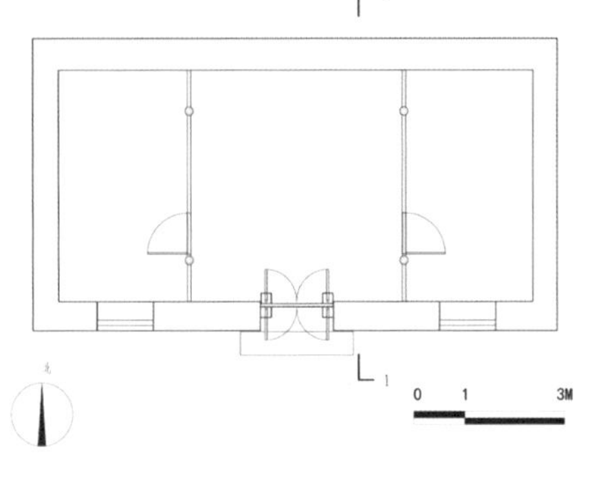

图9.3.6　江家大院五号房平面图

3. 五号房

五号房面阔三间，进深七檩，明间和次间以板壁分隔。前檐金柱里侧板壁上设门，现为单扇木板门，根据门槛上凹槽，推测原为双扇对开门（图9.3.6、图9.3.7、图9.3.8）。地面现被改为现代瓷砖铺地。

五号房使用正交梁架结构，明间建筑构架为五架梁抬梁，前后接单步梁，四柱落地，梁的端头均做剥腮。下金檩下原有夹堂板，现已缺失，除檐檩下使用短替木外，其余檩下均做通长替木。柱子、梁架、椽子等木构被漆成红色，木板壁被粉刷成象牙白色，室内墙面和望砖被粉刷成白色。椽子为扁方椽，下部磨圆角。次间已做吊顶遮挡，此次调研未能勘查其梁架形式。

图9.3.7　江家大院五号房剖面图

图9.3.8　江家大院五号房南立面图

五号房墙身为全石砌筑。正立面墙体表面抹灰，镶塑扇面、铜钱、葫芦、石榴、鱼、茶壶等吉祥图案。正门右边墙上设天香阁，装有木框及木门。天香阁下方墙上装饰有方形砖雕图案。墙面与屋面相交部位为砖封檐，由多层青砖叠涩而成，现檐口部分为后期重新修葺。

五号房正门门洞有精美的砖雕象鼻枭，雕刻花卉纹。原门臼石仍保存，长宽相等，均为20厘米，高12厘米，木门槛高15厘米。原有木门保存完好，为对开实拼板门，门板高度约为2.4米，宽度约为63厘米，厚度约为4厘米，门上方连楹在位，厚度约为6厘米。门扇外侧现加装了双扇铁门，门口外侧存两级石台阶。

五号房山墙为五山屏风式封火墙。屋面为小青瓦屋面。屋脊造型简单，单层望砖上砌立瓦，脊身平直，两端稍稍起翘（图9.3.9）。

（a）明间五架梁抬梁

（b）外墙镶塑做法 1

（c）外墙镶塑做法 2

(d) 砖雕象鼻枭

(e) 五山屏风式封火墙

(f) 对开实拼板门

图9.3.9　江家大院五号房

二、东大街32号（南城古民居）

（一）建筑背景

东大街32号（南城古民居）位于连云港市海州区南城镇东大街中段十字楼口东北侧，该建筑原为沿街商铺，未能查到相关背景资料。

图9.3.10　东大街32号沿街立面

（二）现状概述

东大街32号周边为普通民居，部分传统建筑已被拆除或重建，现为现代二层砖混结构建筑。原有院落已不存，仅保留沿街店面三间，作为商铺和游戏室使用，产权为私人所有（图9.3.10）。

为了满足功能需求，屋主对建筑的室内空间进行了改造（图9.3.11）。建筑后檐墙及内部檩条、柱子全部被拆除，与东侧新建的二层楼房一层空间贯通连为一体。金字梁架东端头通过金属构件固定在二层楼房一层南北向混凝土梁上。室内地面被抬高，铺设现代瓷砖，室内入口处设水泥坡道；墙面被重新粉刷；明间梁架间搭建吊顶，搁置杂物。前檐墙北侧商铺门洞被改为窗，南侧门洞被改装成现代门扇，南檐墙北侧墙根处加建水泥花坛。南山墙有门洞口被封堵的痕迹，墙体表面架设多种电线电缆，线路较混乱。南山墙的木博风板现仅存一半。屋顶瓦件间植物丛生。

图9.3.11　改造后的室内空间

（三）建筑本体

东大街32号坐东朝西，面阔三间，进深五路。明间梁架为五路金字梁架，山面梁架为硬山搁檩做法。明间、次间的脊檩下设通长替木，其他檩下均不设置。室内木椽为扁方椽，其上铺望砖。檐椽、飞椽均为方椽，椽头均有明显的砍杀。挑檐檩为圆作，下设挑檐枋，由梁头及插栱承托。插栱共三层，第三层为梁头，并出横栱。屋面为小青瓦，檐口瓦件已缺失，原有形式、做法不详。屋脊中部平直，两端稍稍起翘。脊上的立瓦从脊中分别向两侧倾斜，脊中做灰塑。南山墙上存有部分木质博风板，其端头雕饰花纹和线脚，破损较严重（图9.3.12）。建筑墙体为全石砌筑，正立面开三个大门洞为商铺档口。

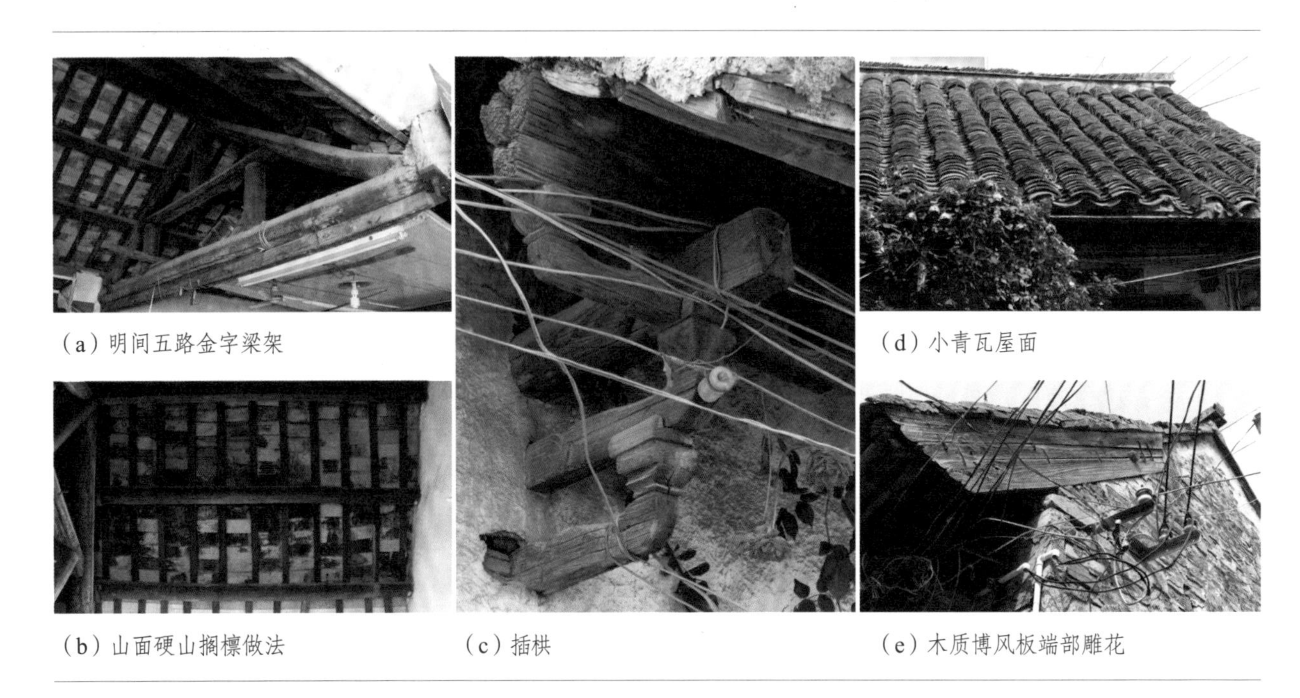
（a）明间五路金字梁架

（b）山面硬山搁檩做法

（c）插栱

（d）小青瓦屋面

（e）木质博风板端部雕花

图9.3.12 东大街32号建筑本体

三、新县孙家炮楼

（一）建筑背景

新县孙家炮楼位于连云港市连云区朝阳镇尹宋村，建于民国时期。元末张士诚农民起义，江南不少民众北来，谓“红蝇赶散”，尹宋村及附近不少村落即形成于此时。[32]

20世纪初期，苏北地区匪患严重，几乎无县不匪，由于官府军队剿办措施不当或不认真清剿，匪患难以消除，民众纷纷建立防御设施抵御土匪的侵袭。在这样的社会背景下，碉楼民居建筑应运而生。[33]连云港地区现存的碉楼民居建筑多为私人所有。

2007年三普工作开展以来，连云港市文物普查工作队和连云区、连云港开发区文物普查工作组相继在连云港市连云区朝阳镇、中云街道和云山街道新发现了9处碉楼民居建筑，其中就包括孙家炮楼。

（二）现状概述

孙家炮楼原有院落已被改建，现存院落北部为现代二层砖混结构建筑，东部、西部有围墙，四面围合。原有院楼仅存南侧沿街民居三间、碉楼一座，二者连为一体，现在仍作为住宅使用。院落南面为一条村间水泥路。为了改善居住条件，原有院落多处已被改建（图9.3.13）。碉楼一层被改成厨房和餐厅，南墙后开窗洞，北墙原有门洞现被改为窗，内墙水泥抹面。民居部分的室内地面被改为现代瓷砖铺地，并增加现代隔断与吊顶，墙面被重新粉刷，南檐墙西次间窗洞上方后增加小窗洞，门窗被替换为现代门窗。屋面被翻修，瓦为红色方形机制瓦，屋脊用水泥抹制而成。

（a）碉楼一层被改为厨房和餐厅

（b）碉楼一层北墙原门洞被改为窗

（c）民居部分室内地面铺设现代瓷砖，并增加隔断与吊顶

图9.3.13　孙家炮楼改建状况

（三）建筑本体

孙家炮楼现存建筑一栋，坐北朝南，西侧部分为三开间民居，东侧部分为碉楼（图9.3.14、图9.3.15、图9.3.16、图9.3.17）。

碉楼平面呈矩形，面阔4米，进深4.7米，全石结构，共三层。一层地面为夯土地面，二层、三层楼板均为石板，以石梁承托。三层为敞顶，四周设有墙垛，墙垛根部设排水口，雨水可直接排到建筑外部。一层西墙靠北开门洞与民居相通；二层西墙靠东开门洞，在民居一侧沿墙建有木楼梯与此门洞相接，由此可进入碉楼二层；三层楼板开一上人孔，通过架设的木爬梯可上至三层。一层外侧墙体原本不开窗洞；二层四面开射击小窗；三层东西两侧墙垛为马头墙样式，四面墙垛上均设有射击孔，射击孔里大外小，横剖面呈梯形，更有利于射击时的安全隐蔽。碉楼墙体为石砌墙体。石墙砌筑分内、外两层石墙片，中间填以碎石，因此墙体较厚，约为50厘米。

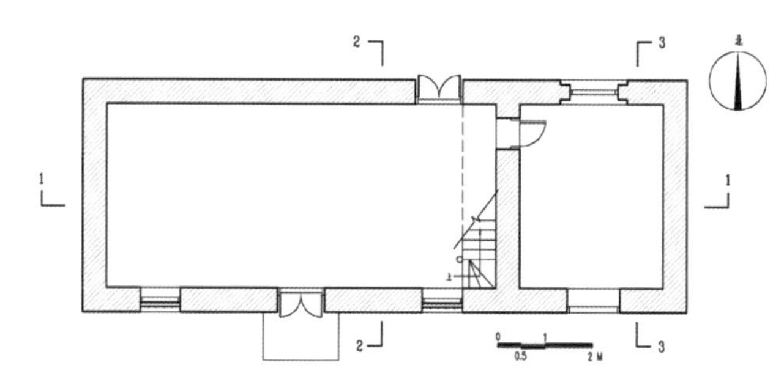

图9.3.14　孙家炮楼一层平面图

图9.3.15　孙家炮楼屋顶平面图

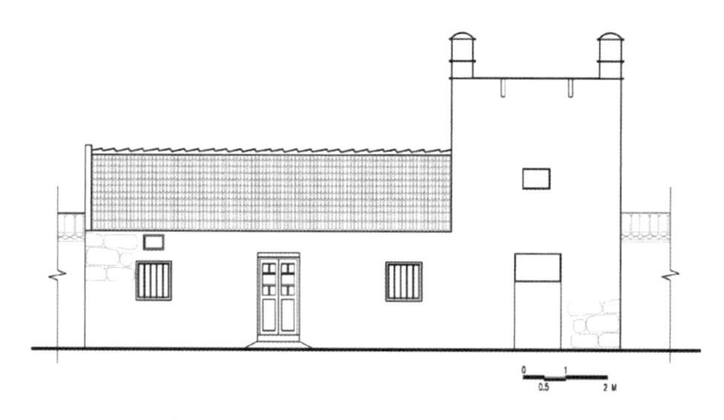

图9.3.16　孙家炮楼南立面图

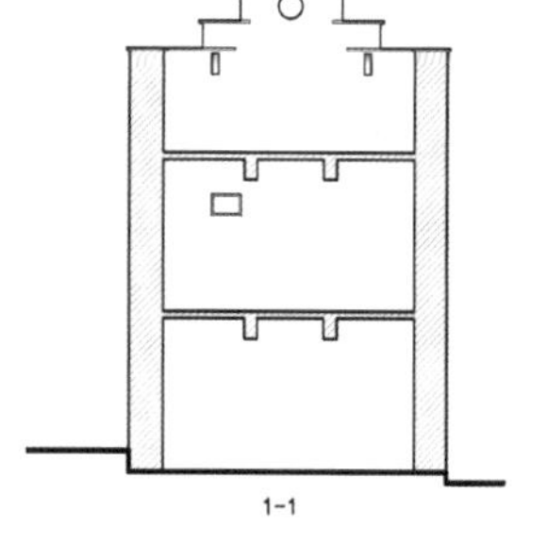

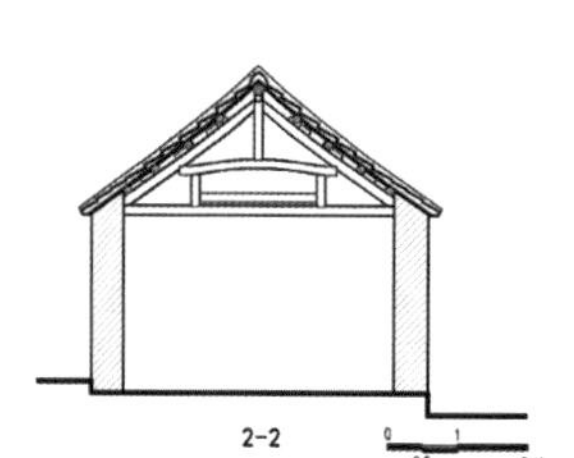

图9.3.17　孙家炮楼剖面图

碉楼西侧的民居部分面积为75平方米，面阔三间，金字梁架结构，进深七路，山墙为硬山搁檩，东山墙与碉楼共用。木梁架及檩条形状均较为自然，做法简单（图9.3.18）。檩条之上均为后期重新修葺，原貌不详。墙体为全石砌筑，南檐墙明间开门，两次间开窗洞，后檐墙东次间开门洞，门窗洞口上方均使用整块条石作为过梁。墙体做法同碉楼部分。

（a）南立面现状

（b）碉楼二层内部及石梁

（c）碉楼三层墙垛及上人孔

（d）碉楼三层射击孔

（e）进入碉楼二层的木楼梯

（f）民居部分金字梁架

图9.3.18　孙家炮楼建筑本体

四、西顾巷汪家大院

（一）建筑背景

汪家大院位于连云港市海州区板浦镇新民社区西顾巷。

清代时，板浦镇盐业集中，市井繁华，商贾云集，是古海州地区重要的政治、经济、文化重镇之一。1949年后，大量传统民居建筑被拆除，现保存较好的有汪家大院和方家大院两处。汪家祖籍安徽安庆，后辗转落户连云港市板浦镇，逐渐成为当地望族之一。汪家大院名人辈出，其中以汪氏“五魁”最为出名，包括著名声学家汪德昭博士、细胞生物学家汪德耀教授等。现汪家大院只有西侧几间属汪家所有。汪氏后人多侨居海外，2006年曾回汪家大院缅怀先人，瞻仰祖宅。

2011年，汪家大院被公布为连云港市第四批市级文物保护单位。2013年完成建筑修缮及周边巷道环境改造，修复汪家大院门楼，拆除大院内后建建筑，并在其中设置汪氏“五魁”名人纪念展馆（公众教育基地）。

（二）现状概述

汪家大院北侧主屋部分共21间，根据《连云港市第三次全国文物普查资料》（2008年）相关内容显示，汪家大院内现有7户人家居住，产权为私人所有。汪家大院西侧栅栏巷和南侧西顾巷地面均为清代铺设的石板路，宽约1.5米，所用青石板通长约1米，通宽约0.4米，厚约0.05米；北侧和东侧为现代多层居民楼及后建平房。

汪家大院整体院落改动较大，原有建筑格局不详。现仅存北侧连成一排的主屋建筑确定为汪家大院原有传统建筑，其余院落内建筑多为后期改建、翻建或加建，此次调研未做详细研究。汪家大院主屋建筑后期有部分改建，如建筑后檐墙部分开间勒脚处使用水泥抹面，室内铺地被改为现代瓷砖或水泥，木窗被更换为铝合金推拉窗，门被更换为现代铁门，室内被重新粉刷等。院内住户为满足使用需求，加建围墙，并重新分隔整体院落，加建淋浴室、厕所等辅助用房。

（三）建筑本体

1. 建筑布局

汪家大院总体院落的主屋坐北朝南，一字排开，相互连接成一排。从现存传统建筑的格局推测，原格局为四进院落，自东向西依次连接，每进院落由沿街建筑、主屋及厢房组成。为描述方便，现将现存传统建筑及院落进行编号，如图9.3.19所示。

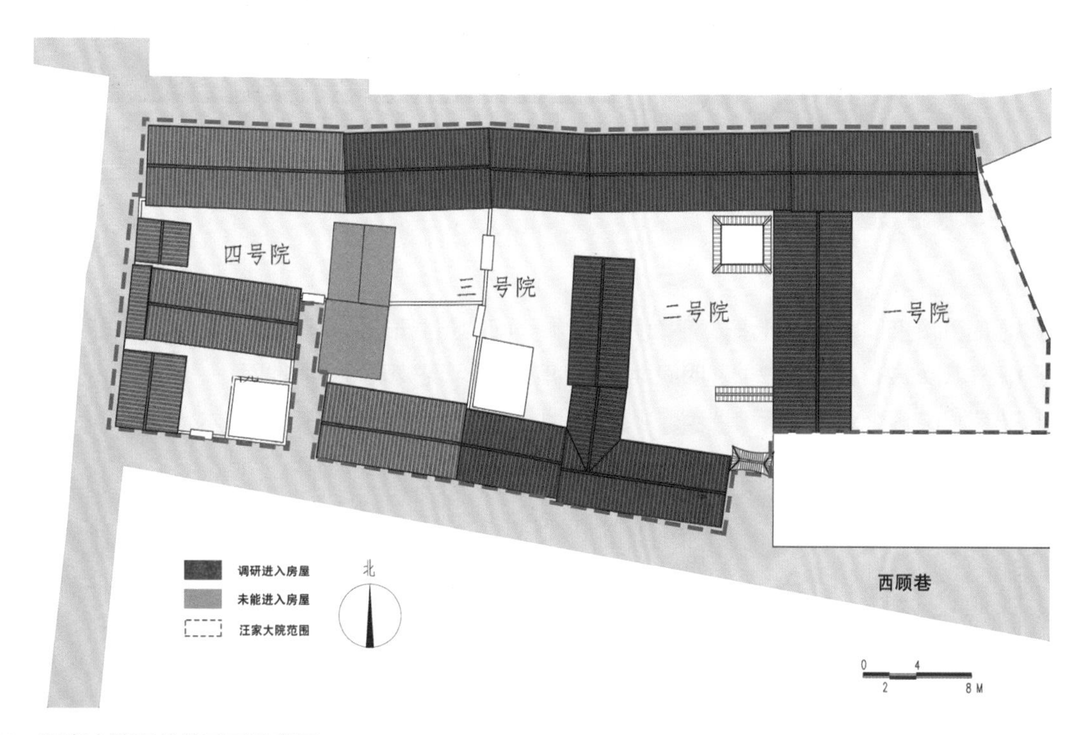

图9.3.19　汪家大院现状总平面示意图

汪家大院的入口门楼为重新复建，与现存传统建筑风貌并不相符。二号院地面现为柳叶人字纹青砖与石板搭配铺砌，正对门楼处为新修照壁。主屋前有新建单层淋浴室。南侧沿街建筑为一栋四开间房屋，局部已修葺。二号院西厢房现仅存一开间与南侧沿街房屋相连，新建厢房三间与残存厢房相接，坐西朝东，作为汪氏“五魁”名人纪念展馆；东厢房为四开间，其中一间为过堂屋，由其穿过可进入一号院。一号院已被改建，仅存主屋，南侧为二层现代砖混结构建筑，东侧为四层现代住宅。三号院现被后加建的围墙分隔成东、西两个院子，相对应的主屋分别为两间和三间，各自有入口，院落南侧沿街也分别有两栋房屋相接。在三号院现存的东院靠南部分新建单层平房做淋浴室；西院又被围墙分隔为南、北两个小院，分别从三号院东院设门进入；南北两院西侧均有新建厢房，将三号院与四号院分隔。四号院大部分已被改建，仅存主屋，从西顾巷的一条窄路能够进入四号院，此次调研未能进入勘查（图9.3.20）。

（a）入口门楼 （b）二号院沿街建筑整治后南立面 （c）二号院西厢房及沿街建筑

（d）二号院东厢房及新建淋浴室 （e）三号院后加建围墙 （f）三号院南侧沿街建筑

图9.3.20　汪家大院院落及部分建筑现状

2. 一号院主屋

一号院主屋面阔四间，进深七檩，平面为三间加一间的布局形式，东梢间为套间，明间和次间之间后加建砖墙分隔（图9.3.21、图9.3.22）。明间地面原为砖铺地，现被改为水泥地面。

明间梁架为五架梁抬梁，前后单步梁，四柱落地。脊檩、金檩下原有通长替木，现已不存。方椽上铺望砖，以白灰抹缝。三架梁和五架梁的端头做剥腮。其余房间未能进入勘查。

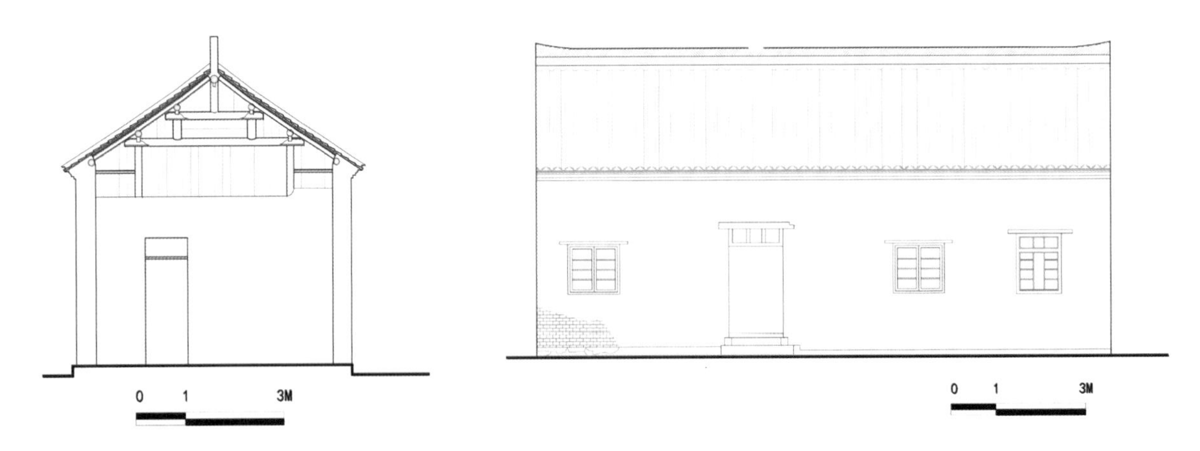

图9.3.21　汪家大院一号院主屋明间剖面图　　图9.3.22　汪家大院一号院主屋南立面图

墙体为青砖砌墙，前檐墙下部为平砌，窗洞下沿以上为三层立砌、一层平砌结合砌筑，类似扬州地区的三斗一卧做法，部分砖体酥碱情况严重。檐口为砖檐，由四层青砖叠涩而成。后檐墙为平砌到顶，东次间后开高窗，西次间后开窗，檐口为45度斜砖叠涩。南立面门窗洞口上方有木过梁。门前置两级台阶。屋顶为小青瓦屋面，檐口瓦件已缺失（图9.3.23）。

（a）明间梁架

（b）前檐墙部分砖体酥碱

（c）后檐墙

（d）南立面现状

图9.3.23　汪家大院一号院主屋

3. 二号院主屋

二号院主屋坐北朝南，面阔五间，进深七檩，梢间未能进入勘查（图9.3.24）。明间、次间室内地面现改为水泥地面，并加建了现代吊顶，无法观察到梁架结构。根据柱子的位置及其他主屋的梁架推测，明间梁架为五架梁抬梁，前后接单步梁的形式。

墙体为全青砖砌筑。前檐墙砌法为扁砌全顺十字缝，部分青砖已盐碱化。外墙面柱子位置有铁扒锔，檐口由五层砖细线脚叠涩而成，门洞东侧墙面原本设有天香阁，现被砖封堵。后檐墙被粉刷黄色涂料，东梢间位置后开窗洞。墙体下部使用砖石混合砌筑的勒脚，整个院落相连的主屋下部通长砌筑。

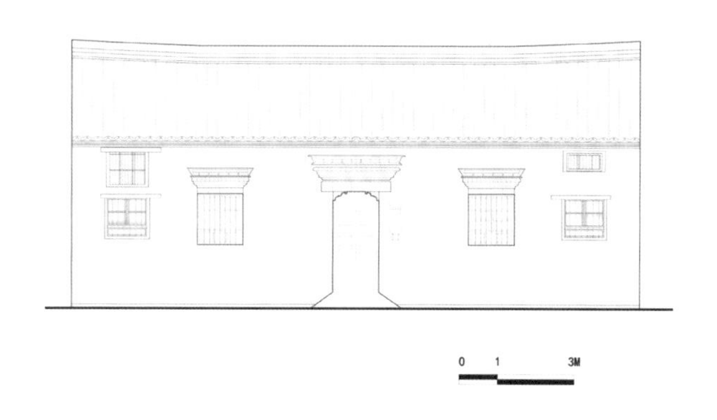

图9.3.24　汪家大院二号院主屋

南立面明间、次间门窗洞口的造型与淮安地区一门三搭的立面造型十分相似。雨搭上方为砖细屋脊造型，下方为五层砖细檐口线脚，之下有五层细磨青砖叠涩，支撑飞砖门檐，青砖的下端砌有一层立砖为挂枋。门上方有砖雕象鼻枭和砖雕过梁底，可清晰地看到砖雕过梁底上刻有“福”字，寓意开门纳福。在挂枋的两侧，各有一个带钩的铁制构件，其作用是挂牌匾。窗洞上方造型与门的造型类似。两梢间窗户上方均无雨搭，且在原有窗户上方均后加一窗，样式不同。据住户描述，两梢间室内均后加夹层。

屋面使用小青瓦，屋脊为简单的苏北地区大脊做法，中间平直，两边稍稍起翘。檐口瓦件已缺失，现用水泥抹面，防止瓦件下滑（图9.3.25）。

（a）南立面现状

（b）砖细雨搭

（c）砖雕过梁底

（d）屋脊

图9.3.25　汪家大院二号院主屋

4. 三号院主屋

三号院主屋坐北朝南，进深七檩，平面为三间加两间的组合形式，在前檐墙分别设门出入。此次调研东侧两间未能进入，故仅对西侧三间进行了详细勘查（图9.3.26、图9.3.27、图9.3.28）。

西侧三间的明间与次间以板壁分隔，东次间与东侧两间同样以板壁分隔，明间及东次间板壁在前檐金柱北侧位置设对开门，东次间板壁对开门现已被遮挡、封堵。明间现为水泥地面，次间为现代瓷砖地面。

西侧三间明间梁架样式为五架梁抬梁，前后单步梁，四柱落地。各梁头两端均做剥腮。五架梁下有随梁枋，单步梁下有穿枋。金柱、脊瓜柱收分明显。脊檩、金檩下均设通长替木，檐檩下设短替，前檐下金

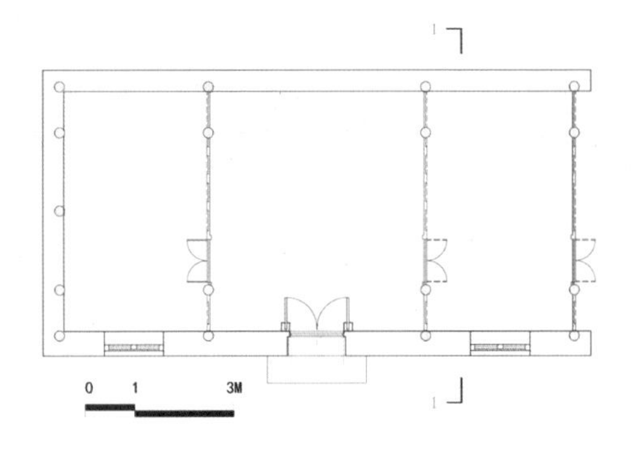

图9.3.26 汪家大院三号院主屋西侧三间平面图

檩下通长替木缺失。根据金柱上卯口痕迹推测，下金檩下曾有夹堂板。明间五架梁以下板壁、梁架部分均涂红色油漆，五架梁以上为原有栗壳色。西山墙梁架样式为中柱落地，前后双步梁接单步梁，五柱落地。单步梁以下内墙面抹灰，将柱子包于墙内。西次间脊檩、檐檩下设通长替木，其余檩下设短替。东次间东侧梁架样式同明间梁架样式，除脊檩下用通长替木，其余檩下均设短替。木椽为扁方椽，其上铺望砖，望砖之间用白灰抹缝。

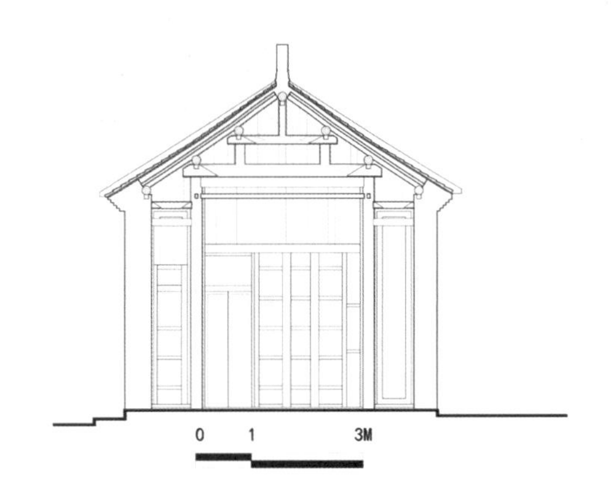

图9.3.27 汪家大院三号院主屋西侧三间剖面图

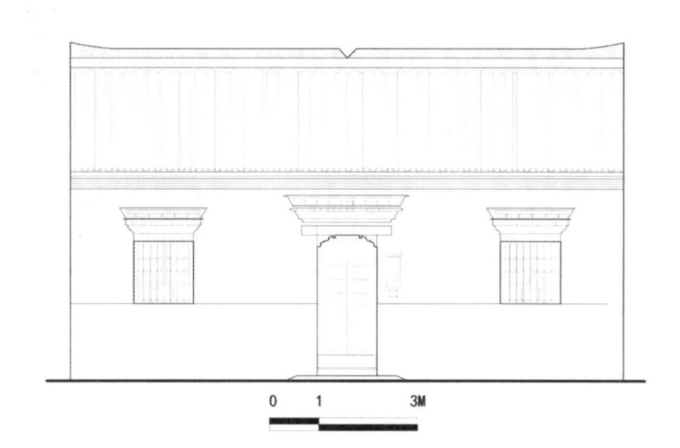

图9.3.28 汪家大院三号院主屋西侧三间南立面图

前檐墙明间设门，次间各设一窗，门窗上方均设砖细雨搭，与淮安地区一门三搭形式类似。雨搭及门洞样式与二号院主屋相同。门前设两级石踏步，第一步宽于门洞，进深约为55厘米；第二步在门洞内，进深约为40厘米。门槛高度约为15厘米，厚度约为10厘米。门洞外层后加设现代薄木板门，内层为原板门，向内对开。板门上方的雕花连楹宽度约为13厘米。门洞过梁底的砖雕已破损，图案模糊不清。门旁墙上原有猫洞，现被木头堵塞。外墙青砖酥碱情况严重，窗下沿以下墙体用水泥抹面。后檐墙勒脚部分水泥抹面。

前檐墙檐口形式同二号院主屋，后檐墙檐口形式同一号院主屋。屋面使用传统的小青瓦，檐口瓦件已缺失。主屋屋脊中间平直，两边稍稍起翘。脊上立瓦，逐个叠压成排，至中间向两侧倾斜。

三号院东侧两间前檐墙靠近根部处酥碱严重，靠西一间开门洞，靠东一间开窗，门窗样式同西侧三间，但门窗洞口上方均无砖细雨搭。前檐墙的檐口形式同西侧三间，后檐墙的檐口形式同二号院落主屋，后檐墙同样被粉刷黄色涂料（图9.3.29）。

（a）西侧三间明间梁架

（b）西侧三间明间板壁

（c）西侧三间东次间东侧梁架及板壁

（d）西侧三间与东侧两间之间板壁上的对开门

（e）西侧三间西山墙梁架

（f）西侧三间南立面

（g）西侧三间南檐墙檐口及砖细雨搭

（h）西侧三间入口石踏步

（i）东侧两间南立面

图9.3.29　汪家大院三号院主屋

（a）第一进东厢房沿街建筑立面

（b）第二进院落内摆满酱缸

图9.3.30　方家大院现状

五、方家大院

（一）建筑背景

方家大院位于连云港市海州区板浦镇中正社区大寺巷4号，与汪家大院同为板浦镇存留不多的明清传统民居，是研究板浦镇传统建筑的重要实例。可惜未能查到相关背景资料。方家大院现与海州区板浦镇西大街20号、大寺巷6号、大寺巷15号、西顾巷汪家大院一道，以“板浦古民居”为名被公布为连云港市第四批市级文物保护单位。方家大院的所有权为个人，使用人为方姓。

（二）现状概述

方家大院现存两进院落，四座传统建筑，共13间，现作为酱油制作工坊使用，院内堆放大量杂物（图9.3.30）。院内加建了现代房屋，原有布局被改动。其中第一进东厢房沿街建筑的立面改动较大，门房部分被重新改造，门洞加大、增高，并配对开大铁门，墙体水泥抹面；明间及南次间均后开门洞。现存传统建筑的室内多后加吊顶，室内外墙体多已被重新粉刷，门窗大部分缺失、破损或重新装配，屋面瓦件局部缺失。

（三）建筑本体

方家大院为东、西并列的两进院落，东侧第一进院落存主屋与东厢房，西侧第二进院落存主屋与西厢房，整体院落主入口在东侧第一进院落的东厢房南侧位置（图9.3.31）。

图9.3.31　方家大院现存院落总平面示意图

1. 第一进院落东厢房

第一进院落东厢房改动较大，仅以现状对原形制进行推断（图9.3.32）。建筑坐东朝西，面阔四间，为北侧三间加南侧一间的“3 + 1”格局，进深五路。明间、次间以板壁相隔，室内地面现被改为水泥铺地。南侧梢间为进入院落的门房通道，沿街檐墙不开门窗。

南侧门房北面梁架为中柱落地，金字梁架结构，进深五路，构架形式较为简单，仅使用大横梁与大斜梁，脊檩下使用通长替木，其余檩下无替木。檩径约为14厘米，使用扁方椽，其上使用望砖，望砖表面泛碱严重。北侧三间内部均设现代吊顶，梁架样式未能勘查。

（a）门房北面金字梁架，中柱落地

（b）沿街空斗墙，檐口后期修改

（c）西立面现状

（d）西立面南次间槅扇门

（e）西立面明间木窗样式

（f）西立面墙体下部酥碱严重

图9.3.32　方家大院第一进院落东厢房

沿街檐墙为青砖砌筑的空斗墙，采用三层立砌、一层平砌的组合方式，厚度约为50厘米。墙体下部青砖酥碱严重，现用水泥抹面简单修补。檐口为砖檐，为后期重新修葺。檐口瓦件已全部缺失。

西立面上南侧门房部分同样被重新改动，加大、增高门洞，墙体外水泥抹面。南次间使用六扇槅扇门，上方设横风窗；檐口使用木檐，椽头有明显收分，椽头断面垂直于椽身；挑檐檩断面为方形。明间檐口为砖檐，已破损、缺失；墙身空斗墙砌筑，砌法同沿街檐墙，墙体下部酥碱严重；墙体中段开窗洞，下半部为一横向固定扇，上半部为四扇槅扇窗；明间及北次间的墙面距该院落主屋东山墙距离不到半米，大部分被遮挡。西立面檐口瓦件均破损、缺失。

南山墙同为空斗墙，三斗一卧形式，砌筑到顶，与屋面交界处为砖线脚两道，做法简单。

屋面为小青瓦，植物丛生，屋脊被重新修缮过，北侧三间与南侧门房对应屋脊分两段，屋脊灰座层高约为10厘米，其上平砌望砖一道，望砖上立瓦，从脊中分别向两侧倾斜。脊中灰塑呈元宝造型，脊两端稍稍起翘。

2. 第一进院落主屋

第一进院落主屋坐北朝南，面阔三间，室内加建吊顶，未见梁架结构（图9.3.33）。明间、次间以板壁相隔，室内地面现被改为水泥铺地。

南立面明间下部为八扇槅扇门，形式与东厢房类似，槅心棂条图案不同，局部构件已缺失，整体保存较好。槅扇门下的门槛已被加建的地坪埋没，门外有阶沿石，宽度约为40厘米；槅扇门上方为横风窗，纹样与槅扇门上夹堂板纹样风格一致；门窗槛框颜色较门扇更深，槅扇门的颜色应为后期重新涂刷。檐口为木檐，挑檐檩断面为方形，下方后加一根木构件用于加固；檐椽上使用飞椽，椽头均有明显收分，且椽头断面垂直于椽身；出檐部分使用木望板。次间墙体下部青砖平砌至窗洞下皮，上部为与东厢房墙体砌筑方式相同的平砌、立砌结合砌法，墙体下部酥碱严重；两次间各开一窗洞，上方为立砌砖过梁，窗户已被更

（a）明间、次间板壁相隔

（b）南立面明间槅扇门

（c）南立面明间横风窗及檐下木构件

（d）南立面西次间

（e）南立面东次间

（f）小青瓦屋面

图9.3.33　方家大院第一进院落主屋

换为现代木窗。西次间檐口砖檐构件破损、缺失，东次间砖檐做法与东厢房类似，但在青砖叠涩下方置挂斗砖，并设磨圆的青砖半混一层；屋脊的做法与东厢房类似；屋面为小青瓦，檐口瓦件大部分缺失，东次间檐口在盖瓦下做扇面。

3. 第二进院落主屋

第二进院落主屋面阔三间，室内设有吊顶，此次调研未能勘查其梁架结构。明间、次间以板壁分隔。室内现为水泥铺地，地坪已被抬高。

南立面青砖平砌到顶，墙体下部酥碱严重，门洞上方青砖为立砌，推测为后期修缮或改造。檐口为砖檐，样式与第一进院落主屋东次间檐口相同。明间开门洞，顶部设木过梁，门洞左右砖雕象鼻枭，并雕刻花卉纹。大门为实拼板门，刷红色油漆，上方连楹刻海棠线，下方门槛高度约为13厘米，门臼石保存较好，门洞外层后加现代对开铁门。外墙在门洞右侧约30厘米处设天香阁，其上方砖雕被黄泥糊住（图9.3.34）。

屋面为小青瓦，屋脊单层平砌望砖下的灰座层高约15厘米，望砖上立瓦，脊中做灰塑“福”字，立瓦从脊中向两侧倾斜，两端稍稍起翘。檐口瓦件大部分缺失，盖瓦下做扇面。

（a）南立面现状

（b）天香阁

图9.3.34　方家大院第二进院落主屋

六、吴松寿药店[34]

（一）建筑背景

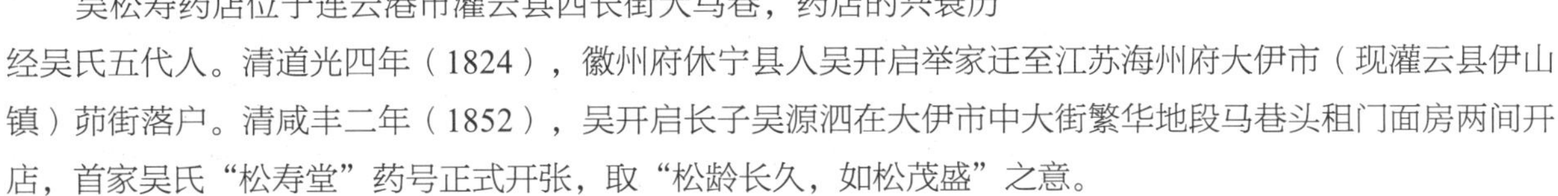

吴松寿药店位于连云港市灌云县西长街大马巷，药店的兴衰历经吴氏五代人。清道光四年（1824），徽州府休宁县人吴开启举家迁至江苏海州府大伊市（现灌云县伊山镇）茆街落户。清咸丰二年（1852），吴开启长子吴源泗在大伊市中大街繁华地段马巷头租门面房两间开店，首家吴氏“松寿堂”药号正式开张，取“松龄长久，如松茂盛”之意。

1916年，吴源泗次子吴始华买下中大街高纶英家飞檐板式两层门楼两间（现店址），一年后又买下后宅四合院，前后三进，进深五十余米，两道穿堂。为装点门店，吴始华花重金聘苏州工匠按徽式店面设计，正门三级石阶而上，门厅悬“松寿堂”黑底金字匾额（“文革”时期被破坏），北墙镶嵌鎏金高浮雕

《松寿延年图》一幅。店后设料房，与店面配套形成前店后厂的格局。

1956年，松寿堂公私合营，改店名为“伊山镇公私合营国药商店”。现吴松寿药店经连云港市三普登记，被列入不可移动文物。

（二）现状概述

吴松寿药店原院落格局现已不存，除有明确记录的两间门店（连云港市三普登记对象）外，在其北侧紧连有三间破损严重的传统建筑，在此一并描述（图9.3.35）。门店后进发现传统建筑堂屋三间，东西朝向过堂一间，推测为原吴松寿药店后宅建筑，现均处于荒废状态，保存状况较差。建筑加建、改建、破损情况严重，如外立面做水泥抹灰、室内梁架歪闪、木构件损坏严重、屋面瓦件脱落、漏雨、室内杂物堆积等。现吴松寿药店的南北侧仍为传统建筑，而东侧距离不足5米即为现代多层住宅。

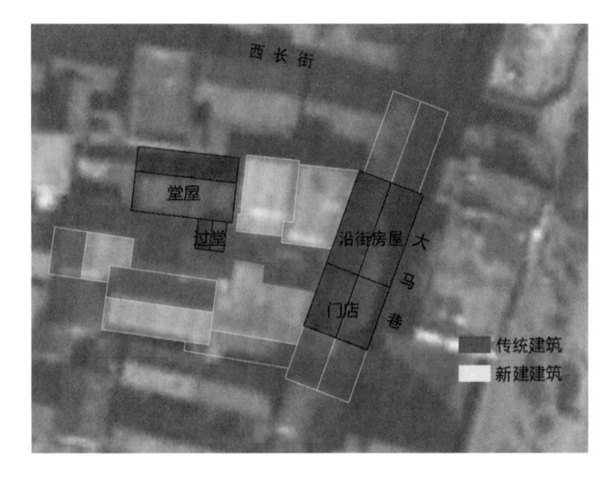

图9.3.35　吴松寿药店现存传统建筑总平面示意图

（三）建筑本体

1. 门店及沿街房屋

门店为板式楼两间，内部未能进入勘查。店铺板门上方设高窗，使用斜撑支撑出挑的屋檐，部分斜撑缺失。檐椽为半圆椽，椽头断面垂直于地面。屋面为小青瓦，瓦件缺失，现用石棉瓦铺设，立面改动较大，原有样式不存。

门店北侧沿街房屋面阔三间，进深八檩。房屋改建严重，室内使用红砖加建隔间。明间梁架为五架梁抬梁，东向单步梁，西向双步梁。山面梁架被遮挡，未能勘查。梁头使用剥腮，檩下均做通长替木。梁、檩及椽望多已缺损并重新替换、改动，原始构件不存。仅南次间保存相对较好，木椽为扁方椽，椽上铺设望砖，望砖表面使用灰泥抹面。沿街立面仅保留少部分青砖墙，其余已改用红砖砌筑，并重做门窗洞口（图9.3.36）。

（a）门店东立面　（b）沿街房屋明间梁架　（c）沿街房屋内部加建隔墙　（d）沿街房屋东立面

图9.3.36　吴松寿药店门店及沿街房屋

2. 过堂

过堂仅余一间，坐东朝西，进深五檩，保存状况较差（图9.3.37）。现存梁架为五架梁抬梁，檐柱落地。檩下均使用通长替木。木椽为半圆椽，其上铺望砖。

西立面檐口为木檐出挑，檐椽为半圆椽，飞椽为扁方椽，椽头断面均垂直于椽身。从门框残留木构件推测，原使用槅扇门，现已不存。东立面为青砖平砌到顶，墙体厚约40厘米，现外墙脚位置酥碱严重。砖檐破损、缺失，上部使用红砖改建。门洞上方使用木过梁，外侧使用砖细挂砖装饰。

屋面为小青瓦，屋脊、檐口瓦件已损毁。

（a）过堂西立面

（b）过堂东立面

（c）现存梁架

（d）西立面檐口木构件

图9.3.37　吴松寿药店过堂

3. 堂屋

堂屋面阔三间，进深七檩，室内后砌砖墙分隔（图9.3.38）。

明间梁架为五架梁抬梁，前后单步梁。圆作直梁，梁头均做剥腮及雕刻，五架梁下做串枋，金瓜柱正下方位置在梁与串枋间置荷叶墩。瓜柱与梁交接处做“鹰嘴”的形式，脊瓜柱两侧做雕花云板，雕刻题材为鳌鱼和云纹。檩下均设通长替木，脊檩在通长替木两端下部还做雕花替木。下金檩之下设上下两层串枋，下层枋下皮留有挂灯笼用的铁件。金柱披麻作灰。室内为方椽，上铺望砖。山面梁架为三架梁抬梁，前后单步梁接单步梁，五柱落地。其余做法同明间梁架。

（a）明间梁架　（b）雕花云板和雕花替木　（c）山面梁架和下金檩串枋

（d）金柱披麻作灰　（e）横风窗　（f）室内加建砖墙

（g）南立面檐下木构件　（h）西山墙及屋顶　（i）南立面西次间和明间改建

（j）南立面东次间　（k）东次间雕花撑栱　（l）东次间残存槅扇门

图9.3.38　吴松寿药店堂屋

建筑南立面檐下应均为槅扇门和横风窗的组合形式，现明间和西次间在挑檐檩下用砖砌实，仅东次间还存有部分槅扇门。横风窗内心仔为镂空的木雕，东次间槅扇门有一半被杂物遮挡。前檐单步梁下串枋伸出至外檐，端头有雕花，其下方有雕花撑栱承托，其上方承托挑檐枋。挑檐枋断面为方形，挑檐檩断面为圆形。檐椽和飞椽均为方椽，椽头有明显的砍杀，垂直椽身截断。檐椽及飞椽上均铺设木望板。

山墙为青砖平砌到顶，与屋面交接处使用砖博风，下方设三层砖细线脚。

屋顶已重新翻修为红色机制瓦，院落地坪整体被抬高，现用来堆放杂物和垃圾。

第四节　总结

此次连云港部分的调研范围并不全面，未能覆盖连云港全市，仅选择传统民居存量较多的海州古城、板浦镇、朝阳镇、伊山镇等区域。与扬州、淮安等历史文化名城相比，连云港地区的传统建筑数量较少，但以石砌建筑及碉楼为代表的传统建筑，以及与徐州地区相似却有区别的金字梁架结构，都颇具地域特点。

此次调研的传统建筑类型以民居为主，其他类型未做深入探究。对传统建筑的做法、材料、结构等，有待进一步深入了解和研究。连云港地区传统建筑与周边地区传统建筑有着千丝万缕的联系，特别是与其相近的徐州地区，此次调研未在此方面深入探究。期待日后能够在此次调研基础上做更深一步的研究，同时也希望此次调研能给相关研究提供基础资料。

特别感谢连云港市重点文物保护研究所为此次调研提供资料及各种帮助。

注释

1. 数据引自连云港市政府网站，http://www.lyg.gov.cn。
2. 数据引自江苏省气象局网站，http://www.jsmb.gov.cn。
3. 陈婕、刘阳：《海州往事：漫谈海州历史上的气象灾害》，连云港市重点文物保护研究所网站，http://www.lygwbw.com。
4. 人口数据引自连云港市统计局、国家统计局连云港调查队：《2017年连云港市国民经济和社会发展统计公报》，http://xxgk.lyg.gov.cn。
5. 人口数据引自连云港市统计局：《海州区2017年国民经济和社会发展统计公报》，http://tjj.lyg.gov.cn。
6. 数据引自海州区政府网站，http://www.lyghz.gov.cn。
7. 人口数据引自连云港市统计局：《连云港市连云区2016年国民经济和社会发展统计公报》，http://www.lyg.gov.cn。
8. 数据引自连云区政府网站：http://www.lianyun.gov.cn。
9. 人口数据引自连云港市赣榆区统计局、国家统计局赣榆调查队：《赣榆区2016年国民经济和社会发展统计公报》，http://tjj.lyg.gov.cn。
10. 数据引自赣榆区政府网站：《赣榆的昨天·今天·明天》，http://www.ganyu.gov.cn。
11. 人口数据引自连云港市统计局：《灌南县2016年国民经济和社会发展统计公报》，http://tjj.lyg.gov.cn。
12. 数据引自灌南县政府网站：http://www.guannan.gov.cn。
13. 人口数据引自连云港市政府网站：《2016年东海县国民经济和社会发展统计公报》，http://www.lyg.gov.cn。
14. 数据引自东海县政府网站：http://www.jsdh.gov.cn。

15. 人口数据引自连云港市统计局：《灌云县2017年国民经济和社会发展统计公报》，http://tjj.lyg.gov.cn。
16. 历史沿革前三部分数据参考：① 单树模主编："连云港市"，《中华人民共和国地名词典·江苏省》，商务印书馆1987年版，第190页；② 连云港市政府网站，http://www.lyg.gov.cn；③ 张大伟、张峦耀：《海州古城的规模与兴废》，《连云港史谭》2009年第2期，第34～35页。
17. 马庆华：《连云港城市发展演进与城市化战略研究》，《连云港职业技术学院学报》2008年第1期，第31页。
18. 张莉：《连云港：城市形态演变与空间发展战略》，《城市开发》2001年第10期，第19页。
19. 数据引自连云港市重点文物保护研究所网站：《连云港市各级文物保护单位名单》，http://www.lygwbw.com。
20. 《铁证——日军镜头里的侵占海州实录》，《连云港日报》2007年7月20日第3版。
21. 张大伟、张峦耀：《海州古城的规模与兴废》，《连云港史谭》2009年第2期，第34～35页。
22. 〔清〕王有庆等纂：《中国地方志集成·江苏府县志辑64·嘉庆海州直隶州志·道光云台新志》，江苏古籍出版社1991年版，第568页。
23. 灌云县地方志编纂委员会：《灌云县志》，方志出版社1999年版，第101～102页。
24. 黄海：《灌云西长街传统住宅现代化改造研究》，硕士学位论文，南京工业大学，2013年，第19页。
25. 政协灌云县委员会文史资料委员会编：《灌云文史资料（第八辑）》，1998年内部资料，第8页。
26. 李新建：《苏北传统建筑技艺》，东南大学出版社2014年版，第32页。
27. "金字梁得名于其屋架部分的轮廓和形式类似于汉字的'金'字，是徐海地区居民对本地常用屋架的最常见的俗称，与此相对应，抬梁、穿斗屋架一般俗称'立字梁'或'工字梁'。"见李新建：《苏北传统建筑技艺》，东南大学出版社2014年版，第32页。
28. 李新建：《苏北传统建筑技艺》，东南大学出版社2014年版，第32～33页。
29. 李新建：《苏北传统建筑技艺》，东南大学出版社2014年版，第76页。
30. 刘艺：《淮安传统民居形态特征研究》，硕士学位论文，江南大学，2014年，第38页。
31. 李新建：《苏北传统建筑技艺》，东南大学出版社2014年版，第55页。
32. 雍振华：《江苏古建筑》，中国建筑工业出版社2015年版，第135页。
33. 骆琳、石峰：《连云港碉楼民居的调查与保护思考》，《文化遗产保护·文物建筑（第六辑）》，2013年内部资料，第94页。
34. 吴唐基：《吴氏"松寿堂药店"史话》，《灌云文史资料（第十辑）》，2000年内部资料，第31～38页。

编后记

对于中国建筑史的科学性研究可追溯至1930年中国营造学社的创立，以梁思成、刘敦桢为代表的那一代建筑史学家，用他们开创性的研究方法和卓越的学术成果奠定了中国建筑史学研究的基础，并树立了优良的学术传统。经过近九十年的发展，中国建筑史学已经形成相对完整的学术体系。本次开展的苏北地区传统建筑调查研究属于地域性古建筑研究中不可缺少的一环，对于地方建筑史的完善具有重要意义。

《苏北传统建筑调查研究》一书的完成离不开南京博物院一直以来对学术研究的支持，作为我国第一座由国家投资兴建的大型综合类博物馆，南京博物院始终奉行"提倡科学研究，辅助公众教育，以适当之陈列展览，图智识之增进"的立院宗旨。龚良院长、李民昌副院长和戴群所长始终关注苏北课题组的调研和撰稿进展，并适时提出指导意见。同时，此书成稿过程中也得到了多位院外专家的悉心指点，他们是东南大学建筑学院的朱光亚教授（退休）、李新建副教授，南京工业大学建筑学院的汪永平教授、郭华瑜教授，中国矿业大学建筑设计学院的常江教授，以及常熟市文物管理委员会办公室的章忠民研究员（退休）。

《苏北传统建筑调查研究》一书的出版有赖于南京博物院古代建筑研究所苏北课题组多年以来的坚持，从立项、调研到撰写报告，凝聚了多位课题组成员的不懈努力，他们包括钱钰、王清爽、朱悦箫、窦莉君、张丹，以及阶段性参与课题工作的戴群、王涛、邢月、裴斐、耿丹阳等。本书各章撰写工作分工如下：

钱 钰：第一章绪论、第五章淮安市；

王清爽：第二章南通市、第三章泰州市；

朱悦箫：第四章扬州市；

窦莉君：第六章盐城市；

张 丹：第七章宿迁市、第八章徐州市；

朱悦箫、耿丹阳：第九章连云港市。

书中测绘图纸除注明出处外，其余皆由南京博物院古代建筑研究所组织测绘，测绘成员包括钱钰、王清爽、朱悦箫、窦莉君、张丹、王涛、金玉棠、张学、耿丹阳、李富立、张逸凌、宋帆、伍鹏程、颜宇航。三维数据采集及后期数据处理由邢月负责。

本书的完成也离不开下列人士的帮助和支持，他们是江苏省文物局的杨丽霞、南通市崇川区文化新闻出版局文物科的韦峰、南通市白蒲镇文化站的杨春和（退休）、泰州市文物管理委员会办公室的黄炳煜（退休）、泰州市文广新局文物保护研究中心的王玮、淮安市苏皖边区政府旧址纪念馆的王卫清、淮安市文物保护管理所的张丽娟、淮安区文物局的陈冬、盐城市博物馆的万里春（退休）、盐都区楼王文化站的王会、东台市博物馆的陈怡、东台市富安镇文广中心的程立功、东台市富安镇关工委的朱厚宽、新沂骆马湖旅游发展有限公司的钱宗华、连云港市文管办的李道亮（退休）、连云港市重点文物保护研究所的诸位同仁，以及淮安文史专家高建平、遂园蝴蝶厅沈氏后人沈榕蓉、陈幼斋宅陈氏后人陈宁、李正泰宅李氏后人李锦顺等，在本书付梓之际，一并表示衷心感谢。

最后感谢译林出版社和博书堂的各位编辑，他们承担了繁重、琐碎的统稿任务，与课题组通力合作，保证了本书的出版质量，让课题组的工作成果最终得以呈现。